量子力学 I

高木 伸 著
Shin Takagi

QUANTUM MECHANICS

丸善出版

まえがき

　本書は，量子力学を理解しようと筆者が自己流にもがいてきた (そして，自問自答しながら講義も
してきた) 記録，天下り的に "量子力学とはこんなもの" と述べるのではなく，量子力学が現在の形
に至るまで構築されてきた歴史を私的に再構成したもの，つまり，気恥ずかしくも自身の内面をさら
け出した一人称の量子力学 (Vita Quantalis : Vita Sexualis [森：序章参考文献 1] を真似た私造ラ
テン語) である．ただし，歴史再構成といっても，歴史的事実といわれる諸事項につき，それらの真
偽のほどを確認することはおろか，関連古文書に一々当たることすら筆者の手にあまる．歴史的記述
めいた書きぶりの箇所があるけれども，それは，史実を述べようとしたものではなく，このような別
歴史も可能であったかもしれない，あの着想にいたるにはこのような動機や推論もあり得たのではな
かろうか，仮に自身が当時現場に居合わせたとしたらこう考えたかもしれない，史実とは別の道をた
どっていたらもっと明快だったのではないだろうか……といった歴私 (わかりやすいようにと勝
手に改編整理した虚構の歴史だが，筆者にとっては事実上の歴史：virtual history) のつもりである．
この点において朝永振一郎さんにならう：

> "出来上がった量子力学を読者に紹介するよりもむしろそれが如何にして作られたかを示そう
> と努めた．… 歴史的には多くの時代錯誤と歪曲が含まれている．著者は勝手に，… 目的に適
> 合するように素材の組更えを行い，…" [朝永：序章参考文献 2].

朝永さんのように上手にできるはずはないが，朝永さんの時代には思考実験に留まらざるを得なかっ
た諸実験が今日では実現されていることなどにより，"素材の組更え" も今のほうが容易ではなかろ
うかと望みつつ．

　量子力学を "使い続けて" いると，学生時代の "習い始め" に不思議 (よくわからない) と思ったの
に，いつしか "慣れて" しまっていることも多い．初等的なことを正面から尋問される機会も大学院
入試かせいぜい修士論文審査までであって，研究者として一応ひとり立ちした後は，紳士淑女の礼
儀として誰もそんなことは尋ねてくれない．学会などでも，極めて初等的 (と見えて往々にして基本
的・本質的) な疑念は，誰も答えられないとわかっているから互いに質問を控え，枝葉末節のみが活
発に議論されることがある．そうこうしているうちに，なんとかつじつまが合っているからよかろ
う，として気にしなくなる．これを正すほとんど唯一の機会は，講義をして，学生さんから素朴な質
問を受けることである．本書にときどき問答が登場するが，その質問者は，執筆中に筆者の脳裏に浮
かんだ学生さんたち，または学生時代の筆者自身である．

　本書は "一般大衆" ではなくエリートを対象とする．ここにいうエリート (えり抜き) とは以下の
読者選択則 (RSR：reader selection rule) を充たす (筆者と共有する) 人を指す：

- 物わかりが悪いこと，
- ご用とお急ぎでないこと，
- 結果にももちろん興味はあるが，「結果に至る筋道，それを指し示す考え方，さらにはそのよう
  な着想が生まれた動機」にまでさかのぼってみないと，とことんわかった気にならないこと，

- 高踏的な技法や整備された大道よりも泥まみれの手作業や草の生えた小径のほうが性に合うこと，
- 量子力学を，"諸現象を理解するためのソフト" として使うだけでなく，数学的および少しばかり認識論的側面にも立ち入って理解したいと思っていること．

また，「一通り量子力学を "習って" 単位も修得したものの，なんとなくすっきりしない，心の奥底までは納得できない」と感じている人もエリートに加える．

　予備知識としては，大学教養課程 (一年生から二年生) で習う基礎的な数学 (主に微積分) と物理 (主にニュートン力学) だけを前提とし，いわゆる "物理数学" (特に "特殊関数") は不要：数学的道具は，本書にて必要になった段階でそのつど，それまでに培った知識などを総動員して手作りしつつ話を進める．

　筆者が夢見つつ今なお叶っていない

"some combination of philosopher and artisan − a quantum mechanic" [ゴットフリート：序章参考文献 3]，　私造語で拙訳すれば，純然たる哲学としてでも単なる計算技術としてでもなく両側面を合わせもつ体系としての量子力学を身につけ細部まで熟知して使いこなせる，手練の量子職人 (quantisan)

の境地，これに達することを目指す人士の一助 (といっても，せいぜい反面教師) になればと願う本書は，「一口に物わかりが悪いといっても人さまざまだが，物わかりの悪さ具合に関して筆者と同族の人」を読者として想定するものであり，この族の構成員は，読者予備群の分解能にもよるが，筆者だけかもしれない：

"自分だけの好みに溺れて，読む人のことをあまり考えずに，この本はできてしまったようですものね." [朝永：序章参考文献 4].

こういう贅沢は，朝永さんのような碩学にこそ相応しくあれ，筆者のごときに本来は許されなかったはずであり，その上，朝永さんの含蓄深い超多時間講義とは比べるべくもない下手の長談義で分量が当初予定を大幅に超過した．丸善出版のご寛恕に，ただただ，深く感謝申し上げるほかはない．

　本書は丸善出版 企画・編集部の佐久間弘子氏の多大のご尽力なくして刊行され得なかったものであり，原稿に丁寧に目を通して詳細な改善案を示していただいたことも含め，同氏に心よりお礼を申し述べたい．

　　　2017 年 12 月

　　　　　　　　　　　　　　　　　　　　　　　　　高 木 　 伸

謝 辞　　陰に陽にお世話になりました方々は数が多すぎて書ききれませんが，極めて直接的なお力添えをいただいた中村卓史さん (20 世紀末葉 [当時 東北大学大学院生]，TeX の手ほどき；21 世紀初頭 [当時 日本大学]，電脳を TeX 用に整備)，芦田正巳さん (山口大学，粗原稿 2009 年版に対し多数の誤植指摘と改善案示唆)，鎮目浩輔さん (2012 年 [当時 筑波大学]，TeX 用に整備した電脳の提供と手ほどき) に，特に，感謝の意を表したいと思います．

目　次

序　章 　　　　　　　　　　　　　　　　　　　　　　　　　　　　　1
　0.1　本書の概要 1
　0.2　執筆方針 3
　0.3　凡　例 5
　参考文献 13

第1章　量子論の登場：古典物理学からの脱却 　　　　　　　　　17
　1.1　古典物理学 (必要最小限の復習) 17
　1.2　古典物理学の困難 (あるいは限界) 20
　1.3　古典物理学からの脱却 (その1)：プランクの量子仮説 24
　1.4　◇ ユークリッド空間とヴェクトル 27
　1.5　◇ 並の波 (その1) 31
　1.6　古典物理学からの脱却 (その2)：アインシュタインの光量子仮説 . . . 36
　1.7　古典物理学からの脱却 (その3)：ボーア仮説 39
　1.8　古典物理学からの脱却 (その4) ド・ブロイ関係式その1 44
　1.9　◇ 単位系・次元解析・基礎定数 46
　1.10　♣♣ 古典電子に因る輻射と原子崩壊 56
　1.11　♣ ヴィリアル定理と古典滞在確率 59
　1.12　◇ ヴェクトルの内積と外積について 63
　参考文献 69

第2章　ウェーヴィクル 　　　　　　　　　　　　　　　　　　　73
　2.1　◇ 並の波 (その2) ヤングの二連細隙実験 73
　2.2　ヤング型二連細隙実験 81
　2.3　粒子波動二重性 88
　2.4　量子波動の意味 91
　2.5　ウェーヴィクルの不思議な性質 97
　2.6　演習答案 103
　2.7　◇ ヴェクトルと線形空間 109
　参考文献 112

第3章　シュレーディンガー方程式 　　　　　　　　　　　　　　115
　3.1　◇ 指数関数 115
　3.2　平面進行波 115
　3.3　◇ 並の波 (その3) 117

vi　目　次

3.4	自由波束	120
3.5	◇ ガウス積分 (その 1)	123
3.6	♣ フーリエ変換 (その 1)	127
3.7	自由粒子を律するシュレーディンガー方程式：$\mathbf{E}^1$ の場合	131
3.8	◇ ナブラとラプラシアン	136
3.9	自由粒子を律するシュレーディンガー方程式：$\mathbf{E}^3$ の場合	138
3.10	緩やかなポテンシャル下の波束が従う方程式	138
3.11	ポテンシャル下の粒子を律するシュレーディンガー方程式	140
3.12	♣ アインシュタインがシュレーディンガーに出した手紙	143
3.13	シュレーディンガー方程式の性質	144
3.14	♣♣ 議論展開に関する註	146
3.15	♣♣ フーリエ変換 (その 2)	146
3.16	たたみ込み	151
3.17	♣ ガンマ函数とベータ函数	153
3.18	♣ 積分公式	158
	参考文献	160

第 4 章　「位置の確率密度」と「運動量の確率密度」　163

4.1	運動量空間	163
4.2	位置または運動量についての確率公準：推測	163
4.3	話の筋道に関する補足	170
4.4	位置についての確率公準	171
4.5	位置の「『測定データ』および『期待値と揺らぎ』」	178
4.6	始値問題の解の一意性	187
4.7	運動量についての確率公準を吟味する準備	189
4.8	運動量についての確率公準・期待値・揺らぎ	194
4.9	「位置と運動量」についての結合確率	197
4.10	全体位相因子とポテンシャル底上げ任意性	199
4.11	♣ 波束の重ね合せと干渉	203
4.12	数学的補足	204
4.13	◇ 函数と函数空間	215
	参考文献	217

第 5 章　「大人しい函数」と「超函数」　219

5.1	大人しい函数	219
5.2	♣ 数学が気になる読者のためのワクチン	222
5.3	デルタ函数と踏段函数	225
5.4	デルタ函数の正体	230
5.5	踏段函数の正体	234
5.6	{デルタ函数, 踏段函数} の性質	234
5.7	超函数	245

目 次　　*vii*

5.8	♣ デルタ函数：E^3	249
5.9	♣ ラプラシアン Coulomb	253
5.10	♣♣ ラプラシアン湯川	256
5.11	♣♣ 離散ディリクレ核と周期デルタ函数	257
5.12	♣♣ 鋸函数	258
	参考文献	260

第6章　シュレーディンガー方程式の基本的性質　261

6.1	自由粒子	261
6.2	♣ 自由粒子のファインマン核	268
6.3	量子力学における慣性法則	273
6.4	時間反転対称性	274
6.5	一様外力下の粒子：初挑戦 (あえなく敗退)	281
6.6	非慣性系 (その1)：並進加速度系	282
6.7	一様外力下の粒子：再挑戦	291
6.8	◇ 積分順序入替公式	296
6.9	♣ 二連細隙干渉	297
	参考文献	298

第7章　運動量測定 (その1)　301

7.1	古典粒子の運動量測定	301
7.2	位置測定と運動量測定：定義	302
7.3	古典粒子集団の運動量分布測定	304
7.4	量子力学版飛行時間法	309
7.5	♣ 一様外力下の粒子：始運動量測定	312
7.6	♣ 古典粒子集団との相違	313
7.7	♣♣ 測定理論あるいは "観測の理論" について	315
7.8	◇ 補助不等式	315
	参考文献	316

第8章　調和振動子波動函数　317

8.1	古典調和振動子	317
8.2	非慣性系 (その2)：膨縮系	324
8.3	シュレーディンガー方程式に対する膨縮変換	325
8.4	調和振動子の量子動力学	329
8.5	♣ 強制調和振動子	344
8.6	♣♣ 断熱的な調和振動子	356
8.7	♣♣ 複素尺度因子	364
8.8	重大なる疑問	365
	参考文献	366

索　引　369

II巻，III巻の目次

第 II 巻

第 9 章　不確定性関係

第 10 章　演算子と交換関係

第 11 章　古典力学との形式的対応

第 12 章　エネルギー確率密度：予備的考察

第 13 章　緩坂と踏段

第 14 章　窪と丘

第 15 章　調和振動子

第 III 巻

第 16 章　♣ハミルトニアン固有値問題：一般論 ($\mathbf{E}^1$)

第 17 章　確率公準：決定版

第 18 章　エネルギー測定

第 19 章　♣準古典的状況：WKB 近似

第 20 章　実効一次元状況

第 21 章　位置デカルト座標に関する変数分離型状況

第 22 章　エネルギー確率公準とスペクトル構造 ($\mathbf{E}^3$)

序　章

0.1　本書の概要

0.1.1　☆ 基本精神

　本書において*¹シュレーディンガー方程式 (Schrödinger equation) とは，<u>時間変展</u> (time evolution) *²を記述するもの，つまり，"時間に依存するシュレーディンガー方程式" ("time-dependent Schrödinger equation")

$$i\hbar \frac{d}{dt}\psi = \breve{H}\psi \tag{1}$$

を指す*³．量子力学 (quantum mechanics) は，名の通り「力学」であって，物理現象の時間変動を記述すべき基礎理論である．古典力学 (classical mechanics) をあえて分類すれば，静力学 (statics) と動力学 (dynamics) になるが，前者は後者の一極限にすぎない．量子力学も同様である：シュレーディンガー方程式といわれて反射的に固有値方程式すなわち "時間に依存しないシュレーディンガー方程式" ("time-independent Schrödinger equation")

$$\breve{H}\psi = E\psi \tag{2}$$

を思い浮かべる向きもあるかもしれないが，これは，「(1) の，重要ではあるが特殊な場合」あるいは「(1) を解くために使われる補助」にすぎない．本書は量子力学を**量子動力学** (quantum dynamics) と捉える*⁴．

---

*¹ まえがきと本章に限り周期境界条件を課す：未定義記号など (例えば，今しがた使ったコロン，本項見出しに付けた☆，まえがきで何本か引いた下線，⋯) が出てきても逡巡 (しゅんじゅん) せず読み進み，もし気になったら，巡読 (≡「序章末に至ったら，まえがきに戻って再読」) して下されば，不明や不定がおおむね解消するだろう (その代わり，矛盾リーマン面が生ずるかもしれない)．なお，脚註の取り扱いにはご用心　♡ 0.3.2 項末尾の脚註に "とりせつ"．

*² "Time evolution" は "時間発展" と訳されることが多いが "発展" は価値観を含む．ダーウィン説 (Darwinism) の文脈で evolution の訳語とされている "進化" は，第一義が "進歩して発展すること．↔ 退化." [広辞苑] であって，価値観がさらに強烈 ("進化論では退化も進化に含まれるのだよ" と解説のたまう前に不適切業界訳語が修正されるべきだろう)．語源を引くと，ラテン語の volvo (転がる，回転する，渦巻く，⋯ [羅和辞典]) から派生した同じくラテン語の evolvo (解き開く，巻物を広げる，巻物をひも解いて読む，開陳する，熟考する，⋯ [*ibid.*]) に由来する動詞 evolve の名詞形が evolution (これに r が付けば revolution：革命)．この躍動感と展望性を合わせもつ語を価値観なく遺憾なく訳したい，"変転" では "転 (ころがる，ころがされる)" が主体性に欠ける気がする，試行錯誤の末，<u>変展</u>を私造．

*³ 式 (1) および (2) の記法はイーカゲンであり，第 3 章以降にて正式に書く．

*⁴ シュレーディンガーさん (Erwin Schrödinger [1887.8.12–1961.1.4]) は 1926 年の Annalen der Physik に (筆者の知る限り) 五編の論文を出版し，うち四編に，"固有値問題としての量子化" なる共通標題を付けた [5]．第一報告から第三報告までは標題通り (2) に相当する式を扱っている．しかし最終の第四報告は，同じ標題を不適切に踏襲したまま (1) に相当する式を導入し，§1 にて次のように述べている (ルドヴィヒさんに依る英訳 [6] を参照しつつ拙訳：括弧内は筆者補足)：

　　　方程式 ((2) に相当する式) を "波動方程式" とよんだことも時折あるが，このよび方は本当は正しくない："振動" または "振幅" 方程式とよぶ方が正しかろう．⋯今まではポテンシャルが時間に依らぬと仮定してきた．⋯しかし，ポ

2   序 章

0.1.2 構 成

　本書は本巻 (量子力学 I) を含む三巻から成る．概念構成に至る動機づけを重視し，歴史的順序には
こだわらず，架空の歴史を想像・創造して話を進める．抽象形式論は避けて波動函数 $\psi(\boldsymbol{r};t)$ *5 を主
役に据え，特に本巻は**波動動力学** (quantum wave dynamics) に徹する *6．量子力学と聞けば気にな
る量子力学的測定理論 (いわゆる "観測の理論" あるいは "観測の問題")，これについては，観念的で
はなく「実験室における測定」という現実的問題として，概念的・形式的準備の進展に応じて論ずる．
　本巻の構成は以下の通り：

- 序章：読み跳ばしてかまわない．ただし，後述の凡例 (特に 0.3.1～0.3.3 項) だけは目を通して
  いただきたい．
- 第 1 章：量子力学の夜明け前，古典物理学が直面した困難について概観し，古典物理学からの
  脱却に立ち会う (いわゆる "前期量子論")．興味なき読者は 1.4 節 (ヴェクトル)∧1.5 節 (並の
  波)∧1.8 節 (ド・ブロイ関係式)∧1.9 節 (次元解析) だけを眺めて第 2 章に進まれたい．
- 第 2 章：ヤングの二連細隙実験 (光の場合と似たものを電子などで行ったもの) を考察し，
  ウェーヴィクルとしての電子という見方 (粒子波動二重性) に至り，"確率波" としての量子波
  動を導入する．
- 第 3 章：量子波動と古典粒子像との折り合いをつける方策を考え，量子波動が従うべき運動方
  程式を模索し，最終案を基礎方程式として採用してシュレーディンガー方程式と命名する．こ
  れにともない，シュレーディンガー方程式に従うこととなった量子波動を正式に波動函数とよ
  ぶことにし，波動函数の意味について公準 (状態公準と暫定的確率公準) を設定する．
- 第 4 章：自由粒子を記述する波動函数の具体例として自由ガウス波束を紹介し，これに拠っ
  て，波動函数一般の性質について推測する．この推測を足がかりに，位置確率密度と運動量確
  率密度という考えを導入し，シュレーディンガー方程式との整合性吟味を経て，確率公準を確
  立する．これに基づき，実験と理論を結びつける 要^{かなめ} となるべき公準 (実理比較公準) を設定す
  る．また，位置と運動量それぞれについて期待値や揺らぎを定義する．
- 第 5 章：量子力学の話の筋からすれば脱線となるが，波動函数は大人しい函数であるべきこと

テンシャルが時間を含むとなるや，もはや振幅方程式は妥当ならず，真の波動方程式 ((1) に相当する式) を使わねば
ならぬ．
この文章から 90 年を経た現今，たとえポテンシャルが時間に依らぬ場合でも，(2) ではなく (1) こそ本質的なることが
明らかとなって久しい．原理的観点からだけに限らず現実的応用に即しても，実験技術の進展にともない，(1) が直接
に問題となる状況が増えている．

*5 二粒子系なら $\psi(\boldsymbol{r}_1, \boldsymbol{r}_2;t)$．

*6 歴史的に，ハイゼンベルク理論とシュレーディンガー理論が対置され，前者が "行列力学 (matrix mechanics)"，
後者が "波動力学 (wave mechanics)" とよばれた時期があるが，その場合の "波動力学" は (1) と (2) の総称．
2003 年春，印象的な文章を目にした： "It's not your grandfather's quantum mechanics. Today, researchers
treat entanglement as a physical resource: Quantum information can now be measured, mixed, distilled,
concentrated, and diluted." [7] **古人類**たる祖父たちに対し "我らは **Q 人類**なり" という高らかな宣言と読める (物
理屋は古人と Q 人に分類できると筆者は思う：古典論という足場を意識していないと不安であり，いつまで経っても量
子論を新鮮に感ずる，それが古人，一方，量子論で育ち quantum が当たり前になっているのが Q 人)．これに従えば，
二十歳代の読者にとって本書は，さしずめ "曽祖父たちの量子力学"．近年の "量子情報論" の展開は興味深いが，さり
とて，世阿弥の「時分の花」の教えも忘れるべきではなかろう：
　時分の花を真 (まこと) の花と知る心が，真実 (しんじち) の花になほ遠ざかる心なり．ただ，人ごとに，この時分の
　花に迷ひて，やがて花の失 (う) するをも知らず．(一時的な花を，真の花であるかのように思いこむ心が，真実の花
　からいよいよ遠ざからせる心がけなのだ．誰でも彼でもが，この一時的な花を本ものと混同し，それがすぐに消えて
　しまう花だということも知らずにいる．) [8]

に注意喚起するとともに，今後しばしば使うこととなる超函数 (特に，デルタ函数と踏段函数)
についてまとめておく[*7].

- 第 6 章：第 4 章の結果を受け，自由粒子と一様外力下の粒子について，シュレーディンガー方
  程式を一般的に解く．この作業を通じて，波動函数と馴染みになるとともに，シュレーディン
  ガー方程式の基本的諸性質も垣間見る：(量子力学における) 慣性法則，時間反転対称性，瞬時
  ガリレイ変換とガリレイ共変性．一様外力下の粒子は瞬時ガリレイ変換に拠り自由粒子に帰着
  できる (力学分解定理その 1)．最後に，二連細隙実験について，本書現段階にて可能な限り詳
  しい解析を試みる．
- 第 7 章：運動量測定とは何か，これを確率公準と実理比較公準に基づいて考察し，定義する．
  測定法の一例として量子力学版飛行時間法を論ずる．
- 第 8 章：物理全体において基本中の基本といえる調和振動子 (一般に，ばね定数が時間変動す
  る "パラメトリック調和振動子") についてシュレーディンガー方程式を一般的に解く．調和振
  動子は膨縮変換に拠り自由粒子に帰着できる (力学分解定理その 2)．調和振動子を記述する波
  動函数の具体例として 拉 状態 (脈動波束) ∨ コヒーレント状態 ∨ 拉コヒーレント状態 をあら
  わに書き下す．強制調和振動子と断熱的調和振動子 (断熱定理 ∨ 断熱不変量など) についても
  論ずる．

註　II 巻，III 巻の章タイトルを目次に掲載した．

♣♣ 註　本書全三巻をもって一人称の量子力学の土台の杭打ちが終わる．これに続いて，杭の周りを固め粒ぞ
ろいの石も敷き詰めて土台を造り懸案の難題を或る程度だけ片付ける (23〜29 章：描像，変分，摂動，二粒子系，
元祖 EPR 絡縺，没個性多粒子系，どっちみち難題)．全体を「序破急」三段に分ければ，ここまでが序の段．破
の段は，土台の一段上に免震回転盤を設置し角材で家を建ててアンテナも付け (30〜35 章：球対称状況，角運動
量，中心力，理想水素原子，水星水素，回転系，電磁場中の荷電粒子)，くるくる回る風見鶏つきの屋根を載せる
(36〜39 章：スピン，SU(2)，パウリ方程式，スピン動力学，⋯ PTBE)．これで，まだ破屋ではあるが，量力
入居 (入門) が一応の完結を見る．急の段は，ご用とお急ぎでないとはいえ無制限に時間をとることもできなか
ろうから大急ぎで，中小の外壁を昼間にベルトで補強し (40〜44 章：抽象ヒルベルト空間，ブラとケット，量子
力学一般枠組，⋯ PTBE)，最後に全体を測量点検する (45 章：測定理論 PTBE)．もし暇をむさぼる余裕余力
があれば，絡まり縺れた蔦を整理したり趣味的装飾を施したり野いちご圃場を造ったり⋯(46 章 〜：generic
entanglement, EPR, symmetry, Berry anholonomy, non-relativistic field theory, ⋯ CTBE) [*8].

♣♣ 註　第 23 章以降[*9]にご関心ある向きには筆者 HP 一人称の量子力学 (略称：－Q) (https://takagishin.
jimdo.com/) をご覧くだされば幸い．

0.2　執筆方針

方針は発心にして発現に非ず⋯[*10].

- 原則として三段階説明方式を採る：

[*7] 過度にくどくどと書いた感があるが，これは，たまたま或る事件に立ち会ってしまい超函数の安易な使用は厳重要注意
と思い知らされたトラウマの為せる業：優秀な理論物理学者の手になる 20 ページに及ぶ論文 [9]，しかも 20 世紀も末
葉になってからの論文が，$\Theta(x)\delta(x) = \delta(x)/2$ なる "公式" (♡ 5.6.2 項) を使ったがゆえに (この短い式たった一つの
せいで) 物理的に有り得ぬ結果を導いてしまった．

[*8] PTBE ≡ partially to be edited, CTBE ≡ completely to be edited.

[*9] いかにすべきか (to be or not to be published), 師ハムレツ [Hamlet: ハム (ham〜hamiltonian) 入りオムレツ
(omelet〜omen) 好きの師匠] に吉凶予兆 (omen) を伺って本書第三巻刊行後に決めたい．

[*10] この方針は，理想論を承知で発信発言したもので，自戒の道標であり，実現不能，せいぜい漸近できるだけ．執筆中に
方針を見失って放心状態になることしきり，はたまた図に乗りすぎて漸近級数よろしく記述発散し，気分発散すべく何
度も執筆中断．気がつけば，書き始めてからすでに 20 年あまりという体たらく．

4 序章

1. まず, 手持ちの素養 (物理的常識や予備知識や勘) に基づいて直観的に考察し, その内容を言葉で (非正確ながらも) できるだけ詳しく述べる,

2. 次に, それを式で精確に書くことにより, 直観を数学的に裏打ちする,

3. 最後に, 式の内容を大づかみに言葉でまとめ直し, 直観 (もしくは物理的常識) を更新する.

● 無駄も重複もいとわない. "教科書は何を書くかよりも何を書かないかが大切" といわれることがあるが, 本書はその意味の "教科書" ではなく, 大切な (と筆者が考える) ことはくり返しふり返り見る:

重複を省き, 無駄なくカリキュラムを組むというやり方に賛成できない. 重要なことは, くり返し色々な側面から学んだ方がよいのだ. [11]

同じ側面でも螺旋階段を一段登るごとに見おろし直すと違って見えたり新しいことに気づくかもしれない*11.

● 重要な結果には目印を付けるとよいが, 補助定理 (Lemma)・定理 (Theorem)・系 (Corollary) といった数学用語は堅苦しく本書には似合わず, 例外を除き一律に <u>演習</u>*12 と名づける. 演習は, 話の流れにめりはりを付けるものであり, 本文の一部を成す (それゆえ, "··· を示せ" といった類の指示句は原則として略). ほとんどの演習は, それに先行する議論や説明を理解した読者にとっては簡単に (あるいはじっくり考えれば) 導ける内容である. 原則として演習に答 (<u>証明</u>とよぶ) を与える. 証明も含めて跳ばさずに読まれるものと想定する. 演習として提示する事項, 証明で導く数式, そこで用いる考え方や計算手法など, 後続の節・章にて引用する.

● 証明は計算訓練も兼ねる. 計算は一種の職人芸, できるだけ的確に本質をえぐり出すよう心がける, それには優美さ (見かけだけの問題ならず) も大切:

◇ ホィーラーの第一訓律 (Wheeler's First Moral Principle): "*Never make a calculation until you know the answer.*" [13]. 答がわかってから計算せよ, 計算はできるだけサボることが大切, まず山勘で答を探す, 路に迷いそうになっても楽しげな脇道があればおおいに道草をくい連想にふける, その内に何か答らしきものに出くわせばしめたもの, その答が出るように計算を進めてみる, 荷物は軽いほうがよい, 諸量を無次元化 (または単次元化*13) して記法を簡潔にする, ただし "なんでもあるは" はだめ*14, 連想の働きやすい記法を入念に考案する, すると式は自ずと優美になり, つまらない計算間違いも防げる, こうしてたどりついた結果がもっともらしいものであれば勘が当たってめでたしめでたし, もし外れていたらこの失敗を <u>かんがへるヒント</u>*15 とすることにより <u>かんがふえる</u> (勘が

---

*11 もっとも, 螺旋階段がエッシャー型 (まだ大学初年級でご存知ない読者も有るかもしれないので参考物件ならぬ参考文献を挙げると例えば文献 [12]) で, 数段上がったつもりが元の所に下がってしまうことも (筆者には) 多い. が, 例えば $z^{1/3}$ のリーマン面を散策したとでも思えば, また楽しからずや.

*12 この語は "軍事演習" などにも使われるのが気になる. そういう心配のない語にしたいのだが ··· (乞ご教示).

*13 例えば, 一般相対論の <u>被幾何化単位</u> (geometrized units)[14] のように, すべての量の次元を [(長さ)$^\gamma$] ($\gamma \in \mathbf{Z}$) で統一. この方が, 次元解析や数式妥当性点検などには, 完全無次元化より好都合.

*14 例えば一目で誰にも通ずる $ma = f$, これを $\alpha_1 = \alpha_2\alpha_3$ と書いたら, 論理的にはまったく問題ないが何のことやら理解されない:人間の理解能は, 社会的教育的環境の影響を受け, **記法不変性の破れ** (SPBNI: socio-pedagogically broken notation invariance) が顕著. むろん, BOEC (back-of-envelope calculation:封筒や広告の裏でする計算) などに使う記法は場当たり的でよい. ただし, 計算途中結果は, 適宜, 第三者にもわかるよう正式記法で書き留める. 場当たり記法のままにしておくと一か月 (筆者などは二三日) も経てば自分自身にも何のことかわからなくなる.

*15 小林秀雄さんご自身をぱろでるつもりはない:「考へるヒント」といふ題名がついている. 私がつけたのではない. **編集者**がつけた. さう題をつけられてみれば, さういふものかなと思っているだけだ." [15]

増える).

- 筆者が与える証明は「あくまで一つの答案」であって "唯一無二の正答" ではない．それどころか，数式や数値をすべて一から導いた[16]がゆえに，回りくどかったり不透明であったり，挙句の果ては間違いがあることに間違いがない．

- "物理数学 (特に特殊関数) をマスターしておかないと量子力学は理解できない" と思っている読者[17]があるならば，それはとんだ心得違い．"ハイテク機器" をそろえてから始めるのではなく，何とか道具を手作りしつつ進む．その方が楽しいし，お仕着せの "マニュアル" に頼らず試行錯誤の手作業 (manual work) を経て初めて，"ハイテク機器" などの中身や利用価値もわかろうというもの[18]．それこそが**本来の物理数学** (物理屋向きの直観的論理および数学) だろう．

- 各章末参考文献は，"量子力学に初めて接する人" の役に立つようにとのものではなく[19]，世間で重要といわれている文献を紹介しようというわけでもなく，ましてや特定事項について関連文献を網羅しようなどという意図はまったくなく，たまたま引用または参照した文献の備忘録にすぎない．一通り量子力学入門を終えた読者が個々の項目について詳しく知りたいという場合には多少のお役に立つかもしれない．

0.3 凡 例

0.3.1 ☆ 論理記号など

- 括弧・太字・下線
「…」と『…』は「文意を明瞭にする」ために使用 (「引用」ではない)，
"…" は『『引用』または『慣用に従って不承不承 (批判含みで) 使う語句』」，
太字は**重要語句** (下線が引いてなければ**公認用語**[20])，
<u>下線</u>を引いたものは<u>拙造語句</u> (私造した非標準的な語句)．

- 論理記号
$=$ は「衆知の定理や先行する議論から導き得る等式 (equality)」，
$\equiv$ は「単なるいい換え (paraphrase) または略称 (abbreviation)」，
$:=$ または $=:$ は「定義 (definition)[21]：
「$A := B$」は「A を B で定義する」($\equiv$「A は B に等しいものと定義する」) の意，

---

[16] 教科書類を見ると引きずられてしまうので，特に印象に残っている文章を引用したりする以外は，参照を避けた．特に1990 年代以降に出版されたものは，著者から送っていただいた [16] と [17] (はしがき・まえがきを拝見した限りだが，好対照を成し，本書とも趣旨の異なる好著と推察) を始め，読みたくてしかたがないが読めないでいる．

[17] 学生時代の筆者がその一人．大学三年になり量子力学を正式に習い始めたときの教科書は参考文献 [18]，右も左もわからぬうちにエルミート多項式やら球ベッセルやらが出てきて，それだけで目を回してしまった．

[18] まにゅある人間のすすめ：まえがきに引用したゴットフリートさんの quantum mechanic を 0.1.1 項の基本精神に照らして簡略に言い換えれば**量子大工** (だいく) (←── 量子大波工 (だいなみく) ←── quantum dynamic).

[19] 初学者が当たっても準備不足で砕ける．初学者ならずとも，一つの文献を理解するにはそれに引用されている諸文献を読まねばならず，さらにそれらを理解するには…，と切りがないこと (発散の困難) は筆者も同じ：テキトーなところで "わかった" ことにして誤魔化す (無知のくり込み)．

[20] 公認用語とは物理学辞典 [24] $\vee$ 理化学辞典 [25] $\vee$ 数学辞典 [26] に登録された用語．

[21] 定義記号は，$\equiv$ を使う書物も多いが，左右不対称な (方向性を有する) ほうが便利．「いい換え」との区別が明晰でないが，おおむね，「定義」は「本書全体に通用すべき正式記法や正式用語」を指定し，「いい換え」は「正式用語に名づける愛称・略称，または演習の証明などにてその場限りで使う記法 (ad hoc notation)」を導入する．

「$A =: B$」は「A で B を定義する」($\equiv$「A に等しいものと B を定義する」) の意.

文中にても例えば次のごとく使う:

「$B := S[\mathcal{Q}]$ を用いると」 $\equiv$「$S[\mathcal{Q}]$ に等しいものと B を定義し, それを用いると」.

$\wedge \equiv$「かつ (and)」[22],

$\vee \equiv$「または (or)」,

「$A \Longrightarrow B$」$\equiv$「A ならば B」($\equiv$「A は B を意味する (A implies B)」),

「$A \Longleftrightarrow B$」$\equiv$「A と B は等価 (equivalent)」,

註 $\{\wedge,\ \vee,\ =,\ :=,\ =:,\ \equiv\}$ は $\Longrightarrow$ や $\Longleftrightarrow$ より優先:

「$a \wedge b \Longrightarrow C$」$\equiv$「$(a \wedge b) \Longrightarrow C$」,　　「$A \Longrightarrow b = c$」$\equiv$「$A \Longrightarrow (b = c)$」,　$\cdots$.

優先順位を変えたい場合には $(\ \ )$ や「　」を使う:

「$a \wedge (B \Longrightarrow C) \Longleftrightarrow D$」$\equiv$「「$a \wedge$「$B \Longrightarrow C$」」$\Longleftrightarrow D$」,　$\cdots$.

- 注意喚起記号

  ♣ $\equiv$「少し細部にわたる (または少し高度な) 内容」[23],

  ♣♣ $\equiv$「♣ よりもさらに細部にわたる (または高度な) マニア節[24]」[25],

  ♣♣♣ $\equiv$「極めつけマニアク (maniac) な内容」,

  　　　註「♣ 付きの章 $\vee$ 節」の中の「♣ 付きの節 $\vee$ 項 $\vee$ 演習」は全体からすれば ♣♣.

  ♡ $\equiv$「なぜならば」$\vee$「その心は」$\vee$「いわむとするところは」,

  ☆ $\equiv$ 重要,

  ◇ $\equiv$「きらりと光る教養またはアイデアを含む備忘録」[26],

  ■ $\equiv$ 証明終了 (q.e.d.: quod erat demonstrandum [27]): 証明 (proof) を (自明または読者に
  お任せとして) 省略する場合にも,「virtual proof 終了」の意味をこめて, この印を付ける.

- 引用記号: *ibid.* $\equiv$ 同書 (章, 節) に (ibidem), p. $\equiv$ ページ (page: p.137 $\equiv$ 第 137 ページ),
  pp. $\equiv$ 複数ページ (pages: pp.3–14 $\equiv$「第 3 ページから第 14 ページまで」).

0.3.2　文法・文体

- 責任の所在を明確にするには表述主体を明記すべきであろう[28]. ただし, 文が長々しくなる
  ことを避けるべく, 以下のごとく取り決める: 受身の文章は世間一般に認められている (と筆
  者が感ずる) 事項を表し (「A は a とよばれる」$\equiv$「A は世間一般に a とよばれている」), 主語
  を伴わぬ述語 (よぶ, 名付ける, $\cdots$) の主語は筆者とする (「A を a とよぶ」$\equiv$「世間一般はい
  ざ知らず, 本書にて筆者は A を a とよぶ」).

- 「学生が」$\equiv$「筆者が知っている $\vee$ 筆者の脳裏に浮かぶ, (往年の) 学生さんたちが」$\vee$「学生

---

[22] 外微分形式の積記号としても $\wedge$ が使われるので紛らわしいが, 本書でごくまれに外微分形式を使う場合には, 逐一, 断る.

[23] ♣ $\equiv$ SC $\equiv$ single club ($\neq$ singles club (独身者クラブ)) は「同好の士の集う倶楽部」. 基本部分 (無印) を読んで余力ある読者向け, 初読の際には跳ばして構わぬ. ただし, いずれ必要となる内容も含む. 必要となった時点にて ♣ 記号が解除されたと見なし, 戻って読まれたい.

[24] マニアせつ:“マニヤぶし”と読まれるとナニヤブシ (浪花節の岐阜弁発音) みたいだが, それもよかろう. 要するに, キャットフードに飽き足らぬような顔をしている猫に与えられる鰹 (かつお) 節のようなもの (喜ばれるか迷惑がられるかは猫によりけり).

[25] ♣♣ $\equiv$ DC $\equiv$ double club は, 本書の CD 版を夢想すれば, DC ($\equiv$ double click) 記号.

[26] 本文にて予備知識として仮定した基礎的事項, または, 当面は必要ないが願わくばいずれ役立つあるいは役立たずともそれ自体として楽しい教養: したがってあまり登場せず.

[27] ラテン語: which was to be proved [新英和大辞典]. なお, 次の行の ibidem もラテン語: in the same place [*ibid.*].

[28] 標準的教科書の“A を a という”という典型文体は責任所在不詳も風聞流布も天下ご免というというとびあ.

時代の ∨ つい最近までの，筆者が」

- 式も文 (の一部) と見なす：式の最後にピリオドやコンマが有るか否かは重要.

- 文語もどき：“偉ぶって” 見えそうなることが困るが，さようなつもりは毛頭なく，**最少作業の原理**[29]に則らむがゆえに採る方策にすぎぬ：正式文語無知なる筆者が遣う**もどき**は主に以下のごとし：

  ··· ゆえ ≡「··· であるから」， ··· なる ≡「··· という ∨ ··· に提示した ∨ ···」，
  ··· のごとく ≡「ほぼ精確に，··· の通りに」[30]，
  しかるに ≡「ところで ∨ ところが ∨ ···」[31]，
  所与の ··· に対し ≡「或る ··· が与えられたとして，その ··· に対し」(for a given···)[32]，
  ··· を採る ≡「あれこれ迷った挙句，··· を選んで採用する」(choose and adopt).

- 「文末や句末に登場するコロン (colon :)」：文脈に応じて，つまり ∨ すなわち ∨ いい換えれば ∨ 詳しくいえば ∨ 式で書けば ∨ 例えば ∨ ···.

- 読点使用規則[33]：読点は，原則として，一文を三分する[34]．点間句 (≡「二読点で挟まれた句」) は，挿入句であり，削除しても文意を損なわぬ．例外的に一文を四分する場合にも点間句は二つとも挿入句である．文頭に登場する主語は点間句 (が述語を含む場合) の主語も兼ねる．文脈から自明な場合に限り 読者 ∨ 筆者 ∨ 物理屋一般 (いずれも不明示) が点間句の主語なることもある．

- カタカナ vs ひらがな：音訳外語 (transcription) は カタカナ (ワードプロセッサー：word processor，プロセスチーズ：processed cheese，···)，加工外語 (processed word) は ひらがな (わあぷろ，ぱそこん，まざこん，···).

- へ・の・で・に：「の」は所有格に限定し，「で」は手段を表す手段 (英語なら with) に限定し，「に ∨ にて ∨ において」で 時刻 ∨ 場所 に言及する[35]．

- 「時 (とき) と場合 (ばあい)」を区別：“··· のとき” ∨ “··· したとき” は時刻か場合か不明確ゆえ使用せず，「··· の時」∨「··· した時」を時刻指定に限定して使う．

- 三種の「による」を漢字で区別：

---

[29] Principle of least activity，すなわち電鍵をたたく回数を減らしたいなる**ものぐさ原理**：“しなければならない” は「せねばならぬ」として電鍵叩数 2/3，···．なお，「なに調」で書くかは時と場合と目的によることであり，たまたま手許に在る本のうちにも「熟練の，だ・である混合調」[16] や「人形劇情緒の [19] ∨ 語りかける口調の [20] ∨ 旅行記風かつ情熱ほとばしる [21]，ですます調」などの好著は枚挙に暇がない．本書は筆者のだ性でである調ですます.

[30] まれに「··· のように」と書く場合には「大雑把に ··· のように」の意．

[31] 前提条件・既出事項・衆知定理などを想起すべく使い，文脈しだいで順接にも逆接にもなる．

[32] “与えられた ··· に対し” と書くと，“すでに与えられている” のか “今まさに与えられようとしている” のか判然とせず，「与えられたとして」なる意味合いが不鮮明．

[33] 広辞苑 (“この辞書は，国語辞典である ···”[広辞苑 凡例 p.9]) の “国語文” の典型例 **十分条件** ··· 事項または判断 P が成立すれば，事項または判断 Q が成立するという関係がある時，P を Q 成立のための十分条件という．” は，“がある時” の “時” が “なんじ” なのかはさておき，読点位置が筆者には理解不能．「書き手が息切れして点滴を要する気分になった時に文意と無関係に点を打つ**点滴気分文** (略して，**てんてきぶん**)」としか思えず，“十分条件” とはなんのことか，てんでがてん (合点) がゆかぬ．日常文なら点の位置に動転せず常識で文意が汲み取れることもあろう．しかし，数学や物理の術語頻出文ではそうはいかぬ．優れた職人的文筆家の意見 ([22]，前編 pp.15-182) を参考にし，必ずしもそれに捉われず，“国” などという枠は超越し筆者にもわかる母語日本語の構文規則を造ってみた．その一環が，ここに述べる読点使用規則．

[34] 一文を二分する**腹切り点**はてんでばらばら文を生んで，文意を散漫にするので使用せぬ．

[35] 「主格の “の”」の頻繁の登場や「同格の “の”」や「目的格の “の”」の使用の連発のべつまくなしの**のれん文**のあいまいなのを放置することへの反省の欠如のへのでの文での “で” のでしゃばり連なる**でれん文** ∨ でまかせ文の回避策．“··· の定理” ∨ “··· の法則” ∨ “··· の方程式” ··· の “の” も原則的に省略．ただし，章節題目への使用や標語での活用は例外．

$$\cdots \text{ に依る} \equiv \lceil \cdots \text{ に依存する：depend on } \cdots \rfloor,$$
$$\cdots \text{ に因る} \equiv \lceil \cdots \text{ に起因する：be caused by } \cdots \lor \text{ result from } \cdots \rfloor,$$
$$\cdots \text{ に拠る} \equiv \lceil \cdots \text{ を根拠とする：be on the basis of } \cdots \rfloor.$$

- 三種の「ある」を漢字で区別：「或る性質が有る粒子が或る地点に在る」.
- <u>ら有り語</u>と<u>ら無し語</u>[*36]：「ら有り語」は受身だけに使い (蛙が蛇に食べられる，$\cdots$)，可能には「ら無し語」を採用 (蛙も蛇も食べれる，$\cdots$).
- 非と不を使い分ける [23]：
$$\text{不} \cdots \equiv \lceil \cdots \text{ を単純に否定した概念} \rfloor,$$
$$\text{非} \cdots \equiv \lceil \cdots \text{ か否かにこだわらぬ (} \cdots \text{ を超越した) 概念} \rfloor.$$
- 術語・人名[*37] (および生没年月日)・カタカナ表記は，原則として，物理学辞典 $\lor$ 理化学辞典 $\lor$ 数学辞典に従う．これらを含め，参照した辞典辞書類は，以下に示す愛称や略称や通称で引用する (正式名称はそれぞれ参考文献 [24]～[40] 参照)：物理学辞典 [24]・理化学辞典 [25]・数学辞典 [26]・明解国語辞典 [27]・広辞苑 [28]・古語辞典 [29]・漢字源 [30]・漢字なりたち辞典 [31]・コンサイス独和辞典 [32]・コンサイス英和辞典 [33]・新英和大辞典 [34]・ラルース仏和辞典 [35]・ギリシヤ語辞典 [36]・葡和辞典 [37]・コンサイス露和辞典 [38]・羅和辞典 [39]・Webster [40].
- 脚註ご用心[*38].

次項以降は，原則として，以上のごとく決めた文体で書く[*39].

0.3.3 非公認用語

<u>非公認用語</u>[*40]を，あえて，いくつか使う：

- "関数" ならぬ<u>函数</u>：もともと function を漢字で音訳したものと聞くが，絶妙，函に物 (x) を入れると別の物 ($f(x)$) が出てくる，それが函数[*41]．函数を "教育漢字" に再音訳した (!??!)

[*36] 「ら無し」は "ら抜き" といわれることが多いが，"手抜き" みたいにいわれるのは偏見だとの慷慨 (文献 [22] p.230) に共感し，「ら有り」と「ら無し」を対等に遇す．"らありの NHK 弁，覚えられます？ 受身尊敬可能の三重縮退，聞き分けられません."

[*37] 本文中は敬称肩書略．国家が授与する称号や爵位などは，慣用されているものであっても，省略.

[*38] 最初から細部に拘泥すると木を見て森を観ず．さりとて，一通り基礎を習得してから振り返るとやはり気になる，そんなときに役立つようにと脚註を付す．こういう真っ当なもの以外に，脚註 (footnote) の名の通りフッと気づいてノートした，論理も脈絡も無視したものや，本文に書くのが気が引ける駄洒落も脚註に回す (むしろ，その方が大多数)．"脚註が多くて気が散るうえ字が小さくて読みにくい" かもしれぬが，ほとんど饒 (じょう) 冗句，しかも無定義語やがてん文 ($\cdots$ が，$\cdots$) があるが，てんてき文も，のれん文もへのでも文も，でまかせ文も出放題，はたまた体言止め．なんでも有り体で有り体 (ありてい) に書くというというとびあ，テキトーに有視 $\lor$ 無視されたい.

[*39] こう決めた結果，自作文法で自縄自縛，妙ちきりんな文章の羅列となったのみならず，文法破りも多かろう．まさしく "ものを書く書き方を書くのは，当人にとっては，自分で自分の首を締めることになりかねない無謀な行為 $\cdots$." [41]．日本語母語話者物理屋むけに書かれた科学英作文指南書にも曰く："**A Final Exercise**: Correct the instances in which I have failed to follow the rules I recommend." [42]．いずれにせよ，"自分の性格を，外側からながめることは，ほとんどできない．自分の書いたものについてもおなじだ." [ヴィトゲンシュタイン『反哲学的断章』(丘沢静也訳)：2012 年 12 月 4 日の中日新聞朝刊の岡井隆さんの「けさのことば」から曾孫びき].

[*40] 正確には非被公認用語："公認" はお上の立場であり庶民からすれば被公認．さらに，「語」からすれば非被公認被用語.

[*41] この字にこだわるのは，大学に入ってすぐ初めて解析概論 [43] で見て鮮烈な感銘を受けたからだけではない．"箱数" ではどうか？ いけない．"箱" には竹で蓋 (ふた) がしてある．"函" は上横棒がやや長すぎるきらいはあるが，ちゃんと左右肩に出し入れ用の隙間がある．しかも，内部の猫の髭 (ひげ) のように見えるものを {口，又} と書く流儀 (ダランベルシァン (口) とナブラ (∇) を "インストール" した "バージョン") もある.

"関数"はいかなる意味を有する語か？ "数と数の関係"？ 抽象的でいただけない．たとえ黒函 (black box) であっても，その気になればいつでも中をのぞいて見れる，そういう感じがして親しめる，それが函数．

- **"共役" ならぬ 共軛**：教科書に "共役" と書かれて "きょうえき" と読む学生も少なくないが間違い．一本の棒の両端に牛が一頭ずつ首を繋がれている，棒の中心は固定されていて，一方の牛が前に動けば他方は必然的に後に動く，対等に連動する，それが「牛の共軛 (conjugate) 関係」*42．複素数 c と c^* は，互いに対等であり，複素平面上にて一方が右下へ動けば他方は右上へ動く，まさしく共軛すなわち**複素共軛 (complex conjugate)**．

- **"放射" ならぬ 輻射**：四方・六方・八方・十二方・二十方・… と三次元的に伝播する radiation，これを見立てるに **"輻　車のこしきと外輪との間をつらねささえる木"** [漢字源]*43 に目を付けた先人の素晴らしき眼光．ところが，放射線・放射能・放射冷却・熱放射・黒体放射など，「輻」が追放され "放" が野放図に使われ放題になってしまった*44．"放" は，放物線やホース放水など "一本の曲線状となって伝わる (動く)" 様子を表す，これが本職であろう．牛車の輻は，三次元全方位的とはいえぬものの「二次元＋α」であって，少なくとも 四方・八方・十六方・… を視野に納める*45．

  ☆註　函数にせよ共軛にせよ輻射にせよ，訳し得て妙，初見は難しげ*46 (妙薬は苦し) なるも，妙訳は逃がしてはいけない．先人の知的遺産として大切に遣うべきではなかろうか．上記以外にも 歴史的誤謬 ∨ 考案者恣意 に因る不適切な公認用語の例に事欠かぬこと，読者も常日頃ごろお感じであろう：代表例が "慣性・質量・質点"*47．しかし，慣例の法則に屈して，慣性・質量・質点は使う．

- **"十分" ならぬ 充分**：或る中学生に "必要じっぷん条件って何？" ときかれたことがある．"十分" と書かれたら "じっぷん" と読んでもおかしくない*48．"十分条件" に代えて**充分条件**と書き，これに応じて，"条件を満たす" とせず「条件を**充**たす」と書く．

---

*42 原語語源を引くと "conjugate ＝ con+jugate ∼ com+jugum ∼ together+yoke：yoke＝軛 (くびき)" [新英和大辞典]．「くびき」は，牛にとっては厄であり芳しくなかろうが，"役" と書いて "えき" と読まれるよりはまし："役 (えき)" (∼ 戦争) は牛とてご免蒙 (こうむ) りたかろう．

*43 「輻」は「や」とも読まれる．現代では木より金属が主流：**spoke** (車輪の) 輻 (や)，スポーク." [新英和大辞典]．広辞苑の**牛車** (ぎっしゃ) の項に「こしき (∼ 車軸部分)」と共に図解あり．

*44 高校教科書や新聞は言うに及ばず理化学辞典もしかり．物理学辞典には辛うじて「輻射」の項が残るも **"輻射 ＝ 放射"** と素っ気ない一行のみ．

*45 那須与一宗高さんの**放ち射た矢**は輻射状に飛散して一片が的の扇に当たったのだろうか，屋島現場検証せねばわからぬが，それなら腕力さえ充分なら誰にもできる．"放射" が輻射を騙 (かた) るは与一さんの名誉毀損，平家物語学界から訴状の矢文が届いてないか？　放ち射たれた矢よりも的の扇の方がまだしも輻に近い．ホースも，根元に穴が開いていれば水が準三次元的に噴き出すかもしれぬが，それは放水ならぬ散水，"放射" より散射の方がまだまし．知恵をしぼって radiation を活写した先人の努力に想いを馳せて「輻活」(≡ 輻の復活) を切に願う．

*46 基本術語まで "難しい漢字はダメ" と "(意味不詳 ∨ 不適切の) やさしい漢字" でテキトーに代替するは悪しき画一形式主義だろう．数学や物理 (に限らずおそらく他の自然科学でも) では，ギリシア字やヘブライ字や独髭字など，ややこしい文字が記号としてたくさん使われるのに，なぜ「妙訳不当用漢字術語」(そんなに多数あるわけではない) は排斥されるのだろう？ "理系人は文系人と違って漢字が苦手" との老婆爺心かもしれぬが，単に「慣れ性」の問題にすぎぬ．記号の一種と見なせば，非日常の「不当用」なるがゆえに，地の文章から際立って印象的となり，不当どころかかえって好ましかろう．

*47 Law of inertia は昔通り**惰性 (だせい) の法則**と訳すのが真っ当であり，平たく言えば**万物すべからくものぐさの法則** (略して**ものぐさ法則**)．"慣性" では何のことかわからぬ ("慣れ" が惰性に因ることはあろうが，惰性は必ずしも "慣れ" ならず，世間の風潮に流されぬ尻重を "いけないこと" と決め付けるは不当)．"質量" は，英語の mass があまりにも単純なるがゆえに先駆者が訳出に苦労なさったろうと察しはするものの，意味不明：質 ∧ 量 (!??!) で自己矛盾を内包する塊？ かような違和感を抱くのは筆者だけではなかろう (あえて口に出す人は多くないかもしれぬが，例えば [44])．"質点" にいたっては，質店すなわち質屋のポイントと誤解されかねぬ．"{慣性質量, 重力質量}" は **{惰量, 重量}** とすれば簡潔にしてわかりやすい．

*48 "十分前の電車に間に合うよう十分の余裕で駅に着くための十分条件は…" (!??!)．

10   序 章

- "ベクトル"ならぬヴェクトル (vector)：科学用語における<u>B-V 縮退</u>は極めて深刻な情報消失[*49]．ベクレル (Becquerel) を "ベクトルの親戚" と勘違いする若い学生もいる[*50]．
- ギリシア字 γ (大文字は Γ) のカタカナ表記は "ガンマ" ならぬ**ガムマ**[*51]，人名も例えば Compton は "コンプトン" ならぬ**コムプトン**[*52]：先人は真っ当に書いておられたようであり，komma (comma の蘭語版) に関し，"コムマと名づく．訳して分点と云ふ (蘭学階梯 1788)" [広辞苑]．さらに感心すべきは，プランクの本にて音程論が数ページにわたり詳論される箇所に出てくる訳語 "ピタゴラスの コ$_\Delta$マ" [45][*53]．ただし Coulomb は，これもせめて**クーロム**としたいところだが，<u>慣例の法則</u>に屈してクーロン．
- "ベキ"を何とすべきかは悩むべきことであるが**冪**を難とせず採用[*54]．

0.3.4 数式など

- D 次元ユークリッド空間 $(D = 1, 2, 3, \cdots)$ を $\mathbf{E}^D$ と書く[*55]．

[*49] なぜ「ヴ」が排斥されるのだろう．山手線の車窓から見た "バイキン ランチ" なる広告，グが電柱に隠れていても「ヴァイキン ランチ」なら黴菌 (ばいきん) を連想しなかったろう．Beethoven も "ベートーベン" では「う〜んめぇ 米豆弁」なる駅弁．念のため：発音を問題にしているわけではない．原語発音のカタカナ再生は所詮不可能，教養独語の授業で故氷上英廣さんから教わった (不覚にも記憶不確で細部不確)："ギュョエァテァェ とは儂 (わし) のことかとゲーテ (Goethe) 云ひ"．そもそも "原語発音" とて地方や人に依りけり．

[*50] この (1990 年代中頃にメモった) "若きヴェクテルの悩み" は，稀代の深刻事故に因り，皮肉にも今や "時代遅れ" になりにけり："シーベルト" (Sievert) シートベルト (seat belt) と間違われ 苦笑いせし 日々は還らず」，「年寄りに おさな児までに ベクレルの 学習強いる時間泥棒」．

[*51] "コンマ" (comma) と同じく "ガンマ" が公認 (物理学辞典・数学辞典そして解析概論 ([43] p.108) も！理化学辞典は本文は γ と Γ のままだが索引に "ガンマ")，当然の結果として "conma, ganma" と書く学生が続出．

[*52] 高校世界史で「Cromwell：クロムウェル」と教わったのに大学物理に入ったら「Compton："コンプトン"」，新英和大辞典もクロムウェルと "コンプトン"，なぜ？ (乞ご教示)．

[*53] これにならってガムマも ガ$_\Delta$マ としたいのが本音だが，情けなくも，妥協．ちなみに，クロムウェル (Cromwell) も，ほんとうは クロ$_\Delta$ウェル にせねば m が Samuel [新英和大辞典に拠れば，サミュエルともサムエルとも表記される] などの mu と区別できぬ．

[*54] 文意混乱を防ぐべき手段として "ベキ" や "べき" でなく「冪」とすべきと結論：読者が書くべき必要はなく (筆者もソラでは書けず)，記号の一つとして認識できるだけでよい．数学辞典は，索引に「冪」を載せているものの，矢印で "ベキ" に誘導する：漢字を避けるべき理由が有るらしいが，それなら，外来語と見なすべきでないものをひらがなでなくカタカナにすべき理由は？ (乞ご教示)．ただし，「冪」は問題字かも："冪 かぶせる幕．おおう布．… 隠れて外から見えない小さな数 …" [漢字源]．英語は power：物理でいう power ("出力") と紛らわしくて困るが，「10^n は肩指数 n こそパワー全開で書くべきもの」と発案者が考えたとすれば，しごく真っ当．特にオーダー評価の場合，相対的に重要視すべきは底 10 よりも肩指数 n．それなのに，とびきり大きく書くべき肩指数を底より小さく書く陋習 (ろうしゅう) に感化されて「冪」なる漢字が選ばれたとすれば，そして，それが "何十万という問題を何十年という問題と同列に論じて平然たる風潮を醸してきたとすれば，看過すべきでない深刻な事態と捉えるべきであり，「冪」に代わるべき powerful な漢字を早急に探すべきだろう．

[*55] 単に "一次元空間" と書くと "周期境界条件を課した一次元空間 (円周 $\mathbf{S}^1$ とトポロジーが同じ)" や螺旋なども含まれ，単に "二次元空間" と書くと球面 $\mathbf{S}^2$ なども含まれ，…．なお，一般に空間は，{エネルギー E, スピン S, スピンヴェクトル $\boldsymbol{S}, \cdots$} などと混同せぬよう，太立体 {$\mathbf{E}, \mathbf{S}, \cdots$} で表す．ただし，本書全三巻においては，主にユークリッド空間だけを相手にするゆえ，$\mathbf{E}^D$ は「D 次元ユークリッド空間なる長い呼称の短縮形」として役立つのみではある．

0.3 凡 例 *11*

- 円などの次元について[56]：特に断らぬ限り[57]次のごとく取り決める：円周は一次元，円・円筒・球面は二次元，円柱・球は三次元．{単位円, 単位球} も，それぞれ {二次元, 三次元} とし，{単位円周, 単位球面} と区別する．

- 物理量 Q の次元を $[Q]$ で表す：「$[a_B] = $ [ボーア半径] $= $ [長さ]」[58]．

- 集合：{猫} や {$\star$, $\odot$, $\sharp$, $\flat$} は集合 (set) を表す．「元 ($\equiv$ 要素 (element)) の個数が有限ならば**有限集合 (finite set)**」$\vee$「元の個数が無限ならば**無限集合 (infinite set)**」とよばれる[59]．集合は，文脈に応じて，**順序付集合 (ordered set)** とする[60]：

$$\text{「\{花子の猫, 太郎の犬\} = \{ハナ, タロ\}」}$$
$$\Longleftrightarrow \text{「「花子の猫」= ハナ」} \wedge \text{「「太郎の犬」= タロ」}.$$

- {$\star \mid \cdots$} において「縦棒 $\mid$ に続く $\cdots$」は「元 $\star$ が充たすべき要件」を指定：

$$\{X \mid X^4 - 1 = 0 \ \wedge \ X \notin \mathbf{R}\} = \{\pm i\} \equiv \{i, -i\}.$$

- 数の諸集合を以下の記号で表す[61]：

$$\mathbf{N} := \{\text{自然数}\} = \{0, 1, 2, \cdots\}, \qquad \mathbf{N}_{1/2} := \{\text{半整数}\} = \{1/2, 3/2, 5/2, \cdots\},$$
$$\mathbf{Z} := \{\text{整数}\} = \{0, \pm 1, \pm 2, \cdots\}, \qquad \mathbf{Z}_+ := \{\text{正整数}\} = \{1, 2, 3, \cdots\},$$
$$\mathbf{R} := \{\text{実数}\}, \qquad \mathbf{R}_+ := \{\text{正実数}\}, \qquad \mathbf{C} := \{\text{複素数}\}.$$

- {$\in$, $\notin$} は {所属, 不所属} を意味する：$0 \in \mathbf{N}$, $\quad i \notin \mathbf{R}$.

- $\subset$ は 集団所属 ($\equiv$「部分集合 (subset) なること」) を意味する：$\{0, 1, 4\} \subset \mathbf{N}$.

- 「任意 ($\forall$)」 vs 「勝手」：おおむね以下のごとく使い分ける：

---

[56] こんなわかりきったようなことも書いておくべき事情がある．円 (circle) なる語が表す領域が一次元か二次元か，日常語としてはもとより数学用語としても，曖昧らしい．両者を峻別 (しゅんべつ) すべく円周 (circumference)・円盤 (circular disk) なる語が使われることもあるが必ずしも徹底していない："**circle** 円, 丸; 円周" [新英和大辞典]，"円板または円周のことを円 (circle) ともいう." [数学辞典 410 ユークリッド空間]．高校まで「円周率」$\wedge$「円の面積」という風に教わってきたのに大学に入って突然かようにいわれてはなはだ当惑 (ちなみに，筆者はプラスチックなどより木が好きだが，数学辞典は disk は木製と決めているらしい：「円板」)．英語は cylinder や sphere も曖昧："**cylinder** 円柱, 円筒, 円柱 [円筒] 面" "**sphere** 球; 球形, 球体, 球面" [新英和大辞典]．そのせいか，ベッセル函数 (とその同類) を指して "円柱関数または円筒関数 (cylindrical function) という." [数学辞典 374 ベッセル関数 B] という次第となる．数学辞典には，索引に "球" なる語がなく，"球体 (solid sphere, ball), $\cdots$ 球面 (sphere)." [数学辞典 410 ユークリッド空間] とある．球面に中身を詰めたものが球体なら，円周としての円に中身を詰めたもの (すなわち円盤) を "円体" というのかと思ったら，"$\cdots$ を総称して円分体または円体 (cyclotomic field) という." [数学辞典 240 代数体の整数論 L. 円分体の整数論]，つまり円体は円盤のことではないらしい．いやはやややこしい．

[57] 主な例外として，円周運動・楕円周軌道・大円周などとすべきところを，慣例に屈し，**円運動 (circular motion)・楕円軌道 (elliptic orbit)・大円 (great circle)** などと書く．

[58] "$[a_B] = $ [長さ]" なる式は，範疇の異なる二量 {a_B, 長さ} が同一函数 $[\cdots]$ の変量として登場しており，意味を成さぬ．鋭い指摘をして下さった安田達士さん (当時 早稲田大学学生) に感謝．にもかかわらず，便利さに負け，非論理的ながら意味は通ずるだろうとの希望的観測のもと，かような式を頻用する．なお，交換子記号 $[A, B]$ との混同は「コンマの有無」$\wedge$「文脈」に拠り回避できよう．

[59] 例えば {ハナ, タロ} は「ハナとタロを元とする，二元集合 ($\equiv$「要素の個数が 2 なる有限集合」)．{猫} は，「ありとあらゆる (空想上のものも含む) 猫を元とする集合」と定義すれば，おそらく無限集合．

[60] 正式には "対 (a, b) を順序対 (ordered pair) といい，集合 $\{a, b\}$ を非順序対 (unordered pair) といって，両者の区別を表すこともある." [数学辞典 162 集合 B. 集合算] らしいが，順序付きか否かにかかわらず集合はすべて $\{\cdots\}$ で表す．

[61] 四半世紀前まで (今でも？) の中学数学では 0 は "自然数" に入れられなかったと聞く (情報不確：乞ご教示)．人類が "0 を発見" するには相当の年月がかかったらしい [46] ことを考えればもっともなことかもしれぬが，"01 文明" のもとに生まれ育った人にとっては 0 は恐らく "自然" だろう．最近は第 1 章ならぬ第 0 章から始まる本も多く，本書もしかり："I am adopting the usual modern terminology which now includes zero among the 'natural numbers'." [47] なる流儀で行く．なお "半整数 (half integer)" なる語は，正確には半奇数 (さらに正確には，半奇正整数？) というべきかもしれぬが，数学用語としても定着しているらしい．

12 　序　章

「或る量が自由気ままに "動き得る ∨ 動かされ得る" (running variable)」なる場合には「任意」：例えば「任意の c $(\in \mathbf{C})$ に対し, $(c-1)(c+1) = c^2-1$」. これを「$(c-1)(c+1) = c^2-1$ ：$\forall c \in \mathbf{C}$」とも書く.

「或る量を, 自由気ままに採るけれども, いったん採ったら以後は固定する」なる場合は「勝手」：例えば「勝手な x_0 $(\in \mathbf{R})$ に対し $q(x, x_0) := (x-x_0)^2$ と定義すれば $\cdots$」.

- 「式中に登場するコロン」は「ただし書き」∨「条件」を意味する：

  例えば「$X^2 - 2nX + 1 = 0$ ：$n \in \mathbf{N}$」は, 丁寧に書けば,「$X^2 - 2nX + 1 = 0$ が成り立つ, ただし パラメーター n は自然数とする」.

- 「$0 = A = B$」$\equiv$「あらかじめ 0 とわかっている量 A を変形すると B になる」.

- 割算より掛算を優先：

$$a/bc = \frac{a}{bc} \neq \frac{a}{b}c.$$

- 積分記号：

$$\int dX\, f(X) \text{ のごとく, } \text{ 積分測度 } dX \text{ を被積分函数より先に書く.}$$

- 積分範囲を明示せぬ場合, {一次元積分, 球面積分, 三次元積分} はそれぞれ {実軸全体, 球面全体, 三次元空間全体} にわたるものとする[*62]：

$$\int dx \equiv \int_{-\infty}^{\infty} dx, \qquad \int d\Omega \equiv \int_{-\pi}^{\pi} d\varphi \int_{0}^{\pi} d\vartheta \sin\vartheta,$$
$$\int d^3r \equiv \int_{-\infty}^{\infty} dx \int_{-\infty}^{\infty} dy \int_{-\infty}^{\infty} dz.$$

- 根号：

  記号 a について説明せぬまま $\sqrt{a}$ と書く場合には $a \geq 0 \ \wedge \ \sqrt{a} \geq 0$,

  平方根に限らず「正数の n 乗根は正数」：$a \geq 0 \implies a^{1/n} \geq 0$,

  複素数 c に対して $c^{1/n}$ と書く場合には, そのつど, 枝を指定.

- 「複素数 c の {実部, 虚部}」を {$\Re c, \Im c$} と書く[*63].

- 対数は, 特に断らぬ限り "自然対数" を使い, $\log$ と書く：$\log \equiv \log_e$.

- 複素共軛は $*$ で表す[*64]：$(2 + i\sqrt{3})^* = 2 - i\sqrt{3}$.

  函数 f に関しては, $x \in \mathbf{R}$ の場合に限り $f^*(x) \equiv \{f(x)\}^*$ と略記する[*65].

- 函数対 {f, g} に対し, $fg(x) := f(g(x))$, 特に $f^2(x) := f(f(x))$ $(\neq \{f(x)\}^2)$ [*66].

- {$\Re, \Im, \cos, \sin, \cdots, \sinh, \tanh, \cdots, \tanh^{-1}, \log$} は, それぞれ,「後続の積 (分数を含む) 全体」を支配 (ただし「後続の和」は支配せず)：$\sin \pi\nu t + \alpha = \sin(\pi\nu t) + \alpha \neq (\sin\pi\nu)t + \alpha$.

- $\mathcal{O}(\cdots)$ は "オーダー" (order of magnitude：大きさの程度) を表す：

  "原発使用済核燃料" 要厳重隔離管理期間/年 $= \mathcal{O}(10^5)$.

[*62] "不定積分" は使用せず. 複素積分においては積分路を明示.

[*63] $\Re c$ はもとより $\Im c$ も実数. {$\Re, \Im$} を {Re, Im} と書く書物もある.

[*64] 上に棒を引く流儀もあるが, 上棒は別の意味に使う.

[*65] $z \in \mathbf{C}$ の場合には, $f^*(z)$ なる記法は混乱を招き得るゆえ使わぬ：例えば $f(z) = iz$ に対し, $f^*(z) := -iz$ と定義したとすれば, $f^*(1+i) = -i(1+i) = -i+1 \neq -i-1 = (i-1)^* = \{f(1+i)\}^*$.

[*66] 中学高校 (だけではない, 解析概論 ([43] p.83) 貴方もか) で習う "$\sin^2\theta$" なる記法は, $\sin(\sin\theta)$ なる意味ではなかったゆえ使用せず, めんどうでも $(\sin\theta)^2$ と書く. いずれ演算子が登場した暁に, $\breve{A}^2\phi$ $(:= \breve{A}(\breve{A}\phi))$ を $(\breve{A}\phi)^2$ などと勘違いせぬよう予防効果も期待. なお,「函数 f の, 変数値 x に対応する値を $f(x)$ と書く」なる規則に従えば, 函数 $\sin$ についても $\sin(\theta)$ とすべきものを, 不徹底ながら慣例の法則に屈し, $\sin\theta$ と書く.

参考文献

[1] 森鴎外：「ヰタ・セクスアリス」(Vita Sexualis) *67

[2] 朝永振一郎：「量子力學 I」(みすず書房, 1952) *68，序文.

[3] Kurt Gottfried: *Quantum Mechanics Volume I: Fundamentals* (Addison-Wesley Publishing Company, 1966; 1989 Reissue), Preface pp.xix–xx.

[4] 朝永振一郎：「スピンはめぐる　成熟期の量子力学」(中央公論社, 1974; 第 4 版 1976)，あとがき pp.364–365.

[5] E. Schrödinger: *Quantisierung als Eigenwertproblem*, Erste Mitteilung (第一報告 first communication), Annalen der Physik, **79**, Nr.4 (1926), 361–376; Zweite Mitteilung (第二報告), **79**, Nr.6 (1926), 489-527; Dritte Mitteilung (第三報告): Störungstheorie, mit Anwendung auf den Starkeffekt der Balmerlinien (摂動論と, そのバルマー線のシュタルク効果への応用), **80**, Nr.13 (1926), 437-490; Vierte Mitteilung (第四報告), **81**, Nr.18 (1926), 109-139. *69

[6] Gunther Ludwig: *Wave Mechanics* (Pergamon Press, 1968, Selected Readings in Physics, *General Editor*, D. ter Haar), Part 2, p.152.

[7] Barbara M. Terhal, Michael M. Wolf, and Andrew C. Doherty: *Quantum Entanglement: A Modern Perspective*, Physics Today (April 2003), 46-52.

[8] 小西甚一 編訳：「世阿弥能楽論集」(たちばな出版, 2004), pp.34–35.

[9] David G. Boulware: *Radiation from a Uniformly Accelerated Charge*, Annals of Physics (N.Y.) **124**(1980), 169-188. *70

[10] Rudolf Peierls: *Surprises in Theoretical Physics* (Princeton University Press, Princeton, New Jersey 1979), §8.1 Radiation in Hyperbolic Motion, pp.160–166. *71

---

*67 著者による前書と後書があり，本文は金井湛 (しづか) なる哲学者が一人称で語る．発表当時はどうだったか知らぬが，現代日本における感覚からすると，題名から想像される (!??!) ような赤裸々な内容ならず．むしろ本書 Vita Quantalis の方が著者内面曝露度が大きいと思う.

*68 1964 年春：大学に入ったばかりの筆者, "(馴れない東京弁もどきで) 生協の本屋で，あさながという人の本を見たんだけんど・・・". 東京出身の同級生, "キミい，それはトモナガと読むんだよ". たまたまイニシャルが ST で同じというミーハー的親近感だけでこの本を買った，眺めた，理解できなかった，が，こんなわけで朝永さん (Sin-itiro Tomonaga [1906.3.31–1979.7.8]) にのめりこむこととなった.

*69 第四報告の第 1 節が "§1. Elimination des Energieparameters aus der Schwingungsgleichung. Die eigentliche Wellengleichung. Nichtkonservative Systeme. (振動方程式からエネルギーパラメーターの消去，真の波動方程式，不保存系.)" と題され，シュレーディンガー方程式 (1) を導入．なお，ここに言う "不保存系" はポテンシャルが時間依存する状況を指す．第四報告だけは著者名を E. と略さず Erwin とつづってある．因みに，1926 年の Ann. d. Phys. に出版されたもう一つの論文は, *Über das Verhältnis der Heisenberg–Born–Jordanschen Quantenmechanik zu der meinen* (ハイゼンベルク–ボルン–ヨルダンの量子力学の, 私の量子力学に対する関係について), **79**, Nr.8 (1926), 734-756.

*70 静的重力場中に静止した電荷 (～ 平坦時空にて一様加速度運動する電荷 ♡ 等価原理) に関する古典的逆理の解消に重要な貢献をした論文．文献 [10] にも "今のところ未発表" として紹介されている．1990 年頃に，修論のネタにと長塚俊也さん (当時 東北大学大学院生) に読んでもらったところ，遅延輻射 (retarded radiation) を扱っているにもかかわらず，"(輻射源たるべき) 荷電粒子に向かって遠方から流入する先進輻射 (advanced radiation) の存在" を意味する式が最終結果として書かれていた．単なる符号の誤りと思い二人で論文冒頭から何度も点検したが計算ミスもミスプリも見つからず，考えあぐねた末，形式的に踏段函数とデルタ函数の積で書かれた式が原因かもしれぬと気づき，これを物理的意味が明確な量で書き直すことに拠り，先進輻射の矛盾が解消した：Toshiya Nagatsuka and Shin Takagi: *Radiation from a Quasi-Uniformly Accelerated Charge*, Annals of Physics (N.Y.) **242** (1995), 292-331.

*71 最後の Chap.8 Relativity は §8.1 しかないところを見ると未完かも．その後, パイエルスさん (Rudolf Ernst Peierls [1907.7.5–1995.9.19]: "ドイツ生まれの英国人で・・・ ヒトラー政権を嫌って帰国を拒否・・・ オットー・フリッシュ氏とともに原爆の開発・研究に力を入れ, 40 年には実用的な設計図を完成・・・ マンハッタン計画に加わった．戦後は核科

14   序 章

[11] 長岡洋介：「著書を語る，力学の基礎」しぜん No.20 (東京教学社 2005 年図書目録), pp.10–12.

[12] Douglas R. Hofstadter: *GÖDEL, ESCHER, BACH: an Eternal Golden Braid* (Basic Books, Inc., 1979), p.12 (Ascending and Descending). [ダグラス R. ホフスタッター：「ゲーデル，エッシャー，バッハ　あるいは不思議の環」(野崎昭弘訳，白揚社，1985)]

[13] E.F. Taylor and John Archibald Wheeler: *Spacetime Physics* (W.H. Freeman and Company, 1963), p.60. [エドウィン・F. テイラー，ジョン・アーチボールド・ヒィーラー：「時空の物理学　相対性理論への招待」(曽我見郁夫・林浩一 訳，現代数学社，1991)]

[14] Charles W. Misner, Kip S. Thorn and John Archibald Wheeler: *Gravitation* (Freeman, 1970; 1973-edition), p.36 [「重力理論 Gravitation—古典力学から相対性理論まで，時空の幾何学から宇宙の構造へ」(若野省己 訳，丸善出版，2011)]

[15] 小林秀雄：「考へるヒント」(文藝春秋新社，1964)

[16] 江沢洋：「量子力学 (I), (II)」(裳華房，2002) *72

[17] 清水明：「新版 量子論の基礎」(サイエンス社，2004) *73

[18] Leonard I. Schiff: *quantum mechanics* (McGRAW-HILL BOOK COMPANY, 2nd ed., 1955) *74

[19] 篠本滋：「脳のデザイン」(岩波書店，1996)

[20] 芦田正巳：「統計力学を学ぶ人のために」(オーム社，2006);「熱力学を学ぶ人のために」(オーム社，2008)

[21] 松谷茂樹：「線型代数学周遊」(現代数学社，2013);「ものづくりの数学のすすめ」(現代数学社，2017)

[22] 本多勝一：「実践・日本語の作文技術」(朝日新聞社，1994)

[23] 森政弘：『「非まじめ」のすすめ』(講談社，1977; 講談社文庫，1984)

[24] 物理学辞典編集委員会編：「改訂版 物理学辞典」(培風館，1992; 改訂第 3 刷 1996)

[25] 長倉三郎・井口洋夫・江沢洋・岩村秀・佐藤文隆・久保亮五 編集：「岩波 理化学辞典 第 5 版」(岩波書店，第 1 刷 1998)

[26] 日本数学会編集：「岩波 数学辞典 第 3 版」(岩波書店，1985; 第 12 刷 1997)

[27] 金田一京助 監修：「明解 国語辞典」(三省堂，改訂 99 版 1963)

[28] 新村出 編：「広辞苑 第五版」(岩波書店，第五版第一刷 1998)

[29] 武田祐吉・久松潜一 編：「角川 古語辞典」(角川書店，1958; 三十六版 1961)

[30] 藤堂明保・松本 昭・竹田 晃・加納喜光 編著：「漢字源」(学習研究社，1988; 改訂第四版 2007)

[31] 藤堂明保 監修：「漢字なりたち辞典」(教育社，1989)

[32] 倉石五郎 編：「最新コンサイス独和辞典」(三省堂，1961; 7 版 1964)

[33] 三省堂編修所編 (編修主幹 佐々木達)：「最新コンサイス英和辞典 第 10 版」(三省堂，第 19 刷 1970)

[34] 編者代表 竹林滋：「研究社 新英和大辞典 第六版」(研究社，第 1 刷 2002)

　　学者協会の会長を務め，核兵器の国際的制限などを訴えた." [毎日新聞 1995.9.24]) はイギリスのオックスフォードで亡くなった.

*72 「はしがき」に拠れば，古典物理学から量子論への革命を準備することに始まり，おおむね伝統的な順序で，"「やさしく，やさしく」と心がけて記述されたとのこと.

*73 「まえがき」に拠れば，"通常の量子論の入門書とはまったく逆に，普遍的で一般的な基本原理から始めて，··· いわば川上から川下に向かう方向で解説" されたもの．文系学生向け授業にも使ったところ好評であったと著者から伺っている.

*74 この本は初学者には向かぬ．教科書の数が少なかった時代に多くの物理学者を育てた功績は大きいと聞く.

[35] 三宅徳嘉/六鹿豊 監修：「白水社 ラルース 仏和辞典」(白水社, 2001; 第 2 刷 2003)

[36] 岩隈直 著：「増補改訂 新約ギリシヤ語辞典」(山本書店, 1982; 増訂 6 版 2000)

[37] 佐野康彦 編：「カナ発音 葡和小辞典」(大学書林, 1984)

[38] 井桁貞敏 編：「コンサイス露和辞典」(三省堂, 1954; 増訂再版 1964)

[39] 田中秀央 編：「研究社 羅和辞典」(研究社, 増訂新版 1966; 第 40 刷 2005)

[40] Webster's New World Dictionary, Consice Edition (The World Publishing Company, 1966)

[41] 木下是雄：「理科系の作文技術」(中央公論新社, 1981; 42 版 2000)

[42] A.J. Leggett: *Notes on the Writing of Scientific English for Japanese Physicists*, 日本物理学会誌 **21** (1966), 790–805.：(日本語訳も有る：日本物理学会・編「科学英語論文のすべて 第 2 版」(丸善, 1999) 所収. ただし, "A Final Exercise" は原文を読まねば実行できぬ.)

[43] 高木貞治：「解析概論」(岩波書店, 1938; 改訂第 3 版第 4 刷 1963)

[44] 細谷暁夫：「物理の基礎的 13 の法則」(丸善出版, 2017), p.7.

[45] プランク：「理論物理学汎論 第二巻 変形する物体の力学」(寺澤寛一・野田哲夫訳, 東京 合名会社 裳華房, 大正十五年; 修正四版 昭和十五年), pp.120–129. [*75]

[46] 吉田洋一：「零の発見 数学の生い立ち」(岩波新書, 1979)

[47] Roger Penrose: *The Emperor's New Mind Concerning Computers, Minds, and The Laws of Physics* (Oxford University Press, 1989) Reprinted (with corrections) 1990, p.70 footnote 1. [ロジャー・ペンローズ：「皇帝の新しい心 コンピュータ・心・物理法則」(林一訳, みすず書房, 1994)] [*76]

[*75] 巻頭余白にペン書きで「1 高-理 4-碓井」とあって朱色の「碓井の印」があり, 裏表紙裏には右上に『田神京東 店書堂京東 TOKYODO』なるシールが貼られ, 同右下に「寄贈 平成十年十月 碓井恒丸」と紺色のスタンプが押してある (奥付には寺澤・野田両訳者の朱印もある). 碓井恒丸さん (名古屋大学名誉教授) が学生時代に神田で購入されたものらしい. 碓井さんご逝去後に全五巻 (第一巻 一般力学, 第三巻 理論電気磁気学, 第四巻 理論光学, 第五巻 理論熱学) を譲り受けられた長岡洋介さん (京都大学名誉教授) が京都大学ご退官後に勤務された関西大学を定年退職なさった折に筆者に下さった. 感謝しつつ折に触れ愛読.

[*76] 訳者は何か意図されたのかもしれぬ (訳書を見ていないので訳者の林さんには申し訳ない) が, 原題は The Emperor's New Clothes を捩 (もじ) ったものゆえ, 願わくは「裸の王様」(批判も有るかもしれぬ (乞ご教示) が定着しているようであり筆者も好い訳だと思う) と対を成す題目にして欲しかった.

第1章
量子論の登場：古典物理学からの脱却

　読者には序章 (特に，0.3.2 項 文法・文体) を読まれていることを前提とする．さもなくばおおい
に誤解あるべし．本章は「量子論登場に至る歴史的概念的経緯」を概観する (詳しくは，例えば，
[1][2][3])．

1.1　古典物理学 (必要最小限の復習)

　19 世紀末から 20 世紀初頭は「**古典物理学** (classical physics) が大きな困難に直面し危機に逢着した
時代」であったと聞く．ここにいう古典物理学とは力学 (mechanics)・熱力学 (thermodynamics) (あ
るいは統計力学 (statistical mechanics))・電磁力学 (electrodynamics: 電磁気学 (electromagnetism)
および相対論的電子論 (relativistic electron theory)) を三大柱とする理論体系である．本節は，その
危機について理解するに必要な，最小限の復習から始める．

註　本書にて単に相対論 (relativity) とか相対論的 (relativistic) と書く場合には特殊相対性理論 (special
[theory of] relativity) を指す．ただし，本書は主として不相対論的な現象を扱う．

1.1.1　気体の物理学

　気体 (gas) について下記諸事項が確立された事実と考えられていたらしい:

- 気体は「中性粒子 (≡ 電荷を有せぬ**粒子** (particle)) の集団」と見なされ得る．
- 粒子は，気体が充分に希薄なら，互いに独立に運動する (つまり，粒子同士の衝突 (より精確
  には，相互作用) は無視できる)：この考えが妥当な場合，当該気体は**理想気体** (ideal gas) と
  よばれる．
- 理想気体が熱平衡状態 (温度 T) に在る場合，
    - 各粒子の平均エネルギーは $(k_B T/2) \times n_{df}$ で与えられる (n_{df} は「粒子の種類ごとに定
      まった整数」)
  と考えれば，比熱が説明できる：粒子数を N として，理想気体の "**内部エネルギー** (internal
  energy) U_{ig}" は

$$U_{ig} = N n_{df} k_B T/2 \tag{1.1a}$$

で与えられる (k_B はボルツマン定数 ♡ 1.9.3 項) ゆえ，

$$\text{理想気体比熱} = \partial U_{ig}/\partial T = N n_{df} k_B/2. \tag{1.1b}$$

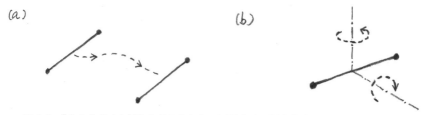

図 1.1 「太さを有せぬ棒」と見なされた二原子分子の運動自由度：(a) 並進，(b) 回転．

実験によれば，通常の温度 (〜室温) においては，n_{df} はおおむね 3 または 5 である．これは「n_{df} = 運動自由度個数」とすれば説明できる．ただし，**運動自由度** (degree of freedom of motion) とは「粒子が質点と見なされ得るなら，**並進運動** (translational motion) の自由度」∨「粒子が大きさを有し回転 (自転) できるならば，**並進** (translation) および **回転** (rotational) の自由度」である．つまり，

> 粒子は「$n_{df} = 3$ なる気体においては，質点」∨「$n_{df} = 5$ なる気体においては，太さを有せぬ棒のようなもの」

と考えればよいわけである．

☆**演習 1.1-1** 粒子が「太さを有せぬ棒」と見なされ得るならば「並進自由度個数は 3」∧「回転自由度個数は 2」である (♡ 図 1.1)． ∎

かくて，気体を構成する粒子は「回転自由度を有せぬもの」∨「回転自由度を有するもの」に大別されることがわかった．これらは，それぞれ「原子」∨「分子」とよばれるようになり，中性粒子たる **原子** (atom：H・He・Ne など) や **二原子分子** (diatomic molecule ≡「原子二個から成る分子」：H_2・N_2 など) が同定されるに至ったと聞く．同時に，「熱平衡状態においては，各粒子の各運動自由度にエネルギー $k_B T/2$ が割り振られている」と結論された．これは **等分配則** (equi-partition law) (正式には，**エネルギー等分配則** (equi-partition law of energy)) とよばれた．

註　並進運動とは「質量中心[*1]の運動 (つまり，粒子が自転することなく移動する運動)」を指す．並進運動は直線運動に限られぬ：勝手な曲線に沿って動く場合 (特に，円運動のような "回転運動") も並進運動である．
註中註　「並進と回転」のごとく対置される「回転」は自転を指す．

☆次項以降，ヴェクトル記号を使う：詳細は 1.4 節参照．

1.1.2 荷電粒子としての電子と陽子

さらに，下記も確立されていた[*2]：

> 「**電子** (electron) なるものが存在し，それが電荷 $-e$ を有する粒子であること」は，**霧箱**[*3]に残された **飛跡** (track：ジェット機が残す飛行機雲に似たもの) から，疑いなき事実と考えられて

[*1] Centre of mass："重心 (centre of gravity)" といわれることも多いが，重さとは独立な概念．
[*2] 前項においては，歴史的記述に際し「…と聞く」∨「…らしい」などとも書いた．「本来は，すべて，このように書くべきもの」と了解したうえで，以下，「と聞く」∨「らしい」などを省略し virtual history に徹する．
[*3] 英語では cloud chamber (雲箱) であるが，日本語訳の方が適切．霧箱の代わりに泡箱 (bubble chamber) や放電箱 (spark chamber) を使ってもよい．

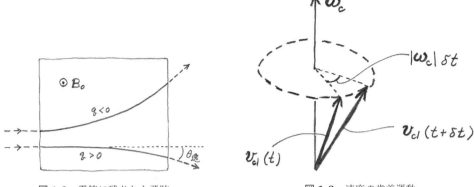

図 1.2　霧箱に残された飛跡　　　　図 1.3　速度の歳差運動

いた：飛跡の形が「**ローレンツ運動方程式** ($\equiv$「ローレンツ力のもとにおけるニュートン運動方程式」)に従う軌道」と一致する (図 1.2). **陽子** (proton) についても，同様に，電荷 e を有する粒子と確認されていた．

註 1　{陽子, 電子} の電荷は $\{e, -e\}$ と書かれる：$e > 0$.

演習 1.1-2　霧箱に一様静磁場 $\boldsymbol{B}_0$ が印加されているとする．この中を運動する**荷電粒子** (charged particle：{質量, 電荷} = $\{m, q\}$) に対してはローレンツ運動方程式が次の形になる (˙ は時間微分)：

$$m\dot{\boldsymbol{v}}_{\rm cl}(t) = q\boldsymbol{v}_{\rm cl}(t) \times \boldsymbol{B}_0 \tag{1.2a}$$

(速度 $\boldsymbol{v}_{\rm cl}(t)$ に付けた添字 cl は**古典運動** (classical motion) の頭文字)．上式は次の形に書き直せる：

$$\dot{\boldsymbol{v}}_{\rm cl}(t) = \boldsymbol{\omega}_{\rm c} \times \boldsymbol{v}_{\rm cl}(t) \qquad : \boldsymbol{\omega}_{\rm c} \equiv -\frac{q}{m}\boldsymbol{B}_0. \tag{1.2b}$$

したがって (図 1.3)

　　(i) 速さ $|\boldsymbol{v}_{\rm cl}(t)|$ は一定に保たれる (t に依らぬ)：運動エネルギーが保存される，
　　(ii) 速度の磁場方向成分 ($\propto \boldsymbol{v}_{\rm cl}(t) \cdot \boldsymbol{B}_0$) も一定に保たれる，
　　(iii) ゆえに，進行方向 $\boldsymbol{v}_{\rm cl}(t)/|\boldsymbol{v}_{\rm cl}(t)|$ は「磁場方向を軸とする歳差運動 (首振り運動)」をする，
　　(iv) 歳差周期は $2\pi/|\boldsymbol{\omega}_{\rm c}|$ である．

つまり，荷電粒子は一般に螺旋軌道を描いて"磁場に巻きつく"．特に始速度が磁場と垂直ならば，速度は常に磁場と垂直になるゆえ，軌道は「磁場に垂直な面内における円弧」である (図 1.2 に示された飛跡がその例)．この円運動は**サイクロトロン運動** (cyclotron motion) とよばれる．これに伴い $\omega_{\rm c}$ ($\equiv |\boldsymbol{\omega}_{\rm c}|$) は**サイクロトロン周波数** (cyclotron frequency) とよばれる．これが「質量に反比例」∧「電荷に比例」するゆえ，電子は陽子に比べて「1800 倍ほど大きく」∧「逆方向に」逸らされる (軌道が曲げられる)．■

演習 1.1-3　図 1.2 のごとく粒子がおおむね直進する場合 (磁場が弱い場合)，**逸脱角度** (deflection angle："逸れ"の大きさ) $\theta_\text{逸}$ は次式で与えられる ($D_\text{箱}$ は霧箱の寸法)：

$$\theta_\text{逸} \simeq \frac{|q\boldsymbol{B}_0|}{|\boldsymbol{p}_{\rm cl}|} D_\text{箱} \qquad : \boldsymbol{p}_{\rm cl} \equiv m\boldsymbol{v}_{\rm cl}. \quad\blacksquare \tag{1.3}$$

註 2 現実の歴史においては，"electron なる粒子" がまず知られていたわけではなく，"陰極線 (cathode rays)" の存在が知られていた．一方，電気分解などにて発生する電気量の基本単位として "electron" なる名称が提案された (1891)：提唱者はアイルランドの物理学者ストーニー (George Johnstone Stoney [1826.2.15–1911.7.5])．その後，ジェイ・ジェイ・トムソン (Joseph John Thomson [1856.12.18–1940.8.30]) が「陰極線とは負電荷を有する粒子の集団である」と確認し「その粒子」に関して q/m を初めて測定した (1897)．かくて「その粒子」が electron とよばれることになった [6]．その後，ミリカン (Robert Andrews Millikan [1868.3.22–1953.12.19]) が水滴・油滴実験 (～1909) に拠り "電気素量" e の存在を証明しその値を精密測定した．

註中註 人名は通常は姓だけでよばれるが "Thomson" には著名な物理学者が多く (例えば，「電子の波動性」(後述) を実証した George Paget Thomson [1892.5.3–1975.9.10] は JJ の息子，熱力学第二法則に関するトムソン原理やジュール–トムソン効果などで知られる William Thomson [1824.6.26–1907.12.17] はケルヴィン (Kelvin) と同一人物，⋯) 紛らわしいゆえイニシャルを付けてよぶ慣わし[*4]．

註 3 (1.2) は不相対論的な場合 ($|\boldsymbol{v}_{\mathrm{cl}}(t)| \ll c$) に成り立つ．なお，粒子が霧箱中の気体分子と衝突 (相互作用) することに因る影響は，粒子軌道に関する限り，無視できるものとした．

註 4 サイクロトロン周波数を比較することに拠り「荷電粒子の質量比」が精密に測定できる．例えば「電子と陽子の質量比」は，少なくとも，8 桁の精度で測定されている (♡ 1.9 節)．

1.1.3 電磁波：波としての光

「光 (light) が波 (wave) なること」は「ヤングに依る二連細隙実験 (♡ 2.1 節) に拠って疑いの余地なく確立された事実」と考えられていた．そして「この波が電磁波 (electromagnetic wave または electromagnetic radiation) の一種なること」も，マクスウェル理論とヘルツ実験を経て，確立された事実と考えられていた．「マクスウェル理論に基づいて考察を進めると，電磁波は架空の (数学的記述上の) 調和振動子 (harmonic oscillator) の集団として記述され得る」ことも知られていた．

註 電磁波の各 {振動数 (frequency), 偏光方向 (polarization)} に架空調和振動子が一個ずつ対応させられる．ゆえに，

$$N_{\text{架空 HO}} \equiv \text{「架空調和振動子の個数」} = \infty. \tag{1.4}$$

1.2 古典物理学の困難 (あるいは限界)

前節冒頭にて言及した困難とは以下三項に述べるようなものであった．

1.2.1 黒体輻射エネルギー発散の困難

定温に保たれた熔鉱炉[*5]中の電磁波は熱平衡状態に在ると考えられる．これは黒体輻射 (black-body radiation) とよばれる．「電磁波が架空調和振動子の集団と見なされ得ること」∧「熱平衡状態 (温度 T) において，各調和振動子にエネルギー $k_{\mathrm{B}}T$ が割り振られること (♡ 下記註 3)」を認めれば

$$U_{\mathrm{BBR}} \equiv \text{「黒体輻射の内部エネルギー」} = N_{\text{架空 HO}}k_{\mathrm{B}}T. \tag{1.5}$$

ところがマクスウェル理論に拠れば，$N_{\text{架空 HO}}$ は無限大ゆえ，「炉中の電磁波の全エネルギーは無限

[*4] J.J. Thomson は物理屋日本語では「じぇいじぇいとむそん (あるいは，ぜえぜえとむそん)」とよばれる．

[*5] 当時の "先端技術" は鉄鋼業に依って支えられており，これをばねとしてドイツが "後進農業国から先進工業国に躍り出た時代" であった [4][7]．

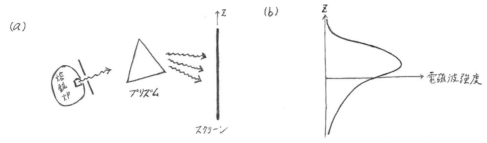

図 1.4 黒体輻射エネルギースペクトル：(a) 測定の概念図，(b) 観察される電磁波の強度スペクトル

大」と結論されてしまう．エネルギースペクトルの形についても，理論結果は測定結果 (図 1.4) とまったく合わぬ．

演習 1.2-1 黒体なる言葉が使われるのはなぜか． ■

用語：
▷ スペクトル (spectrum) ≡「一般に，波長 (または振動数) に関する分布」
▷ エネルギースペクトル (energy spectrum) ≡「波長 (または振動数) ごとのエネルギー分布」

例えば，図 1.4(b) は，「縦軸が大雑把に波長と対応し」∧「横軸が電磁波強度 (∝ 電磁波エネルギー) を示す」ゆえ，ほぼエネルギースペクトルを表す．それゆえ，グラフの面積がおおむね内部エネルギーに比例する．

註1 黒体輻射エネルギースペクトルは，温度だけで決まり，炉壁の形や物質に依らぬ．この性質は，本質的に，熱力学第二法則だけを使って証明できる [5]．

註2 黒体輻射なる語における「輻射 (radiation)」は電磁波と同義である．しかし，今日，輻射なる語はもっと広義にも用いられる．例えば，「radiative decay (輻射崩壊)」は「原子や原子核などが光子を放出して崩壊する現象」を指し，「radiation hazard (放射線障害)」といわれる場合の radiation は放射線一般を意味する．「固体中の分子が音子 (音の量子 (phonon)) を放出する現象」などにも使われる．

註3 一般に，「振動には，運動エネルギーのみならず，ポテンシャルエネルギーも関与する」ことを考慮して古典統計力学を適用すると，振動自由度 (つまり，各調和振動子) に割り振られるべきエネルギーは $2 \times k_B T/2 \ (= k_B T)$．

註4 「或る量の計算値が無限大になること」を物理屋は「その量が**発散** (diverge) する」と称する．「計算しようとしている量が積分で表され (例えば黒体輻射エネルギーは振動数に関する積分で表され)」∧「積分が発散する (つまり収束 (converge) せぬ) なる形で無限大が現れる」ことが多いからである．無限大などというものには物理的に意味がないゆえ，「或る量が発散する」なる状況は，**発散の困難** (difficulty of divergence) (≡「発散してしまって困ること」) とよばれる．

♣ **註5** 黒体輻射の場合と同根の困難が，無限大なる劇的な形ではないにせよ，固体においても見られた：
一般に，固体も近似的に調和振動子の集団と捉れる．固体を構成する粒子は平衡位置のまわりにて**振動** (vibration) できると考れる．振動自由度は，振動振幅が小さい場合には，調和振動子で記述され得る．それゆえ，「固体の内部エネルギーも (1.5) と同形の式で与えられ (ただし，$N_{\text{架空 HO}} \simeq 3 \times$粒子数)」∧「固体比熱は温度に依らず一定 ($\simeq N_{\text{架空 HO}} k_B$)」となるはずである．しかし実験値は，"高温" においては予測通りになるものの，"低温" においては予測から外れる (特に，$T \to 0$ にて 0 に近づく)．

♣ **註6** 実は，二原子分子気体の比熱にも同根の困難が潜んでいた：
二原子分子は，仮に原子を質点と見なしたとして，「並進および回転」の他に「(原子間距離の) 振動」の自由度も有するはずである．ところが，通常の温度における比熱の測定結果は，1.1.1 項にて述べた通り，

22　　第1章　量子論の登場：古典物理学からの脱却

振動自由度を無視して (つまり，原子間距離が完全に固定されているとし，二原子分子をあたかもダンベルのような "剛体 (rigid body)" と見なして) 初めて説明される．しかし，"完全な剛体" なることは物理的に有り得ず，力学の原則からして存在するはずの自由度を無視することは許されぬ．実際，(1.1b) における n_{df} は，温度を上げていくと 5 からしだいに増大し，ある程度以上の温度においては 7 となる．7 は「並進・回転に振動を加味した自由度数」に一致する．この実験結果は「振動自由度は，高温においては "活きている" が，低温になると "凍結される (frozen)"」と考えれば説明できそうである．しかし，かようなことは古典力学的には許されるはずもない．つまり，"理想気体の比熱が，粒子の並進および回転自由度を考慮して，説明された" と断定するには時期尚早であって，すでに "理想気体の比熱" からして，古典物理学の破綻を示唆していたわけである．さらに，そもそも「質点」∨「太さを有せぬ棒」なるものも現実には存在し得ぬであろう．実際，「ほぼ $n_{\mathrm{df}} = 3$ なる気体」も精確には理想気体からずれた振る舞いを示し，このずれを説明すべく「粒子を，半径 $a(> 0)$ の球と見なす」といった理論も展開されていた．球なら，当然，回転自由度をも有するはずである．つまり，二原子分子気体をもち出すまでもなく単原子気体の比熱さえ，思慮深い人から見れば，"説明された" とはいえなかったわけである．

1.2.2　原子崩壊の困難

長岡–ラザフォード原子の不安定性

原子とよばれる中性粒子が，気体を構成する粒子として，発見されていた (1.1 節)．そして，その内部構造について，模型 (理論的想像) が二通り提案されていた：

- トムソン模型 (Thomson model)： "正電荷の雲がおおむね一様に広がっており，その雲の中を負電荷の粒子が点在して運動している．雲の広がっている範囲が原子の大きさである．" 負電荷粒子をプラムあるいはブドウにたとえて**プラムプディング模型** (plum-pudding model) あるいは**ブドウパン模型**とも愛称される．

- **長岡–ラザフォード模型** (Nagaoka–Rutherford model)： "中心に集中した電荷のまわりを，それとは逆符号の電荷を有する粒子が回っている．" 中心電荷とそれを周回する粒子の間に働く力はクーロン引力と考えられ，これが万有引力と同じ形 (逆自乗則) をしているゆえ，この模型は太陽系模型ともよばれる．

ラザフォード (Ernest Rutherford [1871.8.30–1937.10.19]) が原子に α 粒子 (電荷 $2e$) をぶつける実験を行ったところ，その散乱の様子から，原子の中心に正電荷が集中していることが確認された．つまり，原子には中心に **"核 (nucleus)"** が在る．この核は「正電荷を有する粒子」と考えられる．かくて，特に水素原子については「陽子のまわりを電子がケプラー運動する二粒子系」と見る見方が確立された．とすれば，水素原子内において荷電粒子 ($\equiv$ 電子) が加速度運動 (例えば円運動) していることになり，電磁気学に拠れば電磁波が放出されるはずである．それゆえ，水素原子は電磁波を放出して**崩壊** (decay) するはずである．これは水素原子の**古典的輻射崩壊** (classical radiative decay) とよばれる．詳しく計算すると (♡ 1.10.2 項)

$$\text{「水素原子の寿命 (lifetime)」} \sim 10^{-10} \left(\frac{\text{始半径}}{1\,\overset{\circ}{\mathrm{A}}} \right)^3 \text{sec}. \tag{1.6}$$

つまり水素原子は，現実には安定に存在するにもかかわらず，理論的には<u>あっという間もなく</u>こわれてしまうはず．

註 1　「秒 (second) を s でなく sec」∧「ジュールを J でなく Joule」と書く[*6]．

---

*6 ♡ いずれ s や J は別の意味で使うことになり，立体と斜体で区別可能とはいえ，紛らわしい．

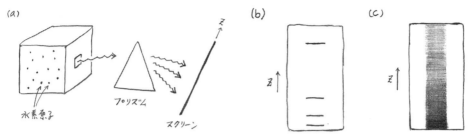

図 1.5 水素原子スペクトル：(a) 測定の概念図，(b) 観察されるスペクトル，(c) 古典物理学から予想されるスペクトル

註 2　トムソン模型のトムソンは J.J. Thomson.
註 3　長岡半太郎 (Hantaro Nagaoka [1865.8.18–1950.12.11])[*7]の原子模型 (発表年 1903) は，精確には，太陽系型というよりは土星型であった (原子一個あたり電子数千個が想定された) [8].

原子スペクトル

一般に，「原子が放出または吸収する光」のスペクトルは**原子スペクトル** (atomic spectrum) とよばれる．実験で観察される**水素原子スペクトル** (atomic spectrum of Hydrogen) には「跳び跳び (discrete) の部分」がある．しかし，電磁気学に拠って考える限り，「電子の運動は連続的であり，それに因って放出される光のスペクトルも連続的」なるはずである (図 1.5).

まとめ：水素原子以外の原子についても事情は同様である：原子の安定性もスペクトルも「長岡–ラザフォード模型」∧「古典電磁気学 (∼「粒子としての電子」∧「波としての光」)」ではまったく説明できぬ．

1.2.3　光電効果不可思議の困難

「金属に光 (電磁波) を照射すると電子が飛び出して来る」なる現象が知られていた．この現象は，**光電効果** (photoelectric effect) とよばれ，以下の特徴を有する：

- 光の振動数 $\nu_{電磁波}$ が「或る値 $\nu_{\rm th}$」より大きい場合にだけ，電子が飛び出して来る．$\nu_{電磁波} < \nu_{\rm th}$ の場合，「光の強度をいくら増しても (つまり，照射する光をいくら明るくしても)」あるいは「いくら長時間照射し続けても」，電子は飛び出して来ぬ．

    註　$\nu_{\rm th}$ は，「金属の種類に依って異なる定数」であり，「**閾 振動数** (threshold frequency)」または「振動数の **閾 値** (threshold)」とよばれる[*8]．飛び出してくる電子は**光電子**[*9] (photoelectron) とよばれる．

- 「飛び出して来る個々の電子の運動エネルギー $E_{光電子}$」は，「光の強度」にも「時刻 (≡ 照射時間 ≡「照射開始時点から経った時間」)」にも依らず，次の関係を充たす：

$$E_{光電子} \propto \nu_{電磁波} - \nu_{\rm th}. \tag{1.7}$$

[*7] 生没年月日は理化学辞典に拠る．物理学辞典は誕生日が 8.15.
[*8]「門がまえに或」と書く「閾」は例えば「識閾 (しきいき)：意識作用が生滅する境界」[明解国語辞典] のごとく使われる．最近は "敷居 (しきい)" と書かれることも多い．なお，「しきい」は「しきみ」ともいわれる．
[*9] "ひかりでんし" ではなく「こうでんし」と読む．

24   第 1 章　量子論の登場：古典物理学からの脱却

- $\nu_{電磁波} > \nu_{\mathrm{th}}$ の場合,「単位時間あたりに飛び出して来る電子の個数」は「光の強度に比例し」
  ∧「時刻に依らず一定である」.

この現象は金属に限られぬ. 例えば一個の原子に光を照射しても同様の実験結果が得られる.

演習 1.2-2　上記三特徴は,古典物理学に拠る限り, まったく説明できぬ.
ヒント：　具体的に,水素原子に光を当てる状況を想定しよう. さらに, 前項にて述べた困難を無視して, 電子
が陽子のまわりを回っているとしよう. すると光は, いわば, 電子を揺さぶるであろう. そして, 仮に
$\nu_{電磁波} < \nu_{\mathrm{th}}$ であっても, 充分に時間が経てば,「電子が光のエネルギーを徐々に吸収してついにはケプラー軌
道から飛び出す」ことが可能であろう. 当然のことながら,「飛び出して来る電子」の運動エネルギーも個数も,
「光の強度」∨「照射時間」が増すに連れて大きくなるであろう.　　■

1.3　古典物理学からの脱却 (その 1)：プランクの量子仮説

　第一の困難はプランク (Max Karl Ernst Ludwig Planck [1858.4.23–1947.10.3]) の仮説に拠って
回避された [7]：

　　プランク仮説 (≡ **プランクの量子仮説** (Planck's quantum hypothesis))：光のエネルギーは,
　　もし光が波であればその振動数 $\nu_{電磁波}$ と無関係に任意の値を採り得るはずであるけれども, 実
　　は, $h\nu_{電磁波}$ の自然数倍 $(0, h\nu_{電磁波}, 2h\nu_{電磁波}, 3h\nu_{電磁波}, \cdots)$ に限られる*10.

ただし h は定数 (**プランク定数** (Planck's constant)) である. その次元は

$$[h] = [エネルギー]/[振動数] = [エネルギー] \times [時間] = [力] \times [長さ] \times [時間]$$
$$= [力積] \times [長さ] = [運動量] \times [長さ]. \tag{1.8a}$$

[運動量] × [長さ] は,「作用の次元」とよばれ,「角運動量の次元」にも等しい：

$$[h] = [作用] := [運動量] \times [長さ] = [角運動量]. \tag{1.8b}$$

$h\nu_{電磁波}$ は「振動数 $\nu_{電磁波}$ なる光の**エネルギー量子** (energy quantum)」とよばれた. つまり,「光の
エネルギーは, 連続的な量ではなく, エネルギー量子なる塊として見いだされる」と考えるわけであ
る. この仮説を統計力学と組み合わせると次の結論が得られる：「熱平衡状態 (温度 T) において, 振
動数 $\nu_{電磁波}$ の光 (より精確には, 振動数 $\nu_{電磁波}$ なる架空調和振動子一個) に割り振られる内部エネル
ギー」を $u(\nu_{電磁波}; T)$ とすれば

$$u(\nu; T) = \frac{h\nu}{e^{h\nu/k_{\mathrm{B}}T} - 1}. \tag{1.9a}$$

これを「温度の函数」と見れば (図 1.6(a)),

$$u(\nu; T) \simeq \begin{cases} k_{\mathrm{B}}T & : T \gg h\nu/k_{\mathrm{B}}, \\ 0 & : T \ll h\nu/k_{\mathrm{B}}. \end{cases} \tag{1.9b}$$

つまり,「(振動数で決まる) $h\nu_{電磁波}/k_{\mathrm{B}}$ なる温度」を基準として,

　　はるかに高温においては等分配則が成り立ち, はるかに低温においてはエネルギーが配分され
　　ぬ (振動数 $\nu_{電磁波}$ なる架空調和振動子の振動自由度は "**凍結される** (frozen：無きに等しい)").

---

*10 プランクさんはなぜ h なる文字を使ったか (乞ご教示).

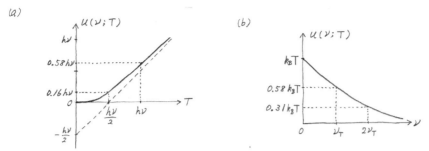

図 1.6 架空調和振動子一個あたりの内部エネルギー：(a) 温度依存性，(b) 振動数依存性

一方，$u(\nu;T)$ を「振動数の函数」と見れば (図 1.6(b))，

$$u(\nu;T) \simeq \begin{cases} k_{\rm B}T & : \nu \ll \nu_T, \\ 0 & : \nu \gg \nu_T, \end{cases} \tag{1.9c}$$

ただし，$\nu_T \equiv$「温度 T で決まる特性振動数」$:= k_{\rm B}T/h.$ (1.10)

つまり，温度を固定して考えれば，ν_T を基準として，

> はるかに低振動数の振動自由度に対しては等分配則が成り立ち，はるかに高振動数の振動自由度は凍結される．

以上に基づいて計算された黒体輻射エネルギースペクトル (後述 (1.15)) は，**プランクスペクトル** (Planck spectrum または Planckian spectrum) とよばれ，プランク定数の値を下記程度に採れば[*11]熔鉱炉における観測結果と一致した：

$$h \simeq 6.63 \times 10^{-27} {\rm erg} \cdot {\rm sec} = 6.63 \times 10^{-34} {\rm Joule} \cdot {\rm sec}. \tag{1.11}$$

☆演習 **1.3-1** (1.9a) のグラフは図 1.6 で与えられる． ■

☆演習 **1.3-2** (1.10) に対応して

$$\lambda_T \equiv \text{「温度 } T \text{ で決まる特性波長」} := hc/k_{\rm B}T = c/\nu_T \tag{1.12}$$

と置けば，$\{\nu_T, \lambda_T\}$ はおおむね次の程度と見積もれる：

$$\nu_T \simeq 6.25 \times 10^{12} \frac{T}{300{\rm K}} {\rm sec}^{-1}, \quad \lambda_T \simeq 4.80 \times 10^{-3} \frac{300{\rm K}}{T} {\rm cm}. \quad ■ \tag{1.13}$$

♣演習 **1.3-3** 統計力学の原理 (一般に，温度 T なる熱平衡状態にて，「エネルギー E なる状態が実現される確率」$\propto \exp(-E/k_{\rm B}T)$) とプランク仮説に拠り (1.9a) が導ける． ■

註 1 (1.8b) における "作用 (action)" は，「"作用と反作用 (action and reaction)" における作用 (つまり力)」ではなく「"最小作用の原理 (principle of least action)" に出て来る作用」と同じ意味であり，"作用量"ともよばれるが普通は単に作用とよばれる (英語では一律に action)[*12]．

[*11] プランクさんの原論文には 6.885×10^{-27} なる数値が述べられているが，現在の知見 (後述 (1.80a)) からすれば，1 桁しか正しくない．当時，観測結果に有効数字 4 桁もの精度が有ると信じられていたのであろうか (乞ご教示)．

[*12] さような言葉遣いを先人が無分別になさったお陰ではなはだ紛らわしい．

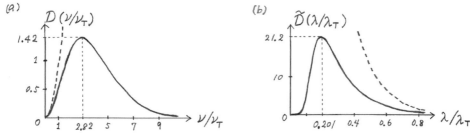

図 1.7 「(a) 振動数，または (b) 波長」の函数として見た黒体輻射エネルギースペクトル (実線)：破線は古典論

♣ 註 2 1.2.1 項の註 5〜6 にて述べた困難も，(1.9a) と本質的に同じ考えに拠って回避される．古典物理学においては，特性振動数が存在せぬ (形式的に $h \to 0$ とすれば $\nu_T \to \infty$) ゆえ，"振動自由度凍結" が理解不能であったわけである．ただし同じく註 6 末尾に補足した困難 (原子の回転自由度個数など) は，プランク仮説に拠っても，依然として未解決：原子や分子 (さらには原子核) の素性が量子力学的に解明されて初めて解消される．

♣ 註 3 古典電磁気学に拠れば (例えば [1] の付録 II・III・IV・V・VII[*13])

$$\delta\mathcal{N}(\nu) \equiv \text{「振動数} \in (\nu, \nu+\delta\nu) \text{ なる架空調和振動子の個数」}$$
$$= 2 \times 4\pi \times \frac{V_{空洞}}{\lambda^3} \times \frac{\delta\nu}{\nu} \times \left\{1 + \mathcal{O}\left(\lambda/V_{空洞}^{1/3}\right)\right\} \quad (1.14)$$

($V_{空洞}$ は「輻射を閉じ込めている空洞 ($\sim$ 熔鉱炉) の体積」，因子 $\{2, 4\pi\}$ は $\{$独立な偏光方向，光が進み得る方向 ($=$ 全方位)$\}$)．ゆえに，プランクスペクトル $\delta\mathcal{U}_{BBR}(\nu_{電磁波}; T)$ は次式で与えられる (上式における補正項を無視)：

$$\delta\mathcal{U}_{BBR}(\nu; T) \equiv \text{プランクスペクトル} \equiv \text{「黒体輻射エネルギースペクトル」}$$
$$\equiv \text{「振動数} \in (\nu, \nu+\delta\nu) \text{ なる架空調和振動子集団に蓄えられた内部エネルギー」}$$
$$= u(\nu; T)\, \delta\mathcal{N}(\nu)$$
$$= 8\pi k_B T \frac{V_{空洞}}{\lambda_T^3} \mathcal{D}(\nu/\nu_T)\frac{\delta\nu}{\nu_T} = 8\pi k_B T \frac{V_{空洞}}{\lambda_T^3} \widetilde{\mathcal{D}}(\lambda/\lambda_T)\frac{\delta\lambda}{\lambda_T}, \quad (1.15a)$$

$$\mathcal{D}(X) \equiv \frac{X^3}{e^X - 1}, \qquad \widetilde{\mathcal{D}}(X) \equiv \frac{1/X^5}{e^{1/X} - 1}. \quad (1.15b)$$

演習 1.3-4 上記を描くと図 1.7．ただし，破線は「(1.15) にて形式的に $h \to 0$ とした結果 (つまり，古典論)」．■

註 3 中註
(i) $\delta\mathcal{U}_{BBR}(\nu; T)$ は正式には $\delta\mathcal{U}_{BBR}(\nu; T, V_{空洞})$ と書くべきであるが簡略記法にて $V_{空洞}$ を略．下記 $U_{BBR}(T)$ についても同様．
(ii) (1.14) における補正項が無視できるか否か，あらかじめは (a priori)，わからぬ．ところが，これを無視して得られるスペクトルは $\lambda \sim \lambda_T$ に集中している (図 1.7)．それゆえ，もし $V_{空洞} \gg \lambda_T^3$ ならば，補正項無視が結果論として (a posteriori) 正当化される (後智恵で，あれでよかったとなる)．

図 1.4(b) は，「z 軸上向きを λ」∨「z 軸下向きを ν」と適切に対応づければ，図 1.7(b) とぴったり一致する．逆に，物体から発せられる光のエネルギースペクトル (の測定値) をプランクスペクトルと比較することに拠り，「その物体が熱平衡状態に在るか否かを判定」∧「もし熱平衡状態に在れば温度も決定」できる．この方法で温度が測定された代表例：太陽光 ($\sim$ 5800K) や宇宙背景輻射 (cosmic background radiation：$\sim$ 2.7K)．

[*13] 第 18 刷 (1965) の付録 II には些細なミスプリあり (数か所にて $N+1$ が N となっている)．

1.4 ◇ ユークリッド空間とヴェクトル　　*27*

♣ **註4**　黒体輻射の内部エネルギー $U_{\mathrm{BBR}}(T)$ は次式に拠って求め得る:

$$U_{\mathrm{BBR}}(T) = \int_0^\infty d\nu \, \frac{\partial \mathcal{U}_{\mathrm{BBR}}(\nu; T)}{\partial \nu}. \tag{1.16a}$$

演習 1.3-5

$$U_{\mathrm{BBR}}(T) \propto V_{空洞} T^4. \tag{1.16b}$$

エネルギーにあふれる読者は, もう少し詳しく計算すると

$$U_{\mathrm{BBR}}(T) = k_{\mathrm{B}} T \, N_{\mathrm{eff}}(T),$$
$$N_{\mathrm{eff}}(T) \equiv \frac{\pi^2}{15} \left(\frac{k_{\mathrm{B}} T}{hc/2\pi} \right)^3 V_{空洞} = \frac{\pi^2}{15} \frac{V_{空洞}}{(\lambda_T/2\pi)^3} \sim \frac{V_{空洞}}{(\lambda_T/2\pi)^3}. \quad\blacksquare \tag{1.16c}$$

上記は次のごとく読める:「空洞内に, 実効的に $N_{\mathrm{eff}}(T)$ 個の自由度が存在し」∧「それぞれに内部エネルギー $k_{\mathrm{B}} T$ が等分配される」.

　アインシュタイン (Albert Einstein [1879.3.14–1955.4.18]) は, プランク仮説に示唆を得て, 第三の困難 (光電効果に関する困難) を救った. それについて説明する前に, ちょっと脱線して, <u>並の波</u>について復習しておこう.

1.4 ◇ ユークリッド空間とヴェクトル

　本節は, 並の波に関する復習に先立ち, ヴェクトルについて復習するとともに, 「本書にて用いる記法 (の一部)」を説明する.

1.4.1 地点と三次元ユークリッド空間 $\mathbf{E}^3$

　実験室を三次元ユークリッド空間 $\mathbf{E}^3$ と見なし, $\mathbf{E}^3$ の点を<u>地点</u>とよんで記号 $\mathbf{x}$ で表す[*14].

$$\mathbf{x} := \mathrm{x} \boldsymbol{e}_x + \mathrm{y} \boldsymbol{e}_y + \mathrm{z} \boldsymbol{e}_z. \tag{1.17}$$

ただし, 三個のヴェクトル $\{\boldsymbol{e}_x, \boldsymbol{e}_y, \boldsymbol{e}_z\}$ は「それぞれ**単位ヴェクトル** (unit vector: 長さが 1 なるヴェクトル) であり」∧「互いに**直交**し」∧「**右手系**を成す」とする. 集合 $\{\boldsymbol{e}_x, \boldsymbol{e}_y, \boldsymbol{e}_z\}$ は, **正規直交右手三脚** (orthonormal right-handed triad) とよばれ, 一般のヴェクトルを表すべく供される足場である[*15]. 以下, 集合 $\{\boldsymbol{e}_x, \boldsymbol{e}_y, \boldsymbol{e}_z\}$ を <u>($\mathbf{E}^3$ の) **基底系** (basis)</u> (精確には<u>或る特定の基底系</u>, 下記参照) とよぶ. 各 $\boldsymbol{e}_a$ ($a \in \{x, y, z\}$) は「基底系 $\{\boldsymbol{e}_x, \boldsymbol{e}_y, \boldsymbol{e}_z\}$ に属する**基底ヴェクトル**」とよばれる[*16]. 上式の代わりに, 簡潔化すべく, 次の記法も使う:

$$\mathbf{x} = \sum_a \mathrm{x}_a \boldsymbol{e}_a \equiv \sum_{a \in \{x,y,z\}} \mathrm{x}_a \boldsymbol{e}_a := \mathrm{x}_x \boldsymbol{e}_x + \mathrm{x}_y \boldsymbol{e}_y + \mathrm{x}_z \boldsymbol{e}_z. \tag{1.18a}$$

[*14] 何を実験室とするかは読者の勝手 (例えば太陽系全体でもよい).

[*15] 下添字 $\{x, y, z\}$ は, $\{$地点 (1.18c), 粒子位置 (1.22)$\}$ を $\{$立体, 斜体$\}$ で区別する本書の記法からすれば, $\{\mathrm{x}, \mathrm{y}, \mathrm{z}\}$ と書くべきであろうが, 慣例に従う.

[*16] 仕事現場では略式に "基底" なる語が使われることあり. ただし, その "基底" が基底系を指すか基底ヴェクトルを指すかは文脈 (その場の雰囲気) 次第.

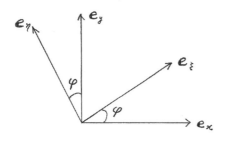
図 1.8 $\mathbf{E}^2$ の基底系二つ

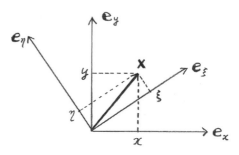
図 1.9 ($\mathbf{E}^2$ における) ヴェクトルとその成分

最右辺に現れた妙な記号は次のごとく読む：
$$\mathrm{x}_x \equiv \mathrm{x}, \quad \mathrm{x}_y \equiv \mathrm{y}, \quad \mathrm{x}_z \equiv \mathrm{z}. \tag{1.18b}$$
つまり
$$\mathbf{x} = \sum_a \mathrm{x}_a \boldsymbol{e}_a = \mathrm{x}\boldsymbol{e}_x + \mathrm{y}\boldsymbol{e}_y + \mathrm{z}\boldsymbol{e}_z. \tag{1.18c}$$

「基底系の選び方」は一意的でない．この事情を，話を簡潔化すべく，二次元ユークリッド空間 $\mathbf{E}^2$ (つまり平面) において説明しよう．$\mathbf{E}^2$ として「xy 平面」を採れば，その勝手な地点 $\mathbf{x}$ は次のごとく表せる：
$$\mathbf{x} = \mathrm{x}\boldsymbol{e}_x + \mathrm{y}\boldsymbol{e}_y. \tag{1.19a}$$
つまり，xy 平面とは「(1.19a) なる形をしたヴェクトルすべてから成る集合」である．もちろん，$\{\boldsymbol{e}_x, \boldsymbol{e}_y\}$ は「それぞれ単位ヴェクトルであり」∧「互いに直交する」．上記地点 $\mathbf{x}$ は次のごとくにも表せる：
$$\mathbf{x} = \xi \boldsymbol{e}_\xi + \eta \boldsymbol{e}_\eta. \tag{1.19b}$$
ただし $\{\boldsymbol{e}_\xi, \boldsymbol{e}_\eta\}$ も「それぞれ単位ヴェクトルであり」∧「互いに直交する」とする．つまり，集合 $\{\boldsymbol{e}_\xi, \boldsymbol{e}_\eta\}$ も $\mathbf{E}^2$ の基底系である (図 1.8)．

要するに (図 1.9)：

ヴェクトル $\mathbf{x}$ が「地点を表す<u>幾何学的実体</u>」なるに対し，その成分 ($\{\mathrm{x}, \mathrm{y}\}$ または $\{\xi, \eta\}$) は「特定の基底系に落とした影」にすぎぬ．

しばしば使われる記法 "$\mathbf{x} = (\mathrm{x}, \mathrm{y})$" は，"常に特定の基底系 $\{\boldsymbol{e}_x, \boldsymbol{e}_y\}$ だけを使う (ことしか頭にない)" なる偏狭な約束事を前提としており，よりおおらかに物事を考えるには不適切である．

☆演習 図 1.8 を参照して，$\{\boldsymbol{e}_x, \boldsymbol{e}_y\}$ を $\{\boldsymbol{e}_\xi, \boldsymbol{e}_\eta\}$ で表すと
$$\boldsymbol{e}_x = \boldsymbol{e}_\xi \cos\varphi - \boldsymbol{e}_\eta \sin\varphi, \qquad \boldsymbol{e}_y = \boldsymbol{e}_\xi \sin\varphi + \boldsymbol{e}_\eta \cos\varphi. \tag{1.20a}$$
これを $\{\boldsymbol{e}_\xi, \boldsymbol{e}_\eta\}$ について解けば (または再び図 1.8 を参照して)
$$\boldsymbol{e}_\xi = \boldsymbol{e}_x \cos\varphi + \boldsymbol{e}_y \sin\varphi, \qquad \boldsymbol{e}_\eta = -\boldsymbol{e}_x \sin\varphi + \boldsymbol{e}_y \cos\varphi. \tag{1.20b}$$

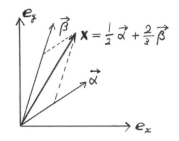

図 1.10 $\mathbf{E}^2$ における "斜交基底系"

(1.20b) を (1.19b) に代入し (1.19a) と比べて

$$\mathrm{x} = \xi\cos\varphi - \eta\sin\varphi, \qquad \mathrm{y} = \xi\sin\varphi + \eta\cos\varphi. \tag{1.20c}$$

これは (1.20a) と同じ形をしている．したがって

$$\xi = \mathrm{x}\cos\varphi + \mathrm{y}\sin\varphi, \qquad \eta = -\mathrm{x}\sin\varphi + \mathrm{y}\cos\varphi. \quad\blacksquare \tag{1.20d}$$

註 一般にヴェクトルは，$\vec{A}$ のごとく，矢印頭載文字[*17]で書かれることも多い．本書は主に太字 (ゴシック体) を使う．のおとに手で書く場合には矢印頭載文字の方が便利．なお，$\underset{\sim}{A}$ のごとく，〜 を尻に敷く流儀もある．

♣註 勝手な 2 個のヴェクトル $\{\vec{\alpha}, \vec{\beta}\}$ は，互いに方向を異にしさえすれば，任意の地点を表せる (図 1.10)：

$$\mathbf{x} = a\vec{\alpha} + b\vec{\beta}. \tag{1.21}$$

かような集合 $\{\vec{\alpha}, \vec{\beta}\}$ は，$\vec{\alpha}$ と $\vec{\beta}$ が直交せぬ場合，"斜交基底系" とよばれる．本書において単に基底系といえば正規直交基底系を指す．

1.4.2 粒子の位置・運動量

粒子位置 $\boldsymbol{r}$ も $\mathbf{E}^3$ に属する[*18]．その成分は，地点 $\mathbf{x}$ の成分と区別すべく，イタリック体で表す：

$$\boldsymbol{r} = \sum_a x_a \boldsymbol{e}_a \equiv x_x \boldsymbol{e}_x + x_y \boldsymbol{e}_y + x_z \boldsymbol{e}_z \equiv x\boldsymbol{e}_x + y\boldsymbol{e}_y + z\boldsymbol{e}_z. \tag{1.22}$$

同様に，運動量 $\boldsymbol{p}$ も $\mathbf{E}^3$ に属する[*19]：

$$\boldsymbol{p} = \sum_a p_a \boldsymbol{e}_a \equiv p_x \boldsymbol{e}_x + p_y \boldsymbol{e}_y + p_z \boldsymbol{e}_z. \tag{1.23}$$

註 話を簡潔化すべく一次元ユークリッド空間 $\mathbf{E}^1$ をもち出す場合がある．例えば，$\mathbf{E}^1$ として「x 軸」(つまり「$\boldsymbol{e}_x$ を含む直線」，すなわち「$\mathbf{x} = \mathrm{x}\boldsymbol{e}_x$ なる形をしたヴェクトルすべてから成る集合」) を採る場合には，{地点, 粒子位置, 粒子運動量} を $\{\mathrm{x}, x, p\}$ で表す．

1.4.3 $\mathbf{E}^3$ に属するその他のヴェクトル

下記の諸ヴェクトルも $\mathbf{E}^3$ に属する：

[*17] 頭載 ≡「頭上に搭載」．
[*18] 精確には，「実験室を表す $\mathbf{E}^3$」に同型 (isomorphic) な「配意空間たる $\mathbf{E}^3$」に属する．
[*19] 精確には，「実験室を表す $\mathbf{E}^3$」に同型な「運動量空間たる $\mathbf{E}^3$」に属する．

30 第1章 量子論の登場：古典物理学からの脱却

方向を表す単位ヴェクトル $\boldsymbol{n}$, 二地点間を結ぶ有向線分 $\boldsymbol{D}(\equiv D\boldsymbol{n})$, 波数ヴェクトル $\boldsymbol{k}$, 磁場 $\boldsymbol{B}$, $\cdots$.

以下, ヴェクトル一般について論ずる際には, 記号 $\{\boldsymbol{a}, \boldsymbol{b}, \cdots\}$ を使い,「勝手な基底系 $\{\boldsymbol{e}_\xi, \boldsymbol{e}_\eta, \boldsymbol{e}_\zeta\}$ に準拠した成分」を「各基底ヴェクトルに対応する下添字」で指定する. 例えば

$$\boldsymbol{a} = \sum_{\alpha \in \{\xi, \eta, \zeta\}} a_\alpha \boldsymbol{e}_\alpha \equiv a_\xi \boldsymbol{e}_\xi + a_\eta \boldsymbol{e}_\eta + a_\zeta \boldsymbol{e}_\zeta. \tag{1.24a}$$

これは「ヴェクトル $\boldsymbol{a}$ の, 基底系 $\{\boldsymbol{e}_\xi, \boldsymbol{e}_\eta, \boldsymbol{e}_\zeta\}$ に拠る, **展開** (expansion)」とよばれる. 特に

$$\boldsymbol{r} = \sum_{\alpha \in \{\xi, \eta, \zeta\}} x_\alpha \boldsymbol{e}_\alpha \equiv \xi \boldsymbol{e}_\xi + \eta \boldsymbol{e}_\eta + \zeta \boldsymbol{e}_\zeta. \tag{1.24b}$$

なお, 右辺における係数は左右どちらに書いてもよいとする. つまり, 次のごとく書くことも許す：

$$\boldsymbol{a} = \sum_{\alpha \in \{\xi, \eta, \zeta\}} \boldsymbol{e}_\alpha a_\alpha \equiv \boldsymbol{e}_\xi a_\xi + \boldsymbol{e}_\eta a_\eta + \boldsymbol{e}_\zeta a_\zeta. \tag{1.24c}$$

註　ヴェクトルに二種類あり：ヴェクトルを矢印で表す場合, $\mathbf{x}$ と $\boldsymbol{r}$ については, 矢の根元[20]を必ず原点に置かねばならぬ. これに対し, $\{\boldsymbol{n}, \boldsymbol{D}, \boldsymbol{p}, \boldsymbol{k}, \boldsymbol{B}\}$ などについては, 根元をどこにでも移動できる. かような違いにもかかわらず次項以下に述べる諸性質 (内積・外積など) は両種ヴェクトルに共通である.

♣ **註中註**　かような二種類が混在する (精確には, 二種類を混在するものとして扱うことが許される) ことはユークリッド空間 (平坦な空間) の特殊性に因る. 一般に, 曲がった空間においては, "「ある原点に根元が置かれた矢印」で表されるヴェクトル" なる概念は存在せぬ. ヴェクトルとして扱われ得る量は $\{\delta\mathbf{x}, \delta\boldsymbol{r}, \boldsymbol{p}, \boldsymbol{n}, \boldsymbol{k}, \boldsymbol{B}\}$ などであり, これらは「曲がった空間の各地点に付随した**接空間** (tangent space) としての $\mathbf{E}^3$」に属するものと見なされる.

1.4.4　内積と外積

内積

内積 (inner product) の幾何学的定義 (図 1.11)：

$$\boldsymbol{a} \cdot \boldsymbol{b} := ab\cos\theta_{ab} \qquad : a \equiv |\boldsymbol{a}| \ \wedge \ b \equiv |\boldsymbol{b}| \ \wedge \ \theta_{ab} \equiv \text{「}\boldsymbol{a}\text{と}\boldsymbol{b}\text{が成す角度」}. \tag{1.25}$$

内積は**スカラー積** (scalar product) ともよばれる ♡ 右辺がスカラー (scalar: 方向を有せぬ量). なお θ_{ab} は, 鋭角・鈍角を問わず, その採り方も勝手である (π 以上でも構わぬ)[21].

外積

$\mathbf{E}^3$ においては, 内積とは別に, 外積なる積が定義され得る.

外積 (outer product) の幾何学的定義 (図 1.12)：

---

[20] 矢印の $\{$根元, 先端$\}$ の正式呼称は $\{$始点 (または起点：initial point), 終点 (terminal point)$\}$ [数学辞典 372 ベクトル A. ベクトルの定義].

[21] 以前 (1999–2000 年), アメリカ物理学会発行の著名な専門誌 Physical Review に $\cos\theta_{ab}$ を $\cos(\boldsymbol{a} \cdot \boldsymbol{b})$ と誤記している論文があった. それも, 一つならず複数の論文 (ただし著者は同一) かつ一論文に複数箇所である. 論文は複数の閲読者に依る閲読を経て掲載されることになっているが, このような明白な誤りを閲読者も気付かなかったとは！ いや, サラリと斜めに眺めただけでも気付かぬのはおかしい. おそらく閲読者はまったく目を通さぬまま掲載可としたに違いない. 業界仲間内で一種の談合が行われたとすれば, 嘆かわしき限り.

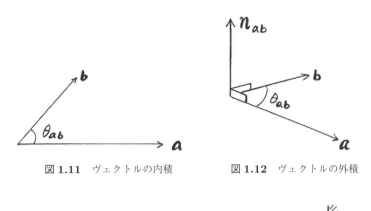

図 1.11 ヴェクトルの内積　　図 1.12 ヴェクトルの外積

図 1.13 縄を伝わる進行波

$$\boldsymbol{a} \times \boldsymbol{b} := \boldsymbol{n}_{ab}\, ab\, |\sin\theta_{ab}| \qquad : \boldsymbol{n}_{ab} \equiv \text{「「}\{\boldsymbol{a}, \boldsymbol{b}, \boldsymbol{n}_{ab}\}\text{ が右手系を成す」単位ヴェクトル」}. \tag{1.26}$$

外積はヴェクトル積 (vector product) ともよばれる ♡ 右辺がヴェクトル.

註 ユークリッド空間であっても三次元以外の場合には外積に相当する積は定義され得ぬ.
♣ 註中註 Outer product を一般化した exterior product [*22] なる概念は勝手な次元にて定義され得る (ただし,「二個のヴェクトル $\{\boldsymbol{a}, \boldsymbol{b}\}$ の exterior product $\boldsymbol{a} \wedge \boldsymbol{b}$」はヴェクトルならず).

1.5 ◇ 並の波 (その 1)

1.5.1 進行波

　並の波 (日常的に身のまわりに見られる波) の一例として「縄跳びの縄」を伝わる波を挙げよう. 縄の一端を固定して他端をそっと揺すると図 1.13 のような波が見られることがある.「中央付近における波形 (ぴんと張った縄を基準とした変位)」は近似的に次式に比例する:

$$\cos\left(\frac{2\pi}{\lambda}\mathrm{x} - 2\pi\nu t + \theta_0\right) \qquad : \{\lambda(>0),\ \nu(>0),\ \theta_0\} \text{ は定数}. \tag{1.27}$$

もちろん,「t は時刻」∧「x は, x 軸 (≡ ぴんと張った縄) 上の地点」を表す. cos の中身は「(波 (1.27) の) 位相 (phase)」とよばれる.「t が $1/\nu$ だけ変わる」∨「x が λ だけ変わる」と, 位相が 2π だけ変わり, (1.27) の値はもとに戻る. $\{\nu, \lambda\}$ は {振動数 (frequency), 波長 (wavelength)} とよばれる.「時刻 t において, 位相が或る定数 θ_0' に等しい地点」を $\mathrm{x}(t; \theta_0')$ とすれば

$$\mathrm{x}(t; \theta_0') = \lambda\nu t + (\theta_0' - \theta_0)\lambda/2\pi = \lambda\nu t + \text{定数}. \tag{1.28}$$

[*22] これも外積と訳されている！ [数学辞典 328 微分可能多様体 Q. 微分形式]. 数学屋さんも物理屋に劣らずイー加減.

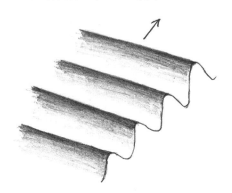

図 1.14 水面を伝わる直線進行波

この地点は速度 $\lambda\nu$ で移動する．それゆえ，$\lambda\nu$ は「(波 (1.27) の) 位相速度 (phase velocity)」とよばれる．そして，(1.27) は「(一次元の) **進行波** (progressive wave)」とよばれる．

1.5.2 平面進行波

池の水面に図 1.14 のように直線状に整列した波が見られることもある．この場合にも「水準面 ($\equiv$ 「波立っていない水面」) を基準とした水位」は近似的に (1.27) に比例する (ただし，x を「水準面上の地点 $\mathbf{x}\ (\in \mathbf{E}^2)$」の x 座標と解釈し直すものとする)．「時刻 t において，位相が或る定数 θ_0' に等しい地点」は，一点ではなく無数にあり，それらの集合は直線を成す．この直線は速さ $\lambda\nu$ で x 方向に移動する．それゆえ，(1.27) は直線進行波とでもよべよう．

同様に，例えば空気中を伝わる音波の場合，「時空点 $(t, \mathbf{x})$ における空気の密度」を $\rho_0 + \delta\rho(t, \mathbf{x})$ (ρ_0 は平均値) とすれば，適切な状況下にて $\delta\rho(t, \mathbf{x})$ は近似的に次式に比例する：

$$\cos\left(\frac{2\pi}{\lambda}\boldsymbol{n}\cdot\mathbf{x} - 2\pi\nu t + \theta_0\right) \qquad : \boldsymbol{n} \text{は単位ヴェクトル．} \tag{1.29}$$

これは (1.27) を $\mathbf{E}^3$ に一般化したものであり，「t が $1/\nu$ だけ変わる」$\vee$「$\boldsymbol{n}\cdot\mathbf{x}$ が λ だけ変わる」と位相が 2π だけ変わるゆえ，この場合にも $\{\nu, \lambda\}$ は $\{$振動数, 波長$\}$ である．また，

- 「時刻 t において，位相が或る定数 θ_0' に等しい地点」は，一点ではなく無数にあり，それらの集合は

$$\boldsymbol{n}\cdot\mathbf{x} = \lambda\nu t + (\theta_0' - \theta_0)\lambda/2\pi = \lambda\nu t + \text{定数} \tag{1.30}$$

  なる平面 (その法線は $\boldsymbol{n}$) を成す．これは**等位相平面**とよばれる．
- 等位相平面は，上式からわかる通り，速さ $\lambda\nu$ で $\boldsymbol{n}$ 方向に進む (図 1.15(a))．

それゆえ，「$\lambda\nu\boldsymbol{n}$ は**位相速度** (phase velocity) とよばれ」$\wedge$「(1.29) は**平面進行波** (plane progressive wave) とよばれる」．

(1.29) に登場するヴェクトル

$$\boldsymbol{k} := \frac{2\pi}{\lambda}\boldsymbol{n} \tag{1.31a}$$

は，**波数** (wave number) とよばれ，波の「進行方向と波長」を一挙に表す．また，t の係数も

1.5 ◇ 並の波 (その1)   33

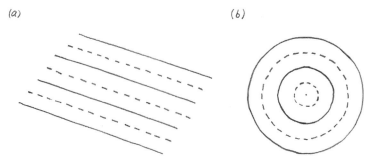

図 1.15 進行波の等位相面：(a) 平面進行波，(b) 球面進行波

$$\omega := 2\pi\nu \tag{1.31b}$$

とまとめると便利である．ω は**角振動数**とよばれる．以下，物理業界の慣例にならい，いささか言葉を濫用して次の用語を使う[*23]：

▷ **周波数** (frequency) ≡ **角振動数** (angular frequency) $:= 2\pi\times$ 振動数．

註 平面進行波 (1.29) は，「位相が 0 となる時空点を $(t_0, \mathbf{x}_0)$ とし」∧「$\theta_0 = -(\boldsymbol{k}\cdot\mathbf{x}_0 - \omega t_0)$ と置けば」，次の形に書ける：

$$\cos\{(\mathbf{x}-\mathbf{x}_0)\cdot\boldsymbol{k} - (t-t_0)\omega\}. \tag{1.32}$$

1.5.3 球面進行波

進行波は平面進行波に限られぬ．例えば，池に浮かべた錘(おもり)を上下に振動させれば，水面を波が円形に伝わって行く．この波は近似的に次式 (の $\mathbf{E}^2$ 版) に比例する：

$$\cos\{|\mathbf{x}-\mathbf{x}_0|k - (t-t_0)\omega\} \quad : k(>0) \text{ は定数}. \tag{1.33}$$

この場合，

- 「時刻 t において，位相が或る定数 θ'_0 に等しい地点」は，一点ではなく無数に在り，それらの集合は

$$|\mathbf{x}-\mathbf{x}_0| = \frac{\omega}{k}t + \frac{\theta'_0 - \omega t_0}{k} = \frac{\omega}{k}t + 定数 \tag{1.34}$$

なる球面を成す．これは**等位相球面**とよばれる．
- 等位相球面の半径は，上式からわかる通り，速さ ω/k で膨張する (図 1.15(b))．

それゆえ，(1.33) は**球面進行波** (spherical progressive wave) とよばれる[*24]．また，「$|\mathbf{x}-\mathbf{x}_0|$ が $2\pi/k$ だけ変わる」と位相が 2π だけ変わるゆえ，$2\pi/k$ は「($\mathbf{x}_0$ を原点とした動径方向の) 波長」とよばれる．

☆**演習 1.5-1** 水面上の二地点から，それぞれ，円形進行波が出ているとしよう．これら二つの波の

[*23] 電気工学などで周波数といえば振動数のことゆえ要注意．なお，英語でも，物理の現場では，角振動数を frequency と略称することが多い．

[*24] 日本語は平面波に対し球面波と語呂が合っているが，英語はそうなっていない：plane wave に対しては sphere wave (spherical wave というなら planar wave) だろう．

34　　第 1 章　量子論の登場：古典物理学からの脱却

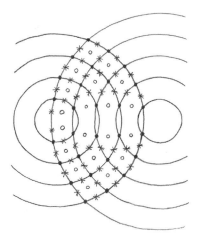

図 1.16　二つの円形進行波の干渉

　　　　山同士が出会う地点 ●，　谷同士が出会う地点 ○，　山と谷が出会う地点 ∗

を図示すると図 1.16 (もちろん，時間が半周期だけ経てば {山, 谷} は {谷, 山} に変わる)．　■

　かような状況は「二つの波が**重ね合わされる** (superposed)」と称され，「重ね合わされた二つの波が互いに強め合ったり弱め合ったりする現象」は「波の**干渉** (interference)」とよばれる．

1.5.4　◇ 波数について

　波数なる用語は「日常語の語感から外れて奇異に感じられる物理用語」の典型であろう[*25]．常識的に解釈すれば "池に石を一つ投げれば円形波が一つできるゆえ波数は 1，二つ投げれば二つできるゆえ波数は 2" などとなるかもしれぬ．しかし「物理業界用語としての波数」は意味が違う．

　波を視覚的に図示するには，例えば図 1.17(a) のように描く．少なくとも何回揺らして描けば波らしく見えるであろうか．たぶん，一波長分であろう (図 1.17(b))．それゆえ，"一波長分が波一個とされる" ことになった．とすれば，長さ D なる区間に含まれる "波の個数" は D/λ となる．この値は，D に依る (比例する) ゆえ，波に固有の値とはいいがたい．それゆえ，次の用語が導入された：

　　　　"(元来の) 波数 ≡「単位長さあたりの "波の個数"」= $(D/\lambda)/D = 1/\lambda$".

(これは，いわば，**空間的振動数**である：振動数 ν = **時間的振動数** =「単位時間あたりの "波の個数"」(ただし，一周期分を波一個と数える)})．しかし，"「波長の逆数」といえば済む量にわざわざ別名を

[*25] 物理を習いたての頃，ひどく違和感を感じた覚えがある．妙な用語といえば，物理用語に洗脳された読者には最早なんとも感じられぬかもしれぬが，波長からしてそうである．常識的に解釈すれば，身長が「身の長さ」なら波長は「波の長さ」であろうゆえ，図 1.17 の二つの波を比べると (a) の方が波長が長い．しかし，物理では，両者の波長は相等しいといわれるのであった．{$1/\nu, \lambda$} は {時間, 空間} に対応した対を成す．ところが，これらの呼称 {周期, 波長} は対句を成さず何とも美的感性に欠ける (英語の {period, wavelength} も同じ)．{時間, 空間} 軸上の線分は {期間, 区間} ゆえ，$1/\nu$ が周期なら λ は<u>周区</u>だろう．不合理な原語が直訳されたのは，理解不足に因りやむを得なかったかもしれぬが，はなはだ残念 (period は時間の周期に限らず空間の周期にも使われ (例：periodicity in space)，その結果，"この波は，周期が $1/\nu$ であり，空間的周期の波長は λ である" といった訳のわからぬ文章が登場し得る)．なお，wave length と書くと「波の長さ」なる誤解を招くことが認識されたからであろうか，現在では wavelength と一語につづられる (いつからこうなったか，乞ご教示．例えば [9][10][11] では "wave-length")．これにならえば，波数も wavenumber と一語につづる方がよいと思われる (しかし，どういうわけか，これは依然として wave number)．

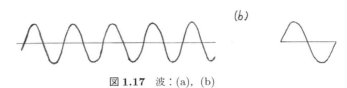

図 **1.17** 波：(a), (b)

与えることもなかろう" と考えられたからであろうか，いつの間にか[*26]言葉が濫用されて次のごとく変更されたらしい：

"波数 $\equiv 2\pi/\lambda$"

(もちろん，2π が付けられたのは (1.27) を見てのことであろう). しかし，これとて「波長分の 2π」とでもいえば済む. それゆえ，今日の物理現場においては，(1.31a) が波数とよばれる[*27]. つまり，波数はヴェクトルである ($\mathbf{E}^1$ においても，波数は正にも負にもなり得る量として定義され，本質的にヴェクトルである).

註1 (1.32) は，cos の中身に 2π を加えても，値が変わらぬ. つまり，位相には「2π の整数倍」だけの不定性がある (この事情は "位相は **mod** 2π で ($\equiv$「2π **を法として**」) 定義される" と称される). それゆえ，「位相が θ_0' なる地点 (の集合)」は「位相が $\theta_0' + 2\pi$ なる地点 (の集合)」と同じである.

註2 (1.32) の位相は「着目点 $(t, \mathbf{x})$ と基準点 $(t_0, \mathbf{x}_0)$ の **位相差** (phase difference)」($\equiv$「『$(t, \mathbf{x})$ における位相』と『$(t_0, \mathbf{x}_0)$ における位相』の差」) と読める.

註3 「(1.32) の $\mathbf{E}^2$ 版」($\sim$ 水面の波) は，説明の都合上「直線進行波」とよんだけれども，ふつうは ($\mathbf{E}^3$ 用語を濫流用して) 平面進行波とよばれる.

☆**註4** 平面進行波 (1.32) が "**正弦波** (sinusoidal wave)" とよばれることもある. 正弦函数で書かれているからである. "正弦 (sin) ではなく余弦 (cos) ではないか" と異議が出るかもしれぬが，sin と cos の差異は位相差 $\pi/2$ のみであって本質的でない. (1.32) は，基準点 $(t_0, \mathbf{x}_0)$ を例えば $(-\pi/2\omega + t_0', \mathbf{x}_0')$ と書き換えれば，次式になる：

$$\sin\{(\mathbf{x} - \mathbf{x}_0') \cdot \mathbf{k} - (t - t_0')\omega\}. \tag{1.35}$$

つまり「(1.32) には sin も含まれる」といってよい. ただし，正弦波なる用語は適切でない. なぜなら，正弦函数で表される波には「平面進行波ならぬ波」も有る. たとえば，両端を固定した絃 (琴の絃，チェロの絃, $\cdots$) を弾けば，近似的に次式で表される波が立ち得る (絃の長さを $2a$ とする)：

$$\sin\left\{(n+1)\frac{\pi}{2a}\mathrm{x}\right\}\cos\{(t-t_0)\omega\} \quad : n \in \mathbf{N} \tag{1.36}$$

(図 1.18：実線は $t = t_0$，波線は $t = \pi/\omega + t_0$). この場合，仮に sin の中身を位相とよぶことにすれば，「時刻 t において，位相が或る定数 θ_0' に等しい地点」は t に依らず $2a\theta_0'/(n+1)\pi$ である. つまり，この波は移動せぬ. それゆえ，**定在波** (standing wave) とよばれる. これに対し (1.32) は，定在波と区別すべく，進行波とよばれるわけである[*28].

[*26] 誰がいつ？ (乞ご教示).

[*27] "波数とは $2\pi/\lambda(= |\mathbf{k}|)$ であって，$\mathbf{k}$ は 波数ヴェクトル (wave number vector) とよぶべし" なる立場もある (これが正式かもしれぬ) が，もともと妙な (初学者を惑わす) 業界用語 (jargon) ゆえ，"ヴェクトルを数とよぶのはいかがなものか" などと議論してみても始まらぬ. なお，もし波数ヴェクトルとよぶのであれば，英語は wave-number vector とすべき気がするが，通常，ハイフンなしでつづられる.

[*28] 進行波は英語で progressive wave とよばれる. progress($= pro + gress \sim$ 前 $+$ 進) には「進行すなわち前」なる高度成長的イデオロギーが感じられる. 横や後ろや斜めに進んでもよいではないか. そもそも前とか後とかいうのは主観にすぎぬ. standing (定在) と対置するなら running でよかろう (walking ならなおよい). ただし，standing wave

36　第1章　量子論の登場：古典物理学からの脱却

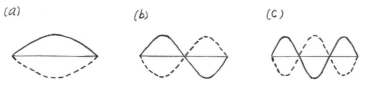

図 1.18　琴の絃に立つ定在波 (の例)：(a) $n=0$, (b) $n=1$, (c) $n=2$

☆演習 1.5-2　定在波は「進行波の重ね合せ」と見なされ得る．逆に，進行波は「定在波の重ね合せ」と見なされ得る．■

♣ 註 5　光の波の場合，「波長と周波数が一対一に対応し ($\omega = 2\pi c/\lambda$)」∧「(可視光に関する限り) 波長には色が対応する[*29]」．それゆえ，「波長が決まった光」は単色光 (monochromatic light) とよばれる．一般の波の場合にも，通常，周波数は波長と一対一に対応する．それゆえ，光の波に関する用語を拡張使用して，平面進行波 (1.32) は単色平面進行波ともよばれる．要するに，平面進行波は「進行方向と波長」が決まった波である，といえる．

♣ 註 6　平面進行波が平面波と称されることもある．しかし，量子力学における慣例に倣い，平面波 (plane wave) なる用語は $\exp(i\boldsymbol{k}\cdot\boldsymbol{r})$ を指すべくとっておく (♡ 第 4 章 4.2.3 項)．

♣ 註 7　平面進行波 (1.32) にて形式的に
$$\boldsymbol{k} \longrightarrow \frac{\mathbf{x}-\mathbf{x}_0}{|\mathbf{x}-\mathbf{x}_0|}k \tag{1.37}$$
と置き換えれば球面進行波 (1.33) が得られる．つまり，後者は「局所的には平面進行波であり」∧「波数が局所的に (1.37) 式右辺で与えられる」と見なし得る．

♣ 註 8　球面進行波を (1.33) と書いたが，より精確には，cos の前に因子 $|\mathbf{x}-\mathbf{x}_0|^{-1}$ ($\mathbf{E}^2$ 版球面波 (≡ 円形波)なら因子 $|\mathbf{x}-\mathbf{x}_0|^{-1/2}$) が掛かることが多い．ただし，後者とて $|\mathbf{x}-\mathbf{x}_0|k \gg 1$ における漸近形であり，一般にはさらに複雑．

♣♣ 註 9　"平面進行波"なる語は，物理の一般的文脈においては，広義平面進行波を指すこともある．広義平面進行波とは「$f(\boldsymbol{k}\cdot\boldsymbol{x} - \omega t)$ なる形に書ける波 (f は勝手な函数)」である．例えば，「発生源から充分に隔たった浜辺 (浅瀬) 付近における，津波[*30]」は，広義平面進行波 (の $\mathbf{E}^2$ 版) であって，その水位は典型的に次式のごとく近似できよう：
$$\frac{1}{\{\cosh(\boldsymbol{k}\cdot\boldsymbol{x}-\omega t)\}^2} \tag{1.38}$$
これは単色でない．本書は単色平面進行波を平面進行波と略称する．

1.6　古典物理学からの脱却 (その 2)：アインシュタインの光量子仮説

アインシュタインは，プランク仮説を大胆に拡張して，次の仮説を導入した．

　　アインシュタインの光量子仮説：
　　　　「振動数 $\nu_{電磁波}$ なる電磁波 (単色光)」は「エネルギー $h\nu_{電磁波}$ なる粒子」の集団である．
この粒子は，アインシュタインに依って，光量子 (light quantum) とよばれた．

一般に「波面が光速 c で $\boldsymbol{n}$ 方向に進む」とは「位相が $\boldsymbol{n}\cdot\boldsymbol{x} - ct$ に比例すること」に他ならぬ．したがって，波長 $\lambda_{電磁波}$ なる単色光の場合，振動数 $\nu_{電磁波}$ は

といっても，直立不動ならず上下に (どの方向が上かは知らぬが) 振動しているゆえ，むしろ立ったりしゃがんだり波，長すぎれば足踏波．これに対比すべく進行波を (ゆっくり) 歩こうかとよぶことも提唱してみたが，いまだ賛同者皆無．

[*29] 波長が決まれば色が決まる．ただし，我々が視覚する色は必ずしも単色光に因るものならぬゆえ，この対応は一対一でない．

[*30] 無論，(1.38) は一つの理想化された近似であり，現実の津波は複雑．

$$\nu_{\text{電磁波}} = c/\lambda_{\text{電磁波}} = c|\boldsymbol{k}_{\text{電磁波}}|/2\pi, \qquad \text{つまり } \omega_{\text{電磁波}} = c|\boldsymbol{k}_{\text{電磁波}}|. \tag{1.39a}$$

一方，この単色光を光量子集団と見なした場合，光量子の $\{$エネルギー, 運動量$\}$ を $\{E_{\text{光量子}}, \boldsymbol{p}_{\text{光量子}}\}$ と書けば，光量子仮説に拠り

$$E_{\text{光量子}} = h\nu_{\text{電磁波}} = h\omega_{\text{電磁波}}/2\pi. \tag{1.39b}$$

「光を光量子集団と見なす以上，光量子は光速で進むはず」 $\wedge$ 「光量子も相対性理論の枠組に納まる粒子の一種である」 とすれば光量子の質量は 0 でなければならぬ：

$$E_{\text{光量子}} = \sqrt{(0 \times c^2)^2 + (\boldsymbol{p}_{\text{光量子}}c)^2} = c|\boldsymbol{p}_{\text{光量子}}|. \tag{1.39c}$$

また，光を電磁波と見なそうが光量子と見なそうが進行方向は共通でなければならぬ：

$$\boldsymbol{p}_{\text{光量子}} \propto \boldsymbol{k}_{\text{電磁波}} \qquad (\text{もちろん，比例係数} > 0). \tag{1.39d}$$

以上 (1.39a) ～(1.39d) に拠り

$$\boldsymbol{p}_{\text{光量子}} = \frac{h}{2\pi}\boldsymbol{k}_{\text{電磁波}} \left(= \frac{h}{\lambda_{\text{電磁波}}}\boldsymbol{n}\right). \tag{1.39e}$$

☆演習 **1.6-1** 光電効果に関する困難は光量子仮説に拠って回避できる． ■

　電磁波 ($\equiv$「波としての光」) と光量子 ($\equiv$「粒子としての光」) を結びつける関係 (1.39b)$\wedge$(1.39e) は，その後，コンプトン (Arthur Holly Compton [1892.9.10–1962.3.15]) の実験に依って直接的に確認された：光を電子に照射したところ，その散乱の様子が，「光は (1.39b)$\wedge$(1.39e) に従う粒子集団である」としてエネルギー・運動量保存則を適用すれば説明できた ($\heartsuit$ 下記演習 1.6-2)．もちろん，ヤングの実験からして「光が波なること」もまた "事実" である．かくて，

　　　　電磁波と光量子を統一した「波動的性質と粒子的性質を兼ね備えた何ものか」

として，**光子** ($\equiv$ フォトン (photon)) なる概念が導入された[*31]．これに伴い，"光子の周波数" $\vee$ "光子の波数 (波長)" なる言い回しが登場することとなった．もちろん，これらは (1.39b)$\vee$(1.39e) 右辺に現れる周波数 $\vee$ 波数 (波長) を指す．これに応じて，以下，(1.39) における添字「電磁波 $\vee$ 光量子」を光子と書く：

[*31] ただし，1922 年 12 月 3 日付で投稿されたコンプトン論文 [12] には，photon なる語はまだ登場せず，"X-ray quantum" や "radiation quantum" が使われている．1923 年 9 月 12 日付で投稿されたド・ブロイ論文 [13] には "luminous atom" あるいは "atoms of light of very small internal mass ($< 10^{-50}$gm)" とある．"ヤムマー [14] によれば，photon なる語を初めて用いたのは 1926 年のルイス論文 [15]" と小島智恵子さん (日本大学；科学史学者) が教えて下さった．以下はルイスからの引用 (最後の *photon* 以外の斜体は筆者)："It would seem inappropriate to speak of one of these hypothetical entities as a particle of light, a corpuscle of light, a light quantum, or a light quant, if we are to assume that it spends only a minute fraction of its existence as a carrier of radiant energy, while *the rest of the time it remains as an important structural element within the atom*. It would also cause confusion to call it merely a quantum, for later it will be necessary to distinguish between *the number of these entities present in the atom* and the so-called quantum number. I therefore take the liberty of proposing for this *hypothetical new atom*, which is not light but plays an essential part in every process of radiation, the name *photon*". この一節および論文題名 (括弧内は論文内容に基づき筆者が加筆) "The Conservation (of the total number) of Photons (in any isolated systems)" からわかる通り，ルイスさん (Gilbert Newton Lewis [1875.10.23–1946.3.24]) の想い描きし photon は今日のそれとはいささか異なる．が，おそらく語感の秀逸ゆえに術語として定着したのであろう．なお，量子・光量子・光子といった訳語を考案したのは誰だろう (長岡半太郎さんか石原純さん？ 乞ご教示).

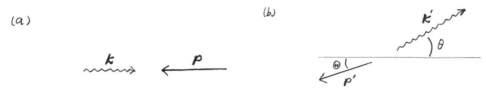

図 1.19 コンプトン散乱：(a) 衝突前，(b) 衝突後

$$p_{光子} = \hbar k_{光子}, \tag{1.40a}$$
$$E_{光子} = \hbar \omega_{光子}, \tag{1.40b}$$

ただし

$$\hbar := h/2\pi. \tag{1.41}$$

◇ **プランク定数** $\hbar$

(1.39b)∨(1.39e) などを見ていて，いちいち 2π を書くのは面倒と思ったのであろう，ディラック (Paul Adrian Maurice Dirac [1902.8.8–1984.10.20]) は記号 (1.41) を考案した．以下，言葉を濫用して，$\hbar$ をプランク定数とよぶ[*32] (本書は，今後，原則として h は使わぬ)．

♣ **演習 1.6-2** 自由電子に因って光子が散乱される現象は**コンプトン散乱** (Compton scattering) とよばれる：

$$\{\bm{p}, \hbar \bm{k}\} \equiv 「\{電子, 光子\} の衝突前運動量」,$$
$$\{\bm{p}', \hbar \bm{k}'\} \equiv 「\{電子, 光子\} の衝突後運動量」,$$
$$\{\lambda, \lambda'\} \equiv \{2\pi/|\bm{k}|, 2\pi/|\bm{k}'|\} \equiv 「衝突 \{前, 後\} における光子の波長」,$$
$$\theta \equiv 「光子の散乱角」 \equiv \cos^{-1}(\bm{k}' \cdot \bm{k})$$

と置き (図 1.19)，エネルギー・運動量保存則を適用すると，

$$\frac{\lambda'}{\lambda} - 1 = 2 \frac{\hbar |\bm{k}| - |\bm{p}|}{\sqrt{(m_e c)^2 + \bm{p}^2} + |\bm{p}|} \left(\sin \frac{\theta}{2} \right)^2 \quad : m_e \text{ は電子質量}. \tag{1.42a}$$

特に，静止した電子 ($\bm{p} = 0$) に光子が衝突したとすれば，

$$\lambda' - \lambda = 2\lambda_C \left(\sin \frac{\theta}{2} \right)^2, \tag{1.42b}$$

$$\lambda_C \equiv 「電子の\textbf{コンプトン波長} (\text{Compton wavelength})」 := 2\pi \frac{\hbar}{m_e c}. \quad \blacksquare \tag{1.43}$$

♣ **註 1** 「電磁波が電子に因って散乱される」なる古典的描像は，「$|\hbar \bm{k}| \ll |\bm{p}|$」∧「光が充分に強く (≡ 多数の光子が含まれ)，電子に光子が次々に衝突する」場合に，近似的に成り立つ (♡ 詳しくは，例えば [16, 17])．

♣ **註 2** プランクは，"光がエネルギー $h\nu_{電磁波}$ の塊として**存在する**" と考えたわけでなく，単に，内部エネルギー計算における一種の便宜としてエネルギー量子を導入した．原子や分子でさえ "気体の性質を説明するに有用な方便であって，**実体**[*33] (≡ 「現実に存在するもの」) か否かはわからぬ" と考える人も多かった時代である．「実験で確認されぬ限り実在とはいえぬ」とする立場 (**実証主義** (positivism)) は，保守的かもしれぬが，慎重堅実ではある．これに対しアインシュタインは，大胆不敵にも，プランクのエネルギー量子を「実体」と見なし

[*32] **プランク–ディラック定数**とよばれることもある．

[*33] 哲学用語としての "実体" は substance かもしれぬが，物理用語としては physical existence (∼ 物理的存在物) か．

た[34]. 光電効果やコムプトン散乱はエネルギー授受の現場を押さえて「実体」を捉えた[35]実験といえよう.

1.7 古典物理学からの脱却 (その 3)：ボーア仮説

一方，原子に関する困難は「ボーア (Niels Henrik David Bohr [1885.10.7–1962.11.18]) が提案した仮説 (Bohr's hypothesis)」に拠って回避された. この仮説は，水素原子に即して述べれば，以下四要素から成る：

ボーア仮説

- **量子化規則** (quantization rule)：
  陽子のまわりを回る電子の軌道は「**角運動量** (angular momentum) が $\hbar$ の整数倍のもの」に限られる.

  (この規則に従う軌道は**ボーア軌道** (Bohr orbit) とよばれる.)
- **定常状態仮説** (stationary-state hypothesis)：
  ボーア軌道を動く電子は，加速度運動をするにもかかわらず，電磁波を放出せぬ.

  (それゆえ，ボーア軌道は**定常軌道** (stationary orbit) ともよばれ，
  定常軌道を動く電子は「**定常状態** (stationary state) に在る」といわれる.)
- **量子跳躍仮説** (quantum-jump hypothesis)：
  電子は，或る定常状態 (エネルギー E_I) から別の定常状態 (エネルギー E_F) へと，不連続的に (つまり，"途中の状態"を経由することなく) 跳び移り得る.

  (これは**量子跳躍**[36] (quantum jump) または**遷移** (transition) とよばれる.
  E に付された添字 {I,F} は {**始状態** (initial state), **終状態** (final state)} を示す[37].)
- **周波数条件**[38] (frequency condition)：
  電子が量子跳躍する際，「次式で与えられる周波数 $\omega_{\text{光子 FI}}$」を有する光子が一つ放出される：

$$\omega_{\text{光子 FI}} = (E_\mathrm{I} - E_\mathrm{F})/\hbar. \tag{1.44}$$

ボーアは，以上に拠って，水素原子スペクトルを説明した：

☆**演習 1.7-1**　電子が円運動 (半径 r) すると想定しよう. この場合の量子化規則は，円運動の速さ ($\equiv$「円周沿いの速さ」) を v_φ として，次の形に書ける：

$$m_\mathrm{e}|v_\varphi|r = (n+1)\hbar \qquad : n \in \mathbf{N}. \quad \blacksquare \tag{1.45}$$

この条件を充たす円軌道は「(水素原子の) 第 n **ボーア軌道** (Bohr orbit)」とよばれる.

☆**演習 1.7-2**　「第 n ボーア軌道を回る電子」の {軌道半径 a_n, エネルギー E_n} は，「陽子は原点に固定された点と見なせて」∧「電子は陽子からクーロン引力 (大きさ $e^2/4\pi r^2$) を受ける」とすれば，次式で与えられる：

---

[34] これはいいすぎかもしれぬ (乞ご教示).

[35] "捉えた"はいいすぎで "垣間見た"ぐらいにすべきかも.

[36] **量子飛躍**とよばれることもある. しかし，この仮説の意味からして，英語の通り，fly ではなく jump であろう.

[37] 始状態は "**初期状態**"ともよばれる. しかし，初期と対を成すのが末期なるにもかかわらず，末期状態なる語は，忌み嫌われてか，使われぬ. 本書では，始終，{始状態, 終状態} を使う. "初期条件"についても同様 (♡ 4.5.2 項 ∨ 4.6 節).

[38] (1.44) を $\nu_{\text{光子 FI}} = (E_\mathrm{I} - E_\mathrm{F})/h$ と書いて**振動数条件**ともよばれる.

$$a_n = \frac{(n+1)^2\hbar^2}{m_{\mathrm{e}}e^2/4\pi} = (n+1)^2 a_{\mathrm{B}}, \tag{1.46a}$$

$$E_n = -\frac{1}{2}\frac{m_{\mathrm{e}}(e^2/4\pi)^2}{(n+1)^2\hbar^2} = -\frac{E_{\mathrm{B}}}{(n+1)^2}. \tag{1.46b}$$

ただし[*39],

$$a_{\mathrm{B}} \equiv \text{ボーア半径 (Bohr radius)} := \frac{\hbar^2}{m_{\mathrm{e}}e^2/4\pi}\ (= a_0), \tag{1.47a}$$

$$E_{\mathrm{B}} \equiv \text{ボーアエネルギー (Bohr energy)} := \frac{1}{2}\frac{e^2/4\pi}{a_{\mathrm{B}}}$$

$$= \frac{\hbar^2}{2m_{\mathrm{e}}a_{\mathrm{B}}^2} = \frac{1}{2}\frac{m_{\mathrm{e}}(e^2/4\pi)^2}{\hbar^2}\ (= |E_0|). \tag{1.47b}$$

$$\text{ちなみに}\quad v_{\mathrm{B}} \equiv \underline{\text{ボーア速 (Bohr speed)}} := \sqrt{2E_{\mathrm{B}}/m_{\mathrm{e}}} = \frac{e^2/4\pi}{\hbar}. \quad\blacksquare \tag{1.47c}$$

つまり，ボーア仮説に拠れば，軌道半径もエネルギーも「跳び跳びの (discrete) 値」に限られる．「上式 (1.46b)」∧「周波数条件 (1.44)」に拠って水素原子スペクトルを計算すると，

$$\omega_{\text{光子}\,nn'} \equiv \text{「「第 }n'\text{ 軌道} \to \text{第 }n\text{ 軌道」}(\{\mathrm{F,I}\} = \{n,n'\})\text{ なる遷移に際して放出される光の周波数」}$$

$$= \left\{\frac{1}{(n+1)^2} - \frac{1}{(n'+1)^2}\right\}\frac{E_{\mathrm{B}}}{\hbar} \propto \frac{1}{(n+1)^2} - \frac{1}{(n'+1)^2} \qquad : n < n'. \tag{1.48}$$

☆演習 1.7-3　これは図 1.20 (右端に書いた自然数対は $\{n,n'\}$) のごとく表せる．　$\blacksquare$

　この結果は，定性的のみならず定量的にもおおむね (微細な食い違いは別として)，実験データ (図 1.5(b)) と一致する (♡ 後述 註 5)．これは目覚ましい成功であった．ただし，(1.44) はエネルギー保存則として納得される (♡ (1.56)) としても，それ以外については，"規則・仮説の起源" は不問に付された．ともかく，ボーア仮説を問答無用で認めればうまく行ったわけである．かくて，水素原子に関して下記用語が使われることとなった：

▷ **基底状態 (ground state)** ≡「電子が第 0 ボーア軌道を回っている状態」
▷ **第 n 励起状態 (n-th excited state)** ≡「電子が第 n ボーア軌道を回っている状態」$(n \geq 1)$
▷ **基底状態エネルギー (ground-state energy)** ≡「電子が採り得る最低エネルギー」≡ E_0
▷ **第 n 励起状態エネルギー (n-th-excited-state energy)** ≡ E_n　$(n \geq 1)$
▷ **エネルギー準位 (energy level)** ≡ $\{E_0, E_1, E_2, \cdots\}$
▷ **第 1 準位 (first level)** ≡「基底状態，または，そのエネルギー E_0」
▷ **第 $(n+1)$ 準位 ($(n+1)$-th level)** ≡「第 n 励起状態，または，そのエネルギー E_n」$(n \geq 1)$
▷ **第 n 励起状態の束縛エネルギー (binding energy of the n-th excited state)**
　≡「第 n 励起状態に在る電子を，"陽子の付近に束縛している" エネルギーの大きさ」
　:= $|E_n|$　$(n \geq 1)$
▷ **束縛エネルギー (binding energy)** ≡「基底状態の束縛エネルギー[*40]」:= $|E_0| = E_{\mathrm{B}}$
▷ **電離エネルギー** または **イオン化エネルギー (ionization energy)**
　≡「基底状態に束縛された電子を陽子から解き離すに必要なエネルギー」(＝ 束縛エネルギー)

[*39]「ボーア半径 (Bohr radius)」なる語はたいていの物理屋が使っていると思うが，物理学辞典の項目には "ボーア速度 (Bohr velocity)" は有るものの，ボーア半径もボーアエネルギーも見当たらない．
[*40] E_{B} に付けた添字 B は Bohr と binding の掛詞．

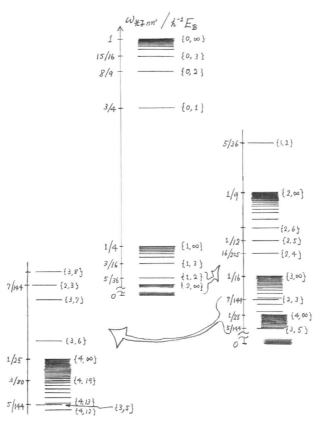

図 1.20 ボーア仮説に拠る水素原子スペクトル

≡「(電気的に中性の) 原子を "イオン (ion)" に化けさせる*41 に必要なエネルギー」

♣ 演習 1.7-4 演習 1.7-2 にて，クーロン引力が「中心力ポテンシャル $V(r)$ から導かれる引力」で置き換えられた場合に，E_n を求めよ．ただし

$$V(\boldsymbol{r}) = (r/a)^\gamma V_0 \quad : [a] = [長さ], \quad [V_0] = [エネルギー], \tag{1.49a}$$
$$a > 0, \quad \gamma > -2, \quad \gamma V_0 > 0. \tag{1.49b}$$

特に，$\gamma \in \{-1, 1, 2\}$ および $\gamma \gg 1$ の場合を詳しく吟味せよ．また，条件 (1.49b) が必要な理由を述べよ．

答案：ポテンシャルに因る力 $\boldsymbol{F}(\boldsymbol{r})$ は

$$\boldsymbol{F}(\boldsymbol{r}) = -\nabla V(r) = -\gamma \frac{r^{\gamma-1}}{a^\gamma} V_0 \boldsymbol{e}_r = -\frac{\gamma}{r} V(r) \boldsymbol{e}_r, \tag{1.50a}$$
$$\text{ただし} \quad \boldsymbol{e}_r \equiv 動径方向の単位ヴェクトル := \boldsymbol{r}/r. \tag{1.50b}$$

$\boldsymbol{F}$ が "遠心力" $(mv^2/r)\boldsymbol{e}_r$ と釣り合うための条件は，粒子の速度を $v\boldsymbol{e}_\varphi$ $(v \equiv v_\varphi)$ として，

$$mv^2 = \gamma V(r). \tag{1.51}$$

(釣り合いが成立し得るには $\gamma V_0 > 0$ が必要：ポテンシャルのグラフを描いてみれば，上式を見るまでもなく，ただちにわかる．) したがって

---

*41 あるいは，化かしてイオンにする？

42   第1章　量子論の登場：古典物理学からの脱却

$$E := \frac{1}{2}mv^2 + V(r) = (\frac{\gamma}{2}+1)V(r). \tag{1.52}$$

(1.51)∨(1.52) はヴィリアル定理 (♡ 1.11 節) の特別な場合に他ならぬ. 量子化規則を用いれば

$$N\hbar = rm|v|\big|_{r=r_n} = r\sqrt{\gamma m V(r)}\,\Big|_{r=r_n} \qquad : N \equiv n+1. \tag{1.53}$$

記号 $\cdots|_{r=r_n}$ は, $\underline{\cdots\ \text{を計算してから}\ r=r_n\ \text{と置く}}$ ことを示す (ただし, r_n は第 n 定常軌道の半径). したがって

$$r_n/a = \left(\frac{N^2}{\gamma}\frac{\hbar^2/ma^2}{V_0}\right)^{1/(\gamma+2)}, \tag{1.54a}$$

$$E_n := E|_{r=r_n} = (1+\frac{\gamma}{2})\left(\frac{N^2}{\gamma}\frac{\hbar^2/ma^2}{V_0}\right)^{\gamma/(\gamma+2)} V_0. \tag{1.54b}$$

$\gamma = -1(\underline{\text{理想水素状原子}})$ ならば, $aV_0 =: -Ze^2/4\pi$ と置いて

$$r_n = \frac{N^2}{Z\alpha}\frac{\hbar}{mc}, \qquad E_n = -\frac{Z^2\alpha^2}{2N^2}mc^2. \tag{1.55a}$$

$\gamma = 1(\sim \text{クォーク閉じ込め})$ ならば, $T \equiv \text{絃張力} := V_0/a$ と置いて

$$r_n = \left(\frac{\hbar^2}{mT}\right)^{1/3}N^{2/3}, \qquad E_n = \frac{3}{2}\left(\frac{\hbar^2 T^2}{m}\right)^{1/3}N^{2/3}. \tag{1.55b}$$

$\gamma = 2(\text{調和振動子})$ ならば, $V_0/a^2 =: m\omega^2/2$ と置いて

$$r_n = \left(\frac{\hbar}{m\omega}\right)^{1/2}N^{1/2}, \qquad E_n = N\hbar\omega. \tag{1.55c}$$

$\gamma \gg 1(\sim \underline{\text{無限深井戸}})$ の場合には

$$r_n = a\left\{1 - \frac{1}{\gamma}\log(\gamma K_0^2 a^2/N^2) + \mathcal{O}\left(\left\{\frac{1}{\gamma}\log(\gamma K_0^2 a^2/N^2)\right\}^2\right)\right\},$$

$$E_n = \frac{N^2\hbar^2}{2ma^2}\left\{1 + \frac{2}{\gamma}\log(e\gamma K_0^2 a^2/N^2) + \mathcal{O}\left(\left\{\frac{1}{\gamma}\log(\gamma K_0^2 a^2/N^2)\right\}^2\right)\right\}, \tag{1.55d}$$

$$\text{ただし} \qquad V_0 =: \hbar^2 K_0^2/m.$$

n が極端に大きくない限り (精確には, $n+1 \ll \gamma^{1/2}e^{\gamma/4}K_0 a$ ならば), エネルギー準位 E_n は「V_0 にも γ にも依らず」∧「$(n+1)^2$ に比例する」.　∎

註1　(1.44) は次式と等価である:

$$E_F + \hbar\omega_{\text{光子 FI}} = E_I. \tag{1.56}$$

これは「原子と光子を合わせた全系」におけるエネルギー保存則と読める. したがって, 「$E_I - E_F > 0$ ならば, 文字通り, エネルギー $\hbar\omega_{\text{光子 FI}}$ の光子が放出され」∧「$E_I - E_F < 0$ なら, $\underline{\text{負エネルギー}\ \hbar\omega_{\text{光子 FI}}\ \text{の光子が放出される}}$, つまり, エネルギー $|\hbar\omega_{\text{光子 FI}}|$ の光子が吸収される」わけである.

註2　一般に, **量子化** (quantization) なる用語は三様に使われる:

- 「物理量の値が, 或る基本値の整数倍に限られること」を指す. これが量子化規則にいう量子化である ({物理量, 基本値} = {角運動量, $\hbar$}).
- 「古典的には連続値を採り得る」はずの物理量が「(単に) 跳び跳びの値に限られる」場合にも, "当該物理量は量子化されている" といわれる. 例えば, "水素原子のエネルギーは (何か基本値の整数倍なるわけではないが), (1.46b) のごとく, 量子化されている".
- 「古典物理学から量子力学を探り当てること (その処方箋)」も "量子化 (量子化手続)" とよばれる (♡ 11.7 節).

1.7 古典物理学からの脱却 (その 3)：ボーア仮説　　*43*

表 1.1　水素原子のスペクトル系列

$n+1$	発見者	発見年
1	ライマン (Theodore Lyman: 1874.11.23 – 1954.10.11)	1906
2	バルマー (Johann Jakob Balmer: 1825.5.1 – 1898.3.12)	1885
3	パッシェン (Louis Carl Heinrich Friedrich Paschen: 1865.1.22 – 1947.2.25)	1908
4	ブラケット (Frederich Sumner Brackett: 1896 – 1988)	1922
5	プント (August Herman Pfund: 1879 – 1949)	1924
6	ハンフリーズ (Curtis Judson Humphreys: 1898 – 1986)	1953
7	$\cdots$	$\cdots$

註 3　第 n ボーア軌道が "第 $(n+1)$ ボーア軌道" とよばれることもある．これは「0 から始めるか 1 から始めるか」なる文化の違い[42]である．量子力学においては，少なくとも現在は，イギリス流 (ground state, 1st excited state, $\cdots$) が主流．ところが，水素原子に関しては，第一準位，第二準位，$\cdots$ なる呼び名が使われ[43]，これが今日も定着している．そのせいでいささか混乱もの： "第三準位＝第二励起状態，$\cdots$." 本書は，できるだけ，イギリス流に統一する (その方が「$0 \in \mathbf{N}$」なる現代慣行にも合致する)．

註 4　図 1.20 の横軸に物理的意味はない．本来，$\omega_{光子\,nn'}$ は数直線上に点で示せば済む．おそらく「実験データが**スペクトル線** (spectral lines) として得られること (図 1.5(b))」が考慮されたのであろう，理論値も慣例として "水平線分" で図示されることが多い．

註 5　スペクトル $\{\omega_{光子\,nn'}\}$ は，歴史的には，「n ごとに別々に」発見された．例えば $\{\omega_{光子\,1n'} \mid n' = 2, 3, \cdots\}$ は，バルマーに依って "発見" されたゆえ，**バルマー系列** (Balmer series) とよばれる．他のスペクトル線群も，それぞれ発見者 $\cdots$ の名を冠して，$\cdots$ 系列とよばれる (表 1.1)[44]．同表に挙げた六名のうちバルマーは，理論家であって，他五名が実験家であり実測で当該系列を発見したのに対し，既存データ[45]を解析した実験式としてバルマー公式 ($\equiv$「(1.48) にて $n = 1$ と置いた式」) を 1885 年に得た (文献 [20] 第 8 章 §103, 特に p.306 第 11 表)．その後まもなく 1890 年ごろ，リュードベリ (Johannes Robert Rydberg [1854.11.8 – 1919.12.28]) がバルマー公式を「任意の自然数対 $\{n, n'\}$ について (1.48)」なる形に拡張した．ボーア仮説 (1913 年) よりはるかに前のことである．

☆**演習 1.7-5**　ライマン系列 ($n = 0$) よりバルマー系列 ($n = 1$) が先に (二昔[46]も前に) 発見されたのはなぜ？　■

註 6　「電子が陽子に束縛されている」なる言い回しは，少なくとも古典力学においては不正確：「電子と陽子は互いに束縛し合っている」というべし[47]．

---

[42] 建物の地上階をよぶに，ground floor, 1st floor, 2nd floor, $\cdots$ とする (イギリス流) か，一階，二階，三階，$\cdots$ とする (欧大陸？や日本流) か．

[43] 理論的に欧大陸が先行したからであろうか (乞ご教示)．

[44] 人名カタカナ表記は理化学辞典・物理学辞典 (両者共通) に従ったが，なぜ {Paschen, Brackett} が {パシェン，ブラッケット} でないのか，筆者には理解できぬ．{パッシェン，ブラッケット} と書く本も有る (例えば [20] p.307)．Humphreys がなぜ ハ厶フレイズ でないのか，特に m が ム でなく ン とされるのはなぜか，まったく理解不能．なお，Brackett と Pfund と Humphreys については生没年月日が理化学辞典にも物理学辞典にも見当たらず (乞ご教示)：表に記した生没年は裏が取れておらず真偽のほど不詳．

[45] 主にオングストレームさん (Anders Jonas Ångström [1814.8.13 – 1874.6.21]) が測定したもの．これは「長さの単位 オングストローム：Å」に名を残しているのと同じ人物．カタカナ表記は物理学辞典に拠るものだが，理化学辞典は人名も単位と同じくオングストローム．

[46] 「昔」は「過去を大雑把に区切りたい場合に採る時間単位 (の一つ)」：一昔 (ひとむかし) $\sim$ 10 年，二昔 (ふたむかし) $\sim$ 20 年，$\cdots$．

[47] イオン化 (ionization) なる言葉も，しばしば使われるゆえ紹介したが，気に入らぬ： "水素原子 ($= p + e$) がイオン化されると水素イオン (H^+ ($= p$))" なる言い回しは弱者 ($= e$) を無視．

44 第1章 量子論の登場：古典物理学からの脱却

♣ **註7** 上に述べた量子化規則 (Bohr's quantization rule) は「水素原子 (電子が一個)∧円運動」に関するものであって，一般 (水素原子における楕円運動や一般の原子) の場合に関しては

$$作用積分 = 「正整数 \times 2\pi\hbar」 \tag{1.57}$$

なる形の規則が提案された (作用積分は一般に複数個). これはボーア–ゾムマーフェルト量子化規則 (Bohr–Sommerfeld quantization rule) とよばれ，歴史的には，**対応原理** (correspondence principle) なる指導原理 (「上式右辺における整数が"充分"大きければ，"或る意味で"，古典論が回復されるべし」とする原理) に則って推論された．その詳細は，いささか晦渋であるし後章を理解するうえで本質的ならぬゆえ省略する ("充分"や"ある意味で"の意味は，いずれ，後章にて説明する ♡ 14.7 節).

♣ **註8** **フランク–ヘルツ実験** (Franck–Hertz experiment)：ボーア仮説を認めると「原子に何か粒子を当てれば粒子は $\{\hbar\omega_{光子\ nn'}\}$ に相当するエネルギーを失う (原子に与える) であろう」，かように考えてフランク (James Franck [1882.8.26–1964.5.21]) とヘルツ (Gustav Ludwig Hertz [1887.7.22–1975.10.30]) は水銀原子に電子を当てて水銀原子スペクトルを部分的に確認した．この方法は，今日に至るまで原子や分子のエネルギー準位決定手段の一つとなり，さらに固体 (つまり原子・分子の集団) にも適用され，その場合には"電子エネルギー損失分光法 (EELS: electron energy loss spectroscopy)" [物理学辞典 p.1389] とよばれる[*48].

♣♣ **註9** "量子跳躍を直接的に見た"と主張する実験も 1980 年代後半に報告された [18]．無論，その意義を論ずるには本書現段階においては時期尚早.

1.8　古典物理学からの脱却 (その4)：ド・ブロイ関係式その1

ボーアの提案を聞いたド・ブロイ (Louis-Victor de Broglie [1892.8.15–1987.3.19]) が池の畔を散策していたとき一匹の蛙が跳ねた．それを見たド・ブロイの頭には，おそらく，次の一首が浮かんだことであろう (図 1.21)：

古池や　蛙とびこみ　水の波　〜〜〜．

はっと我に返れば，もはや池面に蛙の姿はなく，在るのは広がり行く円形波のみ‥‥．

あの蛙は実は波であったか．してみると，波と思っていた光が粒子的性質を有するのであれば，粒子と思っていた電子も波動的性質を有するのではなかろうか．

ド・ブロイは，光子が充たす関係式 (1.40) から類推して，次のごとく考えた：

ド・ブロイ仮説その1
「電子を粒子と見なした場合の **運動量 p_{cl}**」と「電子を平面進行波と見なした場合の **波数 k_0**」との間に次の関係が有る：

[*48] EELS なる呼称を思い付いた人は鰻 (eel) に思い入れが有ったのだろうか (乞ご教示)．"電子 ‥‥ 分光法"なる語を初めて聞いた時，"電子を用いて，分光する (光を波長に応じて分ける)"なる意味かと思った：「プリズム分光」が「プリズムを構成する電子に因り，光の進路を波長に応じて分ける (変える)」に他ならぬゆえ，"電子 ‥‥ 分光"とは「プリズム分光」を進化・現代化したものかと思ったわけである．ところが，光とは関係なく，"電子をエネルギー損失に応じて分ける (ことに拠り，固体のエネルギー準位を探る)"なる意味らしい (ことを後に知って唖然 (あぜん) とした)．ちなみに "spectroscopy" なる欧語は，辞書には "分光 (あるいは分光法あるいは分光学)" なる訳語が載っているが，"光"なる意味を内蔵する語ではない：spectrum は "spectre (幽霊, 亡霊) と二重語" [新英和大辞典] らしく，その連結形 spectro- に scopy (見る術) を付けた spectroscopy を真っ当に訳せば，例えば，幽霊術あるいは霊見術？ そもそも，なぜ，光の色帯に spectrum なる語が当てられたのだろう，察するに「光の本性が幽霊のごとく現れ見えているもの」といった想いだろうか (乞ご教示)．いずれにせよ，光の spectroscopy の文脈で考案された「分光」なる訳語 (例えば霊視などとするより合理的でわかりやすく，よく考えられた訳語といえよう) を光以外の文脈で無批判流用することは，上述のごとき誤解を招くのみならず先人の深慮を蔑 (ないがし) ろにするものでもあり，肯 (がえん) じがたい．先人の訳に敬意を表するのであれば，electron spectroscopy は 分電子 (または略して 分電) とでも訳すべきだろう．

1.8 古典物理学からの脱却 (その4)：ド・ブロイ関係式その1

図 1.21 古池や (波瀬尾：義明筆)

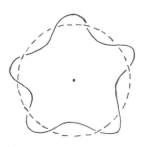

図 1.22 陽子のまわりを回る電子のド・ブロイ波

$$k_0 = p_{\rm cl}/\hbar. \tag{1.58}$$

右辺に付けた添字 cl は古典 (classical) の頭文字である (粒子は，もちろん，古典力学に従うものと想定されている)．左辺は，本章に関する限り単に k と書いても構わぬが，次章以降にて混乱を招かぬよう添字 0 を付けておいた．上式を「ド・ブロイ関係式 (de Broglie relation) その1」とよぶ．これに関して次の用語が使われる：

▷ ド・ブロイ波 (de Broglie wave) ≡「ド・ブロイ関係式 (1.58) に拠って粒子と対応付けられる波」
▷ ド・ブロイ波長 (de Broglie wavelength) ≡「ド・ブロイ波の波長」≡ $2\pi\hbar/|p_{\rm cl}|$

ド・ブロイ仮説が正しいとすれば，ド・ブロイ波の波長が適切な値を採らぬ限り，電子は陽子のまわりにぴったり納まらぬであろう．かくて，

☆演習 1.8-1 "量子化規則 (1.45) はド・ブロイ仮説に拠り導ける (図 1.22)"． ■

註 1 優秀なる読者はド・ブロイ関係式 (1.58) に拠りいともあっさりと (1.45) を導かれたかもしれぬ．図 1.22 も高校以来お馴染みであろう．しかし，そこに描かれた波は，いったい，どのように波打っているのか．仮に "土星の輪のようなもの" が波打っていると想像すれば，一応，わかった気になるかもしれぬが，果して，水素原子中の電子はそのようなものであろうか．いずれにせよ，"平面進行波を想定した関係式 (1.58) が適用できる" とは保証されまい．詳しく考え始めると悩みは尽きぬ．考えたまえ悩みたまえ ([19] も参照)．つまり，"(1.58) ⟹ (1.45)" なる推論は，もっともらしくはあるが，決して自明どころか明確でもない．
註 2 上記推論に関する限り，(1.58) (の絶対値版) は使われたが，その "時間成分版 $\omega_0 = E_{\rm cl}/\hbar$" は不要 (後者については 3.4 節)．
註 3 1.7 節に紹介した "理論" は，水素原子スペクトルを "説明した" とはいえ，波動と粒子を名人芸で継ぎ接ぎした折衷論である．この状況をブラッグ[*49]は「月・水・金は古典論的法則 (粒子論) を使い，火・木・土は量子論的法則 (波動論) を使わねばならぬ[*50]」と皮肉った (文献 [20] p.341)．

[*49] ブラッグ反射のブラッグさん (William Lawrence Bragg [1890.3.31–1971.7.1])．
[*50] 原典は知らず (乞ご教示)．ところで日曜は理論も休み？ 一説に拠れば "日曜日には神に教えを請う" [都筑卓司「不確定性原理 運命への挑戦」(講談社, 1970), p.146：この本は 2000 年頃に鎮目浩輔さん (当時 図書館情報大学) がわざわざ送って下さった．多謝．ちなみに同書に拠れば，"月・水・金は波動論，火・木・土は粒子論"．人に依りけりということか].

46　第1章　量子論の登場：古典物理学からの脱却

ド・ブロイがいかにして上記着想に至ったか，その歴史的詳細は (興味深くはあるが) 省略し，「(1.58) が正しいこと」を直接的に示す実験を次章にて紹介する．

1.9　◇ 単位系・次元解析・基礎定数

以下に述べることは，読者にはすでに熟知のことかもしれぬが，量子力学に限らず物理全般に関して重要な基本事項である．念のためまとめておく．

1.9.1　単位 (特に電磁気単位) について

単位 (なかでも悪名高き電磁気単位) について，無用の悩みから解放されるべく，簡単に述べておこう．

高校教科書や大学入試問題に，しばしば，次の類の記述が見られる：

"容積 V(l) の箱の中の長さ l(m) の棒の両端の質量 m(kg) の 錘 の先のばね定数 k(N/m) のばねを引っぱると ‥‥."

"lm" でなく "l(m)" となっているのがせめてもの救いではある．もちろん，$[\,l\,] = [長さ]$ (l は単なる数ではない) ゆえ，"lm" は誤り．"l(m)" は，"長さの単位としてメートルを使うとよい" なる親切心かもしれぬが，余計なお世話である．寸であろうがヤードであろうが，時と場合に応じて，適切な (感性にもかなう) 単位を使えばよい[*51]：例えば，**天文単位** (au: astronomical unit) [*52]，**原子単位系** (atomic system of units (略称 a.u.: atomic units) ♡ 次節)，**プランク単位系** (Planckian system of units (略称 Planck units) ♡ 次節)‥‥‥．

☆註　計算は，いかなる単位を使うにせよ，必ず<u>単位付き</u>で行うこと．例えば「50km/h × 18min = 50 × 18 km min/60min = (50 × 18 / 60) km = 15 km」(これを "(小学校流に？) 50 × 18/60 = 15，ゆえに答は 15km" とする学生が実に多いのは困りもの[*53])．また，数値は桁数すなわちオーダー (order of magnitude) を最重要視すべし[*54]．例えば

[*51] "私の部屋は 9.9m^2" などという気はせぬ ("6 畳" といいたい)．それにしても，"国技" (なる言葉は個人的には好まぬが) を名乗る大相撲が，なぜ，伝統的な尺貫を捨てて "MKS" なのか．ポスドク時代にイギリスの田舎で見た格闘技のレスラーは体重を Stone なる単位で測っていて気に入った．机上で図を描いたりするには，よほどの巨人でなければ，m より cm・inch・寸などの方が普通の理論物理屋の能力を測る単位として milliyang ($\equiv$ milli-Yang $= 10^{-3} \times$ 楊) が知られている (♡ 楊振寧さん (Chen-Ning Yang [1922.9.22–]) はパリティ非保存をはじめ素粒子論から統計物理学まで幅広い業績で知られる理論物理学の巨人)．

[*52] "**天文単位**：天文単位距離ともいい，‥‥ 記号は AU" [理化学辞典 (物理学辞典も同様)] と教わって永らく AU に馴染んできたのに，"Resolution B2 on the re-definition of the astronomical unit of length" (The XXVIII General Assembly of the International Astronomical Union, August 2012) なる勧告を踏まえて，最近になって au に変更されたらしい．地球太陽間距離を念頭に置いた巨大距離単位に小文字はふさわしくないし原子単位 a.u. とも紛らわしく筆者の感性には合わぬ．ともかく，IAU2012 勧告で "再定義" された値は $1\text{au} := 1.49597870700 \times 10^8\text{km}$．ただし，これは距離物差だけゆえ単位系とはいえぬ．

[*53] 単位を付けずに数だけで計算すると，(i) 計算式を見ただけでは何を計算しているのかわからぬ，(ii) "min/h = 1/60" を暗算でせねばならず (小学生はいざ知らず短期記憶力の衰えた大学生ともなれば) 混乱しやすく間違いやすい．それよりも何よりも，物理の計算は "単なる数" ではなく物理量を相手にしていることを忘れてはならぬ．

[*54] <u>IT in IT</u>：“IT (Information Technology) 革命” といわれる時代に IT (<u>invisible talk</u>) あり．"学会ぷれぜん" などで見られる<u>IT</u>の例を挙げれば，10^{23}，これでは肝心の指数 23 が見えぬ，むしろ 10^{23} と書くべし．

$$M_\oplus \simeq \frac{g_{仙台}R_\oplus^2}{G} \simeq 9.8 \times 10^2 \frac{\text{cm}}{\text{sec}^2} \times \left(\frac{4.0 \times 10^4 \text{km}}{2\pi}\right)^2 \times \frac{1}{6.7 \times 10^{-8}\text{cm}^3\text{gram}^{-1}\text{sec}^{-2}}$$

$$= 9.8 \times \left(\frac{4.0}{2\pi}\right)^2 \times \frac{1}{6.7} \times 10^{18} \left(\frac{\text{km}}{\text{cm}}\right)^2 \text{gram} \simeq 0.59 \times 10^{18} \times 10^{10}\text{gram} \simeq 6 \times 10^{27}\text{gram}.$$

それは兎も角，電磁気にて必ずといってよいほど問題になるのが，「どの**単位系** (system of units, または略して units) を使うか，MKSA か cgsemu か…」なる悩みであろう[*55]．本に依って単位系が異なる．例えばクーロン力[*56]一つ採っても少なくとも三通りにお目にかかる：

$$\frac{e^2}{4\pi\varepsilon_0 r^2}, \qquad \frac{e^2}{4\pi r^2}, \qquad \frac{e^2}{r^2}. \tag{1.59}$$

いずれも同じ力を表すはずと上記三者を等置すれば新発見に導かれる：

$$\text{``} e^2/4\pi\varepsilon_0 = e^2/4\pi = e^2, \qquad ゆえに \quad 4\pi\varepsilon_0 = 4\pi = 1 \text{''}.$$

混乱の原因は「相異なる量が同一記号 e で表されていること」にある．論理的に書けば (例えば [21])

$$クーロン力 = \frac{e_{\text{MKSA}}^2}{4\pi\varepsilon_0 r^2} = \frac{e^2}{4\pi r^2} = \frac{e_{\text{cGs}}^2}{r^2} \qquad\qquad : \underline{\text{cGs}} \equiv \text{cgs Gauss}, \tag{1.60a}$$

$$ゆえに \quad e_{\text{MKSA}}^2/4\pi\varepsilon_0 = e^2/4\pi = e_{\text{cGs}}^2. \tag{1.60b}$$

中央の e には添字を付けなかった．これ[*57]を本書にて使うゆえ依怙贔屓したわけである[*58]．クーロン力に 4π が付くことは，球対称状況なることからして，自然であろう：仮に「四次元ユークリッド空間におけるクーロン力」を定義するとすれば $e^2/2\pi^2 r^3$ ♡ "三次元球面 (半径 r) の面積"$= 2\pi^2 r^3$．同様に，

$$ローレンツ力 = e_{\text{MKSA}}(\boldsymbol{E}_{\text{MKSA}} + \boldsymbol{v} \times \boldsymbol{B}_{\text{MKSA}})$$

$$= e\left(\boldsymbol{E} + \frac{\boldsymbol{v}}{c} \times \boldsymbol{B}\right)$$

$$= e_{\text{cGs}}\left(\boldsymbol{E}_{\text{cGs}} + \frac{\boldsymbol{v}}{c} \times \boldsymbol{B}_{\text{cGs}}\right), \tag{1.61a}$$

$$ゆえに \quad e_{\text{MKSA}}\boldsymbol{E}_{\text{MKSA}} = e\boldsymbol{E} = e_{\text{cGs}}\boldsymbol{E}_{\text{cGs}}. \tag{1.61b}$$

(1.60b) と組み合わせて

$$\sqrt{\varepsilon_0}\boldsymbol{E}_{\text{MKSA}} = \boldsymbol{E}_{\text{cGs}}/\sqrt{4\pi} = \boldsymbol{E}. \tag{1.61c}$$

演習 1.9-1 次の関係を導け (ヒント：MKSA 単位系に拠れば，光速 $= 1/\sqrt{\varepsilon_0\mu_0}$)：

$$\boldsymbol{B}_{\text{MKSA}}/\sqrt{\mu_0} = \boldsymbol{B}_{\text{cGs}}/\sqrt{4\pi} = \boldsymbol{B}. \qquad ∎ \tag{1.61d}$$

[*55] MKS も cgs も奇妙な (いや，むしろ不合理な) 言葉である．"M (meter) S (second) と並んで K (kilo)" とは，あるいは "g (gram) s (second) と並んで c (centi)" とは，これいかに？ {kilo, centi} は $\{10^3, 10^{-2}\}$ を意味するにすぎぬ．歴史を背負った含蓄ある言葉ならまだしも，MKSA は，物理の歴史においては最近のものであり，しかも，合理性を標榜して作られた単位系の名称である．SI もしかり：これはフランス語流だが，英語なら "IS (international system)"，これではいったいなんのシステムなのか皆目不明，せめて正式名称 système international d'unités (国際単位系) の頭文字羅列 (SIU) にして欲しい．ごく最近も "ナノ構造 (nanostructure)" とか "ナノ物理 (nanophysics)" といった業界用語が堂々と一般向けにも使われている．nano も単に 10^{-9} を意味するにすぎぬ．"ナノ構造" と聞いて 10^{-9}meter しか想い浮かばぬとすれば，それは想像力貧困というものであろう．

[*56] Coulomb は本当はクーロムと書きたいが，あまりにも "クーロン" が流布しているし，クローム (Cr: クロム？) と間違っても困るので妥協．もっとも，近頃はクーロンも "クローン" (clone) と紛らわしいが．

[*57] ヘヴィサイド単位系 (Heaviside's units: Oliver Heaviside [1850.5.13–1925.2.3] が導入) で書いた素電荷．

[*58] "MKSA 単位系 ($\subset$ SI)" が気に入らぬ最大理由は，"真空の誘電率 ε_0" および "真空の透磁率 μ_0" なる "量" が登場することである．これらは物理的意味を有せぬ単なる便宜的な量にすぎぬ (歴史的には，エーテル模型に立脚したマクスウェルさんの思考において重要な役割を果たしたかもしれぬが，いつまでもエーテルを引きずっていても仕方あるまい)．しかも，"真空の誘電率" などといわれると，初学者としては，聞きかじりの量子電磁力学における**真空分極** (vacuum polarization) などと誤解しかねぬ．後者は，物理的効果を表し，前者とは無関係である．

48 第1章 量子論の登場：古典物理学からの脱却

なお，α (♡ (1.69)) の値さえわかっていれば，「e は何 Coulomb だったかな？」などと悩む必要はない．Coulomb なる単位のことは，歴史的重要性は別として，きれいさっぱり忘れてしまって構わぬ[*59]．

1.9.2　次元解析

一般に (量子論に限らず)，いかなる物理現象を考察するにあたっても，まず第一に成すべきことは次元解析である．これは，詳しい (面倒な) 計算をせずして[*60]，現象を相当程度まで (うまくすれば半定量的に) 把握し得る強力な手法 (物理屋の秘伝) である．

次元解析 (dimensional analysis) の基本は次の通り：

1. **持ち駒** ($\equiv$「手持ちの諸定数」) を確認する．つまり，「当該現象 ($\equiv$ 考察対象たる現象) に関与すべき定数」(relevant constants) を選定する．
2. 持ち駒を組み合わせて「{距離, 時間, エネルギー} なる次元を有する三量」を作る．

これら三量は，「当該現象を特徴づける，{距離, 時間, エネルギー} の尺度 ($\equiv$ **スケール** (scale))」であろうと見当が付くゆえ，まとめて「(当該現象に関する) **特性尺度** (characteristic scales)」とよばれ，それぞれ {**特性距離** (characteristic distance)，**特性時間** (characteristic time)，**特性エネルギー** (characteristic energy)} とよばれる．もちろん，「持ち駒を適当に組み合わせて得られた三量それぞれ」に勝手な数因子 ($\equiv$ 単なる数) を掛けたものも，やはり {距離, 時間, エネルギー} なる次元を有するゆえ，特性尺度として通用する．つまり，特性尺度は「あくまでも目安」であって厳密に幾らと決めれる量ではない．ただし，特性尺度に登場する数因子は $\mathcal{O}(1)$ と期待できる (♡ 10^4 あるいは 10^{-5} といった法外な数因子が現れるのは不自然)．また，勝手な物理量の特性値も特性尺度を使って推定できる．例えば

$$\underline{特性速}^{*61}\ (\text{characteristic speed}) = 特性距離/特性時間,$$
$$特性力\ (\text{characteristic force}) = 特性エネルギー/特性距離,\quad \cdots.$$

次元解析で得られる特性尺度は，当該現象にとって，<u>最も自然な物差</u>といえる．つまり，

「最も合理的な ($\equiv$「直観的にわかりやすい」) 単位系」は「特性尺度を単位に採る」ものである[*62]．

註　{距離, 特性距離} は，状況に応じて，{長さ, **特性長** (characteristic length)} ともよばれる．

以下，次元解析の具体例を述べよう．

原子単位系

水素原子の場合，量子論を考慮すれば，<u>持ち駒</u>は $\{e, m_e, \hbar\}$ である．$\{e, m_e, \hbar\}$ は互いに独立であ

[*59] こんなことをいうと実験の先生に叱られかねぬから御用心．

[*60] 次元解析は暗算か BOEC で済む．

[*61] 業界では"特性速度"とよばれること多けれど，学生に「速度と速さは違う」と教えておきながら無神経ではなかろうか．

[*62] 現象ごとに<u>固有の文化</u>を大切にする単位系である．これに対し，SI は形式的かつ中央集権的あるいは全体主義的．

る (例えば $\{e, m_e\}$ をいかに組み合わせても「作用の次元を有する量」にはならぬ). 独立な定数が三個だけ有るゆえ上述三量が作れるはずである. まず「長さの次元を有する量」を作ってみよう.

演習 1.9-2 次式を充たす $\{x, y, z\}$ を決めよ:

$$[e^x m_e^y \hbar^z] = [長さ]. \tag{1.62}$$

(ついでに「$[e^x m_e^y] = [\hbar]$ を充たす $\{x, y\}$ は存在せぬこと」も確かめよ.) ∎

この方法は, 正しいけれども, 芸がない[*63]. むしろ, $[a] = [距離]$ として

$$[e^2/a] = [エネルギー] = [運動量]^2/[m_e]. \tag{1.63a}$$

これに, ド・ブロイ関係式から得られる関係

$$[運動量] = [\hbar]/[波長] = [\hbar/a] \tag{1.63b}$$

を代入して

$$[e^2/a] = \left[(\hbar/a)^2/m_e\right] = \left[\hbar^2/m_e a^2\right], \tag{1.63c}$$

$$ゆえに \quad [距離] = [a] = \left[\hbar^2/m_e e^2\right]. \tag{1.63d}$$

さらに, (1.63a)∧(1.63d) に拠り

$$[エネルギー] = \left[\frac{e^2}{4\pi\hbar^2/m_e e^2}\right] = \left[m_e e^4/\hbar^2\right], \tag{1.63e}$$

$$ゆえに \quad [時間] = [\hbar]/[エネルギー] = \left[\frac{\hbar}{m_e e^4/\hbar^2}\right] = \left[\hbar^3/m_e e^4\right]. \tag{1.63f}$$

これらが「水素原子における諸現象を特徴づける特性尺度」と推定できる (計算を簡潔化すべく単に e^2 と書いたけれども, クーロン力が $e^2/4\pi$ で規定されることを考慮して, 最終結果において e^2 を $e^2/4\pi$ と書き直す方がよい). 実際, $\{(1.63d),(1.63e)\}$ 式右辺に現れた量は, $\mathcal{O}(1)$ なる数因子を除いて, $\{$ボーア半径 a_B, 束縛エネルギー $E_B\}$ に他ならぬ. 「(1.63) を導く際, 量子論が関与していることは考慮した ($\hbar$ を持ち駒に含めた) ものの, 量子化規則はまったく使わなかった」ことに注意されたい.

かくて, **水素原子の特性尺度**として次の三量が採れる:

$$特性長 = a_B := \frac{\hbar^2}{m_e e^2/4\pi}, \tag{1.64a}$$

$$特性エネルギー = E_B := \frac{1}{2}\frac{e^2}{4\pi a_B} = \frac{m_e(e^2/4\pi)^2}{2\hbar^2}, \tag{1.64b}$$

$$特性時間 = \tau_B := \frac{1}{2}\frac{\hbar}{E_B} = \frac{\hbar^3}{m_e(e^2/4\pi)^2} \tag{1.64c}$$

(数因子 1/2 は単なる便宜).

これらを $\{$**ボーア長** (Bohr length)[*64], **ボーアエネルギー** (Bohr energy), **ボーア時間** (Bohr time)$\}$ とよぶ. (1.64b) における因子 1/2 を削るべく,

---

[*63] 形式的で無味乾燥, 面白味がなく楽しくもない.

[*64] a_B は, 半古典的原子論の文脈では "ボーア半径" とよばれるが, 単位系の文脈ではボーア長とよぶ.

50　　第 1 章　量子論の登場：古典物理学からの脱却

$$E_\mathrm{h} \equiv \text{ハートリーエネルギー (Hartree energy)} := 2E_\mathrm{B} = m_\mathrm{e}(e^2/4\pi)^2/\hbar^2 \tag{1.64d}$$

と定義して，$\{a_\mathrm{B}, \tau_\mathrm{B}, E_\mathrm{h}\}$ を単位に採る単位系が**原子単位系** (system of atomic units) [65] とよばれる [66].

♣**註 1**　もちろん，$\{a_\mathrm{B}, \tau_\mathrm{B}, E_\mathrm{B}\}$ は $\{e, m_\mathrm{e}, \hbar\}$ と情報量においては同等である．しかし，後者を前者のごとく組み直すことに拠り，

　　<u>次元解析讃歌</u>　孤立せし三定数，今や，形を成し生命を吹き込まれ躍動す，我，$\{a_\mathrm{B}, \tau_\mathrm{B}, E_\mathrm{B}\}$ の背後に運動を察知し，たとえ一歩たりとも，自然の心髄に近づけり．

何かわかったような気分になる．我々が時空人間たるゆえであろうか？

註 2　**次元解析過信すべからず**：一般に，次元解析は「持ち駒を選定する (≡ relevant な定数を同定する) 作業」において物理的考察 (直観) が入る (そして，これは物理的感性 (≡ "物理のセンス") を養うに非常に重要である) けれども，その後はまったく形式的である．それゆえ，"次元解析だけで現象が理解できた" と思うのは幻想である．形式的なるがゆえに，"現象の本質をまったく誤解していながら，答だけは正しく得る" ことが起こり得る (♡ 例えば 9.2.3 項の末尾)．次元解析は諸刃の剣である [67].

♣**註 3**　「持ち駒は $\{e, m_\mathrm{e}, \hbar\}$ だけ」といい放ったが本当にそうであろうか？　陽子質量 m_p や光速 c や万有引力定数 G なども関与し得るのではなかろうか？　上記選定は「$m_\mathrm{p} \gg m_\mathrm{e}$ ゆえ陽子は固定されているとしてよかろう」∧「不相対論的状況 (速さ $\ll c$) に限ってよかろうゆえ c は登場すべからず (irrelevant)」∧「万有引力は利きそうにないゆえ G も登場すべからず」∧ ⋯⋯ なる考察を言外に踏まえている．したがって，「除外された諸定数が本当に irrelevant なること」を，少なくとも <u>結果論として</u> (a posteriori)，正当化する必要がある．

演習 1.9-3　電子陽子間に働く「万有引力とクーロン力」の大きさを比較せよ．　∎

古典電子単位系

　　プランク以前にさかのぼると話はまったく異なる．持ち駒が $\{e, m_\mathrm{e}\}$ だけとなりいかんともしがたい．相対論的状況まで考慮すれば，持ち駒に c が加わるゆえ，次のごとき次元解析ができる：まず，

$$[\text{エネルギー}] = [m_\mathrm{e}c^2]. \tag{1.65a}$$

次に，$[a] = [\text{距離}]$ として

$$[e^2/a] = [m_\mathrm{e}c^2], \qquad \text{ゆえに} \quad [\text{距離}] = [e^2/m_\mathrm{e}c^2]. \tag{1.65b}$$

かくて，**相対論的古典電子の特性尺度**として次の三量が採れる (添字 c は classical の意 [68]) :

$$\text{特性長} = a_\mathrm{c} := e^2/4\pi m_\mathrm{e}c^2, \tag{1.66a}$$
$$\text{特性エネルギー} = E_\mathrm{c} := m_\mathrm{e}c^2, \tag{1.66b}$$
$$\text{特性時間} = \tau_\mathrm{c} := a_\mathrm{c}/c = e^2/4\pi m_\mathrm{e}c^3. \tag{1.66c}$$

---

[65] "atomic units" と略称されること多し．

[66] "この単位系は 1927 年にハートリーさん (Douglas Rayner Hartree [1897.3.27–1958.2.12]) によって提案された." [物理学辞典 p.608]．Hartree energy なる名称および記号 E_h (CODATA に従う) は近年のもの．人名に由来する添字は大文字が通常だが，ここはなぜか小文字の h (H と書くと水素原子と紛らわしいから？　乞ご教示)．

[67] "お歳を召した大先生が，学生のセミナーで始めから居眠りし終りになってやおら目を覚まし，学生が板書した式の誤りを指摘する，学生は「眠っていて即座に間違いがわかるとは」と痛く感動する，大先生も昼寝ができたうえに面目を保つ." よく見る光景である．手品の種は単純，大先生は単に式の両辺の次元を当たっただけ (そこは歳の功，それくらいは寝ぼけ眼でも瞬時にできる)，中身などまったく理解なさってない (ことも多い)．

[68] 光速 c が顔を出すことも掛ける．

a_c は "**古典電子半径** (classical radius of electron)" とよばれる[69]. 上記計算からわかる通り, "半径 a_c の球内 (または球面上) に電荷 e がおおむね一様に広がって分布している場合の静電エネルギー" が電子の静止エネルギー程度である. ただし, 次元解析は "電子がそのような構造をしている" と主張するものではない (そんな主張をする資格はない). 上記特性尺度を単位に採る単位系は古典電子単位系とでもよべよう.

相対論的粒子単位系 ("自然単位系")

相対論的粒子において, 量子論を考慮するが電荷は度外視した場合, どのような尺度が現れるであろうか. 勝手に基準粒子を採り (基準粒子は電子でも中性子でも何でもよい), その質量を m_0 とすれば,

演習 1.9-4 特性尺度として次の三量が採れる (下記 λ_0 は, 基準粒子のコンプトン波長であり, 特に基準粒子が電子なら λ_C に等しい ♡ (1.43)):

$$特性長 = \lambda_0/2\pi := \hbar/m_0 c, \tag{1.67a}$$
$$特性エネルギー = m_0 c^2, \tag{1.67b}$$
$$特性時間 = \lambda_0/2\pi c = \hbar/m_0 c^2. \tag{1.67c}$$

略証: $[mc] = [運動量]$, ゆえに $[\hbar/mc] = [距離]$. ∎

(1.67) を単位に採れば, 一般の粒子 (質量 m) に関して,

$$コンプトン波長/\lambda_0 = \frac{\hbar/mc}{\lambda_0/2\pi} = m_0/m, \tag{1.68a}$$

$$静止エネルギー/m_0 c^2 = mc^2/m_0 c^2 = m/m_0, \tag{1.68b}$$

$$\begin{matrix}コンプトン波長程度の距離を \\ 光が通過するに要する時間\end{matrix} /(\lambda_0/2\pi c) = \frac{\hbar/mc^2}{\hbar/m_0 c^2} = m_0/m. \tag{1.68c}$$

各式右辺は, m (と m_0 の比) だけで書かれ, $\{c, \hbar\}$ を含まぬ. このようにすべての物理量を「粒子質量だけで表す」流儀は "**自然単位系** (natural units)" とよばれることがある[70]. (1.68) 式右辺は, あたかも

(1.67) 式右辺にて, 「m_0 を m/m_0 で置き換え」∧「"$\hbar = c = 1$" と置いた」

かのように見える. それゆえ, "$\hbar = c = 1$ の自然単位を使って" などと書かれることも多い. しかし, これは典型的業界用語ゆえ要注意 (次元を有する量 (c など) を "文字通り 1 と置く" ことは不可能).

なお,「(1.66a) と (1.67a)$|_{m_0 = m_e}$ の比」は無次元量である. これは伝統的に α と書かれる:

$$\alpha := \frac{a_c}{\lambda_C/2\pi} = \frac{e^2}{4\pi\hbar c}. \tag{1.69}$$

♣♣ プランク単位系

これまでに言及した単位系は, どれも, 特定の物体や粒子に拠っている (例えば, 原子単位系は電

---

[69] r_c と書かれること多し. しかし, 本書では r は変数専用としたい.

[70] この単位系は特定粒子 (採られた基準粒子) に依拠している. また, 一般に「何が自然か」は時と場合に依りけり. 安易に "自然単位" を名乗るのはいかがなものであろうか.

52 第1章 量子論の登場：古典物理学からの脱却

子質量に拠る). これに対し, ここに述べるプランク単位系は普遍的 (少なくとも 20 世紀および 21 世紀初頭の物理学において最も普遍的) である：量子論と相対論に加えて重力も考慮すれば, 持ち駒に万有引力定数 G が加わるゆえ, $[M] = [質量]$ として

$$[Mc^2] = [エネルギー] = [GM^2]/[距離] = [GM^2]/[\hbar/Mc] = [GM^3c/\hbar]. \tag{1.70a}$$

ゆえに

$$M_P := (\hbar c/G)^{1/2}, \qquad E_P := M_P c^2 = (\hbar c^5/G)^{1/2},$$
$$L_P := \hbar/M_P c = (\hbar G/c^3)^{1/2}, \qquad \tau_P := L_P/c = (\hbar G/c^5)^{1/2} \tag{1.70b}$$

が各々 {質量, エネルギー, 距離, 時間} の特性値と判明する. $G \simeq 6.67 \times 10^{-8}\mathrm{cm}^3\mathrm{gram}^{-1}\mathrm{sec}^{-2}$ を使えば

$$M_P \simeq 2.18 \times 10^{-5}\mathrm{gram}, \qquad E_P \simeq 1.22 \times 10^{19}\mathrm{GeV},$$
$$L_P \simeq 1.62 \times 10^{-33}\mathrm{cm}, \qquad \tau_P \simeq 5.39 \times 10^{-44}\mathrm{sec}. \tag{1.70c}$$

かくて, $10^{-33}\mathrm{cm}$ などという数値 (初期宇宙論や統一理論に関する解説でお目にかかられたことがあろう) も「単純な次元解析で得られる」ことがわかる.

(1.70) はプランクがエネルギー量子を導入すると同時に気付いたものであり (黒体輻射が論じられたのと同じ論文に書かれている), これら特性尺度は {**プランク質量** (Planck mass), **プランクエネルギー** (Planck energy), **プランク長** (Planck length), **プランク時間** (Planck time)} とよばれる. {L_P, τ_P, E_P} を単位に採る単位系がプランク単位系である[*71]. もちろん, これは「{$G, c, \hbar$} を単位として {重力定数, 速さ, 作用} を測る」ことと同等である[*72]. これを称して "$G = c = \hbar = 1$ の単位を使う" といわれることがあるが, これも業界用語[*73]である. ゆめゆめ "$G = c \wedge c = \hbar$" などと誤解すべからず. 精確な意味は

一般に, 「物理量 Q をプランク単位系で測って得られる値」を $Q^{(P)}$ と書けば,

$$G^{(P)} := G/G = 1, \qquad c^{(P)} := c/c = 1, \qquad \hbar^{(P)} := \hbar/\hbar = 1. \tag{1.71}$$

♣♣♣ **演習 1.9-5** "粒子質量を含めすべてが「電磁力と重力」で支配される" なる理論を夢想したとして,

(i) 不相対論的量子電磁重力理論(持ち駒として {$\hbar, e, G$} を選定) の特性尺度
(ii) 古典電磁重力理論(持ち駒として {c, e, G} を選定) の特性尺度

を求めよ. これら特性尺度は有意義か？

答案：

(i) プランク尺度に「$\sqrt{\alpha}$ の冪」を掛け c を消して

$$特性長 = \alpha^{-3/2}L_P \sim \sqrt{\frac{G}{e^6}}\hbar^2, \quad 特性時間 = \alpha^{-5/2}\tau_P \sim \sqrt{\frac{G}{e^{10}}}\hbar^3,$$

$$特性エネルギー = \alpha^{5/2}E_P \sim \sqrt{\frac{e^{10}}{G}}\hbar^{-2}.$$

ゆえに　　特性速 = 特性長/特性時間 $\sim \dfrac{e^2}{\hbar}$, 　特性質量 = 特性エネルギー/(特性速)^2 $\sim \sqrt{\dfrac{e^2}{G}}$.

[*71] これを使えば, 尺・貫だのメートル・キログラムだのといった人為的単位は不要.

[*72] {$G, c, \hbar$} (歴史登場順) は物理の大三元, 漢字で書けば {白, 發, 中} か.

[*73] もしくは業界隠語.

特性速 $= \alpha c \ll c$ ゆえ，不相対論的尺度として，有意義．

(ii) プランク尺度に $\sqrt{\alpha}$ を掛け $\hbar$ を消して

$$特性長 = \alpha^{1/2} L_{\mathrm{P}} \sim \frac{\sqrt{Ge^2}}{c^2}, \quad 特性エネルギー = \alpha^{1/2} E_{\mathrm{P}} \sim \sqrt{\frac{e^2}{G}} c^2.$$

$$ゆえに \qquad 特性時間 = 特性長/c \sim \frac{\sqrt{Ge^2}}{c^3}, \quad 特性質量 = 特性エネルギー/c^2 \sim \sqrt{\frac{e^2}{G}}.$$

特性長 $\sim 0.1 L_{\mathrm{P}} \ll L_{\mathrm{P}}$ ゆえ，現代的知見に拠れば，量子論抜きに語れぬ尺度であり意義なし． ∎

1.9.3 水素原子をめぐる基礎定数の値

水素原子の特性尺度 (1.64) は，(1.69) を用いて，次のごとく書き直せる：

$$a_{\mathrm{B}} = \alpha^{-1} \frac{\hbar}{m_{\mathrm{e}} c}, \qquad E_{\mathrm{B}} = \frac{1}{2} \alpha^2 m_{\mathrm{e}} c^2, \qquad \tau_{\mathrm{B}} = \alpha^{-2} \frac{\hbar}{m_{\mathrm{e}} c^2}. \tag{1.72}$$

これら尺度は「相対論的効果は無視できる」なる仮定のもとに推定された．この仮定は正当化できるであろうか？ これを吟味すべく，上記から「水素原子内における電子の速さ」を見積もると

$$特性速 = v_{\mathrm{B}} := a_{\mathrm{B}}/\tau_{\mathrm{B}} = \alpha c. \tag{1.73}$$

ボーアの時代にも知られていたであろう数値

$$\frac{e^2}{4\pi \times 1\mathrm{cm}} \simeq 2.31 \times 10^{-19} \mathrm{erg}, \tag{1.74a}$$

$$c \simeq 3.00 \times 10^{10} \mathrm{cm/sec}, \tag{1.74b}$$

および (1.11) を使えば

$$\alpha \simeq 7.30 \times 10^{-3} \simeq 1/137. \tag{1.74c}$$

ゆえに，相対論的補正項の大きさは，古典力学の場合と同様に見積もってよいとすれば，相対的に[74]次の程度と考えれる（♡ 下記演習 1.9-6）：

$$(v_{\mathrm{B}}/c)^2 \simeq (1/137)^2 \simeq 5.33 \times 10^{-5}. \tag{1.75}$$

かくて，$\mathcal{O}(10^{-4})$ 以下の細かいことを気にせぬ限り，上記仮定は後知恵で正当化された．「α の値」が小さくて幸いであった．この値は天賦であって人為的に調節することはできぬ[75]．なぜ $\alpha \sim 1/137$ なのか？ その理由はわかっていない[76]．

演習 1.9-6 古典力学における勝手な物理量は $\boldsymbol{v}_{\mathrm{cl}}(t)/c$ でテイラー展開 (Taylor expansion) できるとしてよかろう．とすれば，当該物理量がスカラー量（例えばエネルギー $E(\boldsymbol{v}_{\mathrm{cl}}(t))$）なるかヴェクトル量（例えば運動量 $\boldsymbol{P}(\boldsymbol{v}_{\mathrm{cl}}(t))$）なるかに応じて，次の形に展開できる（$\{E_n, M_n\}$ は定係数）：

---

[74] この「相対的に」は，"相対論的に" ではなく，「主要項 ($\equiv$ 不相対論的項) に比べて」なる意．

[75] 数値計算をせよといわれて "$c = e = \hbar = 1$ と置いて計算機を回しました" と澄まし顔の学生さんがあるが，これはもっての外．

[76] もし宇宙が "リサイクルされる (Big Crunch を経て再度 Big Bang が起こる)" とすれば，新生宇宙における「α の値」はまったく異なる値を採るであろう，と想像する人もいる．仮に $\alpha \sim 1$ であったなら，不相対論的な考察は自己矛盾に陥ったはず．現宇宙がかようなものでなくて誠に幸いであった．

54   第 1 章　量子論の登場：古典物理学からの脱却

$$E(\boldsymbol{v}) = E_0 + E_2 \frac{\boldsymbol{v}^2}{c^2} + E_4 \left(\frac{\boldsymbol{v}^2}{c^2}\right)^2 + \cdots, \tag{1.76a}$$

$$\boldsymbol{P}(\boldsymbol{v}) = \left\{ M_0 + M_2 \frac{\boldsymbol{v}^2}{c^2} + \cdots \right\} \boldsymbol{v}. \quad \blacksquare \tag{1.76b}$$

いずれの場合にも「相対論的補正項は相対的に $\mathcal{O}(\boldsymbol{v}^2/c^2)$」なることがわかる. なお, (1.72)∧(1.74b)∧(1.74c) および

$$m_{\mathrm{e}} \simeq 0.911 \times 10^{-27} \mathrm{gram} \tag{1.77}$$

を使って計算すると

$$E_{\mathrm{B}} \simeq 2.18 \times 10^{-11} \mathrm{erg} \simeq 13.6 \mathrm{eV}. \tag{1.78}$$

この値が, ボーア理論と組み合わされて, 水素原子スペクトルをおおむね定量的に説明したのであった. ちなみに, 同様に計算すると

$$a_{\mathrm{B}} \simeq 0.529 \text{Å} = 0.529 \times 10^{-8} \mathrm{cm} (= 0.0529 \mathrm{nm}). \tag{1.79}$$

この値は, 実験と直接に比較することはできぬけれども, 「水素原子の大きさの目安」を与える.

　$\hbar$ の値は原理的には黒体輻射エネルギースペクトルのデータから決定できる. 現在では, より高精度の測定法が使われており, 有効数字 9 桁まで決定されている. 他の諸定数と共に測定値を挙げておこう[77]：

2016 年現在の推奨値 **CODATA** [78] **2014** [26] を引用すると

$$\hbar = 1.054571800 \times (1 \pm 1.2 \times 10^{-8}) \times 10^{-27} \mathrm{erg\ sec}, \tag{1.80a}$$

$$c = 2.99792458 \times 10^{10} \mathrm{cm/sec}, \tag{1.80b}$$

$$\hbar c = 3.161526721 \times (1 \pm 1.2 \times 10^{-8}) \times 10^{-17} \mathrm{erg\ cm}$$
$$= 1.973269788 \times (1 \pm 6.1 \times 10^{-9}) \times 10^{-5} \mathrm{eV\ cm}, \tag{1.80c}$$

$$\alpha^{-1} = 137.035999139 \times (1 \pm 2.3 \times 10^{-10}), \tag{1.80d}$$

$$m_{\mathrm{e}} = 0.910938356 \times (1 \pm 1.2 \times 10^{-8}) \times 10^{-27} \mathrm{gram}, \tag{1.80e}$$

$$\hbar/m_{\mathrm{e}}c = 3.8615926764 \times (1 \pm 4.5 \times 10^{-10}) \times 10^{-3}\ \text{Å}, \tag{1.80f}$$

$$m_{\mathrm{e}}c^2 = 0.5109989461 \times (1 \pm 6.2 \times 10^{-9}) \mathrm{MeV}$$
$$= 8.18710565 \times (1 \pm 1.2 \times 10^{-8}) \times 10^{-7} \mathrm{erg}, \tag{1.80g}$$

$$a_{\mathrm{B}} = 0.52917721067 \times (1 \pm 2.3 \times 10^{-10})\ \text{Å}, \tag{1.80h}$$

$$\tau_{\mathrm{B}} = 2.418884326509 \times (1 \pm 5.9 \times 10^{-12}) \times 10^{-17} \mathrm{sec}, \tag{1.80i}$$

$$E_{\mathrm{B}} = 13.605693009 \times (1 \pm 6.1 \times 10^{-9})\ \mathrm{eV}$$
$$= 2.179872325 \times (1 \pm 1.2 \times 10^{-8}) \times 10^{-11} \mathrm{erg}, \tag{1.80j}$$

$$1\ \mathrm{eV} = 1.6021766208 \times (1 \pm 6.1 \times 10^{-9}) \times 10^{-19} \mathrm{J}, \tag{1.80k}$$

$$k_{\mathrm{B}} = 0.86173303 \times (1 \pm 5.7 \times 10^{-7}) \times 10^{-4} \mathrm{eV/K}$$
$$= 1.38064852 \times (1 \pm 5.7 \times 10^{-7}) \times 10^{-23} \mathrm{J/K}. \tag{1.80l}$$

☆**註 0**　pm ≡ pico meter $= 10^{-12}$m, fm ≡ femto meter $= 10^{-15}$m, as ≡ atto second $= 10^{-18}$sec, fJ ≡ femto Joule $= 10^{-15}$J, aJ ≡ atto Joule $= 10^{-18}$J, erg $= 10^{-7}$J, MeV ≡ Mega eV $= 10^6$eV.

---

[77] MKS より cgs が好き ♡ NSN (nonsensical numerology：無意味な 数字合わせ ∨ 数字の偶然の一致 に無上の喜びを感ずること)：$\hbar \sim m_{\mathrm{e}} \sim 1 \times 10^{-27}$, $M_\oplus \equiv$ 地球質量 $\sim 6 \times 10^{27}$; $L_{\mathrm{P}} \sim 2 \times 10^{-33}$, $M_\odot \equiv$ 太陽質量 $\sim 2 \times 10^{33}$.

[78] CODATA ≡ Committee on Data for Science and Technology.

☆**註 1**　1 eV (エレクトロンヴォルト: electron volt) は「素電荷 (elementary charge) e を電位差 1 ヴォルトなる二地点に置いた場合のポテンシャルエネルギー差」: Coulomb × Volt = Joule を想い出して

$$1\,\text{eV} = e \times 1\text{Volt} = 1.60217733 \times (1 \pm 3.1 \times 10^{-7}) \times 10^{-19}\text{J}. \tag{1.81}$$

もし歴史を変えれるなら上式をもって「ヴォルトの定義」とすることもできよう.

☆**註 2**　α は微細構造定数 (fine structure constant) とよばれる[*79]. 理想水素原子の束縛エネルギーが E_B で与えられるゆえ, 電子質量の値がわかっていれば, E_B を実験データと比べて α の値を決定することができよう. しかし, 理想水素原子なるのものは現実には存在せぬ. それゆえ, α を決めるには別の物理量が使われる[*80].

註 3　ボルツマン定数は "自然定数" ではない. 温度は, 熱平衡状態を分類する指標 ({互いに熱平衡にある諸物体}[*81] に与えられた名称) であり, K なる単位でよばれる論理的必然性はない. 物体の温度を測るに,「それと熱平衡状態にある単原子理想気体の, 一原子当たりの運動エネルギー ×2/3」をもって温度 T と定義しても一向に差し支えない. 通常の温度[*82] $T_フ$ との関係は $T = k_\text{B}T_フ$. これを使えば熱力学第二法則は

$$\delta Q = T_フ dS_フ = k_\text{B}T_フ d(S_フ/k_\text{B}) = TdS \qquad : S \equiv S_フ/k_\text{B}.$$

かくて統計熱力学から k_B は完全に消え失せる[*83] (エントロピーと比熱は無次元量となる). 要するに k_B は, feet/m などと同じく, 換算因子である. もちろん k_B は, 現実の熱力学史において決定的な役割を果たしたし, 現在も実験現場にて重要である. しかし, 歴史性や実用性は合理性とは別物である.

註 4　上記諸数値は "推奨値 (recommended values)" といわれ確定値とはいわれぬことに注意. 多種類の現象に関する実験データ (当然, 誤差あり) を, 理論結果 (これも近似値) と比較して, 最も合理的と考えられる数値を総合的に "調整" したものである. "基礎定数" の値は突如として変わることがあるゆえ要注意: 参考までに 1994 推奨値から引用すれば [22], 例えば

$$\alpha^{-1} = 137.0359895 \times (1 \pm 4.5 \times 10^{-8}). \tag{1.82}$$

なお, 基礎定数測定に関する最近の状況については, 例えば文献 [24][25] を参照.

演習 1.9-7　c の値は, 例えば 1969 年の推奨値は $2.9979250 \times (1 \pm 1.1 \times 10^{-6}) \times 10^{10}\text{cm/sec}$ であったが, 誤差が 1986 年にはなくなった: (1.80b) は厳密値. なぜか?

答:「長さの単位」が, c を (1.80b) なる定数として, 新たに下記のごとく取り決められた:

$$1\text{cm} := c \times \frac{1\text{sec}}{2.99792458 \times 10^{10}}. \qquad \blacksquare \tag{1.83}$$

誤差なき数値は記憶に値する:

♣♣ 光速の覚え方:「にくくなく (憎くなく), によごや (女御や)」[*84]

♣♣ **註 5**　微細構造定数 α については昔から種々な議論[*85] が在る. 例えば 1999 年以降にも "α は本当は定数ではなく, 宇宙開闢以来 ~140 億年なる時間尺度で見れば, 時間変化してきた ($\triangle\alpha/\alpha \sim 10^{-5}$)" なる "観測結果" が発表された [31][32]. ただし, その後, 下記反論が出された [33]: "その結果を観測データから導く際に導入された仮定に疑義がある. 観測データ自体は「α が定数なること」と矛盾せぬ." この反論も微妙な観測や計算に拠っている. 議論はまだ続きそうである. なお, 次の実験結果が報告されている [34]: "「Yb (イッテルビウム) 原子における遷移周波数 ($\sim$688THz ($= 6.88 \times 10^{14}$Hz)) の, Cs (セシウム) 原子時計に拠る測定」を異なる時刻 (約 3 年間隔) に 2 回くり返した結果によれば「α の現時点における変化率」は 2.0×10^{-15}/年 より小さい."

[*79] この名は "原子スペクトルの微細構造" (相対論的量子力学で説明される) に由来.

[*80] 目下, α を最も精度よく与える物理量は電子の磁気能率 (magnetic moment): 理論 (量子電磁力学) と実験を比較.

[*81] 数学用語を使えば, 同値類 (equivalence class).

[*82] 添字 フ は「普通のふ」.

[*83] 式が見やすくなるうえ, 紙と鉛筆がおおいに節約できる.

[*84] "桃尻語" [30] 風に (!??!) 現代語訳すれば "可愛いらしーい, ギャルだなあ" (これは性差別助長でまずいかもしれぬが).

[*85] 無論, "$\alpha \simeq 1/137$" と「推定宇宙年齢 $\simeq$137 億年」の関係" といった妄迷想とは無縁. ちなみに宇宙年齢は, しばらく "137 億年" といわれていた (一般向け宇宙論諸解説書にもそう書かれていたり, "宇宙 137 億年の物語" といった題名の本が書店に山積みされていたり, 有効数字 3 桁が確定しているように喧伝されていた) が, その後 "138 億年" に修正された!! つまり, "137 億年" の寿命は 10 年程度だった. "138 億年" はどうなるだろう.

56 第1章 量子論の登場：古典物理学からの脱却

1.9.4 ∞ や 0 は御法度

安易に ∞ を使うべからず．「定義に拠り整数」なる量を扱う場合を除き $0\ (= 1/\infty)$ も同様．例えば 1.3 節にて，"$T \sim \infty$" と書いては物理的でなく，$T \gg h\nu/k_{\rm B}$ とすべきである．物理において ∞（または 0）とは「何か基準値に比べて圧倒的に大きい（または小さい）」なる意味である．これを忘れて形式的に ∞（または 0）を使うと物理を見失う[*86]．

1.10 ♣♣ 古典電子に因る輻射と原子崩壊

1.10.1 ラーモァ公式

「古典電子に因る輻射」の "パワー (power ≡ 輻射率)"[*87] を，次元解析の "パワー" を示す一例として，素手で見積もってみよう．絶対静止系を認めぬ以上，定速度運動[*88]する電子は電磁波を出さぬはず．それゆえ，輻射のパワーは電子の加速度 $\ddot{\boldsymbol{r}}_{\rm cl}(t)$ で決まろう．パワーはスカラー量ゆえ，$\ddot{\boldsymbol{r}}_{\rm cl}(t)$ からスカラー量をつくると，最単純なるは $\{\ddot{\boldsymbol{r}}_{\rm cl}(t)\}^2$ である（♡ 下記註 1 ∧ 註 2）．また，持ち駒は c と e だけである（♡ 下記註 3）：

演習 1.10-1 「パワーの次元」を有する量として下記を得る：

$$\frac{e^2}{4\pi}\left\{\frac{d^2\boldsymbol{r}_{\rm cl}(t)}{(d(ct))^2}\right\}^2 c \qquad \left(= \frac{e^2}{4\pi c^3}\{\ddot{\boldsymbol{r}}_{\rm cl}(t)\}^2\right). \quad \blacksquare \tag{1.84}$$

註 1 パワーは $\ddot{\boldsymbol{r}}_{\rm cl}(t)$ でテイラー展開できようゆえ演習 1.9-6 と同様に考えればよい．つまり，使えるヴェクトル量が $\ddot{\boldsymbol{r}}_{\rm cl}(t)$ だけゆえ，$\ddot{\boldsymbol{r}}_{\rm cl}(t)$ の一次項も $|\ddot{\boldsymbol{r}}_{\rm cl}(t)|$ も排除される．
註 2 「加速度の微分（あるいは，そのまた微分···）」は利かぬであろうか．これらは（および $|\ddot{\boldsymbol{r}}_{\rm cl}(t)|$ も）次元解析に拠って排除される：

演習 1.10-2 「$\boldsymbol{r}_{\rm cl}(t)$ の高次微分（あるいは $|\ddot{\boldsymbol{r}}_{\rm cl}(t)|^{\beta}(\beta \neq 2)$）」では「パワーの次元を有する量」はつくり得ぬ．$\quad \blacksquare$

[*86] 高エネルギー・高温超伝導・低温現象といった標語は科学的でない：これら高（低）は，すべて，業界用語としての比較級なることに注意．中性子星内の超流動現象について解説したあと，学生から "超流動という低温現象が中性子内部のような高温のところでなぜ起こるのですか" と聞かれて，立ち往生した大先生もいた．

[*87] 単位時間に（電磁波として）放出されるエネルギー．パワーは仕事率とも訳され，また**馬力 (horse power)** ともいわれる．馬より牛の方が力がありそうなのに，なぜ牛力でなく馬力なのだろう．"産業革命当時の動力状況云々" なる説明も可能かもしれぬが，物理屋としては，まず次元を当たってみるべし：

[馬力] = [エネルギー]/[時間]，ゆえに [馬] = [エネルギー]/([時間] × [力]) = [速さ]．

なるほど馬の次元は [速さ] であったかと納得がいく（牛では速さにつながらぬ）．ちなみに，イギリスの馬の方がフランスの馬より強いらしい："1 仏馬力 = 0.7355kW, 1 英馬力 = 0.7457kW" [理化学辞典]．そして，どういうわけか日本の馬はフランスの馬と同じと "1962 年以降は··· 法的に認められていた"（同上）そうである．現在はどうなのだろう（乞ご教示）．

[*88] 学校では "等速度運動" と習われただろう．理化学辞典にも "等速度運動 (uniform motion)" とある．"任意の時刻における速度が他の時刻における速度と等しい" なる意味で "等" といわれるのかもしれぬ．しかし，「電車と自動車が互いに等しい速度で走る」とはいっても "電車が等しい速度で走る" とはいわず，「電車が一定の速度で走る」という．実際，理化学辞典にも "速度が一定な運動" と説明されている．「一定の速度で」を英語にすれば，"at an equal velocity" ではなく at a constant velocity である．"等速度" は不適切（"時間と空間の区別をやめ，等高線などにならって等を使う" なる見解もあり得よう，しかし，時間と空間は本質的に異なる···）．ちなみに，uniform motion なる英語も "一様 (uniform)" の意味が曖昧（「一様な加速度運動」も有り得る）．

1.10 ♣♣ 古典電子に因る輻射と原子崩壊　　*57*

註 3　放出される電磁波は「電荷とその運動状態」だけで決まると考えてよかろう. したがって, 電子質量 m_e はどうでもよい (irrelevant). つまり, 電子質量に因る効果は, (電子の運動が何か外力に因って引き起こされているとすれば) $\ddot{\boldsymbol{r}}_{cl}(t)$ を通じて現れ得るけれども, あらわに考慮する必要はない.

註 4　以上は「電子を点粒子と見なした場合」の話. 仮に電子を「半径 $a_{電子}(>0)$ なる球」と見なすと, $a_{電子}$ も持ち駒に加わるゆえ, 収拾がつかぬ:

♣ **演習 1.10-3**　例えば次の量もパワーの次元を有する:

$$\frac{e^2}{4\pi}\left\{a_{電子}\frac{d^3\boldsymbol{r}_{cl}(t)}{(d(ct))^3}\right\}^2 c. \tag{1.85}$$

これの大きさは (1.84) に比べて $(a_{電子}/\lambda(t))^2$ 程度 ($\lambda(t) \equiv$「放出される電磁波の波長」) である. 他の量についても同様. ∎

したがって, 「$\lambda(t) \gg a_{電子}$ なる輻射にしか興味がない」といい張るならば, (1.84) だけで事足りる.

註 5　精確な公式 (ラーモァ公式 (Larmor's formula)):

$$「古典電子に因る\textbf{輻射率}(\equiv 輻射のパワー)」 = \frac{2}{3}\frac{e^2}{4\pi c^3}\{\ddot{\boldsymbol{r}}_{cl}(t)\}^2. \tag{1.86}$$

この公式を厳密に導出するには古典電子論 ($\equiv$ 電磁気学 $\wedge$ 相対論) の深奥に分け入らねばならぬ. 電子に大きさが有るとすべき積極的理由はないけれども, 頭から点粒子を想定すると計算不可能ゆえ, "半径 $a_{電子}$ なる電荷分布" から出発して最後に "$a_{電子} \to 0$ なる極限" をとらねばならぬ. したがって, 途中の計算は相当に煩雑であり, 微細にわたる相対論的考察が必要となる (名著といわれる「輻射の量子論」[23] においてさえ, 第 2 版 (p.30–31) には重大な計算間違いがあり第 3 版 (p.28–29) にてひそかに訂正されている). しかし, 結果はといえば, 次元解析で得られた (1.84) に数因子 2/3 を掛けただけである[*89]:
　　　大山鳴動して鼠一匹, 帯電瞑想[*90]して因子 2/3(~ 1 in the 0-th approximation).

註 6　次元解析に安住すべからず　(1.84) にかかるべき数係数は, ひょっとすると, 厳密に 0 かもしれぬ. 次元解析は, 「もし輻射が出るならば, およそ (1.84) 程度のパワーが期待される」としかいえず, 「なぜ輻射が出るのか?」なる問には答えてくれぬ. これに答えるのが延々たる理論であり計算である. 因子 2/3 まで到達して初めて「輻射の物理的機構」が完全に理解できる. つまり, 次元解析だけでは形式的理解に留まり, 物理の深奥はむしろ因子 2/3 に潜むともいえよう[*91].

☆**註 7**　計算は, できるだけ, サボるべし (猪突猛進計算は愚の骨頂)　(1.86) 式右辺の係数 $(2/3) \times e^2/4\pi$ を "計算して" $e^2/6\pi$ と書く学生がある[*92]. 中学の数学計算練習なら "最後まで簡単にしないと" 減点されるかもしれぬ. しかし, 物理の式としては, $e^2/6\pi$ はまったく意味不明であり不合格. $(2/3) \times e^2/4\pi$ も本来なら次のごとく書く方がよい:

$$\left.\frac{D-1}{D}\right|_{D \equiv 空間次元=3} \times \frac{e^2}{4\pi}. \tag{1.87}$$

「計算を, どこまで進めて, どこで止めるか」, これが大切.

かくて, 長岡–ラザフォード水素原子は電磁波を放出して崩壊するであろう. 崩壊の様相と原子の寿命を見積もってみよう.

[*89] "1 でなく 2/3" を示すことに生き甲斐を見いだすのが数理物理屋というものらしい. この事情は今日も変わらぬ.

[*90] 迷走?

[*91] ♡ … は細部に宿り給ふ.

[*92] 学生のみならず, 権威ある理化学辞典 ("ラーモァの公式" の項) にもそう書いてある.

58   第 1 章　量子論の登場：古典物理学からの脱却

1.10.2　長岡–ラザフォード水素原子の寿命

崩壊過程はゆっくりしていると仮定しよう：

$$\text{仮定 1：電子の公転周期} \ll \text{原子の寿命,} \tag{1.88a}$$
$$\text{仮定 2：電子は，常に，ほぼ閉じた軌道を描く (以下，円軌道と仮定),} \tag{1.88b}$$
$$\text{仮定 3：電子の運動は不相対論的に扱ってよい.} \tag{1.88c}$$

上記仮定に伴い，粗視化された $\{$時刻 $\tilde{t}$, 動径 $\tilde{r}(\tilde{t})\}$ を導入しよう：

$$\tilde{r}(\tilde{t}) := \frac{1}{\tau(\tilde{t})} \int_{\tilde{t}-\tau(\tilde{t})/2}^{\tilde{t}+\tau(\tilde{t})/2} dt\, |\boldsymbol{r}_{\mathrm{cl}}(t)|. \tag{1.89a}$$

ただし，$\tau(\tilde{t})$ ($\equiv$「時刻 $\tilde{t}$ における公転周期」) は「ケプラーの "いち・に・さん法則 (1-2-3 law)" [*93] ($\equiv$ 第三法則)」に拠り次式で与えられる：

$$\omega(\tilde{t}) \equiv 2\pi/\tau(\tilde{t}) = \left(\frac{e^2/4\pi m_{\mathrm{e}}}{\{\tilde{r}(\tilde{t})\}^3} \right)^{1/2}. \tag{1.89b}$$

同様に粗視化された $\{$エネルギー, 輻射率$\}$ を $\{\tilde{E}(\tilde{t}),\ \tilde{P}(\tilde{t})\}$ とすれば，

$$\frac{d\tilde{E}(\tilde{t})}{d\tilde{t}} = -\tilde{P}(\tilde{t}). \tag{1.90}$$

演習 1.10-4

(i)　「公転周期に比べて充分に長く」$\wedge$「寿命に比べて充分に短い」時間尺度で見た円径の時間変化：記法を簡潔化すべく古典電子単位系をとれば，つまり

$$T \equiv \tilde{t}/\tau_{\mathrm{c}}, \qquad R(T) \equiv \tilde{r}(\tilde{t})/a_{\mathrm{c}} \tag{1.91a}$$

なる無次元変数 $\{T, R(T)\}$ を用いれば[*94]，「(1.89) $\wedge$ ラーモァ公式 (1.86) $\wedge$ ヴィリアル定理 ($\heartsuit$ 次節 (1.96))」に拠り，(1.90) は次の形になる：

$$\frac{d}{dT} \left\{ -\frac{1}{2}\frac{1}{R(T)} \right\} \simeq -\frac{2}{3}\frac{1}{\{R(T)\}^4}. \tag{1.91b}$$

(ii)　上式は $\{R(T)\}^3/T \sim 1$ なる構造をしている. ゆえに，この式で記述される現象においては，特性時間 $\propto$ (特性距離)^3 なるはずである. しかも，$\{$特性時間, 特性距離$\}$ として考え得る量は $\{$寿命, 始半径$\}$ (ただし，いずれも無次元) であろう. ゆえに，寿命 $\propto$ (始半径)^3 と期待できる. 実際, (1.91b) を解くと，

$$\tilde{r}(\tilde{t}) \simeq \left(1 - \frac{\tilde{t}}{\tau_{\mathrm{NRH}}} \right)^{1/3} \tilde{r}(\tilde{0}), \tag{1.92a}$$

$\tau_{\mathrm{NRH}} \equiv$「長岡–ラザフォード水素原子 (Nagaoka–Rutherford Hydrogen) の寿命」

[*93] 第三法則は次の形に書ける：$(GM)^1 = \omega^2 R^3$. 指数を見れば，いち・に・さん [27]. 何が "いち" で何が "に，さん" か，もし忘れたら，これも次元解析：$[GMm/R] = [$エネルギー$] = [m(R\omega)^2]$. さらにヴィリアル定理 ($\heartsuit$ 後述 1.11.1 項) を併用すれば比例係数が 1 なることもわかる (もちろん，高校流に "万有引力と遠心力の釣り合い" でもよい).

[*94] 業界用語では "$\{\tilde{t}, \tilde{r}(\tilde{t})\}$ を $\{\tau_{\mathrm{c}}, a_{\mathrm{c}}\}$ でスケールすれば" ともいわれる.

$$= \frac{1}{4} \left\{ \tilde{r}(\tilde{0})/a_{\rm c} \right\}^3 \tau_{\rm c}. \tag{1.92b}$$

(iii) (1.92b) は，仮に $\tilde{r}(\tilde{0}) \sim 1\,\text{Å}\ (\sim a_{\rm B})$ と想定するならば，次のごとく書くと見やすい：

$$\tau_{\rm NRH} = \frac{1}{4\alpha^3} \left\{ \tilde{r}(\tilde{0})/a_{\rm B} \right\}^3 \tau_{\rm B}. \tag{1.93}$$

これを用いて (1.6) が確かめれる.

(iv) 「仮定 (1.88) が，結果論として，正当化される」には次の条件が充たされればよい：

$$\tilde{r}(\tilde{t})/a_{\rm B} \gg \alpha^2. \tag{1.94}$$

したがって，もし $\tilde{r}(\tilde{0}) \sim a_{\rm B}$ ならば，(1.92a) は「$\tilde{t} = \tau_{\rm NRH}$ までは使えぬが，$\tilde{t} \lesssim (1 - \alpha^2)\tau_{\rm NRH}$ 程度までは何とか妥当である」.

♣(v) 放出される輻射の「周波数と強度」を $\tilde{t}$ の関数として求めよ. また，これを用いて，崩壊全過程を通じて放出される輻射のエネルギースペクトル ($\propto$ 強度スペクトル) を求めよ.

♣(vi) 「輻射される全エネルギーは無限大」なることを示せ. これは陽子を点としたことに因る.

♣♣(vii) 仮に陽子が "半径 $a_{\rm p}(\gg a_{\rm c})$ なる一様電荷分布" と見なせるとして「輻射される全エネルギー」および「輻射のエネルギースペクトル」を調べよ.　■

1.10.3　古典物理から量子論に至る歴史的経過について

　本書は，冒頭に述べた通り，歴史的経過を忠実にたどることはあえてせぬ. "史実" に興味ある読者は章末に挙げた書物を参照されたい. 特に [20] は実験について詳しい. [1] は是非一読されたい良書だがやや難しいかもしれぬ. より取っ付きやすいと思われるのは [28][29] など.

1.11　♣ ヴィリアル定理と古典滞在確率

1.11.1　ヴィリアル定理

　一般に，古典粒子 (質量 m) の周期運動 (周期 τ) に関し，「物理量 $A_{\rm cl}(t)$ の，一周期にわたる時間平均値」を $\overline{A_{\rm cl}}$ と書くことにしよう：

$$\overline{A_{\rm cl}} := \frac{1}{\tau} \int_0^\tau dt\, A_{\rm cl}(t). \tag{1.95}$$

これは，運動の詳細に依らず成り立つ，重要な性質を有す：

演習　「$|\boldsymbol{r}|$ の k 次冪なるポテンシャル $V(\boldsymbol{r})\ (\propto |\boldsymbol{r}|^k)$ 下における勝手な周期運動」に関し，

$$\overline{\text{運動エネルギー}} = \overline{|\boldsymbol{p}_{\rm cl}|^2/2m} = \frac{k}{2}\,\overline{V(\boldsymbol{r}_{\rm cl})} = \frac{k}{2}\,\overline{\text{ポテンシャルエネルギー}}.　■ \tag{1.96}$$

これは，無礼講で，"**ヴィリアル定理** (virial theorem)" とよばれる：精確には次に述べる (正式の) ヴィリアル定理の一帰結である. いずれも空間次元に依らず，つまり一般に $\mathbf{E}^D\ (\equiv D$ 次元ユークリッド空間) にて，成り立つ.

60　第 1 章　量子論の登場：古典物理学からの脱却

♣ **註**　"ヴィリアル (virial)" は，古めかしくも厳めしき言葉に見えるが[*95]，"強さを意味するラテン語からとったもので，クラウジウスが導入した (1870)"［理化学辞典］らしい.

ヴィリアル定理：「勝手な外力 $\boldsymbol{F}(\boldsymbol{r})$ 下における勝手な周期運動」に関し，

$$\text{ヴィリアル} \equiv \text{「力のヴィリアル」} := -\frac{1}{2}\overline{\boldsymbol{r}_{\mathrm{cl}} \cdot \boldsymbol{F}(\boldsymbol{r}_{\mathrm{cl}})} = \overline{\text{運動エネルギー}}, \tag{1.97a}$$

$$\overline{\boldsymbol{p}_{\mathrm{cl}}} = 0, \qquad \overline{\boldsymbol{F}(\boldsymbol{r}_{\mathrm{cl}})} = 0. \tag{1.97b}$$

　　註　上記二式は，$\boldsymbol{F}$ が保存力（「ポテンシャルの勾配」なる形に書ける力）でなくとも成り立つ.
　　(1.97b) は，ヴィリアル定理とはよばれぬが，密接に関連した性質ゆえ併記した.
証明：$\boldsymbol{r}_{\mathrm{cl}}(t)$ は $\mathbf{E}^D$ におけるニュートン運動方程式の勝手な周期解とする：

$$\dot{\boldsymbol{r}}_{\mathrm{cl}}(t) = \boldsymbol{p}_{\mathrm{cl}}(t)/m, \qquad \dot{\boldsymbol{p}}_{\mathrm{cl}}(t) = \boldsymbol{F}(\boldsymbol{r}_{\mathrm{cl}}(t)), \qquad \{\boldsymbol{r}_{\mathrm{cl}}(\tau), \boldsymbol{p}_{\mathrm{cl}}(\tau)\} = \{\boldsymbol{r}_{\mathrm{cl}}(0), \boldsymbol{p}_{\mathrm{cl}}(0)\}. \tag{1.98a}$$

勝手な函数 $\{A(\boldsymbol{r}, \boldsymbol{p}), B(\boldsymbol{r}, \boldsymbol{p})\}$ に対し $\{A_{\mathrm{cl}}(t), B_{\mathrm{cl}}(t)\} \equiv \{A(\boldsymbol{r}_{\mathrm{cl}}(t), \boldsymbol{p}_{\mathrm{cl}}(t)), B(\boldsymbol{r}_{\mathrm{cl}}(t), \boldsymbol{p}_{\mathrm{cl}}(t))\}$ と置いて，一般に

$$A_{\mathrm{cl}}(t) = \dot{B}_{\mathrm{cl}}(t) \quad \text{ならば}$$
$$\overline{A_{\mathrm{cl}}} \propto \int_0^\tau dt \, \dot{B}_{\mathrm{cl}}(t) = B_{\mathrm{cl}}(\tau) - B_{\mathrm{cl}}(0) = 0. \tag{1.98b}$$

$\{A, B\}$ として $\{\boldsymbol{p}, \boldsymbol{r}\} \vee \{\boldsymbol{F}, \boldsymbol{p}\}$ を採って (1.97b). 次に，恒等式

$$\frac{\{\boldsymbol{p}_{\mathrm{cl}}(t)\}^2}{m} = \dot{\boldsymbol{r}}_{\mathrm{cl}}(t) \cdot \boldsymbol{p}_{\mathrm{cl}}(t) = \frac{d}{dt}\{\boldsymbol{r}_{\mathrm{cl}}(t) \cdot \boldsymbol{p}_{\mathrm{cl}}(t)\} - \boldsymbol{r}_{\mathrm{cl}}(t) \cdot \dot{\boldsymbol{p}}_{\mathrm{cl}}(t)$$

を平均すれば，右辺第一項は (1.98b) に拠り 0 となるゆえ，(1.98a) 第二式を用いて (1.97a).　∎

　　$\boldsymbol{F}$ が**保存力** (conservative force) の場合には，ポテンシャルを V として，

$$\boldsymbol{F}(\boldsymbol{r}) = -\nabla V(\boldsymbol{r}) \qquad : \nabla \equiv \sum_{a=1}^{D} e_a \frac{\partial}{\partial x_a}. \tag{1.99}$$

♣ **演習**　さらに，V が「$|\boldsymbol{r}|$ の冪」の場合，または，より一般に

$$\boldsymbol{r} \text{ の } k \text{ 次同次函数} \quad V(\mu\boldsymbol{r}) = \mu^k V(\boldsymbol{r}) \qquad : \forall \mu(>0) \tag{1.100a}$$

なる場合には，(1.97a) は (1.96) に帰着する.
証明：　V が (1.100a) なる同次函数ならば，同式両辺を μ 微分して，

$$\boldsymbol{r} \cdot \nabla_{\boldsymbol{x}} V(\boldsymbol{x})\big|_{\boldsymbol{x}=\mu\boldsymbol{r}} = k\mu^{k-1}V(\boldsymbol{r}).$$
$$\mu = 1 \text{ と置いて} \quad \boldsymbol{r} \cdot \nabla V(\boldsymbol{r}) = kV(\boldsymbol{r}), \qquad \text{すなわち} \quad \boldsymbol{r} \cdot \boldsymbol{F}(\boldsymbol{r}) = -kV(\boldsymbol{r}). \quad \blacksquare \tag{1.100b}$$

註 1　同次函数の例：
　　$\{$クーロンポテンシャル $(\propto 1/|\boldsymbol{r}|)$，等方的調和ポテンシャル $(\propto |\boldsymbol{r}|^2)\}$ は $k = \{-1, 2\}$ なる同次函数，
　　$\{x^2 + xy + 2y^2 + 3z^2, \ x^4 + y^4 + y^2x^2 + z^4\}$ は $k = \{2, 4\}$ なる同次函数.
註 2　(1.100a) なるポテンシャルは，位置ヴェクトルを定数倍しても形が変らぬゆえ，次のごとく称される：
　　　　空間尺度変換の下にて不変 (invariant under spatial scale transformation)，または略して
　　　　スケール不変 (scale-invariant).

　[*95] これは洋語の語感がわからぬ筆者の印象であり本当のところはどうだか$\cdots$.

♣ **演習** (1.100a) を微分して (1.100b) を導いたが，逆に，後者を積分すれば前者を得る，つまり両者は等価である．

証明：(1.100b) にて r をすべて μr で置き換えると

$$\mu r \cdot \nabla_x V(x)|_{x=\mu r} = kV(\mu r), \qquad \text{すなわち} \quad \mu \frac{d}{d\mu} V(\mu r) = kV(\mu r).$$

$$\text{したがって} \quad \frac{d \log V(\mu r)}{d \log \mu} = k, \qquad \text{ゆえに} \quad \log\{V(\mu r)/V(r)\} = k \log(\mu/1) = \log(\mu^k). \qquad \blacksquare$$

♣♣ **註** 以上は「{力, ポテンシャル} があらわに t に依る状況」にも使える：$\{F(r), V(r)\}$ を $\{F(r,t), V(r,t)\}$ と書き換えるだけ．

1.11.2 ♣ $\mathbf{E}^1$ におけるヴィリアル関連定理

演習 「t に依らぬポテンシャル $V(x)$ 下における，エネルギー E なる周期運動」に関し，

$$2\, \overline{f'(x_{\rm cl})\, \{E - V(x_{\rm cl})\}^{\ell+1}} = (2\ell + 1)\, \overline{f(x_{\rm cl})\, \{E - V(x_{\rm cl})\}^\ell\, V'(x_{\rm cl})}. \tag{1.101a}$$

ただし，$\{\ell, f\}$ は上記平均値が存在する限り勝手な {複素数, 関数} であり，

$$\{f'(x), V'(x)\} \equiv \{df(x)/dx,\ dV(x)/dx\}.$$

特に，$\ell = 0$ と採れば，

$$E\, \overline{f'(x_{\rm cl})} - \overline{f'(x_{\rm cl}) V(x_{\rm cl})} - \frac{1}{2}\, \overline{f(x_{\rm cl}) V'(x_{\rm cl})} = 0. \tag{1.101b}$$

さらに，$f(x) = x^{q+1}$ と採れば，

$$E\, \overline{x_{\rm cl}^q} - \overline{x_{\rm cl}^q\, V(x_{\rm cl})} - \frac{1}{2(q+1)}\, \overline{x_{\rm cl}^{q+1}\, V'(x_{\rm cl})} = 0, \tag{1.101c}$$

$q\ (\neq -1)$ は上記平均値が存在する限り勝手な複素数．

註 $q = 0$ と置けば，無論，「(1.97a の $\mathbf{E}^1$ 版」に帰着：

$$\frac{1}{2}\, \overline{x_{\rm cl}\, V'(x_{\rm cl})} = E - \overline{V(x_{\rm cl})}. \tag{1.101d}$$

証明：$\{p, f, V\} \equiv \{p_{\rm cl}(t), f(x_{\rm cl}(t)), V(x_{\rm cl}(t))\}$ と略記して，

$$\frac{d}{dt}(fp^{2\ell+1}) = f'\, \frac{p^{2\ell+2}}{m} + (2\ell+1)\, f\, p^{2\ell}\, \dot{p}$$

$$= \frac{f'}{m}\, \{2m(E-V)\}^{\ell+1} - (2\ell+1)\, f\, \{2m(E-V)\}^\ell\, V'.$$

時間平均すると左辺は消える． $\blacksquare$

1.11.3 ♣♣ $\mathbf{E}^1$ における古典滞在確率

前項と同じ状況設定にて {転回点, 周期} を $\{x_\pm(E),\ \tau(E)\}$ と書こう：

$$V(x_\pm(E)) = E \qquad \wedge \qquad E - V(x) > 0 : \forall x \in (x_-(E),\ x_+(E)), \tag{1.102a}$$

$$\tau(E) = 2 \int_{x_-(E)}^{x_+(E)} \frac{dx}{v(x,E)}, \tag{1.102b}$$

$$v(x,E) \equiv \text{「位置 } x \text{ における速さ」} := \sqrt{2(E-V(x))/m}. \tag{1.102c}$$

これを踏まえて下記を導入する：

62   第1章 量子論の登場：古典物理学からの脱却

$$\mathcal{P}^{(E)}_{\text{古典}\,x}\,\delta x \equiv \lceil\text{粒子が}\ \underline{x\ \text{付近}}\ \text{に滞在する確率}\rfloor := \frac{1}{\tau(E)/2}\,\frac{\delta x}{v(x,E)}. \tag{1.103}$$

精確にいえば (1.103) は，「$\delta x \ll$ ポテンシャル変化尺度」として，「区間 $(x,\ x+\delta x)$ に粒子が滞在する時間の割合」である．これをあえて (つまり，いずれ量子論にて登場する位置確率の向こうを張って) **古典滞在確率**とよび，それに応じて，$\mathcal{P}^{(E)}_{\text{古典}\,x}$ を**古典滞在確率密度**よぶ．

註 古典なる形容詞は，「滞在確率 (密度) が古典的概念であること」を強調すべく付したにすぎず，論理的には不要である：量子論においては "滞在確率 (密度)" なる概念は登場せぬ．

演習1 「位置についての時間平均値」は「古典滞在確率に基づく平均値」に等しい：

$$\overline{f(x_{\text{cl}})} = \int_{x_-(E)}^{x_+(E)} dx\ f(x)\ \mathcal{P}^{(E)}_{\text{古典}\,x}, \tag{1.104}$$

ただし，f は上記積分が存在する限り勝手な関数．

証明：$\{\tau, x_\pm\} \equiv \{\tau(E),\ x_\pm(E)\}$ と略記し，一般性を失わずに

$$x_{\text{cl}}(0) = x_{\text{cl}}(\tau) = x_- \qquad \wedge \qquad x_{\text{cl}}(\tau/2) = x_+,$$
$$t \in (0, \tau/2)\ \text{にて}\ \dot{x}_{\text{cl}}(t) > 0 \qquad \wedge \qquad t \in (\tau/2,\ \tau)\ \text{にて}\ \dot{x}_{\text{cl}}(t) < 0$$

として，

$$\overline{f} \equiv \overline{f(x_{\text{cl}})} = \frac{1}{\tau}\left\{\int_0^{\tau/2} dt\ +\ \int_{\tau/2}^{\tau} dt\right\} f(x_{\text{cl}}(t))$$

にて積分変数を $x \equiv x_{\text{cl}}(t)$ に変換しよう．各積分にて，t と x が一対一に対応するゆえ，

$$dt = dx/J(x),$$
$$J(x) \equiv \dot{x}_{\text{cl}}(t)|_{t=x_{\text{cl}}^{-1}(x)} = \pm\, v(x_{\text{cl}}(t),\ E)|_{t=x_{\text{cl}}^{-1}(x)} = \pm v(x,E)$$
$$\text{：複合は第一 (第二) 積分にて}\ +\ (-).$$

ゆえに $\displaystyle \overline{f} = \frac{1}{\tau}\left\{\int_{x_-}^{x_+} \frac{dx}{v(x,E)}\ +\ \int_{x_+}^{x_-} \frac{dx}{\{-v(x,E)\}}\right\} f(x) = \frac{2}{\tau}\int_{x_-}^{x_+} \frac{dx}{v(x,E)} f(x).$ ∎

♣ **演習2** $\mathcal{F}'(x) = f(x)$ なる $\mathcal{F}$ を導入すると，

$$\overline{f(x_{\text{cl}})} = \frac{1}{\tau(E)}\,\frac{d}{dE}\left\{\tau(E)\ \overline{\mathcal{F}(x_{\text{cl}})V'(x_{\text{cl}})}\right\}. \tag{1.105a}$$

特に $\displaystyle \overline{x_{\text{cl}}^q} = \frac{1}{q+1}\,\frac{1}{\tau(E)}\,\frac{d}{dE}\left\{\tau(E)\ \overline{x_{\text{cl}}^{q+1}\ V'(x_{\text{cl}})}\right\}. \tag{1.105b}$

註 x_{cl} は，自明として明示せぬが，E に依る．

証明：$\partial v(x,E)/\partial E = 1/mv(x,E) =: 1/p(x,E)$ を用い，$p(x_\pm(E),\ E) = 0$ に注意して，

$$\int_{x_-(E)}^{x_+(E)} dx\ f(x)\ \mathcal{P}^{(E)}_{\text{古典}\,x} = \frac{1}{\tau(E)/2}\int_{x_-(E)}^{x_+(E)} dx\ f(x)\ \frac{\partial p(x,E)}{\partial E} = \frac{2}{\tau(E)}\,\frac{d}{dE}\Theta_f(E),$$

$$\Theta_f(E) \equiv \int_{x_-}^{x_+} dx\ f(x)\ p(x,E) \qquad : x_\pm \equiv x_\pm(E)$$

$$= -\int_{x_-}^{x_+} dx\ \mathcal{F}(x)\ \frac{\partial p(x,E)}{\partial x} = \int_{x_-}^{x_+} dx\ \frac{\mathcal{F}(x)\ V'(x)}{v(x,E)}. \quad ∎$$

1.12　◇ ヴェクトルの内積と外積について　　63

♣♣ **演習 3**　ポテンシャル V が連続パラメーター Λ に依る（したがって，周期 τ も E のみならず Λ にも依る）場合，

$$\frac{\partial}{\partial \Lambda}\left\{\tau\,\overline{f(x_{\mathrm{cl}})}\right\} = -\frac{\partial}{\partial E}\left\{\tau\,\overline{f(x_{\mathrm{cl}})\partial V(x_{\mathrm{cl}})/\partial \Lambda}\right\}, \tag{1.106a}$$

$$\overline{f(x_{\mathrm{cl}})} = \overline{\mathcal{G}_2(x_{\mathrm{cl}})V'(x_{\mathrm{cl}})} - \frac{1}{\tau}\frac{\partial}{\partial \Lambda}\left\{\tau\,\overline{\mathcal{G}_1(x_{\mathrm{cl}})V'(x_{\mathrm{cl}})}\right\}, \tag{1.106b}$$

ただし　$\mathcal{G}_1'(x) = \dfrac{f(x)}{\partial V(x)/\partial \Lambda}$　$\wedge$　$\mathcal{G}_2'(x) = \dfrac{\partial \mathcal{G}_1'(x)}{\partial \Lambda} = -\dfrac{f(x)\partial^2 V(x)/\partial \Lambda^2}{\{\partial V(x)/\partial \Lambda\}^2}.$

証明：前演習と同様.　∎

質問："演習 2 といい 3 といい，妙ちきりんな式を出しましたね．何か役立つのですか？"
答：役に立ったためしなし．何か面白い使い方はないものでしょうか（乞ご教示）.　∎

1.12　◇ ヴェクトルの内積と外積について

「ヴェクトルの成分」を導入することなき幾何学的定義 (1.25)∨(1.26) だけに基づいた議論は，直観的ではあるが，種々の困難に遭遇する．まず，線形性を証明することからして面倒：

演習 1.12-1　内積が線形なることを幾何学的定義 (1.25) から直接に証明せよ.　∎

演習 1.12-2　外積が線形なることを幾何学的定義 (1.26) から直接に証明せよ.　∎

☆**演習**　$\mathbf{E}^2$ の場合，「ヴェクトルの成分」を導入して $\boldsymbol{a} = a_x\boldsymbol{e}_x + a_y\boldsymbol{e}_y$ などとすれば，(1.25) から出発して次の定理が導ける（ヒント：三角関数に関する定理を使う）：

$$\boldsymbol{a}\cdot\boldsymbol{b} = a_x b_x + a_y b_y.\quad\blacksquare \tag{1.107}$$

これを見れば，$\mathbf{E}^2$ にて議論する限り，内積の線形性は明白．しかし，(1.107) に相当する定理を $\mathbf{E}^3$ の場合に証明しようとするといささか面倒．

☆**演習**　外積についても，xy 平面内にあるヴェクトル $\{\boldsymbol{a},\boldsymbol{b}\}$ に対し，(1.26) から出発して次の定理が導ける：

$$\boldsymbol{a}\times\boldsymbol{b} = (a_x b_y - a_y b_x)\boldsymbol{e}_z.\quad\blacksquare \tag{1.108}$$

これを見れば，xy 平面内にあるヴェクトルだけを相手とする限り，外積の線形性は明白．しかし，(1.108) に相当する定理を一般の $\{\boldsymbol{a},\boldsymbol{b}\}$ に対して証明しようとするといささか面倒．

また，次のごとく「内積・外積が共存する関係式」を導くも一難儀．

演習　xy 平面内にある $\{\boldsymbol{a},\boldsymbol{b},\boldsymbol{c}\}$ に対し，(1.25)∧(1.26) だけを用いて，次の関係式を導け：

$$\boldsymbol{a}\times(\boldsymbol{b}\times\boldsymbol{c}) = (\boldsymbol{a}\cdot\boldsymbol{c})\boldsymbol{b} - (\boldsymbol{a}\cdot\boldsymbol{b})\boldsymbol{c}.\quad\blacksquare \tag{1.109}$$

ましてや，任意の $\{\boldsymbol{a},\boldsymbol{b},\boldsymbol{c}\}$ に対して上式を導くは至難．

64 　第 1 章　量子論の登場：古典物理学からの脱却

さらに，内積の幾何学的定義 (1.25) は，そのままでは，高次元に拡張できぬ．

次項は，(1.107)∨(1.108) に示唆され，改めて線形演算として内積 ∨ 外積を定義する．

1.12.1　内積

内積の定義 (代数的定義)

$$\text{線形性}\quad \boldsymbol{a}\cdot(\boldsymbol{b}+\boldsymbol{c})=\boldsymbol{a}\cdot\boldsymbol{b}+\boldsymbol{a}\cdot\boldsymbol{c},\quad \boldsymbol{a}\cdot(c\boldsymbol{b})=c(\boldsymbol{a}\cdot\boldsymbol{b})\qquad :\forall c\in\mathbf{R}, \tag{1.110a}$$

$$\text{基本演算}\quad \boldsymbol{e}_a\cdot\boldsymbol{e}_b=\delta_{ab}\qquad :\text{添字}\ \{a,b\}\ \text{はそれぞれ}\ \{x,y,z\}\ \text{のいずれか．} \tag{1.110b}$$

ただし，δ_{ab} は "クロネッカーのデルタ (Kronecker's delta)"：

$$\delta_{ab}:=\begin{cases}1 & :\ a=b,\\ 0 & :\ a\neq b.\end{cases} \tag{1.111}$$

内積に関する定理

☆演習　内積は可換 (commutative) である：

$$\text{可換性 (commutativity)}\qquad \boldsymbol{a}\cdot\boldsymbol{b}=\boldsymbol{b}\cdot\boldsymbol{a}.\quad\blacksquare \tag{1.112}$$

☆演習　勝手な基底系 $\{\boldsymbol{e}_\xi,\boldsymbol{e}_\eta,\boldsymbol{e}_\zeta\}$ に関し，

$$\boldsymbol{e}_\alpha\cdot\boldsymbol{e}_\beta=\delta_{\alpha\beta}\qquad :\text{添字}\ \{\alpha,\beta\}\ \text{はそれぞれ}\ \{\xi,\eta,\zeta\}\ \text{のいずれか}, \tag{1.113a}$$

$$\boldsymbol{a}=\sum_\alpha a_\alpha\boldsymbol{e}_\alpha=a_\xi\boldsymbol{e}_\xi+a_\eta\boldsymbol{e}_\eta+a_\zeta\boldsymbol{e}_\zeta\ \text{などとすれば}$$

$$\boldsymbol{a}\cdot\boldsymbol{b}=\sum_\alpha a_\alpha b_\alpha=a_\xi b_\xi+a_\eta b_\eta+a_\zeta b_\zeta. \tag{1.113b}$$

$$\text{特に}\quad \boldsymbol{a}^2:=\boldsymbol{a}\cdot\boldsymbol{a}=\sum_\alpha a_\alpha^2, \tag{1.113c}$$

$$a\equiv\lceil\boldsymbol{a}\text{の長さ}\rfloor:=|\boldsymbol{a}|\equiv\sqrt{\boldsymbol{a}^2}.\quad\blacksquare \tag{1.113d}$$

☆演習　幾何学的性質 (1.25) が成立．　■

内積を幾何学的に定義した場合，三角函数に関する諸定理を総動員して内積の諸性質を導かねばならなかった．これに対し，上記定義 (代数的定義) から出発すれば，幾何学的定義 (1.25) が定理として再現される (♡ 上記演習) のみならず，三角函数に関する諸定理 (いわゆる球面三角法も含む) が容易に証明できる：

演習　"余弦函数の加法定理[96]" を証明せよ．　■

---

[96] "加法定理" なる語は，高校で何気なく刷り込まれてしまったが，大学に入って以来ずっと違和感が有る．"加法" を素直に解すれば「加算法則」(≡「足し算に関する法則」) だろうが，"三角函数の加法定理" を始め "加法定理" とよばれる諸定理は，「加算法則についての定理」ではない．英語は addition theorem であり，addition に "加法" なる訳語 (同じく multiplication に "乗法" なる訳語) が当てられている [数学辞典 104 群 A. 定義] がゆえに，"加法定理" となったらしい．しかし，"(乗法・加法を含んで) 一般的に算法 (law of composition) という" [数学辞典 ibid.] なる語法と整合せぬ：「算法 (law of composition)」というなら「加法 (law of addition)」だろうし，"加法 (addition)" というなら "算法 (composition)" とすべきだろう．一般的に使われている commutative law of addition [38] なる語句を "加法の可換法則" [数学辞典 ibid.] と訳されると，"或る加算法則と別の加算法則が可換" (!??!) なる意味不明の法則かという気にさせられ，座りが悪い．

演習 余弦定理を証明せよ.

ヒント：$\triangle$ABC において，「$\boldsymbol{a} \equiv \overrightarrow{\text{BC}}$, &cyclic」と置けば $\boldsymbol{a} + \boldsymbol{b} + \boldsymbol{c} = 0$, ゆえに $c^2 = c^2 = (\boldsymbol{a} + \boldsymbol{b})^2 = a^2 + b^2 + 2\boldsymbol{a} \cdot \boldsymbol{b} = \cdots$. ∎

演習 「方位角 $\{\vartheta_1, \varphi_1\}$ なる方向」と「方位角 $\{\vartheta_2, \varphi_2\}$ なる方向」が成す角 Θ は次式を充たす
(註：「方位角 $\{\vartheta, \varphi\}$」$\iff$「$\{緯度, 経度\} = \{\pi/2 - \vartheta, \varphi\}$」)：

$$\cos\Theta = \cos\vartheta_1 \cos\vartheta_2 + \sin\vartheta_1 \sin\vartheta_2 \cos(\varphi_1 - \varphi_2). \tag{1.114}$$

ヒント：「$\boldsymbol{n}_j \equiv \boldsymbol{e}_x \sin\vartheta_j \cos\varphi_j + \boldsymbol{e}_y \sin\vartheta_j \sin\varphi_j + \boldsymbol{e}_z \cos\vartheta_j \ : \ j \in \{1,2\}$」と置けば，$\cos\Theta = \boldsymbol{n}_1 \cdot \boldsymbol{n}_2 = \cdots$. ∎

1.12.2 外積

外積の定義 (代数的定義)

$$線形性 \quad \boldsymbol{a} \times (\boldsymbol{b} + \boldsymbol{c}) = \boldsymbol{a} \times \boldsymbol{b} + \boldsymbol{a} \times \boldsymbol{c}, \quad \boldsymbol{a} \times (c\boldsymbol{b}) = c(\boldsymbol{a} \times \boldsymbol{b}) \quad : \forall c \in \mathbf{R}, \tag{1.115a}$$

$$基本演算 \ \boldsymbol{e}_a \times \boldsymbol{e}_b = \sum_c \varepsilon_{abc} \boldsymbol{e}_c \quad : 添字 \{a, b\} はそれぞれ \{x, y, z\} のいずれか. \tag{1.115b}$$

ただし，ε_{abc} は**レヴィ・チヴィタ完全反対称記号** (Levi-Civita completely antisymmetric symbol)[97]：

$$「\varepsilon_{xyz} := 1」\wedge「添字の二つを置き換えると符号が変わる」, \tag{1.115c}$$

$$つまり \quad \varepsilon_{xyz} = -\varepsilon_{yxz} = 1 \ \&cyclic \ (巡回的に置き換える), \tag{1.115d}$$

$$あからさまに書けば \quad \varepsilon_{xyz} = \varepsilon_{yzx} = \varepsilon_{zxy} = 1, \quad \varepsilon_{yxz} = \varepsilon_{zyx} = \varepsilon_{xzy} = -1. \tag{1.115e}$$

要するに，いささか恐ろしげな (1.115b) は下記に同じ：

$$\boldsymbol{e}_x \times \boldsymbol{e}_y = -\boldsymbol{e}_y \times \boldsymbol{e}_x = \boldsymbol{e}_z \ \&cyclic. \tag{1.115f}$$

外積に関する定理

☆**演習** 外積は反可換 (anti-commutative)[98]である：

$$反可換性 (anti-commutativity) \quad \boldsymbol{a} \times \boldsymbol{b} = -\boldsymbol{b} \times \boldsymbol{a}. \ ∎ \tag{1.116}$$

☆**演習** 勝手な基底系 $\{\boldsymbol{e}_\xi, \boldsymbol{e}_\eta, \boldsymbol{e}_\zeta\}$ に関し，

$$\boldsymbol{e}_\xi \times \boldsymbol{e}_\eta = -\boldsymbol{e}_\eta \times \boldsymbol{e}_\xi = \boldsymbol{e}_\zeta \ \&cyclic, \tag{1.117a}$$

$$\boldsymbol{a} \times \boldsymbol{b} = (a_\eta b_\zeta - a_\zeta b_\eta)\boldsymbol{e}_\xi + (a_\zeta b_\xi - a_\xi b_\zeta)\boldsymbol{e}_\eta + (a_\xi b_\eta - a_\eta b_\xi)\boldsymbol{e}_\zeta \tag{1.117b}$$

$$= \det \begin{vmatrix} a_\xi & a_\eta & a_\zeta \\ b_\xi & b_\eta & b_\zeta \\ \boldsymbol{e}_\xi & \boldsymbol{e}_\eta & \boldsymbol{e}_\zeta \end{vmatrix} = \sum_{\alpha\beta\gamma} \varepsilon_{\alpha\beta\gamma} a_\alpha b_\beta \boldsymbol{e}_\gamma \tag{1.117c}$$

($\det|\cdots|$ は「行列 $\cdots$ の行列式 (determinant)」). ∎

---

[97] **レヴィ・チヴィタテンソル** (Levi-Civita tensor) ともよばれる．なお，"レヴィさんとチヴィタさん" と思っている学生さんも多い (筆者もそうだった) が，単一人物らしい：Tullio Levi-Civita (1873–1941) [数学辞典人名索引 p.1592].

[98] "反 (anti)" とは，誰の命名か知らぬが，妙な言い回し．「符号が変わる」とは「複素数でいえば位相が π だけずれる」あるいは「Möbius 帯の裏側に回る」．それゆえ，本来は Möbius 可換とでもいうべし．

66 第 1 章 量子論の登場：古典物理学からの脱却

☆演習 幾何学的性質 (1.26) が成立．■

演習 "正弦函数の加法定理" を証明せよ． ■

1.12.3 応用

☆演習 スカラー三重積 (scalar triple product: 下式左辺) の性質：

$$(\boldsymbol{e}_a \times \boldsymbol{e}_b) \cdot \boldsymbol{e}_c = \lceil \text{"向き付けられた単位立方体" (oriented unit cube) の体積} \rfloor$$
$$= \varepsilon_{abc}, \tag{1.118a}$$

一般に $\quad \boldsymbol{a} \cdot (\boldsymbol{b} \times \boldsymbol{c}) = \boldsymbol{b} \cdot (\boldsymbol{c} \times \boldsymbol{a}) = \boldsymbol{c} \cdot (\boldsymbol{a} \times \boldsymbol{b})$
$$= \lceil \lceil \{\boldsymbol{a}, \boldsymbol{b}, \boldsymbol{c}\} \text{ で形作られる平行六面体」の体積} \rfloor$$

$$= \sum_{\alpha\beta\gamma} \varepsilon_{\alpha\beta\gamma} a_\alpha b_\beta c_\gamma = \det \begin{vmatrix} a_\xi & a_\eta & a_\zeta \\ b_\xi & b_\eta & b_\zeta \\ c_\xi & c_\eta & c_\zeta \end{vmatrix} \tag{1.118b}$$

$$= \det \begin{vmatrix} a_x & a_y & a_z \\ b_x & b_y & b_z \\ c_x & c_y & c_z \end{vmatrix}. \quad \blacksquare \tag{1.118c}$$

☆演習 ヴェクトル三重積 (vector triple product: 下式左辺) に関するラグランジュ公式：

$$\boldsymbol{a} \times (\boldsymbol{b} \times \boldsymbol{c}) = (\boldsymbol{a} \cdot \boldsymbol{c})\boldsymbol{b} - (\boldsymbol{a} \cdot \boldsymbol{b})\boldsymbol{c}. \tag{1.119a}$$

これは次式と等価：

$$\sum_\gamma \varepsilon_{\alpha\beta\gamma}\varepsilon_{\alpha'\beta'\gamma} = \delta_{\alpha\alpha'}\delta_{\beta\beta'} - \delta_{\alpha\beta'}\delta_{\beta\alpha'}. \quad \blacksquare \tag{1.119b}$$

☆演習 ヴェクトル三重積については，結合法則 (associative law) は成り立たぬが，代わりにヤコビ恒等式 (Jacobi identity) が成り立つ：

$$\boldsymbol{a} \times (\boldsymbol{b} \times \boldsymbol{c}) \neq (\boldsymbol{a} \times \boldsymbol{b}) \times \boldsymbol{c}. \tag{1.120a}$$
$$\text{ヤコビ恒等式} \quad \boldsymbol{a} \times (\boldsymbol{b} \times \boldsymbol{c}) + \boldsymbol{b} \times (\boldsymbol{c} \times \boldsymbol{a}) + \boldsymbol{c} \times (\boldsymbol{a} \times \boldsymbol{b}) = 0. \quad \blacksquare \tag{1.120b}$$

演習

$$(\boldsymbol{a} \times \boldsymbol{b}) \cdot (\boldsymbol{c} \times \boldsymbol{d}) = (\boldsymbol{a} \cdot \boldsymbol{c})(\boldsymbol{b} \cdot \boldsymbol{d}) - (\boldsymbol{a} \cdot \boldsymbol{d})(\boldsymbol{b} \cdot \boldsymbol{c}). \tag{1.121a}$$
$$\text{特に} \quad (\boldsymbol{a} \times \boldsymbol{b})^2 = a^2 b^2 - (\boldsymbol{a} \cdot \boldsymbol{b})^2. \quad \blacksquare \tag{1.121b}$$

1.12.4 ♣ 基底系と完全性

本項は，ごく一部を 3.8.2 項にて引用する以外，当面は不要である (第 17 章にて本格的に使う)．必要に応じて参照されたい．

(1.113) における記法を使って，

演習 「ヴェクトルの成分」をヴェクトル自体で表し，さらにその結果を用いてヴェクトルを表せば

$$a_\alpha = \boldsymbol{a} \cdot \boldsymbol{e}_\alpha = \boldsymbol{e}_\alpha \cdot \boldsymbol{a}, \tag{1.122}$$

$$a = \sum_\alpha (a \cdot e_\alpha) e_\alpha = (a \cdot e_\xi) e_\xi + (a \cdot e_\eta) e_\eta + (a \cdot e_\zeta) e_\zeta \tag{1.123a}$$

$$= \sum_\alpha e_\alpha (e_\alpha \cdot a) = e_\xi (e_\xi \cdot a) + e_\eta (e_\eta \cdot a) + e_\zeta (e_\zeta \cdot a). \quad \blacksquare \tag{1.123b}$$

ちょいと 厳 しい記号 $\otimes$ を導入しよう．勝手な $\{a, b\}$ に対し，「記号 $a \otimes b$ で表される量」(diadic とよばれる[99]) を，次の性質を有するものとして導入する：

- Diadic とヴェクトルの "積 $\circ$" が次のごとく定義される：$\forall c$ に対し

$$(a \otimes b) \circ c := a\,(b \cdot c) = (b \cdot c)\,a, \qquad c \circ (a \otimes b) := (c \cdot a)\,b. \tag{1.124a}$$

註　"積 $\circ$" の結果はヴェクトルである．この積は可換でなく，diadic 自体においても順序が重要：一般に

$$a \otimes b \neq b \otimes a, \qquad (a \otimes b) \circ c \neq c \circ (a \otimes b). \tag{1.124b}$$

- Diadic のスカラー倍と和が次のごとく定義される：$\forall q \in \mathbf{R} \ \wedge \ \forall c$ に対し

$$(q\,a \otimes b) \circ c := q\,\{(a \otimes b) \circ c\}, \qquad c \circ (q\,a \otimes b) := q\,\{c \circ (a \otimes b)\}, \tag{1.125a}$$

$$(a \otimes b + a' \otimes b') \circ c := (a \otimes b) \circ c + (a' \otimes b') \circ c,$$
$$c \circ (a \otimes b + a' \otimes b') := c \circ (a \otimes b) + c \circ (a' \otimes b'). \tag{1.125b}$$

上記定義に拠り下記二定理を得る：

定理 1："積 $\circ$" は線形である：$\forall q \in \mathbf{R} \ \wedge \ \forall \{c, c'\}$ に対し

$$(a \otimes b) \circ (qc) = q\,\{(a \otimes b) \circ c\}, \tag{1.126a}$$

$$(a \otimes b) \circ (c + c') = (a \otimes b) \circ c + (a \otimes b) \circ c', \tag{1.126b}$$

ヴェクトルを左から掛ける場合も同様．　$\blacksquare$

定理 2："$\otimes$ なる積" も線形[100]である：$\forall q \in \mathbf{R}$ に対し

$$a \otimes (qb) = q\,a \otimes b, \qquad a \otimes (b + b') = a \otimes b + a \otimes b', \tag{1.127a}$$

$$(qa) \otimes b = q\,a \otimes b, \qquad (a + a') \otimes b = a \otimes b + a' \otimes b. \quad \blacksquare \tag{1.127b}$$

以下，記号 "$\circ$" はわずらわしいゆえ，ヴェクトルの内積と同じ記号で代用する (文脈が異なるゆえ混乱の恐れはなかろう)：

$$(a \otimes b) \cdot c \equiv (a \otimes b) \circ c = a\,(b \cdot c), \qquad \text{etc.} \tag{1.128}$$

註　$a \otimes b$ は，要するに「$\{a, b\}$ を単に並べて書いたもの (ただし順序に意味有り)」にすぎず，$\otimes$ を省いて次のように書いても論理的不都合はない：

$$(a\,b) \cdot c = a\,(b \cdot c), \qquad c \cdot (a\,b) = (c \cdot a)\,b. \tag{1.129}$$

しかし「$a\,b$」では何となく間が抜けて締りがない ($a \cdot b$ の誤記と勘違いもされかねぬ)．それゆえ，仰々しい記号 $\otimes$ が使われる．

---

[99] 二階テンソル (second-rank tensor) の一種．日本語呼称を知らず (乞ご教示).
[100] 精確には双線形 ♡ 後述 4.7.5 項.

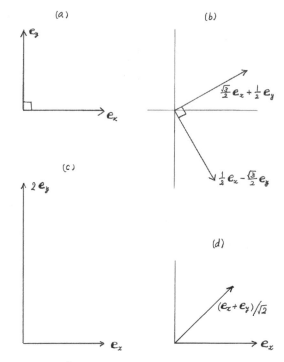

図 1.23 $\mathbf{E}^2$ の 基底系 (a) ∨ (b) と 広義基底系 (c) ∨ (d)

(1.123) を書き直すと

$$a = \sum_\alpha a \cdot (e_\alpha \otimes e_\alpha) = a \cdot \left(\sum_\alpha e_\alpha \otimes e_\alpha \right), \tag{1.130a}$$

$$\text{または} \quad a = \sum_\alpha (e_\alpha \otimes e_\alpha) \cdot a = \left(\sum_\alpha e_\alpha \otimes e_\alpha \right) \cdot a. \tag{1.130b}$$

これが任意の a に対して成り立つ. ゆえに

$$1 = \sum_\alpha e_\alpha \otimes e_\alpha = e_\xi \otimes e_\xi + e_\eta \otimes e_\eta + e_\zeta \otimes e_\zeta. \tag{1.131}$$

これは「1 (左辺) を三部分 (右辺) に分解する式」と読める. それゆえ, 右辺は "**1 の分解**" (resolution of unity) とよばれることがある.

演習 (1.131) $\Longrightarrow$ (1.130), ゆえに, (1.131) $\Longleftrightarrow$ (1.130). ∎

つまり, (1.131) は次のことを表している:

任意のヴェクトルは「$\{e_\xi, e_\eta, e_\zeta\}$ に拠り一意的に展開され得る」.

註 この事情は以下のようにもいい表される:
$\mathbf{E}^3$ は $\{e_\xi, e_\eta, e_\zeta\}$ で張られる[*101], あるいは, $\{e_\xi, e_\eta, e_\zeta\}$ は**完全系** (complete set) を成す.

[*101] 英語は spanned by ⋯.

式 (1.131) は「$\{e_\xi, e_\eta, e_\zeta\}$ が充たす**完全性関係式**」とよばれる.

簡単のため $\mathbf{E}^2$ にて, 完全系の具体例を挙げよう (図 1.23(a) $\vee$ (b)):

$$(a) \quad \{e_x, e_y\}, \qquad (b) \quad \left\{ \frac{1}{2}e_x - \frac{\sqrt{3}}{2}e_y, \frac{\sqrt{3}}{2}e_x + \frac{1}{2}e_y \right\}. \tag{1.132}$$

これらは, 各ヴェクトルが「長さが 1」$\wedge$「互いに直交する」ゆえ, **正規直交完全系** (orthonormal complete set) [102] とよばれる. 正規直交完全系を本書は**基底系** (basis) とよぶ.

註 「基底系が任意のヴェクトルを表し得る」なる意味で "基底系は完全 (complete)" といわれるわけである.
♣ 註 「或る (正規直交系ならぬ) 集合」で任意のヴェクトルが展開できる場合, 当該集合が "基底系" とよばれることもある. かような集合を本書は**広義基底系**とよぶ:$\mathbf{E}^2$ における広義基底系を例示すると図 1.23(c) $\vee$ (d):

$$(c) \quad \{e_x, 2e_y\}, \qquad (d) \quad \{e_x, (e_x + e_y)/\sqrt{2}\}. \tag{1.133}$$

♡ 詳しくは 17.1 節.

参考文献

[1] 朝永振一郎:「量子力學 I」(みすず書房, 1952), 第 18 刷 (1965), 第 1 章–第 3 章.

[2] 古典物理学の形成史については, 例えば, エミリオ・セグレ:「古典物理学を創った人々 − ガリレオからマスクウェルまで」(久保亮五・矢崎裕二訳, みすず書房, 1992)

[3] 例えば, Emilio Segrè: *From X-rays to Quarks: Modern Physicists and Their Discoveries*, (W.H. Freeman and Company, San Francisco, 1980). [エミリオ・セグレ:「X 線からクォークまで 20 世紀の物理学者たち」(久保亮五・矢崎裕二訳, みすず書房, 1982)]

[4] 詳しくは例えば 天野 清:「量子力学史」(京都府出版共同組合, 1950)

[5] G.R. Kirchhoff: *Ueber das Verhältniss zwischen dem Emissionsvermögen und dem Absorptionsvermögen der Kölper für Wärme und Licht*, Poggendorf Annarlen, **109** (1860), 275 ["熱および光に対する物体の輻射能と吸収能の関係について" 前田太市訳:「熱輻射と量子」(東海大学出版会 1970), 第 5 版 (1976) p.9–32 所収].[103]

[6] 「electron なる語はストーニーが創った」ことはよく知られているらしいが, 筆者は 1998 年 11 月 24 日に東北大学で行われたセミナーで Howie さん (ex-director of Cavendish Lab) から初めて教わった (学生時代に教わっていたかもしれぬがまったく失念).

[7] 詳しくは例えば Thomas S.Kuhn: *Black-Body Theory and theQuantum Discontinuity, 1894-1912* (Oxford University Press, 1978).

[8] 江沢洋:「理科を歩む」(新曜社, 2001)

[9] Heinrich Hertz: *Electric Waves*, translated by D.E.Jones from the German edition (Macmillan and Company, 1893), Dover edition (1962), p.152, "wave-length".

[10] A.A. Michelson: *Studies in Optics*, (The University of Chicago Press, 1927), Phoenix Edition Fourth Impression (1968), p.14, "wave-length".

[11] Arnold Sommerfeld: *Electrodynamics*, translated by E.G. Ramberg from the German 1948-edition (Academic Press, 1964), p.153, "wave-length".

[12] A.H. Compton: *A Quantum Theory of the Scattering of X-rays by Light Elements*, Phys. Rev. **21** (1923), 483–502.

---

[102] 完全正規直交系 (complete orthonormal set) とよばれることもある. これは, 所与の**正規直交系** (orthonormal set) が完全 (complete) か否か, なる観点を強調するいい回し. 一方, 正規直交完全系なるいい回しは, 所与の完全系が正規直交性 (orthonormality) を有するか否かに焦点を当てる. なお, "orthonormal" を直訳した直交正規なる語はあまり見かけぬ. 正規性 (normality, つまり「長さ = 1」) よりも直交性の方が本質的なることからして, これは orthonormal よりも正規直交に軍配を挙げたい.

[103] 古典物理学における珠玉論文の一つであろう. しかも, 熱力学の基本さえ知っていれば, あとは根気さえあれば読める. 是非一読を薦めたい.

70　第1章　量子論の登場：古典物理学からの脱却

[13] Louis de Broglie: *Waves and Quanta*, Nature **112** No.2815, October 13 (1923), 540 (1 頁のみ).

[14] Max Jammer: *Conceptual Development of Quantum Mechanics* (A.I.P., 1989), p.23.

[15] G.N. Lewis: *The Conservation of Photons*, Nature **118** No.2981, December 18 (1926), 874-875.

[16] David Bohm: *Quantum Theory* (Prentice-Hall, Englewood Cliffs, 1951), §2.9.

[17] Albert Messiah: *Quantum Mechanics* Volume I, translated from the French by G.M. Temmer (John Wiley & Sons, Inc., Fourth printing 1966), Chap.I, §5. [メシア：「量子力学 1」(小出昭一郎・田村二郎 訳) (東京図書, 1971), 第 8 刷 (1980), p.12–14.

[18] Wayne M. Itano, J.C. Bergquist, Randall G. Hulet and D.J. Wineland: *Radiative Decay Rates in Hg^+ from Observations of Quantum Jumps in a Single Ion*, Phys. Rev. Lett. **59** (1987), 2732-2735.

[19] 江沢洋："量子力学的世界像と古典物理学" (「アインシュタインとボーア 相対論・量子論のフロンティア」日本物理学会編 (裳華房 1999), 第 2 章), p.20.

[20] E. シュポルスキー：「原子物理学」(玉木英彦 他訳) (東京図書, 1966), 増訂新版 (1985)

[21] 例えば 高橋秀俊：「電磁気学」(裳華房, 1959), 第 16 版 (1972), p.393-395.

[22] E. Richard Cohen and Barry N. Taylor: *The Fundamental Physical Constants*, Physics Today, August (1994) BG 9–BG 13.[*104]

[23] W. Heitler: *The Quantum Thoery of Radiation*, (Oxford University Press) 2nd ed (1944), 3rd ed (1954). [ハイトラー：「輻射の量子論 上・下」(沢田克郎訳, 吉岡書店, 1958)]

[24] 大苗敦・池上健：「周波数 (波長) 標準と物理学の出会うところ」, 日本物理学会誌, **54** No.10 (1999), 781-787.

[25] 遠藤忠：「電磁気標準の成り立ち」, 日本物理学会誌, **54** No.10 (1999), 787-792.

[26] Peter J. Mohr, David B. Newell, Barry N. Taylor: *CODATA Recommended Values of the Fundamental Physical Constants: 2014* (Dated: July 30, 2015) [例えば APS (American Physical Society：アメリカ物理学会) HP から閲覧できる]

[27] Charles W. Misner, Kip S. Thorn and John Archibald Wheeler: *Gravitation* (Freeman, 1970) 1973-edition, p.450.

[28] 中嶋貞雄：「量子力学 I」(岩波書店, 1983), 第 17 刷 (1996)

[29] 江沢洋：「現代物理学」(朝倉書店, 1996)

[30] 橋本治：「桃尻語訳 枕草紙」(河出書房新社, 1987)

[31] J.K. Webb, V.V. Flambaum, C.W. Churchill, M.J. Drinkwater and J.D. Barrow: *Search for Time Variation of the Fine Structure Constant*, Phys. Rev. Lett. **82** (1999), 884–887; V.A. Dzuba, V.V. Flambaum, and J.K. Webb: *Space-Time Variation of Physical Constants and Relativistic Corrections in Atoms*, Phys. Rev. Lett. **82** (1999), 888-891.

[32] J.K. Webb, M.T. Murphy, V.V. Flambaum, V.A. Dzuba, J.D. Barrow, C.W. Churchill, J.X. Prochasca and A.M. Wolfe: *Further Evidence for Cosmological Evolution of the Fine Structure Constant*, Phys. Rev. Lett. **87** (2001), 091301.

[33] T. Ashenfelter, Grant J. Mathews and Keith A. Olive: *Chemical Evolution of Mg Isotopes versus the Time Variation of the Fine Structure Constant*, Phys. Rev. Lett. **92** (2004), 041102.

[34] E. Peik, B. Lipphardt, H. Schnatz, T. Schneider, Chr. Tamm, and S.G. Karshenboim: *Limit on the Present Temporal Variation of the Fine Structure Constant*, Phys. Rev. Lett. **93** (2004) 170801.

[35] C. Daussy *et al.*: *Direct Determination of the Boltzmann Constant by an Optical Method*, Phys. Rev. Lett. **98** (2007), 250801.

[36] M.A. Sillanpää, L. Roschier and P.J. Hakonen: *Inductive Single-Electron Transistor*, Phys. Rev.

[*104] 本章執筆は 20 世紀末葉であったが, 1998 年以来, CODATA 推奨値 (recommended values) は 4 年ごとに改訂されている：P.J. Mohr, B.N. Taylor and D.B. Newell: *The fundamental physical constants*, Physics Today, July (2007), 52–55; *CODATA recommended values of the fundamental physical constants: 2006*, Rev. Mod. Phys. **80** (2008), 633-730. 本書に直接影響せぬがニュートン重力定数 (万有引力定数) G は難物：$10^{-8} cm^3/g \cdot sec^2$ ($= 10^{-11} m^3/kg \cdot s^2$) を単位として, CODATA 推奨値が 6.67259 ± 0.00085 (1986 年) から 6.67428 ± 0.00067 (2006 年) に変わったのに対し, その後 6.67234 ± 0.00014 なる測定結果が報告された [37]. つまり, いまだに有効数字 3 桁しか確定していない模様.

Lett. **93** (2004), 066805.[*105]

[37] H.V. Parks and J.E. Faller: *Simple Pendulum Determination of the Gravitational Constant*, Phys. Rev. Lett. **105** (2010), 110801. [*106]

[38] 例えば G. Birkhoff and S. Mac Lane: *A Survey of Modern Algebra*, 4th ed., Macmillan Publishing Company, 1977, p.4.

[*105] 電荷精密測定：charge sensitivity $\sim 1.4 \times 10^{-4} e/\sqrt{\text{Hz}}$.

[*106] "Simple Pendulum" を用いた実験であるが，質量移動用モーターや振子振動停止用電磁ブレーキなどを使っているので，"Simple Determination" とはいいがたい気がする．無論，著者たちは "電磁効果は充分に注意して取り除いたから大丈夫" の旨を主張．

第2章
ウェーヴィクル

「ド・ブロイ仮説その1」(♡ 1.8 節) を直接的に確かめる実験を紹介して、同仮説がどこまで検証されたかを吟味し、実験結果の意味するところについて考察する。

2.1 ◇ 並の波 (その2) ヤングの二連細隙実験

本題に入る前に、準備として、ヤングの実験を想い出しておこう。

2.1.1 二連細隙実験の概要

冒頭 (1.1.3 項) に述べた通り、光の波動性を端的に示したのはヤング (Thomas Young [1773.6.13–1829.5.10]) の__二連細隙実験__ (ダブルスリット実験[*1]：double-slit experiment) であった。これを図 2.1(a) に模式的に示す。左方に置かれた光源から出た光を、例えばプリズムを通して、"分光" (つまり、特定の色の光だけを選別) する。例えば赤い光を選び出す。そして、これを二連細隙に照射する。まず、下の細隙を閉じて上の細隙だけを開いておくと、右方に置かれたスクリーン (フィルム) の中央付近が赤く照らし出される (図 2.1(b))。上の細隙を閉じて下の細隙だけを開いても同様である (ただし、照らし出される部分の中心は d だけ下へ移る)。次に、上下の細隙を両方とも開いておく

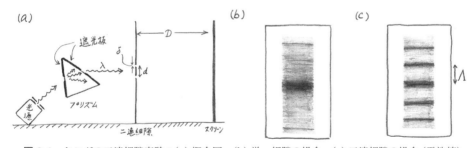

図 2.1 ヤングの二連細隙実験：(a) 概念図、(b) 単一細隙の場合、(c) 二連細隙の場合 (干渉縞)

[*1] "ダブルス・リット" ではなく "ダブル・スリット"。__二重スリット__なる用語は、しばしば使われるが、スリットが二つ "重なって" いるわけではなきゆえ不適切。隙間 (すきま) が二つ連なって (つらなって) いるゆえ二連細隙 (にれんさいげき)。英語は double-slit の代わりに two-slit とされることも多い。なお、__光学__ (optics) において正式には、隙間は一般に __開口__ (aperture) とよばれる。特に "長さに比べて幅が狭い開口" がスリットとよばれる [物理学辞典] (ちなみに、物理学辞典には "開口" の定義がない)。本書は、形に依らず、隙間を細隙とよぶ (開口とよぶと開口を閉じたら閉口となりいささか閉口)。以下、細隙を点と見なして議論を進める。長方形の場合については本節末に補足する (♡ 演習 2.1-8)。

74 第2章 ウェーヴィクル

と，今度は赤い明暗の縞模様が現れる (図 2.1(c))．つまり，二連細隙から見て幾つか特定方向 (縞模様の明部) に強く光が伝わり，それらの中間方向 (縞模様の暗部) にはほとんど伝わらぬ．この暗部は，注目すべきことに，光が

「細隙を片方だけ開いた場合には到達していた」にもかかわらず
「両方とも開くとほとんど到達しなくなってしまう」

なる場所である．したがって，スクリーンに縞模様を描く光は "上の細隙または下の細隙を通ってきた二種類の光の混ぜ合せ (mixture)" とは解釈され得ぬ．この現象は光を波と考えて初めて説明がつく．つまり，光の波を「水面に立つ漣 (さざなみ) のようなもの」と想像すれば，

- 幾つか特定方向にて，「上細隙を通過した波の山」と「下細隙を通過した波の山」が出会い，二つの波が互いに強め合う，
- それらの中間方向においては，逆に，山と谷が出会って弱め合う．

それゆえ，縞模様は**干渉縞** (interference fringes) [2]とよばれる．干渉縞において隣接する明部の間隔は「二連細隙とスクリーンの距離」に比例する (♡ 干渉して強め合うか否かが方向に応じて決まる)：図 2.1 に記したごとく

$\lambda \equiv$「選別された色に対応する波長」，
$\{d, D\} \equiv \{$上細隙と下細隙の距離，二連細隙とスクリーンの距離$\}$，
$\Lambda \equiv$「干渉縞の間隔」　(fringe separation $\equiv$「干渉縞において，隣接する明部の間隔」)

とすれば (♡ 下記演習 2.1-2)

$$\Lambda/\lambda \simeq D/d \qquad (ただし，D \gg d). \tag{2.1}$$

これを**干渉縞基礎公式** (elementary formula for fringe separation)とよぶ．この式は，$\Lambda \simeq (D/d)\lambda$ と書き直せば，次のごとく読める：

干渉縞は「波長 λ を D/d 倍に拡大して」見せてくれる．

D は，日常的な距離 (例えば 1cm) に設定して，精確に測っておくことができる．一方，Λ は干渉縞を観察すれば測れる．それゆえ，「d がわかっていれば λ が求まり」$\lor$「λ がわかっていれば d が求まる」：

$$\lambda \simeq (d/D)\Lambda, \qquad d \simeq (\lambda/\Lambda)D. \tag{2.2}$$

プリズムの向きを変えて青い光を当てると，やはり同じような縞模様が現れるが，赤い光の場合に比べて Λ が小さい．この結果と (2.2) 第一式に拠り「青い光は赤い光より波長が短い」と結論できる．また，油膜の極彩色模様も，このような干渉に基づいて説明できる．逆に，(2.2) 第二式を使えば膜厚が測定できる．より一般に，物質の構造を光の波長程度の精度で決定することができる．例えば，DNA の二重螺旋構造もこの方法で発見された (ただし，可視光ではなく X 線が使われた：「DNA を構成する分子間の距離は 10^{-7}cm 程度」$\land$「その程度の波長を有する光が X 線」)．

---

[2] または interference pattern.

2.1 ◇並の波 (その 2) ヤングの二連細隙実験　　75

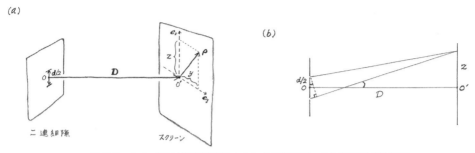

図 2.2　ヤングの二連細隙実験：(a) 立体配置図，(b) 光路長差計算図

☆演習 2.1-1　二連細隙 ($d \sim 10\mu\mathrm{m} = 0.01\mathrm{mm}$) に緑色光 ($\lambda \sim 5000$ Å ($= 500\mathrm{nm}$)) を照射する場合，$\Lambda \sim 1\mathrm{cm}$ なる干渉縞を得るには，D をどの程度に設定すればよいか．　答：$D \sim 20\mathrm{cm}$.　∎

2.1.2　干渉縞基礎公式の導出

公式 (2.1)（の詳細版）を導いておこう．以下，二連細隙の中間点を原点 O とし，上下各細隙の位置を $\pm d/2$ とする (図 2.2(a))．また，$\mathbf{x}$ は「二連細隙より右に位置する地点」とする．

(i)　幾何光学と波動光学の折衷論 (高校以来おなじみの議論)：
「地点 $\mathbf{x}$ に，上細隙からやってきた波と下細隙からやってきた波」の光路長差[*3]は $|\mathbf{x}-\mathbf{d}/2|-|\mathbf{x}+\mathbf{d}/2|$．これを波長 λ で割ったものを $\Theta(\mathbf{x})/2\pi$ と置く：

$$\Theta(\mathbf{x})/2\pi := \left(|\mathbf{x} - \mathbf{d}/2| - |\mathbf{x} + \mathbf{d}/2|\right)/\lambda. \tag{2.3a}$$

「これが整数となる地点」において波が強め合う．

☆演習 2.1-2　$\mathbf{x}$ をスクリーン上に採って，
(イ)　簡単な作図 (図 2.2(b)) に拠り (2.1) を示せ．
(ロ)　または，次のように計算してもよい：(2.3a) の分子を有理化してから，

$$\mathbf{x}(\in \text{スクリーン}) = \mathbf{D} + \boldsymbol{\rho}, \qquad z \equiv \boldsymbol{\rho} \cdot \mathbf{d}/d \tag{2.3b}$$

と置いて

$$\Theta(\mathbf{D}+\boldsymbol{\rho}) = 2\pi \left.\frac{|\mathbf{x}-\mathbf{d}/2|^2 - |\mathbf{x}+\mathbf{d}/2|^2}{(|\mathbf{x}-\mathbf{d}/2|+|\mathbf{x}+\mathbf{d}/2|)\lambda}\right|_{\mathbf{x}=\mathbf{D}+\boldsymbol{\rho}} \simeq -2\pi \frac{\boldsymbol{\rho}\cdot \mathbf{d}}{\sqrt{D^2+\rho^2}\,\lambda} = -\theta(\boldsymbol{\rho}), \tag{2.3c}$$

$$\theta(\boldsymbol{\rho}) \equiv 2\pi \frac{d}{\lambda} \frac{z}{\sqrt{D^2+y^2+z^2}}. \tag{2.3d}$$

[*3]「光路の長さ」の差．光学の先生に叱られぬよう予防線を張っておこう："光路差 [optical path difference]　二つの光路長の差を意味し，$(nl)_1 \sim (nl)_2$ で表される．ここで n は屈折率，l は光路の長さ …"[物理学辞典] (筆者註：∼ は − の誤植だろう)，"光路長 [optical path]　屈折率 n の媒質を距離 l だけ光が進むとき，n と l の積 nl のこと，光学距離ともいい …"[ibid.]，"光路長 [optical (path) length] … 屈折率 n の媒質中を距離 l だけ光線が通過したときの nl をいう．…"[理化学辞典]．"光"か"光線"か，"進む"か"通過した"か，"optical path"か"optical length"か "optical path length"か，はたまた"光路長"は"光路の長さ"ではない等々，やたらややこしく，門外漢を惑わす業界用語の典型．幸い (!)，光路長差は光学界用語に商標登録されていないらしいので気分を屈折させることなく使うことにする．

76   第2章　ウェーヴィクル

特に, $\rho \ll D$ なる領域に着目すれば

$$\Theta(\boldsymbol{D} + \boldsymbol{\rho}) \simeq -2\pi z/\Lambda_0 \qquad : \Lambda_0 \equiv \lambda D/d. \qquad \blacksquare \qquad (2.3\mathrm{e})$$

(ii) もう少し「波」を真面目に扱う議論：

(ii-1) まず, **単一細隙実験** (single-slit expriment: 細隙が一個の場合) について調べよう. 原点 O に開けられた細隙からやってくる波が球面進行波 (♡ 1.5.3 項) で近似できるとすれば, 時空点 $(t, \mathbf{x})$ におけるその**振幅** (amplitude) $\mathcal{A}_1(t, \mathbf{x})$ および**強度** (intensity) $I_1(t, \mathbf{x})$ は次式で与えられる (添字 1 は「細隙が一個」なる意)：

$$\mathcal{A}_1(t, \mathbf{x}) = A_* \cos(k|\mathbf{x}| - \omega t) \qquad : \{k(\equiv 2\pi/\lambda), A_*\} \text{ は定数}, \qquad (2.4\mathrm{a})$$

$$I_1(t, \mathbf{x}) := \{\mathcal{A}_1(t, \mathbf{x})\}^2 = A_*^2 \{\cos(k|\mathbf{x}| - \omega t)\}^2 \qquad (2.4\mathrm{b})$$

(ただし, 時空点 $(0, \mathbf{0})$ における位相を 0 と採った). 光の明るさは強度に比例すると考えられる. さて, (2.4b) 右辺は周期 π/ω で変動する. もし光検出器 (例えば, 読者の目) の**時間分解能** ($\equiv$「時刻を測る精度」) τ が π/ω よりもはるかに粗い ($\tau \gg \pi/\omega$) ならば, **実効強度** (effective intensity $\equiv$「実際に測定される強度」) $\widetilde{I}_1(\tilde{t}, \mathbf{x})$ は「強度を, 時間 τ にわたって, 平均したもの」と考えられる：

$$\widetilde{I}_1(\tilde{t}, \mathbf{x}) = \overline{I_1(t, \mathbf{x})} \equiv \frac{1}{\tau} \int_{\tilde{t}-\tau/2}^{\tilde{t}+\tau/2} dt \, I_1(t, \mathbf{x}) \simeq \frac{1}{2} A_*^2 =: I_*. \qquad (2.4\mathrm{c})$$

かような <u>局時的平均操作</u> は「時間に関する**粗視化** (coarse graining)」とよばれる ($\overline{I_1(t, \mathbf{x})}$ は略式記法[*4], その正式意味は積分で書かれた内容). 上式に登場した $\tilde{t}$ は,「**粗視化された時刻** (coarse-grained time)」とよばれ,「元来の時刻 t」とは性格が異なる：「t が, 原理的に, 任意精度で決定され得る」に対し, $\tilde{t}$ は精度 τ なる範囲においてのみ意味を有する.

☆演習 2.1-3

(イ)　例えば緑色光の場合, π/ω はどの程度か.
　　答：$\lambda \sim 5000$ Å$= 500$nm, $\pi/\omega \sim \pi \times (2\pi \times 6 \times 10^{14}\mathrm{sec}^{-1})^{-1} \sim 0.8 \times 10^{-15}\mathrm{sec} = 0.8$fsec ($\equiv$ femto second).

(ロ)　例えば $\tau \sim 1$msec $= 10^{-3}$sec の場合, "$\tilde{t} = 0.0237$sec" と書くことに意味が有るか.
　　答：ない (「$\tilde{t} = 0.024$sec」ならよい).

(ハ)　$\widetilde{I}_1(\tilde{t}, \mathbf{x})$ は, (2.4c) に示す通り, $(\tilde{t}, \mathbf{x})$ に依らず一定である. 　　$\blacksquare$

(ii-2)　二連細隙の場合にも, 上下各細隙からやってくる波それぞれが球面進行波 (2.4a) (の原点をずらしたもの) で近似できるとすれば,「それらを重ね合わせた波」の振幅 $\mathcal{A}_2(t, \mathbf{x})$ は次式で与えられる (添字 2 は「細隙が二個」なる意)：

$$\mathcal{A}_2(t, \mathbf{x}) = A_* \cos(k|\mathbf{x} - \boldsymbol{d}/2| - \omega t) + A_* \cos(k|\mathbf{x} + \boldsymbol{d}/2| - \omega t). \qquad (2.5\mathrm{a})$$

(2.3a) で定義した $\Theta(\mathbf{x})$ は「上式にて重ね合わされた二つの波」の位相差に他ならぬ.

[*4] この種の略式記法は, 便利ゆえ頻用されるが, 本来は好ましくない：$\overline{I_1(t, \mathbf{x})}$ には,「平均した結果」には現れるはずのない t が書かれている (それゆえ, "t の函数" と誤解されかねぬ) 反面, $\tilde{t}$ が明示されていない.

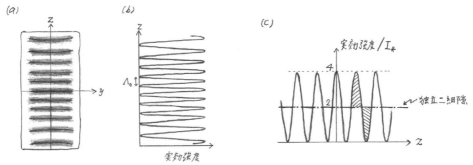

図 2.3 二連細隙に因る干渉縞：(a) 全体像，(b) e_z 軸沿いに見た実効強度，(c) 独立二細隙の場合との比較

☆演習 2.1-4 「強度 $I_2(t, \mathbf{x})$」∨「それを時間に関して粗視化した実効強度 $\widetilde{I}_2(\tilde{t}, \mathbf{x})$」は次式で与えられる：

$$I_2(t, \mathbf{x}) \equiv \{\mathcal{A}_2(t, \mathbf{x})\}^2$$
$$= 4A_*^2 \{\cos(\Theta(\mathbf{x})/2)\}^2 \{\cos((|\mathbf{x} - \boldsymbol{d}/2| + |\mathbf{x} + \boldsymbol{d}/2|)k/2 - \omega t)\}^2, \quad (2.5b)$$
$$\widetilde{I}_2(\tilde{t}, \mathbf{x})/I_* = \frac{2A_*^2}{I_*} \{\cos(\Theta(\mathbf{x})/2)\}^2 = 2\{1 + \cos\Theta(\mathbf{x})\}. \quad \blacksquare \quad (2.5c)$$

☆演習 2.1-5 スクリーン上における実効強度は，(2.3) を用いて描くと，図 2.3． ∎

かくて，(2.1) (のみならず，干渉縞の「より詳しい構造」) が導けた．また，次の性質もわかった：

実効強度の最大値 ($= 4I_*$) は，単一細隙の場合に比べて，2 倍でなく 4 倍である．
ただし，空間的に平均した (Λ_0 に比べて充分に大きな尺度で見た) 強度は $2I_*$ である．

「二連細隙を通して光を "増幅" すること」はできぬ：或る部分の強度が削られ別の部分に皺寄（しわよせ）されるだけである ($\heartsuit$ 図 2.3(c))．

(2.5b)∧(2.5c) は次のごとく理解することもできる：

$$I_2(t, \mathbf{x})/A_*^2 = \{\cos(k|\mathbf{x} - \boldsymbol{d}/2| - \omega t) + \cos(k|\mathbf{x} + \boldsymbol{d}/2| - \omega t)\}^2$$
$$= \{\cos(k|\mathbf{x} - \boldsymbol{d}/2| - \omega t)\}^2 + \{\cos(k|\mathbf{x} + \boldsymbol{d}/2| - \omega t)\}^2$$
$$+ 2\cos(k|\mathbf{x} - \boldsymbol{d}/2| - \omega t)\cos(k|\mathbf{x} + \boldsymbol{d}/2| - \omega t), \quad (2.6a)$$
$$\widetilde{I}_2(\tilde{t}, \mathbf{x})/A_*^2 = \frac{1}{2} + \frac{1}{2} + \overline{2\cos(k|\mathbf{x} - \boldsymbol{d}/2| - \omega t)\cos(k|\mathbf{x} + \boldsymbol{d}/2| - \omega t)}. \quad (2.6b)$$

ゆえに
$$\widetilde{I}_2(\tilde{t}, \mathbf{x})/I_* = 1 + 1 + \overline{2\cos((k|\mathbf{x} - \boldsymbol{d}/2| - \omega t) - (k|\mathbf{x} + \boldsymbol{d}/2| - \omega t))}$$
$$+ \overline{2\cos((k|\mathbf{x} - \boldsymbol{d}/2| - \omega t) + (k|\mathbf{x} + \boldsymbol{d}/2| - \omega t))}. \quad (2.6c)$$

もちろん，(2.6c) は (2.5c) と一致する．(2.6a)∨(2.6b) 各式右辺第三項は，干渉効果を記述するゆえ，**干渉項** (interference term) とよばれる：上各式は，干渉項がなければ，「上細隙から来た光の強度」と「下細隙から来た光の強度」の和に等しい．

♣註 1 (2.6c) をさらに空間平均すれば干渉項は消える．
♣註 2 仮に，(2.5a) にて，「第一項における ω」と「第二項における ω」が相異なると想定してみよう．この

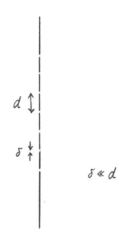

図 2.4 回折格子：概念図

場合，(2.6c) の干渉項は消える．したがって，二連細隙を「二つの光源」で置き換えると一般には干渉縞は見えぬ．しかし，周波数を精密にそろえれば見える可能性がある (♡ 二つのレーザー光の干渉)．

2.1.3 ♣ 回折格子

一般に，多連細隙 ($N(\geq 2)$ 個の細隙が等間隔に配置されたもの) を使って得られる干渉縞についても議論しておこう．特に $N \gg 1$ の場合，多連細隙は**回折格子** (diffraction grating) とよばれる (図 2.4)．

演習 2.1-6 (2.3c) $\wedge$ (2.5c) は次のごとく一般化される (図 2.5)：$\theta(\boldsymbol{\rho})$ は (2.3d) に同じとして，

$$\widetilde{I}_N(\tilde{t}, \boldsymbol{D}+\boldsymbol{\rho})/I_* \simeq \left\{\frac{\sin(N\theta(\boldsymbol{\rho})/2)}{\sin(\theta(\boldsymbol{\rho})/2)}\right\}^2 \qquad (\text{ただし}, D \gg Nd \quad \wedge \quad \sqrt{D\lambda} \gg Nd). \qquad \blacksquare$$
(2.7)

右辺は「($\theta(\boldsymbol{\rho})$ を変数とする) **ラウエ函数** (Laue function)」とよばれる．

特に次の二点に注目されたい：

- 実効強度は，単一細隙の場合に比べて，「最大値が N^2 倍」$\wedge$「空間的に平均した値は N 倍」．
- 多連細隙を特徴づける二つの**空間尺度** $\{d, Nd\}$ は，各々の逆数が，干渉縞に次のごとく反映される (簡単のため，$\rho \ll D$ なる領域だけに注目)：
  小さい方の尺度 d $\longrightarrow$ 周期 $\Lambda_0 (\propto 1/d)$ なる大まかな縞模様，
  大きい方の尺度 Nd $\longrightarrow$ 周期 $\Lambda_0/N (\propto 1/Nd)$ なる細かい縞模様．

2.1.4 ♣♣ 干渉縞の詳細

(i) 強度 (2.5b) は，或る時刻にて見れば，スクリーン上において図 2.6(a) のようになる (ただし「$\sqrt{D\lambda} \gg d \wedge \rho \ll D$」とする)．(2.5b) 右辺に現れた二因子のうち，第一因子は緩やかな**包絡線** (envelope) を与え，第二因子が細かい振動を与える (ただし，"この振動の波長"は一様でない (場所

2.1 ◇ 並の波 (その2) ヤングの二連細隙実験

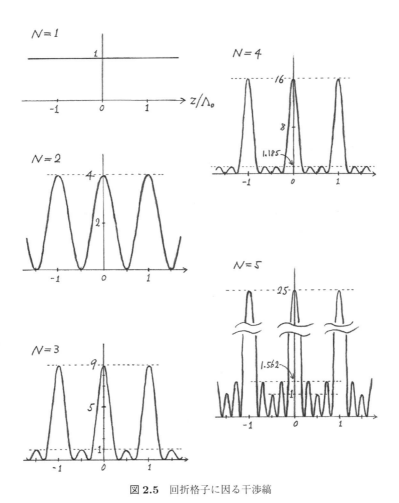

図 2.5 回折格子に因る干渉縞

図 2.6 二連細隙に因る干渉縞を, (a) 或る時刻にて見たもの, (b)「(a) を空間に関して粗視化したもの」

に依る)). $I_2(t, \mathbf{x})$ を空間に関して粗視化 (つまり,「Λ_0 より充分に狭いが $\sqrt{D\lambda}$ よりは充分に広い」区間にわたって平均) すれば,時間に関して粗視化した場合と同様の結果になる (図 2.6(b)).

♣♣ **演習 2.1-7** 図 2.6 を確かめよ.また,「条件 $\sqrt{D\lambda} \gg d$」が充たされぬ場合,この図はどう変更されるか. ∎

(ii) (2.4c) に拠れば,単一細隙の場合,スクリーン上における明るさは一様である (場所に依らぬ).しかし,実験してみればそうはならず,「地点 O' (♡ 図 2.2(a)) にて最も明るく」∧「O' から隔たるに連れて暗くなる」.理由として下記要因を考え得る:

- 各細隙には大きさが有る (上述の議論においては,これを無視し,各細隙を点と見なした).
- 球面進行波は,より精確には,(2.4a) に $1/|\mathbf{x}|$ を掛けたもので与えられる.

演習 2.1-8 単一長方細隙 (辺長 $\{\delta_y, \delta_z\}$ なる長方形) の場合,スクリーン上における振幅および実効強度は次式で与えられる:

$$\mathcal{A}_{長方 1}(t, \boldsymbol{D} + \boldsymbol{\rho}) \simeq \sqrt{2I_*} \frac{D}{R(\boldsymbol{\rho} - \boldsymbol{d}/2)} \cos\{kR(\boldsymbol{\rho} - \boldsymbol{d}/2) - \omega t\} \, \mathcal{S}(\boldsymbol{\rho} - \boldsymbol{d}/2), \quad (2.8a)$$

$$R(\boldsymbol{\rho}) \equiv |\boldsymbol{D} + \boldsymbol{\rho}| = \sqrt{D^2 + y^2 + z^2},$$

$$\mathcal{S}(\boldsymbol{\rho}) \equiv \frac{\sin(\theta_y(\boldsymbol{\rho})/2)}{\theta_y(\boldsymbol{\rho})/2} \frac{\sin(\theta_z(\boldsymbol{\rho})/2)}{\theta_z(\boldsymbol{\rho})/2}, \quad (2.8b)$$

$$\theta_y(\boldsymbol{\rho}) \equiv k\delta_y \, y/R(\boldsymbol{\rho}), \qquad \theta_z(\boldsymbol{\rho}) \equiv k\delta_z \, z/R(\boldsymbol{\rho}) \quad (2.8c)$$
$$(\text{ただし}, D \gg \max\{\delta_y, \delta_z\} \ \wedge \ \sqrt{D\lambda} \gg \max\{\delta_y, \delta_z\}).$$

$$\text{ゆえに} \quad \widetilde{I}_{長方 1}(\tilde{t}, \boldsymbol{D} + \boldsymbol{\rho})/I_* \simeq \left\{ \frac{D}{R(\boldsymbol{\rho} - \boldsymbol{d}/2)} \mathcal{S}(\boldsymbol{\rho} - \boldsymbol{d}/2) \right\}^2. \quad (2.8d)$$

ただし,

スクリーン中心における強度が「細隙を点と見なした場合の強度 (2.4c)」と一致するように比例定数を調節した.また,細隙中心位置を $\boldsymbol{d}/2$ とした (♡ 演習 2.1-9 にて利用することを考慮).

ヒント:長方形の各点から球面進行波が出ていると考えて,それらすべてを重ね合わせればよい,つまり,(2.7) に適切な極限操作を施せばよい. ∎

もし $\max\{\delta_y, \delta_z\} \ll \lambda$ ならば,$\mathcal{S}(\boldsymbol{\rho}) \simeq 1$ となり,(2.8d) 式右辺はおおむね $\{D/R(\boldsymbol{\rho} - \boldsymbol{d}/2)\}^2$ に等しい.つまり,細隙寸法が波長に比べてはるかに小さければ,細隙は点と見なせる.一方,「(a)$\delta_y \ll \lambda \ll \delta_z$」∨「(b)$\lambda \ll \min\{\delta_y, \delta_z\}$」の場合に実効強度を描くと図 2.7 となる.

要するに,長方細隙 $\{\delta_y, \delta_z\}$ を通った光は,スクリーン上において $\{D\lambda/\delta_y, D\lambda/\delta_z\}$ 程度に広がる.したがって,二連長方細隙 (それぞれ $\{\delta_y, \delta_z\}$ なる長方細隙が z 方向に d だけ隔てられているとする) の場合,それぞれ上下の細隙を通った二つの波は,$D\lambda/\delta_z$ が d に比べて大きければ重なるけれども,小さければ重ならぬ:

$$D \gg \widetilde{D}_{\mathrm{T}}(\equiv \tfrac{d\delta_z}{\lambda}) \quad \Longrightarrow \quad \text{干渉縞が見える},$$
$$D \ll \widetilde{D}_{\mathrm{T}} \quad \Longrightarrow \quad \text{二個の長方細隙の像が見える}.$$

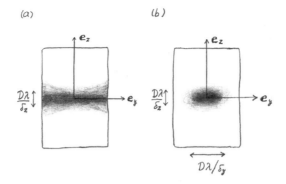

図 2.7 単一長方細隙の場合の実効強度：(a) $\delta_y \ll \lambda \ll \delta_z$ の場合, (b) $\lambda \ll \min\{\delta_y, \delta_z\}$ の場合

$\widetilde{D}_\mathrm{T}$ を(二連細隙版) **タルボット長**とよぶ.

演習 2.1-9 N 連長方細隙の場合, 近似的に次式が成り立つ：$\widetilde{I}_N(\tilde{t}, \boldsymbol{D}+\boldsymbol{\rho})$ は (2.7) に同じとして

$$\widetilde{I}_{\text{長方 } N}(\tilde{t}, \boldsymbol{D}+\boldsymbol{\rho}) \simeq \widetilde{I}_N(\tilde{t}, \boldsymbol{D}+\boldsymbol{\rho})\left\{\frac{D}{R(\boldsymbol{\rho})}\mathcal{S}(\boldsymbol{\rho})\right\}^2. \quad \blacksquare \tag{2.9}$$

「$N \gg 1 \wedge \delta_z = d/2$」の場合, $D_\mathrm{T}(\equiv d^2/\lambda)$ が**タルボット長** (Talbot length) とよばれる [1].

♣ **註 1** 「幾何光学 ("光線") に拠れば, 直進すると考えられる光」が "進路を曲げられる" 現象は「光の回折」とよばれる. 回折格子なる呼称もこれに由来する. つまり, これらは「幾何光学を基準とした言い回し」である. 「光の回折」は, 光を波と見なせば, 「光波の干渉 (の一例)」にすぎぬ. なお, 回折 (diffraction) なる語は, 光に限らず一般に, 「波が障害物を回り込んで伝わる現象」を指す用語として使われる.

♣♣ **註 2** 本節の議論は, N 連細隙 ($N \in \{1, 2, \cdots\}$) 干渉実験の記述としては, 定性的なものにすぎぬ：「細隙に, 左側から波が入射する」なる状況を精確には考慮していない (「細隙の右側遠方に着目する限りにおいて, 各細隙から球面進行波が出ていると考えればよかろう」とごまかした).

2.2 ヤング型二連細隙実験

2.2.1 電子線干渉

ヤングの実験と概念的に同じ実験を, 光の代わりに, 電子を用いて行うことができる (図 2.8). まず, "電子線源 (electron-beam source: 例えば, 熱した金属板)" から出てきた電子のうち, 特定の運動量 $\boldsymbol{p}_\mathrm{cl}$ を有するものだけを選別する. それには, 例えば, 磁場領域 ($\equiv$「磁場が存在する領域」) を通せばよい. 磁場領域に霧箱を置けば, そこに残された飛跡に拠り, 電子の運動量がわかる. 電子は, ローレンツ力に因って, 遅い (低速) ほど進行方向が大きく曲げられる (♡ 1.1.2 項). それゆえ, 出口位置を調節することに拠り, 出て来る電子の速さがそろえられる. こうして選別された "電子線 (electron beam)" を二連細隙に照射すると, 細隙を片方だけ開くか両方とも開くかに応じて, スクリーンが図 2.1(b) または (c) のように照らし出される. つまり, 光の場合と同様の現象が見られる. しかも, 「縞模様の間隔 Λ を公式 (2.1) に入れて算出される λ」はド・ブロイ波長 $2\pi\hbar/|\boldsymbol{p}_\mathrm{cl}|$ に一致する. ゆえに, 次のように結論されよう：

二連細隙を通過した電子は "(2.5a) のような波" として振る舞う
(ただし, (2.5a) における k は $k_0(\equiv |\boldsymbol{p}_\mathrm{cl}|/\hbar)$ で置き換える).

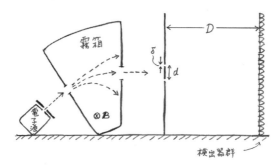

図 2.8　ヤング型二連細隙実験 (電子)：概念図

かくて，"ド・ブロイ仮説その1"の正しさが直接に確認された．

しかし，本当に，そう断言してよいであろうか．"電子線"は，二連細隙通過直前に霧箱に飛跡を残しているゆえ，紛れもなく「多数の電子から成る集団」と考えよう．そうならば，上記実験結果は次のように解釈する方が自然ではなかろうか：

横方向渋滞粒子説
いっせいに細隙を通過する電子集団は，自動車集団にたとえれば接触事故を起こさぬよう，互いに避け合う (クーロン力で反発し合う) であろう．その結果，単一細隙の場合には，細隙を放射状に出た電子集団が図 2.1(b) のようにスクリーン中央付近におおむね一様にばらついて到着するのであろう．二連細隙の場合には，それぞれの細隙から放射状に出た電子集団同士がさらに避け合って，空間分布に濃淡が生じ，これが"干渉縞"のように見えるだけではなかろうか．これは，「交通渋滞 (〜 縦方向渋滞) の場合にも，車間距離が均等とならず"団子になる"(密度に濃淡ができる) ことが多いこと」からしても，もっともらしい考えではなかろうか．

そうかもしれぬ．しかし，この説に拠って図 2.1(b)∧(c) のような模様を定量的に説明しようとすると，仮に可能としても，かなり込み入ったものになろうと予想される (模様を説明するには波動説の方がはるかに単純明快)．のみならず，この説は実験的にも否定されている (♡ 次項)．

2.2.2　個々の電子の干渉

上述の二連細隙実験において昔は，スクリーンにおける検出感度がよくなかったがゆえに，相当に強い"電子線"を照射せねば縞模様を見ることができなかった．しかし，1980年頃から，きわめて弱い"電子線"で実験することもできるようになった．どのような結果が得られたと読者は想像されるであろうか．常識的には次のように考えられよう：

"照射開始後，しばらくは，薄まってぼんやりした縞模様が見える．
それが，照射を続けるにつれて，しだいに濃くなる．"

ところが，実験結果はそうではない．最初のうちは縞模様などまったく見えず，スクリーンの一箇所がぽつりと光る．しばらくして，また別の箇所がぽつりと光る．そして，また，ぽつり，ぽつり，…．実は，スクリーンとよんだのは「多数の検出器 (「各検出器の口径」≪ Λ) がぎっしりと並べられた面」であり，ぽつりと光る輝点は「検出器のいずれか一つが電子を一個検出したこと」を示している．電子を一個送り込む (「確かに一個が送り込まれたこと」は霧箱で確認できる) ごとに検出器が

一個だけ光る*5 (二個以上が同時に光ることはない). 輝点の位置は一見ランダムであるが, 辛抱強く実験を続けると, 輝点の個数が増すにつれてしだいに縞模様が浮かび上がってくる [2][3][4] *6. つまり, 縞模様は, 刷毛で描かれたような滑らかなものではなく, 多数の電子が降り積もって描いた点描画であった.

> 「電子が一個ずつ二連細隙に送り込まれても縞模様が見える」なる実験結果は横方向渋滞粒子説を否定する.

各電子はスクリーン上の様々な地点に一見ランダムに到着する. しかし, 「最終的に浮かび上がる縞模様の暗部」には電子がほとんど到着しない: 細隙が片方しか開いていなければ多数の電子が到達したであろう場所に, 細隙が両方とも開いていると, 電子が到達しないのである. もし電子が<u>米粒族</u>と<u>豆粒族</u>に分類できて「米粒は上細隙を通り」∧「豆粒は下細隙を通る」と決まっているならば, 細隙が両方とも開いている場合, スクリーンに到達した<u>電子族</u>は「米粒と豆粒の混ぜ合せ」なるはずである. それゆえ, 到達電子数は, スクリーン上どこにおいても, 細隙を両方開いた場合の方が片方だけを開いた場合より多いはずである. つまり, かような<u>混ぜ合せ</u>では縞模様を説明できぬ. 言い換えれば, スクリーンに到達した電子に

> いったい, お前が通って来たのは上か下か, <u>どっちの道なんだい</u>?

と聞いても, "いや, 特にどっちの道ということはないんでして" としか答は返って来ぬ. この謎を<u>どっちみち難題</u> (which-way puzzle*7) とよぶ. かくて, 次のように考えざるを得ぬであろう:

> 細隙が両方とも開いているかどうか, 個々の電子が知っている,
> つまり, 電子一個だけでは縞模様を作り得ぬものの,
> いずれ描きあげられる縞模様に関する情報を各電子が有している,
> あたかも各電子が波として両細隙を通るかのごとくに.

すなわち, 二連細隙を通過した以後, 電子は「上細隙を通ってきた波と下細隙を通ってきた波の重ね合せ」と考えられねばならぬ: <u>重ね合せ</u> (superposition) は<u>混ぜ合せ</u> (mixture) とは根本的に異なる. ただし, "(2.5a) のような波" なる説明には不都合がある. (2.5a) が予言する干渉縞は精確には時間変動し, 通常は, これを「時間に関して粗視化したもの」が実験結果と比較されるのであった (♡ 演習 2.1-4). それゆえ, 精密に実験すれば時間変動も見えるはずである. ところが, かような時間変動は「ぽつりぽつりと降り積もった結果として見られる縞模様」とは無縁である. したがって, "(2.5a) のような波" とはいっても, "何となく, そのような波" というにすぎず, 確かな正体は不明である. しかも,

> 霧箱に残された飛跡に拠りわかる通り, 二連細隙を通過する以前 (少なくとも霧箱から出るまで) は, 電子は粒子として振る舞う. また, 同時に二個以上の検出器が光ることがないことに

---

*5 現実の実験においては, 検出効率 100% とはいかぬゆえ, 光らぬこともある.

*6 機会があれば, この様子を撮影した映画を, 是非, 観て欲しい. 筆者は外村彰さん (当時 日立製作所基礎研究所) からいただいた映画 (外村さん撮影) を量子力学入門授業の冒頭で必ず上映することにしていた. 1990 年代初頭, うっかりしていたら, こんなぽんこつは不要と思われたのか映写機が廃棄されてしまった. 仕方なく, その後は同じく外村さんにいただいたヴィデオを上映した. 画面が小さくて映画ほど迫力はないが, 非常に印象的なることに変わりはなく, 何度観ても観るたびに感激する. 極めて残念なことに外村さんは 70 歳にしてご逝去された: Akira Tonomura [1942.4.25–2012.5.2].

*7 which-way の代わりに独語 Welcher-Weg が使われることも多い (WW と最初にいったのは誰だろう: 乞ご教示).

拠りわかる通り，スクリーンに到達した時にも電子は粒子として振る舞う．

それゆえ，"電子は波である (ただし，この波の正体は不明である)" ということもできぬ．

やはり電子は粒子ではなかろうか？ 次のようにも考え得るのではなかろうか：

線源内談合説
電子は，確かに一個ずつ送り込まれるけれども，もともとは電子族として線源内に同居していたはずである．電子族は「各電子が，どの細隙を通ってスクリーン上どの地点に到達すべきか」について，同居中にあらかじめ，取り決めていたのではなかろうか．

この説は，「そのような取り決めをすることがいかにして可能か」について説明されぬ限り，"科学的な説" とはいいがたい．しかし，論理的に否定することも難しい．これを却下するものとして次のごとき実験が有る：

実験者は「電子を一つ送り込んでから次の電子を送り込むまでの時間」を勝手に調整できる．それゆえ，充分に時間を採って，電子を一個送り込むごとに二連細隙の間隔 d を変えることができる．しかも，電子が霧箱を通過した後に突然 d を変えて電子の不意を打つこともできる．もちろん，試行ごとに d を変化させると，縞模様は滅茶苦茶になってしまう．しかし，各試行における d を記録しておいて，特定の d についてのデータだけを抜き出すと (つまり，そのようにデータを事後整理すると)，d を固定した場合と同じ縞模様が回復される．つまり，線源内談合の裏をかいても縞模様が見られる．

d を変えることが難しければ，「d の方向を変える」∨「多数の細隙を用意してあらかじめ閉じておき試行ごとに勝手な二個を開く」など具体的方法はいろいろと考えれよう．この種の実験は **遅延選択実験** (delayed-choice experiment) とよばれる．かくて，談合説も望み薄であろう．

註1 どっちみち難題を追究するには次のような実験を行うとよかろう：
「電子がどちらの細隙を通ったか」を測定すると干渉縞にいかなる影響が現れるか？
最も単純には，上下細隙のうち一方を塞いでみればよい．こうすると，すでに述べた通り，干渉縞は消え失せる．では，「細隙を両方とも開けたままにして，どちらの細隙を通ったかを測定」した場合にはどうであろうか．細隙通過直後における電子位置を確認するには，例えば，二連細隙のすぐ右脇に光を当てて電子が反射する光を検出 ("レーダー (radar [*8])" の原理を利用) すればよい．ただし，この場合には，電子が反跳 (recoil) するゆえ，一般に "電子軌道" に影響が及び得る．しかし，電子軌道にほとんど影響を与えぬ精妙な方法も考え得るかもしれぬ．これらについては，いずれ，第27章以降にて議論することになろう．
註2 上記にて，「"電子線" は多数の電子から成る集団である」という場合の電子集団と区別すべく，電子族なる言葉を使った：電子集団においては電子がいっせいに行動すると想定された (2.2.1項) けれども電子族においては各電子は個別に行動する (本項).
♣ **註3** 「磁場領域 ∧ 霧箱」に拠り，電子の運動量を選別すると同時に，電子が磁場領域を「粒子として通過したこと」が確認できる．既存の実験では通過検出器が置かれていないが，図2.8の通りの実験もいずれ行われることであろう (中性粒子の場合には「磁場を印加した霧箱」では役に立たぬゆえ別の工夫が必要).
♣ **註4** 電子を波と見るならば「二連細隙の近くと遠くとで様子が異なる」であろう．光の波に使われる用語を流用して「近くはフレネル域 (Fresnel zone)」∧「遠くはフラウンホーファー域 (Fraunhofer zone)」とよばれる (両者を区別する特性長が光の場合のタルボット長に相当)．(2.1) は「スクリーンをフラウンホーファー域に置いた場合」に成り立つ．これに対し，「フレネル域に置けばおおむね二つのスポットとなり」∧「中間域に置けば中間的な様相を示す」はずである．最近，これら領域における実験も行われ，シュレーディンガー方程式

[*8] radio detection and ranging.

(♡ 第 3 章) に拠り得られる結論との一致が確かめられた [5]. かように, 以前にも増して定量的な実験が行われるようになっている.

♣ **註 5** 遅延選択実験の可能性は, 1930 年代にワイツゼッカー (Carl Friedrich von Weizsäcker [1912.6.28–2007.4.28]) *9 やボーアに依って示唆され, 1970 年代後半にホィーラーに依って詳しく議論された [6]. 現実には, 1980 年代に, EPR 相関 (♡ 25.10 節) とよばれる現象に関して実行された [8]. 二連細隙に関しても, まだ実行されてはいないが, その気になれば実行可能であろう. ただし, 厳密にいえば, これが実行されたとしても談合説を否定し切ることはできぬ (♡ いかなる遅延選択にも対処すべく周到に談合されている可能性も排除できぬ).

2.2.3 中性子や原子や (巨大) 分子の干渉

ヤング型干渉実験は, 中性子・He 原子・Ne 原子・Na 原子・I_2 (沃素*10) 分子などに関しても行われた. いずれの場合にも, 電子の場合と定性的に同じ様子 (点描画, $\cdots$) が見られ, しかも, 「(2.1) に拠って推定される波長 λ」と「入射粒子の運動量 $\boldsymbol{p}_{\mathrm{cl}}$」は次式で結ばれていることが確認された:

$$\lambda \simeq 2\pi\hbar/|\boldsymbol{p}_{\mathrm{cl}}|. \tag{2.10}$$

これはド・ブロイ関係式その 1 (1.58) から期待される結果に他ならぬ.

上記実験結果は「Na に関しては 1988 年 [9]」∧「I_2 に関しては 1994 年 [10]」に発表された*11. ちなみに, これら粒子の質量は

$$m_{\mathrm{Na}} \simeq 23 m_{\mathrm{n}} \simeq 4 \times 10^4 m_{\mathrm{e}}, \qquad m_{\mathrm{I}_2} \simeq 254 m_{\mathrm{n}} \simeq 6 \times 10^5 m_{\mathrm{e}} \qquad : m_{\mathrm{n}} \equiv \text{中性子質量}.$$

このように実験技術が日増しに進展してくるのを目の当たりにすれば, 誰しも, 「今後, いったいどの程度に "大きなもの" までヤング型実験が実現されるのであろうか」と興味津々たる気分になろう. そんな或る日, と或る国際集会 (1993 年ケルン (独)) にて, ワイツゼッカーとグラウバー (Roy Jay Glauber [1925.9.1–]) *12 の対話を耳にした:

> W: いかに技術が進歩しても, テニスボールで行うのは不可能でしょう.
>
> G: でも, サッカーボール*13 でなら可能かもしれませんよ.

聴衆は筆者も含めて誰もが微笑んだ. サッカーボールは, I_2 に比べて質量こそ "3 倍足らずにすぎぬ" とはいえ, はるかに複雑な構造をした "巨大分子 (macromolecule)" である. "仮に干渉実験が成功するとしても 21 世紀に入ってまだまだ先のことであろう" を冗句として聴いたのである. その後, C_{60} 実験が計画されている [15] と聞いたときにも, そんなに簡単には行くまいと思っていた. ところが, 1999 年 10 月, 劇的な論文が出版された: C_{60} の見事な干渉縞がウィーン大学にて検出された [16] *14. この実験においては, なんと, $\lambda \simeq 2.5\,\mathrm{pm}(= 2.5 \times 10^{-12}\,\mathrm{m})$ であった. 引き続き行われ

---

*9 原子核などの研究で知られる理論物理学者 (1984 年から 1994 年までドイツの大統領を務めた Richard von Weizsäcker さんの兄).

*10 ヨウ素: iodine. "ヨード" はドイツ語の Jod に由来.

*11 回折格子に拠る実験は He 原子や H_2 分子についても大昔に行われている [14].

*12 量子光学などの研究で知られる理論物理学者.

*13 60 個の炭素原子から成る篭型分子 (C_{60}) は, その形状から "サッカーボール" と通称される.

*14 この論文が出たことは, 出版直後に, 辻村達哉さん (共同通信科学部) が電便で教えて下さった. その年, 夏から秋にかけて仙台に引きこもっていた筆者にとっては不意を突かれた出版であった. それもそのはず, これはイタリアの友人から聞いた後日談であるが, 彼は, 上記実験が成功した翌日にたまたまウィーン大学に居合わせて干渉縞を見せられ, お祝いにワインをご馳走になった代わりに, 論文が出版されるまでは絶対に誰にも口外するなと堅く口止めされたというのである. 率直で気さくな彼も, ワインを飲んでしまったお陰で箝口令 (かんこうれい) に従わざるを得ず, 教えてくれなかったというわけである.

た実験 [17] においては，$\lambda \simeq 4.3\text{pm}$ であり，C_{60} と同類の C_{70} についても干渉縞が検出された．

驚きはこれに留まらぬ．2003 年夏には，TPP (tetraphenylporphyrin: テトラフェニルポルフィリン) すなわち $C_{44}H_{30}N_4$ について，そしておそらく "フッ化サッカーボール" ($C_{60}F_{48}$) についても，干渉縞が検出された [18]．$C_{60}F_{48}$ は，「C_{60} のまわりにフッ素 (F) を散りばめた形」をしており，質量が C_{60} の 2 倍以上もある．一方，TPP は質量こそ C_{60} よりやや少なく 614amu なるものの，C_{60} や $C_{60}F_{48}$ がおおむね球形なるに対し，扁平に近い複雑な形をしている (しかも生体分子らしい)．感嘆すべき実験結果である[*15]．

註 amu = 原子質量単位 (atomic mass unit) = 「^{12}C 原子の質量 /12」 $\simeq 1.66054 \times 10^{-24}$g.
註 その後も次々と巨大分子の干渉縞検出が報告され質量が 10^4amu を越すに至っている (解説は [19]) :
- TPP に似た平面状分子 phthalocyanine　$C_{32}H_{18}N_8$ [20],
- TPP に 4 本の腕を付けた TPPF84(2814amu) $C_{84}H_{26}F_{84}N_4S_4$ ($= \text{TPP} - H_4 + (C_{10}F_{21}S)_4$) [21],
- TPPF84 の各腕の先にさらに腕を 2 本ずつ継ぎ足した TPPF152(5310amu)
  $C_{168}H_{94}F_{152}O_8N_4S_4$ ($= \text{TPP84} + (HF)_4 + (H_8F_8O)_8$) [21],
- C_{60} に装飾を施した "perfluoroalkylated nanosphere"
  PFNS8(5672amu) $C_{60}(C_{12}F_{25})_8$ および PFNS10(6910amu) $C_{60}(C_{12}F_{25})_{10}$ [21],
- TPP に $C_{20}H_{15}F_{26}S$ なる側鎖を 12 本つけるなどして質量を 10123amu にした
  $C_{284}H_{190}F_{320}N_4S_{12}$ [22].

ディラックの教科書 [23] には，1958 年に出版された第 4 版においてさえ，次のようなことが書かれている：

"原理的には，光子のみならず，いかなる粒子も干渉せしめ得る．にもかかわらず干渉現象が普通に観察されないのは，(2.10) の右辺を v_{cl} で表した場合の係数 $2\pi\hbar/m$ が非常に小さいからである．質量が比較的小さい電子の場合でさえ，対応する波長が短すぎて，干渉を検出するのは容易でない．"

まさに隔世の感がある．

☆**演習 2.2-1**　干渉縞が観察できるには，「スクリーンにおける検出器の分解能 $\sim 1\mu\text{m}$」とすれば，「縞間隔 $\Lambda_0 \gtrsim 1\mu\text{m}$」程度が必要であろう．

(i) 以下それぞれの場合，入射エネルギー E_{cl} をどの程度に抑えればよいか？
   He [24]：$d \sim 8 \times 1\mu\text{m}$, $D \sim 64\text{cm}$.　　Ne [25]：$d \sim 6 \times 1\mu\text{m}$, $D \sim 11\text{cm}$.
   Na [9]：$d \sim 200\text{nm}$, $D \sim 60\text{cm}$.　　C_{60} [16]：$d \sim 100\text{nm}$, $D \sim 125\text{cm}$.
   (註　$m_{C_{60}} \simeq 720 m_{\text{n}}$.)
(ii) "テニスボール実験" の場合，ボールの {直径, 質量} $\sim$ {10cm, 100gram} として，要求される実験時間 (の下限) D/v_{cl} を見積もれ (v_{cl} はボールの速さ)．仮に $v_{\text{cl}} \sim 1\text{cm/sec}$ とすれば D はどの程度にすべきか．
   ヒント：(2.10) を書き直すと，粒子質量を m として，

$$\lambda \simeq \frac{2\pi\hbar}{\sqrt{2mE_{\text{cl}}}} = \frac{12.264\cdots}{\sqrt{m/m_{\text{e}}}\ \sqrt{E_{\text{cl}}/\text{eV}}}\ \text{Å} = \frac{28.601\cdots}{\sqrt{m/m_{\text{n}}}\ \sqrt{E_{\text{cl}}/\text{eV}}}\ \text{pm}. \quad \blacksquare$$

[*15] もっとも，サッカーボール干渉実験の結果を聞いたときに比べれば，「驚きも 中くらいかな おらが夏」．"TPP" はこちらがはるかに先だが今や "Trans-Pacific Partnership" にお株を奪われ迷惑千万．

ウィーン大学の実験家達は，いずれ，小型ウィルスの干渉実験にも挑戦するらしい[*16]．初めて計画を聞いたときには冗談だと思っていたが，今や非常に現実味を帯びてきてしまった．「上を通ったウィルスと下を通ったウィルスの重ね合せ」が実現される日も間近いかもしれぬ．これを見た好奇心旺盛な猫がウィルスに近づき感染してしまったらその運命やいかに？　量子力学 (次章以下) に拠れば，猫もまた

> 「左を通ったウィルスに感染した猫」と「右を通ったウィルスに感染した猫」の重ね合せになる．

かような「巨視的物体を巻き込んだ重ね合せ」は「シュレーディンガーの猫」とよばれる[*17] (S-Catと略称する[*18])．もはや，机上の空論の手遊びの域を越えてしまいそうな勢い，何とも気味が悪くなってきた[*19]．

☆**註 1**　実験結果 (2.10) は，入射粒子の速度 v_{cl} を用いて，次のごとくにも書ける：

$$\lambda \propto 1/|v_{cl}|.$$

しかし，こうすると，比例係数が粒子の種類 (電子か中性子か $\cdots$) に依ってしまう (比例係数 $\propto 1/$ 粒子質量)．速度でなく運動量で整理すると，粒子の種類に依らず，比例係数が一律に $2\pi\hbar$ と見いだされるわけである．それゆえ，

速度よりも運動量の方が，少なくとも干渉実験から観る限り，基本的である．

註 2　「干渉実験に拠って，ド・ブロイ関係式その 1 (1.58) の正しさが確認された」といったけれども，精確には，「(1.58) の絶対値版が確認された」というべきである．なお，ド・ブロイ関係式その 2 (後述 3.4.1 項) については，これら干渉実験からは何もいえぬ (♡ 並の波の場合にも周波数は干渉縞に影響せぬ (2.1.2 項))．

註 3　Na や C_{60} に関する干渉実験は，二連細隙ではなく，回折格子 (♡ 2.1.3 項) を使って行われた．しかし，本質に変わりはない．

註 4　物質構造を解析すべく光や電子や中性子の干渉を利用する手法は，今日においては (光については 19 世紀以来)，実験室にて日常茶飯事のこととして行われている．結晶や高分子から原子核や素粒子に至るまで様々な "物質" が対象とされている．例えば，「細隙間隔 d の値がわかっている二連細隙 ($\mathcal{DS}$)」と「細隙間隔の値が不明なる二連細隙 ($\mathcal{DS}'$)」が与えられたとしよう．まず，$\mathcal{DS}$ を用いて，或る波長 λ なる光を選び出す．次に，この光を $\mathcal{DS}'$ に当て，$\mathcal{DS}'$ から距離 D' だけ隔たったスクリーンに現れる縞模様を観察する．すると，縞模様の方向を知ることに拠り $\mathcal{DS}'$ の二連細隙の方向がわかる．また，縞間隔が Λ' であったとすれば，関係 (2.1) に拠り，$\mathcal{DS}'$ の細隙間隔 d' を次式に拠り推定できる：

$$d' \simeq \frac{\lambda}{\Lambda'} D'. \tag{2.11}$$

この手法は「より複雑な構造の推定」にも拡張応用できる．

☆**演習**　CD が虹色に輝く現象を観察してみよう．CD の構造についていかなることが推察できるであろうか．　∎

半世紀前に DNA の二重螺旋構造が発見された[*20]のも上記方法に拠ってであった：DNA を構成

[*16] ただし，どのウィルスとはまだ決めていないとのこと [26]．

[*17] "シュレーディンガーの猫のパラドックス" とよぶ人もある．ただし，"いかなる意味においてパラドックスなのか" は人に依るし，そもそもパラドックスとよぶべきではないとの見解もある．

[*18] Schrödinger's Cat の Fitzgerald 短縮版 (この Fitzgerald は，Lorentz–FitzGerald 短縮の G.F. FitzGerald ではなく，scat の名手 (創始者) Ella Fitzgerald．

[*19] 猫も「ソプラノのミャーオとバリトンのミヤァヲの重ね合せ」(ロッシーニ "猫の二重唱") なら可愛いが，感染した猫の重ね合せはいただけぬ．こんな化け猫は "しっしっ (scat!)" と追っ払ってしまいたい．

[*20] 雑誌 Nature (April 25, 1953) に発表された．

する分子の配列方向や分子間距離が「式 (2.11) を拡張した関係式」に基づいて推定された．ただし，その場合に使われた光は「(可視光や紫外光 (紫外線) よりも波長が短い) X 線」であった．実は，式 (2.1) は $\Lambda \ll D$ なる場合にだけ使える近似式である．より精確には，第 n 明部 ($\equiv$ 中央から数えて第 n 番目の明部：第 0 明部 $\equiv$ 中央明部) の方向角を ϑ_n として (方向も中央明部を基準とする：$\vartheta_0 = 0$)，

$$\sin \vartheta_n \simeq n\frac{\lambda}{d}. \tag{2.12}$$

したがって，第 n 明部が見えるには，$n\lambda < d$ でなければならぬ ($\heartsuit$ $\sin \vartheta_n < 1$)．また，少なくとも第 1 明部が見えぬことには縞模様が見えたとはいえぬ．ゆえに，少なくとも，$\lambda < d$ なる条件が必要である．二連細隙より複雑な構造についても同様の必要条件が導ける．つまり，使用すべき光の波長は，調べたい構造が微細になればなるほど，短かく設定せねばならぬ．ただし，むやみに波長を短くすればよいわけでもない：波長を短くすると縞間隔も波長に比例して狭くなるゆえ，縞模様を実際に観察可能にするには，D を大きく (つまり実験装置を大きく) せねばならぬ．

♣註 5　TPP や $C_{60}F_{48}$ およびこれらより大きな分子の場合 [21][22] には，ヤング型状況設定 ($D \gg$ タルボット長 $\sim ad/\lambda$) とは異なりスクリーンが二連細隙 (実際には回折格子) の近くに置かれ ($D \sim$ タルボット長)，**タルボット–ラウ型** (Talbot-Lau interferometer) なる状況設定がなされた．それゆえ，干渉縞基本公式を超えた解析が必要であって，(2.11)∨(2.12) も変更を要し，干渉現象の証拠としてヤング型の場合ほど単純明快とはいかぬ一方，実験装置に課すべき条件は和らぐ (詳しくは例えば [19])．

2.3　粒子波動二重性

　かくて，電子は (そして，中性子・He・Ne・Na・I_2・C_{60} など[*21]も)「粒子とも波動ともつかぬ何物か」といわざるを得ぬことになった．ホィーラーは，これを，「煙のごとく捉え所なき，もやもやした龍 (smoky dragon)」と形容した [7]．日本語なら，さしずめ，鵺であろう．言い換えれば，電子は "粒子性と波動性" なる二重人格 (電格?)」を有するらしい．この性質は「(電子の) **粒子波動二重性**[*22] (wave-particle duality)」とよばれる．これは矛盾である．いったい，どう考えればよいのであろうか．はなはだ権威主義的ではあるが，朝永を引用しよう ([27] pp.124–125：括弧内は筆者による「加筆」∨「本節に即した無断改変」)：

> "しかし，矛盾矛盾という前に，実験事実をもっと冷静に調べねばならない．そこで，(電子が) 粒子であるとの結論の根拠となった $\cdots$ 実験を調べてみると，$\cdots$ (霧箱に残された飛跡やスクリーンに記された輝点などからして，「電子が空間的に局在して検出され」∧「そのエネルギーと運動量がニュートン力学あるいは相対性理論における質点の場合と同じ法則に従う」)，という事柄以上の内容をもっていないことがわかる．この実験事実に対して直ちに我々の日常概念の「粒子」をもって来ることは，我々の想像によって実験事実を事実以上に補っている．同様に (電子が) 干渉を示すということは，(電子に) 位相という属性のあることを示す以上の内容をもっているのではない．これに対して直ちに「波動」を連想することもやはり同様である．"

さらに，ハイゼンベルク (Werner Karl Heisenberg [1901.12.5–1976.2.1]) の言葉を借りれば ([28] より拙訳)

[*21] 以下，電子に代表させる．

[*22] "duality" は**双対性**と訳されることが多いが，この場合には二重性なる訳が定着している．

"見かけの二重性は「我々の言語の限界」に由来するものである. 我々の言語が「原子内部にて起こる諸過程」を記述する際に不充分であったとしても, 一向に驚くに当たらぬ. なぜなら, 我々の言語は「日常的経験を記述すべく発明されたもの」にすぎぬ, そして, これら日常的経験は「非常に多数の原子を巻き込むもの」に限られる. … 粒子も波動も不完全な比喩にすぎぬ. … 幸い, 数学にはこのような不完全さはなく, 適切な数学的形式を使えば比喩に頼る必要もない. ただ, 現象を具体的に想い描こうとすると, どうしても不完全な比喩に頼らざるを得ぬというだけである."

要するに, 次のようにまとめれよう:

粒子波動二重性なる性質に当惑させられるとすれば,
　　　それは, 「粒子」∨「波動」なる言葉にまつわる先入観のせいであろう,
　　　いずれも「豆粒」∨「水面のさざ波」といった日常経験に基づく言葉であり,
　　　それらを流用して微視的な自然現象を語ろうとすることには無理がある.
これが, 実験事実から学ぶべき教訓であろう.

したがって, 粒子あるいは波動といった言葉はやめて, まったく別の言葉を使う方がよい. 再び朝永を引用すれば ([27] pp.125–126)

"自然がこういう (粒子とも波動ともつかぬ) ものの存在を示した以上, 我々は幼児が己れのまわりにある物について概念を構成して行くように, この新しい物についての概念を作らねばならない…. この… 「あるもの」に適当な名称を与えることが望ましいが, 現在物理学者に一般的に用いられているものがない. あまりよい名前ではないが, いつまでも「あるもの」ということをくり返すのも面倒であるから, エディントン (Arthur Stanley Eddington [1882.12.28–1944.11.21]) [*23]に従って, これをウェーヴィクル [wavicle] とよぶことにしよう."

つまり,

電子は, そして中性子・He・Ne・Na・I_2・C_{60} なども, ウェーヴィクルである.

この造語[*24]は, 「左から見れば波動 (wave), 右から見れば粒子 (particle)」となり, 例えば電子が「霧箱中やスクリーン上においては粒子に見えるのに, 二連細隙を通過する際には波動に見える」といった具合に, 「捉え方に依って様相が異なる」なる事情を表す. 教育的な言葉である. しかし, 残念ながらあまり使われてこなかったし, 今日もほとんど使われていない. 適切な名称が欠如しているがゆえに, "素粒子は粒子性と波動性をもつ" といった論理性欠如表現が横行する結果となっている[*25]. 以下, (不本意ながら慣例に妥協し) 本書も, ウェーヴィクルというべきところを粒子といっ

[*23] 一般相対論 (の "重力レンズ効果") を検証すべく日食観測に南アフリカまで出かけて検証に成功した物理学者としても知られる.

[*24] 文献 [27] にはどこから引用されたのか書かれていない. 初出文献が何か, 筆者は知らぬ (乞ご教示). ただし文献 [29] には出てくる:
　　"We can scarcely describe such an entity as a wave or as a particle; perhaps as a compromise we had better call it a "wavicle"."
波と粒を組み合わせて新漢字を作るとすれば, 米扁に皮がよかろう, 泣ではいささか情けない. カタカナは, 朝永さんにならってウェーヴィクルと書いたが, ウェーヴかウェイヴか (筆者の発音通りに書けばうええぶ), データかデイタか, メールかメイルか, …(人に依って違う), どちらにすべきか迷っていると気が滅入る.

[*25] 「素ウェーヴィクルは粒子性と波動性をもつ」といえば少なくとも文意は通ずる.

て済ます．その代わり，「粒子性と波動性」なる文脈において紛らわしい場合には，粒子と書かず**古典粒子** (classical particle) と書くことにする[*26]．また，「古典粒子と考えられていた電子などが示す波動性」に言及する際には，「この得体の知れぬ波」を「並の波」と区別すべく，波動と書かず**量子波動** (quantum wave) と書くことにする．

♣ **註 1**　ハイゼンベルクの時代には，2.2 節にて紹介したような干渉実験は思考実験としてしか存在しなかったゆえ，上記引用文には粒子波動二重性も "原子内部にて起こる諸過程" に関することと書かれている．しかし，文章後半 ("非常に多数の ⋯") からして，これを「一個ないし少数個の粒子が関与する諸過程」といい換えてもハイゼンベルクの真意は損なわれぬであろう[*27]．

♣ **註 2**　上に引用した朝永の文章は 1947 年に書かれたらしい．その後，朝永も
　　"この種のあるものに名前をつける必要があればそれを**量子的粒子**とよぶのがよかろう．しかし，通常簡
　　単に粒子とよんでも，量子力学の本にある以上は常識的粒子と混同するおそれはない．"
と妥協してしまわれた ([30] p.314：初版は 1953 年)．

♣♣ **註 3**　英造語としての wavicle は "linguistic chimera (wave は Anglo-Saxon [wafian], particle は Latin [particula]) であって ugly"[*28] なることが，定着しなかった理由かもしれぬ．代案として "quantum object"[*29] や "quon" [31] などがある．しかし，これらも流布してはいない．

♣ **註 4**　「光に関する干渉実験は波動説で説明できる」と述べた (2.1 節) けれども，実は，これは精確ではない．正しい説明は「用意された光の種類」に依って異なる (ここにいう「種類」は，波長や偏光方向に拠る分類とはまったく異なる分類に基づく)．例えばレーザー (laser[*30]) の場合など，ほぼ，波動説 (並の波) でよいこともある．しかし，例えば「原子が量子跳躍 (♡ 1.7 節) する際に放出される光」の場合には，縞模様は電子の場合と同じく点描画であって，波動説をそのまま適用することはできぬ．これらについては，「光の量子力学」が完成して初めて理解できることになる．なお，「光子を主役としたどっちみち難題」については，朝永さんの "光子の裁判" ([27] pp.63–116) を，途中で "本に頭をおしつけてうたたねして" もよいから，是非一読 (できれば多読) されたい．後述 2.6.3 項も参照．

♣♣ **註 5**　光 (∼ 光子) に関しては歴史的経緯を踏まえて紹介してきた．しかし，光子を正確に論ずるには，徹頭徹尾，相対論的に考えねばならぬ (♡ 光子質量 = 0)．これは，本書の主題たる不相対論的粒子 (特に電子) に比べて，はるかに難しい．しかも，同じく「波動と粒子」といっても，「電磁波 vs 光子」は「量子力学における波動函数 (第 3 章) vs 電子」とまったく異なる (電磁波は "光子の量子力学における波動函数" ではない)．この違いは，「不相対論的電子の量子力学を作り」∧「電磁場の量子力学を作って」初めて明らかとなる．また，両者の統一的理解は相対論的**場**の量子論 (quantum field theory) に至って初めて可能となる．量子力学入門の門前にて「電磁波 vs 光子」に深入りしすぎると，後続章と繋がらぬばかりでなく，かえって誤まった先入観を植え付けられかねぬこととなる (現実の歴史は誤解に基いて進んだ面もあるが，そして，それは人間的観点からしてもおおいに興味深いけれども，量子力学構築を追体験する際にあえてそれをくり返す必要はあるまい)．というわけで，光電効果やコンプトン散乱などについて詳細は割愛したし，次章以下においても，当面は光のことは忘れることにする．

[*26] 英語でも wave-particle duality の代わりに wave-corpuscle duality といわれることがある．ただし，particle と corpuscle が意識的に遣い分けられているか否か，筆者にはわからぬ (乞ご教示)．

[*27] しからば "非常に多数の原子を巻き込む" 現象はすべからく "我々の言語" で記述し得るかというと，ハイゼンベルクの時代にはたぶんそうであったろうが，二十世紀末葉からの実験技術の進展に伴い，必ずしもそうはいえなくなっている．これは非常に興味ある話題であるが，残念ながら初等量子力学の範囲を超える．興味ある読者は，一通り量子力学を学習した後で，例えば (いささか気がひけるが) 拙著「巨視的トンネル現象」(岩波書店, 1997) を参照されたい．

[*28] レゲットさん (Anthony James Leggett [1938.3.26–]), private conversation, 3 Jan.'99 @渋谷の喫茶店．

[*29] ibid. ただし，これは (特に "量子的対象" と訳すと) いささか迫力に欠ける気がする．

[*30] light amplified by stimulated emission of radiation. 元来は light amplification by stimulated emission of radiation (誘導輻射に因って光を増幅すること (装置)) の頭文字羅列語 (acronym) であったが，現今では，これに加えて「レーザー光 (≡ そのようにして増幅された光)」の意にも使われる．

2.4 量子波動の意味

「二連細隙を通過した (らしい), 得体の知れぬ波」を量子波動とよぶことにしたものの, いったい, その意味は何であろうか.

2.4.1 確率波

「並の波」の意味は明らかである. 例えば ((1.29) のような) 音波の場合,「空気 (なる実体) が振動しており」∧「その振幅は時空点 $(t, \mathbf{x})$ の函数である」. 一般に,「時空点の函数」として記述される量は**場** (field) とよばれる. つまり, 音波は「(空気の) 密度場 (density field) を表す実体波」といえる.

註1 時空点[*31]を, 1.4 節にて述べた記法に従い, $(t, \mathbf{x})$ と書く.

♣ **註2** "実体波でありながら時空点の函数ではない" なるものは考えにくい. つまり, 実体波は必然的に場であろう. しかし, 場が実体波であるとは限らぬ (♡ 例えば, すでに古典物理において,「電磁場を実体波と見なす考え方 (マクスウェルを始め多数の物理学者が依拠したエーテル理論[*32])」が否定されている).

量子波動も, 仮に実体波と見なせば, 実験室内その辺りに漂っていることになる. つまり, 粒子が雲のように広がって振動していることになる. これは実験結果 (粒子がスクリーンにぽつりぽつりと一個ずつ到着するように見えること) と矛盾する: 光電効果不可思議 (♡ 1.2.3 項) と同様の困難. ゆえに, 量子波動は実体波では有り得ぬ. したがって, それが場である保証もない. それゆえ, 実体波と混同せぬよう, 量子波動を次の記号で書くことにする[*33]:

$$\psi(\boldsymbol{r}; t). \tag{2.13}$$

ただし,

> ▷ $\boldsymbol{r}$ は**粒子位置** (particle position ≡「粒子の位置」) を表す,
> ▷ $\boldsymbol{r}$ と t が性格を異にすることに注意を喚起すべく, $\psi(\boldsymbol{r}, t)$ とせずに, $\psi(\boldsymbol{r}; t)$ と書く
> ♡ 詳しくは第25章 (二 (および多) 粒子系).

註3 特定状況に言及する場合には, 当該状況を示す上添字を用いて, ψ に愛称を与える: 例えば下記 ψ^{DS} にて DS ≡ Double Slit (二連細隙).

二連細隙実験の結果は, 次のように考えれば, 一応, 説明できそうであった (♡ 2.2 節):

- 想定すべき量子波動は

$$\psi^{\mathrm{DS}}(\boldsymbol{r}; t) \equiv \text{「二連細隙通過後の量子波動」}$$
$$\sim \cos(k_0|\boldsymbol{r} - \boldsymbol{d}/2| - \omega t) + \cos(k_0|\boldsymbol{r} + \boldsymbol{d}/2| - \omega t), \tag{2.14}$$

ただし, 記号「$\sim$」は「漠然と, のようなもの」の意. k_0 はド・ブロイ波数, ω は素性不明.

[*31] 英語では spacetime point と "空" を先にいう. 相対論においても, かつて, $(x^1, x^2, x^3, x^4 (\equiv ict))$ なる流儀が流行ったこともある. しかし, 近年は $(x^0 (\equiv ct), x^1, x^2, x^3)$ と時刻を先に立てるのが主流であろう.

[*32] 例えば "変位電流 (displacement current)" なる意味不明の電磁気用語はエーテルの名残 (マクスウェルさんは「エーテルが変位することに因って電流が流れ得る」と考えたらしい).

[*33] ギリシア字 ψ はプサイ (または プシー または サイ) と読まれる.

- スクリーン上の地点 $\mathbf{x}$ に到着する粒子の個数は，ほぼ，$\{\psi^{\mathrm{DS}}(\mathbf{x};t)\}^2$ に比例する．

「個々の試行にて検出器が光る地点は一見ランダムであり」$\wedge$「多数回の試行をした結果として縞模様が浮かび上がってくる」ことからして，次のように考えるのが自然であろう：

> $\{\psi^{\mathrm{DS}}(\mathbf{x};t)\}^2$ は「時刻 t に，粒子がスクリーン上の地点 $\mathbf{x}$ に見いだされる確率 (に比例する量)」を表す．

"この見方は二連細隙状況にだけ妥当" とは考えにくい．とすれば，一般に次のように考えれよう：

> 粒子が量子波動 (2.13) で記述される場合，「時刻 t に，粒子が地点 $\mathbf{x}$ に見いだされる確率」は，「$\mathbf{r} = \mathbf{x}$ における量子波動の強度」に比例する．

標語的にいえば，

> 量子波動は，(その辺りに漂っている) 実体波ではなく，**"確率波"** である．

☆**註 4** ここに登場した確率は，「粒子が地点 $\mathbf{x}$ に見いだされる確率」であって，
"粒子が地点 $\mathbf{x}$ に存在する確率" (存在確率) ではない．
仮に "存在確率" とすると，"二連細隙を通過した粒子は上細隙または下細隙いずれか一方だけを通ったはず，単に，上か下かを実験家が知らぬだけ" (つまり，スクリーンに到達した粒子は "上を通ったものと下を通ったものの混ぜ合せ") と考えざるを得ず，実験事実に反する．"粒子がどこそこに存在する" なる文章を不用意に書くことは許されぬ．
☆**註 5** 「"確率波" なる見方」は，二連細隙実験などが思考実験にすぎなかった量子力学黎明期には "解釈" であった．しかし，二連細隙実験を現実に見せられてしまった我々にとっては，"(抽象的観念的に聞こえる) 解釈" ではなく，むしろ「量子波動に対する，実験結果からしてもっともらしいと推察すべき意味付け」である．
註 6 "二連細隙実験は (2.14) で説明できた" とするのは性急にすぎる．"わかりやすい解説書" には「(2.14) にて時間依存性を無視した (形式的に $\omega = 0$ と置いた) 式」をもって "説明できた" とするものも見られるが，これは論外であろう (♡ "時間変動せぬ波" なるものは伝わりようがない)．(2.14) は大雑把なものにすぎぬ．その理由を，重複を恐れず，詳しく述べておこう：
- 第一に，(2.14) を認めれば，縞模様は周期 $2\pi/\omega$ で時間変動するはずである．「並の波」の場合には，「この時間変動は速すぎて検出不能」と見なし，時間に関して粗視化した (♡ (2.4c))．しかし，「ぽつりぽつり」が降り積もって生ずる縞模様の場合には，「(2.14) の時間変動」に対応すべき実験事実が存在せぬゆえ，「時間に関する粗視化」は物理的に意味がない (ごまかしに堕す)．つまり，量子波動と「並の波」は数式的にも相当に異なるはずである．
- 第二に，「"確率波" としての (2.14)」は「(スクリーン上に限らず) 一般の地点 $\mathbf{x}$ にも適用可能」と考えるべきであろう．とすれば，例えば「粒子が地点 $\mathbf{d}/2$ ($\equiv$ 上細隙の場所) に見いだされる確率」は，時間が幾ら経っても，0 にならぬ．これは「二連細隙を通過した粒子は，時間が充分に経てば，必ずスクリーンに到達する」なる実験事実と整合せぬ．つまり，「(2.14) における t」は意味不明である．
- (くどいけれども再度) まとめ：(2.14) は，せいぜいスクリーン上における状況だけを，きわめて大雑把に記述するにすぎぬ．

註 7 「$\mathbf{r} = \mathbf{x}$ における量子波動の強度」は，もし二連細隙実験に対する上記説明が妥当ならば，ほぼ $\{\psi(\mathbf{x};t)\}^2$ に等しいと考えられる．しかし，この説明は大雑把なものにすぎない (♡ 前註) ゆえ，現段階[34] においては，「強度の定義は明確でなく」$\wedge$「"確率波" の意味内容も曖昧かつ回りくどく述べざるを得ぬ」．

---

[34] **現段階** (at the present stage) なる語をときどき使う．これは，本書執筆時点 (西暦 1995–2017 年) における物理学の状況ではなく，「本書にて量子力学構築を追体験しつつある我々 ($\equiv$ 読者 $\vee$ 筆者) が本ページまで読み $\vee$ 書き進んで到達した理解の段階」を指す．

2.4.2 粒子位置

前項にて「粒子位置 r と地点 $\mathbf{x}$」を区別した．これは "話を無用に複雑化するだけ，無意味な区別" なる印象を与えたかもしれぬ．しかし，それは誤解である：

(i) 古典物理においても「古典粒子位置と地点」は区別されるべき概念である：

例 1：電場 $\boldsymbol{E}(t, \mathbf{x})$ 中を運動する電子を想定しよう．時刻が t のとき，電子位置を $\boldsymbol{r}_{\mathrm{cl}}(t)$ とすれば，電子に働く力は $-e\boldsymbol{E}(t, \boldsymbol{r}_{\mathrm{cl}}(t))$．

例 2：水素原子を構成する {電子, 陽子} の位置を $\{\boldsymbol{r}_{\mathrm{ecl}}(t), \boldsymbol{r}_{\mathrm{pcl}}(t)\}$ とし，時刻 t_0 に水素原子が地点 $\mathbf{x}_0$ にて崩壊した (潰れた) とすれば，$\boldsymbol{r}_{\mathrm{ecl}}(t_0) = \boldsymbol{r}_{\mathrm{pcl}}(t_0) = \mathbf{x}_0$．

(ii) 粒子 ($\equiv$ ウェーヴィクル) の場合には，上記と同様の理由に加えて，第二の理由が有る．古典物理において {古典粒子, 古典粒子位置} なる概念は自明 (直観的に明らか) なものと了解されていた．対照的に，粒子は「得体の知れぬ何物か」であり，粒子位置なる概念も自明とはいえぬ．粒子位置とは何か？ むしろ「それを規定するものが "確率波" なる見方である」と考える以外になかろう．これを前提とすれば，「粒子が地点 $\mathbf{x}$ に見いだされる確率」は「量子波動 $\psi(\boldsymbol{r}; t)$ の，$\boldsymbol{r} = \mathbf{x}$ における値」で決まる．粒子が $\mathbf{x}$ に見いだされてしまえば "粒子位置は $\mathbf{x}$ である" といえるであろう．しかし，$\psi(\boldsymbol{r}; t)$ は，"粒子がどこそこに見いだされた" なることを意味せず，「どこそこに見いだされる潜在的可能性」を記述するにすぎぬ．したがって，「$\psi(\boldsymbol{r}; t)$ における $\boldsymbol{r}$」は古典粒子位置とはおおいに異なる．精確には次のごとくいうべきであろう：

「粒子位置 $\boldsymbol{r}$」は「粒子の，**潜在的可能性としての位置**」を意味する．

つまり，$\boldsymbol{r}$ は「$\boldsymbol{r}_{\mathrm{cl}}(t)$ を拡張した概念」である：精確にいかなる意味における拡張か，それは次章以下にて議論すべき重要事項である．

♣ **註 1** 「潜在的可能性としての粒子位置」に似た概念は古典力学にも登場する．「粒子が, 位置 $\boldsymbol{r}$ にて感ずるポテンシャル」[*35]といわれる場合の「位置」がそれである．粒子がポテンシャル $V(\boldsymbol{r}, t)$ を感ずる状況に置かれた場合，「ポテンシャル下の粒子」といわれ，「粒子はポテンシャル $V(\boldsymbol{r}, t)$ のもとで (またはポテンシャル $V(\boldsymbol{r}, t)$ 中を) 運動する」といわれる．また，「ポテンシャル $V(\boldsymbol{r}, t)$ 中を運動する古典粒子には力 $\boldsymbol{F}(\boldsymbol{r}, t)(= -\nabla V(\boldsymbol{r}, t))$ が働く」といわれる．ここにおける $\boldsymbol{r}$ は「軌道 $\boldsymbol{r}_{\mathrm{cl}}(t)$ として実現される以前の粒子位置」である．$V(\boldsymbol{r}, t) \vee \boldsymbol{F}(\boldsymbol{r}, t)$ 自体には運動概念は入っていない．一方，現実に働く力は $\boldsymbol{F}(\boldsymbol{r}_{\mathrm{cl}}(t), t)$ である．ニュートン運動方程式は，$\boldsymbol{r}$ と $\boldsymbol{r}_{\mathrm{cl}}(t)$ を混同しても混乱する恐れはなかろうと

$$m\ddot{\boldsymbol{r}} = \boldsymbol{F}(\boldsymbol{r}, t) \tag{2.15a}$$

と書かれることが多いが，精確には

$$m\ddot{\boldsymbol{r}}_{\mathrm{cl}}(t) = \boldsymbol{F}_{\mathrm{cl}}(t) \equiv \boldsymbol{F}(\boldsymbol{r}_{\mathrm{cl}}(t), t). \tag{2.15b}$$

註 2 ポテンシャルは，古典粒子の属性に依存するゆえ，場ではない．例えば，電子 (陽子) が電場

$$\boldsymbol{E}(t, \mathbf{x}) \equiv -\nabla_{\mathbf{x}} \mathcal{V}_{\text{静電}}(t, \mathbf{x}) \qquad : \mathcal{V}_{\text{静電}}(t, \mathbf{x}) \equiv \text{静電ポテンシャル} \tag{2.16a}$$

の中にて運動する場合 (下記にて複号は上 (下) が電子 (陽子))，

$$\boldsymbol{F}_{\mathrm{cl}}(t) = (\mp e)\boldsymbol{E}(t, \boldsymbol{r}_{\mathrm{cl}}(t)), \qquad \text{ゆえに} \quad V(\boldsymbol{r}, t) = \mp e\mathcal{V}_{\text{静電}}(t, \boldsymbol{r}). \tag{2.16b}$$

[*35] 無論，"感ずる" は擬生物的いい回し．

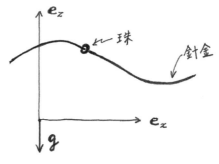

図 2.9 滑り台

"ポテンシャルを場と混同する" なる誤りを犯すとすれば，それは，一粒子系だけしか考えぬことに因る．多粒子系の場合には違いが歴然：例えば電場中に置かれた水素原子 ($\equiv$「{電子, 陽子} から成る二粒子系」) の場合，ポテンシャルは

$$V(\boldsymbol{r}_e, \boldsymbol{r}_p, t) = -e\mathcal{V}_\text{静電}(t, \boldsymbol{r}_e) + e\mathcal{V}_\text{静電}(t, \boldsymbol{r}_p) - e^2/4\pi|\boldsymbol{r}_e - \boldsymbol{r}_p|. \tag{2.16c}$$

註 3 ポテンシャルエネルギー (potential energy) なる言葉は，元来，「運動を生み出し得る潜在的能力，つまり，潜在的運動エネルギー ($\equiv$ 運動エネルギーに転化して目に見える形になる可能性を秘めたエネルギー)」といった意味である[*36]．ちなみに，「潜在的可能性」を意味する英語は "potentiality"．

♣ **演習 2.4-1** 時刻に依らぬポテンシャルは，しばしば，地上の山谷にたとえられる．しからば，一次元運動の場合，所与の $V(x)$ を滑り台 (図 2.9：珠は，孔が穿ってあり，針金に沿って滑らかに動く) で模倣するにはいかなる形の滑り台を造ればよいか．(二次元運動の場合なら，箱庭で模倣するにはいかなる形の山谷を造ればよいか．) ∎

2.4.3 ◇ 確率について

N 面体サイコロを振ると「N 種類の目 $\{1, 2, \cdots, N\}$ のうちいずれか一つ」が出る．「サイコロを一振りする」なる行為は**試行** (run[*37]) とよばれる．「試行の結果として，或る目が出る (出た)」なる出来事は**事象** (event) とよばれる．「特定の目 n が出る」なる出来事を $\mathcal{E}_n$ (event-n) とよぼう．これら事象には以下の基本的性質が見られる：

[*36] ポテンシャルなる用語は誰が使い初めたのだろう (乞ご教示)．アリストテレスさんの potentia を念頭に置いたものだろうか (乞ご教示)．文献 [33] には以下のように書かれている："*force-function* or *potential* なる教義は，その基礎を成す考え方が Clairaut [1713–1765] の理論に明確に含まれており，その後，Laplace [1749–1827], Poisson [1781–1840], Green [1793–1841], Gauss [1777–1855] などに依り発展させられた (p.493)"，"(静電理論における) *potential function* を Clausius [1822–1888] の用語法を使って *potential* とよぶ (pp.597-598)"，"エネルギー保存則に *vis viva* (kinetic energy) と対を成して登場する量を Helmholtz [1821–1894] に従って *Spannkraft* (potential energy) とよぶ (p.600)"．なお，p.600 の英訳者註に曰く "Spannkraft なる語は，Helmholtz が 1847 年に使ったが，その後の彼の論文には使われていない．1882 年に彼は，Spannkraft を明確に捨て，代わりに potential energy なる英語を採用した"．ちなみに "Spannkraft (= spannen (緊張させる，引き締める) + Kraft (力，能力))" は "弾力・張力・活気・気力" などの意味を有す [コンサイス独和辞典]．なお，念のため，"静電ポテンシャル" は場である．本書で「ポテンシャル」(形容詞なし) と書く場合には "force-function" を意味する．

[*37] 「試行」は確率論用語 "trial" の訳．サイコロ振りを「物理実験の一過程」と見なせば，trial よりは run (正式には experimental run) とよばれることが多い．非公式には "各試行" が "実験" とよばれることもあるが，本書は「試行」と「実験」を区別する：「実験」〜「試行の集合」.

- 「出る目」は「N 種類のうちいずれか」に限られる：
  $\{\mathcal{E}_1, \mathcal{E}_2, \cdots, \mathcal{E}_N\}$ なる集合は「起こり得る出来事」をすべて含む ($\equiv$「網羅 (exhaust) している」).
- 「複数個の目が同時に出ること」はない：
  $n \neq n'$ ならば，$\mathcal{E}_n$ と $\mathcal{E}_{n'}$ は**互いに排反的** (mutually exclusive) である (または，略して，$\mathcal{E}_n$ と $\mathcal{E}_{n'}$ は**排反事象**である).

上記性質は次のごとくまとめれる：

事象集合 $\{\mathcal{E}_1, \mathcal{E}_2, \cdots, \mathcal{E}_N\}$ は，

網羅的 (exhaustive) $\wedge$ 排反的 (exclusive) である，いい換えれば

網羅的排反集合 (exhaustive set of mutually exclusive events) である[*38].

この性質が有って初めて，「事象 $\mathcal{E}_n$ の確率」($\equiv$「目 n が出る確率」) $\mathcal{P}_n$ なる概念が意味を有し，かつ次の性質が充たされる：

$$0 \leq \mathcal{P}_n \leq 1 \qquad : \forall n, \qquad\qquad \mathcal{P}_1 + \mathcal{P}_1 + \cdots + \mathcal{P}_N = 1. \tag{2.17}$$

$\mathcal{P}_n$ を実験で決定するには[*39]，単一の (または，目の出具合に関する限り同一と見なされ得る複数個の) サイコロを使って，無限回の試行をせねばならぬ．もちろん，現実には無限回はできぬゆえ多数回で良しとせざるを得ぬ．つまり，上記確率が現実的意義を有し得るには，次の二条件が必要である：

条件 1：「同一状況下における多数回の試行」が可能であること.

条件 2：「現実に実行される多数回の試行」が「(架空の) 無限回の試行」を<u>公正に代表</u> (あるいは<u>忠実に反映</u>) していると見なされ得ること.

「同一状況下における多数回の試行」を一括して「確率を決定すべく行われる，一つの，**実験** (experiment)」とよぶ.

♣ **註 1** 上記二条件のうち，条件 1 は，実験家の努力[*40]に依って近似的に達成され得よう (達成度を定量的に評価することもできよう). これに対し，条件 2 は，「(架空の) 無限回の試行」なるものが実在せぬゆえ，実験的に検証することはできぬ. 一種の信念として，成り立っているものと仮定せざるを得ぬ条件である (そう仮定して種々の議論を行った結果，全体として矛盾が生ぜぬならば，仮定が妥当であったと判断できよう). ♡ 詳しくは 17.6 節.

2.4.4 粒子位置の網羅性と排反性

二連細隙実験においては，スクリーン上に検出器がぎっしりと並べられており，各試行ごとに次の性質が見られた：

- いずれかの検出器が光る，
- 二個以上の検出器が同時に光ることはない.

それゆえ，「第 n 検出器が光る」なる事象を $\mathcal{E}_n$ とすれば，$\{\mathcal{E}_1, \mathcal{E}_2, \cdots\}$ は網羅的排反集合である.

[*38] 網羅的の代わりに**完全** (complete) といわれることも多い.

[*39] 目下考察中のサイコロは，正多面体とは限らぬし，いかさまであってもよい.

[*40] 例えば，磨耗に耐え得るサイコロを工夫する.

96   第2章　ウェーヴィクル

「仮に検出器を三次元的に配置したとしても，やはり同様の性質が見られる」と想像できよう．さらに，各検出器は原理的に幾らでも小さくできる (♡ ただし下記註3) と考え得るゆえ，上記実験事実に拠り次のように推論できる：

　　　勝手な時刻において (以下，時刻は固定)，「粒子が地点 $\mathbf{x}$ に見いだされる」なる事象を $\mathcal{E}_{\mathbf{x}}$ とすれば，事象集合 $\{\mathcal{E}_{\mathbf{x}} \mid \mathbf{x} \in \mathbf{E}^3\}$ は網羅的排反集合である (ただし，$\mathbf{E}^3 \equiv$ 実験室空間全体).

以下，これを大前提として (仮定して) 議論を進める．この前提は次のごとく簡潔にいい表せる：

　　　粒子位置 $\boldsymbol{r}$ は，網羅的 $\wedge$ 排反的である，いい換えれば，網羅性 $\wedge$ 排反性を有する．

これを前提として初めて「"確率波" なる見方」が意味を成し得るわけである．

註1 古典粒子の場合，「位置の，網羅性 $\wedge$ 排反性」は確かに成り立っており，これに基づいて確率も定義され得る：古典粒子軌道を $\boldsymbol{r}_{\mathrm{cl}}(t)$ とすれば，時刻が t_0 のとき，
　　　「地点 $\boldsymbol{r}_{\mathrm{cl}}(t_0)$ に見いだされる確率は 1」$\wedge$「それ以外の地点に見いだされる確率は 0」
(普通は，確率なる言葉を使わずに，「古典粒子が地点 $\boldsymbol{r}_{\mathrm{cl}}(t_0)$ に見いだされる」(あるいは "古典粒子が地点 $\boldsymbol{r}_{\mathrm{cl}}(t_0)$ に在る") で済ませているだけである)．したがって，上記前提は「古典粒子の性質の一部 (しかも基本的部分)」を粒子 ($\equiv$ ウェーヴィクル) に踏襲させるものである．

♣ **註2** $\mathbf{x}$ は連続量 ($\equiv$ 連続的な値を採り得る量) ゆえ，「事象 $\mathcal{E}_{\mathbf{x}}$」なる書き方は不精確：「着目する地点 $\mathbf{x}$ を含む微小領域」を導入して書き直すべし (♡ 第4章)．註1についても同様．

♣♣ **註3** 「検出器は原理的に幾らでも小さくできる」は，もちろん，いいすぎである．検出器を構成する粒子 ($\sim$ 原子 $\vee$ 素粒子) の寸法より小さくはできぬ ("検出器" として光子を使うとしても，その波長以下にはできぬ) かもしれぬ．さらに，相対論的効果を考慮すると，粒子位置測定精度はコンプトン波長で抑えられるであろう (コンプトン波長よりも狭い範囲に粒子位置を特定しようとすると新たに粒子が生成されてしまう)．したがって，不相対論的な議論において「$\mathbf{x}$ は連続量」という場合，"数学的に厳密に連続" ではなく，「少なくともコンプトン波長 (または，検出器として使われる原子などの寸法) 以上の尺度で粗視化した場合に連続と見なせる量」というにすぎぬ．

2.4.5　量子波動は何を表すか

「量子波動は測定結果に対する確率を与える」というからには「同一状況下における，多数回の試行」を想定せねばならぬ (♡ 2.4.3項)．一回限りの試行結果は「量子波動の強度」と比べようがない．仮に，量子波動の強度が特定位置 ($\boldsymbol{r} \sim \mathbf{x}_0$) に集中していて，「粒子が $\mathbf{x}_0$ 付近に見いだされる確率が 1」と予言されたとしても，一回限りの試行だけではこの予言を確認することはできぬ．「試行を何回くり返しても $\mathbf{x}_0$ 付近に見いだされる」ことがわかって初めて「予言が確認された」といえる (一回限りの試行だけでは，せいぜい，「予言と矛盾せぬ」としかいえぬ)．したがって，次のような見解も説得力がある：

　　　"量子波動は，「個々の粒子」を記述するものではなく，「実験 ($\equiv$ 多数回の試行) に使われた粒子の集合」を記述する．"

これは，(「"確率波" なる見方」を先鋭化したものとしての) **統計的解釈** (statistical interpretation) とよばれる．

　しかし，先に注意したように，「二連細隙実験において，個々の粒子が "到着してはならぬ地点" (つまり，量子波動の強度が 0 なる位置) を弁えている」なる実験事実があった．とすれば，個々の粒子が「自分には量子波動なる側面がある」ことを部分的にせよ自覚している，と考えたくなろう．

もちろん，「到着してはならぬ地点を弁えている」なる"実験事実"は，多数回の試行を経た結果として確認された"事実"ゆえ，「個々の粒子に関する事実ではない」といわれればそれまでである．にもかかわらず，たいていの読者には (そして筆者にも)「物理の理論である以上，量子波動は個々の粒子を記述するものであって欲しい」なる願望があろう．現場における大多数の物理屋も，明確に意識しているか否かは別として，「量子波動は個々の粒子を記述する」なる潜在意識で思考している．もちろん，実験結果を吟味する際には，「多数回の試行」の結果を理論と比較するわけである．つまり，大多数の物理屋 (筆者もその一人) は，"量子波動には，個々の粒子を記述して欲しい"と心情的に思いつつ，実際上は統計的解釈に従って研究している．

　量子波動が記述するものは「個々の粒子 (individual particle) か**粒子集合** (ensemble of particles) か」？　これは容易には決着しそうにない難題である．量子波動に関してまったく理論ができていない現段階においては，あまり深入りしても，言葉遊びに陥るだけである．それゆえ，以下，量子波動が個々の粒子を記述するかのごときいい回しをしつつも，論理的には「(統計的解釈に限りなく近い)"確率波"」を足掛かりとして，理論構築を試みることにする．

註1　統計的解釈に登場する粒子集合は，"粒子線における粒子集団" (♡ 2.2.1 項) と異なるばかりでなく，"2.2.2項における粒子族"とも異なる．三者を区別する呼称として定着したものはない．本書は {集合, 集団, 族} を使う．三者を区別せずにすべて"集団"で済ます文献も見られるが，まったく異なる概念を同一語で表すと混乱のもとになる．念のため補足：粒子族が「米粒族 (上を通って来たもの) と 豆粒族 (下を通って来たもの)」に分族 (分類) され得るに対し，粒子集合をそのように分類することは不可能．

♣ **註2**　統計的解釈をさらに突き詰めた次のような見方も提唱されている：
　　操作主義的解釈 (operationalist interpretation)　"量子波動は，「個々の粒子あるいは粒子集合といった実体」を記述するものではなく，単に実験結果を記述するものである．より詳しくいえば，「実験状況設定 ("入力 (input)") に応じて結果 ("出力 (output)") を与える黒函 (black box) あるいは処方箋 (prescription)」にすぎぬ．しかも，「個々の試行」の結果を記述するものでなく，「多数回の試行から成る実験 (〜 測定行為総体)」の結果を記述するものにすぎぬ."

こういわれてしまうと反論できぬ感じもする．しかし，もし「我々がこれから構築しようとしている理論」が"単に入出力関係を記述する黒函にすぎず，何ら物理的実体を記述するものではない"としたら，いったい，我々は何を目的として努力することになるのであろうか．「黒函の中身は何か，その中において種々の物理的実体がいかなる活動をしているか，それを知りたい」，我々が物理に興味をもった理由はそこにあったはず．これが"叶えられる可能性なき夢想"であるとしたら実に空しいことである [32]．操作主義的解釈に徹すると知的好奇心も損なわれてしまうのではなかろうか．

♣♣ **註3**　"宇宙の波動函数" (〜 宇宙全体を記述する量子波動) なるものを想像する人もいる．これに興味を抱かれる読者も多いかもしれぬ．しかし，右も左もわからぬ段階において，いきなり"宇宙の波動函数"を考察しようなどは論外，まずは謙虚に身のまわりから始めるべきであろう．

♣♣ **註4**　"宇宙の波動函数"に関しては"確率解釈"はまったく意味を成さぬ (♡ 宇宙を"くり返し試行する"ことは不可能)．これを主要動機として"確率解釈を排除した理論を構築しよう"なる試みもある．それも可能かもしれぬ．しかし，21 世紀初頭現在，「満足すべき成功例はないし，"実験結果を理論と比較する際に，確率概念が用いられなかった"なる例もない」と筆者は思う (乞ご教示)．

2.5　ウェーヴィクルの不思議な性質

　粒子 (≡ ウェーヴィクル) は，二連細隙とはまったく異なる状況においても，不思議な諸性質を示す．典型例を三つばかり挙げておこう．

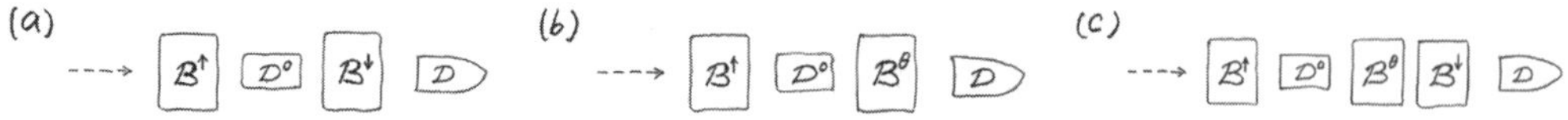

図 2.10 電子を用いた偏向板実験：(a) (b) (c)

2.5.1 電子の偏向板実験 (その 1)

{電子通過検出器 $\mathcal{D}^0$, 電子検出器 $\mathcal{D}$} および三つの箱 {$\mathcal{B}^\uparrow, \mathcal{B}^\downarrow, \mathcal{B}^\theta$} を用意する (箱には仕掛けがしてあるが詳細は気にせずともよい). これらを一直線上に配置して三通りの実験を行う (図 2.10 {(a),(b),(c)}). いずれの場合にも, 左方から電子[*41]を送り込み,「$\mathcal{D}^0$ が光るかどうか」∧「右方に在る $\mathcal{D}$ が光るかどうか」を記録する. 全データの内, $\mathcal{D}^0$ が光ったデータのみに着目し, {(a),(b),(c)} 各々について $N(\gg 1)$ 個のデータを無作為に抽出して統計を採る. 結果は以下の通り (以下,「$\mathcal{D}$ が光った」を「電子が $\mathcal{D}$ に到達した」と解釈し,「(電子が) 到達 (した)」と略記する) :

- (a) 到達しない ($\mathcal{B}^\uparrow$ と $\mathcal{B}^\downarrow$ を入れ替えても同じ).
- (b) 到達したりしなかったりする. 到達するかどうかはランダム. $\mathcal{D}^0$ を光らせた N 個の電子のうち $\mathcal{P}N$ 個が到達 ($0 < \mathcal{P} < 1$).
- (c) 到達するかしないかはランダム. $\mathcal{D}^0$ を光らせた N 個の電子のうち $\mathcal{P}(1 - \mathcal{P})N$ 個が到達.

もし電子が米粒や豆粒のようなものであると想像すれば, (a) に拠り, 電子は次の二族に分類できると考えよう：

　　↑族：$\mathcal{B}^\uparrow$ を通過できるが $\mathcal{B}^\downarrow$ は通過できぬもの,
　　↓族：$\mathcal{B}^\downarrow$ を通過できるが $\mathcal{B}^\uparrow$ は通過できぬもの.

また, (b) に拠り, ↑族がさらに次の二種に分類できると結論されよう：

　　$\uparrow_\theta$ 種：↑族のうち, $\mathcal{B}^\theta$ を通過できるもの,
　　$\uparrow_{\bar\theta}$ 種：↑族のうち, $\mathcal{B}^\theta$ を通過できぬもの.

そして, 同じく (b) に拠り,

　　$N(\gg 1)$ 個の↑族電子のうち「$\mathcal{P}N$ 個は $\uparrow_\theta$ 種」∧「残り $(1-\mathcal{P})N$ 個は $\uparrow_{\bar\theta}$ 種」

なるはずである. とすれば, (c) にて $\mathcal{D}$ に到達した電子は, $\mathcal{B}^\uparrow \wedge \mathcal{B}^\theta$ を通過した時に $\uparrow_\theta$ 種とわかっているはずゆえ, ↑族の一種であって $\mathcal{B}^\downarrow$ を通過することはできぬはずである. これは矛盾である. どうも古典粒子像ではうまく説明できそうにない.

♣註1　むろん, 速断は禁物かもしれぬ：
　　"$\mathcal{P}N$ 個の $\uparrow_\theta$ 種電子は, $\mathcal{B}^\theta$ を通過する直前までは確かにすべて↑族の一種であったけれども,「$\mathcal{B}^\theta$ を通過する際に, その内の $100 \times (1 - \mathcal{P})$% が↓族に変態させられてしまった」"
と考えれば矛盾は避けれる. しかし, "↑族の性質を記述する量 $\mathcal{P}$ が, $\mathcal{B}^\theta$ による変態確率をも記述する" なる考えは不自然である. もっとも, "不自然" は主観的言葉である. 古典粒子像を客観的に却下するにはいささか手の込んだ考察 (古典粒子像なるものを明確に規定することも含まれる) が必要である. そして, それにはまだ準

[*41] 電子の代わりに中性子<u>でも</u> (むしろ, 静電力やローレンツ力の影響をなくすべく, <u>の方が</u>) よい.

2.5 ウェーヴィクルの不思議な性質　　99

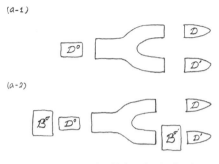

図 **2.11**　三叉路の働き：(a-1), (a-2)

備不足である．

　上記実験を見れば「光 (古典電磁波) に関する偏光板実験」が想い出されよう．その場合には，「光は**横波** (transverse wave)」∧「その振幅はヴェクトル (♡ 2.7 節) として振る舞う」と見なせば極めて単純に説明がつくのであった：

☆演習 **2.5-1**　図 2.10 {(a),(b),(c)} に相当する光実験 (思考実験) は上述と同じ結果を与える．
証明：♡ 2.6.3 項．■

　つまり $\{\mathcal{B}^\uparrow, \mathcal{B}^\downarrow, \mathcal{B}^\theta\}$ は，偏光板のようなものであり，「電子に関する偏向板」といえる．ただし，電子を並の横波と見なすわけにはいかぬ (なぜなら，$\mathcal{D}$ には電子が一個ずつ到着する)．したがって，次のごとく考えざるを得ぬであろう：

　　　　個々の電子が「自分は何か方向性を有する振幅で表されている」と自覚している．

つまり，「ヴェクトルの分解に似た性質が個々の電子において機能している」ことになる．そして，この実験の場合にもまた，確率なる概念を導入する必要に迫られる．

2.5.2　♣ 電子の偏向板実験 (その 2)

　前項にて用いた小道具 $\{\mathcal{D}^0, \mathcal{D}, \mathcal{B}^\uparrow, \mathcal{B}^\downarrow\}$ に加えて「$\mathcal{D}$ と同じ構造をした検出器 $\mathcal{D}'$」∧「三叉路 ("Y字型導波管" つまり "ズボン型の筒")」∧「別の二つの箱 $\{\mathcal{R}_0, \mathcal{R}_{2\pi}\}$」を用意する．これらを様々に配置して幾通りかの実験を行う．いずれの場合にも，前項と同じく左方から電子を送り込んで $\mathcal{D}^0$ が光ったデータのみに着目し，各実験につき $N(\gg 1)$ 個のデータを無作為に抽出して調べる．結果は以下の通り：

(a) 三叉路は，何の仕掛けもない筒であって，素朴に予想される働きをする：

- (a-1)　図 2.11(a-1) のごとく $\{\mathcal{D}^0, \underset{\text{さんさろ}}{三叉路}, \mathcal{D}, \mathcal{D}'\}$ を配置した場合，$N/2$ 個が $\mathcal{D}$ に到達し，他の $N/2$ 個が $\mathcal{D}'$ に到達する．
- (a-2)　図 2.11(a-2) のごとく $\{\mathcal{B}^\sigma, \mathcal{D}^0, 三叉路, \mathcal{D}, \mathcal{B}^{\sigma'}, \mathcal{D}'\}$ を配置した場合 (σ と σ' は夫々 $\{\uparrow, \downarrow\}$ のいずれか)，$N/2$ 個が $\mathcal{D}$ に到達し，他の $N/2$ 個は $\sigma = \sigma'$ なる場合に限り $\mathcal{D}'$ に到達する．

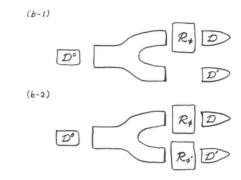

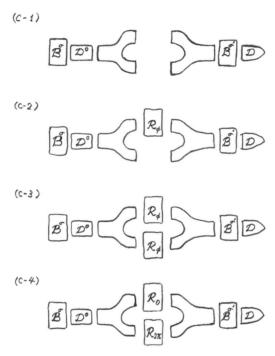

図 2.12 箱 $\mathcal{R}_\phi$ の性質：(b-1), (b-2)

図 2.13 二連三叉路実験：(c-1), (c-2), (c-3), (c-4)

いずれの場合にも $\{\mathcal{D}, \mathcal{D}'\}$ が共に光ることはない．

(b) 次に，箱 $\mathcal{R}_\phi$ の性質を調べる (以下，ϕ や ϕ' はそれぞれ $\{0, 2\pi\}$ のいずれか)：

- (b-1) 図 2.12(b-1) のごとく三叉路の一端に $\mathcal{R}_\phi$ を置く．
- (b-2) 図 2.12(b-2) のごとく三叉路の二端に $\mathcal{R}_\phi$ と $\mathcal{R}_{\phi'}$ を置く．

いずれの場合にも，ϕ や ϕ' の値に依らず，結果は (a-1) と同じである．

(c) さらに，上記三叉路とまったく同じ構造をした三叉路をもう一個用意する．

- (c-1) 図 2.13(c-1) のごとく三叉路を二個配置する．
- (c-2) 上記 (c-1) において三叉路間に $\mathcal{R}_\phi$ を一個挿入する (図 2.13(c-2))．

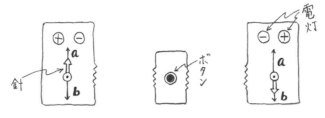

図 2.14 ハーディの玩具

いずれの場合にも「$\sigma = \sigma'$ なる場合に限り $\mathcal{D}$ が光る」(この結果は ϕ の値に依らぬ).

- (c-3) 上記 (c-2) において, 他の三叉路間にも同じ $\mathcal{R}_\phi$ を挿入する (図 2.13(c-3)).

この場合にも「$\sigma = \sigma'$ なる場合に限り $\mathcal{D}$ が光る」(この結果は ϕ の値に依らぬ).

以上, どの実験においても, $\mathcal{R}_\phi$ は何ら効果を及ぼさぬ (在って無きがごとし).
ところが

- (c-4) 図 2.13(c-4) のごとく三叉路間に $\mathcal{R}_0$ と $\mathcal{R}_{2\pi}$ を一個ずつ挿入すると, 結果が以上とは逆になり, $\sigma \neq \sigma'$ なる場合に限り $\mathcal{D}$ が光る.

実は, $\mathcal{R}_0$ は何ら仕掛けなきただの空箱であるが, $\mathcal{R}_{2\pi}$ には微妙な仕掛けがしてある[*42]. その説明は第 38 章にてスピンを導入してからのお楽しみ.

2.5.3 ♣♣ ハーディの玩具

本項は精神的知的衝撃剤である (現段階にて理解できなくとも構わぬ).

実験室の真ん中に箱が置かれている. 箱の「前面にはボタン」∧「左右の壁には薄膜のついた窓」が在る. 箱から数メートル離れて左方に測定器 $\mathcal{M}_\text{左}$ が配置してある. その前面には針 $\boldsymbol{n}_\text{左}$ が在り二方向 $\{\boldsymbol{a}, \boldsymbol{b}\}$ いずれかに合わせれるようになっていて, 上部には二個の電球 $\pm$ がついており, 右壁には薄膜つきの窓が在る. 箱から数メートル離れて右方にも測定器 $\mathcal{M}_\text{右}$ が配置してある. その構造は $\mathcal{M}_\text{左}$ と同じである (ただし, 左右が逆であり, 左壁に薄膜つきの窓が在る: 図 2.14). 左右の測定器同士および測定器と中央の箱は互いにまったく独立である (それらを繋ぐ配線などはない). 左右の測定器に電源を入れ, それぞれの針を適当に合わせてから, 真ん中の箱のボタンを押す. すると以下のような現象が観察される:

> 箱の左右窓膜が同時に震え, しばらくして, 今度は左右の測定器の窓膜が同時に震える. その直後に, それぞれの電球が灯る. 左右いずれにおいても, 必ず $\pm$ のいずれか一方が灯り, どちらも灯らぬとか両方とも灯るといったことはない.

この試行を, $\{\boldsymbol{n}_\text{左}, \boldsymbol{n}_\text{右}\}$ を無作為に選んで, 何度もくり返す. 結果は次の通りである.

- (I) $\{\boldsymbol{b}, \boldsymbol{b}\}$ の場合:「左右とも $+$ が灯ること」がある.
- (II) $\{\boldsymbol{b}, \boldsymbol{a}\}$ または $\{\boldsymbol{a}, \boldsymbol{b}\}$ の場合:「左右とも $+$ が灯ること」はない.

[*42] アルバートさんの言葉を借りれば "total-of-nothing box" [34].

- (III) $\{a, a\}$ の場合：「左右とも $-$ が灯ること」はない.

"こんな何の変哲もなく見える玩具のどこが面白いのか" と思われるかもしれぬが, そうはいわず, しばらく辛抱願いたい.

実験結果に拠りすぐに推論できること：

何か「一対の物」が箱から左右に飛び出して左右の測定器に入ったに違いない.

この推論に立って, 以下「一対の物」を「一対の粒子」とよぶことにし, $\{$左, 右$\}$ に飛んでいく粒子を $\{$粒子 1, 粒子 2$\}$ と名付けよう. 次の二命題は "自明" であろう：

- 個々の試行において左右の針がどのように合わせられるかは, 実験家の自由意志で決められ, 粒子の与り知らぬところである. したがって, どの電球が灯るかは「(針の合わせられ方と無関係に) あらかじめ粒子が有していた性質」に依って決まっているはずである.
- $\mathcal{M}_{左}$ にてどちらの電球が灯ったかに依って $\mathcal{M}_{右}$ における結果が影響されることはない. なぜなら, 左右の電球は中央にいる実験家から見て同時に灯る (相対論の言葉を使えば「互いに空間的に離れた事象 (spacelike-separated events)」である) ゆえ, 測定器到達時点に粒子対が談合することはできぬ. したがって, 左右それぞれ $\pm$ いずれが灯るかは $\{$粒子 1, 粒子 2$\}$ 各々があらかじめ有していた性質に依って決まっているはずである.

註 1 これら "自明な" 二命題を認める考え方は**局所実在論** (local realism) とよばれる. そういうと厳めしく聞こえるが, 要するに, これはごく常識的な考え方を述べているにすぎぬ.

これを前提として, 上記実験結果を考察してみよう. まず, 「針が $\{b, b\}$ に合わせられ」$\wedge$「左右とも $+$ が灯った」なる試行 (結果 I に拠り, そのような試行が存在) に着目しよう. これら試行においては, 粒子 1 は「b を $+$ に灯す」なる性質を有していたはずであり, 粒子 2 も「b を $+$ に灯す」なる性質を有していたはずである. ところが, 実験家は針を無作為に合わせるゆえ, たまたま上記粒子対に対して $\{a, b\}$ と合わせていたかもしれぬ. したがって, 粒子 1 は「a を必ず $-$ に灯す」なる性質を有さねばならぬ：もし a を $+$ に灯すことがあるとすれば結果 II に反する (なぜなら, 上記結果は多数回 (理想的には無限回) の試行を経た統計を表すものであり, それゆえ, 目下考察中のような場合も含まれているはずである). 同様に, 上記粒子対に対して $\{b, a\}$ と合わせられていたかもしれぬ. したがって, 粒子 2 は「a を必ず $-$ に灯す」なる性質を有さねばならぬ：もし a を $+$ に灯すことがあるとすれば, やはり, 結果 II に反する. ところが, $\{a, a\}$ と合わせられていた可能性もある. その場合には左右とも $-$ が灯ったはずである. しかるに, これは結果 III に反する.

ハーディに依って考案されたこの玩具 [35], まだ実作されてはいないが, 量子力学に拠れば実現可能であり, 遠からず作られることであろう. しかし, この玩具の種明かしや関連諸現象 (EPR 相関など [36]) について考えるには, まず, 量子力学の基礎をきちんと理解することが必要である.

♣ **註 2** 上述のごとき**常識はずれ現象**は**絡繊状態** (entangled state) なるものに起因する (♡ 25.4.2 項). これは, 量子力学に特有の概念であり, 古典物理学では決して理解できぬ代物である.
註 2 中註 「量子波動の干渉 (2.3 節)」$\vee$「ヴェクトルの分解 (2.6.3 項)」$\vee$「絡繊状態」は, いずれも, "重ね合せの原理 (principle of superposition)" が充たされて初めて可能である. "重ね合せの原理" は, 量子力学の基礎に在って, すべてを支配する性質である (♡ 3.13 節).

2.6 演習答案

本章に限り，演習の一部について，答案を本節にまとめて記す．

2.6.1 演習 2.1-2

大前提として

$$D \gg d \tag{2.18}$$

を仮定する．

$$R \equiv |\boldsymbol{D} + \boldsymbol{\rho}| = \sqrt{D^2 + y^2 + z^2}, \tag{2.19a}$$

$$\zeta \equiv z/R \quad (\Longrightarrow \quad |\zeta| < 1), \qquad \varepsilon \equiv d/R \quad (\Longrightarrow \quad \varepsilon < d/D \ll 1) \tag{2.19b}$$

とおいて

$$|\boldsymbol{D} + \boldsymbol{\rho} - \boldsymbol{d}/2|/R = \{R^2 - \boldsymbol{\rho} \cdot \boldsymbol{d} + (d/2)^2\}^{1/2}/R = \{1 - \zeta\varepsilon + (\varepsilon/2)^2\}^{1/2}$$
$$\sim 1 - \frac{1}{2}\zeta\varepsilon + \frac{1}{8}(1 - \zeta^2)\varepsilon^2, \tag{2.20a}$$

$$(|\boldsymbol{D} + \boldsymbol{\rho} - \boldsymbol{d}/2| + |\boldsymbol{D} + \boldsymbol{\rho} + \boldsymbol{d}/2|)/2R \simeq 1 + \frac{1}{8}(1 - \zeta^2)\varepsilon^2 \tag{2.20b}$$

(近似等号 $\simeq$ は「$\mathcal{O}(\varepsilon^3)$ を無視すれば等しい」の意)．ゆえに

$$-\frac{\Theta(\boldsymbol{D} + \boldsymbol{\rho})}{2\pi} \simeq \frac{D}{R}\frac{z}{\Lambda_0}\left\{1 - \frac{1}{8}(1 - \zeta^2)\varepsilon^2\right\}. \tag{2.21}$$

第 n 明点 z_n (精確には明線 $z_n(y)$) を次式で定義しよう：

$$-\left.\frac{\Theta(\boldsymbol{D} + \boldsymbol{\rho})}{2\pi}\right|_{z=z_n} := n. \tag{2.22}$$

以下，(2.18) より強い条件

$$D \gg \sqrt{n}d \qquad (\Longrightarrow \quad n\varepsilon^2 \ll 1) \tag{2.23}$$

を仮定すれば，(2.21)∧(2.22) に拠り，

$$\left.\frac{Dz}{R\Lambda_0}\right|_{z=z_n} \simeq n, \tag{2.24a}$$

$$\text{ゆえに} \quad z_n \simeq n\Lambda_0 \sqrt{\frac{1 + (y/D)^2}{1 - (n\lambda/d)^2}}. \tag{2.24b}$$

したがって，明点間隔は「$n\lambda/d \ll 1$ ならほぼ等間隔 (間隔 Λ_0) であり」∧「n が増すにつれて広くなる」．z 軸上 $(y=0)$ における間隔は，$n \lesssim d/\lambda$ なる明点群に着目すれば，次式で与えられる：

$$\left.\frac{z_n - z_{n-1}}{\Lambda_0}\right|_{y=0} = \frac{n}{\sqrt{1 - (n\lambda/d)^2}} - \frac{n-1}{\sqrt{1 - ((n-1)\lambda/d)^2}}$$
$$= 1 + \frac{1}{2}(3n^2 - 3n + 1)\frac{\lambda^2}{d^2} + \mathcal{O}((n\lambda/d)^3). \tag{2.24c}$$

註 (2.24a) が z_n を精度 Λ_0 で (つまり，例えば「$z_{100} \simeq 99\Lambda_0$ ではなく，$z_{100} \simeq 100\Lambda_0$ である」と主張できる程度に精確に) 与え得るには条件 $n\varepsilon^2 \ll 1$ が必要 ($\varepsilon^2 \ll 1$ だけでは不充分)．この事情は，(2.21)∧(2.22) を次の形に書けば，容易に理解できよう：

$$\left.\frac{Dz}{R\Lambda_0}\right|_{z=z_n} \simeq n + \left.\frac{n}{8}(1 - \zeta^2)\varepsilon^2\right|_{z=z_n}. \tag{2.25}$$

104   第 2 章　ウェーヴィクル

2.6.2　演習 2.1-6

N 個の細隙のうち，第 m 細隙の位置を $\boldsymbol{d}_m$ と書く：

$$\boldsymbol{d}_m := (m + \tfrac{1}{2})\boldsymbol{d} \qquad : m = -M, -M+1, \cdots, M',$$

$$M' \equiv M - 1 \ (\Longrightarrow\ N = 2M) \ \lor \ M' \equiv M \ (\Longrightarrow\ N = 2M + 1).$$

すると

$$\mathcal{A}_N(\boldsymbol{D} + \boldsymbol{\rho})/A_* = \sum_m \cos(k|\boldsymbol{D} + \boldsymbol{\rho} - \boldsymbol{d}_m| - \omega t) \qquad : \sum_m \equiv \sum_{m=-M}^{M'}$$

$$= \Re \sum_m \exp(ik|\boldsymbol{D} + \boldsymbol{\rho} - \boldsymbol{d}_m| - i\omega t) \tag{2.26}$$

以下，記法 (2.19) および $\varepsilon_m \equiv (m + 1/2)\varepsilon$ を使う．条件

$$D \gg Nd \qquad (\Longrightarrow\ |\varepsilon_m| \ll 1 \qquad : \forall m) \tag{2.27}$$

が成り立っているとして，(2.20a) と同様に

$$|\boldsymbol{D} + \boldsymbol{\rho} - \boldsymbol{d}_m|/R = 1 - \zeta\varepsilon_m + \mathcal{O}(\varepsilon_m^2), \tag{2.28a}$$

$$\exp(ik|\boldsymbol{D} + \boldsymbol{\rho} - \boldsymbol{d}_m|) = e^{ikR} e^{-ikR\zeta\varepsilon_m} e^{i\theta_m'} \qquad : \theta_m' = \mathcal{O}(kR\varepsilon_m^2). \tag{2.28b}$$

θ_m' は，$kR\zeta\varepsilon_m$ に比べて相対的に小さいからといって，ただちに無視するわけにはいかぬ．位相因子 $e^{i\theta_m'}$ が利かぬためには θ_m' が<u>絶対的に小さいこと</u> ($|\theta_m'| \ll 1$) が必要．以下，次の条件を追加しよう：

$$\sqrt{D\lambda} \gg Nd \qquad (\Longrightarrow\ kR\varepsilon_m^2 < k(Nd)^2/R \ll 1 \qquad : \forall m). \tag{2.29}$$

これを仮定すれば

$$\mathcal{A}_N(\boldsymbol{D} + \boldsymbol{\rho})/A_* \simeq \Re e^{i(kR - \omega t - \theta/2)} \sum_m e^{-im\theta} \qquad : \theta \equiv k\zeta d. \tag{2.30}$$

和を計算すると

$$\sum_m e^{-im\theta} = \begin{cases} e^{i\theta/2} \sin(M\theta)/\sin(\theta/2) & : M' = M - 1, \\ \sin((M + \tfrac{1}{2})\theta)/\sin(\theta/2) & : M' = M. \end{cases} \tag{2.31}$$

ゆえに

$$\mathcal{A}_N(\boldsymbol{D} + \boldsymbol{\rho})/A_* \simeq \cos(kR - \omega t - \theta_0/2)\frac{\sin(N\theta/2)}{\sin(\theta/2)} \qquad : \theta_0 \equiv \begin{cases} 0 & : N \text{ が偶数}, \\ \theta & : N \text{ が奇数}. \end{cases} \tag{2.32}$$

2.6.3　演習 2.5-1

光の偏光板実験

　偏光板は簡単かつ安価に入手できる[*43]．「偏光板の軸」のそろえ方は簡単：二枚重ねて光を通し，光が最も通過しやすい場合に「それら二枚の軸が互いにそろっている」と見なせばよい．まったく同じ構造の偏光板を三枚用意して，そのうちの一枚を **X** と名づけ，その軸を X 方向とよぶことにする．二枚目は，軸を Y 方向に向け（つまり，**X** に対して 90 度回転し），**Y** と名づける．残りの一枚は，軸を「X 方向から 60 度傾いた方向」に向け，θ と名づける (図 2.15)．この三枚を用いて簡単な実験をして欲しい．一定の明るさで光る光源 (太陽でもよい) とスクリーンを用意し，光の進む方向に垂直に偏光板を配置して (図 2.16)，四通りの実験 {(a), (b), (c), (d)} (図 2.17) を行い，スクリーンに光が当たるかどうかを，そしてその明るさを，調べる．まず (a) と (b) について，結果は以下の通り：

[*43] ちょっと小遣いを節約すれば買える (10cm×10cm 程度のものなら 1 枚 200 円ぐらい)．

2.6 演習答案   105

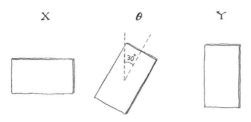

図 2.15 偏光板：$\{\mathbf{X}, \theta, \mathbf{Y}\}$

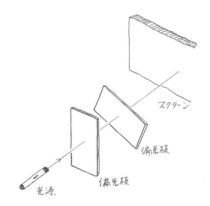

図 2.16 偏光板実験：概念図

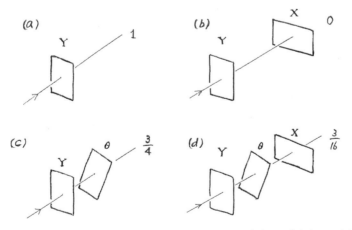

図 2.17 四通りの偏光板実験 $\{(a),(b),(c),(d)\}$：スクリーンは省略し，代わりに，(a) を基準とした相対的な明るさが記してある

106　　第 2 章　ウェーヴィクル

(a)　光が当たる (**Y** を **X** に替えても同じ)・・・・・・・・・[この場合の明るさを 1 とする],

(b)　光は当たらぬ (**Y** と **X** の順序を交換しても同じ)・・・[ゆえに明るさは 0].

この結果を説明し得る最も単純な仮説は次のようなものであろう:

[仮説 1]　光は次の二族に分類できる:

　　　　X 族:**X** を通過できるが **Y** は通過できぬもの,

　　　　Y 族:**Y** を通過できるが **X** は通過できぬもの.

次に (c) の場合の結果を書くと

(c)　明るさは 3/4.

これを説明することも簡単であろう. 次の仮説を追加すればよい:

[仮説 2]　Y 族の光はさらに次のように二種に分類できる:

$$Y 族 \begin{cases} 75\% \text{ が } Y_\theta \text{種} :\theta \text{を通過できるもの}, \\ 25\% \text{ が } Y_{\bar\theta} \text{種} :\theta \text{を通過できぬもの}. \end{cases}$$

さて, 最後の実験 (d) については, 常識的に考えればスクリーンに光は当たらぬであろう. きちんと考えてもそのはずである. なぜなら,

　　　光がスクリーンに到達するには, まず, **Y** と θ を通過せねばならぬ. ところが, これらを通過した光は, Y_θ 種であり (ゆえに Y 族に属し), **X** を通過することはできぬ.

ところが, 驚くべきことに, **Y** と **X** の間に θ を置くとスクリーンに光が当たる:二枚の板で光を遮 (さえぎ) ったにもかかわらず, 第三の板を挟むと光が通過する (この結果には, 「細隙を両方とも開くと, 片方だけ開いた場合に比べて, むしろ暗くなる部分が有る」なる二連細隙実験結果と合い通ずるものが有る). ゆえに, 「光は様々な種族の混ぜ合せである」とする「仮説 1 ∧ 仮説 2」は根本的に間違っている.

　　さらに, 定量的に調べると

(d)　明るさは 3/16.

大きさだけでなく向きをも有する振幅

　ところで "光は波" であった. 波には, 水面波のように「揺れの大きさ」だけで決まる (より精確にいうと, 揺れる方向が鉛直方向に固定されていて, 「揺れの向き」に関する自由度がない) 波も有るが, そうではないものも有る. 例えば, 縄の一端を壁に結び付けて他端を手で揺すると縄が波打つ. 揺すり方に応じて上下に波打ったり左右に波打ったりする. つまり, この波には, 各地点において, 「揺れの大きさ」と共に「揺れの向き」に関する自由度が有る:「縄を伝わる波の振幅は, 大きさだけでなく, 向きをも有す」といわれる.

　前述 (光の偏光板実験) の実験結果は「光波の振幅は, 縄を伝わる波に似て, 大きさだけでなく向きをも有する」ことを示唆している. それゆえ, 光波の振幅を矢印で表すことにしよう. ただし, 偏光板 **X** を 180 度回転しても **X** と区別が付かぬことからも推察できるように, $+X$ 方向と $-X$ 方向を区別することは意味がない (或る瞬間に $+X$ 方向に揺れていたとすれば半周期後には $-X$ 方向に揺れているはず) と考えられる. したがって, 振幅を表す矢印は, 普通の矢印ではなく「双頭の矢印」を導入して, 「矢印の向きが, 揺れの向き」∧「矢印の長さが, 揺れの大きさ」を表すものとする. ただし, 長さを精確に描くはめんどうゆえ, 大きさ 1 の振幅を「二重棒の双頭矢印」で表し, その前に書いた数字で一般の振幅の大きさを表すことにする. 例えば (図 2.18)

(イ)「大きさ 1」∧「X 方向を向いた」振幅:⇔,

(ロ)「大きさ $\frac{1}{2}$」∧「X 方向を向いた」振幅:$\frac{1}{2}$ ⇔,

(ハ)「大きさ 1」∧「Y 方向を向いた」振幅:↕,

(ニ)「大きさ $\frac{\sqrt{3}}{2}$」∧「Y 方向を向いた」振幅:$\frac{\sqrt{3}}{2}$ ↕.

さらに, 「光波の振幅はヴェクトルの性質を有す ("平行四辺形の規則" に従って合成や分解ができる)」と考え, 次の仮説を導入しよう:

　　仮説 I:光波の振幅を「偏光板の軸の方向」と「偏光板の軸と垂直な方向」に分解すれば, 軸方向成分だけが, その偏光板を通過する.

　　仮説 II:スクリーンの明るさは「スクリーンに到達した光波の, 振幅 (の大きさ) の 2 乗」で与えら

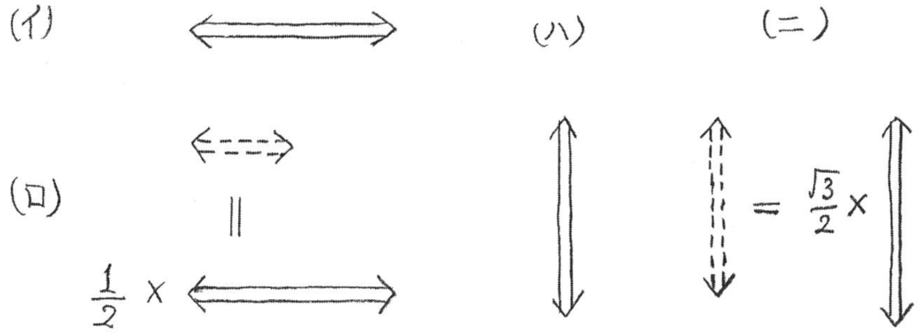

図 **2.18** 光の振幅 {(イ),(ロ),(ハ),(二)}

れる[*44].

仮説 I に拠れば，偏光板 **Y** を通過した光波の振幅は Y 方向を向いているはずである．これは，(a) の場合の明るさを 1 としたことと仮説 II とを考慮して，長さ 1 の二重棒矢印 $\updownarrow$ で表せる：

$$\mathbf{Y} \text{ を通った光波の振幅 } = \updownarrow. \tag{2.33a}$$

(b) の場合，**Y** の後ろに **X** が置かれていることに着目して，$\updownarrow$ を X 方向とそれに垂直な方向 (つまり Y 方向) に分解すると，

$$\updownarrow \ = \ 0 \Leftrightarrow \ + \ 1 \updownarrow. \tag{2.33b}$$

つまり，$\updownarrow$ は X 方向成分を有せぬ．ゆえに，仮説 I に拠り，光波は **X** を通過できぬ．

(c) の場合，「θ 方向 (X 方向から 60 度傾いた方向) の二重棒矢印 Θ」(斜め矢印の代用として記号 Θ を使う) と「$\bar{\theta}$ 方向 (X 方向から 150 度傾いた方向) の二重棒矢印 $\bar{\Theta}$」を用いて $\updownarrow$ を分解すれば (図 2.19(イ))，

$$\updownarrow \ = \ \frac{\sqrt{3}}{2} \Theta \ + \ \frac{1}{2} \bar{\Theta}. \tag{2.33c}$$

仮説 I に拠り，右辺第一項で表される部分が偏光板 θ を通過してスクリーンに到達する．したがって，仮説 II に拠り，スクリーンの明るさは $(\sqrt{3}/2)^2 \ (= 3/4)$．

(d) の場合，式 (2.33c) の第一項を X 方向と Y 方向に分解すれば (図 2.19(ロ))，

$$\frac{\sqrt{3}}{2} \Theta \ = \ \frac{\sqrt{3}}{2} \left(\frac{1}{2} \Leftrightarrow \ + \ \frac{\sqrt{3}}{2} \updownarrow \right) \ = \ \frac{\sqrt{3}}{4} \Leftrightarrow \ + \ \frac{3}{4} \updownarrow. \tag{2.33d}$$

仮説 I に拠り，右辺第一項で表される部分が偏光板 **X** を通過してスクリーンに到達する．したがって，仮説 II に拠り，スクリーンの明るさは $(\sqrt{3}/4)^2 \ (= 3/16)$．

かくて，「仮説 I $\wedge$ 仮説 II」を認めれば，さきほどの実験結果はすべて矛盾なく説明できる．

以上，「縄を伝わる波」を思い浮かべつつ話を進めた．しかし，それと仮説 I の間には大きな開きが有る．「縄を伝わる波」の場合，偏光板 **X** に相当するのは X 方向に切れ目 (隙間) の入った板であろう．この板は，X 方向に揺れる波を自由に通すが，それ以外の方向に揺れる波はその一部分たりとも通さぬ．したがって，「縄を伝わる波」については，その振幅が矢印で表せて式 (2.33c) や (2.33d) なども形式的に正しいけれども，仮説 I に相当する性質はない．光波とは実に不思議な波である．

光子

残念ながら，これでめでたしめでたしと手を打つわけにはいかぬ．ヤングの実験をきわめて弱い光で行うと，スクリーンが一見ランダムにぽつりぽつりと輝き，辛抱強く実験を続けると輝点の個数が増すにつれてしだいに縞模様が浮かび上がってくる．この様子は電子の場合 (♡ 2.2.2 項) とまったく同じである．つまり，光もウェー

[*44] 精確には，「$\cdots$」に比例する．

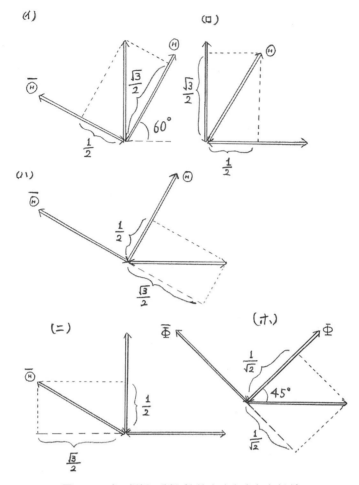

図 2.19 光の振幅の分解 {(イ),(ロ),(ハ),(ニ),(ホ)}

ヴィクルであった.「ウェーヴィクルとしての光」が「光子 (photon: ~ フォト (光) の素)」とよばれるわけである.

偏った光子

先ほどの偏光板実験を極めて弱い光で行ってみよう. スクリーンは, 時間的にランダムに, ぽつりぽつりと輝く. 光子が一個ずつ気まぐれに時々スクリーンに到着していると考えられる. 図 2.17 {(a),(b),(c),(d)} それぞれについて, 同じ時間だけ光を当てて, スクリーンに到達する光子の個数を調べると, 例えば次のような結果が得られる:

(a) 160 万個が到達,
(b) 到達せぬ,
(c) 120 万個 (つまり, (a) の場合の 3/4) が到達,
(d) 30 万個 (つまり, (a) の場合の 3/16) が到達.

つまり,「強い光で行った実験における, 光の明るさ」は, 実は,「到達する光子の個数」に他ならぬわけである. 光子は, 個別には到達するかどうかランダムであるけれども, 多数個全体として上のような規則性を示す. かような結果に拠り, 次のごとく考えざるを得ぬであろう:

個々の光子が「自分はヴェクトル (♡ 2.7 節) の性質を有する振幅で表されている」ことを自覚している. つまり,「ヴェクトルの分解」なる性質が個々の光子において機能している.

2.7 ◇ ヴェクトルと線形空間

2.7.1 ヴェクトルについて復習：念のため

"この会社のベクトルは … に向いている" などと日常語として "ベクトル" が登場することも多い．この "ベクトル" は単に "(行動や思考の) 方向" なる意味らしい．"大きさと方向をもつ量をベクトルという" なる "説明" もしばしば見かける．しかし，これら "ベクトル" はヴェクトルではない．確かに「ヴェクトルは大きさと方向を有する」．しかし，逆は真ならず．大雑把にいえば，

> ヴェクトルとは「大きさと方向を有し，それゆえ矢印で表せて，平行四辺形の規則に従って『尾・頭・尾・頭』＝『尾・頭』なる具合に合成 (足し算) ができる (見方を変えれば，分解ができる) 量」から成る集合の一員．

何らか集合を想定して初めてヴェクトルなる概念が登場し得る．単に "大きさと方向を有する" だけではヴェクトルなる資格がない：例えば，猫には大きさも方向 (尾と頭) も有って抽象的に矢印で表せようが，$\overrightarrow{\text{にゃ}}$ の頭に $\overrightarrow{\text{みゃ}}$ の尾をくっつけても新たな猫にはならぬ[*45]ゆえ，猫はヴェクトルではない．

1.12 節にて扱った $\mathbf{E}^3$ についていえば，下記が成り立っている (すなわち，<u>変長</u>[*46]および 合成 ∨ 分解 が可能)：

$$\text{任意の } \{a, b\} \subset \mathbf{E}^3 \text{に対して,}$$
$$\lceil ca \in \mathbf{E}^3 \quad : \forall c \in \mathbf{R}\rceil \qquad \wedge \qquad \lceil a + b \in \mathbf{E}^3 \rceil. \tag{2.34}$$

2.7.2 線形空間

上記を一般化した**線形空間** (linear space) が次章以降にて重要となる：

定義　集合 $L \equiv \{f, g, h, \cdots\}$ が下記公理 $\mathcal{L}_\mathrm{I} \wedge \mathcal{L}_\mathrm{II}$ を充たす場合，「L は線形空間を成す」といわれる：

公理 $\mathcal{L}_\mathrm{I}$

- $\mathcal{L}_\mathrm{I0}$：元 (≡ 要素 (element)) 間に「和 (≡ 足し算：記号 ＋ で表す)」が一意的に定義され，L は「和に関して閉じている」(≡「足し算した結果も L の元である」)：

$$f + g \in L \quad : \forall \{f, g\} \subset L. \tag{2.35a}$$

- $\mathcal{L}_\mathrm{I1}$：和は**結合法則**[*47] (associative law) に従う：

$$f + (g + h) = (f + g) + h \quad : \forall \{f, g, h\} \subset L. \tag{2.35b}$$

- $\mathcal{L}_\mathrm{I2}$：**零元** (zero element) が存在する：

$$\exists 0 \in L \quad | \quad 0 + f = f \quad : \forall f \in L. \tag{2.35c}$$

[*45] もっとも，生理学 (?) の "進歩" がかような代物をも作り出しかねぬとすれば空恐ろしい．物理でも 21 世紀に入って，猫が「抽象ヒルベルト空間のヴェクトル」になるかもとの予兆が有るやにも聞くが，それは本書現段階からすれば先の先の話．

[*46] 回転することなく長さを変える (ただし方向逆転も可)：正式用語は**スカラー倍**．

[*47] 結合律ともいわれる．

- $\mathcal{L}_{I3}$：各元に対して**逆元** (inverse element) が存在する：勝手な $f \in L$ に対し，

$$\exists -f \in L \quad | \quad -f + f = 0. \tag{2.35d}$$

- $\mathcal{L}_{I4}$：和はすべて**可換** (commutative) である：

$$f + g = g + f \qquad : \forall\{f, g\} \subset L. \tag{2.35e}$$

- $\mathcal{L}_{I5}$：これは公理ではなく記法定義にすぎぬが同居させておく：

$$f - g := f + (-g) \qquad : \forall\{f, g\} \subset L. \tag{2.35f}$$

公理 $\mathcal{L}_{II}$

- $\mathcal{L}_{II0}$：元の複素数倍が一意的に定義され，L は「複素数倍に関して閉じている」：

$$cf \in L \qquad : \forall c \in \mathbf{C} \,\wedge\, \forall f \in L. \tag{2.36a}$$

- $\mathcal{L}_{II1}$：特に，「1 倍は元を変えず」$\wedge$「0 倍は元を零元に帰す」：

$$1f = f \quad \wedge \quad 0f = 0 \qquad : \forall f \in L. \tag{2.36b}$$

- $\mathcal{L}_{II2}$：複素数倍は 分配法則 (distributive law)$\wedge$ 結合法則 に従う：

$$(c + c')f = cf + c'f \,\wedge\, c'(cf) = (c'c)f$$
$$: \forall\{c, c'\} \subset \mathbf{C} \,\wedge\, \forall f \in L, \tag{2.36c}$$
$$c(f + g) = cf + cg \qquad : \forall c \in \mathbf{C} \,\wedge\, \forall\{f, g\} \subset L. \tag{2.36d}$$

☆**註** (2.36b) 第二式 $0f = 0$ にて「$0_{左辺} \in \mathbf{C}$」$\wedge$「$0_{右辺} \in L$」：両者は，本来は異なるが，概念的に区別すべき必要がほとんどないゆえ，同一記号 0 で表す．

$\mathcal{L}_{I0} \wedge \mathcal{L}_{II0}$ は，他諸公理が充たされていることを前提として，「L の**線形性** (linearity)」を意味する．L が線形空間と称される所以である．

♣ **註** $\mathcal{L}_{I}$ だけが充たされる場合，「L は**加法群** (additive group) を成す」といわれる．つまり，線形空間は「加法群に $\mathcal{L}_{II}$ を追加したもの」である．なお，「$\mathcal{L}_{I}$ から $\mathcal{L}_{I4} \wedge \mathcal{L}_{I5}$ を除いたもの」が「**群** (group) の公理 (♡ 16.8.4 項)」に他ならぬゆえ，加法群は群の一種たる**可換群** (commutative group) である．

♣ **演習** $\mathcal{L}_{I}$ だけに拠り，

$$f + h = g + h \quad \Longrightarrow \quad f = g, \tag{2.37a}$$
$$-0 = 0, \tag{2.37b}$$
$$-(-f) = f, \tag{2.37c}$$
$$零元は一意的： \lceil 0' + f = f \quad : \forall f \rfloor \Longrightarrow \lceil 0' = 0 \rfloor, \tag{2.37d}$$
$$逆元は一意的： \lceil g + f = 0 \rfloor \Longrightarrow \lceil g = -f \rfloor, \tag{2.37e}$$
$$f + g = h \quad \Longrightarrow \quad g = -f + h = h + (-f) = h - f, \tag{2.37f}$$
$$-(f + g) = -f + (-g) = -f - g. \tag{2.37g}$$

証明：群に関する定理 (♡ 16.8.4 項) の証明に可換性を加味． ∎

♣ **演習** $\mathcal{L}_{I} \wedge \mathcal{L}_{II}$ に拠り

$$(-1)f = -f, \tag{2.38a}$$
$$c0 = 0, \tag{2.38b}$$
$$\lceil cf = 0 \ \wedge \ c \neq 0 \rfloor \quad \Longrightarrow \quad f = 0. \tag{2.38c}$$

証明：$\mathcal{L}_{\mathrm{II}2}$ 第一式にて $\{c, c'\} = \{1, -1\}$ と採り，$\mathcal{L}_{\mathrm{II}1}$ を用いて，

$0 = 0f = \{1 + (-1)\}f = 1f + (-1)f = f + (-1)f,$ ゆえに「逆元の一意性 (2.37e)」に拠り (2.38a).
(2.38b) については，$c = 0$ なら $\mathcal{L}_{\mathrm{II}1}$ 第二式に拠り自明，

$c \neq 0$ なら，$\mathcal{L}_{\mathrm{II}2}$ (2.36d) にて $\{f, g\}$ を $\{c^{-1}f, 0\}$ で置き換えて
$$c(c^{-1}f + 0) = c(c^{-1}f) + c0.$$
しかるに 左辺 $= c(c^{-1}f) = (cc^{-1})f = 1f = f$，同様に，右辺 $= f + c0$，ゆえに「$f = f + c0 \ : \ \forall f$」.
かくて，「零元の一意性 (2.37d)」に拠り (2.38b).

最後に，$c \neq 0$ ならば (2.38b) に拠り $c^{-1}0 = 0$ ゆえ，
$$cf = 0 \quad \Longrightarrow \quad 0 = c^{-1}0 = c^{-1}(cf) = (c^{-1}c)f = 1f = f. \quad \blacksquare$$

♣♣ 註 本項における L は，精確には，「複素数体上の線形空間」とよばれる．一般に，$\mathcal{L}_{\mathrm{II}}$ にて導入した「$\mathbf{C}$ ($\equiv$ 複素数体)」は，勝手な**体**[48] ($\equiv$「四則演算が定義された集合」) で置き換えて構わず，体として或る $\mathbf{K}$ を採った場合に L は「$\mathbf{K}$ 上の線形空間」とよばれる．お馴染みの $\mathbf{E}^3$ は，「$\mathbf{C}$ を $\mathbf{R}$ で置き換え」$\wedge$「$\{f, g, h, \cdots\}$ を $\{\boldsymbol{a}, \boldsymbol{b}, \boldsymbol{c}, \cdots\}$ と書き換えた」ものであり，線形空間を成す．一般に $\mathbf{E}^D (D \in \mathbf{N})$ は，"D 次元ヴェクトル空間" ともよばれ[49]，「内積 (♡ 1.12 節) を備えた線形空間」といえる．精確には，$\mathbf{E}^D$ においては原点 ($\equiv$「線形空間としての零元」) が勝手に採れるゆえ，「原点 O を選んで固定した $\mathbf{E}^D$」が線形空間を成す：O に応じて，(構造は共通であるが) それぞれ，線形空間となる ♡ 例えば 6.6.2 項 ガリレイ変換．また，1.12.4 項にて導入した diadic も線形空間を成す．

2.7.3 部分空間

線形空間 L の部分集合 L' がそれ自体として線形空間を成す場合，L' は「L の**部分空間** (subspace)[50]」と称される：

定義 「L' が線形空間 L の部分空間である」とは下記が成り立つことをいう：
$$\lceil L' \subset L \rfloor \quad \wedge \quad \lceil L' \text{は線形空間を成す} \rfloor. \tag{2.39}$$

部分空間とは，要するに，単なる部分集合ではなく「和と複素数倍に関して閉じた部分集合」：

定理 (部分空間鑑定器) 所与の線形空間 L に関し，集合[51] L' が「L の部分空間」なる <u>必充条件</u> ($\equiv$ 必要充分条件) は下記が成り立つことである：
$$\{f, g\} \subset L' \quad \Longrightarrow \quad g - f \in L' \ \wedge \ cf \in L' \quad : \ \forall c \in \mathbf{C} \ \wedge \ \forall \{f, g\}. \tag{2.40}$$

証明：16.8.4 項の定理 (部分群鑑定器) の証明と同様であるが，一応，詳しく述べておく．L' が線形空間を成すなら (2.40) が成り立つゆえ必要性は自明．充分性を示そう：

L' は元を少なくとも一つ有するゆえそれを f とすれば，(2.40) にて $g = f$ と置けて，

---

[48] 英語の数学術語では "field" といわれるが，field は物理では場の意味に使うゆえ，紛らわしい．「体」は独語の数学術語 Kölper の直訳．例えば $\mathbf{R}$ ($\equiv$ 実数体) や $\mathbf{Q}$ ($\equiv$ 有理数体) も体.

[49] この呼称に引きずられた格好で一般の $\{$線形空間，元$\}$ が $\{$ヴェクトル空間，ヴェクトル$\}$ と称されることも有るが，本書はヴェクトル空間なる語は原則として使用せず，稀に使うとしても $\mathbf{E}^D$ に限定使用する.

[50] 詳しくは「線形空間 L の一部分たる線形空間」(a linear subspace of the linear space L) とでもいうべきものであり，**線形部分空間** (linear subspace) ともいわれるが，本書にて扱う部分空間はすべて線形空間ゆえ，単に「部分空間」で済ます.

[51] やかましく厳密にいえば「空ならぬ (元を少なくとも一つ有する) 集合」.

$$0 \in L' \qquad \heartsuit \ f(\in L') \in L \quad \text{ゆえ} \quad f - f = 0,$$
それゆえ, (2.40) にて $g = 0$ と置けて, $\qquad -f \in L' \qquad \heartsuit \ f(\in L') \in L \quad \text{ゆえ} \quad 0 - f = -f,$
「$f \in L' \implies -f \in L'$」がいえたゆえ, (2.40) 右辺にて f を $-f$ で置き換えれて,
$$f + g \in L' \qquad \heartsuit \ \{f, g\}(\subset L') \subset L \quad \text{ゆえ} \quad g - (-f) = g + f = f + g.$$

つまり L' は, 線形空間の公理のうち, $\mathcal{L}_{I0} \wedge \mathcal{L}_{I2} \wedge \mathcal{L}_{I3} \wedge \mathcal{L}_{II0}$ を充たす. しかるに, $L' \subset L$ ゆえ, 残る諸公理は自動的に充たす. ∎

参考文献

[1] H.F. Talbot: *Facts Relating to Optical Science. No.IV.*, Philosophical Magazine and Journal of Science, **9**, No.56 (1836)[*52], 401–407.

[2] A. Tonomura, J. Endo, T. Matsuda, T. Kawasaki and H. Ezawa: *Demonstration of single-electron buildup of an interference pattern*, Am. J. Phys. **57** (1989), 117–120.

[3] 外村 彰:「量子力学を見る」(岩波書店, 1995), pp.52–55;「電子波が開く世界」(ヴィデオ 23min, 企画 日立製作所, 制作 イメージサイエンス)

[4] 外村 彰:「ゲージ場を見る」(講談社, 1997)[*53]

[5] D. Leibfried, T. Pfau and C. Monroe: *Shadows and Mirrors: Reconstructing Quantum States of Atomic Motion*, Physics Today, April (1998), 22-28.

[6] John Archibald Wheeler: *The "Past" and the "Delayed-Choice" Double-Slit Experiment*, in *Mathematical Foundations of Quantum Theory*, ed. A.R. Marlow (Academic Press, 1978), pp.9–48.[*54]

[7] Warner A. Miller and John A. Wheeler: *Delayed-Choice Experiments and Bohr's Elementary Quantum Phenomenon*, in *Proc. Int. Symp. Foundations of Quantum Mechanics in the Light of New Technology*, ed. S. Kamefuchi *et al.* (Physical Society of Japan, 1984), pp.140–152.

[8] A. Aspect, J. Dalibard and G. Roger: *Experimental Test of Bell's Inequalities Using Time-Varying Analyzers*, Phys. Rev. Lett. **49** (1982), 1804-1807.

[9] D.W. Keith, M.L. Schattenburg, H.I. Smith and D.E. Pritchard: *Diffraction of Atoms by a Transmission Grating*, Phys. Rev. Lett. **61** (1988), 1580-1583; D.W. Keith, C.R. Ekstrom, Q.A. Turchette and D.E. Pritchard: *An Interferometer for Atoms*, Phys. Rev. Lett. **66** (1991), 2693-2692.

[10] Ch.J. Bordé, N. Courtier, F. du Burck, A.N. Goncharov and M. Gorlicki: *Molecular interferometry experiments*, Phys. Lett. A **188** (1994), 187–197.[*55]

[11] Wieland Schöllkopf and J. Peter Toennies: *Nondestructive Mass Selection of Small van der Waals Clusters*, Science **266** (1994), 1345–1348.

[12] M.S. Chapman, C.R. Ekstrom, T.D. Hammond, R.A. Rubenstein, J. Schmiedmayer, S. Wehinger and D.E. Pritchard: *Optics and Interferometry with Na_2 Molecules*, Phys. Rev. Lett. **74** (1995), 4783–4786.

[13] J.L. Clauser and F. Li: in *Atom Interferometry*, ed. P.R. Berman (Academic Press, 1997), pp.121–151.

[14] I. Estermann and O. Stern: *Beugung von Molekularstrahlen*, Zeitschrift fur Physik **61** (1930), 95-125.

[15] M. Arndt, O. Nairz, G. van der Zouw and A. Zeilinger: *Towards Coherent Matter Wave Optics with Macromolecules*, in *Epistemological and Experimental Perspectives on Quantum Physics* (eds. D. Greenberger, W.L. Reiter and A. Zeilinger) (Kluwer Academic, Dordrecht, 1999), pp.221–224.

[16] M. Arndt, O. Nairz, J. Vos-Andreae, C. Keller, G. van der Zouw and A. Zeilinger: *Wave-Particle Duality of C_{60} Molecules*, Nature **401** 14 Oct (1999), 680–682.

[*52] この文献は十数年前に松谷茂樹さん (当時キヤノン解析技術開発センター) から教わった.

[*53] 見事な干渉縞写真.

[*54] たぶん, 文献 [7] の方が入手しやすい.

[*55] Ramsey-Bordé interference:関連する実験は [11][12][13].

[17] M. Arndt, O. Nairz, J. Petschinka and A. Zeilinger: C.R. Acad. Sci. Paris **t.2, Srie IV** (2001), 1- ; O. Nairz, M. Arndt and A. Zeilinger: *Experimental Verification of the Heisenberg Uncertainty Principle for Fullerene Molecules*, Phys. Rev. A **65** (2002), 0321091.

[18] L. Hackermüller, S. Uttenthaler, K. Hornberger, E. Reiger, B. Brezger, A. Zeilinger and M. Arndt: *Wave Nature of Biomolecules and Fluorofullerenes*, Phys. Rev. Lett. **91** (2003), 090408.

[19] Markus Arndt: *De Broglie's meter stick: Making measurements with matter waves*, Physics Today **67**, number 5 (May 2014), 30–36.

[20] T. Juffmann, *et.al.*: *Real-time single-molecule imaging of quantum interference*, Nat Nano (2012), advance online publication.

[21] S. Gerlich, S. Eibenberger, M. Tomandl, S. Nimmrichter, K. Hornberger, P.J. Fagan, J. Tüxen, M. Mayor and M. Arndt: *Quantum interference of large organic molecules*, Nature Communications **2** (05 April 2011), Article number 263.

[22] S. Eibenberger, S. Gerlich, M. Arndt, M. Mayor and J. Tüxen: *Matter-wave interference of particles selected from a molecular library with masses exeeding 10 000 amu*, Physical Chemistry Chemical Physics **15**, Issue 35 (21 September 2013), 14696-14700.

[23] P.A.M. Dirac: *The Principles of Quantum Mechanics* (Oxford at the Clarendon Press, 1958), 4th ed., p.10. [ディラック：「量子力學」 (朝永振一郎訳, 岩波書店, 最新版 2004)]

[24] O. Carnal and J. Mlynek: *Young's Double-Slit Experiment with Atoms: A Simple Atomic Interferometer*, Phys. Rev. Lett. **66** (1991), 2689-2692.

[25] F. Shimizu, K. Shimizu and H. Takuma: *Double-slit interference with ultracold metastable neon atoms*, Phys. Rev. A **46** (1992), R17-R20.

[26] M. Arndt: Nov. 1999, 私信.

[27] 朝永振一郎：「量子力学的世界像」(弘文堂, 1965)

[28] W. Heisenberg: *The Physical Principles of the Quantum Thoery*, (Dover 1949), pp.10–11.

[29] A.S. Eddington: *The Nature of the Physical World* (Cambridge University Press, 1928), Chap.X. The New Quantum Theory, p.201.

[30] 朝永振一郎：「量子力學 II」(みすず書房, 1953), 第 14 刷 (1965).

[31] Nick Herbert: *Quantum Reality*, (Anchor Books, 1985), 1987 edition, §4, p.64.[*56] [ニック・ハーバート：「量子と実在―不確定性原理からベルの定理へ」(林 一訳, 白楊社, 1990)]

[32] J.C. Polkinghorne: *The Quantum World* (Longman, 1984; Pelican Books 1986), p.79.[*57]

[33] Ernst Mach: *The Science of Mechanics*, translated by Thomas J. McCormack (The Open Court Publishing Company, 1893) Third Paperback Edition (1974). [エルンスト・マッハ：「マッハ力学 力学の批判的発展史」(伏見譲訳, 講談社, 1969)]

[34] D.Z. Albert: *Quantum Mechanics and Experience* (Harvard University Press, 1992), p.11. [デヴィッド Z. アルバート：「量子力学の基本原理―なぜ常識と相容れないのか」(高橋真理子訳, 日本評論社, 1997)]

[35] L. Hardy: *Nonlocality for Two Particles without Inequalities for Almost All Entangled States*, Phys. Rev. Lett. **71** (1993), 1665-1668; 解説：N.D. Mermin, *What's Wrong With This Temptation?*, Physics Today, June (1994), 9-11.

[36] N.D. Mermin: *Boojums all the Way Through* (Cambridge University Press, 1990), Sec. 12. [N.D. マーミン：「量子のミステリー」(町田茂訳, 丸善, 1994), pp.39–118]

[*56] "No term exists for a generic quantum object. I propose the word "quon"."

[*57] "What does it mean?" と題した Chapter 8 に曰く："If in the end science is just about the harmonious reconciliation of the behaviour of laboratory apparatus, it is hard to see why it is worth the expenditure of effort involved."

第3章

シュレーディンガー方程式

　本章は，第1章∧第2章を概念的準備として，量子波動 (〜ド・ブロイ波) を数式に載せる仕事に取り掛かる.「粒子は何か正体不明の波 $\psi(\boldsymbol{r};t)$ で記述される」と考え，かつ，古典粒子像と折り合いをつけるには「この波の強度が確率を決める」と考えれば何とかなるであろうと楽観的に考え，ひとまず，この波を数学的に論じてみようなる算段である.

　「"確率波" なる見方」については，正確な意味および妥当性は次章にて詳しく考えることとし，とりあえず**作業仮説** (working hypothesis)[*1]として採用する.

3.1 ◇ 指数函数

慣れたまえ指数函数　　次の関係式はご存知の通り:

$$e^{\theta i} \equiv e^{i\theta} = \cos\theta + i\sin\theta \qquad (\Longleftrightarrow \ \Re e^{i\theta} = \cos\theta \ \wedge \ \Im e^{i\theta} = \sin\theta). \tag{3.1}$$

ところが，$e^{i\theta}$ を見た途端，これを上式右辺のごとくバラしたがる大学生諸君が (大学院生諸氏も) 居る. そうして，大学入試で駆使した加法公式・倍角公式云々をもち出す，それもよかろう. しかし，そんな公式は忘れても構わぬ. すべては次式から出る:

$$e^{(\theta+\theta')i} = e^{\theta i}e^{\theta' i}, \tag{3.2a}$$

$$e^{n\theta i} = \left(e^{\theta i}\right)^n. \tag{3.2b}$$

☆**演習 3.1-1**　　式 (3.2a) の両辺を三角函数で表し，その実部と虚部を採ることに拠り，加法公式を得る.　∎

☆**演習 3.1-2**　　同様にして (3.2b) から倍角公式・三倍角公式・⋯ を得る.　∎

☆**演習 3.1-3**　　本章末 3.18 節の積分 (3.140).　∎

3.2 平面進行波

　二連細隙実験など複雑な状況は後回しにして，まずは，**自由粒子** (free particle) を考えよう. つまり，粒子がまったく制約なしに運動する状況を想定する. 古典粒子像に立てば，自由粒子には力が働かぬゆえ，その {運動量, エネルギー} は或る一定値 $\{\boldsymbol{p}_{\mathrm{cl}}, E_{\mathrm{cl}}(\equiv \boldsymbol{p}_{\mathrm{cl}}^2/2m)\}$ に保たれ[*2]，その古典軌

[*1] ものを考えるための手掛かりもしくは足場.

[*2] 下添字 cl は「古典的 (classical)」の意. 干渉実験の教訓を活かし，速度でなく運動量を主役に据えた.

116　第3章　シュレーディンガー方程式

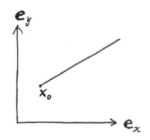

図 **3.1**　自由粒子の古典軌道

道*3 $\boldsymbol{r}_{\rm cl}(t)$ は (図 3.1)

$$\boldsymbol{r}_{\rm cl}(t) = \mathbf{x}_0 + (t-t_0)\boldsymbol{v}_{\rm cl} \qquad : \boldsymbol{v}_{\rm cl} := \boldsymbol{p}_{\rm cl}/m \tag{3.3}$$

({始時刻, 粒子の始位置} を $\{t_0, \mathbf{x}_0\}$ とした). 一方, ド・ブロイに従って (かつ, 二連細隙実験などから想像して),「自由粒子を記述する量子波動は, 下記のごとき平面進行波型ド・ブロイ波である」と考えよう:

$$\cos\{(\boldsymbol{r} - \mathbf{x}_0) \cdot \boldsymbol{k}_0 - (t-t_0)\omega(\boldsymbol{k}_0)\}, \tag{3.4a}$$

あるいは

$$\sin\{(\boldsymbol{r} - \mathbf{x}_0') \cdot \boldsymbol{k}_0 - (t-t_0')\omega(\boldsymbol{k}_0)\}. \tag{3.4b}$$

波数 $\boldsymbol{k}$ に, 後の都合上, 下添字 0 を付けた. また,「周波数は波数の函数である」と考えて $\omega(\boldsymbol{k}_0)$ と書いた*4. しかし, (3.4a) と (3.4b) の違いは位相差 $\pi/2$ のみであり,

$$\mathbf{x}_0' = \mathbf{x}_0, \qquad t_0' = \pi/2\omega(\boldsymbol{k}_0) + t_0 \tag{3.5}$$

とでも置けば後者は前者に帰着するゆえ, 片方のみ考えれば充分. ただし, 数学的には {sin, cos} より指数函数

$$\exp\{i(\boldsymbol{r} - \mathbf{x}_0) \cdot \boldsymbol{k}_0 - i(t-t_0)\omega(\boldsymbol{k}_0)\} \quad (\equiv e^{i(\boldsymbol{r}-\mathbf{x}_0)\cdot\boldsymbol{k}_0 - i(t-t_0)\omega(\boldsymbol{k}_0)}) \tag{3.6}$$

の方が扱いやすい. これの実部を採れば (3.4a) となる. そこで, さしあたり,「自由粒子を記述する量子波動」として

$$\text{実平面進行波} := \Re \mathcal{A} \exp\{i\boldsymbol{k}_0 \cdot \boldsymbol{r} - i\omega(\boldsymbol{k}_0)t\} \tag{3.7}$$

$(\mathcal{A}(\in \mathbf{C})$ は勝手な「定係数」($\equiv$「$\boldsymbol{r}$ にも t にも依らぬ係数」))

を採用してみよう*5:「当該量子波動は実数であると予想し」*6 ∧「簡単のため $(t_0, \mathbf{x}_0) = (0, \mathbf{0})$ と置いた」.

註　以下, 単に**平面進行波**といえば一般に $\mathcal{A}\exp\{i\boldsymbol{k}\cdot\boldsymbol{r} - i\omega(\boldsymbol{k})t\}$ なる形の量子波動を指す:

---

*3 粒子を古典力学で扱った場合に得られる軌道.
*4 波数を周波数の函数と見なすことはできぬ　♡ 一般に, 前者 [ヴェクトル] を後者 [スカラー] で表すことはできぬ. 例えば, 光の波ならば, $\omega_{光} = c|\boldsymbol{k}_{光}|$ ゆえ $\omega(\boldsymbol{k}) = c|\boldsymbol{k}|$. 一般に平面進行波において, 周波数と波数の間の関係は**分散関係** (dispersion relation) とよばれる (♡ この名の由来は 6.1.3 項).
*5 上式右辺は, $\mathcal{A} \in \mathbf{R}$ なら $\cos(\boldsymbol{k}_0 \cdot \boldsymbol{r} - \omega(\boldsymbol{k}_0)t)$, 一般に $\mathcal{A} = |\mathcal{A}|e^{i\vartheta}$ なら $\cos(\boldsymbol{k}_0 \cdot \boldsymbol{r} - \omega(\boldsymbol{k}_0)t + \vartheta)$, したがって, 特に $\vartheta = -i\pi/2$ なら $\sin(\boldsymbol{k}_0 \cdot \boldsymbol{r} - \omega(\boldsymbol{k}_0)t)$ に比例.
*6 それが最も簡単という安易な理由.

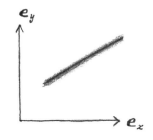

図 **3.2** 自由粒子の飛跡

$$\text{平面進行波} \equiv \mathcal{A}\exp\{i\boldsymbol{k}\cdot\boldsymbol{r} - i\omega(\boldsymbol{k})t\} \quad : \omega(\boldsymbol{k}) \text{ は勝手な函数} \wedge \boldsymbol{k}\text{の値も勝手}. \tag{3.8}$$

定係数 $\mathcal{A}$ は「平面進行波の**振幅** (amplitude)」とよばれる[*7].

さて，(自由粒子に限らず一般に) 量子波動 $\psi(\boldsymbol{r};t)$ の強度は，詳細は判然とせぬが，$|\psi(\boldsymbol{r};t)|$ で決まると考えてよかろう[*8]．ところが，|実平面進行波| は，グラフに描いて見ると果てしなく広がったさざめきであり，古典粒子像 (図 3.1) とはまったく対応せぬ．もっとも，現実に観測される軌道を"数学的な線"と思うのは虚構である．霧箱に残された飛跡は，ジェット機の飛行機雲と同様，線ではなく幅を有する．軌道測定の精度は，どう頑張っても，霧を構成する原子の大きさに因って抑えられるであろう．つまり，古典粒子像を支持すると考えられる実験的根拠は，図 3.1 ではなく，図 3.2 のようなささかあやふやなものである．ゆえに，後者に対応するような量子波動を考え得るならば古典粒子像と折り合いがつくかもしれぬ．

話を単純化すべく，当面，直線 ($\equiv$ 一次元ユークリッド空間 $\mathbf{E}^1$)[*9]なる架空の空間に舞台を移そう．すなわち，$\mathbf{E}^1$ を張る基底ヴェクトルを $\boldsymbol{e}_x$ とし，上記 $\{\boldsymbol{r}, \boldsymbol{k}_0\}$ をすべて $\{x\boldsymbol{e}_x, k_0\boldsymbol{e}_x\}$ で置き換えれば[*10]，

$$(\mathbf{E}^1\text{版}) \text{ 実平面進行波} = \Re\mathcal{A}\exp\{ik_0 x - i\omega(k_0)t\}. \tag{3.9}$$

すでに述べた通り，このド・ブロイ波を古典粒子像と関連づけるのは無理な話．しかし，かような"**単色波** (monochromatic wave)" なるものもまた虚構であろう．

打開策を探るべく，しばし，「並の波」における同様の状況について復習しよう．

3.3 ◇ 並の波 (その 3)

3.3.1 重ね合せと唸り

無限に長い琴の絃を伝わる波を想像してみる．「わずかに異なる波数 $k_0 \pm \kappa$」を有する二つの実平面進行波を**重ね合わせて**みよう[*11]．**重ね合せ** (superposition) の結果は，簡単のため両者の係数 $\mathcal{A}$ に共通値 $1/2$ を与えれば，次式で与えられる：

[*7] amplitude の頭文字の花大文字 ($\equiv$ 大文字の花文字) を採った．
[*8] $\psi(\boldsymbol{r};t)$ は正とは限らぬゆえ，絶対値を採った．冒頭に述べた**確率**を表すものとして，$|\psi(\boldsymbol{r};t)|$ 自体を採るべきか，$|\psi(\boldsymbol{r};t)|^2$ や $|\psi(\boldsymbol{r};t)|^3$ を採るべきか…，今のところわからぬ．
[*9] 単に一次元空間というと，円周など閉じた空間も含まれる．以下は閉じていない一次元空間．ただし，閉じているか否かは，当面は気にせずともよく，先走っていえば，"波動函数に対する境界条件"を論ずる段になって初めて問題となる．
[*10] 右辺にて $\omega(k_0\boldsymbol{e}_x)$ と書くべきを $\omega(k_0)$ と略記．
[*11] 波を「足し合わせる」ことは「重ね合わせる (superpose)」といわれる．

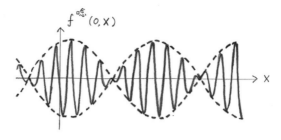

図 3.3 唸り

$$f^{唸}(t,\mathrm{x}) := \Re\{e^{i(k_0+\kappa)\mathrm{x}-i\omega(k_0+\kappa)t} + e^{i(k_0-\kappa)\mathrm{x}-i\omega(k_0-\kappa)t}\}/2, \quad (3.10\mathrm{a})$$
$$\text{ただし} \quad 0 < \kappa \ll |k_0|. \quad (3.10\mathrm{b})$$

周波数[*12] を

$$\omega(k_0 \pm \kappa) = \omega_0 \pm \omega_0'\kappa + \frac{1}{2}\omega_0''\kappa^2 + \cdots$$
$$: \omega_0 \equiv \omega(k_0) \;\wedge\; \omega_0' \equiv \left.\frac{d\omega(k)}{dk}\right|_{k=k_0} \;\wedge\; \text{etc.} \quad (3.11)$$

(記号 $\cdots|_{k=k_0}$ は「微分[*13]を実行してから $k=k_0$ と置く」なる意) とテイラー展開し，$\mathcal{O}(\kappa^2)$ は小さいものとして無視すれば (この近似の妥当性は後で吟味)

$$f^{唸}(t,\mathrm{x}) \simeq \Re e^{ik_0\mathrm{x}-i\omega_0 t}\{e^{i(\mathrm{x}-\omega_0't)\kappa} + e^{-i(\mathrm{x}-\omega_0't)\kappa}\}/2$$
$$= \cos\{(\mathrm{x}-\omega_0't)\kappa\}\Re e^{ik_0\mathrm{x}-i\omega_0 t}. \quad (3.12)$$

(3.10a) 式右辺は，単色でなく，波数が κ だけ異なる二つの実平面進行波が共存している．かように単色性を犠牲にしたお陰で，(3.12) 右辺第一因子に示されるごとく，尺度 $1/\kappa$ なる空間構造が現れた．ただし，「$1/\kappa$ に比べてはるかに短く」$\wedge$「$1/|k_0|$ に比べれば長い」空間尺度で見れば，(3.12) は近似的に実平面進行波である．これは，音波における唸り (beat) に相当し，ほぼ同じ形の山が延々と連なったものである．そして，各山が共通の定速度 ω_0' で動いている (図 3.3)．

☆演習 3.3-1 {中央の山, その左右の山, さらにその左右の山, $\cdots$} を {第 0 山, 第$\mp$1 山, 第$\mp$2 山, $\cdots$} と名づければ，「第 n 山の中心 $\mathrm{x}_n(t)$」は次式で与えられる：

$$\mathrm{x}_n(t) \simeq \omega_0' t + n\pi/\kappa. \quad \blacksquare \quad (3.13)$$

では，山を一個に減らすことができるであろうか．それにはいかにすればよかろうか．

☆演習 3.3-2 実平面進行波を三個ないし四個重ね合わせて唸りの様子を調べよ．有限個を重ね合わせても本質的事情は変わらぬことが推察されよう．■

3.3.2 波束

無限個の実平面進行波を重ね合わせてみよう．ただし，重ね合せの結果が近似的に実平面進行波となるには，重ね合わせられるべき平面進行波の波数はすべて或る k_0 に近いものでなければならぬ．

[*12] 琴の絃を伝わる波なら $\omega(k)$ は既知函数であるが，以下，勝手な函数として議論する．
[*13] 「微分すること (differentiation)」と「導函数 (derivative)」は相異なる概念だが以下のように略称する：「$f(X,Y)$ を X 微分する」$\equiv$「$f(X,Y)$ を X に関して偏微分する」，「$f(X,Y)$ の X 微分」$\equiv$「$f(X,Y)$ の, X に関する偏導函数」．

したがって，或る範囲 $(k_0-\kappa, k_0+\kappa)$ 内の波数を有する実平面進行波を連続無限個重ね合わせることにする．例えば，これらすべてに共通の係数を掛けて重ね合わせると，次式のごとき波が得られる：

$$f^{\widetilde{実矩形}}(t,\mathrm{x}) := \Re \lim_{N\to\infty} \sum_{n=-N}^{n=N} \frac{1}{2N+1} \exp(ik_n\mathrm{x} - i\omega(k_n)t) \quad : k_n \equiv k_0 + \frac{n}{N}\kappa \quad (3.14\mathrm{a})$$

$$= \Re f^{\widetilde{矩形}}(t,\mathrm{x}), \tag{3.14b}$$

$$f^{\widetilde{矩形}}(t,\mathrm{x}) := \frac{1}{2\kappa}\int_{k_0-\kappa}^{k_0+\kappa} dk\, e^{ik\mathrm{x}-i\omega(k)t} = \frac{1}{2\kappa}\int_{-\kappa}^{\kappa} dk'\, e^{i(k_0+k')\mathrm{x}-i\omega(k_0+k')t}. \tag{3.14c}$$

☆演習 3.3-3 (3.11) を使うと次の近似式が導ける[*14]：

$$f^{\widetilde{矩形}}(t,\mathrm{x}) \simeq \sqrt{\frac{\pi}{\kappa}} \mathcal{S}(\mathrm{x}-v_0 t; 1/\kappa) e^{ik_0\mathrm{x}-i\omega_0 t}, \tag{3.15a}$$

$$\mathcal{S}(\mathrm{x};\Delta) := \sqrt{\frac{1}{\pi\Delta}} \frac{\sin(\mathrm{x}/\Delta)}{\mathrm{x}/\Delta}, \tag{3.15b}$$

$$v_0 := \left.\frac{d\omega(k)}{dk}\right|_{k=k_0} = v_\mathrm{g}(k_0) \quad : v_\mathrm{g}(k) \equiv \frac{d\omega(k)}{dk}. \blacksquare \tag{3.15c}$$

これらを図 3.4 に示す．$|f^{\widetilde{実矩形}}(t,\mathrm{x})|$ は，望み通り一山であり，山の中心が定速度 v_0 で動く．かように連続無限個の平面進行波を重ね合わせた結果として得られる局在した波は **波束** (wave packet) とよばれる[*15]．また，$v_0(=v_\mathrm{g}(k_0))$ は「**波束の群速度** (group velocity)」といい慣わされる[*16]．

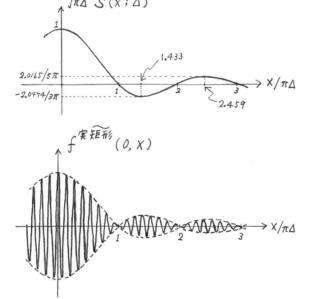

図 3.4　$\mathcal{S}(\mathrm{x};\Delta)$ と $f^{\widetilde{実矩形}}(t,\mathrm{x})$

[*14] $\mathcal{S}$ の右辺冒頭因子 $\sqrt{1/\pi\Delta}$ は後の便宜を図って書いたまで．ここでは特に意味なし．

[*15] 重ね合わせるという代わりに束 (たば) ねるといってもよいからである．つまり 波の束 (たば)，ゆえに波束はなみたばと読むが自然．しかし正式には "はそく" と読まれる．

[*16] 波束の速度ゆえ本来なら束速度 (そくそくど) が順当．もし "群速度" なる語に固執するのであれば波束でなく 波群 というべきだろう．命名者の心理を測りかねる．

120　　第3章　シュレーディンガー方程式

☆**註1**　数学に忠実な読者から声が挙がりそうである：

"(3.15b) は，$\mathcal{S}(0;\varDelta) \propto 0/0 = $ 不定 となり，$\mathcal{S}(\mathrm{x};\varDelta)$ の定義になってない．"

正式には御指摘の通り．しかし，(3.14c) にて $\mathrm{x} = v_0 t$ と置き上記と同じ近似で計算した結果を (3.15a) なる形に書くと，$\mathcal{S}(0;\varDelta)$ を $1/\sqrt{\pi\varDelta}$ と解すればよいことがわかり，これは (3.15b) にて極限 $\mathrm{x} \to 0$ を採ったものに等しい．

一般に所与の表式 $f(X)$ において，

$f(a)$ が定義されぬ場合にも，$\lim_{X \to a} f(X)$ が存在すれば，$f(a) = \lim_{X \to a} f(X)$ と解する．

註2　一般に，$v_{\mathrm{g}}(k)(\equiv d\omega(k)/dk)$ は「$k = k_0$ と置けば波束の群速度を与える」なる意味で，"分散関係 $\omega(k)$ なる波"の群速度" とよばれる．もちろん，分散関係といい $d\omega(k)/dk$ といい，これは "(単一の) 平面進行波の属性" ではなく，「束ねられることが想定された平面進行波の<u>群れ</u>の属性」である．この事情を弁えたうえで，しばしば，"平面進行波の群速度は…" などと略述される．一方 $v_{\mathrm{ph}}(k) \equiv \omega(k)/k$ は，「平面進行波 $e^{i\{k\mathrm{x}-\omega(k)t\}}$ の属性」であって，「位相 (phase) $k\mathrm{x} - \omega(k)t$ が所与値に等しい点 ($\mathbf{E}^3$ なら等位相面)」の移動速度に等しいゆえ「当該平面進行波の，**位相速度** (phase velocity)」とよばれる．群速度と位相速度は，意味を度外視して値だけを比べると，$\omega(k) \propto k$ なる場合に限り等しいが一般には異なる：例えば次節に登場する (3.19a) の場合，$v_{\mathrm{g}}(k) = \hbar k/m \wedge v_{\mathrm{ph}}(k) = \hbar k/2m + \Omega_{\text{任意}}/k$．

3.4　自由波束

3.4.1　ド・ブロイ波の重ね合せと古典粒子像：ド・ブロイ関係式その2

前節の結果を量子波動に適用してみよう．もちろん，並の波の場合と同様に，「重ね合せの原理」(重ね合せが可能，つまり，量子波動を幾つか重ね合わせたものもまた量子波動なること) を前提とする．(3.14) にならって ($\mathcal{N}$ は勝手な定数)

$$\psi_{\widetilde{\text{実矩形}}}(x;t) := \Re\, \psi_{\widetilde{\text{矩形}}}(x;t), \tag{3.16a}$$

$$\psi_{\widetilde{\text{矩形}}}(x;t) := \frac{\mathcal{N}}{2\kappa} \int_{k_0-\kappa}^{k_0+\kappa} dk\, e^{ikx-i\omega(k)t} \tag{3.16b}$$

$$\simeq \mathcal{N}\sqrt{\frac{\pi}{\kappa}}\mathcal{S}(x - v_0 t; 1/\kappa)e^{ik_0 x - i\omega(k_0)t}, \tag{3.16c}$$

$$\mathcal{S}(x;\varDelta) := \sqrt{\frac{1}{\pi\varDelta}}\frac{\sin(x/\varDelta)}{x/\varDelta}, \tag{3.16d}$$

$$v_0 \equiv v_{\mathrm{g}}(k_0) = \left.\frac{d\omega(k)}{dk}\right|_{k=k_0}. \tag{3.16e}$$

$\psi_{\widetilde{\text{実矩形}}}$ は，速度 $v_{\mathrm{g}}(k_0)$ なる波束であり，もし次式が成り立っていれば古典粒子像と関連付けれそうである：

$$v_{\mathrm{g}}(k_0) = v_{\mathrm{cl}}. \tag{3.17}$$

また，上記波束は，"広がり" (波束幅[*17]) が π/κ 程度であるが，それより充分に小さい (かつ $\pi/|k_0|$ より充分に大きい) 空間尺度で見れば近似的に「(波数 k_0 なる) 実平面進行波」である．したがって，二連細隙実験など傍証からして，次のごとく対応付けるのが順当であろう：

$$k_0 = p_{\mathrm{cl}}/\hbar. \tag{3.18}$$

[*17] はそく (の) はば．

(3.17) ∧ (3.18) と古典的関係 $v_{\rm cl} = p_{\rm cl}/m$ が両立するには次の条件が充たされればよい：

$$\frac{d\omega(k)}{dk} = \hbar k/m,$$
$$\text{つまり}\quad \hbar\omega(k) = \hbar^2 k^2/2m + \hbar\Omega_{任意} \quad : \Omega_{任意}\text{は任意定数}. \tag{3.19a}$$

逆に (3.18) ∧ (3.19a) を認めれば

$$\omega(k_0) = (p_{\rm cl}^2/2m + \hbar\Omega_{任意})/\hbar = E_{\rm cl}/\hbar + \Omega_{任意}. \tag{3.19b}$$

つまり $\omega(k_0)$ は古典自由粒子エネルギーと関連付けれる．以下，(3.19) を採用し (ド・ブロイ仮説その **2**)，式 (3.19b) をド・ブロイ関係式その **2** とよぶ．

(3.19a) なる分散関係を有する平面進行波から作られる波束は (**E**^{1} 版) 実自由波束とでもよべよう (♡「自由粒子を表すものと期待され」∧「実数」)．その一般形は[*18]，

$$\psi^{実自由}(x;t) := \Re\, \mathcal{N} \int dk\, \mathcal{A}(k-k_0;\kappa) e^{ikx - i\omega(k)t} \quad : \omega(k) = \hbar k^2/2m + \Omega_{任意}. \tag{3.20}$$

ただし，以下，上下限を明示せぬ積分は $-\infty$ から ∞ までと取り決める：

$$\int dk := \int_{-\infty}^{\infty} dk. \tag{3.21}$$

また，「重ね合せ (の) 係数」$\mathcal{A}(k;\kappa)$ は「$|k| \lesssim \kappa$ に集中した函数であり」∧「下記条件を充たす」とする：

$$\int dk\, \mathcal{A}(k;\kappa) = 1. \tag{3.22}$$

かように採っておけば，極限 $\kappa \to 0$ にて，(3.20) は (**E**^{1} 版) 実平面進行波 (3.9) に帰着する．例えば (3.16) なる $\psi_{実矩形}^{\sim}(x;t)$ は「$\mathcal{A}(k;\kappa) = \mathcal{A}_{矩形}(k;\kappa)$ と採った場合」に相当する[*19](図 3.5(a))：

$$\mathcal{A}_{矩形}(k;\kappa) := \frac{1}{2\kappa}\Theta_s(\kappa^2 - k^2), \tag{3.23a}$$

$$\Theta_s(X) := \begin{cases} 0 & : X < 0, \\ s & : X = 0, \\ 1 & : X > 0 \end{cases} \tag{3.23b}$$

(s は勝手な実数[*20])．

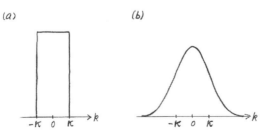

図 **3.5** 重ね合せ係数: (a), (b)

[*18] 定数 $\mathcal{N}$ は，$\mathcal{A}$ に吸収しても構わぬが，以下の議論における都合上わざわざ書いておく．

[*19] $\psi_{実矩形}^{\sim}(x;t)$ の添字「矩形」に～を付けたのは，「それ自体は矩形波ではないが，重ね合せ係数 $\mathcal{A}(k;\kappa)$ が矩形」なる意味．

[*20] $s = -\pi$ でも $s = 1/137$ でも何でもよい．詳しくは 5.3.2 項 (踏段函数)．

122　第3章　シュレーディンガー方程式

3.4.2　波束幅と波数ばらつき

波束 $\psi_{\widetilde{実矩形}}$ は，波数 $|k| < \kappa$ なる平面進行波を重ね合わせたものゆえ，波数 (の) ばらつき[21]が κ である．また，その波束幅は，$\mathcal{S}(x; \Delta)$ の「最初の零点」($\mathcal{S}(x_*; \Delta) = 0$ なる $x_*(> 0)$ の最小値) をもって波束幅と見なせば，π/κ である．ゆえに

$$波束幅 \times 波数ばらつき = \frac{\pi}{\kappa} \times \kappa = \pi. \tag{3.24}$$

右辺が κ に依らぬことに注目されたい：κ を小さ (大き) くすれば波数ばらつきは小さ (大き) くなるが波束幅は大き (小さ) くなり両者の積は変わらぬ．

ただし，(3.23a) のごとく極端に整形された重ね合せ係数は虚構であろう．「$|\psi_{\widetilde{実矩形}}(x; t)|$ が長い尾 (tail) を引く ($|x| \gg \pi/\kappa$ にて $\sim 1/\kappa|x|$) こと」も「$\mathcal{A}(k; \kappa)$ が $|k| = \kappa$ にて不連続」なる理想化をしたせいである (♡ 3.6.2 項)．より現実的には図 3.5(b) のようなものを考える方がよかろう．かような形を与える典型例が**ガウス函数**である：

$$\mathcal{A}_{\mathrm{Gauss}}(k; \kappa) := \sqrt{\frac{1}{2\pi\kappa^2}} \exp(-k^2/2\kappa^2). \tag{3.25a}$$

☆註　一般に

$$g(X) = \exp(-\alpha X^2 + \beta X) \qquad : \{\alpha, \beta\} \subset \mathbf{C} \quad \wedge \quad \Re\alpha > 0$$

なる函数 g を**ガウス型函数**とよび，特に $\alpha \in \mathbf{R} \ \wedge \ \beta = 0$ なる場合を**ガウス函数**とよぶ[22].

☆**演習 3.4-1**　ガウス型重ね合せ係数 (3.25a) を用いて得られる波束[23]を (3.16c) と同じ近似で計算すると (♡ 3.5 節)

$$\psi_{\mathrm{Gauss}}^{自由}(x; t) := \mathcal{N} \int dk \, \mathcal{A}_{\mathrm{Gauss}}(k - k_0; \kappa) e^{ikx - i\omega(k)t} \tag{3.25b}$$

$$\simeq \mathcal{N} \exp\{-(x - v_0 t)^2 \kappa^2/2\} e^{ik_0 x - i\omega(k_0)t}. \tag{3.25c}$$

ゆえに

$$\psi_{\mathrm{Gauss}}^{実自由}(x; t) := \Re\psi_{\mathrm{Gauss}}^{自由}(x; t) \simeq \exp\{-(x - v_0 t)^2 \kappa^2/2\} \, \Re\mathcal{N} e^{ik_0 x - i\omega(k_0)t}. \quad \blacksquare \tag{3.25d}$$

この場合には，$\{\exp(-k_*^2/2\kappa^2) = 1/2$ なる k_*, $\exp(-x_*^2\kappa^2/2) = 1/2$ なる $x_*\}$ を {波数ばらつき, 波束幅} と定義すれば，

$$波束幅 \times 波数ばらつき = \frac{(2\log 2)^{1/2}}{\kappa} \times (2\log 2)^{1/2}\kappa = 2\log 2. \tag{3.26}$$

以上二例いずれにおいても

$$(重ね合わされる平面進行波の) 波数ばらつき \sim \kappa, \tag{3.27a}$$

---

[21] ばらつきは非正式用語 (詳しくは 4.5.1 項).

[22] これらの呼称は物理屋はたぶん普通に使っている．英語ではおそらくどちらも Gaussian function, 略して**ガウシァン** (Gaussian) ともいわれ，ガウス型とガウスが区別されぬことも多い．ただし英語も日本語も数学辞典には見あたらぬことからして正式用語ではない？ 乞ご教示.

[23] 波束自体もガウス型になるゆえ，左辺添字の Gauss を $\widetilde{\mathrm{Gauss}}$ とするに及ばぬ.

$$波束幅 \sim 1/\kappa, \tag{3.27b}$$
$$波束幅 \times 波数ばらつき \sim 1. \tag{3.27c}$$

(他例については 3.6.2 項). つまり，波束を作ることに拠って<u>量子波動と古典粒子の辻褄</u>を合わせようとしても，(3.27c) のごとき制約を免れ得ぬ[*24]. (3.27c) を<u>**フーリエ変換における不確定性関係**</u>とよぶ. この結果は次のごとく直観的に説明できる (例えば [1] 英語版 p.14):

波長 $\lambda \in (\lambda_{min}, \lambda_{max})$ なる平面進行波を重ね合わせて幅 Δ なる波束が作れたとしよう.「波長 λ なる波の山」は「長さ Δ なる区間 I_Δ」に Δ/λ 個だけ現れる. 幅 Δ なる波束ができるには，「$\lambda = \lambda_{min}$ なる波の山」と「$\lambda = \lambda_{max}$ なる波の谷」が I_Δ の端にて初めて出会えばよい (この場合，重ね合わされた波は「I_Δ 内にて強め合い」$\wedge$「I_Δ 外にて弱め合う」):

$$\frac{\Delta}{\lambda_{min}} - \frac{\Delta}{\lambda_{max}} \sim \frac{1}{2}. \tag{3.28a}$$

しかるに $1/\lambda = k/2\pi$ ゆえ

$$(k_{max} - k_{min}) \, \Delta \sim \pi \sim 1. \tag{3.28b}$$

これは (3.27c) に他ならぬ.

本節における議論は，何も微視的粒子に限らず，日常的に古典粒子と見なされる物体 (例えばテニスボール (の質心運動)) に対しても適用されてしかるべきであろう. とすれば，

☆演習 **3.4-2**　(3.27b) は，条件 (3.10b) $\wedge$ (3.18) (すなわち $\kappa \ll |p_{cl}|/\hbar$) のもとにて，日常的経験 ("テニスボールは，その質心運動だけに着目する限り，質点と見なし得る") と矛盾せぬであろうか.

ヒント：条件 $\kappa \ll |p_{cl}|/\hbar$ を充たすには，例えば $\kappa = 10^{-12} p_{cl}/\hbar$ と採れば充分 (すぎるくらい) であろう. テニスボール (質量 100g) が速さ 1cm/sec で運動している状況を想定すれば，波束幅 $\sim 1/\kappa \sim 10^{-17}$cm. これは「日常経験と矛盾せぬ」といってよかろう. では，速さ 10^8cm/sec なる電子の場合はどうか.　∎

♣註　$\psi_{Gauss}^{自由}(x;t)$ は，(3.25c) のごとき近似をせずとも，$\forall t$ について厳密計算可能 (♡ 4.2.2 項).

3.5　◇ ガウス積分 (その 1)

(3.25c) を導く際に次の公式が必要：

$$I(a, X) \equiv \int dK \, \exp\left(-a^2 K^2 + iKX\right) = \frac{\sqrt{\pi}}{a} \exp\left(-X^2/4a^2\right) \; : \; a > 0 \; \wedge \; X \in \mathbf{R}. \tag{3.29}$$

これは避けて通れぬゆえ，止むを得ず，以下に証明する.

3.5.1　準備

演習 **3.5-1**

$$I(a, X) = \frac{1}{a} I(1, X/a). \tag{3.30}$$

[*24] これは，本節に示した例に限らず，フーリエ変換の一般的性質である. なお，予備知識のある読者はただちに "ハイゼンベルクの不確定性原理" に想いを馳せられるであろうけれども，これについては第 9 章まで待たれたい.

124　第3章　シュレーディンガー方程式

ヒント：積分変数を $q \equiv aK$ に変える．　∎

演習 3.5-2

$$I_0 \equiv I(1,0) = \int dK\ e^{-K^2} = \sqrt{\pi}. \tag{3.31}$$

ヒント：「一次元世界は窮屈ゆえ土俵を二次元に広げる」なる手品をご存知だろう：

$$I_0^2 = \left\{ \int dK\ e^{-K^2} \right\}^2 = \int dX\ e^{-X^2} \int dY\ e^{-Y^2} = \int\int dXdY\ e^{-(X^2+Y^2)}. \tag{3.32a}$$

平面を円環に分割して　$$I_0^2 = 2\pi \int_0^\infty dR\ Re^{-R^2} = \pi \int_0^\infty dQ\ e^{-Q} = \pi. \quad ∎ \tag{3.32b}$$

♣ **演習 3.5-3**　「三次元世界の住人としては三次元に移りたい」なる妄想に取り付かれたら次のごとく計算することになろう：

$$I_0^3 = \left\{ \int dKe^{-K^2} \right\}^3 = \int dXe^{-X^2} \int dYe^{-Y^2} \int dZe^{-Z^2}$$

$$= \int\int\int dXdYdZe^{-(X^2+Y^2+Z^2)}. \tag{3.33a}$$

三次元空間を球殻に分割して

$$I_0^3 = 4\pi \int_0^\infty dR\ R^2 e^{-R^2} = 2\pi \int dK\ K^2 e^{-K^2}. \tag{3.33b}$$

土俵を広げすぎて厄介なことになったが，次演習を参照して

$$I_0^3 = 2\pi I_2(1) = 2\pi \times \frac{1}{2}I_0 = \pi I_0. \tag{3.33c}$$

別証：

$$J(c) \equiv I(\sqrt{c},0)\ \text{と置いて}\quad \{J(c)\}^3 = 2\pi \int dK\ K^2 e^{-cK^2} = -2\pi \frac{d}{dc}J(c).$$

両辺を $\pi\{J(c)\}^3$ で割れば　$$\frac{1}{\pi} = \frac{d}{dc}\frac{1}{\{J(c)\}^2}. \tag{3.33d}$$

ゆえに　$$\frac{1}{\pi} = \int_0^1 dc\ \frac{1}{\pi} = \int_0^1 dc\ \frac{d}{dc}\frac{1}{\{J(c)\}^2} = \frac{1}{\{J(1)\}^2} - \frac{1}{\{J(0)\}^2}. \tag{3.33e}$$

しかるに，　$J(1) = I_0\ \wedge\ J(0) = \infty.$　∎

演習 3.5-4

$$I_n(a) \equiv \int dK\ K^n e^{-a^2 K^2}$$

$$= \begin{cases} 0 & : n \in 奇自然数, \\ (n-1)!!\ 2^{-n/2}a^{-(n+1)/2}I_0 = \{n!/(n/2)!\}2^{-n}a^{-(n+1)/2}I_0 & : n \in 偶自然数. \end{cases} \tag{3.34}$$

ヒント：I_0 の値を知らずとも導ける：

$$I_n(a) = -\int dK\ K^{n-2}\frac{\partial}{\partial(a^2)}e^{-a^2 K^2} = -\frac{d}{d(a^2)}\int dK\ K^{n-2}e^{-a^2 K^2}$$

$$= -\frac{1}{2a}\frac{d}{da}I_{n-2}(a). \tag{3.35a}$$

または　$$I_n(a) = -\frac{1}{2a^2}\int dK\ K^{n-1}\frac{\partial}{\partial K}e^{-a^2 K^2} = \frac{n-1}{2a^2}\int dK\ K^{n-2}e^{-a^2 K^2}$$

$$= \frac{n-1}{2a^2}I_{n-2}(a). \quad ∎ \tag{3.35b}$$

3.5.2 誤った方法

本論に戻って

$$I(1, X) = \int dK \, \exp\left(-K^2 + iKX\right) \qquad : \, X \in \mathbf{R}. \tag{3.36}$$

演習 3.5-5 "下記方法" はどこが誤りか:

指数函数の肩を "平方完成" すると

$$-K^2 + iKX = -(K - iX/2)^2 - X^2/4. \tag{3.37a}$$

"積分変数をずらして" $\tilde{K} \equiv K - iX/2$ と置けば

$$I(1, X) = \int d\tilde{K} \, \exp\left(-\tilde{K}^2 - X^2/4\right) = e^{-X^2/4} I_0. \tag{3.37b}$$

答:平方完成はよいが,"実変数を虚数だけずらす" は許されず. ■

$I(1, X)$ を計算する方法はいろいろ考えれる. 以下に幾つかを述べる.

3.5.3 腕力法

被積分函数を X で展開:

$$I(1, X) = \int dK \, e^{-K^2} \sum_{n=0}^{\infty} \frac{(iKX)^n}{n!} = \sum_{n=0}^{\infty} \frac{(iX)^n}{n!} I_n \qquad : \, I_n \equiv I_n(1). \tag{3.38a}$$

これに (3.34) を用いて

$$I(1, X) = \sum_{m=0}^{\infty} \frac{(iX)^{2m}}{(2m)!} \frac{(2m)!}{2^{2m} m!} I_0 = \sum_{m=0}^{\infty} \frac{(-X^2/4)^m}{m!} I_0 = e^{-X^2/4} I_0. \tag{3.38b}$$

つまり (3.37b) は,誤った論法で導かれたにもかかわらず,正しい.

♣ 演習 3.5-6 (3.38a) にて無限級数を項別に積分した. 気になる読者は「これを正当化する理屈」を考えられたい (♡ 例えば [2][3]). ■

3.5.4 積分路移動法

(3.37) を論理的に正しく手直しする. それには

$$I(1, X) = \lim_{\Lambda_\pm \to \pm\infty} \int_{\Lambda_-}^{\Lambda_+} dK \, f(K) \tag{3.39a}$$

$$: \, f(K) \equiv e^{-K^2 + iKX} = e^{-(K-ib)^2 - b^2} \, \wedge \, b \equiv X/2$$

に注意し,コーシー定理を利用して,実軸沿い積分路 (Λ_-, Λ_+) を「複素 K 面にて ib だけ」ずらす (図 3.6):

126   第3章 シュレーディンガー方程式

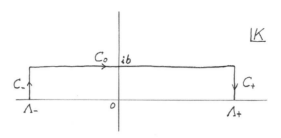

図 3.6 積分路 $\{C_\pm, C_0\}$

$f(K)$ が至るところ正則ゆえ $\quad \int_{\Lambda_-}^{\Lambda_+} = \int_{C_-} + \int_{C_0} + \int_{C_+},$ (3.39b)

$$\int_{C_0} dK\ f(K) = \int_{\Lambda_-}^{\Lambda_+} dq\ f(q+ib) = \int_{\Lambda_-}^{\Lambda_+} dq\ e^{-q^2-b^2}.$$ (3.39c)

演習 3.5-7 「虚軸に平行な積分路 $C_\pm$」に因る寄与は, $\epsilon_\pm\ (\equiv \exp(-\Lambda_\pm^2))$ 程度であり, 極限 $\Lambda_\pm \to \pm\infty$ にて消える.

証明:

$$\int_{C_\pm} = \mp \int_0^b idy\ e^{-(\Lambda_\pm+iy-ib)^2-b^2} = \mp\epsilon_\pm \int_0^b idy\ e^{-2i(y-b)\Lambda_\pm+(y-b)^2-b^2},$$

ゆえに $\quad \left|\int_{C_\pm}\right| < \epsilon_\pm \int_0^b dy\ e^{(y-b)^2-b^2} < \epsilon_\pm \int_0^b dy\ 1 = b\epsilon_\pm. \quad \blacksquare$ (3.39d)

3.5.5 ♣♣ 解析拡張法

解析函数論について「多少とも」($\equiv$「コーシー定理をちょっとだけ超えた」) 心得が有れば, 次のごとく, 「優美に計算する」($\equiv$「ほとんど計算なしに済ます」) ことができる[*25].

補助量として下記を導入する:

$$\mathcal{I}(1,\beta) \equiv \int dK\ \exp(-K^2 + \beta K).$$ (3.40a)

上記積分は, 因子 e^{-K^2} のお陰で, $\forall \beta\ (\in \mathbf{C})$ に対して収束する. ゆえに, $\mathcal{I}(1,\beta)$ は「β の解析函数」($\equiv$「β に関して正則」) である. さて, $\forall B \in \mathbf{R}$ に対し,

$$\mathcal{I}(1,B) = \int dK\ \exp\{-(K-B/2)^2 + B^2/4\} = e^{B^2/4} I_0.$$

したがって,

$$F(\beta)\Big|_{\beta \in \mathbf{R}} = 0 \quad :\ F(\beta) \equiv \mathcal{I}(1,\beta) - e^{\beta^2/4} I_0.$$ (3.40b)

$e^{\beta^2/4}$ も「β の解析函数」ゆえ $F(\beta)$ もしかり. ゆえに上式は「解析函数 F が実軸上にて恒等的に 0」なることを意味する. しかるに, 一般に解析函数は融通が利かぬ:

[*25] "函数論で物理屋に必要なのは"こおしいの定理"だけだよ" といった意見を耳にすることがあるが, 本項に述べる程度の素養 [2][4] は身に付けておいて損はない. 単に計算に便利のみならずおおいに視野が広がって楽しい.

解析函数に関する定理 ("**一致の定理**" の特別な場合 ♡ より詳しくは 4.12.1 項末尾)：
$\mathcal{C}$ を「複素平面における曲線」として (いかなる形でも有限長でも構わぬ)，
「$\mathcal{C}$ 上にて恒等的に 0」なる解析函数は「複素平面全体にて恒等的に 0」である．

これを使えば，

$$F(\beta) = 0 \qquad : \forall \beta \in \mathbf{C}, \tag{3.40c}$$
$$\text{すなわち} \quad I(1, X) = \mathcal{I}(1, iX) = e^{-X^2/4} I_0.$$

演習 3.5-8 (3.40c) に拠れば

$$\mathcal{I}(a^2, \beta) \equiv \int dK \ \exp(-a^2 K^2 + \beta K) = \frac{\sqrt{\pi}}{a} \exp\left(\beta^2/4a^2\right) \ : \ a > 0 \ \wedge \ \beta \in \mathbf{C}. \tag{3.40d}$$

これは，解析拡張法に依らずとも，初等的にも示せる．

証明：$\tilde{\beta} \equiv \beta/a =: b + iX \ (\{b, X\} \subset \mathbf{R})$ と置けば，

$$-K^2 + \tilde{\beta}K = -K^2 + bK + iKX = -(K - b/2)^2 + iKX + b^2/4.$$

積分変数を $b/2$ だけずらして

$$\mathcal{I}(1, \tilde{\beta}) = \int dq \ \exp\{-q^2 + i(q + b/2)X + b^2/4\} = e^{ibX/2 + b^2/4} \int dq \ \exp\left(-q^2 + iqX\right)$$
$$= e^{ibX/2 + b^2/4} \times \sqrt{\pi} e^{-X^2/4} \qquad ♡ \ (3.29).$$

指数函数の肩はまとめると $\tilde{\beta}^2/4$． ∎

3.6 ♣ フーリエ変換 (その 1)

$\psi_{\underset{\text{矩形}}{\sim}}(x; t)$ が長い尾を引いた理由を知りたい．それが本節の動機である．

3.6.1 フーリエ変換の定義

一般に，所与の函数 $\tilde{f}(K)$ に対し，

$$f(X) := \int dK \ \tilde{f}(K) e^{iKX} \tag{3.41}$$

は「$\tilde{f}(K)$ のフーリエ変換」とよばれる．精確にいえば，一般に「函数 g」と「函数 g の，変数値 X における値 $g(X)$」は区別されるべき概念ゆえ，

「(3.41) で定義される函数 f」が「函数 $\tilde{f}$ の**フーリエ変換 (Fourier transform)**」とよばれる．

また，「(3.41) に従って $\tilde{f}$ を f に変える操作」も**フーリエ変換 (Fourier transform)** とよばれ[26]，次のごときいい回しも使われる：

---

[26] つまり，英語も日本語も「操作」と「その産物」を同一語 (英語はさらに動詞も同一語) でいい表す．英語の場合，操作としてのフーリエ変換を Fourier transform というのは筆者にはどうも馴染めぬ：操作としての諸変換は，物理では，たいていは transformation といわれる (unitary transformation, gauge transformation, ⋯)．数学においても，「操作 (写像: map) は transformation」∧「産物 (像: image) は transform」といい分けるのが正式 (権威を引用すると例えば [5]) であろうし，「「操作としての変換」から成る群」は transformation group とよばれる [数学辞典 376 変換群]．にもかかわらず，数学辞典も物理学辞典もフーリエ変換の項の冒頭には "Fourier transform" とある．なぜ

128 第3章 シュレーディンガー方程式

f は $\tilde{f}$ からフーリエ変換で得られる，

$\tilde{f}$ を**フーリエ変換する** (Fourier transform) ことに拠って得られる函数が f である．

演習 3.6-1 フーリエ変換は<u>偶奇性を保つ</u>：$\tilde{f}(K)$ が偶 (奇) なら $\sin KX$ ($\cos KX$) は積分に利かぬゆえ，

$$\tilde{f}(K) \text{ が偶なら } f(X) \text{ も偶:} \quad f(X) = 2\int_0^\infty dK \ \tilde{f}(K)\cos KX, \tag{3.42a}$$

$$\tilde{f}(K) \text{ が奇なら } f(X) \text{ も奇:} \quad f(X) = 2i\int_0^\infty dK \ \tilde{f}(K)\sin KX. \tag{3.42b}$$

$$\text{さらに} \quad \tilde{f}(K) \text{ が偶かつ実なら} \quad f(X) = 2\Re\int_0^\infty dK \ \tilde{f}(K)e^{iKX}, \tag{3.42c}$$

$$\tilde{f}(K) \text{ が奇かつ実なら} \quad f(X) = 2i\Im\int_0^\infty dK \ \tilde{f}(K)e^{iKX}. \quad \blacksquare \tag{3.42d}$$

上記は計算簡略化にも役立つ：所与の $\tilde{f}(K)$ に応じて最適な公式を選んで使うとよい．

3.6.2 フーリエ変換の例

「$\mathcal{A}_{矩形}(k;\kappa)$ から $\psi_{\widetilde{矩形}}(x;t)$ を得る操作」は次なるフーリエ変換の一例である：

演習 3.6-2

$$\tilde{f}(K) = \frac{1}{2}\Theta_s(1 - K^2), \tag{3.43a}$$

$$f(X) = \frac{1}{2}\int_{-1}^1 dK \ e^{iKX} = \frac{\sin X}{X} \ (\sim X^{-1} \ : \ |X| \sim \infty). \quad \blacksquare \tag{3.43b}$$

上記 $\tilde{f}(K)$ は $K = \pm 1$ にて不連続である (係数 1/2 は単なる便宜)．「$\tilde{f}(K)$ が，連続ではあるが滑らかならぬ (微分が不連続な)」例としてテント型の場合を調べてみよう：

演習 3.6-3

$$\tilde{f}(K) = \frac{1}{2}(1 - |K|)\Theta_s(1 - K^2). \tag{3.44a}$$

$\tilde{f}(K)$ が偶ゆえ，(3.42a) に拠り，

$$f(X) = \int_0^1 dK \ (1 - K)\cos KX = \int_0^1 dK \ \cos KX - \frac{d}{dX}\int_0^1 dK \ \sin KX$$

$$= \frac{\sin X}{X} + \frac{d}{dX}\frac{\cos X - 1}{X} = \frac{1 - \cos X}{X^2} \quad (\sim \ X^{-2} \ : \ |X| \sim \infty). \tag{3.44b}$$

やはり尾を引くけれども先ほどより速く 0 になる． $\blacksquare$

演習 3.6-4 「$K = 0$ にてとがった指数函数」の場合も同様である：

フーリエ変換の場合だけが特別なのだろう (乞ご教示)．ちなみに，数学辞典を見ても物理学辞典を見ても，英語以外は transformation de Fourier (仏)，Fouriersche Transformation (独)，$\cdots$ である．仏語母語人フーリエさん (Jean Baptiste Joseph Fourier [1768.3.21–1830.5.16]) に敬意を表し，<u>Fourier transformation</u> と書きたい気がする (まあ，どうでもよいことか)．

$$\tilde{f}(K) = \frac{1}{2}e^{-|K|}, \tag{3.45a}$$

$$f(X) = \Re \int_0^\infty dK\ e^{-K}e^{iKX} = \Re\frac{1}{1-iX} = \frac{1}{1+X^2}. \quad\blacksquare \tag{3.45b}$$

上記 $f(X)$ は，**ローレンツ型函数** (Lorentzian function) または略して**ローレンツィアン** (Lorentzian) とよばれ (グラフに言及する気分で**ローレンツ曲線** (Lorentz curve) ともよばれ)，前例と同じく X^{-2} なる尾を引く．

演習 3.6-5　次に，ガウス型の場合：

$$\tilde{f}(K) := e^{-K^2}, \tag{3.46a}$$

$$f(X) = \int dK\ e^{iKX-K^2} = \frac{1}{2\pi}e^{-X^2/4}. \quad\blacksquare \tag{3.46b}$$

つまり，ガウス函数のフーリエ変換はガウス函数である：「ガウス函数は**フーリエ不変** (Fourier invariant)」といわれる．

では，「$\tilde{f}(K)$ が，滑らかではあるけれども，$K \to \infty$ にてガウス型ほど速く 0 にならぬ」場合はどうであろうか．

演習 3.6-6　「$\tilde{f}(K)$ がローレンツ型」なる例を調べてみよう．$f(X)$ は，指数函数的に減少するけれども，ガウス型の場合ほど速くは 0 にならぬ：

$$\tilde{f}(K) := \frac{1}{\pi}\frac{1}{K^2+1}, \tag{3.47a}$$

$$\begin{aligned}f(X) &= \frac{1}{\pi}\int dK\ \frac{e^{iKX}}{K^2+1} = \frac{1}{2\pi i}\int dK\ \left(\frac{e^{iKX}}{K-i} - \frac{e^{iKX}}{K+i}\right) \\ &= \begin{cases} 0-(-e^X) & :\ X<0 \\ e^{-X}-0 & :\ X>0 \end{cases} = e^{-|X|}.\end{aligned} \tag{3.47b}$$

証明：(3.47b) は下記に基づく：

$$\int dK\ \frac{e^{iKX}}{K-i} = \begin{cases} 0 & :\ X<0 \\ 2\pi i\ e^{-X} & :\ X>0, \end{cases} \tag{3.48a}$$

$$\int dK\ \frac{e^{iKX}}{K+i} = \begin{cases} -2\pi i\ e^X & :\ X<0 \\ 0 & :\ X>0. \end{cases} \tag{3.48b}$$

(3.48b) は (3.48a) の複素共軛を採って X を $-X$ で置き換えれば得られる．(3.48a) を示すには，まず $X>0$ として，複素 K 面を考え「半径 Λ なる上半円路 C_Λ」(図 3.7(a)) を導入すれば，

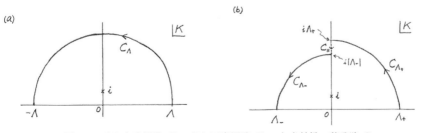

図 3.7　(a) 上半円路 C_Λ, (b) 四半円路 $C_{\Lambda\pm}$ と虚軸沿い積分路 $C_\|$

130   第3章　シュレーディンガー方程式

$$\left|\int_{C_\Lambda}\right| = \left|\int_0^\pi d\theta \; i\Lambda e^{i\theta} \frac{\exp(i\Lambda e^{i\theta}X)}{\Lambda e^{i\theta}-i}\right| < \int_0^\pi d\theta \; \frac{e^{-\Lambda X \sin\theta}}{|1-ie^{-i\theta}/\Lambda|}.$$

これは，極限 $\Lambda \to \infty$ にて，"被積分函数が指数函数的に小さく（すなわち $\mathcal{O}(e^{-\Lambda})$ となり）"消える．ゆえに

$$\int = \lim_{\Lambda\to\infty} \int_{-\Lambda}^{\Lambda} \tag{3.49a}$$

$$= \lim_{\Lambda\to\infty}\left\{\int_{-\Lambda}^{\Lambda} + \int_{C_\Lambda}\right\} = \text{極 } i \text{ の寄与} = 2\pi i \, e^{-X}. \tag{3.49b}$$

$X < 0$ の場合には，下半円路を導入して同様に計算すれば，被積分函数が下半面にて正則ゆえ所与の積分は 0．　∎

♣註1　上記"証明"は

- 正確ならず ♡ "C_Λ の寄与は $\mathcal{O}(e^{-\Lambda})$"なる評価は実軸近傍を見落としていて誤り：

$$0 < \theta \lesssim 1/\Lambda \text{ にて } e^{-\Lambda X \sin\theta} \gtrsim e^{-X} = \mathcal{O}(\Lambda^0) \quad \text{ゆえ，} \quad C_\Lambda \text{ の寄与は } \mathcal{O}(1/\Lambda).$$

- 一般的ならず ♡ (3.49a) は特別な極限（主値）であり，本来は

$$\int = \lim_{\Lambda_\pm \to \pm\infty} \int_{\Lambda_-}^{\Lambda_+} \quad : \Lambda_\pm \text{ は互いに独立}. \tag{3.49c}$$

正確かつ一般的な証明は例えば下記のごとし（$X > 0$ の場合）：

「半径 Λ_+ なる第 I 象限四半円路 C_{Λ_+}」（図 3.7(b)）を導入すれば，$\Lambda_+ > 2$ と採って，

$$\left|\int_{C_{\Lambda_+}}\right| < \int_0^{\pi/2} d\theta \; \frac{e^{-\Lambda_+ X \sin\theta}}{|1-ie^{-i\theta}/\Lambda_+|} < 2\int_0^{\pi/2} d\theta \; e^{-2\Lambda_+ X\theta/\pi}$$

$$♡ \; \sin\theta > \frac{\theta}{\pi/2} \; \wedge \; |1-ie^{-i\theta}/\Lambda_+| > 1 - \frac{\sin\theta}{\Lambda_+} > \frac{1}{2},$$

$$\text{ゆえに} \quad \left|\int_{C_{\Lambda_+}}\right| < \frac{(1-e^{-\Lambda_+ X})\pi}{\Lambda_+ X} = \mathcal{O}(1/\Lambda_+).$$

同様に「半径 $|\Lambda_-|$ なる第 II 象限四半円路 C_{Λ_-}」（$\Lambda_- < -2$）を導入して，

$$\left|\int_{C_{\Lambda_-}}\right| < \mathcal{O}(1/|\Lambda_-|).$$

最後に，「虚軸沿いに $i\Lambda_+$ から $i|\Lambda_-|$ に至る積分路」を $C_\parallel$ とすれば，

$$\left|\int_{C_\parallel}\right| = \left|\int_{\Lambda_+}^{|\Lambda_-|} dK'' \, i \, \frac{e^{-K''X}}{iK''-i}\right| < |\Lambda_+ - |\Lambda_-|| \, e^{-\Lambda X} \quad : \Lambda \equiv \min\{|\Lambda_\pm|\}$$

$$♡ \; e^{-K''X} < e^{-\Lambda X} \; \wedge \; |K''-1| > \Lambda - 1 > 1.$$

したがって，$\Lambda_\pm \to \pm\infty$ にて $\displaystyle\int_{C_{\Lambda_\pm}} \to 0 \; \wedge \; \int_{C_\parallel} \to 0.$

ゆえに，$C \equiv$「$C_{\Lambda_+} + C_\parallel + C_{\Lambda_-} +$「実軸沿いに Λ_- から Λ_+ に至る積分路」」なる閉路 C を用いて，

$$\lim_{\Lambda_\pm \to \pm\infty} \int_{\Lambda_-}^{\Lambda_+} = \lim_{\Lambda_\pm \to \pm\infty} \int_C . \quad \blacksquare$$

♣ **註2** (3.48) を書き直した下記公式も有用：(3.48a) にて積分変数 K を $K' \equiv XK$ に変換し，ついでに $\{K', X\}$ を $\{K, Q\}$ と書き換えると，

$$\int dK\, \frac{e^{iK}}{K - iQ} = \begin{cases} 0 & : Q < 0, \\ 2\pi i\, e^{-Q} & : Q > 0. \end{cases} \tag{3.50a}$$

複素共軛を採り Q を $-Q$ で置き換えれば，

$$\int dK\, \frac{e^{-iK}}{K - iQ} = \begin{cases} -2\pi i\, e^{Q} & : Q < 0, \\ 0 & : Q > 0. \end{cases} \tag{3.50b}$$

♣ **註3** (3.47b) なる $f(X)$ は $X = 0$ にてとがっている (それゆえ，原点にて微分不可能)．原因は「$\tilde{f}(K)$ が長々と尾を引くこと ($|K| \gg 1$ にて $\tilde{f}(K) \sim 1/K^2$)」にある．

演習 3.6-7 $\tilde{f}(K)$ の尾を<u>適当に断ち切れば</u> $f(X)$ は原点にて滑らかとなる：$K_\pm \gg 1$ として

$$g(X) \equiv \int_{-K_-}^{K_+} dK\, \frac{e^{iKX}}{K^2 + 1} \tag{3.51a}$$

の微分を調べると

$$g'(0) = \int_{-K_-}^{K_+} dK\, \frac{iK}{K^2 + 1} = \frac{i}{2} \log \frac{K_+^2 + 1}{K_-^2 + 1} \simeq i \log \frac{K_+}{K_-}. \tag{3.51b}$$

つまり $g(X)$ は，$K_\pm < \infty$ なら，原点にて微分可能 (それゆえ，とがらず)．これに対し，極限 $K_\pm \to \infty$ においては，極限の採り方に依って上式右辺が様々な値 (0, $\pm\infty$, $\cdots$) となり得るゆえ，$g'(0)$ が定義されぬわけである． $\blacksquare$

かくて，

「$f(X)$ の 原点近傍振る舞い」は「$\tilde{f}(K)$ の尾」に依って微妙に支配される．

無論，逆もしかり：

「$\tilde{f}(K)$ の 原点近傍振る舞い」は「$f(X)$ の尾」に依って微妙に支配される．

標語的にまとめれば

$$X \sim 0 \longleftrightarrow |K| \sim \infty \quad \wedge \quad |X| \sim \infty \longleftrightarrow K \sim 0. \tag{3.52}$$

これは，上例に限らず，フーリエ変換の一般的性質である．

♣♣ **註** 「勝手な $\tilde{f}(K)$ に対する $f(X)$ の<u>尾の形</u> (遠方振る舞い)」については 3.15.1 項にて詳論する．

3.7 自由粒子を律するシュレーディンガー方程式：$\mathbf{E}^1$ の場合

古典自由粒子の運動は，運動量 p_{cl} と始位置 x_0 を与えれば，一意的に決まる．しかるに，3.4 節に拠れば，これに対応し得る波束は幾らでも候補が有りそうである．これは，一見，困りものである．

132　　第 3 章　シュレーディンガー方程式

しかし，諸波束の相違は，波束幅程度あるいはそれより小さい空間尺度における粒子挙動を調べぬ限り，わからぬであろう．

　それゆえ，当面，次のように考えておこう：

　　　　我々が古典粒子と見なしている "もの" は，時と場合に応じて，様々な波束で記述される．
　　　　しかし，それらの相違は我々にはほとんど感知できぬ．

これを踏まえて，本節の目標は

　　　　古典力学 (classical dynamics[*27]) に変わるべき新しい力学 (dynamics) を探すこと，
　　　　すなわち，量子波動の**時間変展** (time evolution) を規定する方程式を探すこと．

3.7.1　実自由波束が従う方程式

　まず，実自由波束が従う方程式を求めてみよう．(3.20) の両辺を t 微分すると

$$\hbar \frac{\partial}{\partial t} \psi^{実自由}(x;t) = \Re \int dk \ \{-i\hbar\omega(k)\} \ \mathcal{N}\mathcal{A}(k-k_0;\kappa)e^{ikx-i\omega(k)t} \tag{3.53a}$$

$$= \Im \int dk \ \hbar\omega(k) \ \cdots, \tag{3.53b}$$

$$ただし \quad \cdots \equiv \mathcal{N}\mathcal{A}(k-k_0;\kappa)e^{ikx-i\omega(k)t}.$$

註 1　柔らか微分[*28] $\partial/\partial t$ は「t 以外の変数 (上記においては x) をすべて固定して，t で微分すること」を意味する ($\partial/\partial x$ についても同様)．

註 2　両辺に $\hbar$ を掛けておいた：古典力学との関連を見やすくするには，(3.19a) などを参考に，右辺の $\omega(k)$ に $\hbar$ が掛かった形にしておく方が見通しがよかろう．

　(3.53) 式右辺をただちに $\psi^{実自由}(x;t)$ で表すことはできぬ．$\psi^{実自由}(x;t)$ を何回か x 微分してみよう．(3.53a) と同じく，x 微分を 1 回するごとに指数函数の肩から因子 ik が降りてくるゆえ[*29]，

$$\hbar \frac{\partial}{\partial x} \psi^{実自由}(x;t) = \Re \int dk \ i\hbar k \ \cdots, \tag{3.54a}$$

$$\left(\hbar \frac{\partial}{\partial x}\right)^2 \psi^{実自由}(x;t) = \Re \int dk \ \{-(\hbar k)^2\} \ \cdots. \tag{3.54b}$$

(3.54b) と (3.53b) の右辺同士は，分散関係 (3.19a) を考慮すれば，似ている．しかし「片や実部，片や虚部」と食い違っている．そこで，さらに高階微分を調べてみると，

[*27] classical mechanics といわれることも多いが，(静的な釣り合いでなく) 運動を主眼において dynamics (強いて訳せば "動力学") と書く．

[*28] 正式名 "偏微分" はどうも好きになれぬ．英名は partial differentiation であり，partial integration の訳 (部分積分) にならって没価値的に**部分微分**といえばよさそうなものである．それが，いかなるわけか，英語の partial に不公平・依怙贔屓・偏見といった意味が有ることに目が付けられたのであろうか，"偏った微分" と訳されてしまった．はなはだ気分が悪い．偏向 (polarization) にも偏の字が使われることからすると，"方向が偏 (かたよ) っている" なる意味ゆえの偏だろうか．しかし，そうならば，"偏微分 = polarized differentiation"？

[*29] $\partial/\partial x$ を n 回実行することを $\partial^n/\partial x^n$ と書く習わしがある．これは妙な記号である．第一，n を二つも書くのは論理的に余計 (redundant)．また，x^n で n 回微分する場合には $\partial^n/\partial x^{nn}$ となり，はなはだ紛らわしい．($\partial^n/\partial x^{nn}$ が $\partial^n/\partial(x^n)^n$ と書かれることもあるが，これは記法違反：「$\star$ で n 回微分することを $\partial^n/\partial \star^n$ と書く」と取り決めたからには，これでは，「x^n でなく (x^n) で微分する」の意となる)．"あらかじめ δx と $\delta^n f(x)$ を定義しておいて，$\delta^n f(x)/(\delta x)^n$ にて $\delta x \to 0$ とした結果を $\partial^n f(x)/\partial x^n$ と略記する" という積もりかもしれない．いずれにせよ，あまりにも流布しているので不本意ながら $\partial^n/\partial x^n$ を使用するけれども，$(\partial/\partial x)^n$ と書く方がわかりやすいから，文脈に依っては後者を使う．

3.7 自由粒子を律するシュレーディンガー方程式： $\mathbf{E}^1$ の場合 　　　133

☆**演習 3.7-1** $\psi^{実自由}$ は次の方程式[30]を充たす：

$$\left(\hbar\frac{\partial}{\partial t}\right)^2\psi^{実自由}(x;t) = -\left\{-\frac{\hbar^2}{2m}\left(\frac{\partial}{\partial x}\right)^2 + \hbar\Omega_{任意}\right\}^2\psi^{実自由}(x;t) \tag{3.55a}$$

$$\equiv -\left\{-\frac{\hbar^2}{2m}\left(\frac{\partial}{\partial x}\right)^2 + \hbar\Omega_{任意}\right\}\left\{-\frac{\hbar^2}{2m}\left(\frac{\partial}{\partial x}\right)^2 + \hbar\Omega_{任意}\right\}\psi^{実自由}(x;t)$$

$$= -\left\{\left(\frac{\hbar^2}{2m}\right)^2\left(\frac{\partial}{\partial x}\right)^4 - 2\times\hbar\Omega_{任意}\times\frac{\hbar^2}{2m}\left(\frac{\partial}{\partial x}\right)^2 + (\hbar\Omega_{任意})^2\right\}\psi^{実自由}(x;t). \quad\blacksquare$$

$$\tag{3.55b}$$

(3.55a) と同じ形をした方程式に従う波を一般に $\psi^{自由?}(x;t)$ とよぶことにしよう：

$$\hbar^2\frac{\partial^2}{\partial t^2}\psi^{自由?}(x;t) = -\left(-\frac{\hbar^2}{2m}\frac{\partial^2}{\partial x^2} + \hbar\Omega_{任意}\right)^2\psi^{自由?}(x;t). \tag{3.56}$$

$\psi^{自由?}(x;t)$ は「自由粒子を記述する量子波動」と考え得るであろうか.

3.7.2　上記方程式の難点

　方程式 (3.56) は，「時間に関して二階」なる点においてニュートン運動方程式と共通性を有し，一見もっともらしく思われる[31]．しかし，非常にまずいことが有る．この方程式は，確かに (3.20) を解として有する（そのような方程式を探したゆえ当然である）けれども，

演習 3.7-2　それ以外に

$$\psi^{実奇怪}(x;t) \equiv \Re\int dk\,\mathcal{N}\mathcal{A}(k-k_0;\kappa)e^{ikx+i\omega(k)t} \tag{3.58a}$$

をも解として許す．この波束は，例えば $\mathcal{A}(k;\kappa) = \mathcal{A}_{矩形}(k;\kappa)$ と採れば，近似的に「波数 k_0 なる実平面進行波」となる．それゆえ，ド・ブロイ関係式 (1.58) に拠り，$k_0 = p_{\rm cl}/\hbar$ と解釈できよう．ところが，群速度 $v_{\rm g}^{実奇怪}$ を調べてみると

$$v_{\rm g}^{実奇怪} = -\hbar k_0/m, \quad つまり \quad v_{\rm g}^{実奇怪} = -p_{\rm cl}/m = -v_{\rm cl}. \quad\blacksquare \tag{3.58b}$$

　これは古典粒子像とまったく相容れぬ（負符号に注意！）．方程式 (3.56) を認める限りかような奇怪解をも受け入れざるを得ぬ．それは困る．それゆえ，この方程式は捨てる[32]．

---

[30] "偏微分方程式 (partial differential equation)" であるが，いちいち面倒なので，単に微分方程式あるいは方程式とよぶ.

[31] 力学方程式と見た場合に重要なのは t 微分である（これが時間変展を律する）．これに対し，x 微分は，「x の値を異にする $\psi^{実自由}(x;t)$ 同士が互いに関連し合っている」ということを意味するにすぎない．連続変数 x を離散変数 $n\Delta$ $(n = 0, \pm1, \pm2, \cdots)$ で近似すれば，

$$\frac{\partial}{\partial x}\psi^{実自由}(x;t)\bigg|_{x=n\Delta} \simeq \frac{1}{\Delta}\left\{\psi^{実自由}((n+1)\Delta;t) - \psi^{実自由}(n\Delta;t)\right\}. \tag{3.57}$$

したがって (3.56) は $\{\psi^{実自由}(n\Delta;t)\mid n\in\mathbf{Z}\}$ に対する連立常微分方程式で近似できる．この近似は (3.56) を数値的に解くための一手法でもある.

[32] 「粒子波動二重性が幅を利かす奇妙な世界に分け入った以上，粒子が運動量と逆方向に進むこともあるのではなかろうか，そのような現象はまだ観測されていないとしても，もっと広範な実験をすれば見つかるかもしれないではないか」という見解も有り得る．論理的に却下することはできない見解である．（ただし，実は (3.58a) 以外にも，"確率波" なる見方」と関連して非常にまずいことがある ♡ 4.3.1 項）．ここではこれ以上に詮索せず，いささかずるいけれども，「20 世紀末から 21 世紀初頭に生きる我々はすでに答を知っている」という歴史的特権を濫用し，この見解を問答無用に却下する.

3.7.3 自由波束が従う方程式

ではどうするか．もっと高階の方程式に進めば事情は悪化するばかりであろうゆえ (3.53a) に立ち戻ってみよう．これは，右辺冒頭に実部記号 $\Re$ が在るがゆえに，例えば (3.54b) と結び付けられ得ぬ．思い切って $\Re$ を削除してしまおう[*33]．そうすると右辺はもはや実数ではなくなる．$\psi^{\text{実自由}}(x;t)$ を $\psi^{\text{自由}}(x;t)$ と書き換えて，「(3.53a) $\wedge$(3.54b) から $\Re$ を削ったもの」に拠り，

$$i\hbar\frac{\partial}{\partial t}\psi^{\text{自由}}(x;t)=\left(-\frac{\hbar^2}{2m}\frac{\partial^2}{\partial x^2}+\hbar\Omega_{\text{任意}}\right)\psi^{\text{自由}}(x;t). \tag{3.59}$$

以上の議論から明らかな通り，この方程式は

$$\psi^{\text{自由}}(x;t):=\mathcal{N}\int dk\,\mathcal{A}(k-k_0;\kappa)e^{ikx-i\omega(k)t}\qquad:\omega(k)=\hbar k^2/2m+\Omega_{\text{任意}} \tag{3.60}$$

を解として有すべく造られている[*34]：

☆**演習 3.7-3**　もし不安なら確かめよ．　∎

☆**演習 3.7-4**　上記方程式は「(3.58a) から $\Re$ を削ったような奇怪解」を有せぬ．　∎

かくて，(3.56) の難点が避けられた．その代わり，(3.59) には "虚数単位" i が登場する．それゆえ $\psi^{\text{自由}}(x;t)$ は，実数でも虚数 ($\equiv$ 純虚数) でもあり得ず，本質的に複素数[*35]となる．特に，実平面進行波 (3.9) は (3.59) を充たさぬ．(3.59) を充たす平面進行波は複素平面進行波であり，以下，これを自由平面波[*36]とよぶ：

$$\text{自由平面波}\equiv\mathcal{A}\exp\{ikx-i\omega(k)t\}\quad:\omega(k)=\hbar k^2/2m+\Omega_{\text{任意}}\wedge\ k\text{ は勝手}. \tag{3.61}$$

ただし，これは古典粒子像とは対応し得ぬ．後者と対応し得るものは例えば矩形波束 (3.16b) のごとき波束である：

☆**演習 3.7-5**　$\psi_{\widetilde{\text{矩形}}}(x-\mathrm{x}_0;t-t_0)$ は (3.59) を充たし，かつ，その中心は $x_{\text{波束中心}}(t)=\mathrm{x}_0+(t-t_0)v_{\text{g}}$ で与えられる．これは (3.3)(の $\mathbf{E}^1$ 版) と一致する．　∎

演習 3.7-6　自由平面波および {矩形波束, 自由ガウス波束} の近似形 {(3.16c), (3.25c)} を図示せよ (複素数を一挙に展示すべく，3D 画像を考案せよ)．　∎

「実数解が存在せぬこと」は，欠点と見えるかもしれぬが，実は必須の事情であることが次章にて判明する．

以下，($\mathbf{E}^1$ における) 自由粒子を律する力学法則として (3.59) を採用する．これは ($\mathbf{E}^1$ における) 自由粒子のシュレーディンガー方程式 (the Schrödinger equation for a free particle) といい慣わさ

[*33] 仮に 90 年も前に現場に居合わせたとして，こんな勇気は筆者にはなかったであろう．これも後知恵に助けられてのことである．

[*34] 実は，(3.59) の解は「(3.60) の形」に限られる ♡ 6.1.1 項．

[*35] 実部 × 虚部 $\neq 0$.

[*36] 「古典自由粒子に対応する分散関係 (3.19a) を有する複素平面進行波」の略称.

れる[*37].

下記性質に注意しておこう：$\mathcal{A}(k-k_0;\kappa)$ が $k \sim k_0$ に集中しているゆえ，(3.60) $\wedge$ (3.19b) に拠り

$$i\hbar\frac{\partial}{\partial t}\psi^{自由}(x;t) = \mathcal{N}\int dk \; \hbar\omega(k) \; \mathcal{A}(k-k_0;\kappa)e^{ikx-i\omega(k)t}$$

$$\simeq \hbar\omega(k_0)\mathcal{N}\int dk \; \mathcal{A}(k-k_0;\kappa)e^{ikx-i\omega(k)t}$$

$$= (E_{\text{cl}} + \hbar\Omega_{任意}) \; \psi^{自由}(x;t), \tag{3.62a}$$

$$\frac{\hbar}{i}\frac{\partial}{\partial x}\psi^{自由}(x;t) = \mathcal{N}\int dk \; \hbar k \; \mathcal{A}(k-k_0;\kappa)e^{ikx-i\omega(k)t}$$

$$\simeq \hbar k_0\mathcal{N}\int dk \; \mathcal{A}(k-k_0;\kappa)e^{ikx-i\omega(k)t} = p_{\text{cl}} \; \psi^{自由}(x;t). \tag{3.62b}$$

3.7.4 ♣ 虚数が登場した意味

i は必要か

「複素数が登場したこと」は，いい換えれば，「実函数一個では事足りず二個が必要となったこと」に他ならぬ．(3.59) は，$\psi^{自由}(x;t)$ を実部と虚部に分解して $\psi^{自由}(x;t) =: \phi_{実}(x;t) + i\phi_{虚}(x;t)$ と書けば，次の連立方程式と等価である：

$$\hbar\frac{\partial}{\partial t}\phi_{実}(x;t) = \left(-\frac{\hbar^2}{2m}\frac{\partial^2}{\partial x^2} + \hbar\Omega_{任意}\right)\phi_{虚}(x;t), \tag{3.63a}$$

$$\hbar\frac{\partial}{\partial t}\phi_{虚}(x;t) = -\left(-\frac{\hbar^2}{2m}\frac{\partial^2}{\partial x^2} + \hbar\Omega_{任意}\right)\phi_{実}(x;t). \tag{3.63b}$$

上式は「$\phi_{実}(x;t)$ と $\phi_{虚}(x;t)$ が或る対称的関係に在る」ことを意味する．例えば，右辺に現れる定数 m は共通である (単に「実函数二個が必要」だけなら，共通なる必要はなかろう)．つまり，i なしで済ますこともできるけれども，複素数を使うと上記対称性が簡潔に記述できるわけである[*38].

$-i$ では駄目か

シュレーディンガー方程式の左辺に i が出てきた.

"なぜ，$-i$ でなくて，i なのか？"

これは，何ら本質的なことではなく，次の慣例に従ったからにすぎぬ：

"自由平面波 (3.61) の指数函数の肩を $ikx - i\omega(k)t$ と書く."

これを $-ikx + i\omega(k)t$ と書いたとすれば (3.59) 左辺の係数は $-i$ になる．しかし理論内容はまったく変わらぬ．そもそも $\pm i$ は「"-1 の平方根"の"一方を i"$\wedge$"他方を $-i$"と書く」と定義されるにすぎぬ．それゆえ，光子さんが i と書くところを陽子さんが $-i$ と書いても一向に問題なく，それに

[*37] 「自由粒子 "の"」の "の" ははなはだ曖昧 (英語でも for の代わりに "of" とされることあり，これも同罪) なので，を律する (つまりの時間変展を規定する) とでもいうべきであろう．しかし，以下，慣用に屈すること多し．なお，この方程式を (例えば)「電子に適用する」ことがあるが，現実の電子はもっと複雑な代物であって (話が先走るが，スピン，etc.)，目下の議論に載るのは単純化された (現実離れした) 電子.

[*38] 複素数をさらに拡張した "ハミルトンの四元数 (quaternion)" で記述される理論を作ろうとの試みも有る．しかし，そうすべき必然性は今のところ見当たらず，そのような理論 (が作れたとして，そ) の物理的意味も不明.

136　第3章　シュレーディンガー方程式

因って内容が変わりようもない．ただし，ひとたび (3.61) なる約束をした (convention を採用した) からには，以後，i と $-i$ を混同することは許されぬ．

3.8　◇ ナブラとラプラシアン

r に関する勾配を ∇ で表す：

$$\nabla \equiv \textbf{ナブラ} \, (\text{nabla}) := e_x \frac{\partial}{\partial x} + e_y \frac{\partial}{\partial y} + e_z \frac{\partial}{\partial z}. \tag{3.64}$$

註　別の変数に関する勾配は当該添字を付けて区別：例えば

$$\nabla_{\mathbf{x}} \equiv \text{「}\mathbf{x} \text{ に関する勾配」} := e_x \frac{\partial}{\partial \mathrm{x}} + e_y \frac{\partial}{\partial \mathrm{y}} + e_z \frac{\partial}{\partial \mathrm{z}}.$$

ヴェクトル ∇ の成分は，r の成分と同じく，基底系の採り方に依る．上式右辺に書いた $\{\partial/\partial x, \partial/\partial y, \partial/\partial z\}$ は「∇ の，基底系 $\{e_x, e_y, e_z\}$ に準拠した成分」である．では，別の基底系 $\{e_\xi, e_\eta, e_\zeta\}$ に準拠した成分はどう書けるであろうか．

3.8.1　$\mathbf{E}^2$ の場合

肩慣らしとして

$$\nabla_\perp \equiv \text{「}\mathbf{E}^2 \text{版ナブラ」} \equiv \text{「}\nabla \text{ の } \mathbf{E}^2 \text{部分」} := e_x \frac{\partial}{\partial x} + e_y \frac{\partial}{\partial y} \tag{3.65a}$$

に着目しよう．(1.20a) を用いて

$$\nabla_\perp = (e_\xi \cos\varphi - e_\eta \sin\varphi)\frac{\partial}{\partial x} + (e_\xi \sin\varphi + e_\eta \cos\varphi)\frac{\partial}{\partial y}$$
$$= e_\xi \left(\cos\varphi \frac{\partial}{\partial x} + \sin\varphi \frac{\partial}{\partial y}\right) + e_\eta \left(-\sin\varphi \frac{\partial}{\partial x} + \cos\varphi \frac{\partial}{\partial y}\right). \tag{3.65b}$$

しかるに，(1.20c) に拠り

$$\frac{\partial}{\partial \xi} = \frac{\partial x}{\partial \xi}\frac{\partial}{\partial x} + \frac{\partial y}{\partial \xi}\frac{\partial}{\partial y} = \cos\varphi \frac{\partial}{\partial x} + \sin\varphi \frac{\partial}{\partial y}, \tag{3.66a}$$

$$\frac{\partial}{\partial \eta} = \frac{\partial x}{\partial \eta}\frac{\partial}{\partial x} + \frac{\partial y}{\partial \eta}\frac{\partial}{\partial y} = -\sin\varphi \frac{\partial}{\partial x} + \cos\varphi \frac{\partial}{\partial y}. \tag{3.66b}$$

ゆえに

$$\nabla_\perp = e_\xi \frac{\partial}{\partial \xi} + e_\eta \frac{\partial}{\partial \eta}. \tag{3.67}$$

つまり「$\nabla_\perp$ の，基底系 $\{e_\xi, e_\eta\}$ に準拠した成分」は $\{\partial/\partial \xi, \partial/\partial \eta\}$ である．
　基底系の正規直交性を使って

$$(\nabla_\perp)^2 \equiv \text{「}\mathbf{E}^2 \text{版ラプラシアン」} := \nabla_\perp \cdot \nabla_\perp \tag{3.68a}$$

$$= \left(\frac{\partial}{\partial x}\right)^2 + \left(\frac{\partial}{\partial y}\right)^2 \tag{3.68b}$$

$$= \left(\frac{\partial}{\partial \xi}\right)^2 + \left(\frac{\partial}{\partial \eta}\right)^2. \tag{3.68c}$$

3.8.2 拡張のための準備

上記考察を $\mathbf{E}^3$ の場合に拡張したい (無論, $\mathbf{E}^3$ の場合には, 一般に $\boldsymbol{e}_\xi \wedge \boldsymbol{e}_\eta$ 面と $\boldsymbol{e}_x \wedge \boldsymbol{e}_y$ 面は相異なる). その準備をしよう. 記述を簡潔化すべく **アインシュタイン和約束** (Einstein summation convention)[39] を使う:

同じ添字 (index) が積内二箇所に登場したら当該添字に関して足し上げるものとする:

$$A_a B_a \equiv \sum_{a \in \{x,y,z\}} A_a B_a = A_x B_x + A_y B_x + A_z B_z, \tag{3.69a}$$

$$A_\alpha B_\alpha \equiv \sum_{\alpha \in \{\xi,\eta,\zeta\}} A_\alpha B_\alpha = A_\xi B_\xi + A_\eta B_\eta + A_\zeta B_\zeta. \tag{3.69b}$$

足し上げられる添字は, "ダミー添字 (dummy index)" とよばれ, 勝手な文字を使って構わぬ:

$$A_a B_a = A_b B_b, \qquad A_\alpha B_\alpha = A_\beta B_\beta. \tag{3.69c}$$

この記法に拠り

$$\boldsymbol{r} = x_a \boldsymbol{e}_a \qquad (\equiv x\boldsymbol{e}_x + y\boldsymbol{e}_y + z\boldsymbol{e}_z), \tag{3.70a}$$

$$\text{または} \quad \boldsymbol{r} = x_\alpha \boldsymbol{e}_\alpha \qquad (\equiv \xi\boldsymbol{e}_\xi + \eta\boldsymbol{e}_\eta + \zeta\boldsymbol{e}_\zeta). \tag{3.70b}$$

さらに, 次の記号を導入する:

$$R_{\alpha a} := \boldsymbol{e}_\alpha \cdot \boldsymbol{e}_a \qquad : \alpha \in \{\xi,\eta,\zeta\} \,\wedge\, a \in \{x,y,z\}. \tag{3.71}$$

基底系の完全性 (1.131) を用いて

$$\boldsymbol{e}_a = (\boldsymbol{e}_\alpha \otimes \boldsymbol{e}_\alpha) \cdot \boldsymbol{e}_a = \boldsymbol{e}_\alpha(\boldsymbol{e}_\alpha \cdot \boldsymbol{e}_a) = \boldsymbol{e}_\alpha R_{\alpha a}. \tag{3.72a}$$

$$\text{同様に} \quad \boldsymbol{e}_\alpha = \boldsymbol{e}_\alpha \cdot (\boldsymbol{e}_a \otimes \boldsymbol{e}_a) = R_{\alpha a}\boldsymbol{e}_a. \tag{3.72b}$$

(3.72b) を (3.70b) に代入すれば

$$\boldsymbol{r} = x_\alpha R_{\alpha a}\boldsymbol{e}_a. \tag{3.73}$$

(3.70a) と比べて

$$x_a = x_\alpha R_{\alpha a}. \tag{3.74a}$$

ゆえに

$$\frac{\partial}{\partial x_\alpha} = \frac{\partial x_a}{\partial x_\alpha}\frac{\partial}{\partial x_a} = R_{\alpha a}\frac{\partial}{\partial x_a}. \tag{3.74b}$$

演習 (3.72b) を (3.72a) に (または (3.72a) を (3.72b) に) 代入して

$$R_{\alpha a} R_{\alpha b} = \delta_{ab}, \qquad R_{\alpha a} R_{\beta a} = \delta_{\alpha\beta}. \quad \blacksquare \tag{3.75}$$

---

[39] アインシュタインさんが使い始めた「和に関する取り決め」. 日本語は定訳がない? (乞ご教示) "アインシュタインのさめえしょん こんべんしょん" などともいわれる.「この取り決めに従って (一般にテンソル成分の) 和を採る」ことは「縮約する (contract)」と称され, 例えば「(3.69a) 左辺においては添字 a が縮約されている」などといわれる.

138　　第 3 章　シュレーディンガー方程式

これは，"三次元回転行列" ($\equiv$「$\{R_{\alpha a}\}$ を成分とする 3×3 行列」) が直交行列なることを示す.

演習　(3.74a) が (3.72a) と同じ形なることに着目すれば，(3.72b) を参照して，

$$x_\alpha = R_{\alpha a} x_a. \quad \blacksquare \tag{3.76}$$

この結果は (3.72a) を (3.70a) に代入し (3.70b) と比べて (または，(3.75) を用い (3.74a) を解いて) も得られる.

3.8.3　$\mathbf{E}^3$ の場合

以上の準備に拠り

$$\nabla = \boldsymbol{e}_a \frac{\partial}{\partial x_a} = \boldsymbol{e}_\alpha R_{\alpha a} \frac{\partial}{\partial x_a} = \boldsymbol{e}_\alpha \frac{\partial}{\partial x_\alpha} \tag{3.77a}$$

$$= \boldsymbol{e}_\xi \frac{\partial}{\partial \xi} + \boldsymbol{e}_\eta \frac{\partial}{\partial \eta} + \boldsymbol{e}_\zeta \frac{\partial}{\partial \zeta}. \tag{3.77b}$$

$$\nabla^2 \equiv \text{ラプラシアン (Laplacian)} := \nabla \cdot \nabla \tag{3.78a}$$

$$= \left(\frac{\partial}{\partial x}\right)^2 + \left(\frac{\partial}{\partial y}\right)^2 + \left(\frac{\partial}{\partial z}\right)^2 \tag{3.78b}$$

$$= \left(\frac{\partial}{\partial \xi}\right)^2 + \left(\frac{\partial}{\partial \eta}\right)^2 + \left(\frac{\partial}{\partial \zeta}\right)^2. \tag{3.78c}$$

∇^2 は，上式からわかる通りあらゆる方向を対等に遇しており，**等方的** (isotropic) である. これに対し，例えば $\partial^2/\partial y^2$ は，$\boldsymbol{e}_y$ 方向を特別扱いしており，等方的でない.

3.9　自由粒子を律するシュレーディンガー方程式：$\mathbf{E}^3$ の場合

(3.59) は「$\mathbf{E}^1$(= 架空の直線) における自由粒子」に関するものであった. これを現実の実験室 (すでに述べた通り，三次元ユークリッド空間 $\mathbf{E}^3$ と見なす) の場合に拡張すること容易であろう. 「実験室空間が等方的と考えれること」[*40]を拠り所として

$$i\hbar \frac{\partial}{\partial t} \psi^{自由}(\boldsymbol{r}; t) = \left(-\frac{\hbar^2}{2m}\nabla^2 + \hbar\Omega_{任意}\right) \psi^{自由}(\boldsymbol{r}; t). \tag{3.79}$$

演習　(3.59) $\wedge$「空間の等方性」$\implies$ (3.79). 　$\blacksquare$

3.10　緩やかなポテンシャル下の波束が従う方程式

(3.59)$\wedge$(3.79) を，「古典的には粒子に外力が働く」なる状況へ一般化しよう. ただし，外力はポテンシャルから導けるもの[*41]とする.

[*40] 当面，地球重力を無視.

[*41] 保存力 (conservative force) とよばれる ($\heartsuit$ 1.11.1 項).

3.10.1 E^1 の場合

ポテンシャルを $V(x)$ とすれば,時刻 t にて働く外力 $f_{\mathrm{cl}}(t)$ は,

$$f_{\mathrm{cl}}(t) = -\left.\frac{d}{dx}V(x)\right|_{x=x_{\mathrm{cl}}(t)}. \tag{3.80}$$

古典粒子像に立てば,{位置 $x_{\mathrm{cl}}(t)$, 運動量 $p_{\mathrm{cl}}(t)$} は時間変化するが,エネルギー E_{cl} は保存される:

$$\frac{1}{2m}\{p_{\mathrm{cl}}(t)\}^2 + V(x_{\mathrm{cl}}(t)) = E_{\mathrm{cl}}(= 定数). \tag{3.81}$$

この運動に対応すべき波束を $\psi(x;t)$ と書く.これは,もはや (3.60) なる形にはならぬであろうけれども,$x_{\mathrm{cl}}(t)$ 付近に局在していることには変わりなかろう.

さて,$V(x)$ が x の関数として緩やかに変化する場合[*42]を想定しよう (図 3.8).古典粒子像に立てば,局時的局所的には[*43]粒子はほとんど力を受けず,自由粒子と見なされ得よう.したがって,「$\psi(x;t)$ は近似的に (3.62) と同じ形をした関係を充たす」と考えよう:

$$i\hbar\frac{\partial}{\partial t}\psi(x;t) \simeq (E_{\mathrm{cl}} + \hbar\Omega_{任意})\,\psi(x;t), \tag{3.82a}$$

$$\frac{\hbar}{i}\frac{\partial}{\partial x}\psi(x;t) \simeq p_{\mathrm{cl}}(t)\,\psi(x;t). \tag{3.82b}$$

かつ,「$\psi(x;t)$ が $x = x_{\mathrm{cl}}(t)$ 付近に局在している」なる想定に拠り

$$V(x)\,\psi(x;t) \simeq V(x_{\mathrm{cl}}(t))\,\psi(x;t). \tag{3.82c}$$

以上三式を認めれば

$$\left\{i\hbar\frac{\partial}{\partial t} - \frac{1}{2m}\left(\frac{\hbar}{i}\frac{\partial}{\partial x}\right)^2 - V(x) - \hbar\Omega_{任意}\right\}\psi(x;t)$$
$$\simeq \left\{E_{\mathrm{cl}} - \frac{1}{2m}\{p_{\mathrm{cl}}(t)\}^2 - V(x_{\mathrm{cl}}(t))\right\}\psi(x;t). \tag{3.82d}$$

右辺の係数はエネルギー保存則 (3.81) に拠り 0.ゆえに

$$\left\{i\hbar\frac{\partial}{\partial t} - \frac{1}{2m}\left(\frac{\hbar}{i}\frac{\partial}{\partial x}\right)^2 - V(x) - \hbar\Omega_{任意}\right\}\psi(x;t) \simeq 0. \tag{3.83}$$

この近似式は,自由粒子 ($V(x) = 0$) の場合には,当然のことながら精確な式 (3.59) に帰着する.

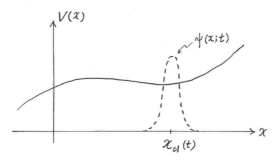

図 **3.8** 緩やかなポテンシャル

[*42] 波束の幅の何倍もの距離にわたってほぼ一定なる場合.
[*43] すなわち,勝手な t に対し,「t 近傍の時刻」∧「$x_{\mathrm{cl}}(t)$ 近傍の位置」に着目すれば.

140 第3章 シュレーディンガー方程式

3.10.2 $\mathbf{E}^3$ の場合

以上を $\mathbf{E}^3$ へ拡張しよう．外力はポテンシャル $V(\boldsymbol{r})$ から導けるものとして

$$\boldsymbol{f}_{\mathrm{cl}}(t) = -\nabla V(\boldsymbol{r})|_{\boldsymbol{r}=\boldsymbol{r}_{\mathrm{cl}}(t)}, \tag{3.84a}$$

$$\frac{1}{2m}\{\boldsymbol{p}_{\mathrm{cl}}(t)\}^2 + V(\boldsymbol{r}_{\mathrm{cl}}(t)) = E_{\mathrm{cl}}. \tag{3.84b}$$

「この運動に対応すべき波束を $\psi(\boldsymbol{r};t)$ と書き」∧「それは $\boldsymbol{r}_{\mathrm{cl}}(t)$ 付近に局在した波束であると考え」∧「$V(\boldsymbol{r})$ が $\boldsymbol{r}$ の函数として緩やかに変化する場合を想定すれば」，

$$i\hbar\frac{\partial}{\partial t}\psi(\boldsymbol{r};t) \simeq (E_{\mathrm{cl}} + \hbar\Omega_{\text{任意}})\psi(\boldsymbol{r};t), \tag{3.85a}$$

$$\frac{\hbar}{i}\nabla\psi(\boldsymbol{r};t) \simeq \boldsymbol{p}_{\mathrm{cl}}(t)\psi(\boldsymbol{r};t). \tag{3.85b}$$

$$V(\boldsymbol{r})\psi(\boldsymbol{r};t) \simeq V(\boldsymbol{r}_{\mathrm{cl}}(t))\psi(\boldsymbol{r};t). \tag{3.85c}$$

したがって，$\mathbf{E}^1$ の場合と同じくエネルギー保存則に拠って推論すれば，

$$\left\{i\hbar\frac{\partial}{\partial t} - \frac{1}{2m}\left(\frac{\hbar}{i}\nabla\right)^2 - V(\boldsymbol{r}) - \hbar\Omega_{\text{任意}}\right\}\psi(\boldsymbol{r};t) \simeq 0. \tag{3.86}$$

3.11 ポテンシャル下の粒子を律するシュレーディンガー方程式

3.11.1 シュレーディンガー方程式

前節以前における議論は，以下の足場に乗った，近似的推論である (つまり，必然性はない)：

- 重ね合せの原理，
- 古典粒子像との対応，
- 緩やかなポテンシャルのもとにおける「(局所的) 自由粒子近似」，
- 古典力学におけるエネルギー保存則．

ここに至って，「これら足場を一挙に取り外し」∧「ポテンシャルが時間に依存することをも許して $V(\boldsymbol{r})$ を $V(\boldsymbol{r},t)$ に一般化したうえで」，近似式 (3.86) を等式として祭り上げよう．つまり，次の方程式を新理論の基礎方程式として採用する：

$$i\hbar\frac{\partial}{\partial t}\psi(\boldsymbol{r};t) = \left\{-\frac{\hbar^2}{2m}\nabla^2 + V(\boldsymbol{r},t)\right\}\psi(\boldsymbol{r};t). \tag{3.87}$$

これは「シュレーディンガー方程式 (Schrödinger equation)」とよばれる．また，$\psi(\boldsymbol{r};t)$ は「**波動函数** (wavefunction)」とよばれる[*44]．

註1 上記「波動函数」とは，"一般に，波動を記述する函数" なる普通名詞ではなく，「(3.87) に従う (かつ，次項に述べる公準にかなう，したがって "規格化された" ♡ 次章) 量子波動」なる固有名詞である[*45]．いかなる粒

[*44] より正式には，(3.87) は「**一粒子シュレーディンガー方程式** (one-particle Schrödinger equation)」，$\psi(\boldsymbol{r};t)$ は「**一粒子波動函数** (one-particle wavefunction)」："一粒子" ≡「一粒子系 (≡ 粒子一個だけから成る系) を記述する"．

[*45] これに応じて，最近は英語も wave function とせず wavefunction と一語でつづられることが多い．本書も後者を採る．

子を論じているかを明示したい場合, 例えば電子を相手にしているならば「電子の波動函数」のごとく, 粒子名を併記することもある[*46].

註2 「(3.86) 式左辺に在った目障りな定数 $\hbar\Omega_{任意}$」はポテンシャル $V(\boldsymbol{r},t)$ に吸収しておいた. 古典力学においてポテンシャルは, その勾配が力を与えるものとして導入されるゆえ, 勝手な定数が加えられても (つまり底上げされても) 物理的状況をまったく変えぬ. (3.87) は, 顕に任意定数を含みはせぬけれども, ポテンシャルに底上げ任意性が有る以上, 実質的に任意定数を含むことに変わりはない. では, この任意性は新理論においても物理的結果に影響を与えぬであろうか. この疑問は検討課題として頭に留めておかねばならぬ.

3.11.2 波動函数の意味

ヤング型二連細隙実験その他に関する考察 (2.4 節) に基づき, 波動函数 $\psi(\boldsymbol{r};t)$ の意味を次のごとくとらえ, これを今後の議論における基礎とする. それゆえ, いささか厳しいが, これを**公準** (postulate) とよぶ. ただし, 下記確率公準は暫定的なものである[*47]:

- **状態公準**:「勝手な時刻 t における, 粒子の状態」は波動函数 $\psi(\boldsymbol{r};t)$ に拠って完全に表される, つまり,

  「時刻 t における, 粒子に関して知られ得る情報」はすべて $\psi(\boldsymbol{r};t)$ に含まれる.
- **確率公準 (-4)**:「時刻 t に粒子が地点 $\mathbf{x}$ 付近に見いだされる確率」は $|\psi(\mathbf{x};t)|$ で決まる.

☆**註3** 「公準 (postulate)」とは:

公理 (axiom) というと数学のよう. 数学はその人の好みに応じて作ればよい[*48]. しかし, 物理を勝手に作るわけにはいかぬ. 「自然を記述する理論 (自然を認識するために使う道具)」を作りたいのである. かといって "要請 (requirement)" では弱すぎる. 次のように理解されたい:

公準 $\equiv$ 「信頼に足るとして格上げされた, 作業仮説」.

♣**註4** 状態公準について (イ):

- 「粒子の状態」とは何か? $\cdots$ 「粒子に関して知られ得る情報」の総体.
- 「粒子に関して知られ得る情報」とは何か? $\cdots$ 「粒子の状態」に含まれている事柄.

要するに,

- 「波動函数とは粒子の状態を記述するものであり」$\wedge$「粒子の状態とは波動函数で記述されるものである」.

つまり, 状態公準は同義反復 (tautology) である.

♣**註5** 状態公準について (ロ):

「情報はすべて $\psi(\boldsymbol{r};t)$ に含まれる:$\forall t$」なる命題は「シュレーディンガー方程式が t に関して一階の微分方程式」なることを暗黙前提としている:仮に二階ならば, 始値問題として解くには始条件 $\{\psi(\boldsymbol{r};0),\ \partial\psi(\boldsymbol{r};t)/\partial t|_{t=0}\}$ が必要, つまり, $\psi(\boldsymbol{r};0)$ だけでは, $t=0$ における状況を記述するには充分であったとしても,「$\psi(\boldsymbol{r};t)$: $t>0$」を予言するには情報不足 (無論, "一階ならば予言能力が有る" か否かは本書現段階においては不明であり, これについては後述 4.6 節 (解の一意性) 参照).

♣**註6** 確率公準 (-4) について:

- 「見いだされる」とは? $\cdots$ "存在する" とは異なる ("存在する確率" と考えると, 実験と矛盾).
- 「観測すれば」見いだされる $\cdots$ 観測とは何か?
- ここにいう「観測」は, 精確にいえば,「位置測定実験」であろう.
- では, いかなる測定をすれば位置測定といえるか?

諸用語が明確に定義されていないがゆえに, 考えれば考えるほど疑問はどんどん膨らみ, きりがない.

[*46] ただし, 「電子 "の" 波動函数」の "の" には特に意味はない. この曖昧な "の" のみに目を付けて勝手に波動函数の意味内容を想像・創造してはいけない.

[*47] 確率公準に付けた (**負整数**) は暫定度の目安. 正式な確率公準は 第 4 章 ∨ 第 12 章 にて「確率公準 **0**」∨「確率公準 **1**」と書く.

[*48] こんなことをいうと数学の先生に叱られるかもしれぬが.

3.11.3 ◇ 足場はずし

ほら吹き男爵とアーチ

今後は，方程式 (3.87) および上記公準がいかなる「道筋 ∨ 推論 ∨ 動機 ∨ 思い込み ∨ 先入観 ∨ 哲学」をたどって到達されたかについては，一切，忘れる．

ただし，前項の註 4 ∧ 註 5 にて述べた通り，上記公準はいずれも同義反復ないし無定義用語で語られたものである．にもかかわらず，「これを基礎として理論を造って行こう」なる算段ゆえ，いわば靴紐男爵 (ほら吹き男爵) 的思考 (~ 試行 ∨ 志向 ∨ 趣向) である[*49]．かような事情は，量子力学に限らず，基礎理論構築においては避け得ぬことであろう[*50]．アーチ建立に似たり：建設途中には足場が要るが，要石 (keystone)[*51] を置いた後は自立し，足場はむしろ邪魔にさえなりかねぬ．ただし，我々のアーチはまだ粗削り．今後は，「シュレーディンガー方程式」∧「波動関数に関する公準」を新たな足場として，すべてを見直しつつ，アーチを補修し磨き上げていかねばならぬ．それが本書全体の仕事である．

♣ 余談：エーテルなる足場を取り去って得られたマクスウェル方程式

電磁気学の講義に出てマクスウェル方程式 (Maxwell equation) を習うと "**変位電流 (displacement current)**" なるものが登場する．そして，期末試験にも "変位電流の式を書け" と出題される．得意の暗記力で及第はしたものの，はて "変位とは何か"[*52]，さっぱり要領を得ぬままで終わってしまう．良心的な教科書 (例えば [6][7]) には名の由来が書いてある．マクスウェル (James Clerk Maxwell [1831.6.13–1879.11.5]) の思考はエーテルにどっぷりと漬かっていたらしい．原著 [8] あるいは解説 [9] を読めばそれがよくわかる．マクスウェルの脳中においてはエーテルの位置がずれていたわけであろう．しかし，マクスウェル理論は "エーテル自体を捉える方法" を示してはくれぬ．実験に掛かり得るのは "エーテルに立つ波としての電磁波" だけである．この事情を看破したヘルツ (Heinrich Rudolf Hertz [1857.2.22–1894.1.1]) は「マクスウェル理論を覆っていたエーテルの残滓」を消しゴムで消してしまった：

"It is certainly desirable that a system which is so perfect, as far as its contents are concerned, should also be perfected as far as possible in regard to its form. The system should be so

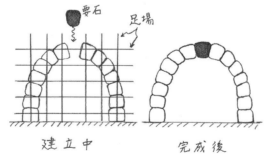

図 3.9　アーチ建立

[*49] ちょっと進んでは基礎に立ち戻るという作業をくり返しながら，自分の靴紐を引っ張って空に舞い上がろうと試みるがごとくに，無から有を造り出す．

[*50] 古典力学の公準たるニュートン運動方程式における力と質量の定義においてもしかり．ただし，"力" なる概念に関して我々が何がしかの感覚 (筋肉の緊張感など) を有するゆえ，力と質量の関係がまったくの同義反復ともいい切れぬ．同じく，状態公準においても，"粒子の状態" なる概念に関して我々が何がしかのイメージを抱いているゆえ，まったくの同義反復ともいい切れぬ．この点を頼りに，覚つかないながら，理論を構築しようというわけである．

[*51] 剣石 (つるぎいし) あるいは楔石 (くさびいし) ともいわれるらしい [広辞苑]．

[*52] 何か位 (くらい) が変わって出世した (あるいはリストラされた)？

constructed as to allow its logical foundations to be easily recognised; all unessential ideas should be removed from it, and the relations of the essential ideas should be reduced to their simplest form." [10]

その結果として残ったのが「マクスウェル方程式とよばれることになった方程式 (四本連立)」である．つまり，ヘルツが「マクスウェル理論をマクスウェル方程式なる形に整頓」した．その代わり，マクスウェル方程式の解として得られる電磁波の正体は皆目不明となった．電磁波は，マクスウェルが足場として頼りにしていたエーテルが消し去られて，「媒体を喪失した波」となってしまった：

"電磁波 ~a grin without a cat". [9]

♣♣ **註 7** Alice's Adventures in Wonderland, Chap.6, Pig and Pepper [11] の有名な下り：
··· the Cat ··· vanished quite slowly, beginning with the end of the tail, and ending with the grin, which remained some time after the rest of it had gone. "Well, I've often seen a cat without a grin," thought Alice; "but a grin without a cat! It's the most curious thing I ever saw in all my life!"

♣♣ **註 8** 足場はずし類例として「電磁気学におけるエーテル」をもち出してみた．ただし，「量子力学における古典的描像」とは重要な違いが有る：前者はいわば永久消去されてしまったが，後者は，適切に状況設定すれば，量子力学の結果として (多少ぼやけた形にせよ) 再び浮かび上がり得る．

3.12 ♣ アインシュタインがシュレーディンガーに出した手紙

第 3 章にしてシュレーディンガー方程式なるものをすいすいと書き下してしまった．これは，もちろん，答を知っているがゆえにできたことである．シュレーディンガーの昔に時間遡行して方程式を手探りで見つけようとしている読者自身を想像されたい．まったく途方にくれてどうしてよいかわからぬに違いない．

アインシュタインとシュレーディンガーの往復書簡を載せた本が有る [12]．シュレーディンガー方程式を巡る書簡 ($\psi(\boldsymbol{r};t) = e^{-iEt/\hbar}\phi(\boldsymbol{r})$ なる場合を想定) を勝手に脚色拙訳し記法も現代風に改めて引用しよう ("改竄 " の誹りを免れぬかもしれぬ，正式には [12] に挙げた訳書参照)：

"1926.4.16[アインシュタイン]：プランク教授から貴方の理論についてお聞きしました．教授がおおいに興奮されているのも無理からぬことと思います．しかしながら，貴方の方程式

$$\left\{\frac{\hbar^2}{2m}\nabla^2 + \frac{E^2}{E - V(\boldsymbol{r})}\right\}\phi(\boldsymbol{r}) = 0 \tag{3.88}$$

には ··· なる性質が欠けており，私には理解できません．"

"1926.4.22 [アインシュタイン]：今しがた貴方の第一論文を見て，貴方の式が実は (3.87) なることを知りました．これには確かに □□□ なる性質が有ります．先日の私の手紙は，記憶違い，余計でした．"

"1926.4.23 [上記とは行き違いにシュレーディンガー]：4 月 16 日付けご親切なお手紙どうも有難うございます．貴方とプランクに認められたということは世界の半分以上に認められたようなものです．(3.88) はご記憶違いで私の式は (3.87) です．私の方程式が □□□ なる性質を有すること，ご指摘いただくまで意識しておりませんでした．このような重要な知見に導かれ，貴方の記憶違いに大変感謝いたします．しかも貴方が，他ならぬ貴方が，「□□□ なる性質を有すべし」なる要請に拠って (3.87) を書き下されたことに因り，私は (3.87) について確信を深めることができました．"

註 1 上記にて "(3.87)" は「(3.87) にて $\psi(\boldsymbol{r};t) = e^{-iEt/\hbar}\phi(\boldsymbol{r})$ と置いたもの」と読まれたし．

なぜアインシュタインの頭に (3.88) のごとき式が焼き付いたのであろうか．それについては書か

144　　第3章　シュレーディンガー方程式

れていないゆえわからぬ (乞ご教示). ともかく教訓:

- シュレーディンガー方程式は,現今の教科書においては何の造作もなく推定されるかのごとくに導入されること多けれども,決して "当たり前の式" ではない. (3.88) のごとき方程式は,今から見ればまったくばかげているかもしれぬが,アインシュタインにとってはそうでもなかったらしい. 量子力学創成期には,何も基礎がなかったゆえ,(3.88) を退ける先験的理由もなかったことであろう.

- 記憶力がよすぎるのも問題: アインシュタインは,もしプランクの話を正確に覚えていたならば,「□□□ なる性質」について考えなかったかもしれぬ.

♣ 註2 「□□□ なる性質」とは,はなはだ先走るが,(3.88) を「相互作用がない二粒子系」に拡張した方程式における「分離可能性」すなわち「$\phi(\boldsymbol{r}_1, \boldsymbol{r}_2) = \phi^{(1)}(\boldsymbol{r}_1)\phi^{(2)}(\boldsymbol{r}_2)$ なる形に因数分解できる解 (二粒子間に相関がない状態を表す) が有ること」(詳しくは 4.5.6 項 ∧ 25.6.3 項).

3.13　シュレーディンガー方程式の性質

3.13.1　重ね合せの定理

シュレーディンガー方程式の最も重要な性質は**線形性** (linearity) である.「シュレーディンガー方程式が線形性を有する」とは次の定理が成り立つこと指す:

　　　重ね合せの定理 (superposition theorem)

$$「\psi_1(\boldsymbol{r};t) \,も\,\psi_2(\boldsymbol{r};t)\,も共に\,(3.87)\,の解」$$
$$\implies 「c_1\psi_1(\boldsymbol{r};t) + c_2\psi_2(\boldsymbol{r};t)\,も\,(3.87)\,の解 \qquad : \forall\{c_1, c_2\} \subset \mathbf{C}」. \qquad (3.89)$$

これに拠り,干渉実験などを説明できる可能性も開けるであろう.

註 ただし,早とちりすべからず. 例えば二連細隙実験の場合,「上細隙だけを開いた状況に対応する波動関数 $\psi_\text{上}(\boldsymbol{r};t)$」と「下細隙だけを開いた状況に対応する波動関数 $\psi_\text{下}(\boldsymbol{r};t)$」を重ね合わせて $\psi_\text{上}(\boldsymbol{r};t) + \psi_\text{下}(\boldsymbol{r};t)$ とすればよいであろうか. いかなる議論も下記に立脚せねばならぬ:
　　　粒子の波動関数は,粒子が粒子源を出発してからスクリーンに到着するまでの期間,(3.87) に従う.
ただし,$V(\boldsymbol{r},t)$ は,二連細隙を表すポテンシャルであり,t に依らぬ. これは,上 (または下) 細隙だけが開かれた状況を表すポテンシャル $V_\text{上}(\boldsymbol{r})$ (または $V_\text{下}(\boldsymbol{r})$) とは異なる. $V_\text{上}(\boldsymbol{r})$ と $V_\text{下}(\boldsymbol{r})$ が互いに異なるゆえ $\psi_\text{上}(\boldsymbol{r};t)$ と $\psi_\text{下}(\boldsymbol{r};t)$ は別々の方程式に従う. ゆえに,これらを重ね合わせることには意味がない. では,二連細隙実験を説明する際に重ね合わせるべき二つの波とは何であろうか. 二連細隙なるものは決してやさしい状況ではない:もっと修練を積んでから要再考.

3.13.2　自由粒子シュレーディンガー方程式の並進対称性と回転対称性

並進対称性

(i)　一般に

$$「\psi^\text{自由}(x;t)\,が\,(3.59)\,の解」\implies 「\psi^\text{自由}(x - x_0; t - t_0)\,も\,(3.59)\,の解:\forall x_0 \,\wedge\, \forall t_0」 \quad (3.90\text{a})$$

この性質は「自由粒子のシュレーディンガー方程式 (3.59)」の**並進不変性** (translation invariance)[53]とよばれる.

---

[53] この場合は「時間に関する並進不変性」∧「位置に関する並進不変性」.

(ii) (3.60) にて $\mathcal{A}(k - k_0; \kappa)$ を $\mathcal{A}(k - k_0; \kappa) \exp\{-ikx_0 + i\omega(k)t_0\}$ で置き換えれば $\psi^{\text{自由}}(x - x_0; t - t_0)$ が得られる.すなわち,重ね合せ係数の位相因子 (phase factor)[54]を調整することに拠って,$\psi^{\text{自由}}(x; t)$ を $\psi^{\text{自由}}(x - x_0; t - t_0)$ に変れる[55].

演習 以上は $\mathbf{E}^3$ にも拡張できる:

$$\text{「}\psi^{\text{自由}}(\boldsymbol{r}; t) \text{ が (3.79) の解」} \Longrightarrow \text{「}\psi^{\text{自由}}(\boldsymbol{r} - \boldsymbol{r}_0; t - t_0) \text{ も (3.79) の解:} \ \forall \boldsymbol{r}_0 \ \wedge \ \forall t_0 \text{」}. \ \blacksquare$$
(3.90b)

回転対称性

ラプラシアンが等方的ゆえ,$\forall \mathcal{R} (\equiv \mathbf{E}^3$ における回転 ♡ 21.9 節) に対し,

$$\text{「}\psi^{\text{自由}}(\boldsymbol{r}; t) \text{ が (3.79) の解」} \Longrightarrow \text{「}\psi^{\text{自由}}(\mathcal{R}\boldsymbol{r}; t) \text{ も (3.79) の解」}. \tag{3.91}$$

3.13.3 ♣ 原理と定理

読者から文句が出るかもしれぬ:

> "重ね合せの原理という言葉は聞いたことがあるが「重ね合せの定理」は初耳.そもそも,重ね合せの原理を指針としてシュレーディンガー方程式を作ったのだから,線形性は当然のことではないか."

しかり,普通の本には **"重ね合 (わ) せの原理 (principle of superposition)"** と書いてあるかもしれぬ.しかし,今や我々は「シュレーディンガー方程式を基礎に据えて新たに出発しよう」なるわけであり,この立場からして,線形性は原理ではなく定理である.

3.13.4 ♣♣ 線形性の検証

シュレーディンガー方程式が還暦を過ぎたころ,「現実にいかなる程度まで線形性が成り立っているか,検証しよう」なる試みもあり,「10^{-14} 程度の精度で成立」なる報告がある [13].ただし,これはいささか話が先走りすぎた.いいたかったことは次の通り:

> 現時点 (西暦 2017 年) においても,量子力学は決して "完成されてしまった理論" ではない,"当たり前のこと" ではない.

「$m_{\text{重}} = m_{\text{慣}}$ なる "当たり前のこと"」を省察することに拠り一般相対論が生まれた.量子力学においては,「"量子力学の枠組が適用できる" と考えられる諸状況における諸模型 (H 原子など) の検証」は枚挙に暇がないけれども,「"当たり前のこと" の省察」∨「枠組自体の検証」は緒に就いたばかりである.

ただし,仮にシュレーディンガー方程式に代えて不線形方程式を採用すると,たとえ諸干渉実験を

---

[54] 絶対値 1 の複素数.

[55] これは複素数を用いる利点の一つ.指数関数を使わずに {cos, sin} に固執していたなら,このような芸当はできず,もっと面倒.

146 第 3 章 シュレーディンガー方程式

説明するに障がいとならぬ小さな不線形性であっても，理論の論理構造を根本から考え直さねばならぬことになろう[*56]（♡ 例えば後述 4.4.3 項の確率公準 0 に添える註 0）.

3.13.5 ♣♣♣ "非線形波動方程式"

シュレーディンガー方程式は，"シュレーディンガーの波動方程式 (Schrödinger's wave equation)" とよばれることもあるが，"数多の波動方程式の一つ"（単なる数式と見ればそうかもしれぬ）ではなく，量子力学の基礎方程式であって別格である．量子力学を離れて一般に波動方程式は，"波動を記述する方程式 (場の方程式)" であり，線形ではない[*57]．"非線形波動方程式" なる言葉を見かけるけれども，本来は，わざわざ "非線形" なる形容詞を付けるには及ばぬ：線形こそ特殊であり，"或る近似において線形と見なされ得る状況も有る" にすぎぬ.

3.14 ♣♣ 議論展開に関する註

- くり返しになるが，本書は今後，「力学法則 (時間変展) を規定する微分方程式」たるシュレーディンガー方程式を基礎に据える．伝統的呼称に従えば**波動力学**[*58]なる立場である．今のところ，"行列力学" にて扱われる "行列" や "演算子" は登場していない．"古典ハミルトニアンから出発して量子化する" なる論理展開は採っていないからである．「一般正準座標に拠る "量子化"」∨「それに伴う "演算子順序問題"」などには煩わされたくない．そもそも "量子化" とは「古典的直観を頼りに，理論を手探りで探す一方策」にすぎぬ.

- "量子波動と確率の関係を，先験的に仮定せずに，別の公準から演繹する" なる立場も有り得る（例えば，"Relative State" Formulation" [14][*59]）．しかし，少なくとも量子力学入門段階においては，この立場を採るべき利点はないし，その内容紹介すら時期尚早 (準備不足).

3.15 ♣♣ フーリエ変換 (その 2)

3.15.1 フーリエ変換における函数の尾の形 (遠方振る舞い)

3.6.2 項の諸例に見られた「$f(X)$ の尾の形」は $\tilde{f}(K)$ のいかなる性質を反映しているのであろうか．函数 $\tilde{f}$ は下記三条件を充たすものとしよう：

- 有界：「$|\tilde{f}(K)| < M$ ： $\forall K$」なる定数 M が存在, $\qquad$ (3.92a)
- $|K| \to \infty$ にて<u>充分に速く</u>（すなわち，K^{-1} またはそれ以上に急激に）$\tilde{f}(K) \to 0$, $\quad$ (3.92b)
- 或る一点 ($K = K_*$) 以外においては，何回でも微分可能. $\qquad$ (3.92c)
  (図 3.10$\{(a), (b), (c)\}$ に「$K = K_*$ にて $\{\tilde{f}, \tilde{f}', \tilde{f}''\}$ が不連続なる例」を示す.)

註 (3.92a)∧(3.92b) に拠り (3.41) は必ず収束する.

[*56] そのように "考え直す" としていかなる整合的論理構造が造れるか，筆者は知らない.

[*57] 例えば "非線形シュレーディンガー方程式 (non-linear Schrödinger equation)"（これは，名前にかかわらず，シュレーディンガー方程式と無関係，意味内容がまったく異なる），"Sine-Gordon 方程式"（"ソリトン (soliton)" なる解を有するが，"左向きソリトン" と "右向きソリトン" の重ね合せは解にならぬ），等々.

[*58] 英語では通常 wave mechanics だが，むしろ，wave dynamics とよびたい.

[*59] "Many-World Interpretation" なる呼称が使われることもある．しかし，これは不適切 (単に煽情 (せんじょう) 的) かつ誤解を招きかねず好ましからぬ呼称 [15].

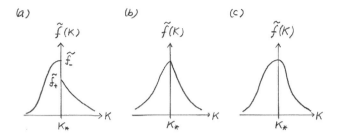

図 3.10 一点以外において何回でも微分可能な函数の例：(a), (b), (c)

上記条件下にて

$$f(X) := \int dK\, \tilde{f}(K) e^{iKX} = f_-(X) + f_+(X), \tag{3.93a}$$

$$f_-(X) \equiv \int_{-\infty}^{K_*} dK\, \tilde{f}(K) e^{iKX}, \qquad f_+(X) \equiv \int_{K_*}^{\infty} dK\, \tilde{f}(K) e^{iKX}. \tag{3.93b}$$

部分積分をくり返すことに拠り

$$f_-(X) = \frac{1}{iX} \int_{-\infty}^{K_*} dK\, \tilde{f}(K) \frac{d}{dK} e^{iKX}$$

$$= \frac{\tilde{f}_-}{iX} e^{iK_*X} - \frac{1}{iX} \int_{-\infty}^{K_*} dK\, \tilde{f}'(K) e^{iKX}$$

$$= e^{iK_*X} \left\{ \frac{\tilde{f}_-}{iX} - \frac{\tilde{f}'_-}{(iX)^2} + \frac{\tilde{f}''_-}{(iX)^3} - \cdots \right\}, \tag{3.94a}$$

$$\tilde{f}_-^{(n)} \equiv \tilde{f}^{(n)}(K_* - 0) \equiv \lim_{K \uparrow K_*} \tilde{f}^{(n)}(K). \tag{3.94b}$$

ただちにわかることは，下記演習 3.15-1 も加味して，

$$\lim_{|X| \to \infty} f_\pm(X) = 0. \tag{3.95}$$

これは直観的に明らかであろう．被積分函数 $\tilde{f}(K) e^{iKX}$ は，滑らかな $\tilde{f}(K)$ に振動因子 e^{iKX} が掛かったものであり，$|X|$ が増すにつれて振動が激しくなる．それゆえ，積分に対する寄与は，実部虚部それぞれにおいて，正と負が相殺する．

演習 3.15-1 同様に

$$f_+(X) = -e^{iK_*X} \left\{ \frac{\tilde{f}_+}{iX} - \frac{\tilde{f}'_+}{(iX)^2} + \frac{\tilde{f}''_+}{(iX)^3} - \cdots \right\}, \tag{3.96a}$$

$$\tilde{f}_+^{(n)} \equiv \tilde{f}^{(n)}(K_* + 0) \equiv \lim_{K \downarrow K_*} \tilde{f}^{(n)}(K). \tag{3.96b}$$

ゆえに

$$f(X) = -e^{iK_*X} \left\{ \frac{[\tilde{f}]}{iX} - \frac{[\tilde{f}']}{(iX)^2} + \frac{[\tilde{f}'']}{(iX)^3} - \cdots \right\}, \tag{3.97a}$$

$$[\tilde{f}^{(n)}] \equiv \tilde{f}_+^{(n)} - \tilde{f}_-^{(n)}. \quad \blacksquare \tag{3.97b}$$

したがって，$\tilde{f}(K)$ が図 (3.10){(a),(b),(c)} のごとき場合，$f(X)$ の尾は $\{X^{-1}, X^{-2}, X^{-3}\}$ である．一般に，

148   第3章　シュレーディンガー方程式

「$\tilde{f}(K)$ が $(n-1)$ 回微分可能」∧「$\tilde{f}^{(n)}(K)$ が不連続」$\Longrightarrow$ $f(X)$ の尾は $X^{-(n+1)}$.   (3.98)

演習 3.15-2　不連続点が複数個在る場合も同様.　∎

$\tilde{f}(K)$ が無限回微分可能な場合には，式 (3.97a) 右辺における X^{-n} の係数がすべての n について 0 となる：

$$\lim_{|X|\to\infty} X^n f(X) = 0 \qquad : \forall n. \tag{3.99}$$

ただし，これは必ずしも $f = 0$ (すなわち「$f(X) = 0$　：$\forall X$」) を意味せぬ．「X の逆冪で展開できる部分が 0」なるにすぎぬ．その典型例がガウス型の場合である．

註　本節における議論は，$\tilde{f}(K)$ が「$|K| \to \infty$ にて，充分速くのみならず，大人しく 0 になる」ことも暗々裏に仮定している．例えば

$$\tilde{f}(K) \sim K^{-2} \sin(K^5) \qquad : K \sim -\infty \tag{3.100a}$$

なる場合は除外される：かように激しく振動しつつ 0 になる場合には，

$$\text{積分 } f_-(X) \text{ は収束するけれども，} \int_{-\infty}^{K_*} dK\, \tilde{f}'(K) e^{iKX} \text{ が発散する.} \tag{3.100b}$$

つまり (3.94a) なる式変形はできぬ．

3.15.2　♣ 応用 (積分の漸近評価) と要注意点

前項結果は積分を**漸近評価する** (パラメーター X が大きいとして，積分値の X 依存性を評価する) 際に使える．典型例として，

$$G(X) \equiv \int_0^\infty dK\, g(K) e^{iKX} \qquad : X > 0 \tag{3.101}$$

を「(3.96a) の初項」で近似した場合の誤差を評価してみよう (ただし，g は「前小節にて $K_* = 0$ なる場合の $\tilde{f}$」であり，記法簡略化すべく $\{G, g\} \equiv \{f_+, \tilde{f}\}$ と書いた)：

演習 3.15-3　(3.94) と同様の変形を念頭に置いて

$$G(X) =: \frac{ig(0)}{X} + G_{\mathrm{I}}(X) \qquad \text{と置けば,} \tag{3.102a}$$

$$|G_{\mathrm{I}}(X)| < \frac{\Delta_{\mathrm{I}}}{X^2}, \qquad \Delta_{\mathrm{I}} \equiv |g'(0)| + \int_0^\infty dK\, |g''(K)|. \tag{3.102b}$$

証明：$G_{\mathrm{I}}(X) = \dfrac{i}{X} \displaystyle\int_0^\infty dK\, g'(K) e^{iKX} = \left(\dfrac{i}{X}\right)^2 \left\{ g'(0) + \displaystyle\int_0^\infty dK\, g''(K) e^{iKX} \right\}.$　∎

演習 3.15-4　具体例：

$$g(K) = \frac{1}{K - \zeta} \qquad : \zeta \equiv 1 - i\gamma \,\wedge\, \gamma \in \mathbf{R} \tag{3.103a}$$
とすれば

$$g(0) = -\frac{1}{\zeta}, \qquad g'(0) = -\frac{1}{\zeta^2},$$

$$\Delta_{\mathrm{I}} = \frac{1}{1+\gamma^2} + \frac{2}{\gamma^2}\left(1 + \frac{1}{\sqrt{1+\gamma^2}}\right) \simeq \begin{cases} 4\gamma^{-2} \;(\gg 1) & : \; |\gamma| \ll 1, \\ 3\gamma^{-2} \;(\ll 1) & : \; |\gamma| \gg 1. \end{cases} \tag{3.103b}$$

証明：
$$\int_0^\infty dK\,|g''(K)| = 2\int_0^\infty \frac{dK}{|K-\zeta|^3} = 2\int_{-1}^\infty \frac{dK}{(K^2+\gamma^2)^{3/2}} = \frac{2}{\gamma^2}\int_{-1/\gamma}^\infty \frac{dK}{(K^2+1)^{3/2}}$$

$$= \frac{2}{\gamma^2}\int_{-\theta_\gamma}^\infty \frac{d\theta}{(\cosh\theta)^2} \qquad : \; \theta_\gamma \equiv \sinh^{-1}(1/\gamma)$$

$$= \frac{2}{\gamma^2}(1+\tanh\theta_\gamma) = \frac{2}{\gamma^2}\left(1 + \frac{1}{\sqrt{1+\gamma^2}}\right). \qquad \blacksquare$$

♣ **註** 上例 (3.103) において，(3.102a) にて $G_{\mathrm{I}}(X)$ が初項 $ig(0)/X$ に比べて無視できるには，$|\gamma| \gtrsim 1$ ならば $X \gg 1$ なりさえすれば充分（もし $|\gamma| \gg 1$ なら $X \gg 1/|\gamma|\,(\ll 1)$ なりさえすれば充分）であるが，$|\gamma| \ll 1$ ならば $X \gg 1/|\gamma|\,(\gg 1)$ なる必要がある．後者の場合には，(3.102) は優れた評価とはいいがたく，例えば次演習のごとく手直しすべきである．

♣ **演習 3.15-5**　(3.103a) なる g は複素 K 面にて**有理形** (meromorphic: 極以外に特異点を有せぬ) である．かような場合には，積分路を $\pi/2$ 回転して，被積分函数を振動型から減衰型に変えると見通しがよい：一般に，$g(K)$ が「$K = \zeta \equiv K_0 + i\gamma$ ($K_0 > 0$ $\wedge$ $\gamma \in \mathbf{R}$) に単純極 (simple pole) を有し」$\wedge$「それ以外に特異点を有せぬ」ならば，

$$G(X) =: \frac{ig(0)}{X} + 2\pi i g_\star e^{iK_0 X - \gamma X}\Theta(\gamma) + G_{\mathrm{II}}(X) \qquad \text{と書くと，} \tag{3.104a}$$

$$|G_{\mathrm{II}}(X)| < \frac{\Delta_{\mathrm{II}}}{X^2}, \qquad \Delta_{\mathrm{II}} \equiv \max_{q(>0)}|g'(iq)|. \tag{3.104b}$$

ただし，$g_\star \equiv$ 留数 (residue) $\equiv \displaystyle\lim_{K\to\zeta}(K-\zeta)g(K)$, $\qquad \Theta(\gamma) \equiv \begin{cases} 0 & : \; \gamma < 0, \\ 1 & : \; \gamma > 0. \end{cases}$

証明：3.6.2 項における「(3.48) の正確かつ一般的証明」にならい，第 I 象限四半円路を導入して積分路を正虚軸に移動すると，

$$G(X) = G_0(X) + 2\pi i g_\star e^{iK_0 X - \gamma X}\Theta(\gamma), \tag{3.105a}$$

$$G_0(X) \equiv i\int_0^\infty dq\, g(iq)e^{-qX} \tag{3.105b}$$

$$= -\frac{i}{X}\int_0^\infty dq\, g(iq)\frac{d}{dq}e^{-qX} = \frac{i}{X}\left\{g(0) + \int_0^\infty dq\, ig'(iq)e^{-qX}\right\}. \tag{3.105c}$$

ゆえに　$G_{\mathrm{II}}(X) = -\dfrac{1}{X}\displaystyle\int_0^\infty dq\, g'(iq)e^{-qX},$

したがって　$|G_{\mathrm{II}}(X)| < \dfrac{1}{X}\displaystyle\int_0^\infty dq\,|g'(iq)|e^{-qX} < \dfrac{\max|g'(iq)|}{X}\displaystyle\int_0^\infty dq\,e^{-qX}.$ $\qquad \blacksquare$

註　(3.105c) は虚軸にて部分積分を一回実行した結果である．部分積分をさらにくり返せば (3.96a) と同じ形をした結果を得る．あるいは，部分積分をせずとも，$X \gg 1$ ならば積分 (3.105b) に対する寄与が主に $q \sim 0$ から来ることに着目して，$g(iq) = g(0) + g'(0)iq + g''(0)(iq)^2/2 + \cdots$ と展開した後に項別積分しても同じ結果を得る．かような誘惑に屈せず (3.105c) にて止めると評価 (3.104b) が得られる．

150 第3章 シュレーディンガー方程式

♣ **演習 3.15-6** 「(3.103a) なる g」再考：(3.104) は $\forall\gamma$ に対してよい評価を与える：

$$\Delta_{\mathrm{II}} = \max_{q(>0)} \frac{1}{(q-\gamma)^2+1} = \begin{cases} 1/(\gamma^2+1) & : \gamma < 0, \\ 1 & : \gamma > 0, \end{cases} \quad \text{ゆえに} \quad \Delta_{\mathrm{II}} \le 1. \qquad (3.106\mathrm{a})$$

なお，$0 < \gamma \ll 1$ の場合に，(3.104a) 右辺における第一項と第二項を比べると，

$$\frac{1}{2\pi}\left|\frac{\text{第二項}}{\text{第一項}}\right| \simeq \frac{e^{-\gamma X}}{1/X} = Xe^{-\gamma X} \qquad (3.106\mathrm{b})$$

$$\sim 1/\gamma \ (\gg 1) \qquad : X \sim 1/\gamma. \qquad (3.106\mathrm{c})$$

したがって，第二項が無視できるには，条件 $X \gg 1$ では不充分であり $X \gg 1/\gamma \ (\gg 1)$ なる必要が有る．この事情は「(3.102) に拠る評価」が不具合を来たしたことと整合している："誤差 $G_{\mathrm{I}}(X)$" は上記第二項を含む．■

3.15.3 ♣ リーマン–ルベーグ定理

前二項と密接に関連した定理を述べておこう：

リーマン–ルベーグ定理 (Riemann-Lebesgue Theorem)：

$$\int dK\, |g(K)| < \infty \quad \Longrightarrow \quad \lim_{|X|\to\infty} \int dK\, g(K) e^{iKX} = 0. \qquad (3.107\mathrm{a})$$

これは，「区間 (a,b) 外にて 0 なる g」にも使えるゆえ，次のごとく述べても構わぬ：勝手な $\{a,b\}$ $(a < b)$ に対し

$$\int_a^b dK\, |g(K)| < \infty \quad \Longrightarrow \quad \lim_{|X|\to\infty} \int_a^b dK\, g(K) e^{iKX} = 0. \qquad (3.107\mathrm{b})$$

上記にて「g が充たすべき条件，すなわち各式左辺」は「(当該区間において) $g \in \mathcal{L}^1$」と称される[60]：前項における g とは異なり，有界なる必要も微分可能なる必要もない．

例えば $g(K) = 1/\sqrt{K}$ は，区間 $(0,b)$ (b は勝手な正数) にて有界ならぬが，

$$\int_0^b \frac{dK}{\sqrt{K}} = 2\sqrt{b} < \infty \quad \text{ゆえ} \quad \mathcal{L}^1 \text{ に属し}, \qquad \lim_{|X|\to\infty} \int_0^b dK\, \frac{e^{iKX}}{\sqrt{K}} = 0. \qquad (3.108\mathrm{a})$$

演習 3.15-7 リーマン–ルベーグ定理を上例 (3.108a) に即して具体的に証明してみよう．上例の場合，$g(0) = \infty$ ゆえ，3.15.1 項のごとき部分積分はできぬ．しかし，被積分函数が振動して積分を相殺することは期待できる：

$$\int_0^b dK\, \frac{e^{iKX}}{\sqrt{K}} = \mathcal{O}(|X|^{-1/2}). \qquad (3.108\mathrm{b})$$

証明：実部について論ずる (虚部も同様)．$X \gg 1$ とし，積分域を「$\cos KX$ の零点」で区切れば，

$$\int_0^b \equiv \int_0^b dK\, \frac{\cos KX}{\sqrt{K}} = I_0 + \sum_{n=1}^{N_X} I_n + I_b,$$

---

[60] 一般に記法 $\mathcal{L}^\alpha$ については後述 (9.1.3 項).

$$I_0 \equiv \int_0^\kappa, \qquad I_n \equiv \int_{(2n-1)\kappa}^{(2n+1)\kappa}, \qquad I_b \equiv \int_{(2N_X+1)\kappa}^b \qquad : \kappa \equiv \pi/2X,$$
$$N_X \equiv \lceil (2N_X+1)\kappa \leq b \text{ なる最大偶数} \rfloor.$$

各項を評価すると，まず，

$$|I_0| < \int_0^\kappa \frac{dK}{\sqrt{K}} = 2\sqrt{\kappa} = \mathcal{O}(X^{-1/2}),$$

$$|I_b| < \int_{(2N_X+1)\kappa}^b \frac{dK}{\sqrt{K}} < \int_{(2N_X+1)\kappa}^{(2(N_X+2)+1)\kappa} \frac{dK}{\sqrt{K}} = 2(\sqrt{2N_X+5} - \sqrt{2N_X+1})\sqrt{\kappa}$$

$$= \frac{8\sqrt{\kappa}}{\sqrt{2N_X+5} + \sqrt{2N_X+1}} = \mathcal{O}(X^{-1}) \qquad \heartsuit \ N_X = \mathcal{O}(X).$$

次に

$$I_n \simeq \frac{1}{\sqrt{2n\kappa}} \int_{(2n-1)\kappa}^{(2n+1)\kappa} dK \ \cos KX = (-)^n \frac{2}{\sqrt{2n\kappa}X} = (-)^n \frac{2}{\sqrt{n\pi X}},$$

すなわち $\quad (-)^n(I_n + I_{n+1}) \simeq \frac{2}{\sqrt{\pi X}}\left(\frac{1}{\sqrt{n}} - \frac{1}{\sqrt{n+1}}\right)$

$$= \frac{2}{\sqrt{\pi X}} \frac{1}{\sqrt{n}\sqrt{n+1}\,(\sqrt{n+1}+\sqrt{n})} < \frac{1}{\sqrt{\pi X}}\frac{1}{n^{3/2}},$$

ゆえに $\quad 0 < -\sum_{n=1}^{N_X} I_n = -\sum_{m=1}^{N_X/2}(I_{2m-1} + I_{2m}) < \frac{1}{\sqrt{\pi X}}\sum_{m=1}^{N_X/2}\frac{1}{(2m-1)^{3/2}}$

$$< \frac{1}{\sqrt{\pi X}}\sum_{m=1}^\infty \frac{1}{(2m-1)^{3/2}} = \mathcal{O}(X^{-1/2}) \qquad \heartsuit \ \text{無限和は収束し } X \text{ に依らぬ.} \qquad \blacksquare$$

♣ 註　リーマン–ルベーグ定理は "(3.100a) なる $\tilde{f}$ のごとく振る舞う g" についても成り立つ．また，(リーマン積分を拡大した) ルベーグ積分に対して成り立つ (それゆえ，g として "至るところ不連続なもの" など様々な奇怪な函数も許される)．これを一般的に証明するにはルベーグ積分論に立ち入らねばならぬ．しかし，本書においては「"(3.100a) のごとき函数" は考察対象外」∧「積分はすべて通常の積分，すなわちリーマン積分」である．かような状況に限れば，リーマン–ルベーグ定理の証明は上記演習と本質的に同じである (詳細は読者にお任せ).

3.15.1 項 (3.95) とリーマン–ルベーグ定理 (3.107) は，「被積分函数が激しく振動して積分を相殺する」なる事情を共有するゆえ，まとめて **激振起因積分相殺定理** とよべよう．しかし，これはいささか長たらしいゆえ妥協して，**広義リーマン–ルベーグ定理** とよぶ．

リーマン–ルベーグ定理 (3.107) は，「$\mathcal{L}^1$ に属する g」が有界かつ微分可能な場合には，(3.95) に帰着する．しかし，(3.95) は「$\mathcal{L}^1$ に属さぬ g」に対しても使える場合が有る (♡ (3.103))．したがって，"(3.95) は (3.107) の一部" なるわけではなく，広義リーマン–ルベーグ定理はリーマン–ルベーグ定理より広い．ただし，文脈からして自明な場合には，広義リーマン–ルベーグ定理をリーマン–ルベーグ定理と略称する．

3.16　たたみ込み

勝手な函数対 $\{f_1, f_2\}$ に対し，次式で定義される函数 $f_1 ☆ f_2$ は「f_1 と f_2 のたたみ込み[*61](convolution)」とよばれる：

[*61] または **合成積**.

152   第 3 章　シュレーディンガー方程式

$$(f_1 ☆ f_2)(X) := \int dx \, f_1(X - x) f_2(x). \tag{3.109a}$$

演習　たたみ込みは**可換** (≡「順序に依らぬ」)：

$$f_1 ☆ f_2 = f_2 ☆ f_1. \tag{3.109b}$$

証明：積分変数 x を $y \equiv X - x$ に変換して

$$(3.109a) \text{ 右辺} = -\int_{+\infty}^{-\infty} dy \, f_1(y) f_2(X - y) = \int dy \, f_2(X - y) f_1(y). \quad ∎$$

たたみ込みは勝手な函数組 $\{f_1, f_2, \cdots, f_N\}$ に一般化できる：

$$\left(☆_{n=1}^N f_n\right)(X) \equiv \lceil\{f_1, f_2, \cdots, f_N\} \text{ のたたみ込み}\rfloor$$

$$:= \int dx_2 \int dx_3 \cdots \int dx_N \, f_1(X - (x_2 + x_3 + \cdots + x_N)) \prod_{n=2}^N f_n(x_n). \tag{3.110a}$$

♣ **註**　デルタ函数 (♡ 5.3 節) を使えば対称性 (精確には「各 f_n の対等性」したがって「可換性」) が明示できる：

$$\left(☆_{n=1}^N f_n\right)(X) = \int \prod_n dx_n \, \delta\left(X - \sum_n x_n\right) \prod_n f_n(x_n) \quad : \quad \prod_n \equiv \prod_{n=1}^N, \quad \sum_n \equiv \sum_{n=1}^N. \tag{3.110b}$$

しかし，デルタ函数を使う必要はない (可換性は函数対の場合と同様に証明できる).
　たたみ込みはフーリエ変換して見ると簡潔な構造をしている：

定理：「たたみ込みのフーリエ変換」は「フーリエ変換の積」に等しい：

$$\int dX \, e^{-ikX} \left(☆_{n=1}^N f_n\right)(X) = \prod_n \left\{\int dx \, e^{-ikx} f_n(x)\right\}. \tag{3.111}$$

証明：積分変数 X を $Y \equiv X - x_N$ に変換して

$$C_N(k) \equiv (3.111) \text{ 左辺}$$

$$= \int dY \, e^{-ik(Y + x_N)} \int dx_2 \int dx_3 \cdots \int dx_N \, f_1(Y - (x_2 + x_3 + \cdots + x_{N-1})) \prod_{n=2}^N f_n(x_n)$$

$$= \int dY \, e^{-ikY} \left(☆_{n=1}^{N-1} f_n\right)(Y) \int dx_N \, e^{-ikx_N} f_N(x_N) = C_{N-1}(k) \int dx \, e^{-ikx} f_N(x). \quad ∎ \tag{3.112a}$$

♣ **註**　(3.110b) を使えば，形式的に (あくまで形式的に)，

$$C_N(k) = \int \prod_n dx_n \int dX \, e^{-ikX} \, \delta\left(X - \sum_n x_n\right) \prod_n f_n(x_n)$$

$$= \int \prod_n dx_n \, e^{-ik\sum_n x_n} \prod_n f_n(x_n) = \int \prod_n \left\{dx_n \, e^{-ikx_n} f_n(x_n)\right\}. \tag{3.112b}$$

3.17 ♣ ガンマ函数とベータ函数

3.17.1 ガンマ函数の定義と基本性質

ガンマ函数[*62](および密接に関連するベータ函数) は，折に触れて必要となるゆえ，基本的性質を復習しておこう．定義を書くと

$$\Gamma(\alpha) \equiv \text{ガンマ函数 (gamma function)} := \int_0^\infty dt \ t^{\alpha-1} \ e^{-t} \qquad : \Re\alpha > 0. \qquad (3.113)$$

上記積分が収束することは条件 $\Re\alpha > 0$ が保証してくれる．

演習　最も基本的な性質：

$$\Gamma(1) = 1, \qquad (3.114a)$$
$$\Gamma(\alpha+1) = \alpha\Gamma(\alpha), \qquad (3.114b)$$
$$\Gamma(n+1) = n! \qquad : n \in \mathbf{N}, \qquad (3.114c)$$
$$\Gamma(\alpha^*) = \{\Gamma(\alpha)\}^*. \qquad (3.114d)$$

証明：直接に積分実行して (3.114a)．次のごとく部分積分して (3.114b)：

$$\Gamma(\alpha+1) = -\int_0^\infty dt \ t^\alpha \ \frac{de^{-t}}{dt} = C + \alpha \int_0^\infty dt \ t^{\alpha-1} \ e^{-t}, \qquad (3.115a)$$

$$C \equiv -t^\alpha e^{-t}\Big|_0^\infty = \lim_{t\downarrow 0} t^\alpha e^{-t} = 0 \qquad \heartsuit \ \Re\alpha > 0. \qquad (3.115b)$$

また (3.114a)∧(3.114b) $\Longrightarrow$(3.114c)．(3.114d) は定義式 (3.113) に拠り自明．　∎

3.17.2 スターリング公式

$n(\in \mathbf{N}) \gg 1$ なる場合，下記近似式が成り立つ：

$$n! \simeq \sqrt{2\pi n} \ n^n \ e^{-n}. \qquad (3.116a)$$

これは**スターリング公式** (Stirling's formula) とよばれる．

☆**演習**　スターリング公式は，主要項 $n^n e^{-n}$ だけ (実用上はたいていこれで充分) なら，簡単に示せる：「一般に，積より和の方が扱いやすい」ことに留意して，

$$\log n! = \sum_{k=1}^n \log k \sim \int_1^n dX \ \log X \sim n\log n - n.$$
$$\text{より精確には，} \qquad \log n! = n\log n - n + \mathcal{O}(\log n). \qquad (3.116b)$$

証明：一般に，$f(X)$ が単調増加なら，積分を上下から階段で挟んで

[*62] オイラーさん (Leonhard Euler [1707.4.15–1783.9.18]) に表敬して "Euler のガンマ函数" ([2] p.108) とか "オイラーのガンマ関数" とよばれることもあるが，オイラー以外のガンマ函数には "ポリ (ディ・トリ・テトラ・・・・)" や "不完全" など形容詞が付されるゆえ，"オイラーの" は略されるのがほとんど．また，**第二種オイラー積分** (Euler integral of the second kind) ともよばれるらしいが．この呼称は現今ではあまり見かけない．

154　第3章　シュレーディンガー方程式

$$\sum_{k=1}^{n-1} f(k) < \int_1^n dX\, f(X) < \sum_{k=2}^n f(k).$$

特に　$f = \log$　と置けば，　$\log n! - \log n < n \log n - n + 1 < \log n!$. ■

♣註　(3.116a) は「ガンマ関数の漸近形」(♡ 後述 29.18 節にて峠法で証明) の特別な場合である．

3.17.3　$\Gamma(1/2)$ に触発された迷想とベータ関数

積分 (3.113) は，$\alpha \notin \mathbf{N}$ の場合には一般に実行できそうにないが，$\alpha = 1/2$ なら可能：

$$\Gamma(1/2) = \sqrt{\pi}. \tag{3.117a}$$

証明：積分変数を $X \equiv \sqrt{t}$ に変えると

$$\Gamma(1/2) \equiv \int_0^\infty \frac{dt}{\sqrt{t}}\, e^{-t} = 2\int_0^\infty dX\, e^{-X^2}. \tag{3.117b}$$

ゆえに，(3.31) に拠り (3.117a)．　■

演習　(3.114b)∧(3.117a) に拠り

$$\Gamma(1/2+n) = \frac{(2n-1)!!}{2^n}\sqrt{\pi}. \quad ■ \tag{3.118}$$

☆註　$(-1)!! := 1$ と取り決める．

(3.117a) は (3.117b) 右辺なるガウス積分の帰結である．しかし，ガウス積分は，直接には計算できず[*63]，自乗して初めて計算できた．つまり，(3.117a) 導出論理を詳しく書くと

$$\{\Gamma(1/2)\}^2 = \int_0^\infty dt \int_0^\infty dt'\, \frac{e^{-(t+t')}}{\sqrt{tt'}} \tag{3.119a}$$

$$= 4\int_0^\infty dX \int_0^\infty dY\, e^{-(X^2+Y^2)} \tag{3.119b}$$

$$= (3.32a).$$

しからば，ガウス積分にもち込まず，(3.119a) を素直に変形したらどうであろうか．

演習　指数函数肩に $t + t'$ が登場していることに着目して，

$$v \equiv t + t' \ \wedge\ u \equiv (t - t')/2 \quad (\Longleftrightarrow\ t = v/2 + u \ \wedge\ t' = v/2 - u)$$

と変換[*64]すると，

$$\{\Gamma(1/2)\}^2 = \int_0^\infty dv \int_{-v/2}^{v/2} du\, \frac{e^{-v}}{\sqrt{(v/2+u)(v/2-u)}}$$

$$= \int_0^\infty dv\, e^{-v} \int_{-1}^1 \frac{du}{\sqrt{(1+u)(1-u)}} = 1 \times \pi. \tag{3.120}$$

[*63] 精確にいえば，直接計算法を筆者は知らぬ．

[*64] つまり，$\{t, t'\}$ を和と差に分解．$\{t, t'\}$ を二個の電子の位置と見れば $\{v/2, 2u\}$ は {質心位置, 相対位置}，あるいは $\{t, t'\}$ を {時間変数, 空間変数} と見れば $\{v, 2u\}$ は相対論に出てくる {先進時間 (advanced time), 遅延時間 (retarded time)} すなわち "ヌル座標 (null coordinates)"．

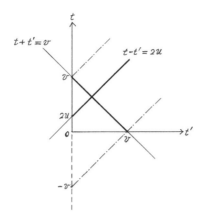

図 **3.11** 変数変換 $\{t, t'\} \longrightarrow \{u, v\}$

証明：ヤコビアンが 1 なること

$$\frac{\partial(t, t')}{\partial(u, v)} = \frac{\partial t}{\partial u}\frac{\partial t'}{\partial v} - \frac{\partial t}{\partial v}\frac{\partial t'}{\partial u} = \frac{1}{2} - (-\frac{1}{2}) = 1,$$

u 積分の範囲が $(-v/2, v/2)$ なること (図 3.11)，および次節積分公式 (3.134) を使う． ∎

上記計算を，$\{\Gamma(1/2)\}^2$ を $\Gamma(\alpha)\Gamma(\beta)$ に一般化して，くり返してみよう (無論，$\Re\alpha > 0 \wedge \Re\beta > 0$ とする)：

$$\begin{aligned}
\Gamma(\alpha)\Gamma(\beta) &= \int_0^\infty dt \int_0^\infty dt' \; t^{\alpha-1}(t')^{\beta-1} e^{-(t+t')} \\
&= \int_0^\infty dv \int_{-v/2}^{v/2} du \; \left(\frac{v}{2}+u\right)^{\alpha-1}\left(\frac{v}{2}-u\right)^{\beta-1} e^{-v} \\
&= \int_0^\infty dv \; \left(\frac{v}{2}\right)^{\alpha+\beta-1} e^{-v} \int_{-1}^1 du \; (1+u)^{\alpha-1}(1-u)^{\beta-1} \\
&= \Gamma(\alpha+\beta) B(\alpha, \beta). \tag{3.121}
\end{aligned}$$

ただし，

$$B(\alpha, \beta) := \frac{1}{2^{\alpha+\beta-1}}\int_{-1}^1 du \; (1+u)^{\alpha-1}(1-u)^{\beta-1} \tag{3.122a}$$

$$= \int_0^1 d\tau \; \tau^{\alpha-1}(1-\tau)^{\beta-1} \qquad \heartsuit \; \tau \equiv (1+u)/2 \text{ と変換.} \tag{3.122b}$$

なにやら厳しげな積分が出てきた．$B(\alpha, \beta)$ は**ベータ函数** (beta function) とよばれる[*65]

一方，(3.119b) にならうと

[*65] **第一種オイラー積分** (Euler integral of the first kind) ともよばれるらしいが，この呼称も今ではあまり見かけぬ．ちなみに，"第何種" なる形容なしの "オイラーの積分" は ([2]p.113)

$$\int_0^{\pi/2} d\theta \; \log\sin\theta = -\frac{\pi}{2}\log 2. \tag{3.123}$$

しかし，オイラーさんが考えた積分は他にも沢山あるに違いないから，以上三個の積分だけにオイラーの名を冠することにはオイラーさんから異論が出ないだろうか．次項の "オイラー関係式" なる呼称についてもしかり：例えば熱力学の基本式にも "オイラー (の) 関係式 (Euler relation)" なるものあり．

156 第3章 シュレーディンガー方程式

$$\Gamma(\alpha)\Gamma(\beta) = 4 \int_0^\infty dX \int_0^\infty dY \ X^{2\alpha-1} Y^{2\beta-1} \ e^{-(X^2+Y^2)}$$

$$= 4 \int_0^\infty dR \ R \int_0^{\pi/2} d\varphi \ (R\cos\varphi)^{2\alpha-1} (R\sin\varphi)^{2\beta-1} \ e^{-R^2}. \tag{3.124}$$

これは R 積分と φ 積分に因数分解できる.しかも

$$R\,積分 \ \equiv \ 2 \int_0^\infty dR \ R \ R^{2(\alpha+\beta-1)} \ e^{-R^2} = \int_0^\infty dt \ t^{\alpha+\beta-1} \ e^{-t} = \Gamma(\alpha+\beta).$$

それゆえ,(3.124) を (3.121) と比べて

$$2 \int_0^{\pi/2} d\varphi \ (\cos\varphi)^{2\alpha-1} \ (\sin\varphi)^{2\beta-1} = B(\alpha,\beta). \tag{3.125a}$$

左辺は「(3.122) なる $B(\alpha,\beta)$ を別形式で表したもの」と読める.

演習 (3.125a) は,無論,定義 (3.122) に基づいて直接にも示せる:(3.122b) にて $\tau =: c^2$ と変換して

$$B(\alpha,\beta) = 2 \int_0^1 dc \ c^{2\alpha-1} \ (1-c^2)^{\beta-1}. \tag{3.125b}$$

さらに $c =: \cos\varphi$ と変換. ∎

演習 ベータ函数は次のごとくにも書ける:

$$B(\alpha,\beta) = \int_0^\infty d\xi \ \frac{\xi^{\alpha-1}}{(1+\xi)^{\alpha+\beta}}. \tag{3.126}$$

証明:(3.122a) 右辺にて $\{\alpha,\beta\}$ を和と差に分解 ($\alpha = (\alpha+\beta)/2 + (\alpha-\beta)/2$, β も同様) すると

$$(1+u)^{\alpha-1} (1-u)^{\beta-1} = (1-u^2)^{(\alpha+\beta)/2-1} \left(\frac{1+u}{1-u}\right)^{(\alpha-\beta)/2}$$

$$\xi \equiv \frac{1+u}{1-u} \quad \left(\iff \ 1-u = \frac{2}{1+\xi} \ \wedge \ 1+u = \frac{2\xi}{1+\xi} \right) \text{と変換して}$$

$$上式右辺 = \left\{ \frac{2^2\xi}{(1+\xi)^2} \right\}^{(\alpha+\beta)/2-1} \xi^{(\alpha-\beta)/2} = 2^{\alpha+\beta-2} \frac{\xi^{\alpha-1}}{(1+\xi)^{\alpha+\beta-2}},$$

$$また \quad du = \frac{2}{(1+\xi)^2}. \quad ∎$$

以上,$\{\Gamma(1/2)\}^2$ を求めた手法で $\Gamma(\alpha)\Gamma(\beta)$ を変形したわけであるが,結果として登場したベータ函数は,幾つか異なる形に書いては見たものの,$\{\alpha,\beta\}$ が特殊な場合を除き,手に負えそうにない[66]ゆえ,$\Gamma(\alpha)\Gamma(\beta)$ に対して一般的な新知見を得たとはいいがたい.むしろ,積分としては $B(\alpha,\beta)$ より $\Gamma(\alpha)$ の方が単純に思える.それゆえ,無節操ながら当初の目的を破棄して,(3.121) を「ベータ函数とガンマ函数を結びつける関係式」と読む.あるいは「ベータ函数をガンマ函数で表す公式」と読む:

$$B(\alpha,\beta) = \frac{\Gamma(\alpha)\Gamma(\beta)}{\Gamma(\alpha+\beta)}. \tag{3.127}$$

---

[66] 精確には,筆者の手には負えぬ.

ベータ函数は，(3.127) 右辺が示す通り，対称である：

$$B(\alpha, \beta) = B(\beta, \alpha). \tag{3.128}$$

♣ 註　上記対称性 ∧ (3.126) に拠り，面白い結果を得る ([16]p.210)：

$$\int_0^\infty d\xi \, \frac{\xi^{\alpha-1} - \xi^{\beta-1}}{(1+\xi)^{\alpha+\beta}} = 0. \tag{3.129}$$

3.17.4　♣ オイラー関係式とルジャンドル倍数公式

演習　ベータ函数があらわに求まる (積分が実行できる) 場合がまれに有る．例えば

$$\textbf{オイラー関係式：}\quad \Gamma(\alpha)\Gamma(1-\alpha) = B(\alpha, \, 1-\alpha) = \frac{\pi}{\sin\pi\alpha} \tag{3.130a}$$
$$(\alpha = 1/2 \text{ と採った特別な場合が } (3.117a)).$$

証明：「(3.127) にて $\beta = 1-\alpha$」∧(3.126) ∧ 次節積分公式 (3.136b)．∎

(3.130a) 両辺に α を掛けて書き直すと

$$\Gamma(1+\alpha)\Gamma(1-\alpha) = \frac{\pi\alpha}{\sin\pi\alpha}, \tag{3.130b}$$

$$\text{特に}\quad |\Gamma(1+i\xi)|^2 \; = \; \frac{\pi\xi}{\sinh\pi\xi} \qquad : \xi \in \mathbf{R} \quad \heartsuit \, (3.114d). \tag{3.130c}$$

演習　ベータ函数があらわに求まらずとも，(3.127) を介して，有用な関係が導ける．例えば

$$\text{ルジャンドル倍数公式 (Legendre's duplication formula)：}\quad \Gamma(2\alpha) = \frac{2^{2\alpha-1}}{\sqrt{\pi}}\Gamma(\alpha)\Gamma(\tfrac{1}{2}+\alpha).$$
$$\tag{3.131}$$

証明：(3.127) にて $\beta = \alpha$ と置き，(3.122) を用いて，

$$\{\Gamma(\alpha)\}^2 / \Gamma(2\alpha) = B(\alpha, \alpha) = I/2^{2\alpha-1},$$
$$I \equiv \int_{-1}^1 du \, (1-u^2)^{\alpha-1} = \int_0^1 dt \, t^{-1/2}(1-t)^{\alpha-1} \qquad \heartsuit \, t \equiv u^2 \text{ と変換}$$
$$= B(1/2, \, \alpha) = \Gamma(1/2)\Gamma(\alpha)/\Gamma(1/2+\alpha). \quad\blacksquare \tag{3.132}$$

3.17.5　♣♣ 独白：悩ましき想い出

　筆者が公式 (3.127) と初めて出会ったのは，大学に入って間もなく，解析概論においてであった．その証明 ([2]p.253) は，あらかじめ {ベータ函数, ガンマ函数} を {(3.122b), (3.113)} で定義したうえで，

$$f(p) = B(p,q)\Gamma(p+q) \quad \text{と置いて}$$

なる一句で始まっていた．いわれるままに論理を追って公式が成り立つことは了解できたものの，この冒頭の一句が，唐突に感ぜられて，呑み込めなかった．かように置くことをいかにして想い付くのか，必然性がわからなかった．だから，「証明できた」と満足することはできなかった．物理学科に進学してから，手近に有った本を何冊か見てみた．寺寛の愛称で有名な本の場合，証明が

158　第3章　シュレーディンガー方程式

$$\int_0^\infty e^{-kt}t^{z-1}dt = \frac{\Gamma(z)}{k^z} \text{ において,}$$

$k = 1+s,\ z = p+q$ と置き, s^{p-1} を乗じて s について 0 から ∞ まで積分すれば

と始まり ([16]p.210), やはり唐突感がぬぐえなかった. アメリカのダートマス大学の教科書 ([17]p.211) は,

$s^{-\alpha-\beta}$ のラプラス変換を, 二通りの方法 (直接およびたたみ込み定理利用) で計算する

なる手法を紹介していた. いわれてみれば優美そうだが, やはり自分では想い付けそうになかった. クーラン–ヒルベルトには, そもそも索引に Beta function は有るが Gamma function が見つからず, 公式 (3.127) は "the well-known relation" ([18]p.483) として引用されているのみだった (つまり, "こんな初等的なことを論ずる気はない" ということらしかった). 頼りになるかと思ったアールフォルスにはベータ関数が載っていなかった. ちなみに, この本には「倍数公式を, ベータ関数を介さずに証明する方法」([4]pp.198–199) が述べてあった. これは, 純ガンマ関数論的方法といえるのだろうが, "ガンマ関数を無限乗積で表す" といった高踏技法も使われていて, 悪戦苦闘を強いられた.

　それ以来ずっと気になりつつも, 友人や先生方に聞くのもはばかられ, 折に触れて試行錯誤をくり返しようやく前項に書いたごとき一応の理解に至った時には大学院を出ていたような気がする. 教養数学の教科書などを幅広く読んでいたら, こんな回り道をせずとも, もっと早くもっと簡明な方法に巡り会っていたかもしれない (乞ご教示).

3.18　♣ 積分公式

演習 1

$$\int_0^1 \frac{du}{\sqrt{1-u^2}} = \int_0^{\pi/2} d\varphi\ \frac{\cos\varphi}{\sqrt{1-(\sin\varphi)^2}} = \frac{\pi}{2}. \quad \blacksquare \tag{3.134}$$

演習 2

$$\int_0^\infty dz\ \frac{z^\beta}{z^2 + 2z\cos\theta + 1} = \frac{\pi}{\sin\beta\pi}\frac{\sin\beta\theta}{\sin\theta} \quad : |\Re\beta| < 1\ \wedge\ |\Re\theta| < \pi, \tag{3.135a}$$

$$\text{特に}\quad \int_0^\infty dz\ \frac{z^\beta}{z^2+1} = \frac{\pi}{2\cos(\beta\pi/2)}. \tag{3.135b}$$

証明：図 3.12 なる積分路 $\mathcal{C}\ (= \mathcal{C}_+ + \mathcal{C}_R + \mathcal{C}_- + \mathcal{C}_\varepsilon :\ \{\mathcal{C}_R, \mathcal{C}_\varepsilon\} \equiv \{$半径 R なる円路, 半径 ε なる半円路$\})$ を導入し,

$$z^2 + 2z\cos\theta + 1 = (z + e^{i\theta})(z + e^{-i\theta}) = (z - z_+)(z - z_-) \quad : z_\pm \equiv e^{i(\pi\pm\theta)}$$

に注意して極 $z_\pm$ (図は $\Im\theta > 0$ とした) の寄与を拾えば,

$$\int_{\mathcal{C}} = 2\pi i\left\{\frac{e^{i(\pi+\theta)\beta}}{z_+ - z_-} + \frac{e^{i(\pi-\theta)\beta}}{z_- - z_+}\right\} = -2\pi i e^{i\beta\pi}\frac{\sin\beta\pi}{\sin\theta}.$$

しかるに極限 $R\uparrow\infty\ \wedge\ \varepsilon\downarrow 0$ にて,

$$|\Re\beta| < 1\quad \text{ゆえ}\quad \int_{\mathcal{C}_R} = 0\ \wedge\ \int_{\mathcal{C}_\varepsilon} = 0,$$

$$\int_{\mathcal{C}_+} = I \equiv (3.135)\text{ 左辺}, \qquad \int_{\mathcal{C}_-} = \int_\infty^0 dt\ \frac{(te^{i2\pi})^\beta}{t^2 + 2t\cos\theta + 1} = -e^{i2\beta\pi}I. \quad \blacksquare$$

3.18 ♣ 積分公式   159

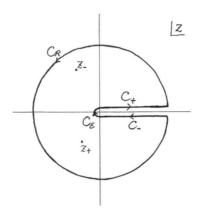

図 **3.12** 積分路 $\mathcal{C}$

演習 3

$$\int_0^\infty d\xi\, \frac{\xi^{\alpha-1}}{\xi + 2\sqrt{\xi}\cos\theta + 1} = \frac{2\pi}{\sin(2\alpha-1)\pi}\frac{\sin(2\alpha-1)\theta}{\sin\theta} \quad : 0 < \Re\alpha < 1, \quad (3.136\text{a})$$

特に $\quad \displaystyle\int_0^\infty d\xi\, \frac{\xi^{\alpha-1}}{\xi+1} = \frac{\pi}{\cos(\alpha-1/2)\pi} = \frac{\pi}{\sin\alpha\pi}. \quad (3.136\text{b})$

証明：(3.135a) にて $\xi \equiv z^2$ と変換すると

$\quad$ (3.135a) 左辺 $= \displaystyle\int_0^\infty \frac{d\xi}{2\sqrt{\xi}}\,\frac{\xi^{\beta/2}}{\xi+2\sqrt{\xi}\cos\theta+1}$. これにて $\beta =: 2\alpha-1$ と書き直す. ∎

演習 4 $\forall n(\in \mathbf{N}) \geq 1$ に対し

$$\int_0^\infty d\xi\, \frac{\xi^{\alpha-1}}{(\xi+1)^{n+1}} = \frac{(1-\alpha)(2-\alpha)\cdots(n-1-\alpha)(n-\alpha)}{n!}\frac{\pi}{\sin\alpha\pi} \quad : 0 < \Re\alpha < n+1. \tag{3.137}$$

証明：(3.126) に拠り

$$\text{左辺} = B(\alpha,\, n+1-\alpha) = \frac{\Gamma(\alpha)\Gamma(n+1-\alpha)}{\Gamma(n+1)}$$
$$= \frac{(n-\alpha)(n-1-\alpha)\cdots(1-\alpha)}{n!}\Gamma(\alpha)\Gamma(1-\alpha).$$

これに (3.130a) を代入. ∎

演習 5 $\Re\nu > \Re\mu + 1/2 > 0$ として，

$$\int_0^\infty dq\, \frac{q^{2\mu}}{(q^2+1)^\nu} = \frac{1}{2}B\left(\mu+\frac{1}{2},\, \nu-\mu-\frac{1}{2}\right). \tag{3.138a}$$

特に，$\{\mu,\nu\} = \{m,n\} \subset \mathbf{N} \wedge n \geq m+1$ の場合，

$$\int_0^\infty dq\, \frac{q^{2m}}{(q^2+1)^n} = \frac{\pi}{2^n}\frac{(2m-1)!!\,(2n-2m-3)!!}{(n-1)!} \quad : (-1)!! = 1. \tag{3.138b}$$

証明：$\xi \equiv q^2$ と変換して (3.126) に拠り (3.138a). (3.138b) は (3.127)∧(3.118) に拠る：

$$B\left(m+\frac{1}{2},\, n-m-\frac{1}{2}\right) = \frac{\pi}{(n-1)!}\frac{(2m-1)!!\,(2(n-m-1)-1)!!}{2^m\, 2^{n-m-1}}. \quad ∎$$

160   第3章 シュレーディンガー方程式

演習 6 $\Re\alpha > 0 \,\wedge\, \Re w > 0$ として,

$$\int_0^\infty dt \, t^{\alpha-1} \, e^{-wt} = \frac{\Gamma(\alpha)}{w^\alpha}. \tag{3.139}$$

証明:$w > 0$ なら積分変数を wt に変換して自明. これを w について解析拡張 ($\heartsuit$ 左辺積分は $\Re w > 0$ にて収束). ∎

演習 7 下記積分は,ベータ函数にもち込めるが,かような大人気ないことをせずとも計算できる. 実数世界に閉じこもると漸化式を導くなどいささか苦労するであろうが,複素指数函数を使えば簡単:

$$\int_0^\pi \frac{d\theta}{\pi} \, (\cos\theta)^{2n} = \int_0^\pi \frac{d\theta}{\pi} \, (\sin\theta)^{2n} = \frac{(2n-1)!!}{(2n)!!} \qquad : n \in \mathbf{N}. \tag{3.140}$$

証明:(3.1) を使って,

$$2^{2n} \times 左辺 = 2^{2n} \int_0^{2\pi} \frac{d\theta}{2\pi} \, (\cos\theta)^{2n} = \int (e^{i\theta} + e^{-i\theta})^{2n} \qquad : \int \equiv \int_0^{2\pi} \frac{d\theta}{2\pi}$$

$$= \int \sum_{k=0}^{2n} \frac{(2n)!}{(2n-k)! \, k!} \, e^{i(2n-k)\theta} e^{-ik\theta} = \frac{(2n)!}{n! \, n!} \qquad \heartsuit \int e^{i2\ell\theta} = \delta_{\ell 0}. \quad ∎$$

参考文献

[1] Werner Heisenberg: *Die physikalischen Prinzipien der Quantentheorie* (Hirzel, Leipzig, 1930) [英訳 translated by C.Eckart and F.C.Hoyt: *The Physical Principles of the Quantum Thoery* (University of Chicago Press, 1930) (Dover, 1949)]

[2] 高木貞治:「解析概論」(岩波書店, 1961), 改訂第三版.

[3] W. Rudin: *Principles of Mathematical Analysis* (McGraw-Hill, 1964), Second Ed.

[4] L.V. Ahlfors: *Complex Analysis* (McGraw-Hill, 1966), Second Ed.

[5] G. Birkhoff and S. Mac Lane: *A Survey of Modern Algebra* (Macmillan Publishing Company 1977), 4th ed., p.241.

[6] 高橋秀俊:「電磁気学」(裳華房, 1959), 第 16 版 (1972), pp.393 - 395.

[7] 太田浩一:「電磁気学 I」(丸善, 2000), p.282;「電磁気学の基礎 I」(東京大学出版会, 2012)

[8] James Clerk Maxwell: *A Treatise on Electricity & Magnetism* Vol.2 (Unabridged Third Edition, Dover Publications, Inc., 1954)[67]

[9] R.A.R. Tricker: *The Contributions of Faraday & Maxwell to Electrical Science* (Pergamon Press, 1966), p.109.

[10] Heinrich Hertz: *Electric Waves*, translated by D.E.Jones from the German edition (Macmillan and Company, 1893), Dover edition (1962), p.195.

[11] Lewis Carroll: *Alice in Wonderland*, (International Learning Systems Corporation Limited, London, 1965), p.68.

[12] K. Przibram (ed): *Letters on Wave Mechanics* (Philosophical Library, 1967) pp.23–27. [カールプルチブラム編著:「波動力学形成史, シュレーディンガーの書簡と小伝」(江沢洋訳, みすず書房, 1982)]

---

[67] 特に,Chap.XX Electromagnetic Theory of Light $\vee$ Chap.XXI Magnetic Action on Light.

[13] 解説は例えば Physics Today, October(1988), p.20.

[14] Hugh Everett III: *"Relative State" Formulation of Quantum Mechanics*, Rev. Mod. Phys. **29**(1957), 454–462.

[15] A.J. Leggett: *The Problems of Physics* (Oxford University Press, 1987) pp.171–172. [アンソニー J. レゲット：「物理学のすすめ」(拙訳, 紀伊國屋書店, 1990; 改訂版 2003), pp.230–231]

[16] 寺澤寛一：「自然科学者のための数学概論 [増訂版]」(岩波書店, 1954), 第 20 刷 (1970)

[17] D.L.Kreider, R.G.Kuller, D.R.Ostberg and F.W.Perkins: *An Introduction to Linear Analysis* (Addison-Wesley Publishing Company, Inc., 1966)

[18] R.Courant and D.Hilbert: *Methods of Mathematical Physics*, First English edition, Translated and Revised from the German Original, Vol.I (Interscience Publishers, New York, 1953)[*68]

[*68] この本は, 英語版序文 (R.Courant, New Rochelle, New York, June 1953) に拠れば, ナチスの迫害を辛うじて生き永らえた : "The first German edition of this volume was published by Julius Springer, Berlin, in 1924. A second edition, revised and improved ··· followed in 1930. The second volume appeared in 1938. In the meantime I had been forced to leave Germany ····. During the Second World War the German book became unavailable and later was even suppressed by the National Socialist rulers of Germany. ··· This edition follows the German original fairly closely but contains a large number of additions and modifications. ··· ."

第4章

「位置の確率密度」と「運動量の確率密度」

標題が "「位置と運動量」の確率密度" ならぬことに注意されたい. 本章における議論の出発点は「3.11 節に述べたシュレーディンガー方程式 ∧ 状態公準 ∧ 確率公準 (−4)」である.

4.1 運動量空間

前章以前において「粒子位置 r」と「地点 (つまり, 粒子位置が採り得る値) $\mathbf{x}$」を区別したこと (例えば, $r_{\mathrm{cl}}(t_0) = \mathbf{x}_0$) にならい, 本章以下においては, 「(粒子の) 運動量 p」と「運動量が採り得る値 $\mathbf{p}$」も区別し (例えば, $p_{\mathrm{cl}}(t_0) = \mathbf{p}_0$), 後者の集合を「三次元運動量空間 $\mathbf{E}_{\mathbf{p}}^3$」とよぶ:

$$\mathbf{p} \in \mathbf{E}_{\mathbf{p}}^3. \tag{4.1}$$

話を単純化すべく $\mathbf{E}^1$ をもち出す場合には, {運動量, 運動量が採り得る値} = $\{p, \mathbf{p}\}$ と書く.

4.2 位置または運動量についての確率公準：推測

4.2.1 自由粒子に関する予備的考察

まずは自由粒子について考えよう. 自由粒子ゆえ, シュレーディンガー方程式 (3.87) にて[*1],

$$V(r, t) = \mathcal{V}_0 \equiv 複素定数. \tag{4.2}$$

古典力学ならば, 定数 $\mathcal{V}_0$ は 0 と採って構わず, 仮に残すとしても実数とするのが常識である. しかし, 今や常識の通用せぬ世界に分け入ろうとするからには, 必ずしも実数とすべき必然性はないかもしれぬ. そう考えて「$\mathcal{V}_0$ は勝手な複素数」としておく.

簡単のため, しばし, $\mathbf{E}^1$ に舞台を移す. 前章にて考察した通り,

$$自由平面波 \propto \exp\{ikx - i\omega(k)t\} \qquad : \hbar\omega(k) = \frac{(\hbar k)^2}{2m} + \mathcal{V}_0 \wedge k は任意 \tag{4.3}$$

は, シュレーディンガー方程式を充たすけれども[*2], 自由粒子の状態を表すものとはいえぬ. 「| 自由平面波 | = 一定」であり, 粒子がどこに見いだされるともまったく見当が付かぬからである. 「粒子は実験室内その辺に見いだされて欲しい」, そのためには, 「粒子の見いだされる確率」を決めるべき

[*1] (4.2) を鵜呑 (の) みにされた読者に幸あれ (♡ 4.10.2 項).

[*2] (3.61) の任意定数 $\Omega_{任意}$ をポテンシャルの底上げ任意性に吸収した (♡ 3.11.1 項) ことに応じて, $\hbar\omega(k)$ の付加定数は $\mathcal{V}_0$.

164   第 4 章 「位置の確率密度」と「運動量の確率密度」

波動函数が，必ずしも古典粒子像に対応している必要はないかもしれぬけれども，多少なりとも空間的に局在していねばならぬ．つまり，自由粒子の波動函数を自由平面波から構成するとすれば，それは自由平面波を適当に重ね合わせた 波束でなければならぬ．

波動函数と確率の関係については確率公準 (−4) に従う．ただし，「"数学的な点としての一地点 x"に見いだされる確率」なるものには数学的にも物理的にも意味がない*3．以下，確率公準 (−4) を次のごとく解する：

時刻 t に粒子が地点 x 付近(≡「地点 x を中点とする微小区間 (x−δx/2, x+δx/2)」)に見いだされる確率は $|\psi(\mathrm{x};t)|^\beta \delta\mathrm{x}$ で与えられる (β は正定数)．

より精確にいえば

$$\mathcal{P}_{(a,b)}(t) \equiv 「時刻 t に粒子が区間 (a,b) に見いだされる確率」$$
$$= \int_a^b d\mathrm{x}\ |\psi(\mathrm{x};t)|^\beta = \int_a^b dx\ |\psi(x;t)|^\beta \tag{4.4a}$$

(最終等式は積分変数の単なる書き換え)．

☆註   次のごとき記述にお目にかかることが有る：
　　　"古典的な波の強度が振幅の 2 乗で表されるのにならって，確率 $\propto |\psi(x;t)|^2$ と考えよう."
しかし，これにはまったく根拠がない．"古典波動の強度" は，ともかく強弱を示したいだけなら，(振幅)⁴ や(振幅)⁶ や $|$ 振幅 $|^{3.14}$ などでも構わぬ．2 乗をもって強度とする理由は，「(微小振幅の) 古典波動のエネルギー」が (振幅)² に比例 (♡「微小振幅波動 〜 調和振動子の集まり」∧「調和振動子のエネルギー $\propto$ (変位の振幅)²」) ゆえ，「強度 $\propto$ エネルギー」となって都合がよいからである．一方，β は，かような物理的都合と無関係であり，次節を待って初めて $\beta = 2$ と採るべきことがわかる．

(4.4a) を次のごとく略称する．

確率公準 (−3)：「時刻 t に粒子が地点 x に見いだされる**確率密度** (probability density)」は $|\psi(\mathrm{x};t)|^\beta$ で与えられる (β は正定数)．

粒子はどこかには見いだされてくれぬと困る．それゆえ，次式が成り立たねばならぬ (さもなくば上記公準は無意味)：

$$\int dx\ |\psi(x;t)|^\beta = \mathcal{P}_{(-\infty,\infty)}(t) = 1 \qquad : \forall t. \tag{4.4b}$$

重要なことは「$\forall t$ なる条件」である．「$\mathcal{P}_{(-\infty,\infty)}(t) = 1$ なる等式」は，或る時刻に成り立っていたとしても，$\psi(x;t)$ がシュレーディンガー方程式に従って時間変展するゆえ，別の時刻にも成り立つとは保証されぬ．これは確かめねばならぬこと．

註   上下限を明示せぬ積分は，(3.21) と同じく，$-\infty$ から ∞ までと取り決める：

$$\int dx := \int_{-\infty}^\infty dx. \tag{4.5}$$

---

*3 物理的にいえば，そのような "超精密測定" は不可能．

4.2.2 自由ガウス波束

☆演習 波動函数が具体的かつ厳密に計算できる例として，(4.3) に「(3.25a) で与えられる係数 $\mathcal{A}_{\text{Gauss}}(k-k_0;\kappa)$」を掛けて重ね合わせれば ($\heartsuit$ §4.12.1)，

$$\psi^{\text{自由}}_{\text{Gauss}\{\hbar k_0,\ 1/\sqrt{2}\kappa\}}(x;t) := \mathcal{N}\int dk\,\mathcal{A}_{\text{Gauss}}(k-k_0;\kappa)e^{ikx-i\omega(k)t} \tag{4.6a}$$

$$= \frac{\mathcal{N}}{\sqrt{1+it/\tau_{\text{gps}}}}\exp\left\{-\frac{\kappa^2}{2}\frac{(x-v_0t)^2}{1+it/\tau_{\text{gps}}}\right\}e^{ik_0x-i\omega(k_0)t}, \tag{4.6b}$$

$$\text{ただし}\quad \tau_{\text{gps}} := m/\hbar\kappa^2, \qquad v_0 \equiv \hbar k_0/m, \qquad N\text{ は勝手な定数} \tag{4.6c}$$

（冒頭左辺添字を κ とせず $1/\sqrt{2}\kappa$ とした理由は以下参照）． ∎

これを，本来は**自由ガウス型波動函数**とよぶべきかもしれぬが，愛着をこめて**自由ガウス波束** (free Gaussian wave packet，略して free Gaussian packet) とよぶ．

演習 もちろん，線形性に因り，(4.6b) はシュレーディンガー方程式を充たす．これは直接代入して確かめれる． ∎

上式に拠り「自由ガウス波束の形は時間と共に変わる」ことがわかる．この効果は $t/\tau_{\text{gps}}(\propto\kappa^2)$ を通して現れている．前章においては，「形式的に $\mathcal{O}(\kappa^2)$ を無視」したがゆえに，波束の形が変わらぬように見えたわけである．これについては 6.1.3 項にて詳論．

註 τ_{gps} は，後述の式 (4.7a)∧(4.8a) からわかる通り「自由ガウス波束の幅が時間と共に増加する現象 (略して，波束が広がる現象)」を特徴づける特性時間ゆえ，**自由ガウス波束拡幅時間** (gps time: Gaussian-packet spreading time) とよぶ．

以下，次のごとく $\Delta(t)$ を導入すると便利：

$$\Delta(t) := (1+it/\tau_{\text{gps}})\Delta_0, \quad \Delta_0 \equiv \Delta(0) = \frac{1}{\sqrt{2}\kappa}, \quad |\Delta(t)| = (1+(t/\tau_{\text{gps}})^2)^{1/2}\Delta_0, \tag{4.7a}$$

$$\tau_{\text{gps}} = 2m\Delta_0^2/\hbar. \tag{4.7b}$$

☆演習 τ_{gps} を具体的に見積もってみると，例えば

$$m \sim 10^{-27}\text{g} \ \wedge\ \Delta_0 \sim 1\ \overset{\circ}{\text{A}} \qquad \Longrightarrow \qquad \tau_{\text{gps}} \sim 10^{-16}\text{sec},$$
$$m \sim 1\text{g} \ \wedge\ \Delta_0 \sim 1\mu\text{m} \qquad \Longrightarrow \qquad \tau_{\text{gps}} \sim 10^{19}\text{sec} \sim 10^{12}\text{year},$$
$$m \sim 100\text{kg} \ \wedge\ \Delta_0 \sim 0.1\text{mm} \qquad \Longrightarrow \qquad \tau_{\text{gps}} \sim 10^{28}\text{sec} \sim 10^{21}\text{year}. \quad ∎$$

演習 記法 (4.7) を使って

$$\left|\psi^{\text{自由}}_{\text{Gauss}\{\hbar k_0,\Delta_0\}}(x;t)\right|^2 = |\mathcal{N}|^2\left|\frac{\Delta_0}{\Delta(t)}\right|\exp\left\{-\frac{1}{2}\left(\frac{x-v_0t}{|\Delta(t)|}\right)^2 + \frac{2t}{\hbar}\Im\mathcal{V}_0\right\}. \tag{4.8a}$$

ゆえに $\quad\displaystyle\int dx\,|\psi^{\text{自由}}_{\text{Gauss}\{\hbar k_0,\Delta_0\}}(x;t)|^\beta = |\mathcal{N}|^\beta\sqrt{\frac{4\pi}{\beta}}\Delta_0|\Delta(t)/\Delta_0|^{1-\beta/2}\exp(\frac{\beta t}{\hbar}\Im\mathcal{V}_0).$ (4.8b)

ヒント：積分変数を「まず $y := x - v_g t$，次いで $z := \cdots$」と変換して計算：

166 第 4 章 「位置の確率密度」と「運動量の確率密度」

$$\int dx \ |\psi^{自由}_{\mathrm{Gauss}\{\hbar k_0, \Delta_0\}}(x;t)|^\beta = \left(\frac{|\mathcal{N}|^2 \Delta_0}{|\Delta(t)|}\right)^{\beta/2} \exp(\frac{\beta t}{\hbar}\Im \mathcal{V}_0) I,$$

$$I \equiv \int dy \ \exp(-\beta y^2/4|\Delta(t)|^2) = \cdots \int dz \exp(-z^2) = \cdots \sqrt{\pi}. \quad \blacksquare$$

(4.8b) 式右辺は，$\{\mathcal{N}, \beta\}$ をいかように採ろうとも，$\Im \mathcal{V}_0 \neq 0$ なる限り一定たり得ぬ．ゆえに，確率公準 (−3) が意味を成すには $\mathcal{V}_0$ は実数なるべし：

$$\mathcal{V}_0 = V_0 \in \mathbf{R}. \tag{4.9a}$$

これを前提として，(4.8b) 右辺が一定となるのは次のごとく採った場合に限る：

$$\beta = 2. \tag{4.9b}$$

つまり，他の波束に対してもうまくいくかどうかはまだわからぬが，シュレーディンガー方程式の解として自由ガウス波束を排除すべき理由がない以上，確率公準 (−3) が意味を成すには $\beta = 2$ でなければならぬ．かつ，

$$\mathcal{N} = (\sqrt{2\pi}\Delta_0)^{-1/2}\mathcal{C} \qquad : |\mathcal{C}| = 1 \tag{4.9c}$$

と採れば，自由ガウス波束は $(4.4\mathrm{b})|_{\beta=2}$ ($\equiv$「(4.4b) にて $\beta = 2$ と採ったもの」) を充たす．

註 一般に，

$$\int dx \ |\phi(x)|^2 = 1 \tag{4.10}$$

を充たす函数 ϕ は「**規格化されている** (normalized)」といわれる．これに応じて，$\mathcal{N}$ は**規格化定数** (normalization constant)[*4] とよばれる．

つまり，

自由ガウス波束は，規格化定数を (4.9c) のごとく採れば，規格化される．

ただし，「**位相因子** (phase factor) $\mathcal{C}$」は決まらぬ．

☆**註** 一般に，「絶対値 1 なる複素数」は (特に量子力学的文脈にて) 位相因子とよばれる．

後の便宜を図って (4.6b) ∧ (4.9) をまとめておこう：

演習

$$\psi^{自由}_{\mathrm{Gauss}\{\hbar k_0, \Delta_0\}}(x;t) = \frac{\mathcal{C}}{(\sqrt{2\pi}\Delta(t))^{1/2}} \exp\left\{-\frac{1}{4}\frac{(x-v_0 t)^2}{\Delta_0 \Delta(t)}\right\} e^{ik_0 x - i\omega(k_0)t} \tag{4.11a}$$

$$= \frac{\mathcal{C}}{(\sqrt{2\pi}|\Delta(t)|)^{1/2}} \exp\left\{-\frac{1}{4}\left(\frac{x-v_0 t}{|\Delta(t)|}\right)^2 + i\Phi^{自由}_{\mathrm{Gauss}\{\hbar k_0, \Delta_0\}}(x;t)\right\}, \tag{4.11b}$$

[*4] または**規格化因子** (normalization factor).

$$\Phi^{\text{自由}}_{\text{Gauss}\{\hbar k_0, \Delta_0\}}(x;t) := k_0 x - \omega(k_0)t + \frac{1}{4}\frac{t/\tau_{\text{gps}}}{1+(t/\tau_{\text{gps}})^2}\left(\frac{x-v_0 t}{\Delta_0}\right)^2 - \frac{1}{2}\text{Tan}^{-1}(t/\tau_{\text{gps}}),$$

$$(4.11\text{c})$$

$$|\psi^{\text{自由}}_{\text{Gauss}\{\hbar k_0, \Delta_0\}}(x;t)|^2 = \frac{1}{\sqrt{2\pi}|\Delta(t)|}\exp\left\{-\frac{1}{2}\left(\frac{x-v_0 t}{|\Delta(t)|}\right)^2\right\}. \quad \blacksquare \qquad (4.11\text{d})$$

ただし Tan^{-1} は「$\tan^{-1}$ の**主枝**」($\heartsuit$ 4.12.3 項):

$$|\text{Tan}^{-1}X| < \pi/2 \qquad : X \in \mathbf{R}. \qquad (4.12)$$

♣ **演習** 自由ガウス波束の複素幅

$$\mathcal{D}(t) := \{\Delta(t)\Delta(0)\}^{1/2} = \left\{1 + i\frac{\tilde{t}}{(\Delta(0))^2}\right\}^{1/2}\Delta(0) \qquad : \tilde{t} \equiv \hbar t/2m \qquad (4.13\text{a})$$

を導入しよう. (4.11a) に拠り

$$\psi^{\text{自由}}_{\text{Gauss}\{\hbar k_0, \Delta_0\}}(x;t) \propto \exp\left\{-\left(\frac{x-v_0 t}{2\mathcal{D}(t)}\right)^2\right\}. \quad \blacksquare \qquad (4.13\text{b})$$

ゆえに,「時刻 0 において複素幅 $\mathcal{D}(0)(=\Delta_0)$ なる自由ガウス波束」は「時刻 t にて複素幅 $\mathcal{D}(t)$ なる自由ガウス波束」となる. この時間変展は, 二段階に分けて, 次のように見ることもできる:

まず時間 t_1 だけ変展して複素幅 $\mathcal{D}(t_1)$ となり,

次に時間 $(t-t_1)$ だけ変展して複素幅 $\mathcal{D}(t)$ となる (t_1 は任意).

積分 (4.6a) を計算して (4.6b) を得る際に「$\kappa \in \mathbf{R}$ なる条件は不要 ($\Re\kappa > 0$ でありさえすればよかった)」ゆえ, 複素幅は次の関係を充たすはずである:

$$\left\{1 + i\frac{\tilde{t}-\tilde{t}_1}{(\mathcal{D}(t_1))^2}\right\}^{1/2}\mathcal{D}(t_1) = \left\{1 + i\frac{\tilde{t}}{(\mathcal{D}(0))^2}\right\}^{1/2}\mathcal{D}(0) \qquad : \forall\, t \wedge \forall\, t_1. \qquad (4.13\text{c})$$

演習 上記を直接に確かめよ. $\quad \blacksquare$

♣♣ **註** 一般に自由波束が "時間が経つにつれて広がる" わけではない. 自由ガウス波束に限っても, (4.6b) の場合には広がるが, "必ず広がる" とはいえぬ ($\heartsuit$ 6.4.2 項).

4.2.3 自由ガウス波束の平面波展開

(4.11a) 右辺に現れた k_0 は, ド・ブロイ関係式 (1.58) を介して, 古典自由粒子の運動量 p_{cl} と関連付けられていた: $p_{\text{cl}} = \hbar k_0$. 一方, 極限 $\Delta_0 \to \infty$ にて, $\psi^{\text{自由}}_{\text{Gauss}\{\hbar k_0, \Delta_0\}}$ は「波数 k_0 なる自由平面波」に限りなく近づく. したがって, (4.6a) 右辺にて重ね合わせられた自由平面波 $e^{ikx-i\omega(k)t}$ も,「運動量 $\hbar k$ なる自由粒子の極限的姿」と考えたくなる[*5]. それゆえ, 意味有りげに変数 k を $p/\hbar$ と書き直したうえで, 自由平面波を "(架空の)$\mathbf{E}^1$ 版**単色自由波** (monochromatic free wave)" とよぶ:

$$\mathbf{E}^1\text{版単色自由波} := \exp\left\{\frac{i}{\hbar}\left(px - \frac{p^2}{2m}t - V_0 t\right)\right\}. \qquad (4.14)$$

[*5] ならぬ読者にもそう思ってもらわねば話が進まぬ.

168   第4章 「位置の確率密度」と「運動量の確率密度」

これに応じて，(4.6a) にて積分変数 k を $p/\hbar$ と書き直せば，

$$\psi_{\mathrm{Gauss}\{p_{\mathrm{cl}},\Delta_0\}}^{\text{自由}}(x;t) = \mathcal{N} \int dp\, \frac{1}{\hbar} \mathcal{A}_{\mathrm{Gauss}}(p/\hbar - p_{\mathrm{cl}}/\hbar;\; 1/\sqrt{2}\Delta_0) e^{i\{px - (p^2/2m)t - V_0 t\}/\hbar}.$$
(4.15a)

この式は

古典自由粒子像に対応する波束 (の一つ[*6]) たる自由ガウス波束が
"単色自由波の重ね合せ" で表されている

と読める．しかるに，

第2章にて，(本質的に) 自由平面波を用いて二連細隙実験を解析した際，
波数だけが重要であり周波数は特に役割を果たさなかった．

これに示唆を得て，(4.15a) をさらに次のごとく書き直そう：

$$\psi_{\mathrm{Gauss}\{p_{\mathrm{cl}},\Delta_0\}}^{\text{自由}}(x;t) = \int dp\, \widetilde{\psi_{\mathrm{Gauss}\{p_{\mathrm{cl}},\Delta_0\}}^{\text{自由}}}(p;t) |\widetilde{\mathcal{N}}| e^{ipx/\hbar},$$
(4.15b)

$$\widetilde{\psi_{\mathrm{Gauss}\{p_{\mathrm{cl}},\Delta_0\}}^{\text{自由}}}(p;t) := \frac{1}{|\widetilde{\mathcal{N}}|\hbar} \mathcal{N} \mathcal{A}_{\mathrm{Gauss}}(p/\hbar - p_{\mathrm{cl}}/\hbar;\; 1/\sqrt{2}\Delta_0) e^{-i\{p^2/2m + V_0\}t/\hbar}.$$
(4.15c)

議論の都合上，正定数 $|\widetilde{\mathcal{N}}|$ を導入しておいた．(4.15b) は

自由ガウス波束が「さまざまの "運動量状態" の重ね合せ」で表されている

と読めよう．それゆえ，次のような見方が可能ではなかろうか．

確率公準 (−2)：自由ガウス波束で記述される自由粒子に関し，

時刻 t に<u>運動量値</u>(≡「運動量の値」) が p に見いだされる確率密度は，

$|\widetilde{\psi_{\mathrm{Gauss}\{p_{\mathrm{cl}},\Delta_0\}}^{\text{自由}}}(\mathrm{p};t)|^2$ で与えられる．

上記にて，p が連続量ゆえ，確率でなく確率密度．ただし，運動量も「いずれかの値 (実数値)」に見いだされるべきであろうゆえ，全確率は常に1とならねばならぬ．それには

☆**演習**　次のごとく採ればよい：

$$|\widetilde{\mathcal{N}}| = (2\pi\hbar)^{-1/2}. \quad \blacksquare$$
(4.16)

以下，式を簡潔にすべく次の函数を導入しよう．

$$w_p(x) := \frac{1}{\sqrt{2\pi\hbar}} e^{ipx/\hbar}.$$
(4.17)

これを「**運動量 p なる平面波**」とよぶ[*7] (混乱の恐れがない場合には単に**平面波** (plane wave) と略称する).

　[*6] 第3章にて考察した通り，古典自由粒子像に対応すると見なされ得る波束は無数に考えれる．

　[*7] 記号 w_p は，「運動量 p なる <u>p</u>lane <u>w</u>ave」の意 (下添字 p は掛詞)．物理一般においては「平面波すなわち平面進行波」なる用語法が使われることも多いが，t を含まぬ $w_p(x)$ を平面波と称する量子力学の習慣に従う．

以上をまとめれば

$$\psi^{\text{自由}}_{\text{Gauss}\{p_{\text{cl}},\Delta_0\}}(x;t) = \int dp\ \widetilde{\psi^{\text{自由}}_{\text{Gauss}\{p_{\text{cl}},\Delta_0\}}}(p;t)w_p(x), \tag{4.18a}$$

$$\widetilde{\psi^{\text{自由}}_{\text{Gauss}\{p_{\text{cl}},\Delta_0\}}}(p;t) = \frac{\mathcal{C}}{(\sqrt{2\pi}\,\widetilde{\Delta_0})^{1/2}} \exp\left\{-\frac{1}{4}\left(\frac{p-p_{\text{cl}}}{\widetilde{\Delta_0}}\right)^2\right\} e^{-i(p^2/2m+V_0)t/\hbar}, \tag{4.18b}$$

$$\widetilde{\Delta_0} \equiv \hbar/2\Delta_0, \tag{4.18c}$$

$$\left|\widetilde{\psi^{\text{自由}}_{\text{Gauss}\{p_{\text{cl}},\Delta_0\}}}(p;t)\right|^2 = \frac{1}{\sqrt{2\pi}\,\widetilde{\Delta_0}} \exp\left\{-\frac{1}{2}\left(\frac{p-p_{\text{cl}}}{\widetilde{\Delta_0}}\right)^2\right\} \tag{4.18d}$$

$$= \sqrt{\frac{2}{\pi}}\frac{\Delta_0}{\hbar} \exp\left\{-2(p-p_{\text{cl}})^2\Delta_0^2/\hbar^2\right\}. \tag{4.18e}$$

(4.18a) 右辺は，自由ガウス波束を平面波で展開した (つまり，平面波の重ね合せで表した) ものであり，「自由ガウス波束の**平面波展開** (plane-wave expansion)」と略称される．

かくて，次の性質が成り立つ：

$$\int dx\ |\psi^{\text{自由}}_{\text{Gauss}\{p_{\text{cl}},\Delta_0\}}(x;t)|^2 = 1 \qquad : \forall t, \tag{4.19a}$$

$$\int dp\ |\widetilde{\psi^{\text{自由}}_{\text{Gauss}\{p_{\text{cl}},\Delta_0\}}}(p;t)|^2 = 1 \qquad : \forall t. \tag{4.19b}$$

♣ **註** 確率公準 (−2) にて天下り式に $|\widetilde{\psi^{\text{自由}}_{\text{Gauss}\{p_{\text{cl}},\Delta_0\}}}(p;t)|^2$ を確率密度として採用したが，なぜ "自乗" がもっともらしいか？ 4.8 節まで待たずに現段階にて納得したい読者は次の演習を参照：

演習 勝手な $\tilde{\beta}(>0)$ に対し，$|\widetilde{\psi^{\text{自由}}_{\text{Gauss}\{p_{\text{cl}},\Delta_0\}}}(p;t)|^{\tilde{\beta}}$ は t に依らぬ．それゆえ

$$\int dp\ |\widetilde{\psi^{\text{自由}}_{\text{Gauss}\{p_{\text{cl}},\Delta_0\}}}(p;t)|^{\tilde{\beta}} = \left\{\frac{1}{|\tilde{\mathcal{N}}|^2}\frac{\sqrt{2}}{(2\pi)^{3/2}\hbar}\left(\frac{2\pi}{\tilde{\beta}}\right)^{1/\tilde{\beta}}\left(\frac{\hbar}{\sqrt{2}\Delta_0}\right)^{2/\tilde{\beta}-1}\right\}^{\tilde{\beta}/2} \tag{4.20}$$

も t に依らぬ．それゆえ，時間依存性に関しては $\tilde{\beta}$ をいかに採ろうとも問題なし．かつ，$|\tilde{\mathcal{N}}|$ を調整すれば上式右辺は 1 となる．しかし，$|\tilde{\mathcal{N}}|$ の調整値は一般に Δ_0 に依存する．Δ_0 は目下考察中の自由ガウス波束を特徴付ける量であるが，一口に自由ガウス波束といっても Δ_0 の採り方に応じて無数に有る．$|\tilde{\mathcal{N}}|$ が Δ_0 に依存すると，$\psi^{\text{自由}}_{\text{Gauss}\{p_{\text{cl}},\Delta_0\}}(x;t)$ と $\widetilde{\psi^{\text{自由}}_{\text{Gauss}\{p_{\text{cl}},\Delta_0\}}}(p;t)$ を結ぶ関係 (4.15b) が Δ_0 ごとに変わることになる．これでは気分が悪かろう．この難点を避けるには $\tilde{\beta}=2$ と採る以外にない．そう採れば (4.16) となる． ∎

4.2.4 位置確率密度と運動量確率密度についての推測

自由ガウス波束を調べて推測した「確率公準 (−3)$|_{\beta=2}$」∧「確率公準 (−2)」は，おそらく，任意の自由波束 (3.60) に対しても成り立つのではなかろうか．さらに想像をたくましくすれば，

確率公準 (−1)：一般にポテンシャル下の粒子に関しても，もし波動函数 $\psi(x;t)$ が

$$\psi(x;t) = \int dp\ \widetilde{\psi}(p;t)w_p(x) \tag{4.21}$$

170 　第 4 章 「位置の確率密度」と「運動量の確率密度」

なる形に書かれ得るならば[*8],

$$
\text{時刻 } t \text{ に}
\begin{cases}
\text{地点 x に見いだされる確率密度は} & \left.|\psi(x;t)|^2\right|_{x=\mathrm{x}}, \\
\text{運動量値が p に見いだされる確率密度は} & \left.|\widetilde{\psi}(p;t)|^2\right|_{p=\mathrm{p}}.
\end{cases}
$$

あるいは，これを略述して，

$$
\text{時刻 } t \text{ における}
\begin{cases}
\text{位置確率密度 (position probability density) は} & |\psi(x;t)|^2, \\
\text{運動量確率密度 (momentum probability density) は} & |\widetilde{\psi}(p;t)|^2.
\end{cases}
$$

この推測は一般にシュレーディンガー方程式と両立するであろうか? それを 4.4 節にて確かめる．その前に次節にて若干の補足をしておこう．

4.3　話の筋道に関する補足

4.3.1　二階方程式を却下する理由

自由粒子を律する基本方程式として，仮に，二階方程式 (3.56) を採用したとしよう．次式で与えられる $\psi^{\text{実準定在}}(x;t)$ も[*9]同方程式の解である:

$$
\psi^{\text{実準定在}}(x;t) := \psi^{\text{実自由}}(x;t) + \psi^{\text{実奇怪}}(x;t) \tag{4.22a}
$$

$$
= \Re\, \mathcal{N} \int dk\, \mathcal{A}(k-k_0;\kappa) e^{ikx} \left\{ e^{-i\omega(k)t} + e^{i\omega(k)t} \right\} \tag{4.22b}
$$

$$
\sim 2\cos(\omega(k_0)t)\, \Re\, \mathcal{N} \int dk\, \mathcal{A}(k-k_0;\kappa) e^{ikx}. \tag{4.22c}
$$

これは，$\{\mathcal{N}, \beta\}$ をいかに採ろうとも，(4.4b) を充たし得ぬ．

♣ 演習　(4.22c) は雑な評価にすぎぬ．しかし，例えば $\mathcal{A}(k;\kappa) = \mathcal{A}_{\text{Gauss}}(k;\kappa)$ と採って精確に計算しても，上記結論は変わらぬ．　■

♣ 演習　$\Re\psi^{\text{自由}}_{\text{Gauss}\{p_{\text{cl}},\Delta_0\}}(x;t)$ も，(3.56) の解ではあるが，(4.4b) を充たし得ぬ．　■

すなわち，二階方程式 (3.56) を採用すると確率公準が意味を成さぬ．これが「同方程式を却下する決定的理由」である．

4.3.2　位置と運動量の意味

注意深い読者は一種のまやかし(概念的飛躍) に気付かれたことであろう:

我々が日常的に衝撃を通し体感するなどして馴染んでいる運動量は「古典粒子像における軌道運動として実現された運動量 $\boldsymbol{p}_{\text{cl}}(t)$」である．しかるに，前節にて運動量確率密度を導入した際の運動量は，$\boldsymbol{p}_{\text{cl}}(t)$ ではなく，「測定すれば[*10]その値が見いだされ得る」なる「潜在的可能性としての運動量」である．

[*8] もちろん，$\widetilde{\psi}(p;t)$ の t 依存性は，(4.18b) のような単純なものではなかろう．

[*9] 定在波ではないが「(3.12) のごとく遠似(粗っぽく近似) すれば定在波」なる意味で準定在．

[*10] ただし，「測定」なる言葉の意味も本書現段階では明らかでない．

つまり，運動量概念をひそかに拡張したわけである．すでに第2章にて注意した通り，

「粒子位置 $\boldsymbol{r}$」とて，馴染みの「古典粒子像における軌道運動として実現された位置 $\boldsymbol{r}_{\mathrm{cl}}(t)$」ではなく，「測定すればそこに見いだされ得る」なる「潜在的可能性としての位置」である．

これら概念的拡張は，論理的に導けるものではなく，アーチに腰掛けた男爵が新たに紡ぎだした靴紐である．これを引っ張ることに拠りアーチを浮揚 (?!) させ磨きをかけようなる算段である．しからば

- 「拡張された運動量」は何らかの意味で保存されるといえる量であろうか？
- 力も概念的に拡張できて，「拡張された運動量」の変化率と「拡張された力」が関係づけられ得るであろうか？
- はたまた $\cdots$ ？

かような諸疑問はすべてこれから答えていかねばならぬ課題である．

註 潜在的可能性 (potentiality) なる言葉はボームの教科書に印象的に (ただし，上記とはやや異なる文脈にて) 使われている．例えば

"We are $\cdots$ led to interpret momentum and position (and thus wave and particle aspects) as incompletely defined potentialities $\cdots$." [1]

4.4 位置についての確率公準

4.4.1 ノルム保存定理：$\mathbf{E}^1$

シュレーディンガー方程式 (3.87) の $\mathbf{E}^1$ 版を考えよう：

$$i\hbar\frac{\partial}{\partial t}\psi(x;t) = \left\{-\frac{\hbar^2}{2m}\frac{\partial^2}{\partial x^2} + V(x,t)\right\}\psi(x;t). \tag{4.23}$$

(4.19a) に相当する式の正否を吟味したいゆえ，まず

$$\rho(x;t) := |\psi(x;t)|^2 \tag{4.24}$$

の時間変展を調べてみるがよかろう：

$$\frac{\partial}{\partial t}\rho(x;t) = \left(\frac{\partial}{\partial t}\psi^*(x;t)\right)\psi(x;t) + \psi^*(x;t)\frac{\partial}{\partial t}\psi(x;t) = 2\Re\,\psi^*(x;t)\frac{\partial}{\partial t}\psi(x;t). \tag{4.25a}$$

右辺を計算すべく，シュレーディンガー方程式の両辺に左から $\psi^*(x;t)$ を掛けて $i\hbar$ で割れば

$$\psi^*(x;t)\frac{\partial}{\partial t}\psi(x;t) = -\frac{\hbar}{2mi}\psi^*(x;t)\frac{\partial^2}{\partial x^2}\psi(x;t) - \frac{i}{\hbar}V(x,t)|\psi(x;t)|^2. \tag{4.25b}$$

ゆえに

$$\frac{\partial}{\partial t}\rho(x;t) = -\Re\frac{\hbar}{mi}\psi^*(x;t)\frac{\partial^2}{\partial x^2}\psi(x;t) + \frac{2}{\hbar}|\psi(x;t)|^2\Im V(x,t). \tag{4.25c}$$

この式にて

$$\text{右辺第一項} = -\Re\frac{\hbar}{mi}\left\{\frac{\partial}{\partial x}\left(\psi^*(x;t)\frac{\partial}{\partial x}\psi(x;t)\right) - \left|\frac{\partial}{\partial x}\psi(x;t)\right|^2\right\} = -\frac{\partial}{\partial x}J(x;t), \tag{4.25d}$$

第 4 章 「位置の確率密度」と「運動量の確率密度」

$$J(x;t) := \frac{1}{m} \Re \, \psi^*(x;t) \frac{\hbar}{i} \frac{\partial}{\partial x} \psi(x;t) = \frac{\hbar}{2mi} \left\{ \psi^*(x;t) \frac{\hbar}{i} \frac{\partial}{\partial x} \psi(x;t) - \psi(x;t) \frac{\hbar}{i} \frac{\partial}{\partial x} \psi^*(x;t) \right\}. \tag{4.25e}$$

以上をまとめて

$$\frac{\partial}{\partial t} \rho(x;t) = -\frac{\partial}{\partial x} J(x;t) + \frac{2}{\hbar} \rho(x;t) \Im V(x,t). \tag{4.26}$$

両辺を x について区間 a から b まで積分すれば[*11]

$$\frac{d}{dt} \int_a^b dx \, \rho(x;t) = J(a;t) - J(b;t) + \frac{2}{\hbar} \int_a^b dx \, \rho(x;t) \Im V(x,t). \tag{4.27}$$

前節にて議論した通り粒子は実験室内その辺りに見いだされてくれぬと困るゆえ，$\psi(x;t)$ は「$|x| \to \infty$ なる極限にて充分急激に 0 に近づく」べし．また $\psi(x;t)$ は，x に関して，「滑らか」$\wedge$「極端に激しく変化することもない」と考えるのが順当であろう．そうすれば，$\psi(x;t)$ だけでなく，その x 微分も「$|x| \to \infty$ なる極限にて充分急激に 0 に近づく」．以下，かような函数を (x に関して) 大人しい[*12]函数 ($\heartsuit$ 次章) とよぶ．つまり，$\psi(x;t)$ は大人しい函数なるべし．したがって，$(a,b) \to (-\infty, \infty)$ なる極限にて上式右辺第一項は 0 となる：

$$\frac{d}{dt} \int dx \, \rho(x;t) = \frac{2}{\hbar} \int dx \, \rho(x;t) \Im V(x,t). \tag{4.28}$$

確率公準が意味を成すには，左辺に登場した積分が定数なるべし，つまり，右辺が 0 なるべし．しかも，特定の ψ に対してだけでなく，(4.23) を充たす任意の ψ に対してそうなるべし．それには次の条件が充たされればよい：

$$V(x,t) \in \mathbf{R}. \tag{4.29}$$

一般に，$|f(X)|^2$ を f の定義域全体にわたって積分した結果は「函数 f のノルム (norm) の自乗」とよばれ，記号 $\|f\|^2$ で表される．以下，特に断らぬ限り定義域は実軸全体とする：

$$\|f\| \equiv \text{「} f \text{ のノルム」} := \left\{ \int dX |f(X)|^2 \right\}^{1/2} \quad (\geq 0). \tag{4.30}$$

この用語を使えば，(4.28) 式左辺に登場した積分は「函数 $\psi(\,;t)$ のノルムの自乗」である：

$$\|\psi(\,;t)\| \equiv \text{「波動函数} \psi(\,;t) \text{ のノルム」} := \left\{ \int dx \, |\psi(x;t)|^2 \right\}^{1/2} \quad (\geq 0). \tag{4.31}$$

註 1 (4.30) 式最左辺が $\|f(X)\|$ と書かれることがある．しかし，これは論理的におかしい：最右辺にて X は積分変数にすぎず積分結果は X と無縁．

註 2 (4.31) は「$\psi(x;t)$ の x 依存性だけに着目して得られる，x の函数」に関するものである．"時間変数 t" は「当該函数を指定するパラメーター (つまり函数の名前の一部)」にすぎぬ．それゆえ，当該函数を $\psi(\,;t)$ と書く．

　かくて，(4.28)$\wedge$(4.29) の内容は次のごとくいい表せる：

[*11] 積分した結果は t だけの函数となるゆえ，柔らか微分 (偏微分) は硬い微分 (常微分) で置き換えてよい．

[*12] おとなしい．

ノルム保存定理 (norm-conservation theorem)：
    波動函数のノルムは，ポテンシャルが実数ならば，保存される.

もちろん，「**保存される** (be conserved)」とは「t に依らぬ」ことである.「ポテンシャルが実数」なる条件 (4.29) は 4.4 節における (4.9a) を拡張したものになっている. 以下，これを前提として議論を進める. つまり，(4.29) を公準の一部として採用する.

　重要な式をまとめておこう：

$$\frac{\partial}{\partial t}\rho(x;t) = -\frac{\partial}{\partial x}J(x;t), \tag{4.32a}$$

$$\frac{d}{dt}\int_a^b dx\rho(x;t) = J(a;t) - J(b;t). \tag{4.32b}$$

さて，シュレーディンガー方程式の線形性に因り，$\psi(x;t)$ に勝手な定数を掛けたものもまたシュレーディンガー方程式を充たす. それゆえ，この定数を調節すればノルムは常に 1 とされ得る. 波動函数のノルムが 1 なる場合，当該波動函数は「1 に規格化されている (normalized to unity)」（あるいは単に，「規格化されている (normalized)」）といわれる（♡ (4.10) にて紹介した語法）. 以下，特に断らぬ限り波動函数は規格化されているものとする. そうしておけば，$\rho(x;t)$ を実軸全体にわたって x 積分した結果は「時刻 t に依らず 1」となり，$\rho(x;t)$ は位置確率密度とよばれるに値する：

$$\int dx\,\rho(x;t) = \|\psi(\,;t)\|^2 = 1 \qquad : \forall t. \tag{4.33}$$

かくて次のことがわかった：

　　確率公準 (-2) のうち少なくとも位置に関する部分は，ポテンシャルを実数に限れば，シュレーディンガー方程式と整合する.

☆註: ノルム保存定理が "確率保存則" と称されることがある. しかし，このいい回しは論理矛盾：
　　"確率保存則" というと，"保存されるか否かにかかわらず確率なる量があらかじめ定義されていて，それが保存されることがわかった" となる. そうではなく，ノルム保存定理が成立して初めて確率公準が意味を成し得るわけである.

4.4.2　確率密度と確率流：$\mathbf{E}^1$

　(4.32a) は「（架空一次元空間の）流体における "連続の方程式"」と同じ形をしている. つまり，$\{\rho(x;t), J(x;t)\}$ を流体の $\{$密度, 流れ$\}$ に対応させれば，(4.32b) は，

　　「区間 (a,b) 内の流体質量の増加率 (左辺)」が
　　「左端からの流入率 (右辺第一項)」と「右端からの流出率 (右辺第二項)」の差に等しい[*13]

と読める (図 4.1). $J(x;t)$ は，$\rho(x;t)$ が「（位置の）確率密度」とよばれることと上記比喩とに基づき，「（位置の）確率流 (probability current)」とよばれる. そして (4.32a) は "確率に関する連続の方程式" とよばれる. この式の内容を称して「確率が局所的に保存される」ということはできる. もちろん，これもノルム保存定理が成立していることを前提としたいい回しである.

[*13] 増加率 $\equiv$「単位時間当たりの増加量」. 率とか単位時間なるいい回しがわかりにくければ，両辺に δt を掛けて，左辺は「時間 $(t - \delta t/2, t + \delta t/2)$ における増加量」.

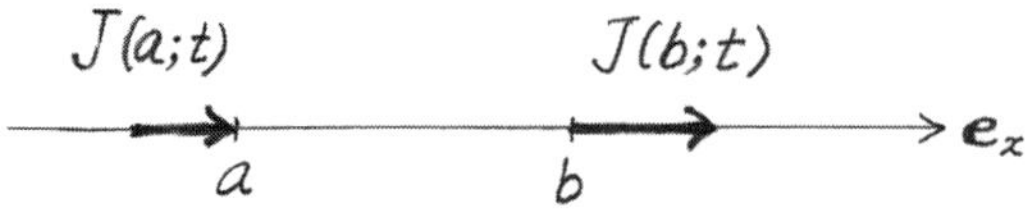

174　第 4 章　「位置の確率密度」と「運動量の確率密度」

図 4.1　確率の局所的保存：$\mathbf{E}^1$ の場合

　確率流に対する直観的描像を得べく，古典自由粒子像に対応する波束 $\psi^{自由}(x;t)$ を考えてみよう．(3.62b) に拠り

$$\frac{\hbar}{i}\frac{\partial}{\partial x}\psi^{自由}(x;t) \simeq p_{\mathrm{cl}}\psi^{自由}(x;t). \tag{4.34}$$

この場合の $\{$確率密度, 確率流$\}$ を $\{\rho^{自由}(x;t), J^{自由}(x;t)\}$ と書けば，

$$\begin{aligned}
J^{自由}(x;t) &\simeq \frac{1}{m}\Re\left\{\psi^{自由}(x;t)\right\}^* p_{\mathrm{cl}}\psi^{自由}(x;t) \\
&= \rho^{自由}(x;t)\, v_{\mathrm{cl}} \qquad : v_{\mathrm{cl}} \equiv p_{\mathrm{cl}}/m.
\end{aligned} \tag{4.35}$$

つまり，流体の場合と同じく，「流れ」は「密度に速度を掛けたもの」となる．

演習　$\psi^{自由}_{\mathrm{Gauss}\{p_{\mathrm{cl}},\Delta_0\}}$ に関する確率流 $J^{自由}_{\mathrm{Gauss}\{p_{\mathrm{cl}},\Delta_0\}}$ を求めよ (面倒なら $t=0$ だけでも可).　　■

註 1　(4.32) は「シュレーディンガー方程式を充たす任意の函数」に関して成り立つ．つまり，規格化不可能な解に関しても純然たる数学的関係式として成り立つ：

　　演習　例えば，自由粒子シュレーディンガー方程式 $(V(x,t) =$ 定数 $= V_0)$ を充たす単色自由波 (4.14) (これは規格化できぬ) に関して

$$\rho^{単色自由}(x;t) = 1, \tag{4.36a}$$

$$J^{単色自由}(x;t) = p/m. \tag{4.36b}$$

　　これらは (4.32) を充たす．　　■

ただし，(4.36) は $\{$確率密度, 確率流$\}$ とは見なせぬ．

註 2　(4.36a) は，すでに前章から議論してきた通り，「単色自由波は運動を想起させぬ」ことを示す．一方，(4.36b) は「単色自由波に関しては運動量が確定している」なる見方を支持する．もちろん，単色自由波に対しては確率概念が適用できぬゆえ，今のところ，この見方は単なる示唆の域を出ぬ．

4.4.3　ノルム保存定理：$\mathbf{E}^3$

　4.4.1 項における議論を，$\{x, \partial/\partial x\}$ を $\{\boldsymbol{r}, \nabla\}$ で置き換えて，くり返そう (以下二項にて用いる記法およびヴェクトル算法 (いわゆるヴェクトル解析) については 4.12.4 項)：

$$\rho(\boldsymbol{r};t) := |\psi(\boldsymbol{r};t)|^2 \tag{4.37}$$

の時間変展は，シュレーディンガー方程式 (3.87) を用いて

$$\frac{\partial}{\partial t}\rho(\boldsymbol{r};t) = 2\Re\,\psi^*(\boldsymbol{r};t)\frac{\partial}{\partial t}\psi(\boldsymbol{r};t) \tag{4.38a}$$

$$= -\Re\frac{\hbar}{mi}\psi^*(\boldsymbol{r};t)\nabla^2\psi(\boldsymbol{r};t) + \frac{2}{\hbar}|\psi(\boldsymbol{r};t)|^2\Im V(\boldsymbol{r},t), \tag{4.38b}$$

$$右辺第一項 = -\Re\frac{\hbar}{mi}\left\{\nabla\cdot(\psi^*(\boldsymbol{r};t)\nabla\psi(\boldsymbol{r};t)) - |\nabla\psi(\boldsymbol{r};t)|^2\right\}. \tag{4.38c}$$

ゆえに

$$\frac{\partial}{\partial t}\rho(\boldsymbol{r};t) = -\nabla \cdot \boldsymbol{J}(\boldsymbol{r};t) + \frac{2}{\hbar}\rho(\boldsymbol{r};t)\Im V(\boldsymbol{r},t), \tag{4.39a}$$

$$\boldsymbol{J}(\boldsymbol{r};t) := \frac{1}{m}\Re\,\psi^*(\boldsymbol{r};t)\frac{\hbar}{i}\nabla\psi(\boldsymbol{r};t). \tag{4.39b}$$

両辺を領域 $\mathcal{V}$ (その表面を $\mathcal{S}$ とする) にわたって積分し[*14]，**ガウス定理**[*15] (Gauss' theorem) を使えば，

$$\frac{d}{dt}\int_{\mathcal{V}}d^3r\,\rho(\boldsymbol{r};t) = -\int_{\mathcal{S}}\boldsymbol{J}(\boldsymbol{r};t)\cdot d^2\boldsymbol{\Sigma} + \frac{2}{\hbar}\int_{\mathcal{V}}d^3r\,\rho(\boldsymbol{r};t)\Im V(\boldsymbol{r},t). \tag{4.40a}$$

上式にて $\mathcal{V}$ の形は何であっても構わぬ．簡単のため「原点 $\boldsymbol{0}$ を中心とし半径 R なる球」とすれば，

$$\text{右辺第一項} = -R^2\int d\Omega_{\boldsymbol{r}}\;\boldsymbol{e}_r\cdot\boldsymbol{J}(R\boldsymbol{e}_r;t). \tag{4.40b}$$

波動関数 $\psi(\boldsymbol{r};t)$ は，前小節と同じく，大人しい関数($\heartsuit$ 次章)であって「$|\boldsymbol{r}|\to\infty$ なる極限にて充分急激に 0 に近づく」はずである．したがって，$R\to\infty$ なる極限にて上式右辺は 0 となり，

$$V(\boldsymbol{r},t)\in\mathbf{R} \tag{4.41}$$

ならば (4.40a) 右辺が 0 となる．

　一般に，$|f(\boldsymbol{X})|^2$ を f の定義域全体にわたって積分した結果は，$\mathbf{E}^1$ の場合と同じく，「関数 f のノルム (norm) の自乗」とよばれ，記号 $\|f\|^2$ で表される．以下，特に断らぬ限り定義域は全空間とする：

$$\|f\| \equiv \lceil f\,\text{のノルム}\rfloor := \left\{\int d^3X\,|f(\boldsymbol{X})|^2\right\}^{1/2}\quad(\,\geq 0\,). \tag{4.42a}$$

特に，

$$\|\psi(\;;t)\| \equiv \lceil\text{波動関数}\psi(\;;t)\,\text{のノルム}\rfloor := \left\{\int d^3r\,|\psi(\boldsymbol{r};t)|^2\right\}^{1/2}. \tag{4.42b}$$

つまり，ポテンシャルが実数ならば，波動関数のノルムは保存される．

　前項と同じく，以下，(4.41) なる前提のもとに議論を進める：

$$\frac{\partial}{\partial t}\rho(\boldsymbol{r};t) = -\nabla\cdot\boldsymbol{J}(\boldsymbol{r};t), \tag{4.43a}$$

$$\frac{d}{dt}\int_{\mathcal{V}}d^3r\rho(\boldsymbol{r};t) = -\int_{\mathcal{S}}\boldsymbol{J}(\boldsymbol{r};t)\cdot d^2\boldsymbol{\Sigma}. \tag{4.43b}$$

また，波動関数は規格化されているものとする：

$$\int d^3r\,\rho(\boldsymbol{r};t) = \|\psi(\;;t)\|^2 = 1\qquad:\forall t. \tag{4.44}$$

かくて，$\mathbf{E}^3$ の場合にも「ポテンシャルを実数に限れば，次の確率公準がシュレーディンガー方程式と整合する」ことがわかった：

[*14] $\mathcal{V}$ は単連結領域としておく (ただし，ガウス定理は多重連結領域に対しても成立).

[*15] "ガウスの定理" とよばれること多し.

176　第 4 章　「位置の確率密度」と「運動量の確率密度」

確率公準 0：時刻 t における**位置確率密度**は $|\psi(\boldsymbol{r};t)|^2$ である，すなわち，

$$\mathcal{P}_{\mathcal{V}}(t) \equiv \text{「時刻 } t \text{ に粒子が領域 } \mathcal{V} \text{ に見いだされる確率」}$$
$$= \int_{\mathcal{V}} d^3r \, |\psi(\boldsymbol{r};t)|^2 \qquad : \forall \mathcal{V}. \tag{4.45}$$

この公準は，番号が **(負整数)** でなく **0**，つまり，もはや暫定的ではなく正式公準として採用するものである．

　仮に，前節までのいきさつを忘れて，頭ごなしにシュレーディンガー方程式が設定されたとする立場を採るならば，確率公準 0 は "波動関数に対する**確率解釈 (probability interpretation)**"（または，提唱者ボルン (Max Born[1882.12.11–1970.1.5] の名を冠して**ボルンの確率解釈**）とよばれる．その立場からすれば，

　　　「シュレーディンガー方程式には保存則が有る (ノルムが保存される)」なる数学的性質に立脚
　　　して，確率公準 0 を導入する

と宣言することになる．

註 0　確率公準 0 にとって，ノルム保存則に劣らず線形性も重要である：「波動関数は規格化されているものとする (4.44)」と事もなげに書いたが，これは無論，シュレーディンガー方程式が線形なるがゆえに許される．仮に，シュレーディンガー方程式に代えて，ノルム保存則を有する不線形方程式[*16]を採用したとすれば，一般に所与の解に定係数を掛けたものは解たり得ず，(4.44) を充たす解すなわち確率密度と見なし得る量が構成できる保証はない[*17]．

註 1　(4.40b) 右辺における積分は，$\psi(\boldsymbol{r};t)$ が大人しいゆえ，$R \to \infty$ にて急激に 0 となる．ゆえに，R^2 が掛かっているにもかかわらず，右辺全体も 0 となる．

註 2　上記公準にて，「$\cdots$ である確率」とは書かず，すでに第 2 章にて注意した通り "存在確率" と混同せぬよう面倒でも「$\cdots$ に見いだされる確率」と書く．

註 3　古典波動の場合，| 振幅 $|^2$ は "(波動の) 強度" とよばれる．波動関数 $\psi(\boldsymbol{r};t)$ は，位置確率密度 $|\psi(\boldsymbol{r};t)|^2$ を古典波動強度になぞらえて，**位置確率振幅 (position probability amplitude)** ともよばれる．

♣ **註 4**　正式には，$\{4.4.1$ 項におけるノルム，本項におけるノルム$\}$ は $\{\mathcal{L}^2(\mathbf{E}^1)$ ノルム，$\mathcal{L}^2(\mathbf{E}^3)$ ノルム$\}$ とよばれる．これに応じて，正式記号は $\{\|\psi(\ ;t)\|_{\mathcal{L}^2(\mathbf{E}^1)}, \|\psi(\ ;t)\|_{\mathcal{L}^2(\mathbf{E}^3)}\}$．しかし，どちらのノルムか文脈から明らかゆえ下添字を略[*18]（記号 $\mathcal{L}^2$ については 5.2.1 項）．

4.4.4　確率密度と確率流：$\mathbf{E}^3$ の場合

　(4.43a) は，$\mathbf{E}^1$ の場合と同じく，「流体における "連続の方程式"」と同じ形をしている．つまり，$\{\rho(\boldsymbol{r};t), \boldsymbol{J}(\boldsymbol{r};t)\}$ を流体の $\{$密度，流れ$\}$ に対応させれば，(4.43b) は，

　　　「領域 $\mathcal{V}$ 内の流体質量の増加率 (左辺)」が「表面 $\mathcal{S}$ からの流入率 (右辺)」に等しい

[*16] 例えばいわゆる "非線形シュレーディンガー方程式".

[*17] "当該不線形方程式の解 $\Psi(\ ;t)$ が規格化できなくても，$|\Psi(\mathbf{x}';t)|^2/|\Psi(\mathbf{x};t)|^2$ を「地点 $\mathbf{x}'$ 付近に見いだされる確率と地点 $\mathbf{x}$ 付近に見いだされる確率の比」と解せばよい" なる見解もあろう．それだけならそれでよいかもしれぬ．しかし，複数個の解 $\{\Psi_1(\ ;t), \Psi_2(\ ;t), \cdots\}$ が有る場合，$\|\Psi_j(\ ;t)\|$ は (t には依らぬが) 一般に j に依って異なり，例えば $|\Psi_2(\mathbf{x};t)|^2/|\Psi_1(\mathbf{x};t)|^2$ をいかに解すべきか，不明確であり，テキトーな指針をこしらえたとしても行き当たりばったりの誹りを免れぬだろう．

[*18] 恐ろしげな記号に出会ってひるまぬよう，用語を紹介したまで．おびえる必要なし．

4.4 位置についての確率公準　177

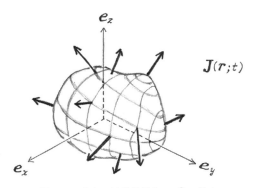

図 4.2　確率の局所的保存：$\mathbf{E}^3$ の場合

と読める (図 4.2)．$\rho(\boldsymbol{r};t)$ を「(位置の) **確率密度** (probability density)」とよんだことと上記比喩とに基づき，以下の呼び名が用いられる：

$\boldsymbol{J}(\boldsymbol{r};t) =$「**確率流密度** (probability current density)」，
(4.43a) $=$ "確率に関する**連続の方程式** (equation of continuity)"，
$\boldsymbol{J}(\boldsymbol{r};t) \cdot d^2\boldsymbol{\Sigma} =$「面要素 $d^2\boldsymbol{\Sigma}$ を貫く**確率流束** (probability flux)」，
$\int_{\mathcal{S}} \boldsymbol{J}(\boldsymbol{r};t) \cdot d^2\boldsymbol{\Sigma} =$「面 $\mathcal{S}$ を外向きに貫く**全確率流束** (total probability flux)」．

註　$\mathbf{E}^1$ の場合には，確率流密度と確率流束の区別はなく[*19]，面 $\mathcal{S}$ に相当するのは区間 (a,b) の両端 (a と b) であり，$J(b;t) - J(a;t)$ が全確率流束に相当する．

かくて $\mathbf{E}^3$ の場合にも「確率は局所的に保存される」といえる．

演習　(4.35) の $\mathbf{E}^3$ 版を導け．■

演習　球対称自由ガウス波束を導入し，それに対する確率流を求めよ (面倒なら $t=0$ だけでも可)．■

註　(4.43) 式は，$\mathbf{E}^1$ の場合と同じく，シュレーディンガー方程式を充たす任意の函数に関して成り立つ：
　演習　例えば，自由粒子シュレーディンガー方程式 ($V(x,t) =$ 定数 $= V_0$) は**単色自由波** (monochromatic free wave) を解として有する：

$$\text{単色自由波} := \exp\left\{\frac{i}{\hbar}\left(\boldsymbol{p}\cdot\boldsymbol{r} - \frac{\boldsymbol{p}^2}{2m}t - V_0 t\right)\right\}. \tag{4.46}$$

これに関して

$$\rho^{\text{単色自由}}(\boldsymbol{r};t) = 1, \tag{4.47a}$$
$$\boldsymbol{J}^{\text{単色自由}}(\boldsymbol{r};t) = \boldsymbol{p}/m. \tag{4.47b}$$

これらは (4.43) を充たす．■

[*19] それゆえ，まとめて確率流とよんだ．

178   第4章 「位置の確率密度」と「運動量の確率密度」

4.5 位置の「『測定データ』および『期待値と揺らぎ』」

位置確率密度なる言葉の意味を，位置測定実験(粒子位置を測定する実験)[20]と結びつけて，明確にしておこう．位置測定実験を理想化して描写すれば，以下のように，「同一状況下における試行」が何回もくり返されることになろう．

註 「個々の測定行為を**試行** (run) とよび」∧「一連の試行をまとめて**実験**とよぶ」．

註 一般に，「『規格化された函数 ϕ』で表される状態」を「状態 ϕ」と略称する．

4.5.1 平均値と標準偏差： $\mathbf{E}^1$

- 試行 1：時刻 t_{01} に粒子が状態 $\phi^{始}$ に**準備された** (be prepared)[21]とする．時間 τ だけ待って，時刻 $t_1 (\equiv t_{01} + \tau)$ に粒子位置を測定し，値 x_1 が得られた (つまり，粒子が地点 x_1 に見いだされた) とする．

- 試行 2：時刻 t_{02} に粒子が状態 $\phi^{始}$ に準備されたとする．時間 τ だけ待って，時刻 $t_2 (\equiv t_{02} + \tau)$ に粒子位置を測定し，値 x_2 が得られたとする．

  ……

- 試行 N：時刻 t_{0N} に粒子が状態 $\phi^{始}$ に準備されたとする．時間 τ だけ待って，時刻 $t_N (\equiv t_{0N} + \tau)$ に粒子位置を測定し，値 x_N が得られたとする．

以上の測定データから，**平均値** (mean value) や**標準偏差**[22] (standard deviation) が計算できる：

$$\overline{\mathrm{x}}^{実験\,\{\tau,N\}} \equiv \ulcorner 位置測定値の平均値 \urcorner$$
$$:= \frac{1}{N} \sum_{n=1}^{N} \mathrm{x}_n \,, \tag{4.48a}$$

$$\triangle \mathrm{x}^{実験\,\{\tau,N\}} \equiv \ulcorner 位置測定値の標準偏差 \urcorner$$
$$:= \left\{ \frac{1}{N} \sum_{n=1}^{N} \left(\mathrm{x}_n - \overline{\mathrm{x}}^{実験\,\{\tau,N\}} \right)^2 \right\}^{1/2}. \tag{4.48b}$$

---

[20] ただし，「実際にいかにして測定するか，何か検出器を使うのか，使うとすれば検出器をいかにして数学的に記述するのか」といった大問題は先送りする．とにかく，「粒子位置が原理的に測定可能」として話を進める (当面の景気対策に追われて本質的問題を先送りする政策に似たり)．しかし，この大問題を論ずるにはまだ準備不足ゆえ止むを得ぬ．

[21] 準備をいかにして行うか，大問題．いわゆる "観測の理論" の重要な一部分である (♡ 7.7 項)．これも先送り．

[22] 物理では "平方根平均自乗偏差 (root mean square deviation[略して rms deviation])" なる妙な呼び名も使われる：

$$\mathrm{root} \equiv \{ \cdots \}^{1/2}, \qquad \mathrm{mean} \equiv \frac{1}{N} \sum_{n=1}^{N} \cdots,$$
$$\mathrm{square} \equiv (\cdots)^2, \qquad \mathrm{deviation} \equiv \mathrm{x}_n - \overline{\mathrm{x}}^{実験\,\{\tau,N\}}.$$

つまり，標準偏差とは "偏差 (平均値からのずれ) の自乗の平均の平方根" であり，統計学では σ と書かれることが多い．あのいやな "成績の偏差値" は，これを用いて次のように計算される：

「第 n 測定値 x_n("n さんの成績") にレッテラれる (レッテルとして貼られる) 偏差値」$:= 50 + 10(\mathrm{x}_n - \overline{\mathrm{x}})/\sigma.$

(レッテルは和蘭語の letter に由来するらしいが，後者に label なる意はあるのだろうか，label の和蘭語は何だろう，乞ご教示.) なお，統計学では σ^2 (すなわち "平均自乗偏差") が**分散** (variance) とよばれる．σ と σ^2 にわざわざ別名が付けられているのはうんざり (統計学嫌いの一因)．おまけに，物理で分散といえば dispersion を指すことが多い (♡ 3.2 節脚注："分散関係") ゆえややこしくてかなわね．分野が異なると同一用語が違う意味に使われるのは困りもの (電場と電界など，同一概念が分野に依って違う用語で語られるのもわずらわしいがまだまし)．

上添字「実験 $\{\tau, N\}$」は，「試行総数 N」$\wedge$「各試行にて，測定時刻–準備時刻 $= \tau$」なる実験を行ったことを示す．測定データのばらつき[*23]は**統計的揺らぎ** (statistical fluctuation) とよばれる．標準偏差は，統計的揺らぎがなければ 0 であり，「統計的揺らぎの大きさ」を表す指標の一つである．高次偏差 ((4.48b) 右辺にて 2 の代わりに $m(\geq 3)$ としたもの) もかような指標である ($\heartsuit$ 4.5.2 項 註 5).

一般に，任意の函数 f に対し

$$\overline{f(\mathrm{x})}^{\text{実験 } \{\tau, N\}} \equiv \lceil f(\mathrm{x}) \text{ 測定値の平均値}\rfloor$$
$$:= \frac{1}{N} \sum_{n=1}^{N} f(\mathrm{x}_n). \tag{4.49}$$

もちろん，f として多項式 (特に単項式) も許され，(4.48a) は $f(\mathrm{x}) = \mathrm{x}$ なる場合に相当する．したがって，

演習

$$\triangle \mathrm{x}^{\text{実験 } \{\tau, N\}} = \left\{ \overline{\mathrm{x}^2}^{\text{実験 } \{\tau, N\}} - \left(\overline{\mathrm{x}}^{\text{実験 } \{\tau, N\}} \right)^2 \right\}^{1/2}. \quad \blacksquare \tag{4.50}$$

註 1　大切なことをいい忘れた．ポテンシャルが時刻に依る場合には，「どの試行においても同一のポテンシャルを粒子が感ずる」ように設定せねばならぬ (さもなくば，試行ごとに状況が異なり，上記のごとき統計処理が意味を成さぬ)．つまり，次の条件を充たす共通の $V(x, t)$ が設定され得るものとする[*24]：

$$V^{\text{試行 } n}(x, t + t_{0n}) = V(x, t) \qquad : \forall x \wedge 0 < \forall t < \tau \wedge 1 \leq \forall n \leq N. \tag{4.51}$$

註 2　実験は次のように行っても構わぬ：

まったく同じように設えられた測定装置を N 個用意する．各装置において，時刻 0 に[*25]粒子が状態 $\phi^{\text{始}}$ に準備されたとし，時刻 τ に粒子位置を測定する．

「第 n 装置において値 x_n が得られた ($1 \leq n \leq N$)」とすれば，これらを (4.49) 右辺に代入して，様々な平均値が計算できる[*26].

4.5.2　期待値と揺らぎ: $\mathbf{E}^1$

「シュレーディンガー方程式を，或る**始条件**[*27](initial condition)

[*23] ばらつきは "偏り" ともよばれるが，平均から外れるのが "偏り" とはいかなこと．偏りといい偏差といい，いかにも偏った物言いではないか (統計学嫌いの別因)．標準偏差などといわず**標準揺らぎ**という方が仰向けに浮かんで波に揺られ青空を眺め居る気分で心地よい．

[*24] 神経質にいえば，ここで "時間の一様性" が前提とされている．つまり，「今日と "同じ" 状況を明日も設定できる ("陽はまた昇る")」なる信念に頼っている．信念が気に入らねば，例えば変動宇宙論を仮定し，その変動の時間スケール $\tau_{\text{宇宙}}$ が例えば 1 億年程度とでも見積もられれば，「少なくとも人類の発生から消滅までの期間においては "時間は一様" (すなわち，実験設計に使われる物理法則が時刻に依らず成立する)」と考えてよかろう，というわけである．

[*25] もちろん，この時刻 0 は "絶対的な (例えば "宇宙開闢 (かいびゃく) 時刻" [なるものが仮に確定できたとして．**註** 開闢でなく創成 (creation) といわれることもある] を "-138 億年" とした) 時刻" ではなく，(4.51) における $t = 0$. 後述の (4.52) に登場する始時刻 0 もしかり．この事情は古典力学の場合と同じ．

[*26] ここでは ("時間の一様性" の代わりに) "空間の一様性" が前提とされている．つまり，「富士で実験してもリオで実験しても "同じ" 状況が設定できる」なる信念に頼っている．信念が気に入らねば，例えば空間の曲率を計算し，その歪み具合の空間スケール $\Lambda_{\text{空間}}$ が例えば 1 光年程度とでも見積もられれば，「少なくとも地球付近に限れば "空間は一様" (すなわち，実験設計に使われる物理法則が場所に依らず成立する)」と考えてよかろう，というわけである．要するに，「時間的にずらすにせよ空間的にずらすにせよ，同一状況を望みの回数だけ再現し得る」ことが前提とされる．

[*27] "初期条件" といわれることが多いが，"ある期間における条件" ではなく「ある時刻 (仮に $t = 0$ とよぶことにした始時刻) における条件」ゆえ，始条件と書く："[初期] 始まって間のない時．初めの時期."[広辞苑].

180　第 4 章　「位置の確率密度」と「運動量の確率密度」

$$\psi(x;0) = \phi^{始}(x) \tag{4.52}$$

のもとに解いた結果」を $\psi(x;t)$ としよう．「時刻 t における，位置の，平均値 $\vee$ 標準偏差」は，理論的には確率公準 0 に拠り，次式で定義される「**期待値** [*28] (expectation value) $\vee$ 揺らぎ (fluctuation)」で与えられる：

$$\langle x \rangle_{\psi(\ ;t)} \equiv 位置期待値 := \int dx \ x \ |\psi(x;t)|^2, \tag{4.53a}$$

$$\triangle x_{\psi(\ ;t)} \equiv 位置揺らぎ := \left\{ \int dx \ (\ x \ - \ \langle x \rangle_{\psi(\ ;t)}\ )^2 \ |\psi(x;t)|^2 \right\}^{1/2}. \tag{4.53b}$$

粒子位置の値は，位置確率密度 $|\psi(x;t)|^2$ が x の函数として広がりを有するゆえ，確定していない．この事情は次のごとくいい表される：

　　　粒子位置には**量子揺らぎ** (quantum fluctuation) がある，または
　　　粒子位置は量子的に揺らいでいる．

(4.53b) で定義される $\triangle x_{\psi(\ ;t)}$ は「粒子位置の，量子揺らぎの大きさ」を表す一つの目安である．

　一般に $\forall f(x)$ の平均値も，理論的には確率公準 0 に拠り，次式で定義される $\underline{f(x) 期待値}$ で与えられる[*29]：

$$\langle f(x) \rangle_{\psi(\ ;t)} \equiv \underline{f(x) 期待値} := \int dx \ f(x) \ |\psi(x;t)|^2. \tag{4.54}$$

☆**演習**　(4.53)∧(4.54) に拠り

$$\triangle x_{\psi(\ ;t)} = \left\{ \langle x^2 \rangle_{\psi(\ ;t)} \ - \ \left(\langle x \rangle_{\psi(\ ;t)} \right)^2 \right\}^{1/2}. \quad ■ \tag{4.55}$$

註 1　本小節における言葉遣いは略式である．正式には

　　　　　位置期待値 ≡「状態 $\psi(\ ;t)$ に関する位置期待値」
　　　　　　　　　　 ≡「粒子が状態 $\psi(\ ;t)$ にある場合の，粒子位置の期待値」，
　　　　　位置揺らぎ ≡「状態 $\psi(\ ;t)$ に関する位置揺らぎ」
　　　　　　　　　　 ≡「粒子が状態 $\psi(\ ;t)$ にある場合の，粒子位置の揺らぎ」

(ただし，「粒子が状態 $\psi(\ ;t)$ にある」≡「粒子の状態が波動函数 $\psi(\ ;t)$ で表される」[*30]．今後もかような略式言い回しを断りなしに使う．

註 2　考察下の状態が自明 (了解済) なる場合には，(4.53)〜(4.55) に付けた添字 $\psi(\ ;t)$ は省略されることが多い．例えば (4.55) を簡略表記すると

$$\triangle x = \langle (x - \langle x \rangle)^2 \rangle^{1/2} = \left\{ \langle x^2 \rangle - \langle x \rangle^2 \right\}^{1/2}. \tag{4.56}$$

註 3　「粒子位置の，量子揺らぎの大きさ」を表す目安の一つにすぎぬ $\triangle x_{\psi(\ ;t)}$ を単に粒子位置揺らぎとよぶは好ましくないかもしれぬ．揺らぎの代わりに "不確定さ" (indeterminacy) と書く本もある (例えば [2])．しか

[*28] 統計学において，平均値 (4.49) が期待値とよばれることもある．本書では，「平均値は測定データから計算される量，期待値は理論的に (4.54) から計算される量」として区別．

[*29] ノルムの記法に関して注意したのと同じく，(4.54) 最左辺の記法は好ましくない：最右辺にて x は積分変数にすぎず，x 積分の結果は変数 x とは無縁．(4.53) も同罪．遺憾ながら，これら不合理な記法があまりにも流布してしまっている．本来なら独自の記法を使いたいけれども，悪しき慣用に屈する．ただし，この不合理は，理論がもう少し整備された段階で解消される．

[*30] 「状態 $\psi(\ ;t)$」は "状態 $\psi(x;t)$" ($\mathbf{E}^3$ の場合なら "状態 $\psi(\mathbf{r};t)$") ともいわれる．

し，"不確定さ"は日本語として座りが悪い．"不確かさ"とすれば座りはよくなるが uncertain なる意に誤解されかねぬ（♡ 9.2.1 項 註）．むしろ"不確定度"(degree of indeterminateness [3]) の方がよかろうか[*31]．しかし，$\triangle x_{\psi(\ ;t)}$ は「粒子位置の，量子揺らぎの大きさ」の目安として代表的なるものゆえ，堅苦しい用語は避け，親しみを込めて粒子位置揺らぎとよぶ[*32]．

註 4 $\triangle x_{\psi(\ ;t)}$ に付けた添字 $\psi(\ ;t)$ は，x だけを形容するものではなく，$\triangle x$ 全体を形容する．より精確にいえば「記号 $\triangle$ で表される内容」を形容する．それゆえ，$(\triangle x)_{\psi(\ ;t)}$ または $\triangle_{\psi(\ ;t)} x$ と書く方が論理的である．しかし，いずれもいささかわずらわしいゆえ，上記簡便記法を使う．（$\triangle \mathrm{x}^{実験\{\tau,N\}}$ の上添字についてもしかり．）

☆**演習** 自由ガウス波束に関して，$\langle x \rangle = v_0 t,\ \triangle x = |\Delta(t)|$　　　　（♡ 計算法は 3.5 節参照）．　■

♣**演習** 「粒子が区間 (a,b) に見いだされる確率 $\mathcal{P}_{(a,b)}(t)$」は，f を適切に採れば，「$f(x)$ 期待値」で表せる．
ヒント：一般に (4.54) にて f が連続函数なる必要はない．$f(x)$ として

$$\chi_{(a,b)}(x) \equiv 「区間 (a,b) の特性函数」:= \begin{cases} 1 & : x \in (a,b) \\ 0 & : x \notin (a,b) \end{cases} \tag{4.57}$$

を採れば

$$\mathcal{P}_{(a,b)}(t) = \langle \chi_{(a,b)}(x) \rangle_{\psi(\ ;t)}.\ ■ \tag{4.58}$$

♣**註 5** 「粒子位置の，量子揺らぎの大きさ」を表す目安としては，$\triangle x$ 以外にも，種々の量が考えられる．例えば

$$\langle (x - \langle x \rangle)^{2m} \rangle^{1/2m} \quad : m \in \{\ 正整数\ \}, \tag{4.59a}$$

$$\left\{ \int dx\ |\psi(x;t)|^4 \right\}^{-1}. \tag{4.59b}$$

♣**演習** 下記波束に関して (4.59) を計算せよ：

　　　　（イ）星の王子さま満腹蛇型波束，　　　　　　　（ロ）自由ガウス波束．

ヒント：(イ) は「象を呑み込んだ蛇（つまり帽子形）波束．(4.59) を計算する際には下記のごとく跳箱で近似してよい：

$$星の王子さま満腹蛇型波束 (x) \simeq 跳箱 (x) := \begin{cases} (2a)^{-1/2} & : |x| < a\ , \\ 0 & : |x| > a\ . \end{cases} ■ \tag{4.60}$$

♣♣**註** 跳箱は，大人しくないゆえ波動函数たる資格がなく，「或る区間に明確に局在し」∧「当該区間内にてほぼ一定」なる波動函数を理想化した模型として，位置期待値や位置揺らぎを見積もる有用な道具にすぎぬ．それ以外の目的に安易に使ってはいけない．例えば，「星の王子さま満腹蛇型波束に関して運動量期待値（♡ 4.8 節）を求めよ」といわれ，"(4.110a) にて ψ を跳箱で近似すれば，$|x| < a$ においても $|x| > a$ においても跳箱の微分は 0 ゆえ，運動量期待値 $\simeq 0$" などとすることは許されぬ（計算巧者は "不連続函数の微分 $\sim$ デルタ函数" をもち出して理屈を捏ねるかもしれぬが，同じ "近似" で運動量揺らぎを計算しようするとわけがわからなくなろう）：星の王子さま満腹蛇型波束は，それ自体の形を跳箱で近似できるけれども，その微分を "跳箱の微分" で近似することはできぬ．

[*31] もっとも，"…度" なる用語も曖昧（温度・湿度・高度・毎度などと使われる度（たび）に意味がばらつき不確定）．
[*32] 一般に揺らぎといえば，熱的揺らぎなど，量子揺らぎと無縁のものもあるが，本書はもっぱら量子力学を論ずるゆえ，揺らぎを上述のごとく特別の意味に用いる．

182　第 4 章　「位置の確率密度」と「運動量の確率密度」

4.5.3　実理比較公準: $\mathbf{E}^1$

かくて，前二項を見比べると，確率公準 0 の現実的意義 ($\equiv$「実験と理論を比べる際に果たす役割」) が次のごとくまとめれよう:

測定データから計算される平均値 $\overline{f(\mathbf{x})}^{\text{実験} \{\tau, N\}}$ は，$N \to \infty$ なる極限において，「始時刻 0 から時間が τ だけ経ったときの状態 $\psi(\ ;\tau)$」に関する 期待値 $\langle f(x) \rangle_{\psi(\ ;\tau)}$ と一致する.

これは，実験と理論を結びつける要ゆえ，改めて <u>実理比較公準</u> (<u>ET-comparison postulate</u>) と命名する[33]:

$\mathbf{E}^1$ 版実理比較公準 0:

$$\lim_{N \to \infty} \overline{\mathrm{x}}^{\text{実験} \{\tau, N\}} = \langle x \rangle_{\psi(\ ;\tau)}, \tag{4.61a}$$

$$\lim_{N \to \infty} \triangle \mathrm{x}^{\text{実験} \{\tau, N\}} = \triangle x_{\psi(\ ;\tau)}, \tag{4.61b}$$

$$\text{一般に，} \quad \lim_{N \to \infty} \overline{f(\mathbf{x})}^{\text{実験} \{\tau, N\}} = \langle f(x) \rangle_{\psi(\ ;\tau)}. \tag{4.61c}$$

むろん，"$N \to \infty$" は現実には不可能ゆえ，"適当な $N(\gg 1)$" で代用する (「N が有限なることに因る誤差」を加味して右辺と比較する).

4.5.4　実理比較公準: $\mathbf{E}^3$

前項にならって，

実理比較公準 0:

$$\overline{f(\mathbf{x})}^{\text{実験} \{\tau, N\}} \equiv \lceil f(\mathbf{x}) \text{ 測定値の平均値} \rfloor$$
$$:= \frac{1}{N} \sum_{n=1}^{N} f(\mathbf{x}_n), \tag{4.62}$$

$$\langle f(\boldsymbol{r}) \rangle_{\psi(\ ;t)} \equiv \underline{f(\boldsymbol{r}) \text{ 期待値}} := \int d^3r \ f(\boldsymbol{r}) \ |\psi(\boldsymbol{r};t)|^2 \tag{4.63}$$

とすれば

$$\lim_{N \to \infty} \overline{f(\mathbf{x})}^{\text{実験} \{\tau, N\}} = \langle f(\boldsymbol{r}) \rangle_{\psi(\ ;\tau)}. \tag{4.64}$$

4.5.5　期待値の具体例: $\mathbf{E}^3$

(4.63) は，$f(\boldsymbol{r}) = \boldsymbol{e}_x \cdot \boldsymbol{r} \ (= x)$ と置けば，(4.53a) と同じような形になる:

$$\langle x \rangle_{\psi(\ ;t)} \equiv \underline{\boldsymbol{e}_x \text{方向位置期待値}} \equiv \lceil \boldsymbol{e}_x \text{方向の位置の期待値} \rfloor$$
$$= \int d^3r \ \boldsymbol{e}_x \cdot \boldsymbol{r} \ |\psi(\boldsymbol{r};t)|^2 = \int dx \ x \ \rho_{\text{eff}}(x, *, *; t), \tag{4.65a}$$

---

[33] ET $\equiv$ experiment vs theory.

$$\rho_{\text{eff}}(x, *, *; t) := \int dy \int dz \ |\psi(x\boldsymbol{e}_x + y\boldsymbol{e}_y + z\boldsymbol{e}_z; t)|^2, \tag{4.65b}$$

$$\int dx \ \rho_{\text{eff}}(x, *, *; t) = 1. \tag{4.65c}$$

同様に

$$\triangle x_{\psi(\ ;t)} \equiv \underline{\boldsymbol{e}_x \text{方向位置揺らぎ}} \equiv \lceil \boldsymbol{e}_x \text{方向の位置の揺らぎ} \rfloor$$

$$:= \left\{ \int d^3r \ (\boldsymbol{e}_x \cdot \boldsymbol{r} \ - \ \langle x \rangle_{\psi(\ ;t)})^2 \ |\psi(\boldsymbol{r}; t)|^2 \right\}^{1/2}$$

$$= \left\{ \int dx \ (x \ - \ \langle x \rangle_{\psi(\ ;t)})^2 \ \rho_{\text{eff}}(x, *, *; t) \right\}^{1/2}. \tag{4.65d}$$

つまり，$\boldsymbol{e}_x$ 方向位置については，確率密度 $|\psi(\boldsymbol{r}; t)|^2$ を y と z について積分して得られる $\rho_{\text{eff}}(x, *, *; t)$ が**実効的**に (effectively) [*34]確率密度の役割を果たす．この意味において，$\rho_{\text{eff}}(x; t)$ は実効一次元確率密度 (effective one-dimensional probability density) とよべよう．

$\{\langle x \rangle_{\psi(\ ;t)}, \ \langle y \rangle_{\psi(\ ;t)}, \ \langle z \rangle_{\psi(\ ;t)}\}$ をまとめてヴェクトルとして展示すれば

$$\langle \boldsymbol{r} \rangle_{\psi(\ ;t)} = \int d^3r \ \boldsymbol{r} \ |\psi(\boldsymbol{r}; t)|^2. \tag{4.65e}$$

$\mathbf{E}^1$ の場合と比べて本質的に新しく登場する量は，例えば，$f(\boldsymbol{r}) = (\boldsymbol{e}_x \cdot \boldsymbol{r})^2 (\boldsymbol{e}_z \cdot \boldsymbol{r})^3 \ (= x^2 z^3)$ と置いて得られる次のごときものである (以下，簡略表記)：

$$\langle x^2 z^3 \rangle = \int d^3r \ (\boldsymbol{e}_x \cdot \boldsymbol{r})^2 (\boldsymbol{e}_z \cdot \boldsymbol{r})^3 \ |\psi(\boldsymbol{r}; t)|^2 = \int dx \int dz \ x^2 z^3 \ \rho_{\text{eff}}(x, *, z; t), \tag{4.66a}$$

$$\rho_{\text{eff}}(x, *, z; t) := \int dy \ |\psi(x\boldsymbol{e}_x + y\boldsymbol{e}_y + z\boldsymbol{e}_z; t)|^2, \tag{4.66b}$$

$$\int dx \int dz \ \rho_{\text{eff}}(x, *, z; t) = 1. \tag{4.66c}$$

したがって，$\triangle x$ や $\triangle y$ だけでなく，例えば下記も考察対象たり得る：

$$C_{xy} := \langle (x - \langle x \rangle)(y - \langle y \rangle) \rangle = \langle xy \rangle \ - \ \langle x \rangle \langle y \rangle. \tag{4.67}$$

動径方向位置($\equiv \lceil \boldsymbol{e}_r$ 方向の位置」) についても「実効的に確率密度の役割を果たす量 $\rho_{\text{eff}}(r; t)$」が定義できる：

動径 r だけに依る勝手な函数 $f(r)$ に対し，

$$\langle f(r) \rangle_{\psi(\ ;t)} \equiv \underline{f(r) \text{ 期待値}}$$

$$:= \int d^3r \ f(r) \ |\psi(\boldsymbol{r}; t)|^2 = \int_0^\infty dr \ f(r) \ \rho_{\text{eff}}(r; t), \tag{4.68a}$$

$$\rho_{\text{eff}}(r; t) := r^2 \int d\Omega_{\boldsymbol{r}} \ |\psi(\boldsymbol{r}; t)|^2, \tag{4.68b}$$

[*34] "effective $\cdots$" なる用語は頻繁に使われる．"有効 $\cdots$" と訳されることも多い (例えば "effective potential" の訳語として "有効ポテンシャル" が定着している)．しかし，"有効" では「何か効きめがある，効果がある」という感じがする．"effective" には，「効果がある」なる意味もあるけれども，「そのものずばりではないが，実質的にそのものの働きをする」なる意味もある．本文の文脈においては後者である．"有効" を広義に解すれば構わぬかもしれぬがいささかしっくりせぬ．やはり適訳は「実効的」であろう．なお，"有効的" なる語は聞いたことがない (吾がぷろ(≡ 吾が ワープロ) もユウコウテキと打ったのでは友好的としか応答せぬ).

184　第 4 章 「位置の確率密度」と「運動量の確率密度」

$$\int_0^\infty dr\, \rho_{\mathrm{eff}}(r;t) = \|\psi(\ ;t)\|^2 = 1. \tag{4.68c}$$

<u>実効動径確率密度</u>(effective radial probability density) $\rho_{\mathrm{eff}}(r;t)$ は，「$|\psi(\boldsymbol{r};t)|^2$ を半径 r なる球面全体にわたって積分したもの」であり，**動径確率密度**と略称する．

4.5.6　♣ 相関

(量子力学の場合に限らず) 一般に，確率密度が x と y に関して因数分解できる場合，次のようにいわれる：

x と y は**統計的に独立** (statistically independent)，または

x と y の間に**相関がない** (uncorrelated)，または

x と y は**相関していない** (uncorrelated)．

因数分解できぬ場合には，

x と y は**統計的に独立でない** (statistically dependent)，または

x と y の間に**相関が有る** (correlated)，または

x と y は**相関している** (correlated)．

(4.67) なる C_{xy} は，物理業界にて無礼講で "x と y の**相関** (correlation)" といわれたりもするが，統計学において正式には「x と y の "**共分散** (covariance)"」[*35]とよばれる．これを $\triangle x \triangle y$ で割ったものは「x と y の "**相関係数** (correlation coefficient)"」とよばれる．

☆註　上記諸用語は素人をあざむきやすい．「x と y の間の相関が 0」あるいは「x と y の相関係数が 0」といわれれば "x と y は相関していない，つまり，x と y は統計的に独立" と思いたくなるのが人情であろう．ところがさにあらず：「x と y の間の」$\lor$「x と y は」なる修飾は省略して，

$$\text{「統計的に独立」} \Longrightarrow \text{「確率密度が因数分解できる」} \Longrightarrow C_{xy} = 0, \tag{4.69a}$$
$$\text{ゆえに，} C_{xy} \neq 0 \Longrightarrow \text{「確率密度が因数分解できぬ」} \Longrightarrow \text{「統計的に独立でない」}. \tag{4.69b}$$

しかし，

$$C_{xy} = 0 \text{ は「統計的に独立」を含意せぬ}, \tag{4.70a}$$
$$\text{すなわち，確率密度が因数分解できなくても } C_{xy} = 0 \text{ となり得る}. \tag{4.70b}$$

演習　例えば，

$$\rho(x,y) \propto \exp\{-x^2/a^2 - y^2/b^2 - (x^2 - y^2)^2/c^4\} \qquad \Longrightarrow \qquad C_{xy} = 0. \tag{4.71}$$

証明：ρ が x に関しても y に関しても偶ゆえ，$\langle x \rangle = \langle y \rangle = \langle xy \rangle = 0$. ∎

註　さすがに数学辞典は慎重正確である．「289 統計データ解析」なる項を見ると，「共分散」と「相関係数」は登場するが，"x と y の相関" $\lor$ "相関している (いない)" $\lor$ "相関が有る (ない)" などといった曖昧用語は使われていない．そして同項細目 [289 H. 2 変量分布] に曰く：

[*35] この "covariance" なる語，物理 (相対論など) で使われる covariance (共変性) とはまったく無関係．分野間相関を無視した用語がまかり通り居り嘆かわしき限り．

"相関係数 (は) ……　x と y の間に単調な関係がなければ 0 に近くなる."
実際, 例 (4.71) なる確率密度は, $x^2 \sim y^2$ に尾根が在り, x と y の間に単調な関係がない. しかし, x と y が統計的に独立ならぬことは一目瞭然である. かように, "相関係数" なる専門術語[*36]で語られても, 素人が誤解しやすいことに変りはなかろう. "相関係数" は, "x と y の関連を表すために最も多く用いられる尺度" [数学辞典 289 H.2] であり, "関連" が単純な場合には有用であるが, 確率密度の一側面[*37]を照らし出すにすぎず後者の全貌を示すには程遠い.

♣ 註　相関係数が誤用 (あるいは "御用学者" などに依り意図的に悪用) されることも多い. 現実の現象には多変量が関与することが一般的なることも相まって誤魔化されやすい. 例えば, {病気 x, 細菌 y, 排気ガス z} について, 下記のごとき詭弁が巷 (ちまた) に横行している:
　　　"膨大な調査結果をコンピューターを駆使して解析したら, x と y の相関係数も x と z の相関係数も 0 だった. だから, 細菌も排気ガスも病因ではない."

　　"コンピューターを駆使した[*38]解析結果 $C_{xy} = 0 \ \wedge \ C_{xz} = 0$" は, "$x$ と y が統計的に独立" なることも "x と z が統計的に独立" なることも意味せず, ましてや「y と z が協同して病気 x を起こす (複合汚染)」なる可能性について何ら結論し得ぬ:

演習　例えば

$$\rho(x, y, z) \propto \exp\{-(x - yz)^2/a^2 - y^2/b^2 - z^2/c^2\}$$
$$\Longrightarrow \quad \langle x \rangle = \langle y \rangle = \langle z \rangle = \langle xy \rangle = \langle yz \rangle = \langle zx \rangle = 0 \ \wedge \ \langle xyz \rangle \neq 0. \tag{4.72}$$

証明:ρ が $\{x, y\} \to \{-x, -y\}$ なる変換に対し不変ゆえ,
$$\langle x \rangle = \langle -x \rangle = -\langle x \rangle = 0, \quad \langle xz \rangle = \langle (-x)z \rangle = -\langle xz \rangle = 0, \qquad 同様に \ \langle y \rangle = 0, \quad \langle yz \rangle = 0.$$
$$\{y, z\} \to \{-y, -z\} \ に対しても不変ゆえ, \ \langle z \rangle = 0, \quad \langle yx \rangle = 0.$$
$$\rho \ が \ x \sim yz \ に尾根 (の二次元版) を有すゆえ, \ \langle xyz \rangle \sim \langle (yz)yz \rangle = \langle y^2 z^2 \rangle \neq 0. \quad ∎$$

　　本書は, 以上を充分にわきまえたうえで, 本項冒頭に述べた語法に従って「相関」なる語を使う. 特に, 「統計的に独立である」なる正式語法に代えて「相関がない」を使う.

♣♣ 註　「独立」なる語は「当該物理量を記述する演算子が可換」なる意味に使うべく温存.

♣♣ 演習　"共分散 C_{xy}" だけで足りず, それを $\triangle x \triangle y$ で割った相関係数なる量が導入される理由を考えてみよう. 後者は, 前者と異なり, 「変量 $\{x, y\}$ それぞれに関して**スケール不変** (scale invariant: 単位や尺度の採り方に依らぬ)」$\wedge$「区間 $[-1, 1]$ に納まる無次元量」ゆえ客観的指標たり得る:正数 $\{\lambda, \mu\}$ を勝手に採って $\{X, Y\} \equiv \{\lambda x, \mu y\}$ と置けば,

$$-1 \leq \frac{C_{xy}}{\triangle x \triangle y} = \frac{C_{XY}}{\triangle X \triangle Y} \leq 1. \tag{4.73}$$

証明:スケール不変なることは下記に拠り明らか:

$$\int \equiv \iint dx dy \ と略記して,$$

[*36] むしろ業界語というべきであろう.

[*37] 一断面という方がよいかもしれぬ.

[*38] 何も今の時代に "コンピューター" を強調することもあるまいに.

186 第 4 章 「位置の確率密度」と「運動量の確率密度」

$$\langle X \rangle = \int X\rho = \int \lambda x\rho = \lambda\langle x\rangle, \qquad \langle XY \rangle = \int XY\rho = \int \lambda x\mu y\rho = \lambda\mu\langle xy\rangle, \qquad \cdots.$$

次に，シュヴァルツ不等式 ($\heartsuit$ 9.1.1 項) を使って

$$C_{xy}^2 = \left(\int \tilde{x}\tilde{y}\rho\right)^2 \qquad : \{\tilde{x}, \tilde{y}\} \equiv \{x - \langle x\rangle, \ y - \langle y\rangle\}$$

$$= \left(\int \tilde{x}\rho^{1/2}\,\tilde{y}\rho^{1/2}\right)^2 \le \int \tilde{x}^2\rho \int \tilde{y}^2\rho = (\triangle x)^2(\triangle y)^2. \qquad \blacksquare$$

註　次の用語が使われることもある：x と y の間に

- 正の相関が有る $\Longleftrightarrow C_{xy} > 0$,
- 負の相関が有る $\Longleftrightarrow C_{xy} < 0$.

例えば，$a > 0 \ \wedge \ b > 0 \ \wedge \ |\varphi| < \pi/2$ として，

$$\rho(x, y) \propto \exp\{-(x^2 + y^2)/2a^2 - (x - y\tan\varphi)^2/2b^2\} \tag{4.74a}$$

ならば，$x \sim y\tan\varphi$ に尾根が在り，φ が正 (負) の場合には x と y の間に正 (負) の相関が有る．より定量的に述べると

　　"相関係数 (は) $\cdots$ x と y が直線的な関係を持てば 1 または -1 に近く (なる)." [数学辞典 *ibid.*]

ただし，かようにいわれても，「関係がいかなる程度に直線的ならば，いかなる程度に 1 または -1 に近くなるか」は判然とせぬ：

♣♣ 演習　例 (4.74a) について具体的に計算してみると

$$\frac{C_{xy}}{\triangle x \triangle y} = \frac{\tan\varphi}{\sqrt{1 + \delta^2}\sqrt{(\tan\varphi)^2 + \delta^2}} \qquad : \delta \equiv b/a \tag{4.74b}$$

$$\simeq \begin{cases} \tan\varphi/|\tan\varphi| & : \delta \ll \min\{1, |\tan\varphi|\}, \\ \delta^{-2}\tan\varphi & : \delta \gg \max\{1, |\tan\varphi|\}. \end{cases} \tag{4.74c}$$

証明：ρ が $\{x, y\} \longrightarrow \{-x, -y\}$ なる変換に対し不変ゆえ，$\langle x\rangle = \langle y\rangle = 0$. 分散を楽に計算すべく，

$$\{\xi, \eta\} \equiv \{cx - sy, \ sx + cy\} \qquad : c \equiv \cos\varphi \ \wedge \ s \equiv \sin\varphi$$

と置けば，

$$\rho(x, y)\,dxdy \propto \exp\{-(\xi^2 + \eta^2)/2a^2 - \xi^2/2(cb)^2\}\,d\xi d\eta$$

$$= \exp\{-\xi^2/2A^2 - \eta^2/2a^2\}\,d\xi d\eta \qquad : A^{-2} \equiv a^{-2} + (cb)^{-2}.$$

ゆえに，$\quad 0 = \langle \xi\eta\rangle = \langle cs(x^2 - y^2) + (c^2 - s^2)xy\rangle \propto \langle x^2 - y^2\rangle\sin 2\varphi + 2\langle xy\rangle\cos 2\varphi$,

$A^2 - a^2 = \langle \xi^2\rangle - \langle \eta^2\rangle = \langle \xi^2 - \eta^2\rangle$

$$= \langle (c^2 - s^2)(x^2 - y^2) - 4csxy\rangle = \langle x^2 - y^2\rangle\cos 2\varphi - 2\langle xy\rangle\sin 2\varphi,$$

$A^2 + a^2 = \langle \xi^2 + \eta^2\rangle = \langle x^2 + y^2\rangle$.

したがって

$$\langle x^2 - y^2\rangle = (A^2 - a^2)\cos 2\varphi, \quad 2\langle xy\rangle = -(A^2 - a^2)\sin 2\varphi, \quad \langle x^2 + y^2\rangle = A^2 + a^2,$$

$$\text{すなわち，} \quad \langle x^2\rangle = \frac{1}{2}\left\{(1 + \cos 2\varphi)A^2 + (1 - \cos 2\varphi)a^2\right\}$$

$$= c^2A^2 + s^2a^2 = (aA/b)^2\left\{\delta^2 + (\tan\varphi)^2\right\},$$

$$\langle y^2\rangle = s^2A^2 + c^2a^2 = (aA/b)^2(\delta^2 + 1),$$

$$\langle xy\rangle = (a^2 - A^2)cs = (aA/b)^2\tan\varphi. \qquad \blacksquare$$

4.6　始値問題の解の一意性

4.5.2 項にて次なる句 (の $\mathbf{E}^1$ 版) を書いた：

"シュレーディンガー方程式に**始条件** (initial condition)

$$\psi(\boldsymbol{r};0) = \phi^{始}(\boldsymbol{r}) \tag{4.75}$$

を課して解いた結果を $\psi(\boldsymbol{r};t)$ とすれば，"

この句は，シュレーディンガー方程式に関して，「**始値問題**[*39] (initial-value problem) の解の**一意性** (uniqueness)」を暗黙のうちに仮定している：

条件 (4.75) を充たす解は唯一つだけ存在する．

この仮定が正しいことは次項のごとく証明できよう (厳密にはあらかじめ「解の存在」を証明しておくべきであるが，これはほぼ明らかであろう)．

4.6.1　雑駁な証明

"証明"：任意の $\{$ 時刻 t, 微小時間 $\delta t\}$ に対し，$\psi(\ ;t+\delta t)$ をテイラー展開すれば

$$\psi(\ ;t+\delta t) = \psi(\ ;t) + \left\{\frac{\partial}{\partial t}\psi(\ ;t)\right\}\delta t + \mathcal{O}((\delta t)^2). \tag{4.76a}$$

右辺第二項にシュレーディンガー方程式を代入して

$$\psi(\boldsymbol{r};t+\delta t) = \psi(\boldsymbol{r};t) + \frac{1}{i\hbar}\left\{-\frac{\hbar^2}{2m}\nabla^2 + V(\boldsymbol{r},t)\right\}\psi(\boldsymbol{r};t)\delta t + \mathcal{O}((\delta t)^2). \tag{4.76b}$$

つまり，$\psi(\ ;t)$ が与えられれば $\psi(\ ;t+\delta t)$ が近似的に定まる．これをくり返すことに拠り，

$\psi(\ ;0)$ が与えられれば，$\forall\tau$ に対し $\psi(\ ;\tau)$ が近似的に定まる．

刻み幅 δt を充分小さくする極限を想定すれば，「近似的に」なる留保は取り払ってよい．　∎

この "証明" は，$\mathcal{O}((\delta t)^2)$ なる曖昧な量が (4.76b) 右辺に登場することだけからしても，眉唾ものと思われるかもしれぬ．もう少し精密化するには次のように論ずればよかろう：

所与の τ に対し，$\psi(\ ;\tau)$ を M 回の手続で $\psi(\ ;0)$ に繋ぐとすれば，$\delta t = \tau/M$，ゆえに $\mathcal{O}((\delta t)^2) = \mathcal{O}(M^{-2})$．「各手続における誤差が (打ち消し合わず) 集積する」としても，$\psi(\ ;\tau)$

[*39] "初期条件" でなく始条件と書くことにした (♡ 4.5.2 項) のと同じ理由で，"初期値問題" でなく始値問題と書く．なお，"初期" 条件といわれるものの，数学的には単に「或る時刻 (これを $t=0$ とよぶ) における条件」にすぎぬゆえ，本節に述べる証明は $t<0$ に対してもそのまま使える．つまり，(4.75) を "末期条件" (すなわち終条件：final condition) と見ることもでき，"末期値問題" (final-value problem) の解も一意的である．"初末" なる概念的区別はなく，末期条件 (終条件) なる語も使われぬ．ところで，"時間の向き" など気にせぬ数学では，"時間の向き" なる言い方もおかしい．時間とは「二時刻間の間隔」のはずである．時間・時刻・(抽象的概念としての) 時は，日常語ではそしして物理の本でも区別なく使われること多けれど，相異なる概念である (例えば，渡辺慧さんの名著 (の一つ) は時間でも時刻でもなく時と題されている [4])．日常語はともかく，せっかく三つもあるのだから，これらを物理で区別せぬ手はなかろう．ちなみに，英語には time なる一語しかなく，これは時と場合に依って時・時刻・時間いずれにも使われるあいまい語である．あいまい英文を無批判に読んで time をすべて時間と訳すは愚の骨頂．英語でも，注意深き人士は the concept of time, a moment of time, a period (または an interval) of time などと書き分けに苦労している．

188   第 4 章 「位置の確率密度」と「運動量の確率密度」

の誤差は $M \times M^{-2} (= 1/M)$ 程度. これは $M \longrightarrow \infty$ なる極限にて 0. つまり, 必要とされる[40]精度に応じて M を大きく採ればよい.

これでも気分が悪い読者のために, 次項にて, すっきりした証明を与える[41].

4.6.2 ♣ 簡潔かつ厳密な証明

ほとんど自明ながら有用な補助定理

「恒等的に 0 なる函数」は 0 と書かれる :

$$0(\boldsymbol{r}) := 0 \qquad : \forall \boldsymbol{r}, \tag{4.77a}$$

$$f = 0 \iff \lceil f(\boldsymbol{r}) = 0(\boldsymbol{r}) = 0 \qquad : \forall \boldsymbol{r} \rfloor. \tag{4.77b}$$

註   両式最右辺における 0 は「数としての 0」. 一方,「$0(\boldsymbol{r}) \lor f = 0$」における 0 は「函数としての 0」.

この記法を用いて (本項は (4.78a) だけを使うが, いずれ役立つ (4.78b) もついでに示しておく),

- 「大人しい函数 ϕ_0 のノルム」が 0 ならば, ϕ_0 自体も 0 :

$$\|\phi_0\| = 0 \iff \phi_0 = 0. \tag{4.78a}$$

- 「大人しい函数 ϕ_0 と $\forall$ 大人しい函数の内積」が 0 ならば, ϕ_0 自体も 0 :

$$\lceil \langle \phi, \phi_0 \rangle = 0 \qquad : \forall \phi \rfloor \iff \phi_0 = 0. \tag{4.78b}$$

証明 : (4.78a) は自明 :

$$\int d^3 r \, |\phi(\boldsymbol{r})|^2 = 0 \implies \lceil \phi(\boldsymbol{r}) = 0 \; : \forall \boldsymbol{r} \rfloor.$$

(4.78b) は, ϕ が任意ゆえ, $\phi = \phi_0$ と採れて (4.78a) に帰着.   ■

「解の一意性」の証明

$\psi^{(1)}(\; ; t)$ と $\psi^{(2)}(\; ; t)$ が共にシュレーディンガー方程式の解であるとする :

$$i\hbar \frac{\partial}{\partial t} \psi^{(\mu)}(\boldsymbol{r}; t) = \left\{ -\frac{\hbar^2}{2m} \nabla^2 + V(\boldsymbol{r}, t) \right\} \psi^{(\mu)}(\boldsymbol{r}; t) \qquad : \mu \in \{1, 2\}. \tag{4.79}$$

シュレーディンガー方程式の線形性に因り, $\forall c \in \mathbf{C}$ に対して

$$\Psi_c(\boldsymbol{r}; t) \equiv \psi^{(1)}(\boldsymbol{r}; t) + c \psi^{(2)}(\boldsymbol{r}; t) \tag{4.80a}$$

もシュレーディンガー方程式を充たすゆえ, $\Psi_c(\; ; t)$ のノルムは保存される :

---

[40] 読者好みの.

[41] ニュートン運動方程式は二階常微分方程式ゆえ, 解が一意的に決まるには, $\boldsymbol{r}_{\mathrm{cl}}(0)$ だけでなく $\{\boldsymbol{r}_{\mathrm{cl}}(0), \dot{\boldsymbol{r}}_{\mathrm{cl}}(0)\}$ が与えられねばならぬ. 見方を変えて, ハミルトン運動方程式 ($\{\boldsymbol{r}_{\mathrm{cl}}(t), p_{\mathrm{cl}}(t)\}$ に関する連立方程式) を使えば, これは一階常微分方程式ゆえ, $\{\boldsymbol{r}_{\mathrm{cl}}(0), \boldsymbol{p}_{\mathrm{cl}}(0)\}$ が与えられれば解は一意的に決まる. その正式な証明 (一般に多粒子系 (多自由度系) に対して証明可能) が気になる読者は, 例えば [5]. ところで, 3.7.2 項脚註に述べた見方をすれば, シュレーディンガー方程式は本質的に無限連立一階常微分方程式である. それゆえ, 多自由度系のハミルトン運動方程式に対する議論を素朴に無限自由度に適用すれば "一応の証明" ができる. しかし, かような手の込んだことをせずとも, シュレーディンガー方程式が線形なることを利用すれば次項のごとく単純に証明できる. ハミルトン運動方程式が線形ならぬゆえ, 解の一意性に関しては, 古典力学の方が量子力学より難しいというわけである.

$$\|\Psi_c(\ ;t)\| = \|\Psi_c(\ ;0)\| \qquad : \forall t. \tag{4.80b}$$

特に，始状態が共通 $(\psi^{(1)}(\ ;0) = \psi^{(2)}(\ ;0))$ ならば，$\Psi_{-1}(\ ;0) = 0$ ゆえ $\|\Psi_{-1}(\ ;t)\| = 0$. しかるに $\forall c$ に対して $\Psi_c(\boldsymbol{r};t)$ は大人しい．ゆえに，(4.78a) に拠り，$\Psi_{-1}(\ ;t) = 0$. ∎

4.7 運動量についての確率公準を吟味する準備

4.7.1 ディリクレ核：$\mathbf{E}^1$

頭ごなしではあるが次の函数を導入しよう：

$$\delta_K^{\mathrm{Dirichlet}}(x - x') := \int_{-\hbar K}^{\hbar K} dp\, w_p(x) w_p^*(x') = \int_{-\hbar K}^{\hbar K} \frac{dp}{2\pi\hbar} e^{i(x-x')p/\hbar}. \tag{4.81a}$$

これを**ディリクレ核**とよぶ[*42]．これは，「x と x' の差」だけの函数ゆえ，$x' = 0$ と置いても一般性が失われぬ．積分変数を変換 $(k \equiv p/\hbar)$ して積分すれば

$$\delta_K^{\mathrm{Dirichlet}}(x) = \int_{-K}^{K} \frac{dk}{2\pi} e^{ikx} = \frac{K}{\pi} \frac{\sin Kx}{Kx}. \tag{4.81b}$$

つまり，3.3.2 項にて考察した $\widetilde{矩形}$ 波束と数学的には同じものである．

☆演習

$$\int dx\, \delta_K^{\mathrm{Dirichlet}}(x) = 1 \qquad : \forall K. \tag{4.81c}$$

証明は 4.12.5 項．∎

以下，$\phi(x)$ は大人しい函数とする．(4.81b) 式最右辺は，$|x| \gtrsim \pi/K$ にて，おおむね一定波長 $(\sim 2\pi/K)$ で振動し，K が増すにつれて振動は激しくなる（図 4.3）．したがって，これに $\phi(x)$ を掛けて積分すれば，K を大きく採った場合，$|x| \lesssim \pi/K$ なる部分のみが利く．それゆえ，

演習 $K \to \infty$ なる極限においては「函数 ϕ の $x = 0$ における値」だけが採り出される[*43]：

$$\lim_{K \to \infty} \int dx\, \delta_K^{\mathrm{Dirichlet}}(x)\phi(x) = \phi(0) \lim_{K \to \infty} \int dx\, \delta_K^{\mathrm{Dirichlet}}(x) = \phi(0) \tag{4.82a}$$

（最終等式には (4.81c) を用いた）． ♡ 厳密な証明は 5.3.3 項．∎

演習 より一般に

[*42] 正式名は知らぬ（乞ご教示）．フーリエ級数論において上記に相当する函数（積分を和で置き換えたもの）は "ディリクレの核 (Dirichlet's kernel)" とよばれる [6]（ただし，数学辞典 (363B) は Dirichlet 核 (Dirichlet kernel)）．フーリエ積分はフーリエ級数の親戚（物理屋からすれば，ある精度の範囲で両者は同じ）ゆえ，ほぼ同名でよんで差し支えなかろう．なお，"核 (kernel)" なる言葉は，他の意味に使われることもある（例えば "写像の核"）が，ここでは，(4.82a)〜(4.82b) のごとく「もっぱら積分の中に登場するもの」を指す．それゆえ，"核" の代わりに "積分核 (integral kernel)" なる用語も使われる．なお，"ディリクレの函数" というとまったく別物（{有理数, 無理数} → {1, 0} なる写像）らしい [7]．"kernel" とは，元来，果物の芯（より生物学的には仁 （"核正体" または "胚と胚乳の総称" [広辞苑]））ゆえ，積分核などといわず積分芯の方がよかったのに．

[*43] 解析概論 [8]p.289 によれば，(4.82a) は "Dirichlet の積分" とよばれる．同じく p.358 に登場する "Dirichlet 積分" はまったく別物．ディリクレさん (Peter Gustav Lejeune Dirichlet [1805.2.13–1859.5.5]) があまりにも活躍しすぎたゆえであろう，紛らわしい．

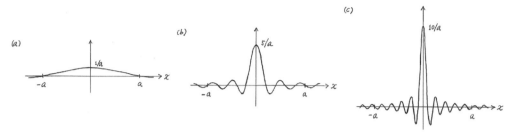

図 4.3　ディリクレ核：(a) $K = \pi/a$, (b) $K = 5\pi/a$, (c) $K = 10\pi/a$ (a は大人しい函数 ϕ の変化尺度)

$$\lim_{K \to \infty} \int dx'\, \delta_K^{\text{Dirichlet}}(x - x')\phi(x') = \phi(x). \tag{4.82b}$$

ヒント：「積分に利くのは $x' \sim x$ のみ」 $\wedge$ 「$\delta_K^{\text{Dirichlet}}$ は偶函数」． ■

4.7.2　平面波の完全性：$\mathbf{E}^1$

(4.82b) 式左辺の積分を調べよう．(4.81a) を用いて

$$\begin{aligned}
\int dx'\, \delta_K^{\text{Dirichlet}}(x - x')\phi(x') &= \int dx' \left\{ \int_{-\hbar K}^{\hbar K} dp\, w_p(x) w_p^*(x') \right\} \phi(x') \\
&= \int_{-\hbar K}^{\hbar K} dp\, w_p(x) \int dx'\, w_p^*(x')\phi(x').
\end{aligned} \tag{4.83}$$

積分順序を入れ替えたが，「p 積分の区間が有限」$\wedge$「$\phi(x')$ が大人しい函数」ゆえ，問題はない[*44]．最右辺に現れた積分を $\widetilde{\phi}(p)$ と命名する：

$$\widetilde{\phi}(p) := \int dx'\, w_p^*(x')\phi(x') = \int dx\, \phi(x) w_p^*(x) \tag{4.84}$$

(最終等式は積分変数の単なる書き換え)．(4.83)$\wedge$(4.84) を (4.82b) に代入すれば[*45]

[*44] "積分順序をみだりに替えるべからず"，頭の薄くなりかけた (しかし現在の筆者よりははるかにふさふさした) 教養の数学の先生 (今や教養部なるものもなくなってしまった大学が多いのは残念) が口から泡を飛ばして仰った．例えば，

$$\int dX \int_{-1}^{1} dY \frac{Y}{(1 + X^2 Y^2)^{1/2}},$$

被積分函数は Y に関して奇ゆえ，先に Y 積分すれば 0 となり，これをさらに X 積分して結果は 0，一方，$Y(\neq 0)$ を固定して先に X 積分しようとすると発散し，この段階で計算不能．ところが物理の授業では，電磁気にせよ熱力にせよ，順序などまったくお構いなし，これには泡食ってしまった．「何たるイー加減な」と物理の教師に詰め寄るべきであったが，さような勇気もなく，無言の抗議として講義をサボった (そうでなくともサボったに違いないが，サボる立派な口実ができた)．しかし，若気の至りで詰め寄らなくてよかった．物理では，特殊な例外は別として，被積分函数は大人しいものと相場が決まっているがゆえに問題ない．このことを物理の教師がひとこと仰って下さっていたらサボりなどしなかっただろう (いや，筆者がサボった授業で仰ったに違いなかろう)．(4.83) にて，x' 積分については「$\phi(x')$ が大人しいから $w_p^*(x')\phi(x')$ も大人しい」ゆえ問題なく，p 積分については「$w_p(x)w_p^*(x')$ は (p の函数として) 大人しくないけれども積分区間が有限」ゆえ問題なし．

[*45] 定義に拠り

$$\int dk \equiv \int_{-\infty}^{\infty} dk := \lim_{K_{\pm} \to \infty} \int_{-K_-}^{K_+} dk \tag{4.85}$$

($K_{\pm}$ は独立に ∞ に飛ばされる)．ところが (4.87) では $K_{\pm} = K$ なる特殊な飛ばし方をしている．教養の数学の先生からきつくいわれた通り，一般には

$$\phi(x) = \lim_{K \to \infty} \int_{-\hbar K}^{\hbar K} dp \; w_p(x) \widetilde{\phi}(p) = \int dp \; \widetilde{\phi}(p) w_p(x). \tag{4.87}$$

この結果は下記を意味する：

- **平面波の完全性**：大人しい函数でさえあれば，どんな函数でも，平面波で展開できる．
- 重ね合せ係数として登場した $\widetilde{\phi}(p)$ は，(4.84) に拠って，$\phi(x)$ と結ばれ（≡ 関係づけられ）る．

註 1 「平面波の完全性」≡「平面波集合 $\{w_p \mid p \in \mathbf{R}\}$ の完全性」
「平面波で展開する」≡「平面波の重ね合せとして表す」

演習 「$\phi(x)$ が x の函数として大人しい」ゆえ「$\widetilde{\phi}(p)$ も p の函数として大人しい」．

ヒント： 部分積分をくり返すなどしてみればよかろう． ∎

註 2 「ϕ と $\widetilde{\phi}$ の関係」は次のごとくいい表される：
「ϕ と $\widetilde{\phi}$ は互いにフーリエ変換 (<u>Fourier transformation</u>)[46]で結ばれている」，あるいは
「ϕ は "$\widetilde{\phi}$ のフーリエ変換" (Fourier transform) である」∧「$\widetilde{\phi}$ は "ϕ のフーリエ逆変換" (Fourier inverse transform) である」
（ただし，どちらを "順変換" と見なしどちらを "逆変換" と見なすかは主観の問題であり，フーリエ変換とフーリエ逆変換は数学的には同じこと）．非公式には，函数の変数を明示して，次のごとき言い方もされる：
"$\phi(x)$ と $\widetilde{\phi}(p)$ はフーリエ変換で結ばれている"，あるいは
"$\phi(x)$ は $\widetilde{\phi}(p)$ のフーリエ変換である" ∧ "$\widetilde{\phi}(p)$ は $\phi(x)$ のフーリエ逆変換である"．

4.7.3 パーセヴァル等式： $\mathbf{E}^1$

函数 $\widetilde{\phi}$ のノルムを，(4.31) にならって，次のごとく定義しよう[47]：

$$\|\widetilde{\phi}\| := \left\{ \int dp \; |\widetilde{\phi}(p)|^2 \right\}^{1/2}. \tag{4.88}$$

「ϕ のノルムは $\phi^*(x)$ と $\phi(x)$ の積を積分したもの」∧「$\widetilde{\phi}$ のノルムは $\widetilde{\phi}^*(p)$ と $\widetilde{\phi}(p)$) の積を積分したもの」である．これを拡張して，勝手な大人しい函数 ϕ_n ($n \in \{1, 2\}$) に対し，「$\phi_1^*(x)$ と $\phi_2(x)$ の積を積分したもの」は「ϕ_1 と ϕ_2 の**内積** (inner product)」とよばれ，記号 $\langle \phi_1, \phi_2 \rangle$ で表される[48]：

$$\langle \phi_1, \phi_2 \rangle \equiv 「\phi_1 と \phi_2 の内積」:= \int dx \; \phi_1^*(x)\phi_2(x). \tag{4.89a}$$

$$同じく \quad \langle \widetilde{\phi}_1, \widetilde{\phi}_2 \rangle \equiv 「\widetilde{\phi}_1 と \widetilde{\phi}_2 の内積」:= \int dp \; \widetilde{\phi}_1^*(p)\widetilde{\phi}_2(p). \tag{4.89b}$$

$$\lim_{K \to \infty} \int_{-K}^{K} dk \neq \int dk.$$

$$例：\lim_{K \to \infty} \int_{-K}^{K} dk \; \sin ka = \lim_{K \to \infty} 0 = 0, \qquad \lim_{K_+ \to \infty} \int_{-K_-}^{K_+} dk \; \sin ka = 不定. \tag{4.86}$$

上例にて $\sin ka$ は大人しくない．一方，(4.87) においては，被積分函数が大人しいゆえ飛ばし方はどうでもよい．話を面倒にしたければ，(4.81a) 右辺において積分の上下限を $\pm K_\pm$ と書き換えたものを使って議論することもできる．
[46] この英語は正式語法 (♡ 3.6.1 項) を変換したもの．
[47] ここのノルムは運動量 p に関する積分で定義されるゆえ，(4.31) の場合と区別すべく，$\| \; \|_運$ とでもするのが本来であるが，文脈から明らかゆえ，同じ記号で済ます．
[48] 期待値を表す記号と紛らわしいが，真ん中にコンマを打って区別．数学の本では (ϕ_1, ϕ_2) と書かれることが多い．

192　第 4 章　「位置の確率密度」と「運動量の確率密度」

(4.89b) 右辺は，$\widetilde{\phi}_n$ が ϕ_n のフーリエ (逆) 変換ゆえ，$\{\phi_n\}$ で表され得るはず．いかに表されるであろうか．積分を要領よく変形するには下記手順を踏むとよい：

- 「(4.84) の ϕ_1 版」を代入する，
- 積分順序を入れ替える (ϕ_1 も $\widetilde{\phi}_2$ も大人しいゆえ問題なし)，
- 「(4.87) の ϕ_2 版」を代入する．

すなわち
$$\int dp\,\widetilde{\phi}_1^*(p)\widetilde{\phi}_2(p) = \int dp\,\left\{\int dx\,\phi_1(x)w_p^*(x)\right\}^*\widetilde{\phi}_2(p)$$
$$= \int dp\,\left\{\int dx\,\phi_1^*(x)w_p(x)\right\}\widetilde{\phi}_2(p)$$
$$= \int dx\,\phi_1^*(x)\int dp\,w_p(x)\widetilde{\phi}_2(p) = \int dx\,\phi_1^*(x)\phi_2(x). \quad (4.90)$$

かくて，次の定理が証明できた：
$$\langle\widetilde{\phi}_1,\widetilde{\phi}_2\rangle = \langle\phi_1,\phi_2\rangle. \quad (4.91a)$$

特に $\phi_1 = \phi_2 = \phi$ と置けば
$$\|\widetilde{\phi}\| = \|\phi\|. \quad (4.91b)$$

上記二式は，パーセヴァル等式 (Parceval equality) とよばれ，次のごとくいい表される：

内積はフーリエ変換に因って不変 (invariant under Fourier transformation)，または略して，
内積はフーリエ不変 (Fourier-invariant)．

いささか厳しいいい回しを紹介したが，要するに，フーリエ変換は内積を保持する．

♣ 註　「保持する (preserve)」とは要するに「変えぬ」こと：“保存” といわれることもあるが，「保存する (conserve)」なる語は「時刻に依らず一定に保つ」なる意味に専用し，本文脈のごとく時間概念と無縁の場合には「保持」と書いて区別する[*49].

4.7.4　「平面波の完全性」とパーセヴァル等式：$\mathbf{E}^3$

前二項は素直に $\mathbf{E}^3$ に拡張できる．まず，(4.17) の $\mathbf{E}^3$ 版たる
$$w_{\boldsymbol{p}}(\boldsymbol{r}) := \frac{1}{(2\pi\hbar)^{3/2}}e^{i\boldsymbol{p}\cdot\boldsymbol{r}/\hbar} = w_{p_x}(x)\,w_{p_y}(y)\,w_{p_z}(z) \quad (4.92)$$

を導入し，これを「運動量 $\boldsymbol{p}$ なる平面波」とよぶ (混乱の恐れがない場合には単に平面波 (plane wave) と略称する)．同じく，(4.81a) の $\mathbf{E}^3$ 版として，
$$\delta_K^{\text{立方 Dirichlet}}(\boldsymbol{r}-\boldsymbol{r}') := \int_{\text{立方体}\hbar K} d^3p\,w_{\boldsymbol{p}}(\boldsymbol{r})\,w_{\boldsymbol{p}}^*(\boldsymbol{r}'). \quad (4.93a)$$

[*49] 日常語としての保存 (conservation) と保持 (preservation) の違いは筆者には明晰ならず：新英和大辞典を引くと "**conserve** (思慮深く，計画的に) 保存 (維持) する，保護する … (preserve) …"; "**preserve** 保護する，… 保存する，… 保持する，… 維持する，…". つまり，後者は前者に比べ思慮が浅い？ (乞ご教示). なお，「時刻に依らず一定」も，「或る種の変換 (♡ §23.3 時間変展を与えるユニタリー変換) に因って不変」といい換えれる点では，「フーリエ変換に因って不変」と変らぬ．それゆえ，時間概念と縁が有ろうと無かろうと “保存 (または保持) で統一” なる考えも一理ある．が，あまり一般的に捉えすぎるとかえってわかりにくくもなろう．

ただし,「立方体$_{\hbar K}$」は「原点[*50]を中心とする, 一辺 $2\hbar K$ なる立方体」:

$$\int_{\text{立方体}_{\hbar K}} d^3p := \int_{-\hbar K}^{\hbar K} dp_x \int_{-\hbar K}^{\hbar K} dp_y \int_{-\hbar K}^{\hbar K} dp_z. \tag{4.93b}$$

演習

$$\delta_K^{\text{立方 Dirichlet}}(\boldsymbol{r} - \boldsymbol{r}') = \delta_K^{\text{Dirichlet}}(x - x')\, \delta_K^{\text{Dirichlet}}(y - y')\, \delta_K^{\text{Dirichlet}}(z - z'). \quad \blacksquare \tag{4.93c}$$

演習 ゆえに, 大人しい函数 ϕ に対して次式が成り立つ (ヒント: $\{x, y, z\}$ について順に積分):

$$\phi(\boldsymbol{r}) = \lim_{K \to \infty} \int d^3r'\, \delta_K^{\text{立方 Dirichlet}}(\boldsymbol{r} - \boldsymbol{r}')\phi(\boldsymbol{r}'). \quad \blacksquare \tag{4.94}$$

演習 $\mathbf{E}^1$ の場合と同様に変形して (ヒント: $\int d^3r'$ と $\int d^3p$ は, それぞれ, ひとまとまりの積分として扱える)

$$\phi(\boldsymbol{r}) = \int d^3p\, \widetilde{\phi}(\boldsymbol{p}) w_{\boldsymbol{p}}(\boldsymbol{r}), \tag{4.95a}$$

$$\widetilde{\phi}(\boldsymbol{p}) := \int d^3r\, \phi(\boldsymbol{r}) w_{\boldsymbol{p}}^*(\boldsymbol{r}). \quad \blacksquare \tag{4.95b}$$

内積とノルムも $\mathbf{E}^1$ の場合と同様に定義する:

$$\langle \phi_1, \phi_2 \rangle := \int d^3r\, \phi_1^*(\boldsymbol{r})\phi_2(\boldsymbol{r}), \qquad \|\phi\| := \sqrt{\langle \phi, \phi \rangle}, \tag{4.96a}$$

$$\langle \widetilde{\phi}_1, \widetilde{\phi}_2 \rangle := \int d^3p\, \widetilde{\phi}_1^*(\boldsymbol{p})\widetilde{\phi}_2(\boldsymbol{p}), \qquad \|\widetilde{\phi}\| := \sqrt{\langle \widetilde{\phi}, \widetilde{\phi} \rangle}. \tag{4.96b}$$

すると, (4.91) が形式的にそのまま成り立つ.

かくて, $\mathbf{E}^3$ においても,「平面波の完全性」∧「パーセヴァル等式」が示せた.

4.7.5 ♣ 内積のエルミート性と半双線形性

演習 内積はエルミート:

$$\text{エルミート性}: \qquad \langle \phi_1, \phi_2 \rangle^* = \langle \phi_2, \phi_1 \rangle. \quad \blacksquare \tag{4.97}$$

演習 内積 $\langle\, \otimes\, ,\, \oplus\, \rangle$ は「左側 $\otimes$ に関しては**反線形** (anti-linear)」∧「右側 $\oplus$ に関しては**線形** (linear)」:

$$\text{反線形性}: \quad \langle c_1\phi_1 + c_2\phi_2,\, \phi \rangle = c_1^*\langle \phi_1, \phi \rangle + c_2^*\langle \phi_2, \phi \rangle \qquad : \forall \{c_1, c_2\} \subset \mathbf{C}, \tag{4.98a}$$

$$\text{線形性}: \quad \langle \phi,\, c_1\phi_1 + c_2\phi_2 \rangle = c_1\langle \phi,\, \phi_1 \rangle + c_2\langle \phi,\, \phi_2 \rangle \qquad : \forall \{c_1, c_2\} \subset \mathbf{C}. \quad \blacksquare \tag{4.98b}$$

(4.98) をまとめて次のようにいわれる[*51]:

内積は**半双線形** (sesquilinear) である.

註 実函数だけが相手なら, 反線形と線形に区別はなく, **双線形** (bilinear) といわれる.

[*50] もちろん, これは "**運動量空間** (momentum space)" の原点. 運動量空間 (≡"$\boldsymbol{p}$ の集合") は数学的には $\mathbf{E}^3$ と同じ (数学に五月蝿 (うるさ) い人なら同型(isomorphic)). これを表すのに例えば $\widetilde{\mathbf{E}^3}$ なる記号を導入してもよいが, その必要もなかろう.

[*51] "半双線形" [数学辞典 210 線形空間 Q] はなぜ "半" なのかよくわからぬ. 原語の "sesqui" は "half and (一倍半)" の意 [コンサイス英和辞典] らしいが, これもよくわからぬ (乞ご教示).

194   第 4 章 「位置の確率密度」と「運動量の確率密度」

4.7.6 ♣ 内積保存定理

波動函数のノルム保存定理は内積に拡張できる:

演習 $\psi^{(1)}(\ ;t)$ と $\psi^{(2)}(\ ;t)$ が共にシュレーディンガー方程式の解ならば,

$$\mathcal{I}(t) \equiv \langle \psi^{(1)}(\ ;t),\ \psi^{(2)}(\ ;t)\rangle \ - \ \langle \psi^{(1)}(\ ;0),\ \psi^{(2)}(\ ;0)\rangle = 0 \qquad : \forall t. \tag{4.99}$$

証明:4.4.1 項 ∨ 4.4.3 項の手口を手直しするもよかろう (読者にお任せ) が,(4.80) にて $c = 1 \lor c = i$ と置けば,各 $\|\psi^{(\mu)}(\ ;t)\|$ が保存されることを用いて,

$$\lceil\|\Psi_1(\ ;t)\|^2 = \|\Psi_1(\ ;0)\|^2\rceil \Longrightarrow \lceil\Re\mathcal{I}(t) = 0 \ \wedge\ \|\Psi_i(\ ;t)\|^2 = \|\Psi_i(\ ;0)\|^2 \Longrightarrow \Re\mathcal{I}(t) = 0\rceil. \qquad \blacksquare$$

4.8 運動量についての確率公準・期待値・揺らぎ

波動函数は大人しいものと想定している.それゆえ,前節の結果は波動函数に適用できる.(4.95) に拠り,所与の波動函数 $\psi(\boldsymbol{r};t)$ に対し

$$\widetilde{\psi}(\boldsymbol{p};t) := \int d^3 r\ \psi(\boldsymbol{r};t) w_{\boldsymbol{p}}^*(\boldsymbol{r}) \tag{4.100a}$$

も大人しい函数であり,これを係数として $\psi(\boldsymbol{r};t)$ を平面波展開できる:

$$\psi(\boldsymbol{r};t) = \int d^3 p\ \widetilde{\psi}(\boldsymbol{p};t) w_{\boldsymbol{p}}(\boldsymbol{r}). \tag{4.100b}$$

しかも (4.91b)(の $\mathbf{E}^3$ 版) に拠り

$$\|\widetilde{\psi}(\ ;t)\| = \|\psi(\ ;t)\| = 1 \qquad : \forall t. \tag{4.101}$$

ゆえに,4.2.4 項にて推測した確率公準 (-1) (および,その $\mathbf{E}^3$ 版) が意味を成す.すなわち,「次の確率公準もシュレーディンガー方程式と整合する」ことがわかった[*52]:

確率公準 $\tilde{0}$:時刻 t における**運動量確率密度**は $|\widetilde{\psi}(\boldsymbol{p};t)|^2$ である,すなわち,

$$\mathcal{P}_{\tilde{\mathcal{V}}}(t) \equiv \text{「時刻 } t \text{ に粒子が (運動量空間の) 領域} \tilde{\mathcal{V}} \text{ に見いだされる確率」}$$
$$= \int_{\tilde{\mathcal{V}}} d^3 p\ |\widetilde{\psi}(\boldsymbol{p};t)|^2 \qquad : \forall \tilde{\mathcal{V}}. \tag{4.102}$$

以下,上記も正式公準として採用しよう.これに応じて

$\widetilde{\psi}(\boldsymbol{p};t)$ は**運動量確率振幅** (momentum probability amplitude) とよばれる[*53].

かくて,位置についてと同じく,運動量についても期待値や揺らぎが定義できる.

[*52] 確率公準の番号を $\tilde{0}$ とした心は,「確率公準 0 の運動量版」.

[*53] "運動量波動函数" とよばれることもあるが,本書においては,波動函数といえば $\psi(\boldsymbol{r};t)$ を指す.

4.8.1　運動量についての諸期待値：$\mathbf{E}^1$

$$\langle p \rangle_{\psi(\ ;t)} \equiv \text{運動量期待値} := \int dp \ p \ |\widetilde{\psi}(p;t)|^2, \tag{4.103a}$$

$$\triangle p_{\psi(\ ;t)} \equiv \text{運動量揺らぎ} := \left\{ \int dp \ (p - \langle p \rangle_{\psi(\ ;t)})^2 \ |\widetilde{\psi}(p;t)|^2 \right\}^{1/2}. \tag{4.103b}$$

一般に，任意の函数 $g(p)$ に対し，

$$\langle g(p) \rangle_{\psi(\ ;t)} \equiv \underline{g(p) \ \text{期待値}} := \int dp \ g(p) \ |\widetilde{\psi}(p;t)|^2. \tag{4.103c}$$

註　$\psi(\ ;t)$ と $\widetilde{\psi}(\ ;t)$ は，互いにフーリエ変換で結ばれる（ゆえに，$\psi(\ ;t)$ がわかれば $\widetilde{\psi}(\ ;t)$ もわかり，逆もしかり）ゆえ，まったく同じ情報を有す．それゆえ，上式左辺に付ける添字は（$\widetilde{\psi}(\ ;t)$ にしても構わぬが）$\psi(\ ;t)$ として構わぬ．

☆**演習 4.8-1**　自由ガウス波束に関する $\{ \langle p \rangle, \ \triangle p \}$ および積 $\triangle x \triangle p$ を計算すると

$$\langle p \rangle = mv_0, \tag{4.104a}$$

$$\triangle p = \frac{\hbar}{2\Delta_0}, \tag{4.104b}$$

$$\triangle x \triangle p = \frac{\hbar}{2} \frac{|\Delta(t)|}{\Delta_0}. \quad \blacksquare \tag{4.104c}$$

演習 4.8-2　ローレンツ型波束 $\phi_{\text{Lor}\{p_0,a\}}(x)$ に関する $\{ \langle x \rangle, \ \triangle x, \ \langle p \rangle, \ \triangle p \}$ および積 $\triangle x \triangle p$ を計算せよ．ただし

$$\phi_{\text{Lor}\{p_0,a\}}(x) := \mathcal{N}_{\text{Lor}} \frac{e^{ip_0 x/\hbar}}{x^2 + a^2} \qquad : \mathcal{N}_{\text{Lor}} \text{ は規格化定数.} \quad \blacksquare \tag{4.105}$$

4.8.2　同上：$\mathbf{E}^3$

$$\langle \boldsymbol{p} \rangle_{\psi(\ ;t)} \equiv \text{運動量期待値} := \int d^3p \ \boldsymbol{p} \ |\widetilde{\psi}(\boldsymbol{p};t)|^2. \tag{4.106a}$$

一般に，任意の函数 $g(\boldsymbol{p})$ に対し，

$$\langle g(\boldsymbol{p}) \rangle_{\psi(\ ;t)} \equiv \underline{g(\boldsymbol{p}) \ \text{期待値}} := \int d^3p \ g(\boldsymbol{p}) \ |\widetilde{\psi}(\boldsymbol{p};t)|^2. \tag{4.106b}$$

特に

$$\langle p_x \rangle_{\psi(\ ;t)} \equiv \langle \boldsymbol{e}_x \cdot \boldsymbol{p} \rangle_{\psi(\ ;t)} \equiv \underline{\boldsymbol{e}_x \text{方向運動量期待値}}$$
$$:= \int d^3p \ \boldsymbol{e}_x \cdot \boldsymbol{p} \ |\widetilde{\psi}(\boldsymbol{p};t)|^2 = \boldsymbol{e}_x \cdot \int d^3p \ \boldsymbol{p} \ |\widetilde{\psi}(\boldsymbol{p};t)|^2 = \boldsymbol{e}_x \cdot \langle \boldsymbol{p} \rangle_{\psi(\ ;t)}, \tag{4.106c}$$

$$\triangle p_x {}_{\psi(\ ;t)} \equiv \underline{\boldsymbol{e}_x \text{方向運動量揺らぎ}}$$
$$:= \left\{ \int d^3p \ (\boldsymbol{e}_x \cdot \boldsymbol{p} - \langle p_x \rangle_{\psi(\ ;t)})^2 \ |\widetilde{\psi}(\boldsymbol{p};t)|^2 \right\}^{1/2}$$
$$= \left\{ \langle p_x^2 \rangle_{\psi(\ ;t)} - \left(\langle p_x \rangle_{\psi(\ ;t)} \right)^2 \right\}^{1/2} \qquad : p_x^2 \equiv (p_x)^2. \tag{4.106d}$$

196 第 4 章 「位置の確率密度」と「運動量の確率密度」

4.8.3 実理比較公準

実験との比較についても位置の場合と概念的に同じである．「運動量測定実験(をいかに実行すべきかは問わず，それ) が原理的に可能」なる前提のもとに実理比較公準を設定する：

演習 4.8-3 「実理比較公準 0」に相当する「実理比較公準 $\tilde{0}$」をあらわに書き下せ． ∎

4.8.4 運動量についての期待値を波動関数を用いて表す方法：$\mathbf{E}^1$

(4.103a) 右辺を $\psi(\ ;t)$ で書き直してみよう．まず，(4.100a)(の $\mathbf{E}^1$ 版) の複素共軛に p を掛け，p は積分変数と無関係ゆえ積分内に移す：

$$p\,\widetilde{\psi}^*(p;t) = \int dx\ \psi^*(x;t)\ p\ w_p(x). \tag{4.107}$$

恒等式

$$\frac{\partial}{\partial x}w_p(x) = \frac{1}{\sqrt{2\pi\hbar}}\frac{\partial}{\partial x}e^{ipx/\hbar} = \frac{1}{\sqrt{2\pi\hbar}}\frac{ip}{\hbar}e^{ipx/\hbar} = \frac{ip}{\hbar}w_p(x), \qquad すなわち \quad p\,w_p(x) = \frac{\hbar}{i}\frac{\partial}{\partial x}w_p(x) \tag{4.108}$$

に着目すれば

$$p\,\widetilde{\psi}^*(p;t) = \int dx\ \psi^*(x;t)\ \frac{\hbar}{i}\frac{\partial}{\partial x}w_p(x). \tag{4.109}$$

♣ 註 "演算子" をご存知の読者は，(4.108) を "$p = -i\hbar\partial/\partial x$" と誤解されるかもしれぬが，本書現段階にて "演算子" は未導入 ∧ 不要．(4.108) は「指数関数を微分した式」にすぎぬ．

(4.109) を (4.103a) 右辺に代入し，積分順序を入れ替え，最後に (4.100b)(の $\mathbf{E}^1$ 版) を使えば，

$$\begin{aligned}
\langle p \rangle_{\psi(\ ;t)} &= \int dp\ \left\{ \int dx\ \psi^*(x;t)\ \frac{\hbar}{i}\frac{\partial}{\partial x}w_p(x) \right\} \widetilde{\psi}(p;t) \\
&= \int dx\ \psi^*(x;t)\frac{\hbar}{i}\frac{\partial}{\partial x}\int dp\ w_p(x)\widetilde{\psi}(p;t) \\
&= \int dx\ \psi^*(x;t)\frac{\hbar}{i}\frac{\partial}{\partial x}\psi(x;t).
\end{aligned} \tag{4.110a}$$

演習 4.8-4 同様にして

$$\langle p^2 \rangle_{\psi(\ ;t)} = \int dx\ \psi^*(x;t)\left(\frac{\hbar}{i}\frac{\partial}{\partial x}\right)^2\psi(x;t), \tag{4.110b}$$

$$\triangle p_{\psi(\ ;t)} = \left\{ \int dx\ \psi^*(x;t)\left(\frac{\hbar}{i}\frac{\partial}{\partial x} - \langle p \rangle_{\psi(\ ;t)}\right)^2\psi(x;t) \right\}^{1/2}. \quad ∎ \tag{4.110c}$$

☆**演習 4.8-5** (4.110) を用いて，自由ガウス波束に関する $\{\langle p \rangle,\ \triangle p\}$ を計算すると，(4.104) が再確認できる． ∎

4.8.5 同上: $\mathbf{E}^3$

$\mathbf{E}^1$ の場合にならい, (4.108) に代わる恒等式

$$\nabla w_{\boldsymbol{p}}(\boldsymbol{r}) = \frac{i\boldsymbol{p}}{\hbar} w_{\boldsymbol{p}}(\boldsymbol{r}), \qquad \text{すなわち} \quad \boldsymbol{p}\, w_{\boldsymbol{p}}(\boldsymbol{r}) = \frac{\hbar}{i} \nabla w_{\boldsymbol{p}}(\boldsymbol{r}) \tag{4.111}$$

に着目:

演習 4.8-6

$$\langle \boldsymbol{p} \rangle_{\psi(\ ;t)} = \int d^3 r\ \psi^*(\boldsymbol{r};t) \frac{\hbar}{i} \nabla \psi(\boldsymbol{r};t). \tag{4.112a}$$

一般に, 任意の多項式 $g^{多項式}(\boldsymbol{p})$ に対し,

$$\langle g^{多項式}(\boldsymbol{p}) \rangle_{\psi(\ ;t)} = \int d^3 r\ \psi^*(\boldsymbol{r};t)\ g^{多項式}\left(\frac{\hbar}{i}\nabla\right)\ \psi(\boldsymbol{r};t). \quad \blacksquare \tag{4.112b}$$

演習 4.8-7 上記と対照的に, 位置期待値を運動量確率振幅で表すこともできる:

$$\langle \boldsymbol{r} \rangle_{\psi(\ ;t)} = \int d^3 p\ \widetilde{\psi}^*(\boldsymbol{p};t)\ i\hbar\nabla_{\boldsymbol{p}}\ \widetilde{\psi}(\boldsymbol{p};t), \tag{4.113a}$$

ただし, $\quad \nabla_{\boldsymbol{p}} \equiv \text{「運動量に関する勾配」} := \boldsymbol{e}_x \frac{\partial}{\partial p_x} + \boldsymbol{e}_y \frac{\partial}{\partial p_y} + \boldsymbol{e}_z \frac{\partial}{\partial p_z}. \tag{4.113b}$

ヒント: $\quad \nabla_{\boldsymbol{p}} w_{\boldsymbol{p}}(\boldsymbol{r}) = \frac{i\boldsymbol{r}}{\hbar} w_{\boldsymbol{p}}(\boldsymbol{r}), \qquad \text{すなわち} \quad \boldsymbol{r}\, w_{\boldsymbol{p}}(\boldsymbol{r}) = \frac{\hbar}{i}\nabla_{\boldsymbol{p}} w_{\boldsymbol{p}}(\boldsymbol{r}) \tag{4.113c}$

を用いて部分積分を実行すれば,

$$\boldsymbol{r}\, \psi(\boldsymbol{r};t) = \int d^3 p\ \widetilde{\psi}(\boldsymbol{p};t)\ \boldsymbol{r}\, w_{\boldsymbol{p}}(\boldsymbol{r}) = \int d^3 p\ \widetilde{\psi}(\boldsymbol{p};t)\ \frac{\hbar}{i}\nabla_{\boldsymbol{p}} w_{\boldsymbol{p}}(\boldsymbol{r})$$

$$= \int d^3 p\ \left\{ i\hbar\nabla_{\boldsymbol{p}}\ \widetilde{\psi}(\boldsymbol{p};t) \right\} w_{\boldsymbol{p}}(\boldsymbol{r}). \tag{4.113d}$$

これとパーセヴァル等式を使う. $\quad \blacksquare$

4.9 「位置と運動量」についての結合確率

以上の議論に拠り, 位置確率と運動量確率がそれぞれ定義できた.

すでに幾度か注意した通り, 「粒子が地点 $\mathbf{x}$ 付近に在る確率」あるいは「粒子の運動量値が $\mathbf{p}$ 付近にある確率」などと書かず, 「粒子が地点 $\mathbf{x}$ 付近に見いだされる確率」あるいは「粒子の運動量値が $\mathbf{p}$ 付近に見いだされる確率」なる回りくどい書き方をしてきた. 無批判に "存在確率" と混同することを避けたかったがゆえである. つまり, 前者のごとき言い回しは, "確率を論ずる羽目になっているのは我々の無知 (あるいは理論の未熟) のせいであって, 位置も運動量も或る値に決まっている" なる印象を与えかねぬ. もし "位置も運動量も或る値に決まっているにもかかわらず我々が無知なるだけ" であれば, "位置・運動量の結合確率" ($\equiv$「地点 $\mathbf{x}$ 付近に在り」$\wedge$「運動量値が $\mathbf{p}$ 付近にある」確率") も定義できるはずである. しかし, 前節における議論を見る限り, そのような**結合確率** (joint probability) は定義できぬ.

いや, 「定義できぬ」とは少しいいすぎた. $\mathbf{E}^1$ においては, 確率を拵え得る材料は $\psi(x;t)$ と $\widetilde{\psi}(p;t)$ だけであり, 結合確率は定義できぬ. これに対し, $\mathbf{E}^3$ においては, $\psi(\boldsymbol{r};t)$ と $\widetilde{\psi}(\boldsymbol{p};t)$ 以外にも諸材料が用意できる:

198   第 4 章 「位置の確率密度」と「運動量の確率密度」

演習 4.9-1 (4.100a) 式右辺にて $w_{\boldsymbol{p}}(\boldsymbol{r})$ を $w_{p_x}(x)$ で置き換え,

$$\psi^{\sim\diamond\diamond}(p_x, y, z; t) := \int dx\, \psi(\boldsymbol{r}; t) w_{p_x}^*(x) \tag{4.114a}$$

と定義すれば,

$$\int dp_x \int dy \int dz\, |\psi^{\sim\diamond\diamond}(p_x, y, z; t)|^2 = 1 \quad : \forall t. \quad \blacksquare \tag{4.114b}$$

註 $\psi^{\sim\diamond\diamond}$ における肩記号の心:函数 $\phi(\boldsymbol{r})$ のフーリエ変換を,今まで一貫して,ϕ に ~ を付け $\widetilde{\phi}(\boldsymbol{p})$ で表してきた.これを踏襲して,一般に $\phi^{\sim\diamond\diamond}$ は,$\phi(x\boldsymbol{e}_x + y\boldsymbol{e}_y + z\boldsymbol{e}_z)$ の第一変数 x だけに関してフーリエ変換したことを表す (記号 $\diamond$ は <u>フーリエ変換せずそのまま</u> の意).同様に,「第二変数 y および第三変数 z に関してフーリエ変換したもの」は $\phi^{\diamond\sim\sim}$ で表す,$\cdots$.ゆえに,$\phi^{\sim\sim\sim}(p_x, p_y, p_z) = \widetilde{\phi}(\boldsymbol{p})$.

したがって,次の確率公準もシュレーディンガー方程式と整合する:

確率公準 0~◇◇:
「時刻 t に,「$\boldsymbol{e}_x$ 方向運動量値が p_x」∧「yz 面内位置が $\mathrm{y}\boldsymbol{e}_y + \mathrm{z}\boldsymbol{e}_z$」に見いだされる確率密度」は $|\psi^{\sim\diamond\diamond}(\mathrm{p}_x, \mathrm{y}, \mathrm{z}; t)|^2$ である.

$|\psi^{\sim\diamond\diamond}(p_x, y, z; t)|^2$ は「$\boldsymbol{e}_x$ 方向運動量と yz 面内位置についての**結合確率密度** (joint probability density)」とよばれる.これを用いて,例えば次のごとき期待値が計算できる:

$$\langle p_x z^2 \rangle_{\psi(\ ;t)} \equiv \text{「「}\boldsymbol{e}_x\text{方向運動量と}(\boldsymbol{e}_z\text{方向位置)}^2\text{の積」の期待値」}$$
$$:= \int dp_x \int dy \int dz\, p_x z^2\, |\psi^{\sim\diamond\diamond}(p_x, y, z; t)|^2 \tag{4.115a}$$
$$= \int d^3r\, \psi^*(\boldsymbol{r}; t)\, z^2 \frac{\hbar}{i} \frac{\partial}{\partial x} \psi(\boldsymbol{r}; t). \tag{4.115b}$$

演習 4.9-2 同様に,下記のごとき諸振幅を定義し,対応する確率公準を述べよ:

$$\psi^{\diamond\sim\diamond}(x, p_y, z; t) := \int dy\, \psi(\boldsymbol{r}; t) w_{p_y}^*(x), \tag{4.116a}$$

$$\psi^{\sim\sim\diamond}(p_x, p_y, z; t) := \int dx \int dy\, \psi(\boldsymbol{r}; t) w_{p_x}^*(x) w_{p_y}^*(x). \quad \blacksquare \tag{4.116b}$$

これら確率公準に関しても,もちろん,実利比較公準を設定する:例えば

$$\lim_{N\to\infty} \overline{\mathrm{p}_x \mathrm{z}^2}^{\text{実験}\{\tau, N\}} = \langle p_x z^2 \rangle_{\psi(\ ;\tau)}. \tag{4.117}$$

註 1 一般に,「結合確率を一部の変数について積分したもの」は "**周辺分布** (marginal distribution)" とよばれる[54]."周辺 (marginal)" といわれてもぴんと来ぬせいか[55],物理業界においては,**粗視化された確率**

---

[54] "分布 (distribution)" について:確率論にて,確率分布 (probability distribution) は "分布" と略称され,結合確率は "結合分布" または "同時分布 (simultaneous distribution)" とよばれる [数学辞典 47 確率論 C. 確率変数].

[55] 親猫と子猫達についての結合確率 $\mathcal{P}(\text{親}, \text{子}_1, \text{子}_2, \cdots, \text{子}_N)$ を親について積分すれば,親のまわりに居た子猫達についての結合確率が得られ,確かに "周辺" なる感じがする.しかし,$\mathcal{P}(\text{雌}, \text{雄})$ を雄について積分したものを "周辺" などというと雌猫達に怒られはせぬか.

(coarse-grained probability) とよばれることが多い. しかし, これも少々長たらしい. 本書は**粗挽確率**[*56]とよぶ. 例えば,

$$p_x \text{ についての確率密度 } \int dy \int dz \, |\psi^{\sim\diamond\diamond}(p_x, y, z; t)|^2 \text{ は,}$$

「結合確率密度 $|\psi^{\sim\diamond\diamond}(p_x, y, z; t)|^2$ の粗挽確率密度」(の一つ) である.

註2 $\mathbf{E}^3$ においても, 例えば

"「$\boldsymbol{e}_x$ 方向運動量値が p_x」∧「$\boldsymbol{e}_x$ 方向位置が x」∧「yz 面内位置が $\mathrm{y}\boldsymbol{e}_y + \mathrm{z}\boldsymbol{e}_z$」に見いだされる確率密度" なる結合確率密度は, これまでの議論に拠る限り, 定義できぬ. また, "$xp_x + p_x x$ の値が斯々然々なる確率密度" などPOETRYも, 少なくとも現段階においては, 未定義である. それゆえ, "期待値 $\langle xp_x \rangle$" や "期待値 $\langle xp_x + p_x x \rangle$" などといった量は定義されぬ (少なくとも現段階にては, 対応する実理比較公準が未設定).

♣♣♣ 註3 後章にて演算子 $\{\breve{x}, \breve{p}_x\}$ と共に $\langle \phi, \breve{x}\breve{p}_x\phi \rangle$ (あるいは $\langle \phi, (\breve{x}\breve{p}_x + \breve{p}_x\breve{x})\phi \rangle$) なる量が登場する. これらが $\langle \breve{x}\breve{p}_x \rangle$ (あるいは $\langle \breve{x}\breve{p}_x + \breve{p}_x\breve{x} \rangle$) と略記されることが有り, しかも "$\breve{x}\breve{p}_x$ の期待値" (あるいは "$\breve{x}\breve{p}_x + \breve{p}_x\breve{x}$ の期待値") とよばれることが有る. しかし, これらは, 単に数学的便宜として登場する量であり, 「(実理比較公準に従う) 期待値」とは無関係である. 本書は, $\langle \ \rangle$ を「(実理比較公準に従う) 期待値を表す記号」として専用し, 誤解を招きかねぬ略記や呼称は用いぬ.

4.10　全体位相因子とポテンシャル底上げ任意性

4.10.1　全体位相因子

所与の波動函数 $\psi(\boldsymbol{r}; t)$ に勝手な定数位相因子 $\mathcal{C}$ を掛けたものを考えよう:

$$\psi_{\mathcal{C}}(\boldsymbol{r}; t) := \mathcal{C}\psi(\boldsymbol{r}; t) \qquad : |\mathcal{C}| = 1. \tag{4.118}$$

明らかに,

$$|\psi_{\mathcal{C}}(\boldsymbol{r}; t)| = |\psi(\boldsymbol{r}; t)|, \qquad \|\psi_{\mathcal{C}}(\ ; t)\| = \|\psi(\ ; t)\| = 1, \tag{4.119a}$$

$$\widetilde{\psi_{\mathcal{C}}}(\boldsymbol{p}; t) = \mathcal{C}\widetilde{\psi}(\boldsymbol{p}; t), \qquad |\widetilde{\psi_{\mathcal{C}}}(\boldsymbol{p}; t)| = |\widetilde{\psi}(\boldsymbol{p}; t)|, \qquad \|\widetilde{\psi_{\mathcal{C}}}(\ ; t)\| = \|\psi(\ ; t)\| = 1, \tag{4.119b}$$

$$\psi_{\mathcal{C}}^{\sim\diamond\diamond}(p_x, y, z; t) = \mathcal{C}\psi^{\sim\diamond\diamond}(p_x, y, z; t), \qquad |\psi_{\mathcal{C}}^{\sim\diamond\diamond}(p_x, y, z; t)| = |\psi^{\sim\diamond\diamond}(p_x, y, z; t)|, \quad \cdots. \tag{4.119c}$$

つまり, 「$\psi_{\mathcal{C}}(\boldsymbol{r}; t)$ と $\psi(\boldsymbol{r}; t)$」は同一の {位置確率密度, 運動量確率密度, $\boldsymbol{e}_x$ 方向運動量と yz 面内位置の結合確率密度, $\cdots$} を与える. この意味において, 「$\psi_{\mathcal{C}}(\boldsymbol{r}; t)$ と $\psi(\boldsymbol{r}; t)$」は物理的に区別できぬ (すなわち, 同一の情報を有する). したがって,

「波動函数全体に掛かる定数位相因子」(**全体位相因子** (over-all phase factor) と略称) には物理的意味がない.

もちろん, 始状態を表す波動函数 $\phi^{始}(\boldsymbol{r})$ についても同じことがいえ, $\mathcal{C}\phi^{始}(\boldsymbol{r})$ も $\phi^{始}(\boldsymbol{r})$ と同一の始状態を表す. そして,

$\psi(\boldsymbol{r}; t)$ が「シュレーディンガー方程式 (3.87) の解であり」∧「始条件 (4.75) を充たす」ならば, $\psi_{\mathcal{C}}(\boldsymbol{r}; t)$ も「(3.87) の解であり」∧「始条件 $\psi_{\mathcal{C}}(\boldsymbol{r}; 0) = \mathcal{C}\phi^{始}(\boldsymbol{r})$ を充たす」.

[*56] あらびき: coarse-grained の直訳.

200　第 4 章　「位置の確率密度」と「運動量の確率密度」

4.10.2　ポテンシャル底上げ任意性

前項にて，$\mathcal{C}$ を $\mathcal{C}(t)$ で置き換えてみよう： 全体位相因子が t に依ることを許してみる．$\mathcal{C}(t)$ は，「$\boldsymbol{r}$ に依らぬ」なる意味において，依然として<u>定数</u>である．ゆえに，(4.119) はそのまま成り立つ．ただし，

$\psi_{\mathcal{C}(t)}(\boldsymbol{r};t)$ は，$\psi(\boldsymbol{r};t)$ がシュレーディンガー方程式 (3.87) の解であっても，(3.87) を充たさぬ：

$$i\hbar\frac{\partial}{\partial t}\psi_{\mathcal{C}(t)}(\boldsymbol{r};t) = \mathcal{C}(t)i\hbar\frac{\partial}{\partial t}\psi(\boldsymbol{r};t) + i\hbar\dot{\mathcal{C}}(t)\psi(\boldsymbol{r};t)$$

$$= \left\{-\frac{\hbar^2}{2m}\nabla^2 + V(\boldsymbol{r},t) + i\hbar\dot{\mathcal{C}}(t)/\mathcal{C}(t)\right\}\psi_{\mathcal{C}(t)}(\boldsymbol{r};t), \qquad (4.120)$$

$$\dot{\mathcal{C}}(t) \equiv \frac{d\mathcal{C}(t)}{dt}.$$

$\mathcal{C}(t)$ は，絶対値が 1 ゆえ，次のごとく書ける：

$$\mathcal{C}(t) =: \exp\{-i\vartheta(t)\} \qquad : \vartheta(t) \in \mathbf{R}, \qquad (4.121\mathrm{a})$$

$$i\hbar\dot{\mathcal{C}}(t)/\mathcal{C}(t) = \hbar\dot{\vartheta}(t). \qquad (4.121\mathrm{b})$$

ゆえに，$\psi_{\mathcal{C}(t)}(\boldsymbol{r};t)$ が従う方程式は，(3.87) と同じ形をしており，後者にてポテンシャル $V(\boldsymbol{r},t)$ を次式で置き換えたものである：

$$V(\boldsymbol{r},t) + V_{\text{上げ底}}(t), \qquad (4.122\mathrm{a})$$

$$V_{\text{上げ底}}(t) \equiv \hbar\dot{\vartheta}(t). \qquad (4.122\mathrm{b})$$

前章以来，「シュレーディンガー方程式に登場するポテンシャルは，考察対象とされるべき状況に応じて，古典力学から類推して定められる」と考えて話を進めてきた．ところが，古典力学においては，勝手な $V_{\text{上げ底}}(t)$ に対し $V(\boldsymbol{r},t) + V_{\text{上げ底}}(t)$ と $V(\boldsymbol{r},t)$ は同一の力を与えるゆえ，$V_{\text{上げ底}}(t)$ には物理的意味がない．ゆえに，古典力学から類推するだけでは，ポテンシャルは一意的に定まらぬ．これが<u>ポテンシャル底上げ任意性</u>問題であった (♡ 3.11.1 項)．この懸案は (4.122) に拠って次のごとく解決できる：

シュレーディンガー方程式に登場するポテンシャルの底値は，波動函数に「t に依る全体位相因子」を掛けることに拠り，自在に変えれる．しかるに，全体位相因子は物理的意味を有せぬ．ゆえに，量子力学においても，$V_{\text{上げ底}}(t)$ には物理的意味がない．

したがって，ポテンシャル底値は好みに応じて勝手に (t に依って) 選んで構わぬ．

註 1　$\mathcal{C}(t)$ が与えられれば (4.122b) から $V_{\text{上げ底}}(t)$ が決まり，逆に $V_{\text{上げ底}}(t)$ が与えられれば (4.122b) を解いて

$$\vartheta(t) = \vartheta(0) + \int_0^t dt'\, V_{\text{上げ底}}(t')/\hbar. \qquad (4.123)$$

$\vartheta(0)$ は，t にも依らぬ定数位相因子 $\exp\{-i\vartheta(0)\}$ を与えるだけゆえ，前項の結果からして 0 と採って構わぬ．すると，$\psi_{\mathcal{C}(t)}(\boldsymbol{r};t)$ と $\psi(\boldsymbol{r};t)$ は「同一の始条件」(物理的に同じ状態なるのみならず，数式としても同一) を充たす：$\psi_{\mathcal{C}(0)}(\boldsymbol{r};0) = \psi(\boldsymbol{r};0)$.

註 2　4.2.1 項冒頭にて次のように書いた：

　　　　　　　　　　　　　　　　　　4.10　全体位相因子とポテンシャル底上げ任意性　　　*201*

　　　　自由粒子とは「古典粒子像に立った場合に力が働かぬ場合」である．それゆえ，自由粒子シュレーディ
　　　　ンガー方程式におけるポテンシャルは r にも t にも依らぬ．
しかし，これは一般的でない．ポテンシャルは「r に依らぬ」なる意味における定数でありさえすればよい．本
項における $V_{上げ底}(t)$ は，(4.14)∨(4.15a) に現れた V_0 の一般化である．いずれにせよ，上記結果に拠り次のこ
とがわかった：
　　　　　（古典力学 ∨ 量子力学を問わず）自由粒子の場合にはポテンシャルは恒等的に 0 として構わぬ．
註 3　"古典力学において $V_{上げ底}(t)$ には物理的意味がないゆえ，シュレーディンガー方程式においても
$V_{上げ底}(t) = 0$ としてよい" と頭ごなしに書かれた本もある．しかし，"古典力学における常識" がそのまま通用
するとは限らぬ．いかなる結論も，"古典力学に" ではなく「シュレーディンガー方程式 ∧ 確率公準」に立脚す
べし．

4.10.3　物理的意味を有する位相因子

　　仮に (4.100b) 右辺にて $\widetilde{\psi}(\boldsymbol{p};t)$ を $\mathcal{C}(\boldsymbol{p})\widetilde{\psi}(\boldsymbol{p};t)$（ただし $|\mathcal{C}(\boldsymbol{p})| = 1$）で置き換えたとすると，運動量
確率密度は変わらぬが，一般に重ね合せ係数間の相対位相が変わり $\psi(\boldsymbol{r};t)$ も変わる：

演習 4.10-1　$\widetilde{\psi}(\boldsymbol{p};t)$ を下記 $\widetilde{\psi}^{(\boldsymbol{r}_{\mathrm{s}})}(\boldsymbol{p};t)$ で置き換えて得られる波動関数 $\psi^{[\boldsymbol{r}_{\mathrm{s}}]}(\boldsymbol{r};t)$ を求め[57]，その
性質（確率密度や諸期待値）を調べよ：

$$\widetilde{\psi}^{(\boldsymbol{r}_{\mathrm{s}})}(\boldsymbol{p};t) := \exp(-i\boldsymbol{p}\cdot\boldsymbol{r}_{\mathrm{s}}/\hbar)\widetilde{\psi}(\boldsymbol{p};t). \tag{4.124a}$$

ヒント：

$$\psi^{[\boldsymbol{r}_{\mathrm{s}}]}(\boldsymbol{r};t) := \int d^3p\,\widetilde{\psi}(\boldsymbol{p};t)e^{-i\boldsymbol{p}\cdot\boldsymbol{r}_{\mathrm{s}}/\hbar}w_{\boldsymbol{p}}(\boldsymbol{r}) = \int d^3p\,\widetilde{\psi}(\boldsymbol{p};t)w_{\boldsymbol{p}}(\boldsymbol{r}-\boldsymbol{r}_{\mathrm{s}}) = \psi(\boldsymbol{r}-\boldsymbol{r}_{\mathrm{s}};t). \quad\blacksquare$$
$$\tag{4.124b}$$

　　ゆえに，位相因子 $\mathcal{C}(\boldsymbol{p})$ には物理的意味が有る．
　　同様に，波動関数 $\psi(\boldsymbol{r};t)$ に「$\boldsymbol{r}$ に依る位相因子」を掛けると，位置確率密度は変わらぬが運動量
確率密度は変わる：
演習 4.10-2　次式で定義される $\psi^{(\boldsymbol{p}_{\mathrm{s}})}(\boldsymbol{r};t)$ に関して[58]，{位置確率密度 $\rho^{(\boldsymbol{p}_{\mathrm{s}})}(\boldsymbol{r};t)$，確率流密
度 $\boldsymbol{J}^{(\boldsymbol{p}_{\mathrm{s}})}(\boldsymbol{r};t)$，運動量確率密度 $\widetilde{\rho}^{(\boldsymbol{p}_{\mathrm{s}})}(\boldsymbol{r};t)$，位置期待値 $\langle\boldsymbol{r}\rangle^{(\boldsymbol{p}_{\mathrm{s}})}$，運動量期待値 $\langle\boldsymbol{p}\rangle^{(\boldsymbol{p}_{\mathrm{s}})}$，位置揺ら
ぎ $(\triangle y)^{(\boldsymbol{p}_{\mathrm{s}})}$，運動量揺らぎ $(\triangle p_y)^{(\boldsymbol{p}_{\mathrm{s}})}$} を計算し，それぞれ $\psi(\boldsymbol{r};t)$ に関する該当量（上添字 $(\boldsymbol{p}_{\mathrm{s}})$ な
し）との関係を調べよ：

$$\psi^{(\boldsymbol{p}_{\mathrm{s}})}(\boldsymbol{r};t) := \exp(i\boldsymbol{p}_{\mathrm{s}}\cdot\boldsymbol{r}/\hbar)\psi(\boldsymbol{r};t). \tag{4.125a}$$

ヒント：

$$\psi^{(\boldsymbol{p}_{\mathrm{s}})}(\boldsymbol{r};t) = \int d^3p\,\widetilde{\psi}(\boldsymbol{p};t)e^{i\boldsymbol{p}_{\mathrm{s}}\cdot\boldsymbol{r}/\hbar}w_{\boldsymbol{p}}(\boldsymbol{r})$$

$$= \int d^3p\,\widetilde{\psi}(\boldsymbol{p};t)w_{\boldsymbol{p}+\boldsymbol{p}_{\mathrm{s}}}(\boldsymbol{r}) = \int d^3p\,\widetilde{\psi}(\boldsymbol{p}-\boldsymbol{p}_{\mathrm{s}};t)w_{\boldsymbol{p}}(\boldsymbol{r}). \tag{4.125b}$$

ゆえに　$\widetilde{\psi^{(\boldsymbol{p}_{\mathrm{s}})}}(\boldsymbol{p};t) = \widetilde{\psi}(\boldsymbol{p}-\boldsymbol{p}_{\mathrm{s}};t).$　　$\blacksquare$ $\tag{4.125c}$

---

[57] 添字 s はずらし (shift) の意．
[58] この添字 s もずらしの意．

202　第 4 章　「位置の確率密度」と「運動量の確率密度」

「$\psi^{(\boldsymbol{p}_{\mathrm{s}})}(\boldsymbol{r};t)$ は $\psi(\boldsymbol{r};t)$ に比例する」けれども「$\widetilde{\psi^{(\boldsymbol{p}_{\mathrm{s}})}}(\boldsymbol{p};t)$ は $\widetilde{\psi}(\boldsymbol{p};t)$ に比例せぬ」．それゆえ，「$\boldsymbol{r}$ に依る位相因子」には物理的意味が有る．

♣ 演習 4.10-3　自由波束 $\{\psi^{自由},\ \psi^{自由\,(\boldsymbol{r}_0,\boldsymbol{p}_0)}\}$ が，それぞれ，

$$\psi^{自由}(\boldsymbol{r};0)=\phi^{始}(\boldsymbol{r})\ \wedge\ \psi^{自由\,(\boldsymbol{r}_0,\boldsymbol{p}_0)}(\boldsymbol{r};0)=\phi^{始}(\boldsymbol{r}-\boldsymbol{r}_0)e^{i(\boldsymbol{r}-\boldsymbol{r}_0)\cdot\boldsymbol{p}_0/\hbar}=\psi^{自由\,(\boldsymbol{0},\,\boldsymbol{p}_0)}(\boldsymbol{r}-\boldsymbol{r}_0;0)$$
(4.126a)

なる始条件を充たすならば

$$\psi^{自由\,(\boldsymbol{0},\,\boldsymbol{p}_0)}(\boldsymbol{r};t)=\psi^{自由}(\boldsymbol{r}-\boldsymbol{v}_0 t;\ t)\ e^{i\boldsymbol{r}\cdot\boldsymbol{p}_0/\hbar-i\omega_0 t}\qquad:\ \boldsymbol{v}_0\equiv\boldsymbol{p}_0/m\ \wedge\ \omega_0\equiv\boldsymbol{p}_0^2/2m\hbar,$$
(4.126b)

$$\psi^{自由\,(\boldsymbol{r}_0,\boldsymbol{p}_0)}(\boldsymbol{r};t)=\psi^{自由}(\boldsymbol{r}-\boldsymbol{r}_{\mathrm{cl}}(t);\ t)\exp\{i(\boldsymbol{r}-\boldsymbol{r}_{\mathrm{cl}}(t))\cdot\boldsymbol{p}_0/\hbar+i\mathcal{S}_{\mathrm{cl}}(t)/\hbar\},$$
(4.126c)

$$\boldsymbol{r}_{\mathrm{cl}}(t)\equiv\boldsymbol{r}_0+\boldsymbol{v}_0 t\quad\wedge\quad \mathcal{S}_{\mathrm{cl}}(t)\equiv 古典自由粒子作用:=\int_0^t dt'\ \frac{1}{2}m\boldsymbol{v}_0^2=\frac{1}{2}m\boldsymbol{v}_0^2 t.$$

証明：平面波 $w_{\boldsymbol{p}}$ は次のごとく自由変展する：

$$w_{\hbar\boldsymbol{k}}(\boldsymbol{r})\ (\propto e^{i\boldsymbol{k}\cdot\boldsymbol{r}})\quad\longrightarrow\quad w_{\hbar\boldsymbol{k}}(\boldsymbol{r})\ e^{-i\omega t}\qquad:\ \omega\equiv\hbar\boldsymbol{k}^2/2m.$$
(4.127a)

$$ゆえに，\quad e^{i\boldsymbol{k}\cdot\boldsymbol{r}}\ e^{i\boldsymbol{k}_0\cdot\boldsymbol{r}}\quad\longrightarrow\quad e^{i\Theta},$$
(4.127b)

$$\Theta\equiv(\boldsymbol{k}+\boldsymbol{k}_0)\cdot\boldsymbol{r}-\frac{\hbar(\boldsymbol{k}+\boldsymbol{k}_0)^2}{2m}t=\{(\boldsymbol{r}-\boldsymbol{v}_0 t)\cdot\boldsymbol{k}-\omega t\}+(\boldsymbol{k}_0\cdot\boldsymbol{r}-\omega_0 t).$$

これに $\widetilde{\phi^{始}}(\hbar\boldsymbol{k})$ を掛けて重ね合わすと (4.126b)．したがって

$$\psi^{自由\,(\boldsymbol{r}_0,\hbar\boldsymbol{k}_0)}(\boldsymbol{r};t)=\psi^{自由\,(\boldsymbol{0},\,\hbar\boldsymbol{k}_0)}(\boldsymbol{r}-\boldsymbol{r}_0;\ t)=\psi^{自由}(\boldsymbol{r}-\boldsymbol{r}_{\mathrm{cl}}(t);\ t)\ e^{i(\boldsymbol{r}-\boldsymbol{r}_0)\cdot\boldsymbol{k}_0-i\omega_0 t}.$$

最右辺に現れた位相因子を書き直して (4.126c)．∎

♣♣ 質問　"平面波 $w_{\boldsymbol{p}}(\boldsymbol{r})$ は，$\alpha+\beta=1$ なる勝手な $\{\alpha,\beta\}\ (\subset\mathbf{C})$ を用いて $w_{\alpha\boldsymbol{p}}(\boldsymbol{r})w_{\beta\boldsymbol{p}}(\boldsymbol{r})$ と書けるので，前演習に拠れば，(4.126) にて

$$\{\boldsymbol{r}_0,\boldsymbol{p}_0\}=\{\boldsymbol{0},\beta\boldsymbol{p}\}\qquad\wedge\qquad \phi^{始}(\boldsymbol{r})=w_{\alpha\boldsymbol{p}}(\boldsymbol{r})$$

と採って，(4.126b) のごとく時間変展するはずです．これは (4.127a) と矛盾しませんか．"
答：矛盾せぬ．念のため，当該時間変展を (4.126b) に拠って書き下すと，

$$e^{i\alpha\boldsymbol{k}\cdot\boldsymbol{r}}\ e^{i\beta\boldsymbol{k}\cdot\boldsymbol{r}}\quad\longrightarrow\quad e^{i\Phi}\ e^{i\Phi'},$$
(4.128)

$$\Phi\equiv\alpha\boldsymbol{k}\cdot(\boldsymbol{r}-\beta\hbar\boldsymbol{k}t/m)-\frac{\hbar(\alpha\boldsymbol{k})^2}{2m}t\ \wedge\ \Phi'\equiv\beta\boldsymbol{k}\cdot\boldsymbol{r}-\frac{\hbar(\beta\boldsymbol{k})^2}{2m}t.$$

$$しかるに，\Phi+\Phi'=(\alpha+\beta)\boldsymbol{k}\cdot\boldsymbol{r}\ -\ (2\alpha\beta+\alpha^2+\beta^2)\frac{\hbar\boldsymbol{k}^2}{2m}t.\quad\blacksquare$$

♣ 註　$w_{\alpha\boldsymbol{p}}$ の時間変展については「(4.127a) にて $\boldsymbol{p}$ を $\alpha\boldsymbol{p}$ で置き換えたもの」を使った．つまり上記の答は，(4.127a) を「$w_{\boldsymbol{p}}$ 全体に適用した場合」と「$w_{\boldsymbol{p}}$ を分解した一部分たる $w_{\alpha\boldsymbol{p}}$ だけに適用した場合」を比べ，結果が同じになることを点検した．無論，「結果が同じになること」は点検するまでもなく保証済みである：実際，前演習証明における (4.127b) は (4.128) と等価．

4.10.4　まとめ

全体位相因子なる用語は「t に依るかもしれぬが $\boldsymbol{r}$ には依らぬ位相因子 (すなわち物理的に意味なき位相因子)」を指す専用語とする．

4.11 ♣ 波束の重ね合せと干渉

所与の波動関数

$$\psi(\boldsymbol{r};t) := \int d^3p\; \widetilde{\psi}(\boldsymbol{p};t)w_{\boldsymbol{p}}(\boldsymbol{r}) \tag{4.129}$$

を用いて，特別な重ね合せ三種類が作れる（以下，$c_\pm \in \mathbf{C}$）：

- $\Psi^{(\boldsymbol{p}_{\mathrm{s}})}(\boldsymbol{r};t) \equiv$「中心運動量だけが異なる二波束」の重ね合せ

$$:= c_+ \int d^3p\; \tilde{\psi}(\boldsymbol{p}-\boldsymbol{p}_{\mathrm{s}};t)w_{\boldsymbol{p}}(\boldsymbol{r}) + c_- \int d^3p\; \tilde{\psi}(\boldsymbol{p}+\boldsymbol{p}_{\mathrm{s}};t)w_{\boldsymbol{p}}(\boldsymbol{r})$$

$$= c_+\psi^{(\boldsymbol{p}_{\mathrm{s}})}(\boldsymbol{r};t) + c_-\psi^{(-\boldsymbol{p}_{\mathrm{s}})}(\boldsymbol{r};t)$$

$$= (c_+e^{i\boldsymbol{p}_{\mathrm{s}}\cdot\boldsymbol{r}/\hbar} + c_-e^{-i\boldsymbol{p}_{\mathrm{s}}\cdot\boldsymbol{r}/\hbar})\psi(\boldsymbol{r};t). \tag{4.130a}$$

- $\Psi^{[\boldsymbol{r}_{\mathrm{s}}]}(\boldsymbol{r};t) \equiv$「中心位置だけが異なる二波束」の重ね合せ

$$:= c_+\psi(\boldsymbol{r}-\boldsymbol{r}_{\mathrm{s}};t) + c_-\psi(\boldsymbol{r}+\boldsymbol{r}_{\mathrm{s}};t) = c_+\psi^{[\boldsymbol{r}_{\mathrm{s}}]}(\boldsymbol{r};t) + c_-\psi^{[-\boldsymbol{r}_{\mathrm{s}}]}(\boldsymbol{r};t)$$

$$= \int d^3p\; (c_+e^{-i\boldsymbol{r}_{\mathrm{s}}\cdot\boldsymbol{p}/\hbar} + c_-e^{i\boldsymbol{r}_{\mathrm{s}}\cdot\boldsymbol{p}/\hbar})\widetilde{\psi}(\boldsymbol{p};t)w_{\boldsymbol{p}}(\boldsymbol{r}). \tag{4.130b}$$

- $\Psi^{\{t_{\mathrm{s}}\}}(\boldsymbol{r};t) \equiv$「時刻原点だけが異なる二波束」の重ね合せ

$$:= c_+\psi(\boldsymbol{r};t-t_{\mathrm{s}}) + c_-\psi(\boldsymbol{r};t+t_{\mathrm{s}})$$

$$= \int d^3p\; \left\{ c_+\tilde{\psi}(\boldsymbol{p};t-t_{\mathrm{s}}) + c_-\tilde{\psi}(\boldsymbol{p};t+t_{\mathrm{s}}) \right\} w_{\boldsymbol{p}}(\boldsymbol{r}). \tag{4.130c}$$

特に，$\psi(\ ;t) = \psi^{\text{自由}}(\ ;t)$ ならば，

$\widetilde{\psi^{\text{自由}}}(\boldsymbol{p};t) = \widetilde{\psi^{\text{自由}}}(\boldsymbol{p};0)e^{-iE_pt/\hbar}$ $(E_p \equiv \boldsymbol{p}^2/2m)$ ゆえ，

$$\Psi^{\{t_{\mathrm{s}}\}}(\boldsymbol{r};t) = \Psi^{\text{自由}\{t_{\mathrm{s}}\}}(\boldsymbol{r};t) := \int d^3p\,(c_+e^{it_{\mathrm{s}}E_p/\hbar}+c_-e^{-it_{\mathrm{s}}E_p/\hbar})\widetilde{\psi}(\boldsymbol{p};t)w_{\boldsymbol{p}}(\boldsymbol{r}). \tag{4.130d}$$

これらはいずれも「ψ 単独では見られぬ干渉模様」を生ずる（以下，$\varphi \equiv \arg(c_+^*c_-)$）：例えば

- 「ヤング型実験にて二連細隙を通過した粒子」は，実効的に，(4.130a) なる形の波動関数で記述できる：位置確率密度を調べると

$$\left|\Psi^{(\boldsymbol{p}_{\mathrm{s}})}(\boldsymbol{r};t)\right|^2 = \left\{|c_+|^2 + |c_-|^2 + 2|c_+c_-|\cos(2\boldsymbol{p}_{\mathrm{s}}\cdot\boldsymbol{r}/\hbar - \varphi)\right\}|\psi(\boldsymbol{r};t)|^2. \tag{4.131a}$$

- 「適切に配置された半鏡群（♡ 20.2.3 項）を通過した粒子」は，実効的に，(4.130b) なる形の波動関数で記述できる：運動量確率密度を調べると

$$\left|\widetilde{\Psi^{[\boldsymbol{r}_{\mathrm{s}}]}}(\boldsymbol{p};t)\right|^2 = \left\{|c_+|^2 + |c_-|^2 + 2|c_+c_-|\cos(2\boldsymbol{r}_{\mathrm{s}}\cdot\boldsymbol{p}/\hbar + \varphi)\right\}|\widetilde{\psi}(\boldsymbol{p};t)|^2. \tag{4.131b}$$

- 「光を照射された原子から飛び出す電子，すなわち "光電子 (photoelectron)"」は，照射光が「二個の逐次パルス」から成るとすれば，実効的に，(4.130d) なる形の波動関数で記述できる（♡ 下記註 3）：運動量確率密度を調べると

$$\left|\widetilde{\Psi^{\{t_{\mathrm{s}}\}}}(\boldsymbol{p};t)\right|^2 = \left\{|c_+|^2 + |c_-|^2 + 2|c_+c_-|\cos(2t_{\mathrm{s}}E_p/\hbar - \varphi)\right\}|\widetilde{\psi^{\text{自由}}}(\boldsymbol{p};0)|^2. \tag{4.131c}$$

具体的に，$\psi(\ ;t)$ を自由ガウス波束（したがって $\widetilde{\psi}(\ ;t)$ もガウス型）として，上記干渉模様を描くと典型的に図 4.4．ただし，$\{(4.131a), (4.131b), (4.131c)\}$ それぞれについて

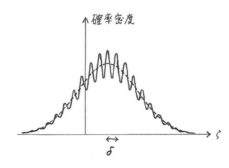

図 4.4 波束の重ね合わせに因り生ずる干渉模様

$$\zeta = \left\{ \frac{\boldsymbol{p}_\mathrm{s}}{|\boldsymbol{p}_\mathrm{s}|}\cdot\boldsymbol{r},\ \frac{\boldsymbol{r}_\mathrm{s}}{|\boldsymbol{r}_\mathrm{s}|}\cdot\boldsymbol{p},\ E_p \right\}, \qquad \delta = \pi\hbar\times\left\{\frac{1}{|\boldsymbol{p}_\mathrm{s}|},\ \frac{1}{|\boldsymbol{r}_\mathrm{s}|},\ \frac{1}{t_\mathrm{s}}\right\}.$$

註1 日常的な値 $\{|\boldsymbol{p}_\mathrm{s}|,\ |\boldsymbol{r}_\mathrm{s}|,\ t_\mathrm{s}\}\sim\{1\mathrm{g}\cdot\mathrm{cm/sec},\ 1\mathrm{cm},\ 1\mathrm{sec}\}$ に対しては,$\delta\sim\{3\times10^{-27}\mathrm{cm},\ 3\times10^{-27}\mathrm{g}\cdot\mathrm{cm/sec},\ 3\times10^{-27}\mathrm{erg}\ (\sim 2\times10^{-15}\mathrm{eV})\}$ となり,干渉模様検出は事実上不可能.例えば (4.131c) の場合,所与の測定器で達成可能なエネルギー分解能が 1meV ならば,下記状況設定が必要:

$$\delta \gg 1\mathrm{meV}, \quad \text{すなわち} \quad t_\mathrm{s} \ll 2\times10^{-12}\mathrm{sec} = 2\mathrm{ps}\ (\equiv 2\mathrm{picosec}).$$

♣ 註2 リンドナーらに依る実験 [9] においては,Ar 原子にレーザー光パルスが照射され,第一パルスと第二パルス (各パルス幅 $\tau\sim 500\mathrm{as}\equiv 500\mathrm{attosec}=0.5\mathrm{fs}$) の間隔は約 2fs ($\equiv 2\mathrm{femtosec}=2\times10^{-15}\mathrm{sec}$) であった.したがって,

$$t_\mathrm{s}\sim 1\mathrm{fs}, \qquad \delta\sim 2\mathrm{eV}.$$

実際,図 4.4 のごとき実験データが得られ,$\delta^{実験}\sim 2\mathrm{eV}$ であった.

♣♣ 註3 実験 [9] の詳細解析は,本書現段階においてはまったく準備不足であるが,いささか先走って概略を述べると次のごとし:

$t=-t_\mathrm{s}-\tau/2$ にて電子は原子に束縛されていた (エネルギーが $-\hbar\omega_\mathrm{B}$ なる状態 u_B に在った) とする.$t\in(-t_\mathrm{s}-\tau/2,\ -t_\mathrm{s}+\tau/2)$ に第一パルスが照射されたとすれば,照射直後における電子の状態は次の形に書ける:

$$\alpha u_\mathrm{B} e^{i(t+t_\mathrm{s}+\tau/2)\omega_\mathrm{B}} + \beta\phi(\ ;t+t_\mathrm{s}+\tau/2)\ :\ -t_\mathrm{s}+\tau/2 < t < t_\mathrm{s}-\tau/2\ \wedge\ \{\alpha,\beta\}\subset\mathbf{C},$$
$$\phi\equiv\text{「原子から飛び出して自由になった状態」}.$$

第二パルス ($t\in(t_\mathrm{s}-\tau/2,\ t_\mathrm{s}+\tau/2)$) は,第一パルスと同じく原子を狙って照射されるゆえ ϕ にはほとんど影響せず,u_B を上記と同様に変展させる.したがって,第二パルス照射直後における電子の状態は

$$\alpha e^{i2t_\mathrm{s}\omega_\mathrm{B}}\left\{\alpha u_\mathrm{B} e^{i(t-t_\mathrm{s}+\tau/2)\omega_\mathrm{B}} + \beta\phi(\ ;t-t_\mathrm{s}+\tau/2)\right\} + \beta\phi(\ ;t+t_\mathrm{s}+\tau/2)$$
$$= \alpha^2 u_\mathrm{B} e^{i(t+t_\mathrm{s}+\tau/2)\omega_\mathrm{B}} + \beta\left\{\alpha e^{i2t_\mathrm{s}\omega_\mathrm{B}}\psi(\ ;t-t_\mathrm{s}) + \psi(\ ;t+t_\mathrm{s})\right\},$$
$$\psi(\ ;t)\equiv\phi(\ ;t+\tau/2).$$

β に比例する部分 (これだけが運動量測定器に到達する) は,適切に規格化定数を掛ければ,(4.130c) なる形をしている:$\{c_+,c_-\}\propto\{\alpha e^{i2t_\mathrm{s}\omega_\mathrm{B}},\ 1\}$.

4.12 数学的補足

4.12.1 ◇ ガウス積分 (その 2):積分路移動法と解析拡張法

(4.6b)〜(4.11d) を示す際に次の公式が必要:

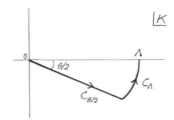

図 4.5 積分路 $\{C_{\theta/2}, C_\Lambda\}$

$$\mathcal{I}(\alpha,\beta) \equiv \int dK \ \exp(-\alpha K^2 + \beta K)$$
$$= \left(\frac{\pi}{\alpha}\right)^{1/2} \exp(\beta^2/4\alpha) \quad : \Re\alpha > 0 \ \wedge \ \beta\text{は勝手な複素数} \tag{4.132a}$$
$$:= e^{-i\theta/2}\frac{\sqrt{\pi}}{a} \exp(e^{-i\theta}\beta^2/4a^2) \quad : \alpha = a^2 e^{i\theta} \wedge a > 0 \wedge |\theta| < \pi/2. \tag{4.132b}$$

これは，3.5 節にて論じたものよりも一般的なガウス積分 (被積分指数函数の肩における係数を複素数に拡張したもの) であり，やはり量子力学において避けて通れぬ積分である．複素函数論に頼らずして証明は困難．以下に方法を二通り示す．

積分路移動法

積分路をうまく移動して 3.5 節に帰着させよう．まず次のごとく書き直す：

$$\mathcal{I}(\alpha,\beta) = \left\{\int_{-\infty}^0 dK + \int_0^\infty dK\right\} \exp(-\alpha K^2 + \beta K)$$
$$= \lim_{\Lambda\to\infty} \int_0^\Lambda dK \{f_-(K) + f_+(K)\} \quad : f_\pm(K) \equiv e^{-\alpha K^2 \pm \beta K}. \tag{4.133a}$$

$f(K)$ が至るところ正則ゆえ，実軸沿い積分路 $(0, \Lambda)$ を扇形に回せる (図 4.5)：

$$\int_0^\Lambda = \int_{C_{\theta/2}} + \int_{C_\Lambda}, \tag{4.133b}$$

$$\int_{C_{\theta/2}} dK \ f_\pm(K) = \int_0^\Lambda e^{-i\theta/2} dq \ f_\pm(qe^{-i\theta/2})$$
$$= e^{-i\theta/2} \int_0^\Lambda dq \ e^{-a^2 q^2 \pm \tilde{\beta} q} \quad : \tilde{\beta} \equiv \beta e^{-i\theta/2}. \tag{4.133c}$$

「円弧 C_Λ に因る寄与」は極限 $\Lambda \to \infty$ にて指数函数的に消える (♡ 下記演習) ゆえ，

$$e^{i\theta/2}\mathcal{I}(\alpha,\beta) = \lim_{\Lambda\to\infty} \int_0^\Lambda dq \left\{e^{-a^2 q^2 - \tilde{\beta} q} + e^{-a^2 q^2 + \tilde{\beta} q}\right\}$$
$$= \left\{\int_{-\infty}^0 dq + \int_0^\infty dq\right\} \exp(-a^2 q^2 + \tilde{\beta} q)$$
$$= \mathcal{I}(a^2, \tilde{\beta}) = \frac{\sqrt{\pi}}{a} \exp(\tilde{\beta}^2/4a^2) \quad (\heartsuit \ (3.40\text{d})). \tag{4.133d}$$

演習 「C_Λ に因る寄与」は $\mathcal{O}(\Lambda \exp(-a^2\Lambda^2 \cos\theta))$．
証明：
$$\int_{C_\Lambda} dK \ f_\pm(K) = \int_{-\theta/2}^0 \Lambda e^{i\varphi} d\varphi \ \exp\left(-\alpha\Lambda^2 e^{2i\varphi} \pm \beta\Lambda e^{i\varphi}\right)$$

206 第 4 章 「位置の確率密度」と「運動量の確率密度」

$$= \Lambda \int_0^{\theta/2} e^{-i\varphi} d\varphi \, \exp\left\{-a^2\Lambda^2 e^{i(\theta-2\varphi)} \pm \beta\Lambda e^{-i\varphi}\right\}. \tag{4.134a}$$

$\theta > 0$ として

$$\left|\int_{C_\Lambda} dK \, f_\pm(K)\right| < \Lambda \int_0^{\theta/2} d\varphi \, \exp\left\{-a^2\Lambda^2 \cos(\theta-2\varphi) \pm b\Lambda\cos(\phi-\varphi)\right\} \quad : be^{i\phi} \equiv \beta \tag{4.134b}$$

$$< \frac{\theta}{2}\Lambda e^{-a^2\Lambda^2\cos\theta + b\Lambda} \quad (\theta \text{ を } |\theta| \text{ に直せば } \theta < 0 \text{ の場合にも正しい}). \quad \blacksquare \tag{4.134c}$$

♣♣ 解析拡張法

$\mathcal{I}(\alpha,\beta)$ が「α に関して，右半面にて解析的なること」に着目し，$\mathcal{I}(a^2,\beta)$ から出発して，解析拡張する．β に関しても，3.5.5 項に述べた通り，解析的．ゆえに，$\mathcal{I}(a^2,X)\,(=I(a,X))$ に帰着．

註 本節における**解析拡張** (analytic extension) [*59]は，3.5.5 項にても触れたが詳しくいえば，下記定理 ("一致の定理" ともよばれる) に基づく：

複素 Z 面の或る領域 Ω(実軸と交わるとする) にて解析的な函数 f が有るとする．ただし，解析的なることは保証されているものの，Ω における函数形は未知であり，f の実軸片鱗($\equiv$「実軸上における函数形 $F(X)\,(X\in\mathbf{R})$」) だけが既知である．すると，f の全貌は，実軸片鱗を，形式的に ($\equiv$「函数形を保ったまま」) Ω 全体に拡張することに拠り与えられる：

$$f(Z) = F(Z) \qquad : \forall Z \in \Omega. \tag{4.135}$$

なお，実軸片鱗自体も何らかの方法で求めねばならぬ場合には，$X \in \mathbf{R}$ なる情報を自在に使って構わぬ：結果として得られた $F(X)$ が「X でテイラー展開可能」な形になっていさえすれば (4.135) が使える (途中にていかに計算しようと自由).

4.12.2 ◇ ガウス型波動函数と運動量確率振幅

「自由ガウス波束」と「それに対応する運動量確率振幅」の関係は，すでに (4.18) に示したが今後も頻繁に使用するゆえ，一般的な形にまとめておこう：

☆**演習** 「$\forall$ 実定数 $\{x_*, p_*\}$」$\wedge$「$\Re\mathcal{D}^2 > 0$ なる $\forall$ 複素定数 $\mathcal{D}$」に対し，

$$\phi_{\mathrm{G}}(x) = \mathcal{N}\exp\left\{-\frac{1}{4}\left(\frac{x-x_*}{\mathcal{D}}\right)^2 + ip_*x/\hbar\right\}$$

$$\Longleftrightarrow \widetilde{\phi_{\mathrm{G}}}(p) = \frac{\mathcal{N}}{(\hbar/2\mathcal{D}^2)^{1/2}}\exp\left\{-\frac{1}{4}\left(\frac{p-p_*}{\hbar/2\mathcal{D}}\right)^2 - ix_*p/\hbar + ix_*p_*/\hbar\right\}. \tag{4.136a}$$

これは下記公式の特殊例でもある：

$$\phi(x) = \phi_0(x-x_*)e^{i(x-x_*)p_*/\hbar} \quad \Longleftrightarrow \quad \widetilde{\phi}(p) = \widetilde{\phi_0}(p-p_*)e^{-ix_*p/\hbar}. \quad \blacksquare \tag{4.136b}$$

[*59] Analytic continuation といわれることも多い．Analytic continuation は "解析接続" と訳される (数学辞典にも載っている正式訳語). しかし，"接続" は "あらかじめわかっているもの同士を繋ぐ" なる臭いがする．Continuation (extension) の訳としては受動的接続より能動的拡張の方が適切ではなかろうか．ちなみに微分幾何学における**接続** (connection) はまさしく接続であろう．Continuation と connection に同一訳語を当てるとは数学者らしくない．

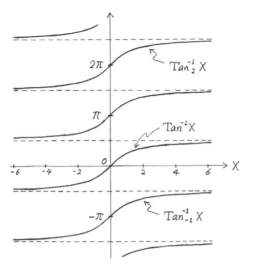

図 4.6 tan のグラフを 90 度回したもの

規格化を明示したい場合には下記が有用 (自由ガウス波束の表式 (4.11) がその一例):
☆演習 規格化されたガウス型函数は一般に次の形に書ける:

$$\phi_{\rm G}(x) = \frac{\mathcal{C}}{(\sqrt{2\pi}\Delta)^{1/2}} \exp\left\{-\frac{1}{4}\frac{(x-x_*)^2}{\Delta_0\Delta} + ip_*x/\hbar\right\} \tag{4.136c}$$
$$: |\mathcal{C}| = 1 \ \wedge \ \{x_*, p_*\} \subset \mathbf{R} \ \wedge \ \Delta_0 = \Re\Delta > 0$$
$$\iff \widetilde{\phi_{\rm G}}(p) = \frac{\mathcal{C}}{(\sqrt{2\pi}\hbar/2\Delta_0)^{1/2}} \exp\left\{-\frac{1}{4}\left(\frac{p-p_*}{\hbar/2\Delta_0}\right)^2 - \frac{i}{\hbar}(p-p_*)x_* - \frac{i}{\hbar^2}(p-p_*)^2\Delta_0\Im\Delta\right\}. \tag{4.136d}$$

証明:ガウス型ゆえ, $\phi_{\rm G} \propto e^{-Q}$: $Q \equiv \alpha x^2 - 2\beta x \ \wedge \ \Re\alpha > 0$ と書ける.
実数 x_* を導入して $Q = \alpha(x-x_*)^2 + 2(\alpha x_* - \beta)x - \alpha x_*^2$.
$x_* = \Re\beta/\Re\alpha$ と採れば $\Re(\alpha x_* - \beta) = 0$.
$\Re(1/\alpha) > 0 \ (\heartsuit \ \Re\alpha > 0)$ ゆえ, $\Re(1/\alpha) = 4\Delta_0^2$ と置けば $\frac{1}{\alpha} = 4\Delta_0\Delta$: $\Re\Delta = \Delta_0$.
すると $\Re\alpha = \frac{1}{4\Delta_0}\Re\frac{1}{\Delta} = \frac{1}{4\Delta_0}\Re\frac{\Delta^*}{|\Delta|^2} = \frac{1}{4|\Delta|^2}$.
ゆえに $|e^{-\alpha(x-x_*)^2 + 2(\alpha x_* - \beta)x}|^2 = e^{-2(\Re\alpha)(x-x_*)^2} = e^{-(x-x_*)^2/2|\Delta|^2}$, すなわち (4.136c).
(4.136a) ∧「$\Re\Delta = \Delta_0$」 $\implies$ (4.136d). ∎

4.12.3 ◇ 逆函数

"Tan^{-1} は tan^{-1} の**主枝** (principal branch) である" なる言い回しにお目にかかることあり. これに応じて, "tan^{-1}X の**主値** (principal value) は Tan^{-1}X なり" といわれる (よりイー加減に "Tan^{-1} は tan^{-1} の主値" などといわれることもある). 確かに, tan のグラフを 90 度回して見れば (図 4.6), 横軸の各点に対応させらるべき値は無数に有る. したがって, "tan の逆函数を tan^{-1} と書けば, tan^{-1} は無数の枝から成り, 原点を通る枝を主枝と称する", 換言すれば "tan^{-1}X の候補値

208   第4章 「位置の確率密度」と「運動量の確率密度」

は無限個有り (つまり $\tan^{-1}$ は多価函数であり), 主枝上に在る値を主値と称する", なるわけであろう[60]. しかし, "多価函数" などといわれると初学者は混乱してしまう. そもそも一般に

函数 f は, その**定義域** (domain of definition) $\mathcal{D}$ に属する勝手な X に対し, 或る値 $f(X)$ を一意的に対応させる, つまり

$$f: \forall X \in \mathcal{D} \longrightarrow \text{「一意的に決まった } f(X)\text{」} \tag{4.137a}$$

なるはずであった[61]. ちなみに, 「$f(X)$ が採り得る値すべてから成る集合」は「函数 f の**値域** (range)」とよばれる:

$$\mathcal{R} \equiv \text{「} f \text{ の値域」} := \{f(X) \mid X \in \mathcal{D}\}. \tag{4.137b}$$

逆函数なるものも, 導入する以上は, 函数として導入せねばならぬ. つまり, 「(4.137a)∧(4.137b) なる函数 f」の逆函数 f^{-1} は下記性質を有すべし:

$$f^{-1}: \forall X \in \mathcal{R} \longrightarrow \text{「一意的に決まった } f^{-1}(X) \in \mathcal{D}\text{」}. \tag{4.137c}$$

例えば「$f(X) = X^2 : \forall X \in (0,\infty)$」で定義される f に対しては「$f^{-1}(X) = \sqrt{X} : \forall X \in (0,\infty)$」($\mathcal{D} = \mathcal{R} = (0,\infty)$). この場合は, f が1対1(one-to-one) ゆえ, 単純である. ところが, 定義域を広げて「$f(X) = X^2 : \forall X \in \mathbf{R}$」とした途端, 1対1でなくなり (2対1となり), 話がややこしくなる. この場合にも逆函数が定義できるけれども, 定義の仕方に任意性がある (定義の仕方は読者の趣味と都合に応じて勝手である). 例えば, 下記 $\{F_1, F_2\}$ はいずれも上記 f の逆函数である:

$$F_1(X) := \sqrt{X} \qquad : \forall X \in (0,\infty),$$
$$F_2(X) := \begin{cases} \sqrt{X} & : 0 < X < 1, \\ -\sqrt{X} & : X \geq 1. \end{cases}$$

同じく $\tan$ についてもしかり. 「$\pi/2$ の奇数倍を $\mathbf{R}$ から除いたもの」を $\mathcal{D}$ として採れば ∞ 対1であり, 例えば, 下記 Tan_n^{-1} や F はいずれも $\tan$ の逆函数である:

$$\mathrm{Tan}^{-1} \equiv \mathrm{Tan}_0^{-1} := \text{「図 4.6 にて原点を通る枝で表される函数」}, \tag{4.138a}$$
$$\mathrm{Tan}_n^{-1} := \text{「図 4.6 にて縦軸の点 } n\pi \text{を通る枝で表される函数」}, \tag{4.138b}$$
$$F(X) := \begin{cases} \mathrm{Tan}^{-1}X & : X < 0, \\ \mathrm{Tan}_2^{-1}X & : X \geq 0. \end{cases}$$

以上に拠り明らかな通り, 無限定に $\tan^{-1}$ と書かれても意味不明である. 連続函数の方が何かと好都合ゆえ, 上記 F などはあまり使われぬ. 本当は, Tan_n^{-1} を $\tan$ の**第 n 逆函数**とよび, 特に Tan^{-1} を**主逆函数**とよびたい. しかし, 拙造記号 Tan_n^{-1} が一般に流布していないことにも鑑み, やむなく, Tan^{-1} を**主枝**とよぶ. **選枝不要**な場合には $\tan^{-1}$ と書くこともある.

---

[60] 「多値でなく多価」そして「主価でなく主値」なるはなぜ? 価値でなく価値はなぜ? 価と値の違いは? 乞ご教示.

[61] "(エネルギー無駄遣いを気にせぬ人々にとって) 身近な" 函数は自販機, しからば "多価自販機" とは? そんなものがあったら困ろう. 本書で函数というときは必ず本項に述べる意味のものであって, "多価函数" ∨ "一価函数" なる語は "誤解を招きかねぬ用語" として批判引用する以外には不使用 (函数が "一価" なることは定義に拠り自明). 念のため付言すれば, 函数は写像 (map) の内の特別なものである. 一般に, 勝手な写像 $F: \mathcal{W} \longrightarrow \mathcal{W}'$ について, 逆写像 F^{-1} が定義でき $FF^{-1} = 1$ ($\Longleftrightarrow F(F^{-1}(\mathcal{W}')) = \mathcal{W}' : \forall \mathcal{W}'$) である (ただし $F^{-1}F = 1$ は保証されぬ: 自販機に100円玉を入れた後, 気が変わって取り消すと, 100円玉の代わりに10円玉10個が戻ってきたりする) が, たとえ「$\forall \mathcal{W}$ について $F(\mathcal{W})$ が一元集合」であっても $F^{-1}(\mathcal{W}')$ は一般に多元集合: $\tan$ を写像 ($\mathbf{R} \longrightarrow \mathbf{R}$) と見なすなら, 例えば $\tan^{-1}(1) = \{(m+1/4)\pi \mid m \in \mathbf{Z}\}$.

なお，一般に下記が成り立つ (記法は (4.137))：f^{-1} をいかに定義するかに依らず，

$$f(f^{-1}(X)) = X \qquad : \forall X \in \mathcal{R}. \tag{4.139a}$$

また，f が 1 対 1 なら次式も成立：

$$f^{-1}(f(X)) = X \qquad : \forall X \in \mathcal{D}. \tag{4.139b}$$

例えば

$$\tan(\mathrm{Tan}_1^{-1}(1)) = \tan(5\pi/4) = 1, \qquad \mathrm{Tan}_1^{-1}(\tan(\pi/4)) = \mathrm{Tan}_1^{-1}(1) = 5\pi/4 \neq \pi/4.$$

註 $(\tan\theta)^2$ を $\tan^2\theta$ と書く悪弊に染まっていると "$\mathrm{Tan}^{-1}X = 1/\mathrm{Tan}X$" なる誤解を招きかねぬゆえ御用心.

4.12.4 ◇ ヴェクトルと多次元積分

ヴェクトル函数と勾配

一般に

$$\boldsymbol{A}(\boldsymbol{r}) = \sum_a A_a(\boldsymbol{r})\boldsymbol{e}_a \equiv A_x(\boldsymbol{r})\boldsymbol{e}_x + A_y(\boldsymbol{r})\boldsymbol{e}_y + A_z(\boldsymbol{r})\boldsymbol{e}_z : \sum_a \equiv \sum_{a \in \{x,y,z\}} \tag{4.140}$$

とし，かつ

$$\nabla =: \sum_a \boldsymbol{e}_a \partial_a, \qquad \text{つまり} \quad \partial_x := \partial/\partial x, \ \cdots \tag{4.141}$$

と書くことにすれば[*62]

$$\nabla \cdot \boldsymbol{A}(\boldsymbol{r}) = \sum_a \sum_b \boldsymbol{e}_a \cdot \boldsymbol{e}_b \, \partial_a A_b(\boldsymbol{r}) = \sum_a \partial_a A_a(\boldsymbol{r}) = \frac{\partial}{\partial x}A_x(\boldsymbol{r}) + \frac{\partial}{\partial y}A_y(\boldsymbol{r}) + \frac{\partial}{\partial z}A_z(\boldsymbol{r}).$$

$\boldsymbol{A}(\boldsymbol{r}) = f(\boldsymbol{r})\nabla g(\boldsymbol{r})$ (つまり $A_a(\boldsymbol{r}) = f(\boldsymbol{r})\partial_a g(\boldsymbol{r})$) と置けば

$$\nabla \cdot (f(\boldsymbol{r})\nabla g(\boldsymbol{r})) = \sum_a \partial_a \left\{ f(\boldsymbol{r})\partial_a g(\boldsymbol{r}) \right\}. \tag{4.142}$$

体積要素

「$\mathbf{E}^3$ の体積要素 (volume element)」[*63]を $d\boldsymbol{r}$ と書く本もある．しかし，これはヴェクトルとして使いたい．例えば

$$\boldsymbol{r}' \text{ が } \boldsymbol{r} \text{ と微かしか違わぬとして } d\boldsymbol{r} \simeq \boldsymbol{r}' - \boldsymbol{r} \tag{4.143}$$

(線積分の際などにはこれを用いる)．三次元積分ゆえ $d^3\boldsymbol{r}$ はどうか？ これも，やはりヴェクトルに見えてしまい，次項に述べる面要素ヴェクトル (の高次元版) などと紛らわしく好ましくない．相対論などにて，時空点を $\sum_{\mu=0}^{3} x^\mu \boldsymbol{e}_\mu$ と書いて，四次元体積要素を d^4x と書く習わしもある．これにならえば d^3x もよいかもしれぬが，$\{x^1, x^2, x^3\}$ ならぬ $\{x, y, z\}$ を x で代表させるはいかがなものか．

[*62] もし ∇_a の ∇ がスカラー字体で出せれば ∂_a よりも ∇_a の方がよいが，残念ながら，わがぷろ (≡ 吾がわあぷろ) ではそうなってくれぬ.

[*63] 厳めしくいえば "積分測度 (integration measure)".

210 　第 4 章 「位置の確率密度」と「運動量の確率密度」

それに，「運動量空間における体積要素」(すでに 4.7.4 項にて d^3p と書いた) も使いたいゆえ，「$\boldsymbol{r}$ に関する積分」なる情報を明示しておきたい．あれこれ迷った挙句，以下の決断をした：

$$d^3r \equiv \text{「}\mathbf{E}^3\text{の体積要素」}, \tag{4.144a}$$

$$\int d^3r \ f(\boldsymbol{r}) \equiv \int_{\text{全空間}} d^3r \ f(\boldsymbol{r}) := \int dx \int dy \int dz \ f(x\boldsymbol{e}_x + y\boldsymbol{e}_y + z\boldsymbol{e}_z) \tag{4.144b}$$

(y 積分と z 積分についても x 積分と同様の約束 (4.5) に従う)．最右辺においては，もちろん，$\{\boldsymbol{e}_x, \boldsymbol{e}_y, \boldsymbol{e}_z\}$ は定ヴェクトル ($\{x, y, z\}$ に依らぬヴェクトル) であって，あらわに表示された $\{x, y, z\}$ に関して積分するわけである．つまり

$$\int d^3r \ f(\boldsymbol{r}) = \int dx \int dy \int dz \ f(x, y, z), \tag{4.145a}$$

$$f(x, y, z) := f(x\boldsymbol{e}_x + y\boldsymbol{e}_y + z\boldsymbol{e}_z). \tag{4.145b}$$

$f(\ ,\ ,\ )$ は，「ヴェクトル $\boldsymbol{r}$ の函数」なる $f(\ )$ と異なり，「三数組[*64] (number triplet) の函数」である．それゆえ，$\{\boldsymbol{e}_x, \boldsymbol{e}_y, \boldsymbol{e}_z\}$ 以外の基底系を用いる場合には，その旨きちんと断らぬと混乱をきたす．例えば

$$f(\boldsymbol{r}) = \exp\{-|(\boldsymbol{e}_x + i\boldsymbol{e}_y) \cdot \boldsymbol{r}|^2/a_\perp^2 - (\boldsymbol{e}_z \cdot \boldsymbol{r})^2/a_\parallel^2\} \ \wedge \ \{\boldsymbol{e}_\xi, \boldsymbol{e}_\eta, \boldsymbol{e}_\zeta\} = \{\boldsymbol{e}_y, \boldsymbol{e}_z, \boldsymbol{e}_x\} \tag{4.146a}$$

ならば

$$f(x, y, z) = \exp\{(x^2 + y^2)/a_\perp^2 - z^2/a_\parallel^2\}, \tag{4.146b}$$

$$f_{\{\boldsymbol{e}_\xi, \boldsymbol{e}_\eta, \boldsymbol{e}_\zeta\}}(\xi, \eta, \zeta) := f(\xi\boldsymbol{e}_\xi + \eta\boldsymbol{e}_\eta + \zeta\boldsymbol{e}_\zeta) = \exp\{(\zeta^2 + \xi^2)/a_\perp^2 - \eta^2/a_\parallel^2\} \ \neq \ f(\xi, \eta, \zeta). \tag{4.146c}$$

全空間でなく有限領域 $\mathcal{V}$ にわたって積分する場合には積分記号の下に $\mathcal{V}$ を添える (例えば (4.40a) 左辺)[*65]．

面要素ヴェクトル (surface-element vector)

$$d^2\boldsymbol{\Sigma} \equiv \text{「}\mathbf{E}^3\text{における曲面 (surface) の面要素ヴェクトル (略して，面要素)」}. \tag{4.147}$$

記号 $d^2\boldsymbol{\Sigma}$ が全体として一つのヴェクトルを表す[*66]：「長さは，"曲面の微小部分" の面積」$\wedge$「方向は，"曲面の微小部分" の向き (法線方向)」．例えば曲面が「原点 $\mathbf{0}$ を中心とする半径 R の球面 (sphere)」なる場合には，

$$d^2\boldsymbol{\Sigma}\big|_{\text{半径 }R\text{ の球面}} = \boldsymbol{e}_r R^2 d\Omega_{\boldsymbol{r}} \qquad : \ \boldsymbol{e}_r \equiv \boldsymbol{r}/|\boldsymbol{r}|, \tag{4.148a}$$

$$d\Omega_{\boldsymbol{r}} \equiv d\Omega_{\boldsymbol{e}_r} := \text{「単位球面 (unit sphere)}\mathbf{S}^2\text{の面積要素 (area element)」}. \tag{4.148b}$$

一般に，曲面 $\mathcal{S}$ にわたって積分する場合には，積分記号の下に $\mathcal{S}$ を書き，面要素は添字を付けず単に $d^2\boldsymbol{\Sigma}$ と書く (例えば (4.40a) 右辺第一項)[*67]．特に $\mathcal{S}$ が「半径 R なる球面」なら，

[*64] 三人組にて人の代わりに数．
[*65] $\mathcal{V}$ は volume の頭文字 V の花文字 (script V)．
[*66] 「あらかじめ $\boldsymbol{\Sigma}$ なるヴェクトルが存在して，それに d を掛けたもの」というわけではない．
[*67] $\mathcal{S}$ は surface の頭文字 S の花文字 (script S)

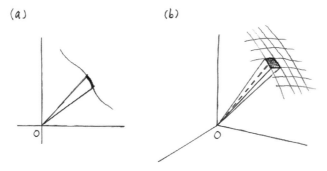

図 4.7 原点から見た (a) 線要素の平面角，(b) 面要素の立体角

$$\int_{球面\,(半径\,R)} \boldsymbol{A}(\boldsymbol{r}) \cdot d^2\boldsymbol{\Sigma} = R^2 \int d\Omega_{\boldsymbol{r}}\, \boldsymbol{e}_r \cdot \boldsymbol{A}(R\boldsymbol{e}_r). \tag{4.149}$$

註 1 $d\Omega_{\boldsymbol{r}}$ なる記法は，$d\Omega_{\boldsymbol{e}_r}$ とする方が合理的である (♡ 上式右辺にて，$\boldsymbol{r}$ の大きさは R と決まっており，方向を表す情報だけが必要) が，下添字にさらに下添字が付くのもわずらわしいゆえ，しばしば使用．$d\Omega_{\boldsymbol{r}}$ は "面要素の立体角 (solid angle)" ともよばれる (図 4.7) [*68]．

通例にならい $\mathbf{S}^2$ の点を "**極座標** (polar coordinates)" (ϑ,φ) で表すならば

$$d\Omega_{\boldsymbol{r}} = \sin\vartheta d\vartheta d\varphi. \tag{4.150}$$

しかし，球面とは定義に拠り球対称なるもの，つまり球面上の点は本来すべて対等である．南北極や日付変更線上の点を特別扱いする "極座標" は民主的でない[*69]．極座標は "球座標" とよばれることもあるがかような呼称に値せぬ[*70]．むしろ，民主主義の原点に戻って，$\mathbf{S}^2$ の点を $\Omega_{\boldsymbol{r}}$ とでも表す方が好ましい:

$$\Omega_{\boldsymbol{r}} := \lceil \mathbf{S}^2 と \boldsymbol{r} 方向半直線の交点\rfloor = \boldsymbol{e}_r. \tag{4.151}$$

この記法は，球面調和函数を扱う際 (♡ 第 31 章) などに用いる．いずれにせよ，特に必要に迫られぬ限り，(4.150) 右辺なる書き方は使わぬ[*71]．なお，「球 (ball) は三次元」なる取り決め (♡ 0.3.4 項) に応じて，(r,ϑ,φ) を**球座標** (<u>ball coordinates</u>) とよぶ．

註 2 積分記号を複数個書いて

$$\iiint d^3r \cdots, \qquad \iint \cdots \cdot d^2\boldsymbol{\Sigma} \tag{4.152}$$

[*68] 普通の角度 (すなわち "平面角 (plane angle)") が単位円周 $\mathbf{S}^1$ 上の弧長なるに対応して，立体角とは $\mathbf{S}^2$ 上の領域面積．なお，一般に $(D-1)$ 次元単位球面 $\mathbf{S}^{D-1}$ は，特に断らぬ限り，原点を中心とするものとする．

[*69] "グリニジ子午線 (Greenwich meridian: "1884 年ワシントンで結ばれた国際協定により，経度の原点として，グリニジ天文台 (当時) の子午環の位置を通る子午線が採用された" [理化学辞典])" は大英帝國の遺産．ただし，もはやグリニジ天文台はない．

[*70] ただし，"球面に座標系を導入するということは或る特定の視点に立つことだから，極座標を球面座標 (spherical coordinates) とよんで不都合なし" なる見解もあり得る．

[*71] もちろん，実用上は座標系を貼る必要がある．しかし，これとてリーマン幾何学の精神に則り各自の好みに応じて貼ればよい (local and personal coordinate patches)．

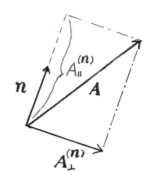

図 4.8 ヴェクトルの縦横分解

などとする記法は情報過多：積分の次元は一箇所に示されていれば充分．なお "d^2, d^3, etc." は，"d を二回掛ける, d を三回掛ける, etc." なる意味ならぬゆえ，<u>d_2, d_3, etc.</u>のごとく書く方が合理的であろうが，慣用に屈する[*72]．

ヴェクトルの縦横分解

上記 (4.146b) にて用いた記法 $\{\perp, \|\}$ について説明しておこう．一般に次の言い回しが頻用される：

所与の単位ヴェクトル $\boldsymbol{n}$ を基準として，
- 縦方向 (longitudinal direction) ≡「$\boldsymbol{n}$ 方向」,
- 横方向 (transverse direction) ≡「$\boldsymbol{n}$ に垂直な方向」

(ただし "横方向" は，$\boldsymbol{n}$ に垂直[*73]でありさえすれば構わぬゆえ，四方八方 二^{4}方 ··· 二^{N}方 ··· 無限に有る)．これに応じて，勝手なヴェクトル $\boldsymbol{A}$ が縦横方向に一意的に分解できる (図 4.8)：

[*72] 肩に数字を載せると，"微分形式 (differential forms) の理論" に慣れ親しんでいる人は $d^2 \equiv d \wedge d = 0$ と誤解しかねぬ．なお，"面要素ヴェクトル" なる概念は三次元空間における曲面についてしか通用しない．一般に「$n(\geq 3)$ 次元空間における二次元曲面の面要素」は "2-form" なる概念で表される．例えば (4.150) 式右辺に相当する 2-form は

$$\sin\vartheta \, d\vartheta \wedge d\varphi \ (= -\sin\vartheta \, d\varphi \wedge d\vartheta). \tag{4.153}$$

[*73] 何気なく (最近は "なにげに" ともいうらしい) "垂直" と書いたが，似た言葉に鉛直と直交がある．鉛直は，文字通り「鉛の錘が真っ直ぐに下がる」，つまり重力の方向である．対応する英語 vertical も，新英和大辞典に拠れば第一義は "水平面に直角の (horizontal の反対語)" であり，鉛直線 (plumb line = <u>Pb line</u> = 鉛線) よりも水面との直交性が強調されてはいるが，重力方向に他ならん．垂直は，「真っ直ぐに垂れる」だから重力を想定していることに変りはないが，鉛なる物体を除去すると同時に「鉛直線が水面と直交する」なる性質を抽象化したものであろう．対応する英語 perpendicular も，語幹の pend は pendulum (振り子) の pend と同じく pendere (垂れる) なるラテン語起源である [新英和大辞典]．これに対し直交は，「真っ直ぐに交わる」だから，無重力でも使える．対応する英語 orthogonal も，ギリシア語由来で ortho (真っ直ぐ) + gon (継ぎ目) であり，("真っ直ぐ" には直立という意味も含まれるが必ずしも) 重力には縛られぬ．(多角形を意味する polygon でも馴染みの gon はギリシア語の goni($\gamma o\nu\upsilon$)，goni の本義は膝 (ひざ)，これが抽象化されて一般に joint (継ぎ目) を意味，polygon は複数の線分を継ぎ合わせた結果として複数の継ぎ目を有する図形なる意味らしい [新英和大辞典，ギリシヤ語辞典].) 翻って，鉛直は「重力方向なること」が重要であって，鉛直線が水面と直交することは本来は副次的であろう (実用上も，家を建てるときに水面が近くにあるとは限らず，柱は地面とは直交する必要がない)．かように勝手に考えてみると，論理的には鉛直と直交だけで充分であって，中途半端に抽象化された概念である "垂直" は不要に思われる．にもかかわらず "垂直" なる語が使われる理由は，「三角形の頂 C を通って辺 AB に直交する線を引き，その交点を」などというより "頂 C から辺 AB に下ろした (垂らした) 垂線の足を" と擬似重力をもち出す方が直観的だからだろうか (乞ご教示) (もう一つの理由として，「垂直な」とはいえるが "直交な" とはいえぬ不便が挙げられるかもしれぬ．しかし，英語の perpendicular と orthogonal にはかような優劣はない).

$$\boldsymbol{A} = \boldsymbol{A}_{\parallel}^{(n)} + \boldsymbol{A}_{\perp}^{(n)}, \tag{4.154a}$$

$$\boldsymbol{A}_{\parallel}^{(n)} \equiv \lceil \boldsymbol{n} に準拠した，\boldsymbol{A}の縦部分\ (\text{longitudinal part})\rfloor := (\boldsymbol{A}\cdot\boldsymbol{n})\boldsymbol{n}, \tag{4.154b}$$

$$\boldsymbol{A}_{\perp}^{(n)} \equiv \lceil \boldsymbol{n} に準拠した，\boldsymbol{A}の横部分\ (\text{transverse part})\rfloor := \boldsymbol{A} - \boldsymbol{A}_{\parallel}^{(n)} = -(\boldsymbol{A}\times\boldsymbol{n})\times\boldsymbol{n}. \tag{4.154c}$$

特に，基底系 $\{\boldsymbol{e}_x, \boldsymbol{e}_y, \boldsymbol{e}_z\}$ を念頭に置いて $\boldsymbol{n} = \boldsymbol{e}_z$ と採る場合には，次のごとく略記する：

$$\boldsymbol{A}_{\parallel} \equiv \boldsymbol{A}_{\parallel}^{(\boldsymbol{e}_z)}, \qquad \boldsymbol{A}_{\perp} \equiv \boldsymbol{A}_{\perp}^{(\boldsymbol{e}_z)}. \tag{4.155}$$

上述に従い，$\boldsymbol{e}_z$ を基準として $\boldsymbol{r}$ を分解すれば[*74]

$$\boldsymbol{r} = \boldsymbol{r}_{\parallel} + \boldsymbol{\rho}, \qquad \boldsymbol{r}_{\parallel} = z\boldsymbol{e}_z, \qquad \boldsymbol{\rho} \equiv \boldsymbol{r}_{\perp} = x\boldsymbol{e}_x + y\boldsymbol{e}_y. \tag{4.156}$$

これに応じて，xy 平面にわたる積分を次のごとく書く：

$$\int d^2\rho\ f(\boldsymbol{r}) \equiv \int d^2 r_{\perp}\ f(\boldsymbol{r}) = \int dx \int dy\ f(x\boldsymbol{e}_x + y\boldsymbol{e}_y + z\boldsymbol{e}_z). \tag{4.157}$$

註 上記精神は様々に拡張活用する：例えば
- (4.146b) にて係数 a に $\{\parallel,\ \perp\}$ なる添字を付けた，
- 20.1 節にて変数分離型ポテンシャルを $V_{\parallel}(z) + V_{\perp}(\boldsymbol{\rho})$ と書く．

ガウス定理

$\underline{\mathbf{E}^1}$ 版ガウス定理は "定積分の基本公式 $\int_{-a}^{a} dz\, \partial J(z)/\partial z = J(a) - J(-a)$" に他ならぬ．すなわち，$\{$区間 $I \equiv (-a, a)$，その "表面" $\partial I \equiv$「二点集合 $\{\pm a\}$」，∂I の法線ヴェクトル $\boldsymbol{n}(\pm a) \equiv \pm\boldsymbol{e}_z$，$\boldsymbol{J}(z) \equiv J(z)\boldsymbol{e}_z\}$ に関し，

$$\int_I d^1 z\ \nabla\cdot\boldsymbol{J}(z) = \int_{-a}^{a} dz\ \frac{\partial J(z)}{\partial z} = J(a) - J(-a),$$

$$\int_{\partial I} d^0 z\ \boldsymbol{n}(z)\cdot\boldsymbol{J}(z) = \boldsymbol{n}(a)\cdot\boldsymbol{J}(a) + \boldsymbol{n}(-a)\cdot\boldsymbol{J}(-a) = J(a) - J(-a),$$

$$\text{ゆえに} \quad \int_I d^1 z\ \nabla\cdot\boldsymbol{J}(z) = \int_{\partial I} d^0 z\ \boldsymbol{n}(z)\cdot\boldsymbol{J}(z). \tag{4.158a}$$

(4.40) にて用いた定理は上記の $\mathbf{E}^3$ 版である：

$$\int_{\mathcal{V}} d^3 r\ \nabla\cdot\boldsymbol{J}(\boldsymbol{r}) = \int_{\mathcal{S}} \boldsymbol{J}(\boldsymbol{r})\cdot d^2\boldsymbol{\Sigma} \qquad : \mathcal{S} \equiv \partial\mathcal{V} \equiv 「\mathcal{V} の表面」. \tag{4.158b}$$

4.12.5 ◇ ディリクレ核の積分

(4.81c) を示す際に次の公式が必要：

$$\mathcal{I} \equiv \int dX\ \frac{\sin KX}{X} = \pi \qquad : \forall K(\neq 0) \in \mathbf{R}. \tag{4.159}$$

証明：被積分函数が「$|X| \to \infty$ にて振動しつつ減少し」$\wedge$「(原点を含み) 有界」ゆえ積分は条件収束する．積分変数を変換すれば，$K \neq 0$ なる限り，$\mathcal{I}$ が K に依らぬことも明らか：

[*74] 記号 $\boldsymbol{r}_{\perp}$ は頻用するにはわずらわしいので実用上は $\boldsymbol{\rho}$ を使う．

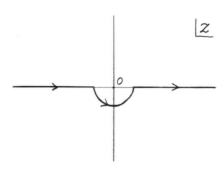

図 4.9 原点を下半面経由で迂回する路 $\mathcal{C}$

$$\mathcal{I} = \int dz \, \frac{\sin z}{z}. \tag{4.160a}$$

● 方法 I (複素函数論不得意読者向け)：被積分函数が偶ゆえ

$$\mathcal{I} = 2\int_0^\infty dz \, \frac{\sin z}{z} = \lim_{s\downarrow 0} \mathcal{I}_s, \qquad \mathcal{I}_s \equiv 2\int_0^\infty dz \, \frac{\sin z}{z} e^{-sz} \tag{4.160b}$$

(「積分が収束する」とわかっているゆえ，因子 e^{-sz} を挿入して積分し最後に $s \to 0$ としても結果は同じ). しかるに

$$\frac{d}{ds}\mathcal{I}_s = -2\int_0^\infty dz \, \sin z \, e^{-sz} = -2\Im\int_0^\infty dz \, e^{iz} e^{-sz} = 2\Im \frac{1}{i-s} = -\frac{2}{1+s^2} = -2\frac{d}{ds}\tan^{-1} s,$$

ゆえに， $\mathcal{I}_s + 2\mathrm{Tan}^{-1} s =$ 定数，

ゆえに， $\lim_{s\downarrow 0}\mathcal{I}_s = \lim_{s\downarrow 0}\mathcal{I}_s + 0 = \lim_{s\downarrow 0}(\mathcal{I}_s + 2\mathrm{Tan}^{-1} s) = \lim_{s\uparrow\infty}(\mathcal{I}_s + 2\mathrm{Tan}^{-1} s) = 0 + 2\times\frac{\pi}{2} = \pi$

♡ $s \gg 1$ なら，積分 $\mathcal{I}_s$ には $z \sim 0$ が主に利くゆえ $\sin z/z \sim 1$ と近似できて

$$\mathcal{I}_s/2 \simeq \int_0^\infty dz \, e^{-sz} = 1/s, \qquad \text{したがって} \quad \mathcal{I}_\infty = 0.$$

●♣ 方法 II (コーシー定理得意読者向け)：複素 z 面にて，被積分函数が解析的ゆえ，積分路を自由に変形できる．「原点を下半面経由で迂回する路 $\mathcal{C}$ (図 4.9)」を採れば，sin を指数函数二個に分けて項別積分して構わぬ：

$$\mathcal{I} = \int_{\mathcal{C}} dz \, \frac{\sin z}{z} = \mathcal{I}_+ - \mathcal{I}_-, \qquad \mathcal{I}_\pm \equiv \int_{\mathcal{C}} dz \, \frac{e^{\pm iz}}{2iz}. \tag{4.160c}$$

$\mathcal{I}_+$ は，上半面における無限半円路を付け加えれる (正当化議論は 3.6.2 項における (3.48)∨(3.50) の証明を参照) ゆえ，極 $z=0$ の寄与に依り $(2\pi i \times (1/2i) =) \pi$ を与える．これに対し $\mathcal{I}_-$ は，下半面における無限半円路を付け加えれるゆえ，極が寄与せぬことに因り 0.

●♣ 方法 III (方法 II と本質的に同じ)：(3.50a) から (3.50b) を引けば，∀ 実数 $\lambda(\neq 0)$ に対し，

$$\int dz \, \frac{\sin z}{z - i\lambda} = \pi e^{-|\lambda|}. \tag{4.161}$$

しかるに左辺は極限 $\lambda \to 0$ にて収束する．ゆえに，上式は $\lambda = 0$ に対しても成り立つ． ∎

4.13 ◇ 函数と函数空間

「函数」については既知として話を進めてきたが，念のため，一寸だけ復習しておこう．「函数」なる語は「或る集合 $\mathcal{W}$ から或る集合 $\mathcal{W}'$ への写像」と同義に使われることもあるが，以下，**複素函数** (complex function) ($\equiv$「$\mathcal{W}' = \mathbf{C}$ なる場合」) に話を限る：以下における函数は「X ($\in \mathcal{W}$) を変数とし」$\wedge$「値が複素数なるもの」とする ($\mathcal{W}$ は，何でも構わぬが，所与として固定する)．

4.13.1 函数とその値

まず重要なこととして，4.4.1 項にても注意喚起した通り，一般に

$$「函数 f」 と 「f の値 f(X) (\in \mathbf{C})」 を区別すべし. \tag{4.162}$$

まれに，例えば「$\boldsymbol{r}(\in \mathbf{E}^3)$ を変数とする函数 ϕ」と書くべきところを，混乱の恐れなしと見て簡便に無礼講で "函数 $\phi(\boldsymbol{r})$" などと書くことも有るかもしれぬが，原則として (4.162) を遵守する．

4.13.2 函数に関する基本定義

函数を「$f, g, h, \cdots$」などと書き，「$\forall X \in \mathcal{W}$」を「$\forall X$」と略記して，

定義 0 零函数 0：

$$0(X) := 0 \qquad : \forall X \qquad (右辺は複素数たる 0). \tag{4.163}$$

定義 1 函数の同一性 (同等性)：

$$f = g \quad \Longleftrightarrow \quad f(X) = g(X) \quad : \forall X. \tag{4.164}$$

定義 2 函数の和と複素数倍：

$$(f + g)(X) := f(X) + g(X) \qquad : \forall X, \tag{4.165a}$$
$$(-f)(X) := -f(X) \qquad : \forall X, \tag{4.165b}$$
$$(cf)(X) := cf(X) \qquad : \forall X \ \wedge \ \forall c \in \mathbf{C}, \tag{4.165c}$$
$$f - g := f + (-g). \tag{4.165d}$$

上記三定義に拠り，下記定理が成り立つ：

定理 1

$$(f - g)(X) = f(X) - g(X) \qquad : \forall X, \tag{4.166a}$$
$$f - g = 0 \quad \Longleftrightarrow \quad f = g. \tag{4.166b}$$

証明： $(f-g)(X) = (f + (-g))(X) = f(X) + (-g)(X) \qquad \heartsuit \ (4.165\text{d}) \wedge (4.165\text{a})$
$\qquad\qquad = f(X) + (-g(X)) \qquad \heartsuit \ (4.165\text{b})$
$\qquad\qquad = f(X) - g(X) \qquad \heartsuit \ \{f(X), g(X)\} \subset \mathbf{C}, \qquad ゆえに (4.166\text{a}).$
$\quad f - g = 0 \Longleftrightarrow (f-g)(X) = 0 \qquad : \forall X \qquad \heartsuit \ (4.164) \wedge (4.163)$
$\qquad\qquad \Longleftrightarrow f(X) - g(X) = 0 \qquad : \forall X \qquad \heartsuit \ (4.166\text{a})$
$\qquad\qquad \Longleftrightarrow f(X) = g(X) \qquad : \forall X \qquad \heartsuit \ \{f(X), g(X)\} \subset \mathbf{C}$

216　第 4 章　「位置の確率密度」と「運動量の確率密度」

$$\Longleftrightarrow f = g \quad \heartsuit \ (4.164), \qquad \text{ゆえに } (4.166\text{b}). \quad \blacksquare$$

定理 2

$$f + (g + h) = (f + g) + h, \tag{4.167a}$$
$$0 + f = f, \tag{4.167b}$$
$$-f + f = 0, \tag{4.167c}$$
$$f + g = g + f, \tag{4.167d}$$
$$1f = f \quad \wedge \quad 0f = 0, \tag{4.167e}$$
$$(c + c')f = cf + c'f \quad \wedge \quad c'(cf) = (c'c)f \quad : \forall\{c, c'\} \subset \mathbf{C}, \tag{4.167f}$$
$$c(f + g) = cf + cg \quad : \forall c \in \mathbf{C}. \tag{4.167g}$$

証明：「$\{c, c', f(X), g(X), h(X)\} \subset \mathbf{C}$」なることに拠る式変形は断りなく行うとして，

$$(f + (g + h))(X) = f(X) + (g + h)(X) = f(X) + (g(X) + h(X)) \quad \heartsuit \ (4.165\text{a})$$
$$= (f(X) + g(X)) + h(X) = (f + g)(X) + h(X) = ((f + g) + h)(X),$$
$$(0 + f)(X) = 0(X) + f(X) \quad \heartsuit \ (4.165\text{a})$$
$$= 0 + f(X) = f(X) \quad \heartsuit \ (4.163),$$
$$(-f + f)(X) = (-f)(X) + f(X) \quad \heartsuit \ (4.165\text{a})$$
$$= -f(X) + f(X) \quad \heartsuit \ (4.165\text{b})$$
$$= 0 = 0(X) \quad \heartsuit \ (4.163),$$
$$(f + g)(X) = f(X) + g(X) \quad \heartsuit \ (4.165\text{a})$$
$$= g(X) + f(X) = (g + f)(X),$$
$$(1f)(X) = 1 \times f(X) = f(X) \quad \heartsuit \ (4.165\text{c}) \text{ にて } c = 1,$$
$$(0f)(X) = 0 \times f(X) = 0 = 0(X) \quad \heartsuit \ \ulcorner (4.165\text{c}) \text{ にて } c = 0 \lrcorner \wedge (4.163),$$
$$((c + c')f)(X) = (c + c')f(X) \quad \heartsuit \ (4.165\text{c}) \text{ にて } c \to c + c'$$
$$= cf(X) + c'f(X)$$
$$= (cf)(X) + (c'f)(X) = (cf + c'f)(X) \quad \heartsuit \ (4.165\text{c}) \wedge (4.165\text{a}),$$
$$(c'(cf))(X) = c'(cf)(X) = c' \times cf(X) \quad \heartsuit \ (4.165\text{c})$$
$$= c'cf(X) = ((c'c)f)(X) \quad \heartsuit \ (4.165\text{c}),$$
$$(c(f + g))(X) = c(f + g)(X) = c\{f(X) + g(X)\} \quad \heartsuit \ (4.165\text{c}) \wedge (4.165\text{a})$$
$$= cf(X) + cg(X)$$
$$= (cf)(X) + (cg)(X) = (cf + cg)(X) \quad \heartsuit \ (4.165\text{c}) \wedge (4.165\text{a}).$$

以上が $\forall X$ に対して成り立つ．最後に定義 1 を使う．　$\blacksquare$

つまり，定義 $0 \wedge 1 \wedge 2$ に拠り，和と複素数倍だけを含む計算においては函数を複素数かのごとくに扱える．

4.13.3　函数空間

演習

$$\text{函数すべてから成る集合 } \mathcal{F} \text{ は線形空間を成す.} \tag{4.168}$$

証明：定義 $0 \wedge 1 \wedge 2$ および定理 $1 \wedge 2$ に拠り，$\mathcal{F}$ は線形空間の公理 $\mathcal{L}_\mathrm{I} \wedge \mathcal{L}_\mathrm{II}$ (♡ 2.7.2 項) を充たす． ∎

　ちなみに，$\mathcal{F}$ の部分空間 (♡ 2.7.3 項) として様々なものが作れる．例えば

演習　下記集合は，それぞれ，$\mathcal{F}$ の部分空間である：

- $\mathcal{F}_{N次多項式} \equiv$「$X$ の N 次多項式すべてから成る集合」， (4.169a)
- $\mathcal{F}_{微分可能} \equiv$「微分可能な函数すべてから成る集合」． (4.169b)

証明：いずれも部分空間鑑定器に記した条件 (2.40) を充たす． ∎

　一般に，函数の集合が線形空間を成す場合，当該集合 (例えば上記 $\mathcal{F}$, $\mathcal{F}_{N次多項式}$, $\mathcal{F}_{微分可能}$ など) は**函数空間** (function space) と称される．

参考文献

[1] David Bohm: *Quantum Theory* (Prentice-Hall, Englewood Cliffs, 1951), §6.9 Quantum properties of Matter as Potentialities. p.133.

[2] メシア：「量子力学 1」(小出昭一郎・田村二郎 訳, 東京図書, 1971), 第 8 刷 (1980), p.110.

[3] Werner Heisenberg: *The Physical Principles of the Quantum Thoery*, [translated by C.Eckart and F.C.Hoyt] (University of Chicago Press, 1930) (Dover, 1949), p.20.

[4] 渡辺慧：「時」(河出書房新社, 1974), 第 4 版 (1978)

[5] ポントリャーギン：「常微分方程式」(千葉克裕訳, 共立出版, 1963), 新版 20 刷 (1976), 第 4 章.

[6] Walter Rudin: *Principles of Mathematical Analysis* (McGraw-Hill Book Company, 1953) second edition (1964), p.174.

[7] 例えば，伊藤清三：「ルベーグ積分入門」(裳華房, 1963), 第 2 版 (1964), p.32.

[8] 高木貞治：「解析概論」(岩波書店, 1938), 改訂第 3 版第 4 刷 (1963)

[9] F. Lindner, M.G. Schäzel, H. Walther, A. Baltuška, E. Goulielmakis, F. Krausz, D.B. Milošević, D. Bauer, W. Becker, and G.G. Paulus: *Attosecond Double-Slit Experiment*, Phys. Rev. Lett. **95** (2005) 040401. [*75]

[*75] Interference between time-separated ($\sim$1fsec $\neq$ 1asec) packets; electron energy is inferred from time of flight.

第5章
「大人しい函数」と「超函数」

"量子力学を習ったのにデルタ函数も知らぬか"などといわれて立ち往生せぬよう,一応の"教養"として,デルタ函数を始めとする超函数および関連事項についてまとめておく.

5.1 大人しい函数

前章にて大人しい函数なる言葉を使った.時刻 t を固定し「波動函数を r だけの函数と見なしての話」である.大人しい函数は「何回でも微分でき」∧「遠方にて充分に速く 0 になる」ものとした.かような函数は**急減少函数** (rapidly decreasing function) [1] とよばれる.

5.1.1 急減少函数

急減少函数の正式定義: 一変数の場合[*1]

$$
\text{「函数 } f \text{ は急減少」} \iff
\begin{cases}
f \text{ は何回でも連続微分可能,} \\
\text{かつ} \\
\lim_{|X|\to\infty} |X^m \, d^n f(X)/dX^n| = 0, \quad : \forall\{m,n\} \subset \mathbf{N}.
\end{cases}
\tag{5.1a}
$$

急減少函数とは,要するに「すべての導函数が,任意の負冪よりも速く 0 に近づく」函数,粗っぽくいえば「指数函数的に速く 0 に近づく函数」である.

演習 ガウス型函数は急減少. ■

急減少函数の正式定義: 二変数の場合 (三変数以上の場合は推して知るべし)

[*1] "連続微分可能 (continuously differentiable)"なる言葉を本の目次で初めて見たとき,畏敬の念にかられた.微分操作を一回目二回目 ··· と次々と (successively) 行うことはできても"連続的に (continuously) 行う"ことができようとは思いもよらなかったから.数学者とは凄いことを考える人達だ ···.残念ながら,この感嘆は程なく裏切られた.本の中身を読んでみたら
　　「函数 $f(X)$ が連続微分可能」
　　$\iff$「$f(X)$ は微分可能 (それゆえ,当然,連続函数)」∧「導函数 $df(X)/dX$ も連続函数」.

220   第 5 章 「大人しい函数」と「超函数」

$$
\text{「函数 } f \text{ は急減少」} \Longleftrightarrow
\begin{cases}
f \text{ は何回でも連続微分可能,} \\
\text{かつ} \\
\text{微分結果は微分順序に依らぬ,} \\
\text{かつ} \\
\lim_{|X|+|Y|\to\infty} \left| X^k Y^l \frac{\partial^m}{\partial X^m} \frac{\partial^n}{\partial Y^n} f(X,Y) \right| = 0, \quad : \forall\{k,l,m,n\} \subset \mathbf{N}.
\end{cases}
$$
(5.1b)

註 1　上式にて,

$$
\lim_{|X|\to\infty}\lim_{|Y|\to\infty} \text{ でなく } \lim_{|X|+|Y|\to\infty}.
$$

急減少函数は "XY 面における方向" に依らず急激に 0 になる.

註 2　一般に多変数函数を微分する際には「微分する順序」が問題になり得る. しかし急減少函数の場合には, 定義に拠り, 左様な心配は御無用.

演習　次の函数は急減少ならず:

$$
\exp\{-(X^4 + Y^4)/(1 + X^2 Y^2)\}.
$$
(5.2a)

ヒント:

$$
\lim_{|X|\to\infty}\lim_{|Y|\to\infty} = \lim_{|Y|\to\infty}\lim_{|X|\to\infty} = 0, \quad \text{しかし} \quad \lim_{|X|=|Y|\to\infty} \neq 0. \quad \blacksquare
$$
(5.2b)

◇ **時々お目にかかる用語**

　　シュワルツ函数 (Schwartz function)[*2] ≡ 急減少函数,
　　シュワルツ空間 (Schwartz space) [2][*3] ≡「シュワルツ函数すべてから成る集合」.

演習　シュワルツ空間は線形空間 (♡ 2.7 節 ∨ 4.13 節) である.　　　　■

5.1.2　大人しい函数

　物理においては, シュワルツ空間全体は不必要 (むしろ, 無意味) であり, そのごく一部分で事足りる. つまり, 「或る有限区間 $(-\Lambda, \Lambda)$ の外にては 0」なる函数だけで充分. ただし, Λ は必要に応じて大きく採る. 例えば, 「"原子内の電子" を記述する波動函数 $\propto f(r/a)$: $a \sim a_{\mathrm{B}} \equiv$ ボーア半径」を論ずる際, $\Lambda = 1\mathrm{cm}/a$ $(\sim 10^8)$ で充分すぎるが, 心配ならば $\Lambda = 1000\mathrm{km}/a$ $(\sim 10^{16})$ とでも採るがよい. 具体的に $f(X) = \exp(-X^2)$ なる場合, これは「$|X| > \Lambda$ にて事実上 0」である: $\exp(-\Lambda^2)$ $(\sim \exp(-10^{32}))$ と 0 の違いを気にしても始まらぬ.

　要するに,「波動函数として考慮対象とされるべき<u>大人しい函数</u>」とは以下の性質を兼ね備えた函数を指す:

- 「遠方にて滑らかに減少」∧「或る有限領域の外においては (事実上) 0」.

[*2] このシュワルツさんは後に出てくるシュヴァルツ不等式 (Schwarz's inequality) のシュヴァルツさん (Karl Hermann Amandus Schwarz [1843.1.25–1921.11.30]) とはつづりも違う別人 (Laurent Schwartz [1915.3.5–2002.7.4]): シュヴァルツ不等式はシュワルツ不等式と書かれることも多いが, 数学辞典人名索引にならって「K.H.A.S. (独語母語人) はシュヴァルツ, L.S. (仏語母語人) はシュワルツ」と表記.

[*3] この "空間" は函数空間 (♡ 4.13 節) なる意味の空間.

- 何回でも微分可能.
- 微分した結果もまた「遠方にて滑らかに減少」∧「或る有限領域の外においては (事実上) 0」.
- 微分順序は自由に入替可能 (例えば, x 微分と z 微分のどちらを先にしても結果は同じ).

以下, 次の記法を使う:

$$\mathcal{F}^{大人} \equiv \text{「大人しい函数すべてから成る集合」}. \tag{5.3}$$

演習 ガウス型函数 $\in \mathcal{F}^{大人}$. ∎

演習 $\mathcal{F}^{大人}$ は線形空間を成す. ∎

演習 下記は, シュワルツ空間に属しながらも, 大人しからぬ:

$$\exp\left\{-\left(\frac{x}{a_B}+\Lambda\right)^2\right\} + \exp\left\{-\left(\frac{x}{a_B}-\Lambda\right)^2\right\} \qquad : \Lambda = 1\,\text{光年}/a_B \sim 10^{26}. \quad ∎ \tag{5.4}$$

「シュワルツ空間に属さぬ函数」の例にも事欠かぬ (♡ 次節).

☆**註** 「舞台が $\mathbf{E}^D$ なること」を明示 (強調) すべき場合には $\mathcal{F}^{大人}(\mathbf{E}^D)$ なる記号を使う. また, 或る領域 $\mathcal{D}(\subset \mathbf{E}^D)$ だけに着目する場合, 「$\mathcal{D}$ にて大人しい函数すべてから成る集合」を $\mathcal{F}^{大人}(\mathcal{D})$ と記す.

5.1.3 まとめ

本書全体を通して, 特に断らぬ限り, 波動函数といえば大人しいものとする:

$$\text{波動函数} \in \mathcal{F}^{大人}. \tag{5.5}$$

♣**註** 純数学的問題としては "$\exp(-10^{32})$ と 0 の違い" などが大問題となり得るかもしれぬ. 少し話を一般化して,

$\forall \Lambda\ (>1)$ に対し,
「$|X| \leq \Lambda - 1$ にて $\exp(-X^2)$ に一致」∧「$|X| \geq \Lambda + 1$ にて厳密に 0」∧「何回でも連続微分可能」

なる函数が欲しければ, 下記で定義される $台_\Lambda(X)$ を $\exp(-X^2)$ に掛けておけばよい:

$$台_\Lambda(-X) = 台_\Lambda(X) := \begin{cases} 1 & : 0 \leq X \leq \Lambda - 1, \\ \left\{1 + \exp\left(\frac{1}{(\Lambda+1)-X} - \frac{1}{X-(\Lambda-1)}\right)\right\}^{-1} & : \Lambda - 1 < X < \Lambda + 1, \\ 0 & : X \geq \Lambda + 1. \end{cases} \tag{5.6a}$$

註中註 一般に, 「函数 f の値が 0 でない変数領域」[*4]は「f の台 (support)」とよばれる. これに因んで (5.6a) なる函数を $台_\Lambda$ と名付けた.

♣**演習** (細かい数学に興味有るマニアックな読者向け) $台_\Lambda$ は

[*4] 正式には "関数 $f(x)$ の台 (support, carrier) とは, ⋯ 集合 $\{x \mid f(x) \neq 0\}$ の閉包 (closure)" [数学辞典 61 関数空間 B. 関数空間の例] と厳しい.

222   第 5 章 「大人しい函数」と「超函数」

- 何回でも連続微分可能,
- $\Lambda \gg 1$ なら次のごとく近似できる:

$$台_\Lambda(X) \simeq \begin{cases} \exp\left\{-(\Lambda^2 - X^2)^{-1}\right\} & : \ |X| < \Lambda, \\ 0 & : \ |X| > \Lambda. \end{cases} \qquad \blacksquare \qquad (5.6b)$$

5.2 ♣ 数学が気になる読者のためのワクチン

==== 数学が気になる読者もしくは数学に引け目を感じているかもしれぬ読者が
難しげな (高尚に見える) 言葉に出会っても化かされぬためのワクチン ====

5.2.1 自乗可積分空間

波動函数は,仮に "確率解釈" 可能性のみを要請するとすれば,規格化可能で有りさえすればよい (つまり,ノルムが有限すなわち (4.31) の右辺における積分が収束しさえすればよい).「規格化可能函数すべてから成る集合」は**自乗可積分函数空間**[5] (space of square-integrable functions) とよばれ,記号 $\mathcal{L}^2$ で表される[6]:

$$\mathcal{L}^2 \equiv 自乗可積分函数空間 := \{f \mid \|f\| < \infty\}, \qquad (5.7a)$$
$$つまり \quad 「f が自乗可積分」 \iff \|f\| < \infty \iff f \in \mathcal{L}^2. \qquad (5.7b)$$

それゆえ,「$\mathcal{L}^2$ に属しさえすれば波動函数たる資格有り」とする考え方も有り得る[7].しかし,以下に見るごとく,$\mathcal{L}^2$ とは途方もない空間である.

5.2.2 自乗可積分空間に属する函数の例

「$\mathcal{L}^2$ に属すがシュワルツ空間には属さぬ函数」を例示しよう:

1. 至るところ不連続な函数[8] (図 5.1(a)):

$$f^{不連続}(X) \equiv \frac{1}{X^2 + 1} \times \begin{cases} 1 & : \ X \in \{無理数\}, \\ 0 & : \ X \in \{有理数\}. \end{cases} \qquad (5.8a)$$

2. 「$X = 0$ にて微分不可能な」連続函数 (図 5.1(b)):

$$f^{激振\,0}(X) \equiv X \exp\left\{-X^2 + \frac{i}{X^2}\right\}. \qquad (5.8b)$$

---

[5] 「自乗可積分な空間」ではなく,「"自乗可積分な函数" を要素とする函数空間」."自乗可積分" (あるいは "自乗積分可能") とは,(4.31) の右辺における積分が収束すること.自乗は 2 乗と書く方が合理的であろうが,英語でも合理的というよりは歴史的直観的な用語 (square-integrable (直訳すれば "真四角積分できる")) が使われていることに呼応し,自乗とする."函数空間" なる言葉が登場したのは,この集合が線形空間を成すからである.

[6] 数学の本では L^2 と書かれることが多い.量子力学では L は角運動量のためにとっておきたい.

[7] むろん,この考えを採る場合には,シュレーディンガー方程式の数学的意味を考え直さねばならぬ ($\mathcal{L}^2$ に属する函数は微分可能とは限らぬから).一つの方法として,シュレーディンガー方程式を "弱い方程式 (weak equation)" と捉え直す数学的立場がある.しかし,以下に述べる通り,物理の立場からはこのようなことに頭をわずらわす必要はない ("弱い方程式" なる言葉の意味も,数学に興味ある読者だけが調べられればよく,特に知っている必要はない).

[8] $\mathcal{L}^2$ のノルムは,通常,ルベーグ積分 (Lebesgue integral) を用いて定義される.したがって,"至るところ不連続な函数" でも構わぬ.

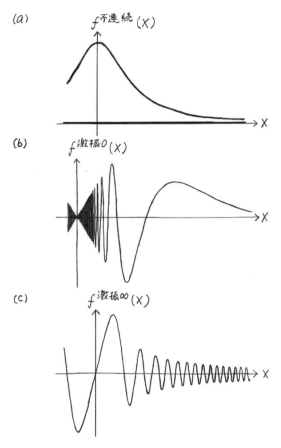

図 5.1 $\mathcal{L}^2$ に属する函数の例：(a) 至るところ不連続な函数，(b) 波長が原点付近にて急激に短くなる函数，(c) 波長が遠方にて急激に短くなる函数

3.「$X \to \infty$ にて微分が発散する」滑らか (すなわち連続微分可能) な函数 (図 5.1(c))：

$$f^{激振\infty}(X) \equiv \frac{1}{X}\sin(X^2). \tag{5.8c}$$

演習 仮に波動函数の x 依存性が $f^{激振 0}(x/a_\mathrm{B})$ で与えられるとすれば，当該波動函数は規格化可能であるけれども，確率流は $x \to 0$ にて発散する．あるいは，仮に $f^{激振\infty}(x/a_\mathrm{B})$ で与えられるとすれば，やはり規格化可能であるけれども，確率流は $|x| \to \infty$ にて 0 にならぬ．
証明：図 5.1(b)∧(c) からわかる通り，$x \to 0$ または $|x| \to \infty$ にて振動の波長がどんどん短くなる．∎

しかしである，仮にかような波動函数を想像してみたところで，現実の系が当該波動函数で記述されているか否か実験的に確かめる術はなかろう．例えば $f^{激振\infty}(x/a_\mathrm{B})$ の場合，$x \sim 10^{100}a_\mathrm{B}$ における波長は，$10^{-100}a_\mathrm{B}(\sim 10^{-108}\mathrm{cm})$ 程度となる．しかし実験は (あるいはおそらく人間の脳も) 或る精度でしか物事を認識することができぬ．より穏当に $x \sim 10^{10}a_\mathrm{B}$ を考えても，波長は $10^{-10}a_\mathrm{B}(\sim 10^{-18}\mathrm{cm})$ 程度，これは原子核半径よりはるかに小さく，目下我々が建立しつつある理論が「かように微小な尺度にまで」通用すべき保証はなかろう．$10^{-100}a_\mathrm{B}$ のごとき尺度はなおさらである (かような尺度まで実験室空間をユークリッド空間と見なせるか否かも疑問).

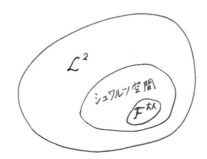

図 5.2　$\mathcal{F}^{大人}$ とシュワルツ空間と $\mathcal{L}^2$：相互包含関係

もっと単純に，例えば

$$f^{長尾}(X) \equiv \frac{1}{(X^4+1)^{1/2}} \tag{5.8d}$$

を考えたとしても，「波動函数が $x = 10^{1000}$ 光年まで精密に $f^{長尾}(x/a_B)$ で表されるや否や」などといった議論に物理的意味なきことは明らかであろう．例えば $X > 10^{10}$ にて $f^{長尾}(X)$ は事実上 0 であり，$X < 100$ なる領域においては $f^{長尾}(X)$ と $f^{長尾}(X)\exp(-(X/10^{10})^2)$ を区別することは事実上できぬ．したがって，もし (5.8d) が波動函数として気に入らぬなら，例えば $f^{長尾}(x/a_B)\exp(-(x/10^{10}a_B)^2)$ を採用しておけば問題はない．

♣ 註　「(数学的な) ∞」は 10^{1000} 光年 $/a_B$ などのごとき生やさしいものではない．「$10^\Gamma：\Gamma \equiv \gamma^\gamma \wedge \gamma \equiv 10^{10}$」とて「$\infty$ からは程遠い有限数」にすぎぬ．"無限に延びた直線 ($\mathbf{E}^1$)" は数学者が考え出した観念的産物[*9]にすぎぬ．

5.2.3　まとめ

物理を考える際には，

- "$\mathcal{L}^2$" あるいは "シュワルツ空間" といった格好よい言葉に誘惑されて純数学的議論に入り込むことは必要もなければ意味もない[*10]．
- 実際に物理的考察対象として意味が有るのは，$\mathcal{L}^2$ 全体ではなくシュワルツ空間全体でもなく，$\mathcal{F}^{大人}$ だけである．

5.2.4　♣♣ ワクチンを受け付けぬ読者のために

それでもなお数学が気になる読者のために補足しておこう．

補足 1：シュワルツ空間は「$\mathcal{L}^2$ の "稠密な部分空間 (dense subspace)"」を成す．すなわち，$\mathcal{L}^2$ を実数にたとえれば有理数にたとえられ，"完備 (complete)" でない．そして，$\mathcal{F}^{大人}$ はシュワルツ空間のほんの一部分であ

[*9] といって叱られれば，数学者の脳中 (の宇宙？) にのみ存在するであろう "数学的実在"．
[*10] ただし，数学を勉強したい読者の意欲を削ぐつもりは毛頭ない．それはそれとしておおいに楽しまれるがよかろう．

る (図 5.2) [*11].

補足 2：$\mathcal{L}^2$ やシュワルツ空間は，数学的には重要であろうが，前項に述べた通り物理においては架空の函数空間といってよい．この事情は物理における無理数の役割にたとえよう．例えば円周率 π なる無理数が日常茶飯事に用いられるけれども，実際の使われ方を見ると，$\cos(\pi/3) \equiv 1/2$ といった記号として使われる，あるいは，裸で登場する π は近似値 (有理数どころかせいぜい十数桁の数) で済まされる (それ以上の精度を云々しても，他の "定数" がはるかに大きな誤差を有するゆえ，意味がない[*12])．"実数体の連続性" は現実の物理とは懸け離れた観念である[*13]．ただし，いちいち "3.141592654…" などと書く代わりに架空の π を使うと議論が優美になる，それと同様の効用を追究して，「$\mathcal{F}^{\text{大人}}$ に制限せずシュワルツ空間全体を対象とする」なる考え方も有り得る．π の近似値は，「許容誤差が指定されて初めて確定する」なる意味において，主観的概念である．これと同じく，大人しい函数も数学的に一意的に定義される概念ではない[*14]．それゆえ，シュワルツ空間を使う方が数学的議論としては優美となろう．しかし，高尚優美な機器をそろえ使いこなすには手間暇が (そして費用も?) かかる．本書にて当面の目的 (主に「原子尺度の物理」を記述する理論を組み立てること) には手造りの道具で事足りる．

5.3　デルタ函数と踏段函数

5.3.1　デルタ函数： $\mathbf{E}^1$

一般に，次式のごとく機能する代物 $\delta(x)$ は "(1 次元の) **デルタ函数** (delta function)" [*15]とよばれる：

[*11] この図は包含関係を示すにすぎず，"面積" に意味はない．$\{\mathcal{F}^{\text{大人}}, \text{シュワルツ空間}, \mathcal{L}^2\}$ を $\{\text{整数}, \text{有理数}, \text{実数}\}$ にたとえて，後者に対するルベーグ測度をもって面積とすれば，$\mathcal{F}^{\text{大人}}$ もシュワルツ空間も面積 0.

[*12] もちろん，「π の値自体に興味をもち，それを 2 兆桁 3 兆桁と追究する」なる情熱はまったく別の話であって，それに意味なしといっているわけでは毛頭ない．

[*13] 1990 年代初めに，ある専門誌の編者から，粗末なわら半紙に旧式のタイプライター (ひょっとすると手動かもしれぬ) で書かれた一通の論文が送られてきた．掲載に値するか否か閲読 (referee) せよとの依頼．東欧の著者の手になるその論文の趣旨は "相対論 (より一般には物理学全般) を有理数のみで記述できるか" というもの．架空の存在とはいえ有用な無理数を排除して無理に有理数だけで話をすることもあるまい，と筆者は考えるけれども，「本来，物理と無理数は無縁」という著者の考えには同感．「物理量の値は，本来，すべて自然数で表される．なぜなら，何か物差 (基準値) を決めて，それを単位にして測られるものであるから．2.3 などという測定値は有り得ない．もとの物差のほぼ 1/10 の大きさの物差を新たに用意して，それを単位にして測り直したら約 23 となったというにすぎぬ (無論，種々の物差 (質量の基準，電荷の基準，速さの基準，etc.) の間に存在し得る関係 (例えば微細構造定数) は整数なる必然性はないし，勝手な二つの物理量の比は整数とも有理数とも限らぬ)．それはさておき，本論文の提唱する有理数記述も一興ではある．論旨をもう少し整理して書き直せば掲載に値しよう．」といった感じの好意的な (少なくとも筆者はその積もり) コメントを書いて送った覚えがある．残念ながら，その後，著者からは何の音沙汰もない (その論文がその後どこかに掲載されたかどうかも不明)．そうはいっても，実数はやはり便利．算数では $3/2 = 1.5$ だが，物理では $3/2$ と 1.5 は意味が違う．前者が「整数値を採ることがわかっている (と考えられる) 量の比」(例えば，$D/(D-1)$，$D \equiv$ 空間次元 $= 3$) なるに対し，後者は「或る測定値の比が実効数字 2 桁なる精度でわかっている」場合に使われる．無論，"空間次元 D (あるいは時空次元 d) といえども先験的に整数と決め付けるのはおかしい，測定して決めるべし" なる見解も有り得る："電子の g 因子の測定値を分析すると $d = 4 - (5.3 \pm 2.5) \times 10^{-7}$ と推定される" なる論文もある [3]．かような立場からすれば，仮に $D = 3.0000$ としても，$D/(D-1) = 3/2$ でなく $D/(D-1) = 1.5000$ と書くべきである．いずれにせよ整数と小数は，少なくとも物理では，意味が異なり，いずれを採るかはその人の思想信条 (心情?) を表す．ところで，"有理数 (無理数)" の英語は "rational number (irrational number)"．なぜ "合理的な数 (不合理な数)" と直訳されなかったのだろう (乞ご教示)．そもそも，数学において何が "有理" で何が "無理" なのであろうか．命名の歴史的理由はともかく，物理の立場からいえば上に述べた通り，無理数とは「物理で扱うべき理 (ことわり) のない数」である．

[*14] すでに議論した通り，大人しい函数か否かの判定には，空間的スケールなる観点も入る．かような観点は数学とは無縁．

[*15] または "ディラックのデルタ函数 (Dirac δ-function)"．正式には，$\mathcal{F}^{\text{大人}}$ よりも広い函数空間にて定義される (♡ 例えば 5.6.4 項 ～ 5.6.6 項)．

226   第 5 章 「大人しい函数」と「超函数」

$$\int dx\, \delta(x)\phi(x) = \phi(0) \qquad : \forall \phi \in \mathcal{F}^{\text{大人}}. \tag{5.9}$$

もちろん，かような "函数 $\delta(x)$" は存在せぬ：「積分の値」すなわち「面積」が "被積分函数の一点における値" で決まるはずはない．つまり，デルタ函数は函数ではない[*16]．いったい，(5.9) なる働きをする代物など存在するであろうか？　ところが "存在する" [*17]のである．

　次の記号を導入しよう：

$$\lim \spadesuit. \tag{5.10a}$$

この記号は，積分内に登場し，「積分を実行してから極限を採る」ことを意味する．例えば

$$\int dx\, \lim_{K\to\infty} \spadesuit\, \delta_K^{\text{Dirichlet}}(x)\, \phi(x) := \lim_{K\to\infty} \int dx\, \delta_K^{\text{Dirichlet}}(x)\, \phi(x). \tag{5.10b}$$

4.7.1 項にて示した通り，右辺は $\phi(0)$ に等しい ($\heartsuit$ 厳密な証明は 5.3.3 項)：

$$\int dx\, \lim_{K\to\infty} \spadesuit\, \delta_K^{\text{Dirichlet}}(x)\, \phi(x) = \phi(0) \qquad : \forall \phi \in \mathcal{F}^{\text{大人}}. \tag{5.11a}$$

ゆえに，定義 (5.9) に拠り，

$$\lim_{K\to\infty} \spadesuit \int_{-K}^{K} \frac{dk}{2\pi} e^{ikx} = \lim_{K\to\infty} \spadesuit\, \delta_K^{\text{Dirichlet}}(x) = \delta(x). \tag{5.11b}$$

普通は，(5.11b) をはしょって (あたかも $\lim \spadesuit$ が "唯の $\lim$" かのごとき顔をして)

$$\int \frac{dk}{2\pi} e^{ikx} = \delta(x) \tag{5.12a}$$

と書いてしまい，次のように "計算" される：

$$\int \frac{dk}{2\pi} \left\{ \int dx\, e^{ikx}\phi(x) \right\} = \int dx\, \left\{ \int \frac{dk}{2\pi} e^{ikx} \right\} \phi(x) = \int dx\, \delta(x)\phi(x) = \phi(0). \tag{5.12b}$$

これは，"教養課程で習った数学" からすればでたらめもはなはだしい：

　　積分順序を入れ替えてならぬところで入れ替え，収束せぬ積分にデルタ函数なる名前を付けて
　　函数かのごとくに扱い，何食わぬ顔．

しかし，結果は正しい．要するに，上記 "計算" は「(4.82a) の内容を，デルタ函数なる記号を用いて書き直したもの」にすぎぬ．いわば[*18]

　　でたらめに計算しても，「イー加減の自乗」により，正しい結果を出してくれる，
　　かような奇怪な器械，それがデルタ函数である．

使い方さえ間違えねば便利な道具ではある．しかし，ことさらに使う必要もない．

[*16] あたかも "環境ホルモン" はホルモンならぬがごとし．なら初めからそういわずばよかろう，そう思うが，片やディラックさん，片や井口泰泉さんがそうおっしゃってしまった (そしてマスコミさらに広辞苑までもが追随してしまった) から切歯扼腕 (せっしやくわん) すれど詮方なし．もちろん，ディラックがデルタ函数を函数と考えていたわけではない：$\delta(x)$ は，函数の通常の数学的定義に拠れば函数ではなく，"improper function" とよんでもよかろう." [4] にもかかわらずディラックさんは $\delta(x)$ を "the delta function" と命名した．簡潔でわかりやすい愛称は歓迎 (必要) だが，かえって混乱を来す通俗名は困り物．ブラケット (bracket) からブラ (bra) とケット (ket) なる新語を造ったディラックさんの精神を尊重するならば，"ディラックのデルタ函数" よりも**ディラデル**の方がよい名ではなかろうか．

[*17] 「そのように無理矢理に (といって悪ければ巧妙に) 記法をこしらえた」というのが実態．

[*18] (5.10a) にて記号 $\spadesuit$ を採用した心は「怖いもの知らずのオールマイティ (almighty)」．

5.3.2 踏段函数

一般に，次式のごとく機能する代物 $\Theta(x)$ を**踏段函数** (step function) とよぶ[19]：

$$\int dx\, \Theta(x)\phi(x) = \int_0^\infty dx\, \phi(x) \qquad : \forall \phi \in \mathcal{F}^{大人}. \tag{5.13}$$

例えば，次式で定義される $\Theta_*(x)$ は踏段函数である：

$$\Theta_*(x) \equiv \underline{狭義踏段函数} := \begin{cases} 0 & : x < 0\,, \\ 1 & : x > 0\,. \end{cases} \tag{5.14}$$

これは，まさしく，"踏段"の形をしている[20]．ただちに質問が出よう：

　　"$\Theta_*(0)$ はどうするのか?"

$\Theta_*(0)$ など定義せぬ．

　　"それでは函数といえぬではないか?"

さよう，これは函数ではない．"デルタ函数"と同じく，「積分中に登場して積分を支配する指令」にすぎぬ．$\Theta(0)$ が定義されていなくても (5.13) 左辺の積分には差し支えぬ．

次式で定義される函数 $\Theta^{[s]}$ も踏段函数である (s は勝手な実数)[21]：

$$\Theta^{[s]}(x) \equiv \textbf{ヘヴィサイド函数}\ (\text{Heaviside function}) \equiv \underline{\textbf{踏段函数 [s]}}\ (\text{step function [s]})$$

$$:= \begin{cases} 0 : x < 0\,, \\ s : x = 0\,, \\ 1 : x > 0\,. \end{cases} \tag{5.15}$$

註 1　踏段函数として機能する代物は Θ_* や $\Theta^{[s]}$ に限らぬ ($\heartsuit$ 5.5 節)．
註 2　"物理量 $V(x)$ を踏段函数で書き表す"といった記述に遭遇することが有る．しかし，現実の物理量が踏段函数に比例するようなことは有り得ぬ．「物理量 $V(x)$ の $x \sim 0$ 付近における微細構造には興味なしとして無視 (つまり，微視的構造の空間尺度に比して充分長い空間尺度を有する現象だけに着目)」して "$V(x)$ を踏段函数で近似した"積りの記述である．かような近似においては，"踏段函数 $\Theta^{[s]}(x)$ における s の値"を詮索しても意味がない．それゆえ，"近似 $V(x) \propto \Theta^{[s]}(x)$"でなく，$\underline{踏段近似\ V(x) \propto \Theta_*(x)}$ というべきである．

5.3.3 ディリクレ核の性質：詳細

本小節は予告通り (5.11a) を厳密に証明する．まず，4.7.1 項にて直観的定性的に述べた

　　ディリクレ核 $\delta_K^{\text{Dirichlet}}(x)$ と大人しい函数を掛けて積分すると，積分に利くのは $x \sim 0$ だけ

---

[19] $\theta(x)$ と書かれること多けれど，角度 θ と混同せぬよう，ギリシア大文字 Θ を使う．
[20] "階段函数"と称されることあり．しかし，一段だけで階段 (staircase) とは，これいかに．どうしても階段といいたければ，一踏 (one-step) 階段函数だろう．
[21] 数学辞典 27 演算子法 B. に拠れば，$\Theta^{[s]}$ は**単位関数** (unit function) ともよばれ"，s の値は"任意でよいが，左右の極限値の平均の 1/2 とすることが多い."ちなみに数学公式 II [岩波全書, 1957] p.296 に拠れば $\Theta^{[1/2]}$ を "Heaviside 函数 (あるいは，単位函数，または単位階段函数) という."：単に"階段"というのは気が引けるから"単位階段"？

228   第5章 「大人しい函数」と「超函数」

なることを定量的に見ておこう：

$$\left| \int_a^\infty dx\, \delta_K^{\mathrm{Dirichlet}}(x)\phi(x) \right| < \frac{M+M'}{\pi K a} \qquad : \forall a > 0 \ \wedge\ \forall \phi \in \mathcal{F}^{大人}, \tag{5.16a}$$

$$ただし \quad M \equiv \max_{x \in \mathbf{R}} |\phi(x)|, \qquad M' \equiv \max_{x \in \mathbf{R}} |\phi(x) - x\phi'(x)|. \tag{5.16b}$$

すなわち，$\sin Kx$ が振動するゆえ，被積分函数 ($\propto \phi(x)\sin Kx/x$) の正部分と負部分がほぼ相殺し，およそ「最初の半周期から来る寄与 ($\sim (M/a) \times (\pi/K)$)」に相当する値が残る．

証明：上記性質は，リーマン–ルベーグ定理 (♡ 3.15.3 項) の一例であり，同定理の証明にならって部分積分を活用すればよい：

$$I \equiv \int_a^\infty dx\, \frac{\sin Kx}{x}\phi(x) = -\frac{1}{K}\int_a^\infty dx\, \frac{\phi(x)}{x}\frac{d}{dx}\cos Kx$$

$$= \frac{1}{K}\left\{ \frac{\phi(a)}{a}\cos Ka + \int_a^\infty dx\, \cos Kx\, \frac{d}{dx}\frac{\phi(x)}{x} \right\}, \tag{5.17a}$$

$$|\,右辺第二項\,| = \left| \int_a^\infty dx\, \frac{\cos Kx}{x^2}\left\{ \phi(x) - x\phi'(x) \right\} \right| < M'\int_a^\infty dx\, \frac{1}{x^2} = \frac{M'}{a}. \tag{5.17b}$$

$$ゆえに \quad Ka|I| < |\phi(a)\cos Ka + M'| < M + M'. \quad \blacksquare \tag{5.17c}$$

(5.11a) の証明

(4.81c) を用いて，

$$I_K \equiv \int dx\, \delta_K^{\mathrm{Dirichlet}}(x)\phi(x) - \phi(0) = \int dx\, \delta_K^{\mathrm{Dirichlet}}(x)\left\{ \phi(x) - \phi(0) \right\}$$

$$= \int dx\, \Phi(x)\sin Kx \qquad : \Phi(x) \equiv \frac{\phi(x) - \phi(0)}{\pi x}. \tag{5.18a}$$

$\phi(x)/x$ は必ずしも大人しからぬ ($x=0$ にて発散し得る) けれども $\Phi(x)$ は大人しい．ゆえに，リーマン–ルベーグ定理に拠り，$K \to \infty$ にて $I_K \to 0$．より詳しくいえば，(5.18a) は部分積分を何回くり返しても"積分済項"が0となるゆえ，

$$K \to \infty \ にて\ I_K\ は指数函数的に\ 0\ に近づく． \quad \blacksquare \tag{5.18b}$$

演習　$\forall \Lambda (> 0)$ に対し，

$$\left| \int_\Lambda^\infty dX\, \frac{\sin X}{X} \right| < \frac{2}{\Lambda}, \tag{5.19a}$$

$$\left| \int_\Lambda^\infty dX\, \frac{\sin X}{X} - \frac{\cos \Lambda}{\Lambda} \right| < \frac{2}{\Lambda^2}. \tag{5.19b}$$

証明：今や常套手段たる部分積分をして

$$I \equiv \int_\Lambda^\infty dX\, \frac{\sin X}{X} = -\int_\Lambda^\infty dX\, \frac{1}{X}\frac{d}{dX}\cos X$$

$$= \frac{\cos \Lambda}{\Lambda} - \int_\Lambda^\infty dX\, \frac{\cos X}{X^2} \tag{5.20a}$$

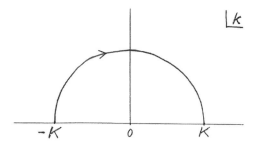

図 5.3 ディリクレ核の積分路変形

(これは (5.17a) にて $\phi = 1 \wedge K = \Lambda/a$ と置いたものに他ならぬ：(5.16)∧(5.17) は, $\phi \notin \mathcal{F}^{大人}$ であっても, $\{\phi, \phi'\}$ が有界なら成り立つ). ゆえに

$$\left| I - \frac{\cos \Lambda}{\Lambda} \right| = \left| \int_\Lambda^\infty dX \, \frac{\cos X}{X^2} \right| < \int_\Lambda^\infty dX \, \frac{1}{X^2} = \frac{1}{\Lambda},$$

$$|I| = \left| I - \frac{\cos \Lambda}{\Lambda} + \frac{\cos \Lambda}{\Lambda} \right| < \frac{1}{\Lambda} + \frac{|\cos \Lambda|}{\Lambda}.$$

次に (5.20a) 第二項を再び部分積分すると

$$\int_\Lambda^\infty dX \, \frac{\cos X}{X^2} = -\frac{\sin \Lambda}{\Lambda^2} + 2 \int_\Lambda^\infty dX \, \frac{\sin X}{X^3}. \tag{5.20b}$$

そこで,

$$J \equiv I - \frac{\cos \Lambda}{\Lambda} - \frac{\sin \Lambda}{\Lambda^2}$$

と置けば

$$|J| = 2 \left| \int_\Lambda^\infty dX \, \frac{\sin X}{X^3} \right| < 2 \int_\Lambda^\infty dX \, \frac{1}{X^3} = \frac{1}{\Lambda^2},$$

$$\left| I - \frac{\cos \Lambda}{\Lambda} \right| = \left| J + \frac{\sin \Lambda}{\Lambda^2} \right| < |J| + \frac{|\sin \Lambda|}{\Lambda^2}. \qquad \blacksquare$$

註 下記のごとき謬論を目にすることが有る：

e^{ikx} が $\forall k \, (\in \mathbf{C})$ にて正則ゆえ,

$$\delta_K^{\text{Dirichlet}}(x) \propto \int_{-K}^K dk \, e^{ikx}$$

の積分路は「半径 K なる半円 (図 5.3)」で置き換えれる. $x > 0$ とすれば, 半円の寄与は "$K \to \infty$ にて指数函数的に消滅する". したがって

$$\lim_{K \to \infty} \delta_K^{\text{Dirichlet}}(x) = 0 \qquad : x > 0. \qquad (!??!) \tag{5.21}$$

上記謬論は「半円の実軸近傍」の寄与を正しく扱っていない：

$$\int_{\text{半円の正実軸近傍}} dk \, e^{ikx} \sim \int_{q \gtrsim 0} i dq \, e^{i(K+iq)x} \sim \frac{i}{x} e^{iKx}$$

は, $K \to \infty$ にて振動し, 消滅せぬ. ただし, これに「$\phi(0) = 0$ なる大人しい函数 $\phi(x)$」を掛けて 0 から ∞ まで x 積分した結果は, リーマン–ルベーグ定理に拠り, $K \to \infty$ にて 0 となる. この事情を次のごとく書き表す：

$$\lim_{K \to \infty} \spadesuit \, \delta_K^{\text{Dirichlet}}(x) = 0 \qquad : x > 0. \tag{5.22}$$

230   第5章 「大人しい函数」と「超函数」

5.4 デルタ函数の正体

デルタ函数は，しばしば，次のごとき "素朴な描象" で "説明" されることがある[*22]：

$$\int dx\,\delta(x) = 1, \tag{5.23a}$$

$$\delta(x) = 0 \qquad : x \neq 0 \qquad (!??!) \tag{5.23b}$$

$$\delta(0) = \infty \qquad\qquad (!??!) \tag{5.23c}$$

しかし，5.4.3 項に示す通り，この "素朴な描象" は定性的にも誤りを招き兼ねぬ．

一般に，次式を充たす $\delta_K(x)$ を<u>デルタ函数の正体</u>とよぶ：

$$\lim_{K\to\infty} \spadesuit\ \delta_K(x) = \delta(x). \tag{5.24}$$

5.4.1 跳箱・ローレンツ・ガウス

量子力学において登場する正体は，当面は，ディリクレ核 $\delta_K(x)$ だけである．しかし，これは正体の一例にすぎぬ．以下に三例を挙げる：

$$\underline{\text{跳箱型正体}} \qquad \delta_K^{\text{跳箱}}(x) := \begin{cases} K/2 & : |x| \leq K^{-1} \\ 0 & : |x| > K^{-1}, \end{cases} \tag{5.25a}$$

$$\underline{\text{ローレンツ型正体}} \qquad \delta_K^{\text{Lorentz}}(x) := \frac{1}{\pi}\frac{K}{1 + K^2 x^2}, \tag{5.25b}$$

$$\underline{\text{ガウス型正体}} \qquad \delta_K^{\text{Gauss}}(x) := \frac{1}{\sqrt{\pi}} K e^{-K^2 x^2}. \tag{5.25c}$$

これらはすべて「面積が1」である：

$$\int dx\,\delta_K^{\mathcal{N}}(x) = 1 \qquad : \mathcal{N} \equiv \text{名前} \in \{\text{跳箱}, \text{Lorentz}, \text{Gauss}\}, \tag{5.26a}$$

$$\text{ゆえに} \quad I_K \equiv \int dx\,\delta_K^{\mathcal{N}}(x)\phi(x) - \phi(0) = \int dx\,\delta_K^{\mathcal{N}}(x)\varphi(x), \tag{5.26b}$$

$$\varphi(x) \equiv \phi(x) - \phi(0).$$

$K \to \infty$ にて I_K が0になることを示そう．以下，次の記法を用いる：

$$M \equiv \max_{x\in\mathbf{R}} |\varphi(x)|, \qquad M' \equiv \max_{x\in\mathbf{R}} |\phi'(x)|. \tag{5.27}$$

(i) $\mathcal{N} = $ 跳箱：
次式を充たす ξ_x が (必ずしも一意的ではないけれども) 存在する ($\heartsuit$ 平均値定理)：

$$\varphi(x) = x\phi'(\xi_x). \tag{5.28}$$

ゆえに

[*22] 確かに，デルタ函数の発案者ディラックさんの教科書には (5.23a)∧(5.23b) が書かれている [4]．しかし，(5.23c) は書かれていない．しかも，(5.23a)∧(5.23b) に続く文章は，ディラックさんが「(5.25a) のごとき正体 ($|x| > 1/K$ にて恒等的に 0，ただし $|x| < 1/K$ における詳細は不問)」を念頭に置いていたことを明記している．

$$\left| I_K \right| = \left| \frac{K}{2} \int_{-K^{-1}}^{K^{-1}} dx \; \varphi(x) \right| < M'K \int_0^{K^{-1}} dx \; x = \frac{M'}{2K}. \tag{5.29}$$

(ii) $\mathcal{N} = \mathbf{Lorentz}$:

勝手な正定数 a を導入して,

$$I_K = \int_{-\infty}^{-a} + \int_{-a}^{a} + \int_a^{\infty} =: I_{K-} + I_{K0} + I_{K+}. \tag{5.30}$$

各項を評価すると

$$\begin{aligned}
\left| I_{K\pm} \right| &< \frac{M}{\pi} \int_a^{\infty} dx \; \frac{K}{1 + K^2 x^2} = \frac{M}{\pi} \int_{\Lambda}^{\infty} dX \; \frac{1}{1 + X^2} \qquad : \Lambda \equiv Ka \\
&< \frac{M}{\pi} \int_{\Lambda}^{\infty} dX \; \frac{1}{X^2} = \frac{M}{\pi \Lambda}, \tag{5.31a}
\end{aligned}$$

$$\begin{aligned}
\left| I_{K0} \right| &< \frac{M'}{\pi} \int_{-a}^{a} dx \; \frac{K|x|}{1 + K^2 x^2} = \frac{2M'}{\pi K} \int_0^{\Lambda} dX \; \frac{X}{1 + X^2} \\
&= \frac{M'}{\pi K} \int_0^{\Lambda^2} dY \; \frac{1}{1 + Y} = \frac{M'}{\pi K} \log(1 + \Lambda^2). \tag{5.31b}
\end{aligned}$$

(iii) $\mathcal{N} = \mathbf{Gauss}$:

Lorentz の場合にならい (5.30) のごとく分割して,

$$\begin{aligned}
\left| I_{K\pm} \right| &< \frac{M}{\sqrt{\pi}} \int_a^{\infty} dx \; K e^{-K^2 x^2} = \frac{M}{\sqrt{\pi}} \int_{\Lambda}^{\infty} dX \; e^{-X^2} = \frac{M}{\sqrt{\pi}} \int_0^{\infty} dY \; e^{-(\Lambda + Y)^2} \\
&< \frac{M}{\sqrt{\pi}} e^{-\Lambda^2} \int_0^{\infty} dY \; e^{-Y^2} = \frac{M}{2} e^{-\Lambda^2}, \tag{5.32a}
\end{aligned}$$

$$\begin{aligned}
\left| I_{K0} \right| &< \frac{M'}{\sqrt{\pi}} \int_{-a}^{a} dx \; K|x| e^{-K^2 x^2} = \frac{2M'}{\sqrt{\pi} K} \int_0^{\Lambda} dX \; X e^{-X^2} \\
&< \frac{M'}{\sqrt{\pi} K} \int_0^{\infty} dY \; e^{-Y} = \frac{M'}{\sqrt{\pi} K}. \tag{5.32b}
\end{aligned}$$

より優美には, $g(x) \equiv \varphi(x)/x$ が大人しいことに着目して

$$2\sqrt{\pi} I_K = 2K \int dx \; \varphi(x) e^{-K^2 x^2} = -\frac{1}{K} \int dx \; g(x) \frac{d}{dx} e^{-K^2 x^2} = \frac{1}{K} \int dx \; g'(x) e^{-K^2 x^2},$$

$$\text{ゆえに} \quad \left| I_K \right| < \frac{1}{2\sqrt{\pi} K} \int dx \; |g'(x)|. \tag{5.32c}$$

5.4.2 ディリクレ・跳箱・ローレンツ・ガウスに共通の性質

ディリクレ核および前項三例は, 性質 (5.26a) に加えて, 以下の性質を有す (以下, $\mathcal{N} \in \{\text{Dirichlet}, \text{跳箱}, \text{Lorentz}, \text{Gauss}\}$) :

- 正かつ偶

$$\delta_K^{\mathcal{N}}(0) > 0, \tag{5.33a}$$

$$\lim_{K \to \infty} \delta_K^{\mathcal{N}}(0) = +\infty, \tag{5.33b}$$

$$\delta_K^{\mathcal{N}}(-x) = \delta_K^{\mathcal{N}}(x). \tag{5.33c}$$

232　第 5 章　「大人しい函数」と「超函数」

- $\delta_K^{\mathcal{N}}(x)$ が偶函数ゆえ

$$\int_0^\infty dx\, \delta_K^{\mathcal{N}}(x) = \frac{1}{2}\int dx\, \delta_K^{\mathcal{N}}(x) = \frac{1}{2}, \tag{5.33d}$$

$$I_K^{(1/2)} \equiv \int_0^\infty \delta_K^{\mathcal{N}}(x)\phi(x) - \frac{1}{2}\phi(0) = \int_0^\infty \delta_K^{\mathcal{N}}(x)\varphi(x). \tag{5.33e}$$

- $I_K^{(1/2)}$ は，I_K と同じく，$K \to \infty$ にて 0 となる．ゆえに，

$$\lim_{K\to\infty}\int_0^\infty dx\, \delta_K^{\mathcal{N}}(x)\phi(x) = \frac{1}{2}\phi(0) \ : \ \forall \phi \in \mathcal{F}^{\text{大人}}. \tag{5.33f}$$

かくて，ディリクレ核および 5.4.1 項の三例は描象 (5.23) に合致するものといえよう．

5.4.3　正体一般に関する注意

しからば，(5.33) に相当する関係は正体一般についても成り立つであろうか？　残念ながら否：

♣ **演習**　所与の複素定数 C に対し，下記五条件を充たす $\delta_K(x)$ が存在する：

$$\lim_{K\to\infty} \spadesuit\, \delta_K(x) = \delta(x), \tag{5.34a}$$

$$\delta_K(0) < 0, \tag{5.34b}$$

$$\lim_{K\to\infty} \delta_K(0) = -\infty, \tag{5.34c}$$

$$\delta_K(-x) \neq \delta_K(x), \tag{5.34d}$$

$$\lim_{K\to\infty}\int_0^\infty dx\, \delta_K(x)\phi(x) = C\phi(0) \qquad : \ \forall \phi \in \mathcal{F}^{\text{大人}}. \tag{5.34e}$$

ゆえに，描象 (5.23) は定性的にも一般に正しいとはいいがたい．
証明：具体的に作って見せればよい．例えば，下記補助定理 {(イ), (ロ)} にて導入する $\{\delta_K^{\text{Gauss}\pm}, O_K\}$ を用いて (以下，x も K も無次元とする)

$$\delta_K(x) = (1-C)\delta_K^{\text{Gauss}-}(x) + O_K(x) + C\delta_K^{\text{Gauss}+}(x) \tag{5.35}$$

と置けば，$\delta_K(0) = -K^2 < 0$ なることを始め，性質 (5.34) がすべて充たされる．　∎

補助定理 (イ)

$$\delta_K^{\text{Gauss}\pm}(x) := \delta_K^{\text{Gauss}}\left(x \mp \frac{1}{\sqrt{K}}\right) \tag{5.36a}$$

は次の性質を有する：

$$\lim_{K\to\infty} \spadesuit\, \delta_K^{\text{Gauss}\pm}(x) = \delta(x), \tag{5.36b}$$

$$\lim_{K\to\infty}\int_0^\infty dx\, \delta_K^{\text{Gauss}-}(x)\phi(x) = \lim_{K\to\infty}\int_{-\infty}^0 dx\, \delta_K^{\text{Gauss}+}(x)\phi(x) = 0, \tag{5.36c}$$

$$\lim_{K\to\infty}\int_0^\infty dx\, \delta_K^{\text{Gauss}+}(x)\phi(x) = \lim_{K\to\infty}\int_{-\infty}^0 dx\, \delta_K^{\text{Gauss}-}(x)\phi(x) = \phi(0). \tag{5.36d}$$

証明：

$$\int_0^\infty dx\, K\exp\left\{-K^2\left(x+\frac{1}{\sqrt{K}}\right)^2\right\} < e^{-K}\int_0^\infty dx\, Ke^{-K^2x^2} = \frac{\sqrt{\pi}}{2}e^{-K}, \quad \text{etc.} \quad \blacksquare$$

補助定理 (ロ)

$$O_K(x) := -\left(K^2 + \frac{K}{\sqrt{\pi}} e^{-K}\right) \exp(-K^6 x^2) \tag{5.37a}$$

は次の性質を有する：

$$\lim_{K\to\infty} \int dx\, O_K(x)\phi(x) = 0, \qquad \text{すなわち} \quad \lim_{K\to\infty} \spadesuit\, O_K(x) = 0, \tag{5.37b}$$

$$\lim_{K\to\infty} \int_{-\infty}^{0} dx\, O_K(x)\phi(x) = \lim_{K\to\infty} \int_{0}^{\infty} dx\, O_K(x)\phi(x) = 0. \tag{5.37c}$$

証明：「$O_K(x)$ の面積 $\sim K^2 \times K^{-3} = K^{-1}$」に拠り明らかであろう． ∎

5.4.4 ♣ フレネル–ディリクレ 2

「ガウス型正体にて，K を形式的に $e^{-i\pi/4}K$ で置き換えたもの」をフレネル型正体とよぶ：

$$\underline{\text{フレネル型正体}} \qquad \delta_K^{\text{Fresnel}}(x) := \delta_{e^{-i\pi/4}K}^{\text{Gauss}}(x) = e^{-i\pi/4}\frac{K}{\sqrt{\pi}} e^{iK^2 x^2}. \tag{5.38a}$$

これ (あるいはその複素共軛) が「デルタ函数の正体」なることは下記により納得できよう：

- 面積が 1 $\qquad \int dx\, \delta_K^{\text{Fresnel}}(x) = 1 \qquad : \forall K,$ $\qquad$ (5.38b)
- $|x| \lesssim 1/K$ にて緩やかに変化 (ガウスやディリクレに類似)，
- $|x| > 1/K$ にて激しく振動し積分を打ち消す (ディリクレに類似)．

正式証明も簡単：(5.38b) は 4.12.1 項に拠りおおむね既知としてよかろう (詳しくは 29.14.1 項 フレネル積分) ゆえ，(5.26b) なる I_K が消えることを示せばよい．

$$\text{証明：} e^{i\pi/4}\sqrt{\pi}\, I_K = K \int dx\, e^{iK^2 x^2}\varphi(x) = \frac{1}{2iK}\int dx\, \frac{de^{iK^2 x^2}}{dx} g(x) \qquad : g(x) \equiv \frac{\varphi(x)}{x}$$

$$= -\frac{1}{2iK}\int dx\, e^{iK^2 x^2} g'(x) \qquad \heartsuit\ \varphi(0) = 0\ \text{ゆえ}\ g\ \text{も大人しい．}$$

$$\text{ゆえに} \quad |I_K| < \frac{1}{2\sqrt{\pi}\, K}\int dx\, |g'(x)| = \mathcal{O}(K^{-1}). \quad \blacksquare \tag{5.38c}$$

「ディリクレ核の自乗 (ただし，単に自乗しただけでは $\{$幅, 高さ$\} \sim \{1/K, K^2\}$ となってしまうゆえ，K で割っておく)」をディリクレ 2 型正体とよぶ：

$$\underline{\text{ディリクレ 2 型正体}} \qquad \delta_K^{\text{Dir2}}(x) := \frac{\pi}{K}\left|\int_{-K}^{K}\frac{dk}{2\pi}e^{ikx}\right|^2 = \frac{1}{\pi K}\left(\frac{\sin Kx}{x}\right)^2 = \frac{K}{\pi}\left(\frac{\sin Kx}{Kx}\right)^2. \tag{5.39a}$$

これは，ガウス函数などに似て「至るところ正であり」$\wedge$「$|x| \lesssim 1/K$ に集中し」，面積が 1 である (♡ 29.16 節 ディリクレ核に関連した積分)：

$$\int dx\, \delta_K^{\text{Dir2}}(x) = 1 \qquad : \forall K. \tag{5.39b}$$

演習 この場合にも (5.26b) なる I_K は $\mathcal{O}(K^{-1})$．

234　第 5 章 「大人しい函数」と「超函数」

証明：$KI_K \propto \displaystyle\int dx\, \frac{(\sin Kx)^2}{x} g(x) = \left\{ \int_{-1}^{1} + \int_{|x|>1} \right\} \frac{(\sin Kx)^2}{x} g(x)$　：$g(x) \equiv \dfrac{\varphi(x)}{x}$,

$$\left| \int_{-1}^{1} \right| = \left| \int_{-1}^{1} dx\, \frac{(\sin Kx)^2}{x} \{g(x) - g(0)\} \right| \qquad \heartsuit\ \frac{(\sin Kx)^2}{x}\ \text{は奇}$$

$$< \int_{-1}^{1} dx\, \left| \frac{g(x) - g(0)}{x} \right| = \mathcal{O}(1),$$

$$\left| \int_{|x|>1} \right| < \int_{|x|>1} dx\, \left| \frac{g(x)}{x} \right| = \mathcal{O}(1). \quad \blacksquare$$

註　ディリクレ核とディリクレ 2 型は，いずれもデルタ函数の正体であるが，以上に見てきた通り補正項 I_K の様相が異なる：I_K は

- ディリクレ核の場合には指数函数的に小 ($\heartsuit$ (5.18b))，
- ディリクレ 2 型の場合には $\mathcal{O}(K^{-1})$．

この違いは「$\delta_K^{\mathrm{Dirichlet}}(x)$ が振動函数」なるに対し「$\delta_K^{\mathrm{Dir2}}(x)$ は正定値」なることに因る．

5.5　踏段函数の正体

一般に，次式を充たす $\Theta_K(x)$ を踏段函数の正体とよぶ：

$$\lim_{K \to \infty} \spadesuit\ \Theta_K(x) = \Theta(x). \tag{5.40}$$

演習　「踏段函数の正体」を二例挙げよう：(5.14) なる狭義踏段函数を連続あるいは滑らかにして

$$\Theta_K^{\text{単純坂}}(x) := \begin{cases} 0 & : x < 0\ , \\ Kx & : 0 < x < 1/K\ , \\ 1 & : x > 1/K\ . \end{cases} \tag{5.41a}$$

$$\Theta_K^{\text{Fermi 坂}}(x) := \frac{1}{2}\left\{1 + \tanh(Kx/2)\right\} = \frac{1}{1 + e^{-Kx}}. \tag{5.41b}$$

ヒント：$K \sim \infty$ にて，「$|\Theta_K - \Theta_*|$ の面積」$\sim 1/K$．　$\blacksquare$

演習　下記も「踏段函数の正体」である：

$$\Theta_K^{\cos}(x) := \begin{cases} \cos Kx & : x < 0\ , \\ 1 & : x > 0\ . \end{cases} \tag{5.41c}$$

$$\Theta_K^{\text{跳箱}\,C}(x) := \begin{cases} 0 & : x < -1/K\ , \\ C\ (= \text{勝手な複素定数}) & : |x| < 1/K\ , \\ 1 & : x > 1/K\ . \end{cases} \blacksquare \tag{5.41d}$$

いずれも "踏段函数といえば狭義踏段函数" なる描象 (固定観念) からは程遠い例である．

5.6　{デルタ函数, 踏段函数} の性質

5.6.1　デルタ函数に関する定理 (その 1)

「デルタ函数の定義 (5.9)」∧「正体の存在」だけに拠り下記性質が導ける：

5.6 {デルタ函数, 踏段函数} の性質　　235

1. デルタ函数の次元

三角函数や指数函数などは無次元量だけを変数として受け付ける: "sin(5cm)" など無意味.
しかるに, デルタ函数は「有次元量も受け付けるもの」として扱われる. その際, デルタ函数
自身も有次元量となる:

例えば x が粒子位置 (ゆえに $[x] = [$長さ$]$) の場合,

$$1 = [\delta(x)] \times [dx] = [\delta(x)] \times [長さ], \quad ゆえに \quad [\delta(x)] = [長さ]^{-1}. \tag{5.42}$$

2. 勝手な $x_0 (\in \mathbf{R})$ に対し,

$$\int dx\, \delta(x - x_0)\phi(x) = \phi(x_0) \qquad : \forall \phi \in \mathcal{F}^{大人}. \tag{5.43}$$

証明: (5.9) にて

ϕ を Φ と書き換え, 改めて $\Phi(x) = \phi(x + x_0)$ と置き, 最後に積分変数をずらす. ∎

註 "デルタ函数は函数ならぬのに, 「積分変数をずらす」といった通常の変形が許されるか" なる疑問が
浮かぶであろう. 正当な疑問である. 上記証明を詳しく書こう. 勝手な正体 $\delta_K(x)$ を導入して,

$$\phi(x_0) = \int dx\, \delta(x)\phi(x + x_0) = \int dx \lim_{K \to \infty} \spadesuit\, \delta_K(x)\phi(x + x_0)$$

$$= \lim_{K \to \infty} \int dx\, \delta_K(x)\phi(x + x_0) = \lim_{K \to \infty} \int dx\, \delta_K(x - x_0)\phi(x)$$

$$= \int dx \lim_{K \to \infty} \spadesuit\, \delta_K(x - x_0)\phi(x) = \int dx\, \delta(x - x_0)\phi(x). \tag{5.44}$$

つまり, 「通常の函数たる正体について通常の変形」をするわけである. 以下に述べる諸性質を証明する
際も同様.

3. デルタ函数の正体は偶函数とは限らなかった. にもかかわらず<u>デルタ函数は偶</u>:

$$\delta(-x) = \delta(x). \tag{5.45a}$$

証明: (5.9) にて「ϕ を Φ と書き換え, 改めて $\Phi(x) = \phi(-x)$ と置き, 最後に積分変数の符号を変え
る」と

$$\int dx\, \delta(-x)\phi(x) = \phi(0) \qquad : \forall \phi \in \mathcal{F}^{大人}. \quad ∎ \tag{5.45b}$$

4. 勝手な実定数 $a\ (\neq 0)$ に対し

$$\delta(x/a) = |a|\delta(x). \tag{5.46a}$$

証明: (5.45a) に拠り $\delta(x/a) = \delta(x/|a|)$ ゆえ

$$\int dx\, \delta(x/a)\phi(x) = |a| \int dX\, \delta(X)\phi(|a|X)$$

$$= |a|\phi(|a| \times 0) = |a|\phi(0) \qquad : \forall \phi \in \mathcal{F}^{大人}. \quad ∎ \tag{5.46b}$$

5. "$0 \times \delta(x)$ は無意味 (♡ 一般に $0 \times \infty$ は無意味)" であろうか?　否, かような疑念は "$\delta(0) = \infty$"
なる誤解に基づく. $0 \times \delta(x)$ は意味を有する:

$$x\delta(x) = 0, \qquad 0 \times \delta(x) = 0. \tag{5.47}$$

証明: $\forall \phi\ (\in \mathcal{F}^{大人})$ に対し,

236　第 5 章　「大人しい函数」と「超函数」

$$\int dx\, \{x\delta(x)\}\phi(x) = \int dx\, \delta(x)x\phi(x) = x\phi(x)|_{x=0} = 0,$$

$$\int dx\, \{0 \times \delta(x)\}\phi(x) = \int dx\, \delta(x)\{0 \times \phi(x)\} = \{0 \times \phi(x)\}|_{x=0} = 0. \quad \blacksquare$$

♣註　上記項目 4 および項目 5 においては，厳密にいえば，「デルタ函数の，<u>函数倍 $f(x)\delta(x)$</u> (f が定数の場合も含む)」をあらかじめ定義しておく必要がある (f に対する制限は後述 (5.86) 参照)：

$$\int dx\, \{f(x)\delta(x)\}\phi(x) := \int dx\, \delta(x)f(x)\phi(x) \qquad : \forall\phi \in \mathcal{F}^{大人}. \tag{5.48}$$

6. デルタ函数の正体は実函数とは限らなかった．にもかかわらず「デルタ函数は (実効的に) 実」といって構わぬ：

$$\lim_{K\to\infty} \spadesuit\, \delta_K(x) = \delta(x) \tag{5.49a}$$

ならば，$\delta(x)$ を形式的に実と見なして上式を実部と虚部に分けた式も成り立つ：

$$\lim_{K\to\infty} \spadesuit\, \Re\delta_K(x) = \delta(x) \quad \wedge \quad \lim_{K\to\infty} \spadesuit\, \Im\delta_K(x) = 0. \tag{5.49b}$$

$$ゆえに\quad \lim_{K\to\infty} \spadesuit\, \delta_K^*(x) = \delta(x). \tag{5.49c}$$

証明：示すべき式は

$$\lim_{K\to\infty} \int dx\, \Re\delta_K(x)\phi(x) = \phi(0) \quad \wedge \quad \lim_{K\to\infty} \int dx\, \Im\delta_K(x)\phi(x) = 0 \qquad : \forall\phi \in \mathcal{F}^{大人}. \tag{5.50}$$

しかるに，

$$(5.49\mathrm{a}) \implies \lim_{K\to\infty} \int dx\, \delta_K(x)f(x) = f(0) \qquad : \forall f \in \mathcal{F}^{大人}$$

$$\implies (特に f を実として上式を実部と虚部に分けて)「実なる \phi に対し (5.50)」$$

$$\implies 線形性に拠り (5.50)$$

$$\heartsuit\ \forall\phi(\in \mathcal{F}^{大人}) は「実なる \phi_j(\in \mathcal{F}^{大人})」を用いて \phi_1 + i\phi_2 と書ける. \quad \blacksquare$$

7. デルタ函数が実なることを簡潔に表記すべく<u>デルタ函数の複素共軛 $\delta^*(x)$</u> を定義しよう：通常の函数の場合にならって素直に

$$\int dx\, \delta^*(x)\phi(x) := \left\{\int dx\, \delta(x)\phi^*(x)\right\}^* \qquad : \forall\phi \in \mathcal{F}^{大人}. \tag{5.51}$$

演習　上記定義に拠り

$$\delta^*(x) = \delta(x), \tag{5.52a}$$

$$(5.49\mathrm{a}) \qquad \implies \qquad \delta^*(x) = \lim_{K\to\infty} \spadesuit\, \delta_K^*(x). \tag{5.52b}$$

証明：定義式 (5.51) にて 右辺 $= \{\phi^*(0)\}^* = \phi(0)$. ゆえに，デルタ函数の定義 (5.9) に拠り (5.52a)．後者 $\wedge$ (5.49c) に拠り (5.52b)．　$\blacksquare$

5.6.2　♣"デルタ函数と踏段函数の積" (!??!)

♣**演習**　「デルタ函数は偶」なる性質に拠り次の性質が期待されるかもしれぬ：

$$\int_0^\infty dx\, \delta(x)\phi(x) = \frac{1}{2}\phi(0) \quad (!??!) \tag{5.53}$$

しかし, これは不成立：上式左辺は定義されぬ. なぜなら,

$$\lim_{K\to\infty}\int_0^\infty dx\,\delta_K(x)\phi(x) \tag{5.54}$$

は, 正体 δ_K に依って, 様々な値を採り得る ($\heartsuit$ 5.4.3 項). ∎

♣ **演習** "踏段函数とは $\Theta^{[1/2]}$ のようなもの" $\wedge$ "デルタ函数とは (5.25) のようなもの" なる描象に基づいて次式を結論してよいか：

$$\lim_{K\to\infty}\spadesuit\,\Theta_K(x)\delta_K(x) = \Theta(x)\delta(x) = \frac{1}{2}\delta(x) \qquad (!??!) \tag{5.55}$$

もちろん, これも誤り. "積 $\Theta(x)\delta(x)$" は定義されぬ ($\heartsuit$ 下記演習). ∎

♣ **演習** 所与の複素定数 C に対し, 下記三条件を充たす $\{\Theta_K(x),\,\delta_K(x)\}$ が存在する：

$$\lim_{K\to\infty}\spadesuit\,\Theta_K(x) = \Theta(x), \tag{5.56a}$$
$$\lim_{K\to\infty}\spadesuit\,\delta_K(x) = \delta(x), \tag{5.56b}$$
$$\lim_{K\to\infty}\int dx\,\Theta_K(x)\delta_K(x)\phi(x) = C\phi(0) \qquad : \forall\phi\in\mathcal{F}^{大人}. \tag{5.56c}$$

証明：幾らでも例が挙げれる：例えば $\{\Theta_K^{跳箱\,C},\,\delta_K^{跳箱}\}$. ∎

♣ **演習** 狭義踏段函数 Θ_* は次式を充たす：

$$\{\Theta_*(x)\}^2 = \Theta_*(x). \tag{5.57a}$$

これに基づき下記を結論してよいか？

$$\{\Theta(x)\}^2 = \Theta(x) \qquad (!??!) \tag{5.57b}$$

答：否. 正体を見極めず安易に使うと誤る. 例えば,

$$\lim_{K\to\infty}\int dx\,\{\Theta_K^{\cos}(x)\}^2\phi(x) = \lim_{K\to\infty}\left\{\int_{-\infty}^0 dx\,\phi(x)(\cos Kx)^2 + \int_0^\infty dx\,\phi(x)\right\}$$
$$= \frac{1}{2}\int_{-\infty}^0 dx\,\phi(x) + \int dx\,\Theta(x)\phi(x) \qquad \heartsuit\,\lim_{K\to\infty}\int_{-\infty}^0 dx\,\phi(x)\cos 2Kx = 0. \quad \blacksquare$$
$$\tag{5.57c}$$

5.6.3 デルタ函数と踏段函数の微分

次のような問答を目にすることがある：

"**期末試験問題**" 次の各式を証明せよ (ただし, $'$ は x 微分)：

$$\Theta'(x) = \delta(x), \tag{5.58a}$$
$$\int dx\,\delta'(x)\phi(x) = -\phi'(0). \tag{5.58b}$$

238   第 5 章 「大人しい函数」と「超函数」

答案 a

$\Theta(x)$ は $x < 0$ および $x > 0$ にてそれぞれ一定だから $\Theta'(x) = 0$ ： $x \neq 0$, (5.59a)

$\Theta(x)$ は $x = 0$ にて 0 から 1 へ跳ぶから $\Theta'(0) = \infty$, (5.59b)

また $\displaystyle\int dx\ \Theta'(x) = \Theta(\infty) - \Theta(-\infty) = 1 - 0 = 1$. (5.59c)

(5.59) はデルタ函数の性質 (5.23) と一致する.

答案 a′ (別証)

部分積分を実行し, しかる後に $\Theta(-\infty) = 0$ を使えば,

$$\int dx\ \Theta'(x)\phi(x) = \Theta(x)\phi(x)\big|_{-\infty}^{\infty} - \int dx\ \Theta(x)\phi'(x) = \phi(\infty) - \int_0^{\infty} dx\ \phi'(x)$$

$$= \phi(\infty) - (\phi(\infty) - \phi(0)) = \phi(0) = \int dx\ \delta(x)\phi(x). \tag{5.60a}$$

答案 b

部分積分を実行し, しかる後に $\delta(\pm\infty) = 0$ を使えば,

$$\int dx\ \delta'(x)\phi(x) = \delta(x)\phi(x)\big|_{-\infty}^{\infty} - \int dx\ \delta(x)\phi'(x)$$

$$= (0 - 0) - \int dx\ \delta(x)\phi'(x) = -\phi'(0). \tag{5.60b}$$

上記諸答案は, これに満足された読者に幸あれと祈りつつも, すべて誤り：

- "デルタ函数および踏段函数に対する素朴な描像" は正当化されぬ.
- $\{\delta(0), \delta(\pm\infty), \Theta(\pm\infty)\}$ などは定義されていない.
- そもそも, デルタ函数も踏段函数も函数ならぬゆえ, それらの微分 (導函数) といわれても意味不明であり, ましてや部分積分なる操作も意味を成さぬ.
- 仮に $\Theta(x)$ を函数 $\Theta_*(x)$ (または $\Theta^{[s]}(x)$) で置き換えたとしても, 後者は $x = 0$ にて微分不可能. かような函数の導函数を被積分函数とする積分 (リーマン積分) は定義されぬ.

つまり, $\Theta'(x)$ および $\delta'(x)$ なる記号の定義を述べずして, 上記 "期末試験問題" 自体が無意味である.

正しくは

$\Theta'(x)$ および $\delta'(x)$ なる記号は, それぞれ, 次式で定義される：

$$\int dx\ \Theta'(x)\phi(x) := -\int dx\ \Theta(x)\phi'(x) \qquad : \forall \phi \in \mathcal{F}^{大人}, \tag{5.61a}$$

$$\int dx\ \delta'(x)\phi(x) := -\int dx\ \delta(x)\phi'(x) \qquad : \forall \phi \in \mathcal{F}^{大人}. \tag{5.61b}$$

もちろん, 「$\Theta'(x)$ および $\delta'(x)$ が函数なるかのごとき形式的操作 (5.60)」を結果的に正しいものとすべく, 上記定義が採用されるわけである. "高階微分" も帰納的に定義される：例えば

$$\int dx\ \delta''(x)\phi(x) := -\int dx\ \delta'(x)\phi'(x) = \int dx\ \delta(x)\phi''(x) \qquad : \forall \phi \in \mathcal{F}^{大人}. \tag{5.61c}$$

演習 定義 (5.61) に拠り (5.58) を証明せよ.   ∎

演習 勝手な正体について

$$\lim_{K \to \infty} \spadesuit \, \Theta'_K(x) = \delta(x), \tag{5.62a}$$

$$\lim_{K \to \infty} \spadesuit \, \delta'_K(x) = \delta'(x). \tag{5.62b}$$

証明：正体は通常の函数ゆえ，極限操作をする前に部分積分すればよい． ■

♣ 註　$\Theta(x)$ を函数 $\Theta_*(x)$ で置き換えたとして，(5.60a) 第一等号を正当化すべく積分の定義を拡張することはできる (リーマン積分の代わりにスティルチェス積分 (Stiltijes integral))．しかし，それとて「当該等号をもって $d\Theta_*(x) (\equiv \Theta'_*(x)dx)$ を定義した」にすぎぬ．

5.6.4　♣ 積分範囲が有限の場合

　{デルタ函数, 踏段} の定義にて「x 積分は実軸全体にわたる」とした．しかし，「$\phi (\in \mathcal{F}^{大人})$ が，原点を含む区間 $(-a, b)$ の外にて 0」なる場合を考えれば，次の性質が納得されよう：

演習　「勝手な $\{a(>0),\, b(>0)\}$」∧「区間 $(-a, b)$ にて滑らかな ∀ 函数 f」に対し，

$$\int_{-a}^{b} dx \, \delta(x)f(x) = f(0), \tag{5.63a}$$

$$\int_{-a}^{b} dx \, \Theta(x)f(x) = \int_{0}^{b} dx \, f(x), \tag{5.63b}$$

$$\int_{-a}^{b} dx \, \delta'(x)f(x) = -f'(0). \tag{5.63c}$$

(これらは，$f \in \mathcal{F}^{大人}$ ならば，$a = \infty \lor b = \infty$ としても成り立つ.)

証明：例えば (5.63a) を示すには，(5.9) にて

$$\phi(x) = f(x) \, 台_{(-a,b);\varepsilon}(x) \, と置き，積分を実行してから \, \varepsilon \downarrow 0 \, とする． \quad ■$$

註　$台_{(-a,b);\varepsilon}(x)$ は，(5.6a) で定義される $台_\Lambda(X)$ と同様な，「区間 $(-a+\varepsilon, b-\varepsilon)$ にて 1」∧「同区間外にて 0」∧「何回でも微分可能」なる函数．
註　「$\varepsilon \downarrow 0$」 ≡「ε を上から 0 に近づける」≡「ε を正に限定しつつ 0 に近づける」．

演習　同様に，「勝手な $\{a, b \mid 0 < a < b\}$」∧「区間 (a, b) にて滑らかな ∀ 函数 f_+」∧「区間 $(-b, -a)$ にて滑らかな ∀ 函数 f_-」に対し，

$$\int_{a}^{b} dx \, \delta(x)f_+(x) = 0, \qquad \int_{-b}^{-a} dx \, \delta(x)f_-(x) = 0, \tag{5.64a}$$

$$\int_{a}^{b} dx \, \Theta(x)f_+(x) = \int_{a}^{b} dx \, f_+(x), \qquad \int_{-b}^{-a} dx \, \Theta(x)f_-(x) = 0, \tag{5.64b}$$

$$\int_{a}^{b} dx \, \delta'(x)f_+(x) = 0, \qquad \int_{-b}^{-a} dx \, \delta'(x)f_-(x) = 0. \tag{5.64c}$$

(これらは，$f_\pm \in \mathcal{F}^{大人}$ ならば，$b = \infty$ としても成り立つ.) ■

演習　踏段の微分についても，定義を

240　第 5 章 「大人しい函数」と「超函数」

$$\int_{-a}^{b} dx \; \Theta'(x) f(x) := f(b) - \int_{-a}^{b} dx \; \Theta(x) f'(x) \tag{5.65}$$

と手直ししておけば, (5.58a) が成り立つ.

証明：　　　　　上式右辺 $= f(b) - \displaystyle\int_{0}^{b} dx \; f'(x) = f(b) - \{f(b) - f(0)\} = f(0).$　■

註　積分範囲が有限なる場合には (5.62) は不成立. 例えば

$$\lim_{K\to\infty} \spadesuit \; \frac{d\Theta_K^{\cos}(x)}{dx} \text{は定義されぬ.}$$

$\heartsuit$
$$\int_{-a}^{b} dx \; \lim_{K\to\infty} \spadesuit \; \frac{d\Theta_K^{\cos}(x)}{dx} f(x) \equiv \lim_{K\to\infty} \int_{-a}^{b} dx \; \frac{d\Theta_K^{\cos}(x)}{dx} f(x)$$

$$= \lim_{K\to\infty} \left\{ f(b) - f(-a)\cos Ka - \int_{-a}^{b} dx \; \Theta_K^{\cos}(x) f'(x) \right\}$$

$$= f(b) - \lim_{K\to\infty} f(-a)\cos Ka - \int_{0}^{b} dx \; f'(x) = f(0) - \lim_{K\to\infty} f(-a)\cos Ka.$$

これは収束せぬ.　■

5.6.5　♣ デルタ函数における変数変換

(5.46)∧(5.64) は次のごとく一般化できる：f は「区間 $I \equiv (a,b)$ にて滑らかな勝手な函数」として,

演習　I にて「狭義単調 ∧ 滑らか」な g が

- I 内に 1 次零点 x_* を有するなら,

$$\int_{a}^{b} dx \; \delta(g(x)) f(x) = \frac{f(x_*)}{|g'(x_*)|},$$
$$\text{すなわち, 区間 } I \text{ に限定して形式的に} \delta(g(x)) = \frac{\delta(x - x_*)}{|g'(x_*)|}. \tag{5.66a}$$

- I 内に零点を有せぬなら,

$$\int_{a}^{b} dx \; \delta(g(x)) f(x) = 0,$$
$$\text{すなわち, 区間 } I \text{ に限定して形式的に} \delta(g(x)) = 0. \tag{5.66b}$$

　　註　「I にて g が狭義単調増大」 $\iff$ 「$\lceil g'(x) \geq \gamma > 0$　　:$\forall x \in I$」なる定数 γ が存在」.

証明：$g(x)$ が狭義単調減少としよう (狭義単調増大の場合も同様). 積分変数 x を $y \equiv g(x)$ に変換すれば

$$dy = g'(x)dx = -|g'(x)|dx \wedge x = g^{-1}(y), \qquad \text{つまり } dx = -\frac{dy}{G(y)} \qquad : G(y) \equiv |g'(g^{-1}(y))|.$$

$$\text{ゆえに}\quad \mathcal{I}_K \equiv \int_{a}^{b} dx \; \delta_K(g(x)) f(x) = -\int_{g(a)}^{g(b)} \frac{dy}{G(y)} \delta_K(y) F(y) \qquad : F(y) \equiv f(g^{-1}(y))$$

$$= \int_{g(b)}^{g(a)} dy \; \delta_K(y) \frac{F(y)}{G(y)},$$

$$\text{すなわち}\quad \mathcal{I} \equiv \int_{a}^{b} dx \; \delta(g(x)) f(x) = \lim_{K\to\infty} \mathcal{I}_K = \int_{g(b)}^{g(a)} dy \; \delta(y) \frac{F(y)}{G(y)}. \tag{5.67a}$$

5.6 {デルタ函数, 踏段函数} の性質　　*241*

g が 1 次零点 x_* を有するなら,
$$g(b) < 0 < g(a) \ \wedge \ g^{-1}(0) = x_* \ \wedge \ G(0) = |g'(x_*)| \neq 0,$$
$$\text{ゆえに} \quad \mathcal{I} = \frac{F(0)}{G(0)} = \frac{f(x_*)}{|g'(x_*)|}. \tag{5.67b}$$
g が零点を有せぬならば, (5.64a) に拠り, $\mathcal{I} = 0$. ∎

註 (5.66a) は, "零点が 2 次以上の場合" に拡張使用すると, 分母に 0 が現れて破綻する:
"$\delta(x^2)$ のごときもの" は定義されぬ.

♣ **演習** "(5.66b) においては, 「g が単調」なる条件は (あるいは「g が滑らか」なる条件も) 不要であり, 下記が成り立つはずであろう":

g が区間 I 内に零点を有せぬなら,
$$\text{区間 } I \text{ に限定して形式的に} \delta(g(x)) = 0 \qquad (\heartsuit \ X \neq 0 \ \text{なら} \ \delta(X) = 0) \qquad (!??!). \tag{5.68}$$

答:"$\delta(X)$ は原点に集中し原点以外にて 0" なる誤った描像に基づく典型的誤りである. 反例を挙げよう. 「零点を有せぬ函数 g」として最単純な「定数函数 $g(x) = c > 0 : \forall x$」(これは滑らかでもある) を採ると,

$$\mathcal{I}_K \equiv \int_a^b dx \, \delta_K(g(x)) f(x) = \delta_K(c) \int_a^b dx \, f(x), \qquad \text{ゆえに} \lim_{K \to \infty} \mathcal{I}_K \propto \lim_{K \to \infty} \delta_K(c).$$

最右辺は正体に依る:例えば

　　　ガウスなら, $\delta_K^{\text{Gauss}}(c) \propto K e^{-K^2 c^2}$ ゆえ, 0 になり,

　　　ディリクレなら, $\delta_K^{\text{Dirichlet}}(c) \propto c^{-1} \sin Kc$ ゆえ, 不定.

　　　(ガウスの場合には「原点に集中している」ゆえ期待通り 0 になるが, ディリクレの場合には「振動して積分を打ち消す」なる機構が働き得ぬゆえ期待がかなわぬわけである.) ∎

♣ **演習** "x_* を正定数として $x^2 - x_*^2$ は, 単調ではないが, 負実軸および正実軸それぞれにて単調ゆえ, それぞれにて (5.66a) が適用できる. 一般に複数個の 1 次零点を有する函数についても同様. ゆえに下記定理を得る":

$$\delta(x^2 - x_*^2) = \frac{1}{2|x_*|}\{\delta(x + x_*) + \delta(x - x_*)\} \qquad (!??!). \tag{5.69a}$$

一般に, 「$\{x_1, x_2, \cdots, x_N\}$ を 1 次零点として有し」∧「それ以外には零点を有せぬ」勝手な g に対し,

$$\delta(g(x)) = \sum_{n=1}^N \frac{\delta(x - x_n)}{|g'(x_n)|} \qquad (!??!). \tag{5.69b}$$

答:これも誤り. "証明 (5.67) にて, $f \in \mathcal{F}^{\text{大人}}$ として, $(a,b) = (-\infty, 0)$ と採れば (5.69a) 右辺第一項が得られる" ような気がするかもしれぬが, $g(x) \equiv x^2 - x_*^2$ は狭義単調ならぬ ($\heartsuit$ $g'(0) = 0$) ゆえ, (5.67a) の被積分函数が積分下端にて発散し, 同証明は破綻する. 手直しすべく, $0 < c < x_*$ なる定数 c を採って実軸を $\{I_- \equiv (-\infty, -c), \ I_0 \equiv (-c, c), \ I_+ \equiv (c, \infty)\}$ に三分割すれば, $I_\pm$ においては (5.66a) が使えて (5.69a) 右辺を生ずる. しかるに, I_0 においては $\delta_K(x^2 - x_*^2)$ の振る舞いが正体に依る:例えばガウスとフレネルの場合を描くと図 5.4. ガウスの場合には, $K \to \infty$ にて原点付近が谷となって消えるゆえ,

$$\lim_{K \to \infty} \spadesuit \, \delta_K^{\text{Gauss}}(x^2 - x_*^2) = \lim_{K \to \infty} \spadesuit \, \{\delta_K^{\text{Gauss}}(2x_*(x - x_*)) + \delta_K^{\text{Gauss}}(2x_*(x + x_*))\}$$
$$= \frac{1}{2|x_*|}\{\delta(x - x_*) + \delta(x + x_*)\}. \tag{5.70a}$$

しかし, フレネルの場合には, 原点付近の丘が生き残る:

$$\delta_K^{\text{Fresnel}}(x^2 - x_*^2) = e^{-i\pi/4} \frac{K}{\sqrt{\pi}} e^{i(x^2 - x_*^2)^2 K^2} = e^{-i\pi/4 + ix_*^4 K^2} \frac{K}{\sqrt{\pi}} e^{-2ix_*^2 K^2 x^2 + iK^2 x^4} \ \text{に}$$

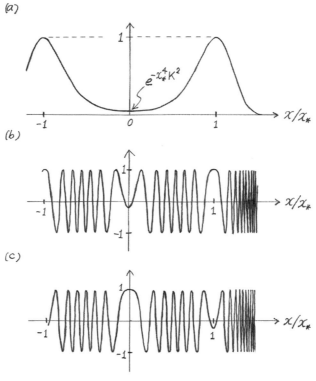

図 5.4 (a) $\sqrt{\pi}K^{-1}\delta_K^{\text{Gauss}}(x^2-x_*^2)$, (b) $\sqrt{\pi}K^{-1}\Re\{e^{i\pi/4}\delta_K^{\text{Fresnel}}(x^2-x_*^2)\}$, (c) $\sqrt{\pi}K^{-1}\Re\{e^{i\pi/4-ix_*^4K^2}\delta_K^{\text{Fresnel}}(x^2-x_*^2)\}$

$\phi\,(\in\mathcal{F}^{\text{大人}})$ を掛けて区間 I_0 にて積分すると

$1/K < |x| < c$ の寄与は $e^{-2ix_*^2K^2x^2+iK^2x^4}$ が振動することに因って消え，

$|x| \lesssim 1/K$ においては，$K^2x^4 \lesssim 1/K^2$ ゆえ，$e^{iK^2x^4} \simeq 1$ と近似できて，

$$\int_{-c}^{c} dx\, \delta_K^{\text{Fresnel}}(x^2-x_*^2)\phi(x) \simeq -i\frac{e^{ix_*^4K^2}}{\sqrt{2}x_*}\int dx\, \left\{\delta_{\widetilde{K}}^{\text{Fresnel}}(x)\right\}^*\phi(x): \widetilde{K}\equiv\sqrt{2}x_*K.$$

したがって

$$\lim_{K\to\infty}\spadesuit\,\delta_K^{\text{Fresnel}}(x^2-x_*^2) = \frac{1}{2|x_*|}\{\delta(x-x_*)+\delta(x+x_*)\} - i\frac{\delta(x)}{\sqrt{2}x_*}\lim_{K\to\infty}e^{ix_*^4K^2} \tag{5.70b}$$

(無論これは，結果を形式的にまとめたにすぎず，最終項が収束せぬゆえ無意味な式)． ∎

まとめ：$\delta(g(x))$ なる代物は勝手な g に対しては定義されぬ．一般に，デルタ函数が唐突に登場することはなく，背後に必ず正体が有る．形式的式変形に拠り $\delta(g(x))$ のごときものを得た場合には，その正体に戻って，正体に応じた結果を導かねばならぬ．

5.6.6 ♣ デルタ函数のローレンツ型正体と主値積分

しばしば下記公式にお目にかかる：

$$\frac{1}{x\pm i0} = \frac{\wp}{x} \mp i\pi\delta(x). \tag{5.71}$$

ただし，"$i0$" は「i × 無限小正数」であり，$\wp$ は"**主値積分** (principal-value integral)"を表す：

$\{a, b\}$ は正定数として，区間 $(-a, b)$ にて微分可能な $\forall f$ に対し，

$$\int_{-a}^{b} dx \, \frac{\wp}{x} f(x) \equiv \text{「} f(x)/x \text{ の積分の} \textbf{コーシー主値} \text{ (Cauchy's principal value)」}$$

$$:= \lim_{\epsilon \downarrow 0} \left\{ \int_{-a}^{-\epsilon} dx \, \frac{f(x)}{x} + \int_{\epsilon}^{b} dx \, \frac{f(x)}{x} \right\}. \tag{5.72}$$

註 $\underline{f(x)/x \text{ の積分}}$ なる言葉を使ったが，$\int_{-a}^{b} dx \, \frac{f(x)}{x}$ なる積分の存在を要請するわけではない (かような積分は一般には存在せぬ).

註 次の記法も使われる： p.v. $\int_{-a}^{b} dx \, \frac{f(x)}{x} := \int_{-a}^{b} dx \, \frac{\wp}{x} f(x)$.

ただし，前註に鑑み左辺は，p.v. $\int_{-a}^{b}$ を「分解不可能な単一記号」と見るべきであり，$\int_{-a}^{b} dx \, \frac{f(x)}{x}$ に記号 p.v. を付けたものではない.

演習 (5.71) 式左辺は正式には次のごとく書くべきものである：

$$\frac{1}{x \pm i0} \equiv \lim_{\lambda \downarrow 0} \spadesuit \, \frac{1}{x \pm i\lambda}. \tag{5.73a}$$

すなわち，(5.71) を詳しく書けば，(5.72) と同じ記法で

$$\int_{-a}^{b} dx \, \frac{f(x)}{x \pm i0} \equiv \lim_{\lambda \downarrow 0} \int_{-a}^{b} dx \, \frac{f(x)}{x \pm i\lambda} = \int_{-a}^{b} dx \, \frac{\wp}{x} f(x) \mp i\pi f(0). \tag{5.73b}$$

証明：まず右辺第二項の出所はすぐにわかる：

$$\Im \frac{1}{x \pm i\lambda} = \mp \frac{\lambda}{x^2 + \lambda^2} = \mp \pi \delta_{1/\lambda}^{\text{Lorentz}}(x).$$

次に，勝手な正数 $\{\epsilon, c\}$ $(\epsilon < c < \min\{a, b\})$ を導入して

$$J_\lambda \equiv \int_{-a}^{b} dx \, \left\{ \Re \frac{1}{x \pm i\lambda} \right\} f(x) = I_\epsilon^< + I_\epsilon^>,$$

$$I_\epsilon^< \equiv \int_{-\epsilon}^{\epsilon} dx \, \frac{x}{x^2 + \lambda^2} f(x) = \int_{-\epsilon}^{\epsilon} dx \, \frac{x}{x^2 + \lambda^2} \{f(x) - f(0)\} \qquad \heartsuit \, \frac{x}{x^2 + \lambda^2} \text{ は奇}$$

$$= \int_{-\epsilon}^{\epsilon} dx \, \frac{x^2}{x^2 + \lambda^2} g(x) \qquad : g(x) \equiv \frac{f(x) - f(0)}{x},$$

$$I_\epsilon^> \equiv \left\{ \int_{-a}^{-\epsilon} + \int_{\epsilon}^{b} \right\} dx \, \frac{x}{x^2 + \lambda^2} f(x).$$

ゆえに $\quad \lim_{\lambda \to 0} J_\lambda = \int_{-\epsilon}^{\epsilon} dx \, g(x) + \left\{ \int_{-a}^{-\epsilon} + \int_{\epsilon}^{b} \right\} dx \, \frac{f(x)}{x}.$

$\{\epsilon, c\}$ は勝手ゆえ，(今のところ未登場の) c は固定して，極限 $\epsilon \downarrow 0$ を採れば上式右辺第一項は消える：

$$\left| \int_{0}^{\epsilon} dx \, g(x) \right| < \epsilon \max_{x \in (0, c)} |g(x)| < \epsilon \max_{x \in (0, c)} |f'(x)| \tag{5.74}$$

$\heartsuit$ 平均値定理に拠り「$g(x) = f'(\xi_x)$ なる $\xi_x \in (0, x)$」が存在. ■

かくて，無礼講でいえば，(5.73a) は 主値積分とローレンツ型正体の和 である.

註 上記証明が示す通り (5.73b) における f は，微分可能なりさえすればよく，解析函数なる必要はない. 例えば「$f(x) = 0 \, : \, x < 0$」$\wedge$「$f(x) = x^2 \, : \, x > 0$」なる f (これは解析的でない $\quad \heartsuit$ 「或る区間にて恒等的に

244 第 5 章 「大人しい函数」と「超函数」

0」なる解析函数は「恒等的に 0」) に対しても使える.

♣ **註** もし f が解析的ならば証明は次のごとく若干簡略化できる:

積分 $\mathcal{I}_\lambda \equiv \displaystyle\int_{-a}^{b} dz\, \dfrac{f(z)}{z + i\lambda}$ は, 被積分函数が複素 z 上半面にて正則 ($\heartsuit$ 極 $= -i\lambda \in$ 下半面) ゆえ,

積分路を部分的に上半面に押し上げれる:

「勝手な正数 ϵ」$\wedge$「$-\epsilon$ から上半面を経由して ϵ に至る半円路 $\mathcal{C}_\epsilon$」を導入して,

$$\mathcal{I}_\lambda = \left\{ \int_{-a}^{-\epsilon} + \int_{\epsilon}^{b} \right\} dx\, \frac{f(x)}{x + i\lambda} + \int_{\mathcal{C}_\epsilon} dz\, \frac{f(z)}{z + i\lambda}.$$

右辺各積分は, 積分路が原点を通らぬゆえ, 極限 $\lambda \downarrow 0$ に移行すると被積分函数にて $\lambda = 0$ と置ける:

$$\lim_{\lambda \downarrow 0} \mathcal{I}_\lambda = \mathcal{P}_\epsilon + \mathcal{Q}_\epsilon, \qquad \mathcal{P}_\epsilon \equiv \left\{ \int_{-a}^{-\epsilon} + \int_{\epsilon}^{b} \right\} dx\, \frac{f(x)}{x}, \qquad \mathcal{Q}_\epsilon \equiv \int_{\mathcal{C}_\epsilon} dz\, \frac{f(z)}{z}.$$

これが $\forall \epsilon (> 0)$ に対して成り立つゆえ, 極限 $\epsilon \downarrow 0$ を採れば,

$$\lim_{\epsilon \downarrow 0} \mathcal{P}_\epsilon = \int_{-a}^{b} dx\, \frac{\wp}{x} f(x), \qquad \lim_{\epsilon \downarrow 0} \mathcal{Q}_\epsilon = \lim_{\epsilon \downarrow 0} i \int_{\pi}^{0} d\theta\, f(\epsilon e^{i\theta}) = i(-\pi) f(0).$$

♣♣ **註** 簡単のため "f は微分可能" なる条件を仮定して (5.73b) を証明した. しかし, 同条件は (5.74) 第二不等号だけに使った. したがって, 精確にいえば, 微分可能なる必要はなく, 下記が充たされさえすれば充分:

$$\lim_{\epsilon \to 0} \int_{-\epsilon}^{\epsilon} dx\, g(x) = 0. \tag{5.75}$$

註中演習 下記性質を有する f は (5.75) を充たす:

「 $|f(x) - f(0)| < M|x|^\alpha$: $\forall x \in (-c, c)$ 」なる正定数 $\{M, \alpha, c\}$ が存在. $\tag{5.76}$

証明:

$$(5.76) \implies |g(x)| < M|x|^{\alpha - 1} : \forall |x| < c$$

$$\implies \forall \epsilon\, (< c) \text{ に対し } \left| \int_{-\epsilon}^{\epsilon} dx\, g(x) \right| < \int_{-\epsilon}^{\epsilon} dx\, |g(x)| < M \int_{-\epsilon}^{\epsilon} dx\, |x|^{\alpha - 1} = \frac{2M}{\alpha} \epsilon^\alpha. \qquad \blacksquare$$

一般に, (5.76) なる場合, 「f は原点にて α 次ヘルダー–リプシッツ連続である」と称する.

かような f の例を一つ挙げれば, $f(0)$ は勝手な定数として,

$$f(x) = \begin{cases} f(0) - x & : x < 0, \\ f(0) + \sqrt{x} & : x > 0. \end{cases} \tag{5.77}$$

かくて, (5.73b) は, f が原点にて α 次ヘルダー–リプシッツ連続ならば成り立つ (充分条件).

♣♣ **註** 原点にてヘルダー–リプシッツ連続なる語法が正式か否か知らぬ (乞ご教示). 数学辞典は一様連続性に限定しているようである: 数学辞典 "441 連続関数 A. 概要" の記述を平易に書き直すと, 或る区間 I に着目して,

「 $|f(x) - f(y)| < M|x - y|^\alpha$: $\forall \{x, y\} \in I$ 」なる正定数 $\{M, \alpha\}$ が存在 $\tag{5.78}$

なる条件は, "α 次の **Hölder** の条件 (Hölder's condition of order α) (または α 次の Lipschitz の条件)" ("とくに $\alpha = 1$ のとき単に **Lipschitz** の条件") とよばれ,

"Hölder の条件 (Lipschitz の条件) を充たす関数を **Hölder** 連続 (**Lipschitz** 連続) という[*23]. これらの関数は一様連続である."

ともかく, 原点を含む区間 I にて "α 次の Hölder の条件" が成り立てば (5.76) も成り立つ.

[*23] 妙なことに "Hölder の条件" なる語の定義は与えられていない.

5.7 超函数

5.7.1 {デルタ函数, 踏段函数} と線形汎函数

下記性質を有する<u>黒函</u> (black box) $\delta_{x_0}[\ ]$ を考えよう. 入口 (slot) $[\ ]$ には大人しい函数を放り込むものとする:

$$\delta_{x_0}[\phi] := \phi(x_0), \tag{5.79a}$$

$$\delta_{x_0}[c_1\phi_1 + c_2\phi_2] = c_1\phi_1(x_0) + c_2\phi_2(x_0) \qquad : \forall\{c_1, c_2\} \subset \mathbf{C}. \tag{5.79b}$$

一般に「函数を入れると数値を出す」なる黒函は**汎函数** (functional) とよばれる. $\delta_{x_0}[\ ]$ は, 函数 ϕ を入れると「ϕ の $x = x_0$ における値 $\phi(x_0)$」を出す (♡ (5.79a)) ゆえ, 汎函数であり, しかも線形 (♡ (5.79b)) ゆえ, 線形汎函数である. これを無理矢理に積分で書こうとすると "デルタ函数" が登場する:

$$\delta_{x_0}[\phi] = \int dx\ \delta(x - x_0)\ \phi(x). \tag{5.80}$$

例えば (5.11a) は「黒函 $\delta_0[\ ]$ の仕掛」を見せてくれているわけである.

同様に

$$\Theta_{x_0}[\phi] := \int_{x_0}^{\infty} dx\ \phi(x) \tag{5.81a}$$

なる線形汎函数 $\Theta_{x_0}[\ ]$ を考えることができ,

$$\Theta_{x_0}[\phi] = \int dx\ \Theta(x - x_0)\ \phi(x). \tag{5.81b}$$

$\delta_{x_0}[\ ]$ や $\Theta_{x_0}[\ ]$ の定義を簡潔に書き直してみよう.

$$\delta_{x_0}(x) := \delta(x - x_0) \tag{5.82}$$

と置けば, (5.80) 右辺が「形式的に, ϕ^* と δ_{x_0} の内積」と見えるゆえ, 内積記号を流用して

$$\langle \phi^*,\ \delta_{x_0} \rangle = \phi(x_0). \tag{5.83a}$$

これは

> 函 $\langle \diamond^*,\ \delta_{x_0} \rangle$ の $\diamond$ に $\phi\ (\in \mathcal{F}^{大人})$ を入れると $\phi(x_0)$ が出てくる

と読める. ゆえに, $\langle \diamond^*,\ \delta_{x_0} \rangle$ は「$\mathcal{F}^{大人}$ 上の汎函数」である. しかも線形である:

$$\langle (c_1\phi_1 + c_2\phi_2)^*,\ \delta_{x_0} \rangle = \langle c_1^*\phi_1^* + c_2^*\phi_2^*,\ \delta_{x_0} \rangle = c_1\langle \phi_1^*,\ \delta_{x_0} \rangle + c_2\langle \phi_2^*,\ \delta_{x_0} \rangle.$$
$$\tag{5.83b}$$

同様に,

$$\Theta_{x_0}(x) := \Theta(x - x_0), \qquad \delta'_{x_0}(x) := \delta'(x - x_0) \tag{5.84a}$$

と置けば

246   第 5 章 「大人しい函数」と「超函数」

$$\langle \phi^*, \Theta_{x_0} \rangle = \int_{x_0}^\infty dx\ \phi(x), \qquad \langle \phi^*, \delta'_{x_0} \rangle = -\phi'(x_0). \tag{5.84b}$$

一般に，$\mathcal{F}^{\text{大人}}$ 上の線形汎函数を積分形に書く際に「積分核として導入される<u>代物</u>」($\equiv$「積分中に登場して線形な働きをする代物」) は **超函数** (distribution または hyperfunction) と総称される．デルタ函数や踏段函数が代表例である．ただし，

演習　「通常の函数」も超函数である．

証明：「勝手な $\phi(\in \mathcal{F}^{\text{大人}})$ に対し $f\phi \in \mathcal{F}^{\text{大人}}$」なる函数 f について

$$\langle \phi^*, f \rangle \left(= \int dx\ f(x)\ \phi(x) =: f[\phi] \right) \text{ も線形汎函数.} \quad \blacksquare \tag{5.85}$$

以下，超函数 (デルタ函数，デルタ函数の微分，踏段函数，$\cdots$，通常の函数) を代表して，$\mathcal{D}(x)$ あるいは下添字を付けて $\mathcal{D}_n(x)$ などと書く．

5.7.2　超函数の「複素共軛・和・函数倍」の定義

「超函数の複素共軛」$\vee$「超函数を足したもの」$\vee$「超函数に函数を掛けたもの」は，常識 ($\equiv$「函数について成り立つ規則」♡ 4.13 節) が形式的にそのまま通用すべく下記のごとく定義され，やはり超函数である：

$\forall \phi \in \mathcal{F}^{\text{大人}}$ に対し

$$\int dx\ \phi(x)\mathcal{D}^*(x) := \left\{ \int dx\ \phi^*(x)\mathcal{D}(x) \right\}^*, \tag{5.86a}$$

$$\int dx\ \phi(x)\{\mathcal{D}_1(x) + \mathcal{D}_2(x)\} := \int dx\ \phi(x)\mathcal{D}_1(x) + \int dx\ \phi(x)\mathcal{D}_2(x), \tag{5.86b}$$

$$\int dx\ \phi(x)\{f(x)\mathcal{D}(x)\} := \int dx\ \{f(x)\phi(x)\}\mathcal{D}(x) \tag{5.86c}$$

(ただし，f は「$\Phi(x) \equiv f(x)\phi(x)$ なる Φ が大人しい」なるものに限る：例えば $f(x) = c$ ($\equiv$ 定数) や $f(x) = x^{137}$ は許されるが $f(x) = \exp(x^2/a^2)$ は駄目).

註　上記定義に拠れば

$$\int dx\ \phi(x)\{f(x)\mathcal{D}(x)\} = \int dx\ \phi(x)f(x)\mathcal{D}(x) \tag{5.87a}$$

と書くことが許される (<u>書いても誤解を生ぜぬ</u>)．例えば $\mathcal{D}(x) = \delta(x - x_0)$ とすれば

$$\int dx\ \phi(x)f(x)\delta(x - x_0) = f(x_0)\phi(x_0). \tag{5.87b}$$

演習

$$\int dx\ \phi(x) \sum_{n=0}^N f_n(x)\mathcal{D}_n(x) = \sum_{n=0}^N \int dx\ f_n(x)\phi(x)\mathcal{D}_n(x). \quad \blacksquare \tag{5.88}$$

"超函数の積" は定義されぬけれども，「超函数の**合成積**[*24] (convolution)」

[*24] たたみ込みともよばれる (♡ 3.16 節).

$$(\mathcal{D}_1 \star \mathcal{D}_2)(x) \equiv \int dx' \; \mathcal{D}_1(x-x')\mathcal{D}_2(x') \tag{5.89a}$$

が,「積分 $\sim$ 連続和」なる常識が通用すべく,次のごとく定義される:

$$\int dx \; \phi(x)(\mathcal{D}_1 \star \mathcal{D}_2)(x) := \int dx' \left\{ \int dx \; \phi(x)\mathcal{D}_1(x-x') \right\} \mathcal{D}_2(x'). \tag{5.89b}$$

つまり,「(5.89a) における x' 積分」は「ϕ を掛けて x 積分した後に実行」と取り決められる.例えば,$\{\mathcal{D}_1(x), \; \mathcal{D}_2(x)\} = \{\delta(x), \; \delta(x-x'')\}$ とすれば

$$\int dx \; \phi(x) \left\{ \int dx' \; \delta(x-x')\delta(x'-x'') \right\} = \int dx' \; \left\{ \int dx \; \phi(x)\delta(x-x') \right\} \delta(x'-x'')$$

$$= \int dx' \; \phi(x')\delta(x'-x'') = \phi(x''). \tag{5.90}$$

5.7.3 超函数の等式

「超函数間に成り立つ等式」について,すでに $x\delta(x) = 0$ など具体例は見てきたが,正式定義を述べておこう.

一般に,「或る超函数に大人しい函数を掛けて積分すると必ず 0」なる場合,当該超函数は「0 である」といわれる:

$$定義: \quad \mathcal{D}(x) = 0 \iff \left\lceil \int dx \; \phi(x)\mathcal{D}(x) = 0 \quad : \forall \phi \in \mathcal{F}^{大人} \right\rfloor. \tag{5.91}$$

例えば等式 (5.58a) は (5.61a)∧(5.91) に拠り得られる.(5.45a)∨(5.46a) を結論する際にも暗々裏に (5.91) を用いた.

5.7.4 デルタ函数に関する定理 (その 2)

演習 上記定義に拠り

$$f(x)\delta(x-x_0) = f(x_0)\delta(x-x_0), \tag{5.92a}$$

$$\int dx' \; \delta(x-x')\delta(x'-x'') = \delta(x-x''), \tag{5.92b}$$

$$\int dx' \; \delta(x''-x')\delta(x'-x) = \delta(x-x''). \tag{5.92c}$$

証明:

(5.87b) 右辺 $= f(x_0) \displaystyle\int dx \; \phi(x)f(x)\delta(x-x_0) = \int dx \; \phi(x)f(x_0)\delta(x-x_0), \quad$ ゆえに (5.92a),

(5.90) 右辺 $= \displaystyle\int dx \; \phi(x)\delta(x-x''), \quad$ ゆえに (5.92b).

最後に,(5.92b) にて $\{x,x''\} \longrightarrow \{x'',x\}$ と書き換え,デルタ函数が偶なることを使えば (5.92c). ∎

演習 上記は次のごとく "証明" されることがある.正しいか?

(i) $\delta(x-x_0)$ は $x = x_0$ 以外では 0 ゆえ,$f(x)$ を $f(x_0)$ で置き換えれる.ゆえに (5.92a).

(ii) デルタ函数の定義式

248 第5章 「大人しい函数」と「超函数」

$$\int dx' \, \phi(x')\delta(x' - x'') = \phi(x'') \tag{5.93a}$$

にて $\phi(x') = \delta(x - x')$ と置けば (5.92b).

(iii) (5.92b) 左辺にて各デルタ函数が偶ゆえ,

$$\delta(x - x')\delta(x' - x'') = \delta(x' - x)\delta(x'' - x'). \tag{5.93b}$$

積の順序を入れ替えれば (5.92c).

答：いずれも論理的に<u>いかさま</u>である：

(i) デルタ函数をかように情緒的に捉えることはできぬ.

(ii) 「(5.93a) にて $\phi \in \mathcal{F}^{大人}$ なるべきこと」を無視している.

(iii) (5.92b) 左辺 (合成積) は「左辺全体として定義されるもの」であって，“(積分記号を取り除いた) 二つのデルタ函数の積” は定義されていない. “「定義されていない積」の順序を入れ替える” なる議論は無意味. ∎

にもかかわらず，「かような<u>イーカゲン議論</u>でも正しい答が出る」ように設計 (定義) された “ふぇえる・せえふ・しすてむ”，それがデルタ函数である.

註 (5.92b) に拠り

$$\int dx'' \left\{ \int dx' \, \delta(x - x')\delta(x' - x'') \right\} \phi(x'') = \int dx'' \, \delta(x - x'')\phi(x'')$$
$$= \int dx' \, \delta(x - x')\phi(x') = \int dx' \, \delta(x - x') \left\{ \int dx'' \, \delta(x' - x'')\phi(x'') \right\}. \tag{5.94}$$

つまり，(5.90) 第一等号に相当する関係が「x'' 積分を最後に実行した場合」にも成り立つ.

演習 下記議論は誤り：

$$\text{(5.92b) にて } x = x'' = 0 \text{ と置けば} \quad \int dx \, \{\delta(x)\}^2 = \delta(0) = +\infty \qquad (!??!) \tag{5.95}$$

♡ “$\delta(0)$” は定義されぬ (それゆえ，∞ ともいえぬ). それ以前に，そもそも，(5.92b) は「$\phi(x)$ (または $\phi(x'')$) を掛けて積分すること」を想定した等式である. それゆえ，$x = x'' = 0$ と置くことは許されぬ (少なくとも一方は残して置くべし). ∎

演習 通常の函数の場合と同じく

$$\frac{\partial}{\partial x}\delta(x - x') = -\frac{\partial}{\partial x'}\delta(x - x'). \tag{5.96a}$$

“証明”：

$$\int dx \, \phi(x)\frac{\partial}{\partial x}\delta(x - x') = -\int dx \, \phi'(x)\delta(x - x') \qquad ♡ \text{ (5.61b)}$$
$$= -\phi'(x') = -\frac{\partial}{\partial x'} \int dx \, \phi(x)\delta(x - x') = \int dx \, \phi(x) \left\{ -\frac{\partial}{\partial x'}\delta(x - x') \right\},$$

ゆえに x' をパラメーターと見た等式として (5.96a) が成立. 同じく

$$\int dx' \, \phi(x')\frac{\partial}{\partial x}\delta(x - x') = \frac{\partial}{\partial x} \int dx' \, \phi(x')\delta(x - x') \tag{5.96b}$$
$$= \phi'(x) = \int dx' \, \phi'(x')\delta(x - x') = \int dx' \, \phi(x') \left\{ -\frac{\partial}{\partial x'}\delta(x - x') \right\},$$

$$\text{ゆえに } x \text{ をパラメーターと見た等式としても (5.96a) が成立.} \quad \blacksquare$$

註 読者はすでにお気付きであろうが上記証明にはまやかしがある：
「x をパラメーターと見た場合の $\partial \delta(x - x')/\partial x$」が定義されていない.
正しくは, (5.96b) をもって定義とすべし.

5.7.5 補足

"せっかくデルタ函数を勉強したのだから, その成果を活用して"「状態 $\psi(\ ;t)$ に関する運動量期待値公式 (4.110a)」を "次のように導く" ことができる：時刻 t は省略して

$$\langle p \rangle_\psi \equiv \text{「}\psi \text{ に関する運動量期待値」} = \int dp\, p |\widetilde{\psi}(p)|^2$$

$$= \int dp\, p \left| \int dx\, w_p^*(x)\psi(x) \right|^2 = \iint dx dx'\, \psi^*(x)\psi(x')I(x,x'),$$

$$I(x,x') \equiv \int dp\, p w_p(x) w_p^*(x') = \frac{\hbar}{i}\frac{\partial}{\partial x}\int dp\, w_p(x)w_p^*(x') = \frac{\hbar}{i}\frac{\partial}{\partial x}\delta(x - x')$$

$$= -\frac{\hbar}{i}\frac{\partial}{\partial x'}\delta(x - x'),$$

$$\text{ゆえに} \quad \langle p \rangle_\psi = -\frac{\hbar}{i}\iint dx dx'\, \psi^*(x)\psi(x')\frac{\partial}{\partial x'}\delta(x - x')$$

$$= -\frac{\hbar}{i}\int dx\, \psi^*(x)\int dx'\, \psi(x')\frac{\partial}{\partial x'}\delta(x - x')$$

$$= \frac{\hbar}{i}\int dx\, \psi^*(x)\int dx'\, \psi'(x')\delta(x - x') = \frac{\hbar}{i}\int dx\, \psi^*(x)\psi'(x).$$

これは正しい. しかし, デルタ函数使用練習としてはよかろうが, 公式 (4.110a) を導くことが目的ならば, 手で描けば数分で済む絵をわざわざ電脳を "立ち上げて" 30 分かかって描くがごとし[*25].

5.8 ♣ デルタ函数：$\mathbf{E}^3$

$\mathbf{E}^3$ 版デルタ函数 $\delta(\boldsymbol{r})$ も $\mathbf{E}^1$ 版と同様に定義される[*26]：勝手な $\boldsymbol{r}_0 (= x_0\boldsymbol{e}_x + y_0\boldsymbol{e}_y + z_0\boldsymbol{e}_z)$ に対し,

$$\int d^3r\, \delta(\boldsymbol{r} - \boldsymbol{r}_0)\phi(\boldsymbol{r}) = \phi(\boldsymbol{r}_0) \qquad : \forall \phi \in \mathcal{F}^{大人}. \tag{5.97}$$

演習 次の関係は明らかであろう：

$$\delta(\boldsymbol{r} - \boldsymbol{r}_0) = \delta(x - x_0)\, \delta(y - y_0)\, \delta(z - z_0). \tag{5.98a}$$

上式の意味を詳しく書くと,

$$\phi(\boldsymbol{r}_0) = \phi(x_0\boldsymbol{e}_x + y_0\boldsymbol{e}_y + z_0\boldsymbol{e}_z) = \int dx\, \delta(x - x_0)\phi(x\boldsymbol{e}_x + y_0\boldsymbol{e}_y + z_0\boldsymbol{e}_z)$$

$$= \cdots = \int dx\, \delta(x - x_0)\int dy\, \delta(y - y_0)\int dz\, \delta(z - z_0)\phi(x\boldsymbol{e}_x + y\boldsymbol{e}_y + z\boldsymbol{e}_z)$$

$$= \int d^3r\, \delta(x - x_0)\delta(y - y_0)\delta(z - z_0)\phi(\boldsymbol{r}). \quad \blacksquare \tag{5.98b}$$

[*25] このたとえは筆者のような電脳恐怖症にのみ妥当.

[*26] $\delta(\boldsymbol{r})$ を "$\mathbf{E}^1$ 版と区別すべく $\delta^{(3)}(\boldsymbol{r})$ と書く" 文献もあるが, 変数の種類の違いと文脈から明らかであろうゆえ, その必要はなかろう.

250   第 5 章 「大人しい函数」と「超函数」

「(4.93a) で定義した $\delta_K^{\text{立方 Dirichlet}}(\boldsymbol{r})$」$\vee$「以下に例示する $\delta_K^{***}(\boldsymbol{r})$」は，いずれも，「デルタ函数の正体」である：

$$\lim_{K \to \infty} \spadesuit \; \delta_K^{***}(\boldsymbol{r}) = \delta(\boldsymbol{r}). \tag{5.99}$$

5.8.1 球ディリクレ核

$\mathbf{E}^1$ の場合と同じく，「ディリクレ核は大人しい函数だけを相手とした積分に使う」なる了解のもと，(4.93a) 右辺における積分領域を立方体に限る必要はない．例えば，直方体でも卵形でも歪んでいてもよい（ただし，あまり妙なことに頭を悩まさぬよう，積分領域は単連結領域としておく）.

演習 積分領域を球とした場合：

$$\delta_K^{\text{球 Dirichlet}}(\boldsymbol{r} - \boldsymbol{r}') \equiv \underline{\text{球ディリクレ核}} := \int_{\widetilde{\mathcal{B}}_{\hbar K}} d^3p \; w_{\boldsymbol{p}}(\boldsymbol{r}) w_{\boldsymbol{p}}^*(\boldsymbol{r}'), \tag{5.100}$$

$$\text{ただし，} \widetilde{\mathcal{B}}_{\hbar K} \text{ は「原点を中心とする，半径 } \hbar K \text{ なる球」}.$$

証明：積分を実行すると

$$\delta_K^{\text{球 Dirichlet}}(\boldsymbol{r}) = \int_{\widetilde{\mathcal{B}}_K} \frac{d^3k}{(2\pi)^3} \; e^{i\boldsymbol{k}\cdot\boldsymbol{r}} = \frac{1}{(2\pi)^3} \int_0^K dk \; k^2 \int d\Omega_{\boldsymbol{k}} \; e^{i\boldsymbol{k}\cdot\boldsymbol{r}}. \tag{5.101a}$$

$\boldsymbol{r}$ を極軸とする極座標 (ϑ, φ) を導入し，$c \equiv \cos\vartheta$ と置いて

$$\int d\Omega_{\boldsymbol{k}} \; e^{i\boldsymbol{k}\cdot\boldsymbol{r}} = 2\pi \int_{-1}^1 dc \; e^{ikrc} = 4\pi \frac{\sin kr}{kr} \qquad : r \equiv |\boldsymbol{r}|. \tag{5.101b}$$

ゆえに

$$\begin{aligned}
\delta_K^{\text{球 Dirichlet}}(\boldsymbol{r}) &= \frac{1}{2\pi^2} \frac{1}{r} \int_0^K dk \; k \sin kr = -\frac{1}{2\pi^2} \frac{1}{r} \frac{d}{dr} \int_0^K dk \; \cos kr \\
&= -\frac{1}{2\pi^2} \frac{1}{r} \frac{d}{dr} \frac{\sin Kr}{r} = -\frac{K^3}{2\pi^2} \frac{1}{X} \frac{d}{dX} \frac{\sin X}{X}\Big|_{X=Kr}.
\end{aligned} \tag{5.101c}$$

まず「(4.81c) に相当して，"体積が 1" なる性質を有するか否かを当たってみると，

$$\begin{aligned}
\int d^3r \; \delta_K^{\text{球 Dirichlet}}(\boldsymbol{r}) &= -\frac{2}{\pi} \int_0^\infty dr \; r^2 \frac{1}{r} \frac{d}{dr} \frac{\sin Kr}{r} = \frac{2}{\pi} \int_0^\infty dr \; \left(\frac{\sin Kr}{r} - K \cos Kr \right) \\
&= 1 - \frac{2K}{\pi} \int_0^\infty dr \; \cos Kr.
\end{aligned}$$

残念ながら，右辺は収束せぬゆえ，「体積が 1」とはいえぬ．

しかし，ひるむ必要はない．球ディリクレ核も，$\delta_K^{\text{Dirichlet}}(x)$ と同じく，K が増すに連れ $r \gtrsim \pi/K$ にて激しく振動する（図 5.5）．したがって，大人しい函数 $\phi(\boldsymbol{r})$ を掛けて積分すれば原点付近だけが利くと期待できる．考察すべきは

$$I_K \equiv \int d^3r \; \delta_K^{\text{球 Dirichlet}}(\boldsymbol{r}) \; \phi(\boldsymbol{r})$$

の極限値である．球ディリクレ核が球対称（r だけの函数）なることに着目して

$$\begin{aligned}
I_K &= \int_0^\infty dr \; r^2 \int d\Omega_{\boldsymbol{r}} \; \phi(\boldsymbol{r}) \; \delta_K^{\text{球 Dirichlet}}(\boldsymbol{r}) \\
&= 4\pi \int_0^\infty dr \; r^2 \; \bar{\phi}(r) \; \delta_K^{\text{球 Dirichlet}}(\boldsymbol{r}) \qquad : \bar{\phi}(r) \equiv \int \frac{d\Omega_{\boldsymbol{r}}}{4\pi} \; \phi(\boldsymbol{r})
\end{aligned}$$

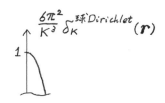

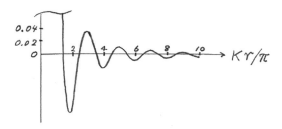

図 **5.5** 球ディリクレ核

$$\begin{aligned}&= -\frac{2}{\pi}\int_0^\infty dr\, r^2\, \bar{\phi}(r)\, \frac{1}{r}\frac{d}{dr}\frac{\sin Kr}{r}\\&= -\frac{2}{\pi}\left\{\left[r\,\bar{\phi}(r)\,\frac{\sin Kr}{r}\right]_0^\infty - \int_0^\infty dr\,\frac{\sin Kr}{r}\,\frac{d}{dr}(r\,\bar{\phi}(r))\right\}.\end{aligned}$$

右辺 { } 内第一項は「$\bar{\phi}\in\mathcal{F}^{大人}$」∧「因子 $\sin Kr$」に因り 0. ゆえに,

$$I_K = 2\int_0^\infty dr\,\delta_K^{\mathrm{Dirichlet}}(r)\,g(r) \qquad : g(r)\equiv \frac{d}{dr}(r\,\bar{\phi}(r)).$$

$g(r)$ は「r の函数として大人しい」. ゆえに (5.33f) が適用できて

$$\lim_{K\to\infty} I_K = g(0) = \left\{\bar{\phi}(r)+r\bar{\phi}'(r)\right\}\big|_{r=0} = \bar{\phi}(0) = \phi(\mathbf{0}).\qquad\blacksquare$$

5.8.2　Lorentz 5/2

$$\delta_K^{\mathrm{Lorentz}\,5/2}(\boldsymbol{r}) := \frac{3}{4\pi}\frac{K^3}{(1+K^2r^2)^{5/2}}. \tag{5.102}$$

証明：右辺を図示してみれば原点付近だけが利くことは明らか. 面積が 1 なることを示すには, 積分変数を $\sinh\theta\equiv Kr$ 次いで $t\equiv\tanh\theta$ と変換して

$$\frac{1}{4\pi}\int d^3r\,\frac{K^3}{(1+K^2r^2)^{5/2}} = \int_0^\infty d\theta\,\frac{(\sinh\theta)^2}{(\cosh\theta)^4} = \int_0^1 dt\,t^2 = \frac{1}{3}. \tag{5.103a}$$

ゆえに,

$$\begin{aligned}I_K &\equiv \int d^3r\,\frac{K^3}{(1+K^2r^2)^{5/2}}\phi(\boldsymbol{r}) - \frac{4\pi}{3}\phi(\mathbf{0}) = \int d^3r\,\frac{K^3}{(1+K^2r^2)^{5/2}}\bar{\phi}(r) - \frac{4\pi}{3}\bar{\phi}(0)\\&= \int d^3r\,\frac{K^3}{(1+K^2r^2)^{5/2}}\{\bar{\phi}(r)-\bar{\phi}(0)\}.\end{aligned}$$

$M'\equiv\max_r|\bar{\phi}'(r)|$ を用いて

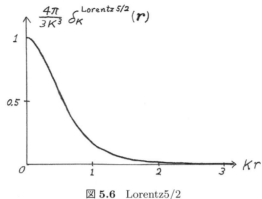

図 5.6 Lorentz5/2

$$|I_K| < M' \int d^3r \, \frac{K^3 r}{(1+K^2r^2)^{5/2}} = \frac{2\pi M'}{K} J, \tag{5.103b}$$
$$J \equiv 2 \int_0^\infty d\rho \, \frac{\rho^3}{(1+\rho^2)^{5/2}}.$$

(5.103b) 右辺は，積分 J が収束すること明らかゆえ，$\mathcal{O}(K^{-1})$．計算せねば気が済まぬなら，

$$J = \int_0^\infty dX \, \frac{X}{(1+X)^{5/2}} = \int_0^\infty dX \left\{ \frac{1}{(1+X)^{3/2}} - \frac{1}{(1+X)^{5/2}} \right\} = 1. \quad \blacksquare$$

5.8.3　ラプラシアン Lorentz 1/2

$$\delta_K^{\text{ラプラシアン Lorentz 1/2}}(\boldsymbol{r}) := -\frac{1}{4\pi} \nabla^2 \frac{K}{(1+K^2r^2)^{1/2}}. \tag{5.104}$$

証明：$\rho \equiv Kr$ と置いて

$$K^{-2} \nabla^2 \frac{1}{(1+K^2r^2)^{1/2}} = \frac{1}{\rho} \frac{d^2}{d\rho^2} \rho \frac{1}{(1+\rho^2)^{1/2}} = \frac{1}{\rho} \frac{d}{d\rho} \frac{1}{(1+\rho^2)^{3/2}} = -\frac{3}{(1+\rho^2)^{5/2}}. \tag{5.105}$$

ゆえに，Lorentz 5/2 と同じ．$\blacksquare$

5.8.4　♣$\delta(\boldsymbol{r}-\boldsymbol{r}')$ の球座標表示

(5.98) は $\delta(\boldsymbol{r}-\boldsymbol{r}')$ をデカルト座標で分解したものである．代わりに球座標（記法は (4.148) ∧(4.151) 参照）で分解すべく，(5.98b) にならって $\phi(\boldsymbol{r}')$ を書き直すと，

$$\phi(\boldsymbol{r}') = \phi(r'\boldsymbol{e}_{r'}) = \int_0^\infty dr \, \delta(r-r')\phi(r\boldsymbol{e}_{r'}).$$

さらに書き直すべく，方向デルタ関数 $\delta(\Omega_{\boldsymbol{r}}, \Omega_{\boldsymbol{r}'})$ を定義する：

$$\int d\Omega_{\boldsymbol{r}} \, \delta(\Omega_{\boldsymbol{r}}, \Omega_{\boldsymbol{r}'}) f(\boldsymbol{e}_r) := f(\boldsymbol{e}_{r'}) \quad : \forall f \in \{\text{球面上の函数}\}. \tag{5.106a}$$

すると　$\phi(\boldsymbol{r}') = \int_0^\infty dr \int d\Omega_{\boldsymbol{r}} \, \delta(r-r')\delta(\Omega_{\boldsymbol{r}}, \Omega_{\boldsymbol{r}'})\phi(r\boldsymbol{e}_r)$

$$= \int d^3 r \, \frac{1}{r^2} \delta(r - r') \delta(\Omega_{\boldsymbol{r}}, \Omega_{\boldsymbol{r}'}) \phi(\boldsymbol{r}),$$

$$\text{ゆえに} \quad \delta(\boldsymbol{r} - \boldsymbol{r}') = \frac{1}{r^2} \delta(r - r') \delta(\Omega_{\boldsymbol{r}}, \Omega_{\boldsymbol{r}'}). \tag{5.106b}$$

註 $\delta(\Omega_{\boldsymbol{r}}, \Omega_{\boldsymbol{r}'})$ は，$\Omega_{\boldsymbol{r}}$ が $\boldsymbol{e}_r$ と同じ (♡ 4.12.4 項) ゆえ，$\delta(\boldsymbol{e}_r, \boldsymbol{e}_{r'})$ と書いても構わぬ．ただし，$\delta(\boldsymbol{e}_r - \boldsymbol{e}_{r'})$ と書くと誤り：後者は，「$\delta(\boldsymbol{r}'')$ にて $\boldsymbol{r}'' = \boldsymbol{e}_r - \boldsymbol{e}_{r'}$ と置いたもの」となり，$\delta(\Omega_{\boldsymbol{r}}, \Omega_{\boldsymbol{r}'})$ とはまったく異なる．"$\delta(\Omega_{\boldsymbol{r}}, \Omega_{\boldsymbol{r}'})$ を $\delta(\Omega_{\boldsymbol{r}} - \Omega_{\boldsymbol{r}'})$ と書く流儀" はかような誤解を誘発しかねぬゆえ薦めれぬ．

5.9 ♣ ラプラシアン Coulomb

5.9.1 いかさま

しばしば次のごとき記述を見かける：

"重要な公式

$$\nabla^2 \frac{1}{r} = -4\pi \delta(\boldsymbol{r}) \tag{5.107}$$

を証明する．まず，原点を含まぬ領域においては，

$$\nabla^2 \frac{1}{r} = \frac{1}{r} \frac{d^2}{dr^2} r \frac{1}{r} = \frac{1}{r} \frac{d^2}{dr^2} 1 = 0. \tag{5.108a}$$

一方，「原点を中心とする球 $\mathcal{B}_R$(半径 R)」にて $\nabla^2(1/r)$ を積分すると，ガウス定理を用いて (ただし，$\mathcal{S}_R \equiv$「$\mathcal{B}_R$の表面」)

$$\int_{\mathcal{B}_R} d^3 r \, \nabla^2 \frac{1}{r} = \int_{\mathcal{S}_R} \left(\nabla \frac{1}{r} \right) \cdot d^2 \boldsymbol{\Sigma} = \int d\Omega_{\boldsymbol{r}} \, r^2 \, \boldsymbol{e}_r \cdot \nabla \frac{1}{r} \bigg|_{r=R}$$

$$= \int d\Omega_{\boldsymbol{r}} \, r^2 \, \frac{d}{dr} \frac{1}{r} \bigg|_{r=R}$$

$$= -\int d\Omega_{\boldsymbol{r}} = -4\pi \quad : \forall R(> 0). \tag{5.108b}$$

証明終."

この "証明" は正しいであろうか？ 何となく気分の悪い読者も多かろう．それもそのはず：

一般に，ガウス定理が使えるには「被積分函数が積分領域全体にわたって定義されていること」が必要．しかるに，$\nabla^2(1/r)$ は原点を含む領域においては定義されぬ．

つまり，上記 "証明" は，論理的に破綻している．

5.9.2 正しい公式

そもそも「"証明すべき式 (5.107)" が略式記法で書かれている」ことが誤解の源である．正しくは次のごとく書くべし：

$$\nabla^2 ♠ \frac{1}{r} = -4\pi \delta(\boldsymbol{r}). \tag{5.109a}$$

その心は，

254　第 5 章 「大人しい函数」と「超函数」

「∀ 領域 $\mathcal{D}'$」∧「∀$f \in \mathcal{F}^{大人}(\mathcal{D}')$」に対し,

$$\nabla^2 \int_{\mathcal{D}'} d^3 r' \frac{1}{|\boldsymbol{r} - \boldsymbol{r}'|} f(\boldsymbol{r}') = \begin{cases} -4\pi f(\boldsymbol{r}) & : \boldsymbol{r} \in \mathcal{D}' , \\ 0 & : \boldsymbol{r} \notin \mathcal{D}' . \end{cases} \tag{5.109b}$$

つまり ∇^2 は, $1/|\boldsymbol{r} - \boldsymbol{r}'|$ に直接に演算すべきものではなく, あくまで, 「$1/|\boldsymbol{r} - \boldsymbol{r}'|$ に大人しい函数を掛けて積分した結果」に演算すべきものである.

註　$\boldsymbol{r} \in \mathcal{D}'$ の場合, (5.109b) 左辺において, 一般に被積分函数が $\boldsymbol{r}' = \boldsymbol{r}$ にて発散するにもかかわらず, 積分は収束する (♡ 次項).
☆註　(5.109a) 左辺を<u>ラプラシアン **Coulomb**</u> とよぶ.

5.9.3　公式 (5.109b) の証明

(i) $\boldsymbol{r} \notin \mathcal{D}'$ の場合
被積分函数にて $\boldsymbol{r}' = \boldsymbol{r}$ となることはない. それゆえ, ∇^2 を $1/|\boldsymbol{r} - \boldsymbol{r}'|$ に直接に演算してよい. 微分に際して $\boldsymbol{r}'$ は固定されるゆえ, $\vec{\rho} \equiv \boldsymbol{r} - \boldsymbol{r}'$ と置けば,

$$\nabla^2 \frac{1}{|\boldsymbol{r} - \boldsymbol{r}'|} = \nabla_{\vec{\rho}}^2 \frac{1}{\rho} = \frac{1}{\rho} \frac{d^2}{d\rho^2} \rho \frac{1}{\rho} = 0. \tag{5.110}$$

(ii) $\boldsymbol{r} \in \mathcal{D}'$ の場合：積分が収束すること
「$\boldsymbol{r}$ を中心とする球 $\mathcal{B}_R^{[\boldsymbol{r}]}$（半径 R）」を導入する（R は充分に小さく $\mathcal{B}_R^{[\boldsymbol{r}]} \subset \mathcal{D}'$）. 領域 $\mathcal{D}' \cap \overline{\mathcal{B}_R^{[\boldsymbol{r}]}}$（$\mathcal{D}'$ 内部かつ $\mathcal{B}_R^{[\boldsymbol{r}]}$ 外部）は, $\boldsymbol{r}$ を含まぬゆえ, 積分に寄与せぬ（♡ 上記 **(i)**）. ゆえに,

$$I(\boldsymbol{r}) \equiv \nabla^2 \int_{\mathcal{D}'} d^3 r' \frac{1}{|\boldsymbol{r} - \boldsymbol{r}'|} f(\boldsymbol{r}') = \nabla^2 \mathcal{I}^{[\boldsymbol{r}]}, \tag{5.111a}$$

$$\mathcal{I}^{[\boldsymbol{r}]} \equiv \int_{\mathcal{B}_R^{[\boldsymbol{r}]}} d^3 r' \frac{1}{|\boldsymbol{r} - \boldsymbol{r}'|} f(\boldsymbol{r}'). \tag{5.111b}$$

積分変数 $\boldsymbol{r}'$ を $\vec{\rho} \equiv \boldsymbol{r}' - \boldsymbol{r}$ に変換すれば, $\vec{\rho}$ に関する積分領域は「原点を中心とする球 $\mathcal{B}_R(= \mathcal{B}_R^{[\boldsymbol{0}]})$」となる：

$$\mathcal{I}^{[\boldsymbol{r}]} = \int_{\mathcal{B}_R} d^3 \rho \frac{1}{\rho} f(\boldsymbol{r} + \vec{\rho}) \tag{5.111c}$$

$$= \int d\Omega_{\vec{\rho}} \int_0^R d\rho \, \rho \, f(\boldsymbol{r} + \vec{\rho}). \tag{5.111d}$$

つまり, 積分体積要素が因子 ρ^2 を供給し $1/\rho$ を打ち消してくれる.

(iii) $\boldsymbol{r} \in \mathcal{D}'$ の場合：積分の値
前述 **(i)** に拠り, $\boldsymbol{r}$ 近傍だけが積分に寄与する. それゆえ, 「函数 $f(\boldsymbol{r}')$ を, 領域 $\mathcal{D}'$ を越えて全空間に大人しく拡張した結果」を $F(\boldsymbol{r}')$ と書けば（拡張の仕方は, 一意的ならぬが, 結果に影響せぬ）,

$$I(\boldsymbol{r}) = \nabla \cdot \boldsymbol{S}(\boldsymbol{r}), \tag{5.112a}$$

$$\boldsymbol{S}(\boldsymbol{r}) \equiv \nabla \int d^3 r' \frac{1}{|\boldsymbol{r} - \boldsymbol{r}'|} F(\boldsymbol{r}'). \tag{5.112b}$$

(5.112b) 右辺にて ∇ を $1/|\boldsymbol{r} - \boldsymbol{r}'|$ に直接に演算することが許される（♡ そうしても積分は収束する：証明は (ii) と同様）：

$$\boldsymbol{S}(\boldsymbol{r}) = \int d^3r' \ F(\boldsymbol{r}') \ \nabla \frac{1}{|\boldsymbol{r} - \boldsymbol{r}'|} \ = -\int d^3r' \ F(\boldsymbol{r}') \ \frac{\boldsymbol{r} - \boldsymbol{r}'}{|\boldsymbol{r} - \boldsymbol{r}'|^3}$$

$$= \int d^3\rho \ F(\boldsymbol{r} + \vec{\rho}) \ \frac{\boldsymbol{e}_{\vec{\rho}}}{\rho^2}. \tag{5.112c}$$

ゆえに $\quad I(\boldsymbol{r}) \ = \int d^3\rho \ \frac{1}{\rho^2} \boldsymbol{e}_{\vec{\rho}} \cdot \nabla F(\boldsymbol{r} + \vec{\rho}) \ = \int d^3\rho \ \frac{1}{\rho^2} \frac{\partial}{\partial \rho} F(\boldsymbol{r} + \vec{\rho}). \tag{5.112d}$

半径 ρ なる球面における $F(\boldsymbol{r} + \vec{\rho})$ の平均値

$$\bar{F}(\boldsymbol{r}, \rho) \equiv \frac{1}{4\pi} \int d\Omega_{\vec{\rho}} \ F(\boldsymbol{r} + \vec{\rho}) \quad \text{を用いて} \tag{5.112e}$$

$$\frac{1}{4\pi} I(\boldsymbol{r}) = \int_0^\infty d\rho \ \frac{\partial}{\partial \rho} \bar{F}(\boldsymbol{r}, \rho) = -\bar{F}(\boldsymbol{r}, 0) = -F(\boldsymbol{r}) \ = -f(\boldsymbol{r}). \tag{5.112f}$$

演習 次の議論はどこが誤りか？

$$I(\boldsymbol{r}) \equiv \nabla^2 \int_{\mathcal{D}'} d^3r' \ \frac{1}{|\boldsymbol{r} - \boldsymbol{r}'|} f(\boldsymbol{r}') = \nabla^2 \left\{ \int_{\mathcal{B}_R^{[\boldsymbol{r}]}} + \int_{\mathcal{D}' \cap \overline{\mathcal{B}_R^{[\boldsymbol{r}]}}} \right\} d^3r' \ \frac{1}{|\boldsymbol{r} - \boldsymbol{r}'|} f(\boldsymbol{r}') \tag{5.113a}$$

$$= \nabla^2 \int_{\mathcal{B}_R^{[\boldsymbol{r}]}} d^3r' \ \frac{1}{|\boldsymbol{r} - \boldsymbol{r}'|} f(\boldsymbol{r}')$$

$\heartsuit$ 上式右辺第二積分は, $\boldsymbol{r}' \neq \boldsymbol{r}$ ゆえ, (5.110) により 0 $\tag{5.113b}$

$$= \nabla^2 \int_{\mathcal{B}_R} d^3\rho \ \frac{1}{\rho} f(\boldsymbol{r} + \vec{\rho}) = \int_{\mathcal{B}_R} d^3\rho \ \frac{1}{\rho} \nabla^2 f(\boldsymbol{r} + \vec{\rho}). \tag{5.113c}$$

特に, $f(\boldsymbol{r}) = r^2$ なる場合 (この f は有界領域にて大人しい) に適用すると,

$$\nabla^2 f(\boldsymbol{r} + \vec{\rho}) = \nabla^2 (\boldsymbol{r} + \vec{\rho})^2 = \nabla^2(r^2 + 2\boldsymbol{r} \cdot \vec{\rho} + \rho^2) = \nabla^2 r^2 = 6.$$

ゆえに, $I(\boldsymbol{r})$ は $\boldsymbol{r}$ に依らぬ. したがって, (5.109b) は誤り. (!??!)

答：(5.113b) が誤り：領域 $\mathcal{D}' \cap \overline{\mathcal{B}_R^{[\boldsymbol{r}]}}$ も $\boldsymbol{r}$ に依るゆえ,

$$\nabla^2 \int_{\mathcal{D}' \cap \overline{\mathcal{B}_R^{[\boldsymbol{r}]}}} d^3r' \ \frac{1}{|\boldsymbol{r} - \boldsymbol{r}'|} f(\boldsymbol{r}') \neq \int_{\mathcal{D}' \cap \overline{\mathcal{B}_R^{[\boldsymbol{r}]}}} d^3r' \ f(\boldsymbol{r}') \nabla^2 \frac{1}{|\boldsymbol{r} - \boldsymbol{r}'|}. \quad \blacksquare \tag{5.114}$$

5.9.4 別の見方

"$\nabla^2(1/r)$" は, 原点における困難を回避すべく $1/r$ を手直しして, 次のごとく理解することもできる：

$$\nabla^2 \spadesuit \frac{1}{r} = \lim_{K \to \infty} \spadesuit \ \nabla^2 \frac{1}{(r^2 + K^{-2})^{1/2}}. \tag{5.115}$$

右辺は「前節に挙げた<u>ラプラシアン Lorentz 1/2</u>」に他ならぬ.

5.9.5 フーリエ変換に拠る証明

いかさま

次のごとき "証明" にお目にかかることもある：

256   第 5 章 「大人しい函数」と「超函数」

$1/r$ をフーリエ変換して

$$\frac{1}{r} = \frac{1}{2\pi^2} \int d^3k \, \frac{e^{i\boldsymbol{k}\cdot\boldsymbol{r}}}{k^2}. \tag{5.116a}$$

$$\text{ゆえに} \quad \nabla^2 \frac{1}{r} = \frac{1}{2\pi^2} \int d^3k \, \nabla^2 \frac{e^{i\boldsymbol{k}\cdot\boldsymbol{r}}}{k^2} = -4\pi \int \frac{d^3k}{(2\pi)^3} \, e^{i\boldsymbol{k}\cdot\boldsymbol{r}} = -4\pi\delta(\boldsymbol{r}). \tag{5.116b}$$

(5.116a) は真っ当な式である.しかし,∇^2 を積分内に入れることは許されぬ:積分が収束しなくなる.それゆえ (5.116b) は,結果は正しいが,形式的である.

真っ当な証明

$\forall\phi(\in \mathcal{F}^{\text{大人}})$ に対し,そのフーリエ分解 (平面波展開) が次のごとく書ける:

$$\phi(\boldsymbol{r}) = \int d^3k \, \widetilde{\phi}(\boldsymbol{k}) w_{\boldsymbol{k}}(\boldsymbol{r}) \qquad\qquad : w_{\boldsymbol{k}}(\boldsymbol{r}) \equiv (2\pi)^{-3/2} e^{i\boldsymbol{k}\cdot\boldsymbol{r}}. \tag{5.117a}$$

一方,(5.116a) を書き直すと

$$\frac{1}{4\pi|\boldsymbol{r}-\boldsymbol{r}'|} = \int d^3k \, w_{\boldsymbol{k}}(\boldsymbol{r}) \frac{1}{k^2} w_{\boldsymbol{k}}^*(\boldsymbol{r}'). \tag{5.117b}$$

$$\text{ゆえに} \quad I(\boldsymbol{r}) \equiv \int d^3r' \, \frac{1}{4\pi|\boldsymbol{r}-\boldsymbol{r}'|}\phi(\boldsymbol{r}') = \int d^3r' \int d^3k \, w_{\boldsymbol{k}}(\boldsymbol{r}) \frac{1}{k^2} w_{\boldsymbol{k}}^*(\boldsymbol{r}') \, \phi(\boldsymbol{r}')$$

$$= \int d^3k \, w_{\boldsymbol{k}}(\boldsymbol{r}) \frac{1}{k^2} \int d^3r' \, w_{\boldsymbol{k}}^*(\boldsymbol{r}') \, \phi(\boldsymbol{r}') = \int d^3k \, w_{\boldsymbol{k}}(\boldsymbol{r}) \frac{1}{k^2} \widetilde{\phi}(\boldsymbol{k}), \tag{5.117c}$$

$$\nabla^2 I(\boldsymbol{r}) = \int d^3k \, \frac{1}{k^2} \widetilde{\phi}(\boldsymbol{k}) \nabla^2 w_{\boldsymbol{k}}(\boldsymbol{r}) = -\int d^3k \, \widetilde{\phi}(\boldsymbol{k}) w_{\boldsymbol{k}}(\boldsymbol{r})$$

$$= -\phi(\boldsymbol{r}). \quad \blacksquare \tag{5.117d}$$

5.10 ♣♣ ラプラシアン湯川

演習 (5.109a) における $1/r$ を $e^{-\kappa r}/r$ で置き換えた**ラプラシアン湯川**も成り立つ:

$$(\nabla^2 - \kappa^2) \spadesuit \frac{e^{-\kappa r}}{r} = -4\pi\delta(\boldsymbol{r}). \tag{5.118}$$

"証明":大雑把に書けば

$$\nabla^2 \frac{e^{-\kappa r}}{r} - e^{-\kappa r}\nabla^2 \frac{1}{r} = 2(\nabla e^{-\kappa r})\cdot\left(\nabla\frac{1}{r}\right) + \frac{1}{r}\nabla^2 e^{-\kappa r} = 2\frac{d\,e^{-\kappa r}}{dr}\frac{d\,r^{-1}}{dr} + \frac{1}{r^2}\frac{d^2\,re^{-\kappa r}}{dr^2}$$

$$= \frac{1}{r^2}\frac{d}{dr}\left(-2e^{-\kappa r} + \frac{d\,re^{-\kappa r}}{dr}\right) = -\frac{1}{r^2}\frac{d\,(1+\kappa r)e^{-\kappa r}}{dr} = \kappa^2\frac{e^{-\kappa r}}{r}, \tag{5.119}$$

$$\text{ゆえに} \quad (\nabla^2 - \kappa^2)\frac{e^{-\kappa r}}{r} = e^{-\kappa r}\nabla^2 \frac{1}{r} = -4\pi\,e^{-\kappa r}\,\delta(\boldsymbol{r}) = -4\pi\delta(\boldsymbol{r}).$$

ただし,すでに何度も注意した通り,(5.119) のごとき計算は $r \ne 0$ にてのみ妥当.それゆえ上記 "証明" はいかさまといわざるを得ぬ.正式には大人しい函数を導入して (5.109b) のラプラシアン湯川版を示すべし:詳細は読者にお任せ.   ■

(5.118) に登場するパラメーター κ は,"湯川 (または被遮蔽クーロン) ポテンシャル $e^{-\kappa r}/r$" なる解釈をもち込むには正なるべきであるが,必ずしもその必要はなく,大人しい函数を相手にする限りまったく勝手[*27]であって,複素数でも構わぬ.特に $\kappa = -ik$ $(k \in \mathbf{R})$ と置けば

[*27] もし遠方にて緩やかにしか減少せぬ函数も相手にしたければ,相手に応じて,充分大なる正数とすべし.

$$(\nabla^2 + k^2) \spadesuit \frac{e^{ikr}}{r} = -4\pi\delta(\boldsymbol{r}). \tag{5.120a}$$

したがって，(5.49) に拠り

$$(\nabla^2 + k^2) \spadesuit \frac{\cos kr}{r} = -4\pi\delta(\boldsymbol{r}), \tag{5.120b}$$

$$(\nabla^2 + k^2) \frac{\sin kr}{r} = 0. \tag{5.120c}$$

註 (5.120c) は，「通常の函数の等式」として成り立ち (それゆえ $\spadesuit$ を省略)，直接証明も容易.

5.11　♣♣ 離散ディリクレ核と周期デルタ函数

「ディリクレ核の定義 (4.81a)」にて積分を和で置き換えたものは，正式数学 (フーリエ級数論) にて，**ディリクレの核 (Dirichlet's kernel)** とよばれる[*28]. 本書は，行きがかり上，これを 離散ディリクレ核 (discrete Dirichlet kernel) とよぶ：正定数 L (ただし $[L] = [長さ]$) を導入して

$$\delta_N^{\mathrm{dDirichlet}}(x) \equiv 離散ディリクレ核 := \frac{1}{L}\sum_{n=-N}^{N} e^{i2n\pi x/L} = \frac{1}{L}\frac{\sin\{(2N+1)\pi x/L\}}{\sin(\pi x/L)}. \tag{5.121a}$$

これは，回折格子にてお馴染みの函数であり，周期性 (周期 L) を有す：

$$\delta_N^{\mathrm{dDirichlet}}(x + L) = \delta_N^{\mathrm{dDirichlet}}(x) \qquad : \forall x. \tag{5.121b}$$

区間 $|x| < L/2$ において，$x/\sin(\pi x/L)$ が大人しいことに着目すれば，

$$\begin{aligned}
\lim_{N\to\infty} \spadesuit \, \delta_N^{\mathrm{dDirichlet}}(x) &= \frac{\pi x/L}{\sin(\pi x/L)} \lim_{N\to\infty} \spadesuit \, \frac{1}{L}\frac{\sin\{(2N+1)\pi x/L\}}{\pi x/L} \\
&= \frac{\pi x/L}{\sin(\pi x/L)} \lim_{K\to\infty} \spadesuit \, \frac{\sin Kx}{\pi x} \qquad : K \equiv (2N+1)\pi/L \\
&= \frac{\pi x/L}{\sin(\pi x/L)}\delta(x) = 1\times\delta(x) = \delta(x)
\end{aligned}$$

($|x| > L/2$ においては，$x/\sin(\pi x/L) = \infty$ となり得るゆえ，上式は不成立). ゆえに，周期性を考慮して，

$$\frac{1}{L}\sum_{n=-\infty}^{\infty} e^{i2n\pi x/L} \equiv \lim_{N\to\infty} \spadesuit \, \delta_N^{\mathrm{dDirichlet}}(x) = \sum_{m=-\infty}^{\infty} \delta(x - mL). \tag{5.122}$$

右辺は「(周期 L なる) **周期デルタ函数 (periodic delta function)**」とよばれる.

演習　ポアソン和公式 (Poisson's summation formula)：

$$\sqrt{L}\sum_{m=-\infty}^{\infty} \phi(mL) = \sqrt{\frac{2\pi}{L}}\sum_{n=-\infty}^{\infty} \tilde{\phi}\left(n\frac{2\pi}{L}\right) \qquad : \forall \phi \in \mathcal{F}^{大人}, \tag{5.123}$$

$$\tilde{\phi}(k) \equiv 「\phi のフーリエ変換」 := \int dx \, \phi(x) \, \frac{e^{-ikx}}{\sqrt{2\pi}}.$$

証明：(5.122) 式両辺に $\phi(x)$ を掛けて積分すれば

[*28] 数学辞典 (363 フーリエ級数 B) は "Dirichlet 核 (Dirichlet kernel)".

258   第 5 章 「大人しい函数」と「超函数」

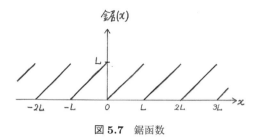

図 5.7 鋸函数

$$\text{右辺} \implies \sum_m \phi(mL), \qquad \text{左辺} \implies \frac{\sqrt{2\pi}}{L} \sum_n \int dx\, \frac{e^{i2n\pi x/L}}{\sqrt{2\pi}}\, \phi(x). \qquad \blacksquare$$

演習   ポアソン和公式の応用例：

- $\phi(x) = e^{-x^2}$ と採り，改めて $X \equiv L^2/\pi$ と置けば

$$\sum_{m=-\infty}^{\infty} e^{-\pi m^2 X} = \frac{1}{\sqrt{X}} \sum_{n=-\infty}^{\infty} e^{-\pi n^2/X} \qquad : \forall X > 0. \tag{5.124a}$$

- $\phi(x) = (1+x^2)^{-1}$ と採り，改めて $X \equiv \pi/L$ と置けば，$\coth X$ の部分分数展開式となる：

$$\sum_{n=-\infty}^{\infty} \frac{1}{1+(\pi n/X)^2} = X \coth X \qquad : \forall X > 0. \tag{5.124b}$$

証明：

- $\widetilde{\phi}(k) = 2^{-1/2} e^{-k^2/4}$ ゆえ (5.124a).
- $\widetilde{\phi}(k) = \sqrt{\pi/2}\, e^{-|k|}$ ゆえ

$$\sqrt{L} \sum_{m=-\infty}^{\infty} \frac{1}{1+m^2 L^2} = \frac{\pi}{\sqrt{L}} \sum_{n=-\infty}^{\infty} e^{-2\pi|n|/L} = \frac{\pi}{\sqrt{L}} \left\{ 2\sum_{n=0}^{\infty} e^{-2\pi n/L} - 1 \right\}$$
$$= \frac{\pi}{\sqrt{L}} \coth(\pi/L). \qquad \blacksquare$$

5.12 ♣♣ 鋸（のこぎり）函数

周期デルタ函数と関連して**鋸函数**[*29]を紹介しておこう（図 5.7）：

$$\text{鋸}\,(x) \equiv \lceil (\text{周期 } L \text{ なる}) \text{鋸函数} \rfloor := x - mL \qquad : x \in I_m\ \wedge\ m \in \mathbf{Z}, \tag{5.125}$$
$$\text{ただし，} \quad I_m \equiv \text{区間}\,(mL, (m+1)L) := \{x \mid mL < x < (m+1)L\}.$$

これは「各区間 I_m にて微分が 1」∧「格子点 mL を左から右へ通過すると $-L$ だけ跳ぶ」．したがって，「踏段函数の微分」から類推して，「鋸函数の微分」が次のごとく予想できよう：

$$\text{鋸}'(x) = 1 - L \sum_m \delta(x-mL) \qquad : \sum_m \equiv \sum_{m=-\infty}^{\infty}. \tag{5.126}$$

[*29] 正式名称知らず（乞ご教示）．

演習 鋸函数も，無論，超函数である．上式は「超函数の微分」の定義に基づいて正式に証明できる．
証明：$\phi \in \mathcal{F}^{大人}$ に対し，

$$\int dx\ 鋸'(x)\phi(x) := -\int dx\ 鋸\ (x)\ \phi'(x)$$

$$= -\sum_m \int_m (x - mL)\phi'(x) \qquad : \int_m = \int_{I_m} \equiv \int_{mL}^{(m+1)L} dx$$

$$= -\sum_m \left\{ (x - mL)\phi(x)\big|_{mL}^{(m+1)L} - \int_m \phi(x) \right\}$$

$$= -\sum_m \left\{ L\phi((m+1)L) - \int_m \phi(x) \right\}$$

$$= \int dx\ \phi(x) - L\sum_m \phi(mL) = \int dx\ \left\{ 1 - L\sum_m \delta(x - mL) \right\}\phi(x). \quad \blacksquare$$

「冪$\underset{\text{べきのこぎり}}{鋸}$函数 ($\equiv$ 鋸函数の冪)」および「指数鋸函数 ($\equiv$ 鋸函数を指数の肩に上げたもの)」も定義しよう：$\{\alpha, \beta\} \subset \mathbf{C}$ として

$$\{鋸\ (x)\}^{\alpha} := (x - mL)^{\alpha} \qquad : x \in I_m\ \wedge\ m \in \mathbf{Z}, \tag{5.127a}$$

$$e^{\beta\ 鋸\ (x)} := e^{(x - mL)\beta} \qquad : x \in I_m\ \wedge\ m \in \mathbf{Z}. \tag{5.127b}$$

演習 鋸も扱いに注意せぬと大怪我をする．下記は正しいか？

$$\frac{d}{dx}\{鋸\ (x)\}^{\alpha} = \alpha\{鋸\ (x)\}^{\alpha-1}\ 鋸'(x) \qquad (!??!) \tag{5.128a}$$

$$\frac{d}{dx}e^{\beta\ 鋸\ (x)} = \beta e^{\beta\ 鋸\ (x)}\ 鋸'(x) \qquad (!??!) \tag{5.128b}$$

答：(5.128b) にはただちに反例が作れる：$\beta = 2\pi i/L$ の場合を考えると，

$$e^{i(2\pi/L)\ 鋸\ (x)} = e^{i2\pi(x-mL)/L} = e^{i2\pi x/L} \qquad : x \in I_m\ \wedge\ m \in \mathbf{Z},$$

ゆえに $\quad e^{i(2\pi/L)\ 鋸\ (x)} = e^{i2\pi x/L},$

$$\frac{d}{dx}e^{i(2\pi/L)\ 鋸\ (x)} = i(2\pi/L)e^{i2\pi x/L} = i(2\pi/L)e^{i(2\pi/L)\ 鋸\ (x)}. \quad \blacksquare \tag{5.129}$$

実は，かような議論以前に，(5.128) 右辺は「不連続函数 (第一因子) とデルタ函数 (第二因子 (5.126) の第二項)」を含むゆえ定義されぬ．形式的に$\underline{鎖則}$[*30]を使ったことが誤因．

演習 (5.128) を修正した正しい関係式：

$$\frac{d}{dx}\{鋸\ (x)\}^{\alpha} = \alpha\{鋸\ (x)\}^{\alpha-1} - L^{\alpha}\sum_m \delta(x - mL) \qquad : \Re\alpha > 0, \tag{5.130a}$$

$$\frac{d}{dx}e^{\beta\ 鋸\ (x)} = \beta e^{\beta\ 鋸\ (x)} + (1 - e^{\beta L})\sum_m \delta(x - mL) \qquad : \beta \in \mathbf{C}. \tag{5.130b}$$

[*30] "合成函数の微分法 (differentiation of composite function)" ($df(g(x))/dx = f'(g(x))g'(x)$) というが正式であろうが，長たらしいので，簡潔に " "the chain rule" for differentiation として知られる" [5] に従う．$d\{f(x)g(x)\}/dx = f'(x)g(x) + f(x)g'(x)$ を chain rule とよぶ文献もある [6]．本書は両方とも鎖則とよぶ (どちらを指すかは文脈から自明)．正式日本語訳は知らず (乞ご教示)．解析概論にも数学辞典にも chain rule (あるいはその邦訳) が見当たらぬのはなぜだろう？

証明：

$$\int dx\ \phi(x)\frac{d}{dx}\{鋸\ (x)\}^{\alpha} := -\int dx\ \{鋸\ (x)\}^{\alpha}\phi'(x) = -\sum_m \int_m (x - mL)^{\alpha}\phi'(x)$$

$$= -\sum_m \left\{ L^{\alpha}\phi((m+1)L) - \alpha\int_m (x - mL)^{\alpha-1}\phi(x) \right\} \qquad : \Re\alpha > 0\ \text{なら各積分が収束}$$

$$= \alpha\int dx\ \{鋸\ (x)\}^{\alpha-1}\phi(x) - L^{\alpha}\sum_m \phi(mL),$$

$$\int dx\ \phi(x)\frac{d}{dx}e^{\beta\ 鋸\ (x)} := -\int dx\ e^{\beta\ 鋸\ (x)}\phi'(x) = -\sum_m \int_m e^{(x - mL)\beta}\phi'(x)$$

$$= -\sum_m \left\{ e^{\beta L}\phi((m+1)L) - \phi(mL) - \beta\int_m e^{(x-mL)\beta}\phi(x) \right\}$$

$$= \beta\int dx\ e^{\beta\ 鋸\ (x)}\phi(x) + (1 - e^{\beta L})\sum_m \phi(mL). \qquad \blacksquare$$

註 (5.130b) にて $\beta = 2\pi i/L$ と置けば右辺第二項が消えて (5.129) を再現. 同じく (5.130b) 両辺を β で展開すれば「$\mathcal{O}(\beta) \Longrightarrow (5.126),\ \mathcal{O}(\beta^2) \Longrightarrow (5.130a)|_{\alpha=2}$, etc.」.

参考文献

[1] 例えば，伊藤清三：「ルベーグ積分入門」(裳華房, 1963), 第 2 版 (1964), p.178.

[2] James Glimm and Arthur Jaffe: *Quantum Physics = A Functional Integral Point of View =* (Springer-Verlag, 1981) Second Edition (1987), p.12.

[3] Anton Zeilinger and Karl Svozil: *Measuring the Dimension of Space-Time*, Phys. Rev. Lett. **54** (1985), 2553–2555.

[4] P.A.M. Dirac: *The Principles of Quantum Mechanics* (Oxford at the Clarendon Press, 1958), 4th ed., p.58. [ディラック：「量子力學」(朝永振一郎訳, 岩波書店, 最新版 2004)]

[5] Walter Rudin: *Principles of Mathematical Analysis* (McGRAW-HILL BOOK COMPANY, 1964), p.90.

[6] Charles W. Misner, Kip S. Thorn and John Archibald Wheeler: *Gravitation* (Freeman, 1970) 1973-edition, p.252 [「重力理論 Gravitation—古典力学から相対性理論まで，時空の幾何学から宇宙の構造へ」(若野省己 訳, 丸善出版, 2011)], etc.

第6章

シュレーディンガー方程式の基本的性質

第 4 章にて "波動函数の意味"（確率公準）がおおむね確定した．いよいよ，シュレーディンガー方程式を解きにかかろう．ただし，シュレーディンガー方程式は一般に簡単には解けぬ．まずは簡単な状況[*1]を想定して，シュレーディンガー方程式を解き，波動函数を具体的に求める．それに基づいて，{位置, 運動量} の期待値や揺らぎを調べる作業を通じ，「波動函数と馴染みになり」∧「シュレーディンガー方程式の基本的諸性質を探る」こととしよう．

註 確率公準は，第 4 章に述べたものが最終版ではなく，次章以降にて徐々に拡張する．

6.1 自由粒子

自由粒子シュレーディンガー方程式を充たす波動函数については，すでに例を幾つか挙げたが，本節に至ってようやく正式かつ一般的に求める．

6.1.1 一般解: $\mathbf{E}^1$

解くべき問題は，(3.87)∧(4.75) の $\mathbf{E}^1$ 版にてポテンシャルを 0 と置いたものである：ψ の肩に付けるべき「自由」は略して

$$i\hbar\frac{\partial}{\partial t}\psi(x;t) = -\frac{\hbar^2}{2m}\frac{\partial^2}{\partial x^2}\psi(x;t), \tag{6.1a}$$

$$\psi(x;0) = \phi^{始}(x). \tag{6.1b}$$

もちろん $\phi^{始}$ は大人しい函数であり，それゆえ，平面波展開できる：

$$\phi^{始}(x) = \int dp\, \widetilde{\phi^{始}}(p)w_p(x), \tag{6.2a}$$

$$\widetilde{\phi^{始}}(p) := \int dx\, \phi^{始}(x)w_p^*(x). \tag{6.2b}$$

$\psi(\ ;t)$ も，大人しいゆえ，平面波展開した形に書ける：

$$\psi(x;t) = \int dp\, \widetilde{\psi}(p;t)w_p(x). \tag{6.3}$$

[*1]「簡単に解けるシュレーディンガー方程式」．ただし，受験参考書の名前にありそうな "簡単に解ける数学 B" などとは意味が違う（「数学 B のうち簡単に解ける問題だけ」を説明した参考書があれば別だが）．

262　第6章　シュレーディンガー方程式の基本的性質

したがって，展開係数 $\widetilde{\psi}(p;t)$ が計算できれば $\psi(x;t)$ もわかる．まず，(6.2a)∧(6.2b) と (6.3) を比べて

$$\widetilde{\psi}(p;0) = \widetilde{\phi^{始}}(p). \tag{6.4}$$

次に (6.1a) に (6.3) を代入して

$$\int dp \left\{ i\hbar \frac{\partial}{\partial t} \widetilde{\psi}(p;t) \right\} w_p(x) = \int dp\, \widetilde{\psi}(p;t) \left\{ -\frac{\hbar^2}{2m} \frac{\partial^2}{\partial x^2} w_p(x) \right\}. \tag{6.5}$$

(4.108) を使えば

$$右辺 = \int dp\, \widetilde{\psi}(p;t) \frac{p^2}{2m} w_p(x). \tag{6.6}$$

ゆえに，

$$i\hbar \frac{\partial}{\partial t} \widetilde{\psi}(p;t) = \frac{p^2}{2m} \widetilde{\psi}(p;t). \tag{6.7}$$

これ[*2]は一階常微分方程式ゆえただちに解ける：初期条件 (6.4) を用いて

$$\widetilde{\psi}(p;t) = \widetilde{\psi}(p;0) \exp\left(-i \frac{p^2}{2m} t \Big/ \hbar \right) = \widetilde{\phi^{始}}(p) \exp\left(-\frac{i}{\hbar} \frac{p^2}{2m} t \right). \tag{6.8}$$

これを (6.3) に代入すれば

$$\psi(x;t) = \int dp\, \widetilde{\phi^{始}}(p) e^{-ip^2 t/2m\hbar} w_p(x). \tag{6.9}$$

かくて，始値問題 (6.1a)∧(6.1b) が一般的に解けた．

註　上記議論は，自由粒子に関して，「解をあらわに与え」∧「解の一意性も，一般定理 (♡ 4.6 節) に頼ることなく，自動的に証明している」．

　(6.9) なる自由粒子波動函数 $\psi(\ ;t)$ を「始状態 $\phi^{始}$ からの**自由変展**(free evolution)」と略称する．

♣註　所与の x に対し，$\psi(x;t)$ は $\phi^{始}(x)$ だけで決まるわけではなく，函数 $\phi^{始}$ (すなわち $\{\phi^{始}(x') \mid x' \in \mathbf{R}\}$) で決まる．それゆえ，次のようないい回しは不正確：
　　"(自由粒子に限らず一般に) $\psi(x;t)$ は $\phi^{始}(x)$ からの時間変展である．"
にもかかわらず，通常は誤解の恐れなきゆえ「"$\psi(x;t)$ の x"と"$\phi^{始}(x)$ の x"は独立に走る」ものとして，かようないい回しを無礼講で用いることも多い．例えば下記演習における (6.10b)：同式右辺を正式に書こうとすると，
　　$\phi_{p_0}(x) := \phi(x) e^{ip_0 x/\hbar} \ \wedge\ \psi_{(p_0,v_0)}(x;t) := e^{i(p_0 x - p_0^2 t/2m)/\hbar} \psi(x - v_0 t; t)$ と定義すれば，
　　ϕ_{p_0} からの自由変展は $\psi_{(p_0,v_0)}$
となって，いささか面倒．

☆**演習**　「(6.9) にて，$\widetilde{\phi^{始}}(p)$ を p_0 だけ**ずらして**」得られる自由粒子波動函数を $\psi_{p_0}(x;t)$ と書けば

[*2] "(自由粒子の) 運動量空間におけるシュレーディンガー方程式" とよばれることもある．

$$\psi_{p_0}(x;t) \equiv \int dp \; \widetilde{\phi^{始}}(p-p_0) e^{-ip^2t/2m\hbar} w_p(x) = \int dp \; \widetilde{\phi^{始}}(p) e^{-i(p+p_0)^2t/2m\hbar} w_{(p+p_0)}(x)$$

$$= e^{i(p_0x - p_0^2t/2m)/\hbar}\psi(x-v_0t;t) \qquad\qquad : v_0 \equiv p_0/m. \quad\blacksquare \tag{6.10a}$$

☆演習　上記は次のごとくいい換えれる：

「$\psi(x;t)$ が $\phi(x)$ からの自由変展」

$\Longrightarrow$「$\phi(x)e^{ip_0x/\hbar}$ からの自由変展は $e^{i(p_0x-p_0^2t/2m)/\hbar}\psi(x-v_0t;t)$」. $\quad\blacksquare$ $\quad\clubsuit$ $\tag{6.10b}$

☆演習　古典自由粒子軌道

$$p_{\rm cl}(t) = p_{\rm cl}(0) = mv_{\rm cl}(0), \qquad x_{\rm cl}(t) = x_{\rm cl}(0) + v_{\rm cl}(0)t \tag{6.11}$$

に対応して次式が成り立つ（$\heartsuit$ (4.113a)（の $\mathbf{E}^1$ 版）を用いる）：

$$\langle p\rangle_{\psi(\;;t)} = \langle p\rangle_{\psi(\;;0)} =: p_0 =: mv_0, \tag{6.12a}$$

$$\langle x\rangle_{\psi(\;;t)} = \langle x\rangle_{\psi(\;;0)} + v_0t. \quad\blacksquare \tag{6.12b}$$

☆註　シュレーディンガーは $\hbar$ なる記号が嫌いだったらしい．1952 年頃に書いた講義ノートにおいて自由粒子シュレーディンガー方程式を解く際，次のごとく註釈している [1]：

"いちいち 2π を書くのは面倒．だからといって，わざわざ h に棒を付けて $h/2\pi$ を $\hbar$ と書くのも煩わしい．それよりは $\hbar = 2\pi$ と置けばはるかにすっきりする．"

つまり，シュレーディンガーは "$\hbar = 1$ と置いて" 計算している．もちろん，これを真に受けることなかれ．**有次元量** (dimensionful quantity)[*3] たる $\hbar$ を 1 と置くことは許されぬ．慣れてくれば "$\hbar = 1$ として計算（$\heartsuit$ 1.9.2 項の自然単位系），最後に $\hbar$ を復活する" こともできようが，初学者 (含，筆者) としては，当面いちいち $\hbar$ を書いて，量子力学に浸っている感慨を味わいたい．

6.1.2　自由ガウス波束

特に，ガウス型始状態

$$\phi^{始}(x) = \frac{1}{(\sqrt{2\pi}\Delta_0)^{1/2}} \exp\left\{-\left(\frac{x}{2\Delta_0}\right)^2\right\} e^{ip_0x/\hbar}, \tag{6.13a}$$

すなわち

$$\widetilde{\phi^{始}}(p) = \left(\sqrt{\frac{2}{\pi}}\frac{\Delta_0}{\hbar}\right)^{1/2} \exp\left\{-\frac{\Delta_0^2}{\hbar^2}(p-p_0)^2\right\} \tag{6.13b}$$

を仮定すれば，(6.9) は自由ガウス波束 (4.11a)（にて $\mathcal{C}=1$ と採ったもの）に一致する．

[*3] 有次元 (dimensionful) なる語は，「**無次元** (dimensionless)」が定着した語なるに対し，英語日本語ともにあまり使われてないかもしれぬ．しかし「無 (less)」と「有 (ful)」が対を成していてくれぬと何かと不便．$\quad\clubsuit\clubsuit$ 似た事情に「"spinless particle (無スピン粒子 $\equiv$ スピンを有せぬ粒子)" に対する "有スピン粒子($\equiv$ スピンを有する粒子)" の英語は何か」なる "実用上の問題" がある (無論，"spinless (無スピン)" なる語は，正しくは「スピンの大きさが 0」というべきだが，長たらしいので不正確を承知で使われる)．これに正面から応えた文献は見たことがなかったが，最近 (21 世紀初頭)，spinful なる新語 (neologism) が登場した：

"There appears to be no simple term in (existing) English language to characterize particles which possess a nontrivial internal (e.g. hyperfine) degree of freedom, and with some reluctance I therefore use from now on the neologism "spinful" in this sense."[2]

264   第6章　シュレーディンガー方程式の基本的性質

6.1.3　波束変形時間と分散関係

　一般に，波束の形は時間が経つに連れて変化する．「始時刻 $t_0(=0)$ からどれ程の時間が経てば，変形 (deformation[*4]) が<u>目に見えた</u>(appreciable) ものになるか」，その目安として，「波動関数の幅 (の自乗) が始幅の2倍 (あるいは，波束の<u>高さ</u>(の4乗) が始高の半分) になる時刻を $t_0 + \tau_{\mathrm{pdf}}$ とした場合の τ_{pdf}」を採ることにしよう[*5]．これを，

　　　　「波束が変形する様子」を特徴づける特性時間 (characteristic time)，あるいは
　　　　「波束が変形する様子」を特徴づける時間尺度 (タイムスケール：time scale)

とよび，<u>波束変形時間</u> (packet-deformation time) と略称する．自由ガウス波束の場合，τ_{pdf} は「(4.6c) なる τ_{gps}」に等しい：

$$|\Delta(\tau_{\mathrm{gps}})/\Delta_0|^2 = 2. \tag{6.14}$$

演習　自由ガウス波束に関し，$\{m, \Delta_0\} = \{1\mathrm{gram}, 1\mu\mathrm{m}\}$ として，τ_{pdf} を見積もれ．かような巨視的物体に対して古典粒子像が成り立つといえるか？　　■

　τ_{pdf} の値がなぜ τ_{gps} に等しいのであろうか．それを考えるべく，簡単のため「中心波数 $k_0(\equiv p_0/\hbar) = 0$ とし」∧「$x = 0$ に着目し」よう：

$$
\begin{aligned}
\psi_{\mathrm{Gauss}\{0,\Delta_0\}}^{\text{自由}}(0;t) &\propto \int dk \; e^{-\Delta_0^2 k^2} e^{-i\omega(k)t} \qquad : \omega(k) \equiv \frac{\hbar k^2}{2m} \\
&\sim \int_{-\Delta_0^{-1}}^{\Delta_0^{-1}} dk \; e^{-i\omega(k)t} = \lim_{N\to\infty} \sum_{n=-N}^{n=N} \frac{1}{N} \mathcal{C}_n(t) \quad : \mathcal{C}_n(t) \equiv \exp(-i\omega(k_n)t), \; k_n \equiv \frac{n}{N}\Delta_0^{-1}.
\end{aligned}
$$

$$\tag{6.15}$$

始時刻 ($t = 0$) には，位相因子 $\exp(-i\omega(k)t)$ がすべて1であり，上記の重ね合せは<u>建設的干渉</u> (constructive interference) といえる．ところが，$t \neq 0$ になると位相因子がばらけてくる (図6.1)．<u>中心波数</u> ($k = 0$) との位相差が最も大きいのは<u>端波数</u> ($k \sim \pm\Delta_0^{-1}$) であり，これが π となる (つまり，<u>中心波数の寄与と端波数の寄与が互いに打ち消し合う</u>) 最初の時刻は $\pi/\omega(\Delta_0^{-1})$ である．したがって，始時刻から $1/\omega(\Delta_0^{-1})$ 程度だけ時間が経つと，当初の建設的干渉がしだいに<u>破壊的干渉</u> (destructive interference) の様相を帯びてくる．そのせいで波束が変形し始める (特に，$x = 0$ における当初のピークが減少するゆえ，これと裏腹に，波束の幅は広がるはず)．この時間 $1/\omega(\Delta_0^{-1})$ こそ τ_{pdf} に他ならぬ (むろん，$\mathcal{O}(1)$ の因子は度外視)．

演習　上記議論は $x = 0$ に着目した場合である．これに対し，もし $x \sim \Delta_0$ に着目すれば，「当初は破壊的であった干渉が時間が経つにつれて建設的様相を帯びてくる」といえるであろう．上記議論を一般の場合 ($\forall p_0, \forall x$) に拡張せよ．

[*4] これを distortion と書く本もある (例えば [3])．しかし，distort には "事実をねじ曲げる" といった不愉快な意味もあるので避ける．もっとも，deform にも "醜くする" なる意味もあるからちょっと困る．幸いにして日本語の「変形」は没価値的 (この言葉，「価値観を含まぬこと」なる意で使っていたが，念のため広辞苑を調べたら見当たらぬ，この用法は間違いだろうか？　乞ご教示)．

[*5] 2倍の「2」は単なる便宜．「1よりも $\mathcal{O}(1)$ 程度だけ大きな数」なら何でもよい．単に，τ_{pdf} の値が $\mathcal{O}(1)$ 程度の定数因子だけ変わるのみ．

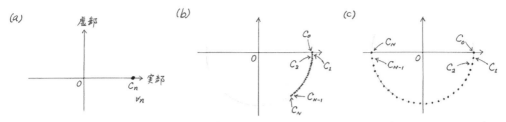

図 6.1 自由波束における位相因子のばらけ：(a)$t=0$, (b)$0<t<\pi/2\omega(\Delta_0^{-1})$, (c)$t=\pi/\omega(\Delta_0^{-1})$

ヒント：3.3 節 並の波 (その 3) にて述べたことを想い出し深めればよい．肩慣らしとして，二個の平面進行波の重ね合せ (の実部) を考えよう：

$$\Re\left\{\frac{3}{4}\exp\{i(kx-\omega(k)t)\}+\frac{1}{2}\exp\{i(k'x-\omega(k')t-\pi/4)\}\right\} \tag{6.16}$$

(係数 $\{3/4, 1/2\}$ は気まぐれに採っただけ，特に意味なし)．$k'=k(>0)$ ならば，二個の平面進行波それぞれの定位相点が共通速度 $\omega(k)/k$ で右に動くゆえ，時間が経つに連れ全体として右に平行移動するものの波形は変わらぬ．$\omega(k)/k$ は **位相速度** (phase velocity) とよばれる：

$$v_{\rm ph}(k)\equiv\lceil\text{波数 }k\text{ なる平面進行波の位相速度}\rfloor:=\omega(k)/k. \tag{6.17}$$

一方，$k'\neq k$ の場合には事情が異なる．$\omega(k)\propto k$ ならぬ限り，二個の平面進行波の位相速度が相異なるゆえ時間が経つに連れて干渉具合が変化し，波形が変わる (唸りが生ずる ♡ 3.3.1 項)．■

註

$$v_{\rm ph}(k_0)=\omega(k_0)/k_0\neq d\omega(k)/dk|_{k=k_0}=v_{\rm g}(k_0)\equiv\lceil\text{中心波数 }k_0\text{ なる波束の群速度}\rfloor. \tag{6.18}$$

特に， $\hbar\omega(k)=(\hbar k)^2/2m$ の場合,

$$v_{\rm ph}(k_0)=\hbar k_0/2m, \qquad v_{\rm g}(k_0)=\hbar k_0/m=2\,v_{\rm ph}(k_0). \tag{6.19}$$

要するに，(自由ガウス波束に限らず) 自由波束の形が変わるのは，平面進行波の位相速度が波数に依ることに因る．これは「光 (古典的な波と見なされた光) がプリズムを通過して **色づく** 現象 (光の **分散** (dispersion) とよばれる)」と形式的に同じである[*6]．もし $\omega(k)\propto k$ ならば，位相速度が k に依らぬゆえ，波束は変形せぬ．かような波束は真空中における光の場合に可能である．ところが，プリズムなど媒質中における光の場合には $\omega(k)\propto k$ は成り立たぬ．それゆえ「入射以前にはきっちり束ねられていた平面進行波群が，プリズムを通過する間に **ばらける**[*7]」，これが色づきの原因である．光学から言葉を拝借して，「周波数と波数の関係」(つまり，函数 $\omega(k)$ の形) は **分散関係** (dispersion relation) とよばれる[*8] (これで，ようやく，3.3.2 項にてこの言葉を使った理由が説明できた)．

自由ガウス波束拡幅時間 $\tau_{\rm gps}$ は様々な形に書ける：

[*6] 精確には，形式的に同じといえるのは，入射光が一個の波束になっている場合．陽光などは，「一個の波束」ではなく，「(それぞれ中心波数が異なる) 多数の波束」の **混ぜ合わせ** [この意味はいずれ説明することになろう] と考える．

[*7] よりよい言葉を募集．

[*8] 統計学では「標準偏差の自乗」(variance) が分散と訳される．ややこしい．物理屋内部ではちゃんとしてるかというと，それがまた困りもの，クラマース–クローニヒ関係式 (Kramers-Kronig relations) も分散関係とよばれることがある (この式の証明法や意味については，当面，気にする必要はない．単に，分散関係なる言葉の使用例として紹介したまで．これは，光の分散にも応用されるという意味で $\omega(k)$ と無関係ではないが，別物．これと関連した "分散理論 (dispersion theory)" が，素粒子物理学にて一世を風靡したことがある．なぜ分散なる言葉が使われるのかわからず，おおいに戸惑ったことを想い出す．

266　第6章　シュレーディンガー方程式の基本的性質

$$\tau_{\mathrm{gps}} = \frac{m}{\hbar\kappa^2} = \frac{\hbar}{(\hbar\kappa)^2/m} = \frac{1/\kappa}{\hbar\kappa/m} \quad : \ \kappa \equiv 1/\sqrt{2}\Delta_0. \tag{6.20}$$

それぞれに示唆的である．しかし，解釈には充分な注意が必要：特に上記第二の形については，"不確定性関係に拠る物理的説明"に関連して，9.2.3 項にて再び触れる．

　自由ガウス波束は，$|\psi^{\text{自由}}_{\mathrm{Gauss}\{\hbar k_0,\Delta_0\}}(x;t)|^2$ のみを見る限り，時間が経っても相似変形するだけである．つまり，変形に関する情報は波束幅に集約できる．しかし，"幅が広がること"は，波束変形の一側面であるけれども，変形の全貌ではない：

演習　例えば $\Re\psi^{\text{自由}}_{\mathrm{Gauss}\{\hbar k_0,\Delta_0\}}(x;t)$ を調べてみればよかろう：ぱそこんで描いてみてもよいが，ぱそこん音痴にも概形はわかる．

ヒント：そもそも波数とは「単位距離につき位相が幾ら変化するか」を記述する量である．例えば，波数 k なる平面進行波の場合，位相を $\Phi^{\text{平面進行波}}_k(x;t)$ と書けば

$$\Phi^{\text{平面進行波}}_k(x;t) = kx - \omega(k)t, \tag{6.21a}$$
$$\Phi^{\text{平面進行波}}_k(x+\delta x;t) \ - \ \Phi^{\text{平面進行波}}_k(x;t) = k\,\delta x. \tag{6.21b}$$

上式両辺を δx で割り $\delta x \to 0$ なる極限をとれば左辺は x 微分となる．この事実に着目し，一般に「波の位相 $\Phi_k(x;t)$」が「x の勝手な関数」の場合にも，波数概念を拡張することができる：

$$k_{\mathrm{loc}}(x;t) \equiv \textbf{局所波数}\ (\text{local wavenumber}) := \frac{d}{dx}\Phi_k(x;t). \tag{6.22}$$

上記にいう「局所」は「空間的に局所」のみならず局時[*9]でもある．特に

$$k^{\text{自由}}_{\mathrm{Gauss,loc}}(x;t) = \frac{d}{dx}\Phi^{\text{自由}}_{\mathrm{Gauss}\{\hbar k_0,\Delta_0\}}(x;t) = k_0 + \frac{1}{2}\frac{t/\tau_{\mathrm{gps}}}{1+(t/\tau_{\mathrm{gps}})^2}\frac{x-v_0t}{\Delta_0^2}. \tag{6.23}$$

これは，$t=0$ においては定数 k_0 に等しいが，時間変化し，一般に x に依る．$\Re\psi^{\text{自由}}_{\mathrm{Gauss}\{\hbar k_0,\Delta_0\}}(x;t)$ の時間変展を調べると，$0<t<\tau_{\mathrm{gps}}$ にて，あたかも「波束がしだいに前に押し拉がれて前方に皺が寄ってくる」ように見えるであろう．充分後方においても，振幅が小さくて目立ちはせぬが，前方と同様に皺が密になる．　　■

♣ **註**　現段階までに整備した確率公準は「位置確率密度と運動量確率密度についてだけ」である．したがって，目下考察中たる「自由粒子一個から成る系」に関しては，上述の皺を実験で検証しようにも拠り所がない．しかし，もう少し複雑な状況 (例えば，「或る空間領域においては近似的に自由粒子」∨「自由粒子二個以上から成る系」など) を設定すれば，皺が間接的に実験にかかり得る (♡ 20.5 節 ∨ 26.8 節).

註1　「自由ガウス波束が変形すること」は，しばしば，"自由ガウス波束が広がる"と描写される．しかし，すでに見た通り，"広がること (spreading)"は「変形」の一側面にすぎぬ．

註2　"広がる"が"拡散する"といわれることも有る．これは，概念的混乱を招き，はなはだまずい．"拡散 (diffusion)"には，「空気中における煙の拡散」など，まったく別の物理的意味が有る[*10].

[*9] "時間的に局所"．英語の local は，必ずしも空間的限定を意味せず，単に「領域が限定されている」なる意であり，この「領域」は抽象的なものであってもよい．Local と対をなすは「大域的」，それゆえ，前者は "局所的" よりは小域的ないし局域的と訳されるべきであろう．ちなみに，大域的に相当する英語 global は，本義が "地球的" であり，誠に狭量 ("宇宙の大域的概観" を英訳すれば "a global view of the universe" となり，後者は "地球 (規模の狭い視野) から観た宇宙" と解されても仕方なし)，これは日本語の大域的に軍配を挙げたい．

[*10] "自由粒子のシュレーディンガー方程式は，虚時間の拡散方程式と見なされ得るゆえ，拡散でも構わぬ" (この文の意味は，わからずとも，まったく気にする必要なし) なる意見もあり得るが，量子力学入門段階にては，これは屁理屈．

6.1 自由粒子　　*267*

註 3　とはいえ，「$|\psi^{\text{自由}}_{\text{Gauss}\{\hbar k_0, \Delta_0\}}(x;t)|^2$ で表される位置確率分布」が時間が経つに連れて広がることは確かである．これは "不可逆性 (irreversibility)" ないし "時間に方向性があること" を意味するのではなかろうか．とすれば，これは，古典的自由粒子には見られなかった事情である．いったいどこから "時間の矢 (arrow of time)" が出てきたのであろうか．詳しくは 6.4 節．

6.1.4　一般解：$\mathbf{E}^3$

$\mathbf{E}^1$ の場合と平行に議論すればよい．途中一段階と答だけ書いておこう：

$$i\hbar \frac{\partial}{\partial t}\psi(\boldsymbol{r};t) = -\frac{\hbar^2}{2m}\nabla^2 \psi(\boldsymbol{r};t) \tag{6.24a}$$

をフーリエ変換して

$$i\hbar \frac{\partial}{\partial t}\widetilde{\psi}(\boldsymbol{p};t) = \frac{\boldsymbol{p}^2}{2m}\widetilde{\psi}(\boldsymbol{p};t) \qquad : \ \widetilde{\psi}(\boldsymbol{p};0) = \widetilde{\phi^{\text{始}}}(\boldsymbol{p}). \tag{6.24b}$$

$$\text{ゆえに} \quad \psi(\boldsymbol{r};t) = \int d^3p \ \widetilde{\phi^{\text{始}}}(\boldsymbol{p})e^{-i\boldsymbol{p}^2 t/2m\hbar}w_{\boldsymbol{p}}(\boldsymbol{r}). \tag{6.25}$$

☆演習

$$\langle \boldsymbol{p} \rangle_{\psi(\ ;t)} = \langle \boldsymbol{p} \rangle_{\psi(\ ;0)} =: \boldsymbol{p}_0, \tag{6.26a}$$

$$\langle \boldsymbol{r} \rangle_{\psi(\ ;t)} = \langle \boldsymbol{r} \rangle_{\psi(\ ;0)} + \frac{\boldsymbol{p}_0}{m}t. \quad \blacksquare \tag{6.26b}$$

演習　非等方ガウス始状態

$$\phi_{\text{非等方 Gauss}}(\boldsymbol{r}) \equiv \prod_{a \in \{x,y,z\}} \frac{1}{(\sqrt{2\pi}\Delta_{0a})^{1/2}} \exp\left\{-\left(\frac{x_a}{2\Delta_{0a}}\right)^2\right\} e^{ip_{0a}x_a/\hbar} \tag{6.27}$$

からの自由変展を求めよ．　$\blacksquare$

6.1.5　♣ 保形波束

自由波束とさらに馴染みになっておこう．本節は，再び $\mathbf{E}^1$ に戻り，規格化因子を度外視する：

演習　始状態

$$\phi_n(x) \equiv \frac{1}{\sqrt{\Delta_0}}\left(\frac{x}{\Delta_0}\right)^n e^{-x^2/4\Delta_0^2} \tag{6.28}$$

からの自由変展を $\psi_n^{\text{自由}}(x;t)$ と書けば

$$\psi_0^{\text{自由}}(x;t) = \frac{1}{\sqrt{\Delta}}e^{-x^2/4\Delta_0\Delta}, \tag{6.29a}$$

$$\psi_1^{\text{自由}}(x;t) = \frac{x}{\Delta}\psi_0^{\text{自由}}(x;t), \tag{6.29b}$$

$$\psi_2^{\text{自由}}(x;t) = \left(1 - \frac{\Delta_0}{\Delta} + \frac{x^2}{2\Delta^2}\right)\psi_0^{\text{自由}}(x;t), \tag{6.29c}$$

$$\cdots\cdots$$

$$\text{ただし} \quad \Delta \equiv \Delta(t) = \Delta_0 + i\frac{\hbar t}{2m\Delta_0}. \tag{6.29d}$$

268　第6章　シュレーディンガー方程式の基本的性質

証明：一般に

ψ が自由粒子シュレーディンガー方程式を充たせば $\partial^n \psi / \partial x^n$ もしかり

（♡ 方程式が「線形」∧「係数が x に依らぬ」）．

特に（以下 $\psi_n \equiv \psi_n^{\text{自由}}$），$\psi_0$ が「$\phi^{\text{始}} = \phi_0$ なる解」ゆえ，$\partial^n \psi_0 / \partial x^n$ は「$\phi^{\text{始}} = \partial^n \phi_0 / \partial x^n$ なる解」．しかるに

$$\frac{\partial}{\partial x} \phi_0 = -\frac{x}{2\Delta_0^2} \phi_0 = -\frac{1}{2\Delta_0} \phi_1,$$

$$\text{ゆえに} \quad \psi_1 = -2\Delta_0 \frac{\partial}{\partial x} \psi_0 = -2\Delta_0 \left(-\frac{x}{2\Delta_0 \Delta}\right) \psi_0 = \frac{x}{\Delta} \psi_0.$$

$$\text{同様に} \quad \frac{\partial^2}{\partial x^2} \phi_0 = -\frac{1}{2\Delta_0} \frac{\partial}{\partial x} \phi_1 = -\frac{1}{2\Delta_0^2} \left(1 - \frac{x^2}{2\Delta_0^2}\right) \phi_0 = -\frac{1}{2\Delta_0^2} \left(\phi_0 - \frac{1}{2}\phi_2\right),$$

$$\text{つまり} \quad 2\left(\phi_0 + 2\Delta_0^2 \frac{\partial^2}{\partial x^2} \phi_0\right) = \phi_2,$$

$$\text{ゆえに} \quad \psi_2 = 2\left(\psi_0 + 2\Delta_0^2 \frac{\partial^2}{\partial x^2} \psi_0\right) = 2\left(\psi_0 - \Delta_0 \frac{\partial}{\partial x} \psi_1\right) = 2\left(1 - \frac{\Delta_0}{\Delta} + \frac{x^2}{2\Delta^2}\right) \psi_0. \quad \blacksquare$$

$\psi_0^{\text{自由}}$ と $\psi_1^{\text{自由}}$ は次の性質を有す：

$$\left|\psi_n^{\text{自由}}(x;t)\right|^2 = \frac{\Delta_0}{|\Delta(t)|} \left|\psi_n^{\text{自由}}\left(\frac{\Delta_0}{|\Delta(t)|}x;0\right)\right|^2 \quad : n \in \{0,1\}. \tag{6.30}$$

一般に，下記性質を有する波動関数 $\psi_{\text{保形}}$ を **保形波束 (shape-conserving wavepacket)** とよぶ：

$$|\psi_{\text{保形}}(x;t)|^2 = \frac{1}{s(t)} \left|\psi_{\text{保形}}\left(\frac{x}{s(t)};0\right)\right|^2 \quad \text{なる尺度因子 } s(t) \ (>0) \ \text{が存在} \tag{6.31}$$

（すなわち，位置確率密度は，t に依存して相似変形する以外は，不変）．

$\psi_0^{\text{自由}}$ と $\psi_1^{\text{自由}}$ は $s(t) = |\Delta(t)|/\Delta_0$ なる **自由保形波束** (≡「自由粒子の保形波束」) である．一方，$\psi_2^{\text{自由}}$ には保形性がない．しかし，

演習　$\psi_{\text{保形}\,2}^{\text{自由}} \equiv 2\psi_2^{\text{自由}} - \psi_0^{\text{自由}}$ は保形自由波束．

証明：$2\Delta_0 - \Delta = \Delta^*$ に着目して

$$2\psi_2 - \psi_0 = \left(1 - \frac{2\Delta_0}{\Delta} + \frac{x^2}{\Delta^2}\right) \psi_0 = \left(-\frac{\Delta^*}{\Delta} + \frac{x^2}{\Delta^2}\right) \psi_0 = \frac{\Delta^*}{\Delta} \left(-1 + \frac{x^2}{|\Delta|^2}\right) \psi_0. \quad \blacksquare \tag{6.32}$$

♣註　上記を拡張して一連の自由保形波束 $\{\psi_{\text{保形}\,n}^{\text{自由}} \mid n \in \mathbf{N}\}$ を得る：

$$\psi_{\text{保形}\,n}^{\text{自由}}(x;t) \equiv \left(\frac{\Delta^*(t)}{\Delta(t)}\right)^{n/2} H_n\left(\frac{x}{\sqrt{2}\,|\Delta(t)|}\right) \psi_0^{\text{自由}}(x;t) \tag{6.33}$$

（$H_n(\xi)$ はエルミート多項式　♡ 15.11.4 項）．

♣♣ 予想：　自由保形波束は $\{\psi_{\text{保形}\,n}^{\text{自由}} \mid n \in \mathbf{N}\}$ に限られる． \tag{6.34}

6.2　♣ 自由粒子のファインマン核

6.2.1　$\mathbf{E}^1$

(6.9) は $\psi(x;t)$ を $\widetilde{\phi^{\text{始}}}(p)$ で表している．より直接に $\phi^{\text{始}}(x)$ で表すには，(6.2b) を代入して

$$\psi(x;t) = \int dp \left\{ \int dx' \, \phi^{\text{始}}(x') w_p^*(x') \right\} e^{-ip^2 t/2m\hbar} w_p(x)$$

$$= \int dx' \, \mathcal{K}^{\text{自由}}(x,t;x',0)\phi^{\text{始}}(x'), \tag{6.35a}$$

$$\mathcal{K}^{\text{自由}}(x,t;x',t') := \int dp \, w_p(x) e^{-(t-t')ip^2/2m\hbar} w_p^*(x') \tag{6.35b}$$

$$= \int \frac{dp}{2\pi\hbar} \exp\left\{ i\frac{x-x'}{\hbar}p - i\frac{t-t'}{2m\hbar}p^2 \right\}. \tag{6.35c}$$

$\mathcal{K}^{\text{自由}}(x,t;x',t')$ は (**自由粒子の**) **ファインマン核** (Feynman kernel) とよばれる. $t \to 0$ なる極限にて (6.35a) は $\phi^{\text{始}}(x)$ に等しいはずである:

$$\lim_{t\to 0} \int dx' \, \mathcal{K}^{\text{自由}}(x,t;x',0)\phi^{\text{始}}(x') = \phi^{\text{始}}(x). \tag{6.36a}$$

この等式が任意の $\phi^{\text{始}}(\in \mathcal{F}^{\text{大人}})$ に対して成り立つゆえ

$$\lim_{t\to 0} \spadesuit \mathcal{K}^{\text{自由}}(x,t;x',0) = \delta(x-x'). \tag{6.36b}$$

演習 勝手な $\{t,t'\}$ に対して

$$\mathcal{K}^{\text{自由}}(x,t;x',t') = \mathcal{K}^{\text{自由}}(x,t-t';x',0), \tag{6.37a}$$

$$\psi(x;t) = \int dx' \, \mathcal{K}^{\text{自由}}(x,t;x',t')\psi(x';t'), \tag{6.37b}$$

$$\lim_{t\to t'} \spadesuit \mathcal{K}^{\text{自由}}(x,t;x',t') = \delta(x-x'), \tag{6.37c}$$

$$i\hbar\frac{\partial}{\partial t}\mathcal{K}^{\text{自由}}(x,t;x',t') = -\frac{\hbar^2}{2m}\frac{\partial^2}{\partial x^2}\mathcal{K}^{\text{自由}}(x,t;x',t'). \quad \blacksquare \tag{6.37d}$$

つまり, $\mathcal{K}^{\text{自由}}(x,t;x',t')$ は「デルタ函数を始値 (始時刻 t') とする, 自由粒子シュレーディンガー方程式の形式解」である.

♣ **演習** (6.35c) はフレネル積分に他ならぬ (♡ 後述 29.14.1 項). 積分を実行すると

$$\mathcal{K}^{\text{自由}}(x,t;x',t') = \left(\frac{m}{2\pi(t-t')i\hbar}\right)^{1/2} \exp\left\{ i\frac{(x-x')^2 m}{2(t-t')\hbar} \right\}. \quad \blacksquare \tag{6.38}$$

ゆえに, (6.36b) に拠り

$$\lim_{t\to 0} \spadesuit \left(\frac{m}{2\pi ti\hbar}\right)^{1/2} \exp\left\{ i\frac{(x-x')^2 m}{2t\hbar} \right\} = \delta(x-x'). \tag{6.39}$$

演習 (6.13a) $\wedge$(6.38) を (6.35a) に代入し, 積分を実行して, (4.11a) を再確認せよ. $\quad \blacksquare$

演習 下記始状態からの時間変展を求め (規格化因子 $\mathcal{N}_n$ も計算すること), その実部と虚部および位置確率密度を図示せよ:

$$\mathcal{N}_n x^n e^{-(x/2\Delta_0)^2} \quad : n \in \{1,2\}. \quad \blacksquare \tag{6.40}$$

270 第 6 章 シュレーディンガー方程式の基本的性質

6.2.2 $\mathbf{E}^3$

$\mathbf{E}^1$ の場合と平行に議論して

$$\psi(\boldsymbol{r};t) = \int d^3r' \; \mathcal{K}_{\mathbf{E}^3}^{自由}(\boldsymbol{r},t;\boldsymbol{r}',0)\phi^{始}(\boldsymbol{r}'), \tag{6.41a}$$

$$\mathcal{K}_{\mathbf{E}^3}^{自由}(\boldsymbol{r},t;\boldsymbol{r}',t') := \int d^3p \; w_{\boldsymbol{p}}(\boldsymbol{r})e^{-(t-t')i\boldsymbol{p}^2/2m\hbar}w_{\boldsymbol{p}}^*(\boldsymbol{r}') \tag{6.41b}$$

$$= \mathcal{K}^{自由}(x,t;x',t')\mathcal{K}^{自由}(y,t;y',t')\mathcal{K}^{自由}(z,t;z',t') \tag{6.41c}$$

$$= \left(\frac{m}{2\pi(t-t')i\hbar}\right)^{3/2} \exp\left\{i\frac{(\boldsymbol{r}-\boldsymbol{r}')^2 m}{2(t-t')\hbar}\right\}, \tag{6.41d}$$

$$\mathcal{K}_{\mathbf{E}^3}^{自由}(\boldsymbol{r},t;\boldsymbol{r}',t') = \mathcal{K}_{\mathbf{E}^3}^{自由}(\boldsymbol{r},t-t';\boldsymbol{r}',0), \tag{6.41e}$$

$$\lim_{t\to t'} \spadesuit\mathcal{K}_{\mathbf{E}^3}^{自由}(\boldsymbol{r},t;\boldsymbol{r}',t') = \delta(\boldsymbol{r}-\boldsymbol{r}'), \tag{6.41f}$$

$$i\hbar\frac{\partial}{\partial t}\mathcal{K}_{\mathbf{E}^3}^{自由}(\boldsymbol{r},t;\boldsymbol{r}',t') = -\frac{\hbar^2}{2m}\nabla^2\mathcal{K}_{\mathbf{E}^3}^{自由}(\boldsymbol{r},t;\boldsymbol{r}',t'). \tag{6.41g}$$

(6.41c) を見れば，例えば，「非等方ガウス始状態からの自由展開が $\mathbf{E}^1$ の場合に帰着すること」は明白．

演習 6.2.2-1　s 波ガウス始状態

$$\phi_{\mathrm{swGauss}}(\boldsymbol{r}) \equiv \mathcal{N}\exp\left\{-\left(\frac{r}{2\Delta_0}\right)^2\right\}\frac{\sin(p_0r/\hbar)}{p_0r/\hbar} \tag{6.42a}$$

(「s 波 (s-wave)」なる呼称については後述 32.1.1 項) からの自由展開を，(6.41a) 右辺を球座標で積分して求める (規格化因子 $\mathcal{N}$ も決める) と，$\{v_0,k_0,\omega_0\} = \{p_0/m,\; p_0/\hbar,\; p_0^2/2m\hbar\}$ と置いて，

$$\mathcal{N} = \left(\frac{1}{\sqrt{2\pi}\Delta_0}\right)^{3/2}\frac{\sqrt{2}k_0\Delta_0}{(1-e^{-2k_0^2\Delta_0^2})^{1/2}}, \tag{6.42b}$$

$$\psi_{\mathrm{swGauss}}(\boldsymbol{r};t) = \mathcal{N}\frac{e^{-i\omega_0 t}}{2ik_0r}\left(\frac{\Delta_0}{\Delta(t)}\right)^{1/2}$$

$$\times\left[\exp\left\{-\frac{(r-v_0t)^2}{4\Delta_0\Delta(t)}+\frac{ip_0r}{\hbar}\right\} - \exp\left\{-\frac{(r+v_0t)^2}{4\Delta_0\Delta(t)}-\frac{ip_0r}{\hbar}\right\}\right], \tag{6.42c}$$

ただし，$\Delta(t) = \Delta_0 + \dfrac{i\hbar t}{2m\Delta_0} = \left(1+i\dfrac{t}{\tau_{\mathrm{gps}}}\right)\Delta_0 \;\wedge\; \tau_{\mathrm{gps}} = \dfrac{2m\Delta_0^2}{\hbar} = 2k_0\Delta_0\dfrac{\Delta_0}{v_0}.$

証明：

$$\int d^3r \; \left|e^{-r^2/4\Delta_0^2}\frac{\sin k_0 r}{r}\right|^2 = 4\pi\int_0^\infty dr \; e^{-r^2/2\Delta_0^2}(\sin k_0 r)^2 = 2\pi\int_0^\infty dr \; e^{-r^2/2\Delta_0^2}(1-\cos 2k_0 r)$$

$$= \pi\int dX \; e^{-X^2/2\Delta_0^2}(1-\cos 2k_0 X) \qquad : \int dX \equiv \int_{-\infty}^\infty dX$$

$$= \pi\Re\int dX \; e^{-X^2/2\Delta_0^2}(1-e^{i2k_0 X}) = \pi\sqrt{2\pi}\Delta_0(1-e^{-2k_0^2\Delta_0^2}), \qquad ゆえに (6.42b).$$

$$\int d^3r' \; \mathcal{K}_{\mathbf{E}^3}^{自由}(\boldsymbol{r},t;\boldsymbol{r}',0)\phi_{\mathrm{swGauss}}(\boldsymbol{r}') = \left(\frac{1}{2\pi iT}\right)^{3/2}\frac{\mathcal{N}}{2ik_0}2\pi(I_{k_0}-I_{-k_0}), \qquad : T\equiv(\hbar/m)t,$$

$$I_k \equiv \frac{1}{2\pi}\int d^3\rho \; \frac{1}{\rho}\exp\left\{\frac{i}{2T}(\boldsymbol{r}-\boldsymbol{\rho})^2 - \frac{\rho^2}{4\Delta_0^2}+ik\rho\right\}$$

$$
= e^{ir^2/2T} \int_0^\infty d\rho \; \rho^2 \frac{1}{\rho} \; e^{i\rho^2/2T - \rho^2/4\Delta_0^2 + ik\rho} \int_{-1}^1 dc \; e^{-ir\rho c/T}
$$

$$
= e^{ir^2/2T} \frac{2T}{r} \int_0^\infty d\rho \; e^{i\rho^2/2D^2 + ik\rho} \sin(r\rho/T) \qquad : \; \frac{1}{D^2} \equiv \frac{1}{T} + \frac{i}{2\Delta_0^2} = \frac{\Delta(t)}{T\Delta_0}.
$$

ゆえに，$\; I_k - I_{-k} = \frac{iT}{r} e^{ir^2/2T} I,$

$$
I \equiv 4 \int_0^\infty d\rho \; e^{i\rho^2/2D^2} \sin k\rho \; \sin(r\rho/T)
$$

$$
= - \int_0^\infty d\rho \; e^{i\rho^2/2D^2} \left\{ (e^{i\rho k_+} - e^{i\rho k_-}) \; + \; (\rho \to -\rho) \right\} \qquad : \; k_\pm \equiv k \pm \frac{r}{T}
$$

$$
= \int dX \; e^{iX^2/2D^2} \left(e^{iXk_-} - e^{iXk_+} \right) = (2\pi i D)^{1/2} \left\{ e^{-ik_-^2 D^2/2} \; - \; (r \to -r) \right\}.
$$

しかるに，$\; -\dfrac{i}{2} k_-^2 D^2 = -\dfrac{i}{2} \left(k - \dfrac{r}{T} \right)^2 \dfrac{T\Delta_0}{\Delta(t)} = -\dfrac{i}{2} \dfrac{\Delta_0}{T\Delta(t)} (r - kT)^2$

$$
= - \left\{ \frac{i}{2T} + \frac{1}{4\Delta_0 \Delta(t)} \right\} (r - kT)^2 \qquad \heartsuit \; \Delta_0 = \Delta(t) - \frac{iT}{2\Delta_0}
$$

$$
= - \frac{ir^2}{2T} + ikr - i\frac{k^2}{2}T - \frac{(r - kT)^2}{4\Delta_0 \Delta(t)}.
$$

以上をまとめて (6.42c)．∎

註1 下記意味において<u>充分遠方</u>ならば，(6.42c) にて $[\cdots]$ 内第二項は第一項に比べて無視できる：

$$
\underline{\text{充分遠方}} \qquad \Longleftrightarrow \qquad r \gg \frac{\hbar}{2mv_0} \left(\frac{\tau_{\text{gps}}}{t} + \frac{t}{\tau_{\text{gps}}} \right), \tag{6.43a}
$$

$$
(\text{特に } t \gg \tau_{\text{gps}} \text{ なら}) \qquad \Longleftrightarrow \qquad r \gg \frac{\hbar^2/2m\Delta_0^2}{2mv_0^2} v_0 t = \frac{v_0 t}{(2k_0 \Delta_0)^2}. \tag{6.43b}
$$

証明：

$$
\zeta \equiv \frac{|\,\text{第二項}\,|}{|\,\text{第一項}\,|} = \frac{e^{-(r+v_0 t)^2/4|\Delta(t)|^2}}{e^{-(r-v_0 t)^2/4|\Delta(t)|^2}} = e^{-rv_0 t/|\Delta(t)|^2},
$$

$$
\text{ゆえに} \quad \zeta \ll 1 \; \Longleftrightarrow \; rv_0 t \gg |\Delta(t)|^2 \; \Longleftrightarrow \; (6.43a) \; \text{右辺}. \quad \blacksquare
$$

　したがって，充分遠方にて，$\psi_{\text{swGauss}}(\boldsymbol{r}; t)$ は**外向進行球面波束**(outgoing spherical wave packet) で近似できる．これは半径 $v_0 t$ なる球面に幅 $|\Delta(t)|$ を付けた球殻状波束である．

註2 Δ_0 が<u>充分に大きい</u>として，

$$
(r + v_0 t)/\Delta_0 \ll 1 \qquad \wedge \qquad v_0 t/\Delta_0 \ll k_0 \Delta_0 \tag{6.44a}
$$

なる $\{r, t\}$ に話を限れば，

$$
\phi_{\text{swGauss}}(\boldsymbol{r}) \simeq \mathcal{N} \frac{\sin(p_0 r/\hbar)}{p_0 r/\hbar}, \qquad \psi_{\text{swGauss}}(\boldsymbol{r}; t) \simeq \phi_{\text{swGauss}}(\boldsymbol{r}) \; e^{-i\omega_0 t}. \tag{6.44b}
$$

これは下記 (6.45) と整合．

註3 $u_k(\boldsymbol{r}) \equiv \sin kr/r$ は平面波と同様の性質を有す：

$$
-\frac{\hbar^2}{2m} \nabla^2 u_k(\boldsymbol{r}) = \frac{\hbar^2 k^2}{2m} u_k(\boldsymbol{r}) \tag{6.45}
$$

($\heartsuit$ いささか先走るが 14.8.2 項の演習 1 を使うと便利)．しかるに，(6.42a) は次のごとく書ける：

$$
\phi_{\text{swGauss}}(\boldsymbol{r}) = \mathcal{N} \frac{\sin k_0 r}{k_0 r} \frac{\Delta_0}{\sqrt{\pi}} \int dk \; e^{-k^2 \Delta_0^2 + ikr}
$$

272 第6章 シュレーディンガー方程式の基本的性質

$$= \frac{\mathcal{N}'}{r} \int dk \, e^{-k^2 \Delta_0^2} \left\{ e^{i(k+k_0)r} - e^{i(k-k_0)r} \right\} \qquad : \mathcal{N}' \equiv \frac{\mathcal{N}}{2ik_0} \frac{\Delta_0}{\sqrt{\pi}} \tag{6.46a}$$

$$= \mathcal{N}' \int dk \, e^{-k^2 \Delta_0^2} u_{k+k_0}(\boldsymbol{r}) \qquad \heartsuit \text{ 上式第二項にて積分変数 } k \to -k. \tag{6.46b}$$

ゆえに (6.9) と同様に,

$$\psi_{\mathrm{swGauss}}(\boldsymbol{r};t) = \mathcal{N}' \int dk \, e^{-k^2 \Delta_0^2} e^{-i\hbar(k+k_0)^2 t/2m} u_{k+k_0}(\boldsymbol{r}) \tag{6.47a}$$

$$= \frac{\mathcal{N}'}{r} \left\{ J_{k_0}(r) - J_{-k_0}(r) \right\} \qquad \heartsuit \text{ (6.46a)} \to \text{(6.46b) を逆にたどる,}$$

$$J(r) \equiv \int dk \, e^{-k^2 \Delta_0^2} e^{-i\hbar(k+k_0)^2 t/2m} e^{i(k+k_0)r} = \int dk \, e^{-(k-k_0)^2 \Delta_0^2} e^{-i\hbar k^2 t/2m + ikr}$$

$$= \text{「(規格化因子を除き)} \mathbf{E}^1 \text{ における自由ガウス波束の平面波展開 (}\heartsuit \text{ 4.2.3 項) と同じ形」}$$

$$= \left(\sqrt{\frac{\pi}{2}} \frac{2\pi}{\Delta_0} \right)^{1/2} \psi_{\mathrm{Gauss}\{\hbar k_0, \Delta_0\}}^{\text{自由}}(r;t). \tag{6.47b}$$

かくて再び (6.42c) を得る. 実は, この方がファインマン核に拠る計算よりもはるかに楽.

♣ **演習 6.2.2-2** <u>等方ガウス始状態</u>(≡ 球対称 (spherically symmetric) ガウス始状態, 略して
<u>球ガウス</u>)

$$\phi_{\text{球 Gauss}}(\boldsymbol{r}) \equiv \frac{1}{(\sqrt{2\pi}\Delta_0)^{3/2}} \exp\left\{ -\left(\frac{r}{2\Delta_0} \right)^2 \right\} e^{ip_0 r/\hbar} \tag{6.48a}$$

からの自由変展の漸近振る舞い ($t \to \infty$) を, (6.41a) 右辺を球座標で積分して, 論ぜよ. ■

♣ **演習 6.2.2-3** 同じく, 次式で与えられる<u>殻ガウス</u>(≡ 球殻形ガウス始状態; $\mathcal{N}_n$ は規格化因子) か
らの自由変展の漸近振る舞いを論ぜよ ($n \in \{0, 1, 2\}$):

$$\phi_{\text{殻 Gauss}\{r_0, n\}}(\boldsymbol{r}) = \mathcal{N}_n (r - r_0)^n \exp\left\{ -\left(\frac{r - r_0}{2\Delta_0} \right)^2 \right\} e^{i(r-r_0)p_0/\hbar}. \quad ■ \tag{6.48b}$$

♣♣ **演習 6.2.2-4** 上記演習の $\mathbf{E}^D$ 版 (参考文献：[4]). ■

♣♣ **演習 6.2.2-5** 諸例 (6.48) について実効動径確率密度 $\rho_{\mathrm{eff}}(r;t)$ ($\heartsuit$ (4.68b)) を図示せよ. ■

6.2.3 「デルタ函数の正体」としてのファインマン核

(6.38) にて $2(t-t')\hbar/m = K^{-2}$ と置いたものは「デルタ函数のフレネル型正体 $\delta_K^{\mathrm{Fresnel}}(x-x')$」
($\heartsuit$ (5.38a)) に他ならぬ:

$$\mathcal{K}^{\text{自由}}(x, t; x', t') = \frac{e^{-i\pi/4}}{\sqrt{\pi}} K e^{iK^2 x^2} \bigg|_{K=\sqrt{m/2(t-t')\hbar}}$$

$$= \delta_K^{\mathrm{Fresnel}}(x - x') \big|_{K=\sqrt{m/2(t-t')\hbar}}. \tag{6.49}$$

6.2.1 項は, これが「デルタ函数の正体」なることを, 自由粒子シュレーディンガー方程式を用いて
改めて示したわけである.

ついでに $\mathbf{E}^3$ 版フレネル型正体も定義しておこう:

$$\delta_K^{\text{Fresnel}}(\boldsymbol{r}) := \frac{e^{-3i\pi/4}}{\pi^{3/2}} K^3 e^{iK^2 r^2} = \delta_K^{\text{Fresnel}}(x)\delta_K^{\text{Fresnel}}(y)\delta_K^{\text{Fresnel}}(z), \tag{6.50a}$$

$$\lim_{K\to\infty} \spadesuit\, \delta_K^{\text{Fresnel}}(\boldsymbol{r}) = \delta(\boldsymbol{r}). \tag{6.50b}$$

6.3 量子力学における慣性法則

本節においては ψ の肩に添字「自由」を復活する.

一般に $\psi^{\text{自由}}(\boldsymbol{r};t)$ の時間発展は,始状態 $\phi^{\text{始}}(\boldsymbol{r})$ に応じて,複雑となり得る.しかし,$\widetilde{\psi^{\text{自由}}}(\boldsymbol{p};t)$ の時間発展は単純である ($\heartsuit$ (6.24b)).特に,

自由粒子の運動量確率密度は時刻に依らぬ:

$$|\widetilde{\psi^{\text{自由}}}(\boldsymbol{p};t)|^2 = |\widetilde{\phi^{\text{始}}}(\boldsymbol{p})|^2 = |\widetilde{\psi^{\text{自由}}}(\boldsymbol{p};0)|^2 \qquad : \forall t. \tag{6.51}$$

さて,「古典自由粒子の場合には,**慣性法則**[*11](law of inertia) が成立する」ことを想い出そう:

$$\boldsymbol{p}_{\text{cl}}(t) = \boldsymbol{p}_{\text{cl}}(0) \qquad : \forall t. \tag{6.52}$$

これは,「古典軌道として実現される運動量」についての命題であった.これに対し,(6.51) は「『潜在的可能性としての運動量』総体」についての命題である.その結果として,(6.52) に対応すべき性質も成り立つ:

$$\langle \boldsymbol{p} \rangle_{\psi^{\text{自由}}(\ ;t)} = \langle \boldsymbol{p} \rangle_{\psi^{\text{自由}}(\ ;0)} \qquad : \forall t. \tag{6.53}$$

かくて,(6.51) は「慣性法則を拡張したもの」と読める.それゆえ,$\widetilde{\psi^{\text{自由}}}(\boldsymbol{p};t)$ に登場する変数 $\boldsymbol{p}$ を「潜在的可能性としての運動量」と名付けたこと (つまり,運動量なる言葉を古典力学から流用したこと) が理にかなっていた (reasonable) といえよう.「拡張された運動量概念は,まずまず (少なくとも現段階においては) 納得のゆく性質を有する」ことがわかったわけである.かくて,(6.51) を**量子力学における慣性法則**とよぶ.

論理的にいえば "(古典力学における) 慣性法則を述べる際に運動量なる言葉はもち出すべきでない" かもしれぬ.(6.51) の内容を理解すべく慣性法則 (6.52) と述べたことは,ひとまず,お許し願いたい.念のために復習しておこう.慣性法則とは,

"力の作用を受けない物体は静止または等速直線運動を続けるという法則.ニュートンの運動の第一法則ともよばれる $\cdots$.慣性の法則は運動の第二法則の力 $\boldsymbol{F}$ が 0 の特別な場合として,第二法則に含まれるのではなく,運動を記述する枠 (frame) である慣性系をこのように選び出し,第二法則の基礎を与えるという内容をもつものである." [物理学辞典 p.395] (( ) 内は筆者に依る加筆)

"静止または一様な直線運動を行う物体はこれに力が作用しない限り,その状態を持続する $\cdots$ が,第一法則の意義はむしろ,このような事実を成立させる座標系すなわち慣性系を選び出す原理を示している点にある.我々は第一法則によって運動を記述すべき慣性系をまず選択することができる." [物理学辞典 p.142] [*12]

[*11] "慣性の法則" に同じだが,この "の" はわずらわしいので略.

[*12] この文章は,定評ある辞典から引用したものにもかかわらず,句読点の打ち方その他,曖昧な点が沢山ある.

274 第6章 シュレーディンガー方程式の基本的性質

「慣性系とは？ 力とは？ 慣性とは？」なる問は「古典力学における最も基礎的かつ厄介な問題提起」であった．これに関しては，"ニュートンの回転バケツ*13" または "地球の扁平性" [6] からマッハの原理 [7] に至る永い歴史があるらしい (例えば [6])．それはともかくとして，本書現時点にて想い出しておくべきは次のことである：

慣性系 (inertial frame, 精確には慣性準拠系: inertial frame of reference) とは，準拠系*14 (frame of reference) のうち，次の意味において特別なものである：

「ニュートン運動方程式は，勝手な準拠系を採っても成立せぬが，慣性系を採れば成立する．」

量子力学においても「いかなる準拠系を採ればシュレーディンガー方程式が成立するか」なる問題が存在するはずである．「まずこの問題に決着を見て，しかる後に，シュレーディンガー方程式を用いた具体的議論を始める」のが本筋である．しかし，それでは話が抽象的になりすぎて雲をつかむようなことになりかねぬ．それゆえ本書は，拠って立つべき準拠系を正式に定義することなく，何となく，シュレーディンガー方程式を書き下してしまった．ここに至り，論理的には逆立ちしているけれども，以下のように話を進めよう．

量子力学における慣性系を次のごとく定義する：

「自由粒子シュレーディンガー方程式が (6.24a) なる形に書ける準拠系」を
「量子力学における慣性系」とよぶ．

註 これだけでは，準拠系なる言葉の意味すら，今一つピンと来ぬかもしれぬ．読者のご不満は 6.6 節 (非慣性系の一例を紹介) にて多少は解消すると期待．

上記定義に拠れば，「(6.53) を介し」∧「$\langle \boldsymbol{p} \rangle_{\psi(\ ;t)}$ を $\boldsymbol{p}_{\mathrm{cl}}(t)$ と同一視し」て，次の定理が成り立つ：

「量子力学における慣性系」は「古典力学における慣性系」でもある．

それゆえ，以下，「量子力学における」なる修飾語を略して単に慣性系と書く．これに応じて「量子力学における慣性質量」($\equiv$「(6.24a) に登場するパラメーター m」) も慣性質量と略称する．

6.4 時間反転対称性

"自由ガウス波束が広がる" ことに関連して「一般に，時間展開は逆行可能なるか否か」を検討してみよう．本節は自由粒子に限らぬ．ただし，力 (またはポテンシャル) は「粒子位置だけに依り」∧「あらわに t には依らぬ」とする．

---

*13 水の入ったバケツを回すと水面がくぼむ．バケツは読者から見て回転している．逆に，バケツを回さず読者がスケートでも履いて旋回したらどうか，読者の目が回るだけで水面はくぼまぬ．では，バケツは何に対して回転したのか．絶対静止系 (absolute rest frame [The Absolute Rest Frame とすべきかもしれぬ]) に対してである，とニュートンさん (Isaac Newton [1643.1.4–1727.3.31]) は考えたらしい (その後，マッハさん (Ernst Mach [1838.2.18–1916.2.19]) がこれを批判：天上天下唯我独存なら，"回っている" といっても無意味 [5])．

*14 "座標系" とよばれること多けれど，座標系 (system of coordinates) と準拠系は異なる概念である．前者が単に "位置に固有名をつける便宜" にすぎぬのに対し，後者は「そこに運動が描かれるべき額縁 (frame)」である (むろん，縁だけでは駄目，精確には画布付額縁)．慣性系 (inertial frame と略称) が "inertial coordinate system"，質心系 ($\equiv$ 質量中心系 (center-of-mass frame)) が "center-of-mass coordinate system"，などと英訳されているのを目にするが (例えば物理学辞典)，これは誤解のもと．

6.4.1 ニュートン運動方程式

まず，古典力学における一粒子の運動について考察しよう．ニュートン運動方程式をハミルトン形式 (Hamiltonian formalism) で (つまり**ハミルトン運動方程式**[*15]なる形に) 書けば[*16]，

$$\frac{d}{dt}\boldsymbol{r}_{\rm cl}(t) = \boldsymbol{p}_{\rm cl}(t)/m, \qquad \frac{d}{dt}\boldsymbol{p}_{\rm cl}(t) = \boldsymbol{F}(\boldsymbol{r}_{\rm cl}(t)) \tag{6.54}$$

(力を $\boldsymbol{F}(\boldsymbol{r})$ と書いた：保存力ならば $\boldsymbol{F}(\boldsymbol{r}) = -\nabla V(\boldsymbol{r})$). この方程式は，所与の始値 $\{\boldsymbol{r}_{\rm cl}(0), \boldsymbol{p}_{\rm cl}(0)\}$ に対して，一意的に解ける．こうして得られる解は**古典軌道** (classical orbit) とよばれる．さて，「勝手な古典軌道 $\{\boldsymbol{r}_{\rm cl}(t), \boldsymbol{p}_{\rm cl}(t)\}$」∧「勝手な二時刻 $\{t_{\rm I}, t_{\rm F}\}$」を採り，次のごとく置く (図 6.2(a))：

$$\boldsymbol{r}_\alpha := \boldsymbol{r}_{\rm cl}(t_\alpha), \qquad \boldsymbol{p}_\alpha := \boldsymbol{p}_{\rm cl}(t_\alpha) \qquad : \alpha \in \{{\rm I}, {\rm F}\}. \tag{6.55}$$

改めて $t_{\rm I}$ を始時刻と見なせば，$\{\boldsymbol{r}_{\rm I}, \boldsymbol{p}_{\rm I}\}$ が「軌道の始値 (initial value)」となり，$\{\boldsymbol{r}_{\rm F}, \boldsymbol{p}_{\rm F}\}$ は「軌道の終値 (final value)」である．この古典軌道に関し次の量を定義する：

$$\overline{\boldsymbol{r}_{\rm cl}}(t) := \boldsymbol{r}_{\rm cl}(t_{\rm F} - (t - t_{\rm I})), \qquad \overline{\boldsymbol{p}_{\rm cl}}(t) := -\boldsymbol{p}_{\rm cl}(t_{\rm F} - (t - t_{\rm I})) \tag{6.56}$$

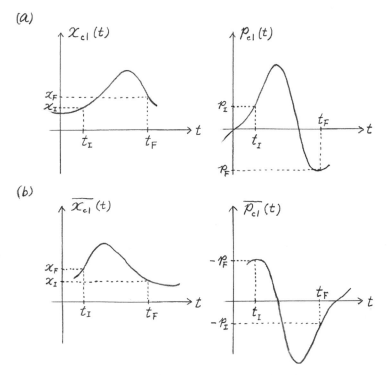

図 **6.2** (a) 勝手な古典軌道，(b) その時間反転

[*15] 厳しくハミルトンの正準運動方程式 (Hamilton's canonical equation of motion) ともよばれる (♡ 正式には 11.1 節).
[*16] ニュートン運動方程式のままでも構わぬが，運動量を正面に押し出すべく，こうする．

276 第6章 シュレーディンガー方程式の基本的性質

(第二式右辺に，いささかずるいが下記 (6.57b) を見越して，負号 − を付けた). $\overline{\boldsymbol{r}_{\rm cl}}(t)$ を t 微分してみよう：記法を簡略にすべく*17 $T \equiv t_{\rm F} + t_{\rm I}$ と置いて，

$$\frac{d}{dt}\overline{\boldsymbol{r}_{\rm cl}}(t) = \frac{d}{dt}\boldsymbol{r}_{\rm cl}(T-t) = \left\{\frac{d}{dt}(T-t)\right\}\left\{\frac{d}{dt'}\boldsymbol{r}_{\rm cl}(t')\Big|_{t'=T-t}\right\} = -\frac{d}{dt'}\boldsymbol{r}_{\rm cl}(t')\Big|_{t'=T-t}, \quad (6.57a)$$

$$\frac{d}{dt}\overline{\boldsymbol{p}_{\rm cl}}(t) = \frac{d}{dt}\{-\boldsymbol{p}_{\rm cl}(T-t)\} = -\left\{\frac{d}{dt}(T-t)\right\}\left\{\frac{d}{dt'}\boldsymbol{p}_{\rm cl}(t')\Big|_{t'=T-t}\right\} = \frac{d}{dt'}\boldsymbol{p}_{\rm cl}(t')\Big|_{t'=T-t}.$$

$$(6.57b)$$

ゆえに，(6.54) を用いて，

$$\frac{d}{dt}\overline{\boldsymbol{r}_{\rm cl}}(t) = -\boldsymbol{p}_{\rm cl}(T-t)/m = \overline{\boldsymbol{p}_{\rm cl}}(t)/m, \qquad \frac{d}{dt}\overline{\boldsymbol{p}_{\rm cl}}(t) = \boldsymbol{F}(\boldsymbol{r}_{\rm cl}(T-t)) = \boldsymbol{F}(\overline{\boldsymbol{r}_{\rm cl}}(t)). \quad (6.58)$$

つまり，$\{\overline{\boldsymbol{r}_{\rm cl}}(t), \overline{\boldsymbol{p}_{\rm cl}}(t)\}$ もハミルトン運動方程式を充たす．それゆえ，これにも古典軌道たる資格がある．一方，定義 (6.56) に拠り，

$$\overline{\boldsymbol{r}_{\rm cl}}(t_{\rm I}) = \boldsymbol{r}_{\rm cl}(t_{\rm F}) = \boldsymbol{r}_{\rm F}, \qquad \overline{\boldsymbol{p}_{\rm cl}}(t_{\rm I}) = -\boldsymbol{p}_{\rm cl}(t_{\rm F}) = -\boldsymbol{p}_{\rm F}, \quad (6.59a)$$

$$\overline{\boldsymbol{r}_{\rm cl}}(t_{\rm F}) = \boldsymbol{r}_{\rm cl}(t_{\rm I}) = \boldsymbol{r}_{\rm I}, \qquad \overline{\boldsymbol{p}_{\rm cl}}(t_{\rm F}) = -\boldsymbol{p}_{\rm cl}(t_{\rm I}) = -\boldsymbol{p}_{\rm I}. \quad (6.59b)$$

つまり，もとの古典軌道と比べて，始値と終値が入れ替わって (運動量は符号も逆になって) いる (図 6.2(b))．

まとめ：(6.54)∧(6.55) なる古典軌道は，始値として $\{\boldsymbol{r}_{\rm F}, -\boldsymbol{p}_{\rm F}\}$ が準備できれば，逆行させ得る*18. この意味において，古典軌道は**可逆** (reversible) である．この事情は「(力が t に依らぬ場合の) ニュートン運動方程式またはハミルトン運動方程式の**時間反転対称性** (time-reversal symmetry)」とよばれる．そして，次の呼称が用いられる：

$\{\overline{\boldsymbol{r}_{\rm cl}}(t), \overline{\boldsymbol{p}_{\rm cl}}(t)\}$ は「$\{\boldsymbol{r}_{\rm cl}(t), \boldsymbol{p}_{\rm cl}(t)\}$ を**時間反転した軌道** (time-reversed orbit)」である，または簡略に

$\{\overline{\boldsymbol{r}_{\rm cl}}(t), \overline{\boldsymbol{p}_{\rm cl}}(t)\}$ は「$\{\boldsymbol{r}_{\rm cl}(t), \boldsymbol{p}_{\rm cl}(t)\}$ の**時間反転** (time reversal)」である．

演習 逆に，$\{\boldsymbol{r}_{\rm cl}(t), \boldsymbol{p}_{\rm cl}(t)\}$ は「$\{\overline{\boldsymbol{r}_{\rm cl}}(t), \overline{\boldsymbol{p}_{\rm cl}}(t)\}$ の時間反転」である：

$$\overline{\overline{\boldsymbol{r}_{\rm cl}}}(t) = \boldsymbol{r}_{\rm cl}(t), \qquad \overline{\overline{\boldsymbol{p}_{\rm cl}}}(t) = \boldsymbol{p}_{\rm cl}(t). \quad ■ \qquad (6.60)$$

演習 以上の議論は，一粒子系 (one-particle system) に関して行ったが，多粒子系 (many-particle system) にも容易に拡張できる．ところが，古典力学的と考えられる現象にも不可逆なものがありふれている："覆水盆に返らず"，<u>ずんぐりむっくり (半布亭だんぷちい)</u>*19，…．なぜであろうか (例

---

*17 つまり鉛筆を消耗せぬよう．

*18 つまり，映画フィルムを逆回ししても違和感がない．

*19 昔，通俗科学書を読んでいたら，"原文に Humpty Dumpty とある，これは何のことかわからないが，たぶん，何か小説の主人公であろう" といった感じの訳注が付いていた (ように記憶している，その本がどこかに紛れてしまったので真偽のほどはわからぬ)．ちょっと聞くか調べてみればわかるのに，と思った記憶がある．もちろん，これがわからずとも，あの本の趣旨を理解するうえでは大して支障はなかったであろう．"理科系人間にとってはどうでもよいこと" かもしれぬ．しかし，原著者は，単なる理科系人間とは思えぬし，また，文化の一環としてあの本をものしたに違いない．

6.4 時間反転対称性   277

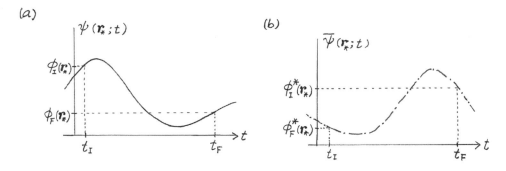

図 6.3　(a) 勝手な波動関数，(b) その時間反転

えば [9]).　■

♣ 註　時間反転は時間遡行 ("time machine") とは無関係.

6.4.2　シュレーディンガー方程式

一般論

古典力学の場合にならって議論してみよう．「シュレーディンガー方程式 (3.87) の勝手な解 (つまり波動関数) $\psi(\boldsymbol{r};t)$」∧「勝手な二時刻 $\{t_I, t_F\}$」を採って，

$$\phi_\alpha(\boldsymbol{r}) := \psi(\boldsymbol{r};t_\alpha) \qquad : \alpha \in \{I, F\} \tag{6.61}$$

としよう (図 6.3(a)：$\boldsymbol{r}_*$ は勝手な定点). $\phi_I(\boldsymbol{r})$ を「波動関数の始値 (initial value)」とよべば $\phi_F(\boldsymbol{r})$ は「波動関数の終値 (final value)」である．この波動関数に関し次の関数を定義してみる：

$$\overline{\psi}^?(\boldsymbol{r};t) := \psi(\boldsymbol{r};t_F - (t - t_I)). \tag{6.62}$$

これを t 微分してみよう．上式の構造は，t 依存性に関する限り，(6.57a) の場合と同じである．したがって，

$$\frac{\partial}{\partial t}\overline{\psi}^?(\boldsymbol{r};t) = -\left.\frac{\partial}{\partial t'}\psi(\boldsymbol{r};t')\right|_{t'=T-t} \qquad : T \equiv t_F + t_I. \tag{6.63}$$

ゆえに，(3.87) を用いて，

$$i\hbar\frac{\partial}{\partial t}\overline{\psi}^?(\boldsymbol{r};t) = -\left\{-\frac{\hbar^2}{2m}\nabla^2 + V(\boldsymbol{r})\right\}\psi(\boldsymbol{r};T-t) = -\left\{-\frac{\hbar^2}{2m}\nabla^2 + V(\boldsymbol{r})\right\}\overline{\psi}^?(\boldsymbol{r};t). \tag{6.64}$$

これはシュレーディンガー方程式とほとんど同じ形をしている，が，右辺の符号が違う．

　理科系だから文化は関係ないというのでは，人生，いかにも寂しい．物理も文化の一部であろう．"Humpty Dumpty sat on a wall, Humpty Dumpty had a great fall; All the King's horses and all the King's men Cannot put Humpty Dumpty together again." [8] これは「遅くとも 13 世紀ごろには出回っていたなぞなぞ」と，或る英語母語話者 (それが誰だったか失念) から聞いた記憶がある．なお，ty の発音はテーともチーともつかぬらしいから，一方をてえ他方をちいとした．

278   第6章　シュレーディンガー方程式の基本的性質

演習　ニュートン運動方程式の場合にはうまく行ったのにシュレーディンガー方程式の場合に駄目なのはなぜであろうか.　∎

しかし, 幸いなことに, 左辺に i が有る. これに依って救われる：両辺の複素共軛を採れば i が $-$ をもたらしてくれる (右辺は複素共軛を採っても変わらぬ　♡ 第4章にて強調した通り $V(\boldsymbol{r}) \in \mathbf{R}$). かくて, 次の函数を導入すると都合がよい：

$$\overline{\psi}(\boldsymbol{r};t) := \left\{ \overline{\psi}^{?}(\boldsymbol{r};t) \right\}^* = \psi^*(\boldsymbol{r};t_{\mathrm{F}} - (t - t_{\mathrm{I}})). \tag{6.65}$$

これはシュレーディンガー方程式を充たす：

$$i\hbar \frac{\partial}{\partial t} \overline{\psi}(\boldsymbol{r};t) = \left\{ -\frac{\hbar^2}{2m} \nabla^2 + V(\boldsymbol{r}) \right\} \overline{\psi}(\boldsymbol{r};t). \tag{6.66}$$

それゆえ, $\overline{\psi}(\boldsymbol{r};t)$ も波動函数たる資格を有す. 一方, 定義 (6.65) に拠り,

$$\overline{\psi}(\boldsymbol{r};t_{\mathrm{I}}) = \psi^*(\boldsymbol{r};t_{\mathrm{F}}) = \phi_{\mathrm{F}}^*(\boldsymbol{r}), \qquad \overline{\psi}(\boldsymbol{r};t_{\mathrm{F}}) = \psi^*(\boldsymbol{r};t_{\mathrm{I}}) = \phi_{\mathrm{I}}^*(\boldsymbol{r}). \tag{6.67}$$

つまり, もとの波動函数と比べて, 始値と終値が<u>裏返しになって</u>($\equiv$ 「入れ替わり」$\wedge$「複素共軛に変わって」) いる (図 6.3(b)).

演習　$\overline{\psi}(\boldsymbol{r};t)$ をフーリエ変換して運動量確率振幅 $\widetilde{\overline{\psi}}(\boldsymbol{p};t)$ を計算すると

$$\widetilde{\overline{\psi}}(\boldsymbol{p};t) = \int d^3r \, \overline{\psi}(\boldsymbol{r};t) w_{\boldsymbol{p}}^*(\boldsymbol{r}) = \left\{ \int d^3r \, \psi(\boldsymbol{r};T-t) w_{-\boldsymbol{p}}^*(\boldsymbol{r}) \right\}^*. \tag{6.68a}$$

ゆえに $\quad \widetilde{\overline{\psi}}(\boldsymbol{p};t) = \left\{ \widetilde{\psi}(-\boldsymbol{p};t_{\mathrm{F}} - (t - t_{\mathrm{I}})) \right\}^*. \tag{6.68b}$

特に, $\quad \widetilde{\overline{\psi}}(\boldsymbol{p};t_{\mathrm{I}}) = \widetilde{\phi}_{\mathrm{F}}^*(-\boldsymbol{p}), \qquad \widetilde{\overline{\psi}}(\boldsymbol{p};t_{\mathrm{F}}) = \widetilde{\phi}_{\mathrm{I}}^*(-\boldsymbol{p}).$ ∎ (6.68c)

したがって, 波動函数は裏返しになるけれども, 確率密度は始値と終値が<u>入れ替わるだけ</u>である：

$$|\overline{\psi}(\boldsymbol{r};t)|^2 = |\psi(\boldsymbol{r};t_{\mathrm{F}} - (t - t_{\mathrm{I}}))|^2, \qquad |\widetilde{\overline{\psi}}(\boldsymbol{p};t)|^2 = |\widetilde{\psi}(-\boldsymbol{p};t_{\mathrm{F}} - (t - t_{\mathrm{I}}))|^2. \tag{6.69}$$

ただし, <u>入れ替わるだけ</u>といっても, 運動量の符号は変わっている.

演習

$$\langle \boldsymbol{r} \rangle_{\overline{\psi}(\ ;t)} = \langle \boldsymbol{r} \rangle_{\psi(\ ;t_{\mathrm{F}} - (t - t_{\mathrm{I}}))}, \qquad \langle \boldsymbol{p} \rangle_{\overline{\psi}(\ ;t)} = -\langle \boldsymbol{p} \rangle_{\psi(\ ;t_{\mathrm{F}} - (t - t_{\mathrm{I}}))}. \tag{6.70}$$

証明：

$$\langle \boldsymbol{p} \rangle_{\overline{\psi}(\ ;t)} = \int d^3p \, \boldsymbol{p} \, |\widetilde{\overline{\psi}}(\boldsymbol{p};t)|^2 = \int d^3p \, \boldsymbol{p} \, |\widetilde{\psi}(-\boldsymbol{p};T-t)|^2$$

$$= -\int d^3p \, \boldsymbol{p} \, |\widetilde{\psi}(\boldsymbol{p};T-t)|^2 = -\langle \boldsymbol{p} \rangle_{\psi(\ ;T-t)}. \tag{6.71}$$

位置期待値については, 上記にて $\boldsymbol{p} \to \boldsymbol{r}$ と書き換え, 「積分変数 $\boldsymbol{p}$ を $-\boldsymbol{p}$ に変換する手間」を省くだけ.　∎

まとめ：確率密度は, 始状態として「ϕ_{F}^* で表される状態」が準備できれば, 逆行させ得る. この意味において波動函数の時間変展は可逆である. この事情は「(ポテンシャルが t に依らぬ場合の) シュレーディンガー方程式の**時間反転対称性**」とよばれる. そして, 古典力学の場合にならい, 次の呼称が用いられる：

$\overline{\psi}$ は「ψ を時間反転した波動函数 (time-reversed wavefunction)」である,

または簡略に

$\overline{\psi}$ は「ψ の時間反転 (time reversal)」である.

演習 逆に, ψ は $\overline{\psi}$ の時間反転である:

$$\overline{\overline{\psi}}(\boldsymbol{r};t) = \psi(\boldsymbol{r};t). \qquad \blacksquare \tag{6.72}$$

註1 (6.72) およびそれに先立つまとめにて "$\psi(\ ;t)$ (または $\overline{\psi}(\ ;t)$) は" とせずに「ψ (または $\overline{\psi}$) は」と書いた. 4.5 節などとは異なり本節においては波動函数を, "t は固定して $\boldsymbol{r}$ のみの函数" と見なすわけではなく,「$\{t,\boldsymbol{r}\}$ 両方の函数」と見なしている (同じく, 運動量確率振幅を「$\{t,\boldsymbol{p}\}$ 両方の函数」と見なしている) からである.

☆註2 複素共軛が登場した理由を形式的にいえば

$$\left(i\hbar\frac{\partial}{\partial t}\right)^* = -i\hbar\frac{\partial}{\partial t} = i\hbar\frac{\partial}{\partial(-t)} = i\hbar\frac{\partial}{\partial(T-t)} \qquad : T \text{ は勝手な定数.} \tag{6.73}$$

これに拠って,「「波動函数の時間変展」を逆行させること」と「波動函数の複素共軛を採ること」が結びつく.

☆註3 自明な公式 $\{\exp(i\boldsymbol{k}\cdot\boldsymbol{r})\}^* = \exp(-i\boldsymbol{k}\cdot\boldsymbol{r})$ から得られる関係

$$w_{\boldsymbol{p}}^*(\boldsymbol{r}) = w_{-\boldsymbol{p}}(\boldsymbol{r}) \tag{6.74}$$

に因り, (6.68b) 右辺にて $\boldsymbol{p}$ に $-$ が付く. その結果, (6.69) が得られる. これは古典力学における (6.56) と同様の結果となっている. しばしば,

$$\text{"古典力学における (6.56) からして, 量子力学において (6.69) が成り立つのは当然"} \tag{6.75}$$

といわれることがある. しかし, 想い出されたい. $\{\boldsymbol{r},\boldsymbol{p}\}$ は,「潜在的可能性としての $\{$位置, 運動量$\}$」なる解釈をもって新たに導入された量であって, $\{\boldsymbol{r}_{\mathrm{cl}},\boldsymbol{p}_{\mathrm{cl}}\}$ とは概念的に異なる.「古典力学における (6.56) に対応して, (6.69) が成り立つこと」は "あらかじめ自明" ではない. むしろ, 本節の結果からして, 次のごとく結論できるわけである:

潜在的可能性として導入された $\{\boldsymbol{r},\boldsymbol{p}\}$ が, 少なくとも時間反転に関しては, $\{\boldsymbol{r}_{\mathrm{cl}},\boldsymbol{p}_{\mathrm{cl}}\}$ に対応した性質を有す. それゆえ, $\{\boldsymbol{r},\boldsymbol{p}\}$ は「古典的概念と矛盾せぬように拡張された $\{$位置, 運動量$\}$」とよぶに相応しい.

♣ 演習 (6.70) 第二式は (4.112a) に拠っても導ける.
証明:部分積分を一回すればよい:

$$\langle\boldsymbol{p}\rangle_{\overline{\psi}(\ ;t)} = \int d^3r\ \overline{\psi}^*(\boldsymbol{r};t)\frac{\hbar}{i}\nabla\overline{\psi}(\boldsymbol{r};t) = \int d^3r\ \psi(\boldsymbol{r};T-t)\frac{\hbar}{i}\nabla\psi^*(\boldsymbol{r};T-t)$$

$$= -\int d^3r\ \left\{\frac{\hbar}{i}\nabla\psi(\boldsymbol{r};T-t)\right\}\psi^*(\boldsymbol{r};T-t) = -\int d^3r\ \psi^*(\boldsymbol{r};T-t)\frac{\hbar}{i}\nabla\psi(\boldsymbol{r};T-t)$$

$$= -\langle\boldsymbol{p}\rangle_{\psi(\ ;T-t)}. \qquad \blacksquare$$

自由ガウス波束

以上の議論を $\mathbf{E}^1$ 版自由ガウス波束に適用してみよう:簡単のため $\{t_{\mathrm{I}},t_{\mathrm{F}}\} = \{0,T\}$ と採って,

$$\overline{\psi_{\mathrm{Gauss}\{\hbar k_0,\Delta_0\}}^{\text{自由}}}(x;t) = \cdots = \psi_{\mathrm{Gauss}\{-\hbar k_0,\Delta_0\}}^{\text{自由}}(x;t-T), \tag{6.76a}$$

$$\text{特に,} \quad \left|\overline{\psi_{\mathrm{Gauss}\{\hbar k_0,\Delta_0\}}^{\text{自由}}}(x;t)\right|^2 = \frac{1}{\sqrt{2\pi}\,|\overline{\Delta}(t)|}\exp\left\{-\frac{1}{2}\left(\frac{x-(T-t)v_0}{|\overline{\Delta}(t)|}\right)^2\right\}, \tag{6.76b}$$

$$|\overline{\Delta}(t)| := |\Delta(T-t)|. \tag{6.76c}$$

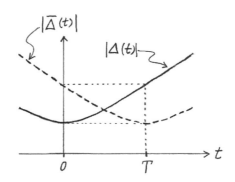

図 6.4 「時間反転された自由ガウス波束」の幅

この結果は, $t \in (0, T)$ に限らず, 任意の t に対して使える. 幅 $|\overline{\Delta}(t)|$ は, (6.76c) が示す通り, 「初めのうち ($0 < t < T$) は減少し」∧「その後 ($t > T$) は増大に転ずる」(図 6.4 破線).

註 4 (6.76) は, 時間反転などもち出すまでもなく,「$\psi_{\text{Gauss}}^{\text{自由}}(x;t)$ が $\forall t$ にて (それゆえ $t < 0$ にても) シュレーディンガー方程式を充たす」ことに拠り明らかであろう. (6.76a) は,「始時刻 $t = -T$」にて

$$\psi^{\text{自由}}(x; -T) = \frac{1}{(\sqrt{2\pi}\Delta(-T))^{1/2}} \exp\left\{-\frac{1}{4}\frac{(x - v_0 T)^2}{\Delta_0 \Delta(-T)}\right\} e^{-ik_0 x + i\omega(k_0)T} \tag{6.77}$$

なる始条件を充たす自由ガウス波束に他ならぬ.

♣ **註 5** 自由波束幅 ($\equiv$ 自由粒子位置揺らぎ) は, 自由ガウス波束の場合に限らず一般に, 図 6.4 のごとく振る舞う: 増加から減少に転ずることはない (したがって, 振動することもない). それを示すには $d\triangle x_{\psi^{\text{自由}}(\ ;t)}/dt$ を計算してみればよい. これは, 難しくはないが, 形式的整備をしてから行う方が見通しがよい (♡ 11.5.2 項).

演習 通常, "自由ガウス波束は広がる" とのみいわれ, 図 6.4 破線のごとく収縮し得ることは無視されることが多い. なぜであろうか.

答案: $\overline{\psi_{\text{Gauss}\{\hbar k_0, \Delta_0\}}^{\text{自由}}}(\ ;0)$ (つまり (6.77) 右辺) のごとき複雑な函数で表される始状態を準備することは, $\psi_{\text{Gauss}\{\hbar k_0, \Delta_0\}}^{\text{自由}}(\ ;0)$ で表される始状態を準備することに比べると, 至難の業であろう. この事情は水面に立つ波の場合に似ている. 春眠中の蛙を捕まえて静かな池面に放り込めば円形波が拡がって行く. 馴染みの光景である. しかし, "円形波が池の端から縮んで来て消滅し, 寝ぼけ眼の蛙が跳ね上げられる" といった光景を目にすることはない. かようなことを起こすには, 池縁の各地点にて, 精密に位相を調節した波を立てねばならぬ. これは至難 (実実上不可能). つまり, 「たいていの場合, 波束は広がる」なる「見掛け上の, 時間的一方向性 ("時間の矢")」は量子力学に特有ではない (例えば [9]∨[10]). ■

演習 性質 (6.76a) は, 「$\mathbf{E}^1$ ∧ ガウス型」に特有ではなく, より一般に成り立つ. すなわち,

$$\phi^{\text{始}}(\boldsymbol{r}) = R(\boldsymbol{r})e^{i\boldsymbol{p}_0 \cdot \boldsymbol{r}/\hbar} \ : \ R(\boldsymbol{r}) \in \mathbf{R} \tag{6.78a}$$

からの自由発展 $\psi_{\boldsymbol{p}_0}^{\text{自由}}(\ ;t)$ は次の関係を充たす:

$$\overline{\psi_{\boldsymbol{p}_0}^{\text{自由}}(\ ;t)} = \psi_{-\boldsymbol{p}_0}^{\text{自由}}(\ ;t - T). \tag{6.78b}$$

つまり, $\overline{\psi_{\boldsymbol{p}_0}^{\text{自由}}(\ ;t)}$ の時間発展は, $\psi_{\boldsymbol{p}_0}^{\text{自由}}(\ ;t)$ にて「"中心運動量 $\boldsymbol{p}_0$" の符号を変え」∧「時刻を T だけ引き戻し」たものとなる.

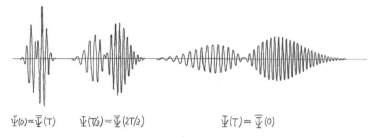

図 6.5 「実 mod 平面波なる始状態から時間展開する自由粒子波動函数」と「その時間反転」

ヒント：始状態が「実 mod 平面波なる」($\equiv$「(6.78a) なる形に書ける」) 必要充分条件は

$$\widetilde{\phi^{\text{始}}}(\boldsymbol{p}) = A(\boldsymbol{p}-\boldsymbol{p}_0) \wedge A^*(\boldsymbol{p}) = A(-\boldsymbol{p}). \tag{6.78c}$$ ■

演習 前演習の具体例：$\mathbf{E}^1$ にて

$$\phi^{\text{始}}(x) \propto \left(c_0 + \frac{x}{\Delta_0}\right) e^{-x^2/4\Delta_0^2 + ip_0 x/\hbar} \quad : c_0 \in \mathbf{R}$$

と採り，$\Psi(t) \equiv \Re \psi_{p_0}^{\text{自由}}(\,;t) \wedge \overline{\Psi}(\,;t) \equiv \overline{\Re \psi_{p_0}^{\text{自由}}(\,;t)} = \Psi(T-t)$ を描くと典型的に図 6.5：同図は $\{c_0,\,p_0\Delta_0/\hbar,\,T/\tau_{\text{gps}}\} \sim \{0.3,\,10,\,6\}$ の場合．■

6.5 一様外力下の粒子：初挑戦 (あえなく敗退)

自由粒子に次いで単純なるは「古典的に見れば粒子に**一様外力** (uniform external force) が働く場合」(**一様外力下粒子**と略称[20]) である．ここにいう一様 (uniform) とは，「空間的に一様」(spatially uniform)，つまり，「仮に (物理法則を超越した何者かが) 粒子を瞬時に別の位置にずらしたとしても，粒子に作用する力は同じ」なる意味．ただし，力は (大きさも方向も) t に依って構わぬ[21]とし $\boldsymbol{f}(t)$ と書く (例えば，一様電場 $\boldsymbol{E}(t)$ を感ずる電子の場合なら $\boldsymbol{f}(t)=(-e)\boldsymbol{E}(t)$)．一様外力は**一様外力ポテンシャル** $V_{\text{UEF}}(\boldsymbol{r},t)$ から導ける：

$$\boldsymbol{f}(t) = -\nabla V_{\text{UEF}}(\boldsymbol{r},t), \qquad V_{\text{UEF}}(\boldsymbol{r},t) := -\boldsymbol{f}(t) \cdot \boldsymbol{r}. \tag{6.79}$$

古典力学における上記ポテンシャルをそのままもち込んで得られるシュレーディンガー方程式を「一様外力下粒子を律するシュレーディンガー方程式」(略して**一様外力下シュレーディンガー方程式**) とよぶ．これに従う波動函数を $\psi^{\text{UEF}}(\boldsymbol{r};t)$ と書くことにすれば

$$i\hbar\frac{\partial}{\partial t}\psi^{\text{UEF}}(\boldsymbol{r};t) = \left\{-\frac{\hbar^2}{2m}\nabla^2 + V_{\text{UEF}}(\boldsymbol{r},t)\right\}\psi^{\text{UEF}}(\boldsymbol{r};t). \tag{6.80}$$

波動函数 $\psi^{\text{UEF}}(\boldsymbol{r};t)$ で記述される粒子をもって「量子力学における一様外力下粒子」の定義とする．

---
[20] 自由粒子にせよ後述の調和振動子にせよ歴とした名があるのに，これの簡潔な名を聞いたことがない (乞ご教示)．もっとましな名を募集中．
[21] 仮に t にも依らぬ場合は**定外力** (constant external force)．

282 第 6 章 シュレーディンガー方程式の基本的性質

波動函数は，大人しいものと前提されているゆえ，平面波展開できる (自由粒子の場合と同じ事情)：

$$\psi^{\mathrm{UEF}}(\boldsymbol{r};t) = \int d^3p\ \widetilde{\psi^{\mathrm{UEF}}}(\boldsymbol{p};t)w_{\boldsymbol{p}}(\boldsymbol{r}). \tag{6.81a}$$

これを (6.80) に代入しよう．右辺第二項は，(4.113d) と同じく，次のごとく変形できる：

$$V_{\mathrm{UEF}}(\boldsymbol{r},t)\psi^{\mathrm{UEF}}(\boldsymbol{r};t) = -\boldsymbol{f}(t)\cdot\boldsymbol{r}\psi^{\mathrm{UEF}}(\boldsymbol{r};t)$$
$$= -\int d^3p\ \boldsymbol{f}(t)\cdot\left\{i\hbar\nabla_{\boldsymbol{p}}\widetilde{\psi^{\mathrm{UEF}}}(\boldsymbol{p};t)\right\}w_{\boldsymbol{p}}(\boldsymbol{r}) \tag{6.81b}$$

($\widetilde{\psi^{\mathrm{UEF}}}(\boldsymbol{p};t)$ が大人しいゆえ，部分積分にて "積分済項" が消え，最終等号が得られる)．他項は自由粒子の場合と同じ．ゆえに

$$i\hbar\frac{\partial}{\partial t}\widetilde{\psi^{\mathrm{UEF}}}(\boldsymbol{p};t) = \left\{\frac{\boldsymbol{p}^2}{2m} - i\hbar\boldsymbol{f}(t)\cdot\nabla_{\boldsymbol{p}}\right\}\widetilde{\psi^{\mathrm{UEF}}}(\boldsymbol{p};t). \tag{6.81c}$$

これ[*22]は「$\{t,\boldsymbol{p}\}$ に関する一階偏微分方程式」である．$\boldsymbol{r}$ に関しては二階であったシュレーディンガー方程式が，運動量確率振幅に対する方程式に直したら，$\boldsymbol{p}$ に関して一階になった．単純化されたと喜ぶべきであろうが，さて，これをどう解くか．一階とはいえ容易ならぬ[*23]ゆえ，これを解く仕事は数学達に任せて [12]，発想を変えよう：

　　　一様外力下粒子を，慣性力を利用して，自由粒子に変換できぬであろうか．

この着想を試すには，ひとまず中断して，準備をせねばならぬ．

6.6　非慣性系 (その 1)：並進加速度系

6.6.1　古典軌道に対する瞬時ガリレイ変換

一般論

　一般に，「力 $\boldsymbol{F}(\boldsymbol{r},t)$ を感ずる古典粒子」を記述するニュートン運動方程式は

$$m\ddot{\boldsymbol{r}}_{\mathrm{cl}}(\tau) = \boldsymbol{F}(\boldsymbol{r}_{\mathrm{cl}}(\tau),\tau) \qquad : \dot{\ } \equiv \frac{d}{d\tau}. \tag{6.82}$$

ここで次の変換を考えよう (′ は微分ではない)：

$$\boldsymbol{r}'_{\mathrm{cl}}(\tau) := \boldsymbol{r}_{\mathrm{cl}}(\tau) - \boldsymbol{R}(\tau), \qquad \text{つまり}\quad \boldsymbol{r}_{\mathrm{cl}}(\tau) = \boldsymbol{R}(\tau) + \boldsymbol{r}'_{\mathrm{cl}}(\tau). \tag{6.83}$$

[*22] 一様外力下粒子の "運動量空間におけるシュレーディンガー方程式" とよばれることがある．

[*23] モンジュさん (Gaspard Monge [1746–1818]) の解法とかいうのを習った気がするが，何だかややこしくて，文殊の智恵を得るには至らなかった，勉強し直さねばならぬかと憂鬱になり，偏頭痛に悩まされる．こんな時には青葉山を下りて映画でも観に行くかと，バスに乗る．バスが急停車，よろけつつ慣性の法則を実感する．我が足の拠って立つ準拠系として慣性系を提供してくれていたバスが，不慣性系になったがゆえに，慣性力が働いた．もし，普通の力と逆方向に慣性力が働けば，力が釣り合うはずではないか．新発見をしたような気になって喜ぶのも束の間，そんなことはとっくの昔に習った (ダランベールの原理 (d'Alembert's principle)：早い話が (6.82) を $\boldsymbol{F}(\boldsymbol{r}_{\mathrm{cl}}(t),t) - m\ddot{\boldsymbol{r}}_{\mathrm{cl}}(t) = 0$ と書き直したもの，ただし，この言い方をすると，これはニュートン運動方程式から得られる定理，逆に，これを基礎に据えれば原理 (例えば [11])) と気付く．大学で習ったどころか，向心力と遠心力の釣り合いは大学入試の定番．いや，待て，これはすべて古典力学の話．量子力学の場合には，慣性力に相当する効果があるだろうか，あるとすれば，どう利くのだろう．かくて，次のような着想に至り，映画は取りやめ，川内で降り薬学部薬草園を歩いて青葉山に戻る (1990 年頃).

「時刻 τ における粒子位置」を記述する際の原点を $\boldsymbol{R}(\tau)$ だけずらしたわけである ($\boldsymbol{R}(\tau)$ は，今のところ，勝手なヴェクトル)．もし $\boldsymbol{R}(\tau) \propto \tau$ なら (つまり，原点が定速度で移動するなら)，これは**古典軌道に対するガリレイ変換** (Galilei transformation (または Galilean transformation) for classical orbit) とよばれる．それゆえ，(6.83) を**古典軌道に対する瞬時ガリレイ変換**(instantaneous Galilei transformation for classical orbit) とよぶ[*24]：$\dot{\boldsymbol{R}}(\tau)$ が時々刻々変化する状況も想定されており，任意の時刻 τ_0 近傍において，「(近似的に) 速度 $\dot{\boldsymbol{R}}(\tau_0)$ なるガリレイ変換」と見なし得る．(6.82)∧(6.83) に拠り，

$$m\ddot{\boldsymbol{r}}'_{\mathrm{cl}}(\tau) = m\ddot{\boldsymbol{r}}_{\mathrm{cl}}(\tau) - m\ddot{\boldsymbol{R}}(\tau) = \boldsymbol{F}(\boldsymbol{R}(\tau) + \boldsymbol{r}'_{\mathrm{cl}}(\tau), \tau) - m\ddot{\boldsymbol{R}}(\tau). \tag{6.84}$$

最右辺第二項が**慣性力** (inertial force) (精確には，回転系における遠心力などと区別すべく，**並進慣性力**(translational inertial force)) を表す．

♣ **註** 本節 ∧ 次節に限り，ニュートン運動方程式に現れる時間変数を，t でなく τ と書く．気にされるかもしれぬ読者のために理由を述べておこう：

6.6.2 項にて述べるガリレイ変換 (本項における「古典軌道に対するガリレイ変換」と区別) は，ローレンツ変換の不相対論的極限と見なされ得る．そこにおける $(t, \mathbf{x})$ の t は，いわゆる座標時 (coordinate time, つまり，ミンコフスキー空間の点に付けられた座標の時間成分) であって，「粒子の世界線 (worldline) 上の点を指定する助変数 (parameter)」としての固有時 τ とは異なる．後者を助変数として書いた世界線の方程式を

$$t = T_{\mathrm{cl}}(\tau), \qquad \mathbf{x} = \boldsymbol{r}_{\mathrm{cl}}(\tau) \tag{6.85}$$

とすれば，「相対論的運動方程式の不相対論的極限」は

$$\ddot{T}_{\mathrm{cl}}(\tau) = 0, \qquad m\ddot{\boldsymbol{r}}_{\mathrm{cl}}(\tau) = \boldsymbol{F}(\boldsymbol{r}_{\mathrm{cl}}(\tau), \tau). \tag{6.86}$$

これの空間成分がニュートン運動方程式に他ならぬ．つまりニュートン運動方程式に現れる時間変数は，本来は，固有時である．「(6.86)∧(6.85) の時間成分を解くと $\tau = T_{\mathrm{cl}}(\tau) = t$ (mod 定数因子 ∨ 付加定数) となる」ゆえ，不相対論的極限においては通常，τ と t が同一視され，これが**ニュートン時間** (Newtonian time: いわゆる絶対時間 (absolute time)) と見なされる．しかし，6.6.2 項との関連を考察する際には，τ と t を明確に区別しておく方がよい．

♣ **ガリレイ共変性**
特に，一様外力 ($\boldsymbol{F}(\boldsymbol{r}, t) = \boldsymbol{f}(t)$) の場合に (6.82) ∧(6.84) を書くと

$$m\ddot{\boldsymbol{r}}_{\mathrm{cl}}(\tau) = \boldsymbol{f}(\tau), \tag{6.87a}$$
$$m\ddot{\boldsymbol{r}}'_{\mathrm{cl}}(\tau) = \boldsymbol{f}(\tau) - m\ddot{\boldsymbol{R}}(\tau). \tag{6.87b}$$

$\boldsymbol{R}(\tau) \propto \tau$ と採れば (つまり，瞬時ガリレイ変換の特別な場合としてガリレイ変換を考えれば)，(6.87b) は，右辺第二項が 0 となって，(6.87a) と同じ形になる．この事情は次のごとくいい表される：

一様外力下ニュートン運動方程式は**ガリレイ共変性** (Galilei covariance) を有す，
または略して，
一様外力下ニュートン運動方程式は**ガリレイ共変** (Galilei covariant)[*25].

[*24] "瞬時 (instantaneous)" は「時間的に局在」なる意味ゆえ，局所 (空間的に局在) と対をなすべく，本当は局時とよびたい．残念ながら，この言葉は使われていない．

[*25] 「共変性 (covariance) ないし共変 (covariant)」といわず "不変性 (invariance) ないし不変 (invariant)" といわれる

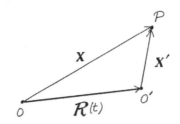

図 6.6 原点の採り替え

6.6.2 ガリレイ変換と瞬時ガリレイ変換

今まで，所与の地点 P $(\in \mathbf{E}^3)$ をヴェクトル $\mathbf{x}$ で表してきた．この表し方は，

「点 O を勝手に採って固定し[*26]，そうしたうえで，この O を原点と決める」

なる約束に拠っている．同じ P を「別の点 O' を原点としたヴェクトル $\mathbf{x}'$」で表すこともできる (図 6.6)．しかも O' が時々刻々移動しても構わぬ．「O を原点として O' を表すヴェクトル」を $\boldsymbol{R}(t)$ とすれば，

$$\mathbf{x}' := \mathbf{x} - \boldsymbol{R}(t). \tag{6.88a}$$

これに下記定義式を付け加えよう：

$$t' := t. \tag{6.88b}$$

所与の $\boldsymbol{R}(t)$ に対し，(6.88) は「$\{t, \mathbf{x}\}$ から $\{t', \mathbf{x}'\}$ への変換」と読める．各ヴェクトルの成分を

$$\mathbf{x} =: x\boldsymbol{e}_x + y\boldsymbol{e}_y + z\boldsymbol{e}_z, \qquad \mathbf{x}' =: x'\boldsymbol{e}_x + y'\boldsymbol{e}_y + z'\boldsymbol{e}_z, \tag{6.89a}$$
$$\boldsymbol{R}(t) =: X(t)\boldsymbol{e}_x + Y(t)\boldsymbol{e}_y + Z(t)\boldsymbol{e}_z \tag{6.89b}$$

と導入すれば，(6.88) は，

$$t' = t, \qquad x' = x - X(t), \qquad y' = y - Y(t), \qquad z' = z - Z(t). \tag{6.90}$$

これは「時空座標 (space-time coordinates) の変換」と読める：「空間座標だけの変換」ではないことに注意されたい (t' と t の値が同じであるからといって (6.88b) を省略してしまうと後述の (6.95a) $\vee$ (6.95b) にて混乱を生ずる)．ちなみに逆変換は，

$$t = t', \qquad \mathbf{x} = \mathbf{x}' + \boldsymbol{R}(t'). \tag{6.91}$$

もし $\boldsymbol{R}(t) \propto t$ なら (つまり，O' が定速度で移動するなら)，これは**ガリレイ変換** (Galilei transformation または Galilean transformation) とよばれる：

こともある．しかし，後者は精確ないい回しではない．相対論において，ローレンツ変換 (Lorentz transformation) に因って値の変わらぬ量 (例えば四次元距離) はローレンツ不変 (Lorentz invariant) な量とよばれ，一方，形の変わらぬ等式 (例えばマクスウェル方程式) はローレンツ共変 (Lorentz covariant) な等式とよばれる．ゲージ変換 (gauge transformation) などにおいても同様の語法が使われる．ただし，"マクスウェル方程式はローレンツ不変" といった業界語法も往々にして見られる．

[*26] 例えば，教室の床に見つけた桜花形節穴を O と決める (21 世紀日本の教室には木の床はない？)．

6.6 非慣性系 (その1)：並進加速度系   285

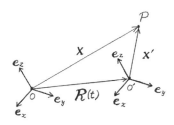

図 6.7 瞬時ガリレイ変換：慣性系と並進加速度系

ガリレイ変換： $\quad t' = t, \quad \mathbf{x}' = \mathbf{x} - \boldsymbol{w}t \quad$ ($\boldsymbol{w}$ は勝手な定ヴェクトル (constant vector)).
(6.92)

それゆえ，(6.88) を<u>瞬時ガリレイ変換</u>(instantaneous Galilei transformation) とよぶ．

(t, x, y, z) と (t', x', y', z') は，同一時空点を共通の {時間軸 (ニュートン時間), $\mathbf{E}^3$-基底系 $\{\boldsymbol{e}_x, \boldsymbol{e}_y, \boldsymbol{e}_z\}\}$ に準拠して表す座標 (coordinates) である．ただし，<u>$\mathbf{E}^3$-基底系</u>(basis of $\mathbf{E}^3$) の原点が異なる (図 6.7)．このことを次のごとくいい表す：

- 「$\mathbf{x}$ を用いた記述」は準拠系 $\mathcal{K}$ ($\equiv \{t, O, \{\boldsymbol{e}_x, \boldsymbol{e}_y, \boldsymbol{e}_z\}\}$) に拠り，

  「$\mathbf{x}'$ を用いた記述」は準拠系 $\mathcal{K}'$ ($\equiv \{t', O', \{\boldsymbol{e}_x, \boldsymbol{e}_y, \boldsymbol{e}_z\}\}$) に拠る．
- $\mathcal{K}$ と $\mathcal{K}'$ は瞬時ガリレイ変換で結ばれる．

準拠系 $\mathcal{K}$ を採用すれば「古典力学においてニュートン運動方程式が成り立つ」∧「量子力学においては自由粒子シュレーディンガー方程式が (6.24a) なる形に書ける」．つまり，$\mathcal{K}$ は慣性系である．一方，$\mathcal{K}'$ の場合は，原点 O' が $\mathcal{K}$ に対して移動するけれども，$\mathbf{E}^3$-基底系は回転せぬ．それゆえ，$\mathcal{K}'$ を<u>並進加速度系</u>(translationally-accelerated frame) とよぶ．原点 O' の軌道[*27] $\boldsymbol{R}(t)$ は勝手である：勝手な曲線を勝手な速度でたどることが許される．

註1 瞬時ガリレイ変換は「ガリレイ変換 (6.92) を，速度一定ならぬ場合に拡張したもの」なる心にて "拡張ガリレイ変換 (extended Galileian transformation)" とよばれることも有る．しかし，"拡張" といっても拡張の仕方は一意的ならぬゆえ，瞬時の方が適切であろう．
註2 t と t' は共にニュートン時間であって互いに値が等しいけれども，「(瞬時) ガリレイ変換は空間のみに関するものではない」ことを明示すべく，両者を区別した．<u>準拠系</u>(frame of reference) なる概念は，$\mathbf{E}^3$-基底系とは異なり，時空に関するものである．むしろ，ややぎこちないけれども，英語を直訳して<u>基準枠</u>とよぶ方がよい．しかし，残念ながら，この訳語はほとんど使われていない．
註3 本項におけるガリレイ変換は，6.6.1 項にならっていえば，<u>時空に対するガリレイ変換</u>である．これは，古典力学の教科書にて論ぜられることが多いけれども，力学 (dynamics) というよりはむしろ運動学 (kinematics)[*28] に属す．つまり，ニュートン運動方程式とも力とも直接には関係がない．これに対し，6.6.1 項はまさしくニュートン運動方程式に関する議論であった．両者は，共に "ガリレイ変換" とよばれることも多いが，概念的には区別すべきものである．

[*27] 「時間変数 t に依って運動 (または方向性) の明示された曲線」 (curve parametrized by t) は軌道 (orbit または trajectory)」とよばれる．「運動概念と無関係な，単なる図形」(点集合) としての曲線と区別．
[*28] 「ニュートン運動方程式 (またはその相対論版) から得られる保存則」まで含めた議論が運動学と称されることもある (例えば "relativistic kinematics" といえば，要するに，ローレンツ変換とエネルギー運動量保存則の話)．運動学は「力の詳細」には立ち入らぬ．

286 第 6 章 シュレーディンガー方程式の基本的性質

6.6.3 シュレーディンガー方程式に対する瞬時ガリレイ変換

慣性系に対して加速度運動する準拠系は，一般に非慣性準拠系 (non-inertial frame of reference, 略して非慣性系 (non-inertial frame)) とよばれる．「後者から眺めると，見かけの力すなわち慣性力 (inertial force) が現れる」ことが古典力学において知られている．非慣性系のうち最も単純なもの (並進加速度系) から眺めた場合について 6.6.1 項にて復習した．それに相当することが量子力学においても出てくるであろうか．

一般論

シュレーディンガー方程式を並進加速度系から眺めてみよう．もちろん，量子力学においては古典軌道なる概念があらかじめ存在するわけではないゆえ，変換 (6.83) は意味を失う．代わりに，「6.6.2 項における，地点 P」に「潜在的可能性としての粒子位置」を当てはめる．つまり，慣性系から眺めたシュレーディンガー方程式 (3.87)∧(4.75) に次の変換を施してみる：

$$t' := t, \qquad \boldsymbol{r}' := \boldsymbol{r} - \boldsymbol{R}(t), \tag{6.93a}$$

$$\text{すなわち} \quad t = t', \qquad \boldsymbol{r} = \boldsymbol{r}' + \boldsymbol{R}(t'). \tag{6.93b}$$

$\boldsymbol{R}(t)$ は今のところ勝手である．

♣ 註 「(6.93a) は (6.88) と同じではないか，なぜくり返すのか」と思われるかもしれぬ．一粒子系 (目下考察中) に限ればもっともな批判である．ところが多粒子系となると趣が違ってくる．N 粒子系について，潜在的可能性としての粒子位置を $\{\boldsymbol{r}_1, \boldsymbol{r}_2, \cdots, \boldsymbol{r}_N\}$ とすれば，(6.93a) は次のごとく一般化される：

$$t' := t, \qquad \boldsymbol{r}_\alpha' := \boldsymbol{r}_\alpha - \boldsymbol{R}(t) \quad : \alpha \in \{1, 2, \cdots, N\}. \tag{6.93c}$$

これは，「時空に対するガリレイ変換」ではなく，「配位時空[*29] に対するガリレイ変換」である．

補助的に次のごとく置こう：

$$\psi\{\boldsymbol{r}'; t'\} := \psi(\boldsymbol{r}' + \boldsymbol{R}(t'); t') = \psi(\boldsymbol{r}(t', \boldsymbol{r}'); t(t', \boldsymbol{r}')), \tag{6.94a}$$

$$\boldsymbol{r}(t', \boldsymbol{r}') \equiv \boldsymbol{r}' + \boldsymbol{R}(t'), \quad t(t', \boldsymbol{r}') \equiv t'. \tag{6.94b}$$

註 $\psi\{\boldsymbol{r}'; t'\}$ と $\psi(\boldsymbol{r}; t)$ は，(6.93a) で結ばれた $(t', \boldsymbol{r}')$ と $(t, \boldsymbol{r})$ (すなわち，同一の配位時空点) において値が等しいけれども，函数形が異なる[*30]．

「微分を実行してから，(6.93b) を代入すること」を示す記号 $|_-$ を用いて，

$$\frac{\partial}{\partial t'}\psi\{\boldsymbol{r}'; t'\} = \frac{\partial t(t', \boldsymbol{r}')}{\partial t'} \left.\frac{\partial}{\partial t}\psi(\boldsymbol{r}; t)\right|_- + \frac{\partial \boldsymbol{r}(t', \boldsymbol{r}')}{\partial t'} \cdot \left.\nabla\psi(\boldsymbol{r}; t)\right|_-$$

$$= \left.\frac{\partial}{\partial t}\psi(\boldsymbol{r}; t)\right|_- + \dot{\boldsymbol{R}}(t') \cdot \left.\nabla\psi(\boldsymbol{r}; t)\right|_-, \tag{6.95a}$$

$$\text{同様に} \quad \nabla'\psi\{\boldsymbol{r}'; t'\} := \frac{\partial}{\partial \boldsymbol{r}'}\psi\{\boldsymbol{r}'; t'\} = \nabla\psi(\boldsymbol{r}; t)|_-. \tag{6.95b}$$

[*29] 「$\{\boldsymbol{r}_1, \boldsymbol{r}_2, \cdots, \boldsymbol{r}_N\}$ を点とする $3N$ 次元空間が配位空間 (configuration space) とよばれる」ことにならってかようによぶ．

[*30] 後述 (6.98b) の $V\{\boldsymbol{r}', t'\}$ と $V(\boldsymbol{r}, t)$ についても同様．例えば，$V(\boldsymbol{r}, t) = \frac{1}{2}m\{\omega(t)\}^2\boldsymbol{r}^2$ とすれば，$V\{\boldsymbol{r}', t'\} = V(\boldsymbol{r}', t') + m\{\omega(t')\}^2\boldsymbol{R}(t') \cdot \boldsymbol{r}' + \frac{1}{2}m\{\omega(t')\}^2\{\boldsymbol{R}(t')\}^2$.

註 $\partial/\partial \boldsymbol{r} \equiv \nabla$ なる記法も使われることがある．これにならって $\nabla' := \partial/\partial \boldsymbol{r}'$．

もちろん，「独立変数が明示された函数」の偏微分は，「当該変数以外の変数」を固定した微分である．上式は，以下のごとく形式的に書かれることが多い：

$$\frac{\partial}{\partial t'} = \frac{\partial}{\partial t} + \dot{\boldsymbol{R}}(t) \cdot \nabla, \tag{6.96a}$$

$$\nabla' = \nabla. \tag{6.96b}$$

◇ **註** 「当該変数以外の変数」を固定した微分とは，例えば二変数の場合，

$$\frac{\partial}{\partial y} f(x,y) := \left. \frac{\partial}{\partial y} f(x,y) \right|_{x \text{ を固定}}. \tag{6.97a}$$

これが熱力学などにて $(\partial f/\partial y)_x$ と書かれることも多い．混乱を生じやすい式の典型例は

$$\frac{\partial x}{\partial x} = 1, \qquad \frac{\partial x}{\partial y}\frac{\partial y}{\partial x} = 1, \qquad \frac{\partial x}{\partial y}\frac{\partial y}{\partial z}\frac{\partial z}{\partial x} = -1. \tag{6.97b}$$

第三式右辺は，-1 であって，"$+1$ の誤植" ではない．初めて見たときには驚かされ悩まされた式である．混乱をきたした最大の原因は「独立変数も函数形の違いも明示されていないこと」にある．例えば熱力学にて，$(\partial S/\partial P)_T$ と $(\partial S/\partial T)_V$ における二つの S は，値は同じだが，独立変数も函数形も異なる．より丁寧に "前者は $S(T,P)$, 後者は $S(T,V)$" と書かれることもある．しかし，これとて，独立変数の違いは明示したものの，函数形の違いを明示していない：字義通りに（数学教科書通りに）受け取れば "$S(T,V)$ =「$S(T,P)$ にて $P = V$ と置いたもの」" となり無意味．むしろ，前者を $S(T,P)$ と書くならば，後者は $S\{T,V\}(:= S(T,P(T,V)))$ と書けば曖昧さなくすっきりし誤解も生ぜぬ．手慣れた熟練者なら簡略記法も構わぬが，初心者のうちは，間違えそうで不安になったらかようにあらわに書くことを薦める．

(6.95a) にシュレーディンガー方程式 (3.87) を代入し，次いで (6.95b) を用いれば

$$i\hbar\frac{\partial}{\partial t'}\psi\{\boldsymbol{r}';t'\} = \left\{ i\hbar\frac{\partial}{\partial t} + i\hbar\dot{\boldsymbol{R}}(t)\cdot\nabla \right\}\psi(\boldsymbol{r};t)\bigg|_{-}$$

$$= \left\{ -\frac{\hbar^2}{2m}\nabla^2 + V(\boldsymbol{r},t) + i\hbar\dot{\boldsymbol{R}}(t)\cdot\nabla \right\}\psi(\boldsymbol{r};t)\bigg|_{-}$$

$$= \left\{ -\frac{\hbar^2}{2m}\nabla'^2 + i\hbar\dot{\boldsymbol{R}}(t')\cdot\nabla' + V\{\boldsymbol{r}',t'\} \right\}\psi\{\boldsymbol{r}';t'\}, \tag{6.98a}$$

$$V\{\boldsymbol{r}',t'\} := V(\boldsymbol{r}' + \boldsymbol{R}(t'),t'). \tag{6.98b}$$

(6.98a) 右辺冒頭二項をまとめて "平方完成" すれば

$$-\frac{\hbar^2}{2m}\nabla'^2 + i\hbar\dot{\boldsymbol{R}}(t')\cdot\nabla' = \frac{1}{2m}\left\{ \frac{\hbar}{i}\nabla' - \boldsymbol{P}(t') \right\}^2 - \frac{\{\boldsymbol{P}(t')\}^2}{2m}, \tag{6.99a}$$

$$\boldsymbol{P}(t) := m\dot{\boldsymbol{R}}(t). \tag{6.99b}$$

$\boldsymbol{P}(t')$ が $\boldsymbol{r}'$ に依らぬゆえ「∇' と $\boldsymbol{P}(t')$ を通常の数のごとくに扱える」わけである．

慣性系 $\mathcal{K}$ に対して瞬時速度[*31]$\dot{\boldsymbol{R}}(t)$ で動く並進加速度系 $\mathcal{K}'$ に移った．仮に粒子を古典粒子像で捉えたとして，これが $\mathcal{K}$ から眺めて静止していたとすれば，$\mathcal{K}'$ から眺めれば瞬時運動量は $-\boldsymbol{P}(t)$ である．それゆえ，<u>$\mathcal{K}'$ から眺めた波動函数 $\psi'(\boldsymbol{r}';t')$</u> なるものが定義できるとすれば，$\psi'(\boldsymbol{r}';t')$ には

[*31] 普通は "瞬間速度" といわれる．しかし，なぜ「瞬「間」」か？ 確かに，「微分は幻想也，差分を簡潔に表記すべく使われる便法にすぎぬ」と心得る物理屋からすれば，瞬間 (infinitesimal interval of time) が現実で，瞬時 (instant of time) は幻想かもしれぬ．

288 第6章 シュレーディンガー方程式の基本的性質

$$\exp\{-i\boldsymbol{P}(t')\cdot\boldsymbol{r}'/\hbar\} \tag{6.100}$$

なる因子が現れるものと期待できる[*32]. そこで次のごとく置こう:

$$\psi'(\boldsymbol{r}';t') := \mathcal{C}(\boldsymbol{r}',t')\psi\{\boldsymbol{r}';t'\}, \tag{6.101a}$$

$$\mathcal{C}(\boldsymbol{r}',t') \equiv \exp\{-i\boldsymbol{P}(t')\cdot\boldsymbol{r}'/\hbar - i\mathcal{S}(t')/\hbar\}. \tag{6.101b}$$

位相因子 $\mathcal{C}(\boldsymbol{r}',t')$ に「t' のみに依存する位相 $\mathcal{S}(t')/\hbar$」を導入しておいた. その値は後に具体的状況に応じて都合よく決める.

> ♣ 註　後章 (電磁場中の荷電粒子) との類似を先取りしていえば, (6.99a) 右辺第一項における $\boldsymbol{P}(t')$ は, 実効ヴェクトルポテンシャル (effective vector potential) である, つまり, 実効的にヴェクトルポテンシャルとして働く. ただし, 実効磁場が 0 ($\heartsuit$ $\nabla \times \boldsymbol{P}(t') = 0$) ゆえ, ゲージ変換 (6.101) に拠って消せるわけである.

$\psi'(\boldsymbol{r}';t')$ が従う方程式は, (6.98a)∧(6.99) を用いて

$$i\hbar\frac{\partial}{\partial t'}\psi'(\boldsymbol{r}';t') = \left\{i\hbar\frac{\partial}{\partial t'}\mathcal{C}(\boldsymbol{r}',t')\right\}\psi\{\boldsymbol{r}';t'\} + \mathcal{C}(\boldsymbol{r}',t')i\hbar\frac{\partial}{\partial t'}\psi\{\boldsymbol{r}';t'\}$$

$$= \mathcal{C}(\boldsymbol{r}',t')\left\{i\hbar\frac{\partial}{\partial t'} + \dot{\boldsymbol{P}}(t')\cdot\boldsymbol{r}' + \dot{\mathcal{S}}(t')\right\}\psi\{\boldsymbol{r}';t'\}$$

$$= \mathcal{C}(\boldsymbol{r}',t')\left\{\frac{1}{2m}\left\{\frac{\hbar}{i}\nabla' - \boldsymbol{P}(t')\right\}^2 - \frac{\{\boldsymbol{P}(t')\}^2}{2m} + \dot{\boldsymbol{P}}(t')\cdot\boldsymbol{r}' + \dot{\mathcal{S}}(t') + V\{\boldsymbol{r}';t'\}\right\}\psi\{\boldsymbol{r}';t'\}. \tag{6.102}$$

右辺第一項を変形するにあたり,

$$\mathcal{C}(\boldsymbol{r},t)\left\{\frac{\hbar}{i}\nabla - \boldsymbol{P}(t)\right\}\phi(\boldsymbol{r}) = \frac{\hbar}{i}\nabla\{\mathcal{C}(\boldsymbol{r},t)\phi(\boldsymbol{r})\} \qquad : \forall\phi \tag{6.103}$$

なる公式を二度くり返し用いて $\mathcal{C}(\boldsymbol{r}',t')$ を右にずらせば,

$$i\hbar\frac{\partial}{\partial t'}\psi'(\boldsymbol{r}';t') = \left\{-\frac{\hbar^2}{2m}\nabla'^2 + V'(\boldsymbol{r}',t')\right\}\psi'(\boldsymbol{r}';t'), \tag{6.104a}$$

$$V'(\boldsymbol{r}',t') := V(\boldsymbol{r}' + \boldsymbol{R}(t'),t') - \frac{m}{2}\{\dot{\boldsymbol{R}}(t')\}^2 + \dot{\mathcal{S}}(t') - \{-m\ddot{\boldsymbol{R}}(t')\}\cdot\boldsymbol{r}'. \tag{6.104b}$$

これはシュレーディンガー方程式と同じ形をしている. それゆえ, これを $\mathcal{K}'$ から眺めたシュレーディンガー方程式とよぶ. ただし, ポテンシャルは $V(\boldsymbol{r},t)$ でなく $V'(\boldsymbol{r}',t')$ に置き換わっている. $V'(\boldsymbol{r}',t')$ の最終項は, 「$\mathcal{K}$ に対する $\mathcal{K}'$ の加速度 $\ddot{\boldsymbol{R}}(t')$」に比例し, しかも, その勾配は古典力学で馴染みの並進慣性力 $-m\ddot{\boldsymbol{R}}(t')$ に他ならぬ. つまり, 慣性力が実効ポテンシャルなる姿を装って現れたわけである.

変換 (6.94)∧(6.101) をまとめると

$$\psi(\boldsymbol{r};t) = \psi\{\boldsymbol{r} - \boldsymbol{R}(t);t\}$$

$$= \psi'(\boldsymbol{r} - \boldsymbol{R}(t);t)\exp\left[i\boldsymbol{P}(t)\cdot\{\boldsymbol{r} - \boldsymbol{R}(t)\}/\hbar + i\mathcal{S}(t)/\hbar\right], \tag{6.105a}$$

$$1 = \int d^3r\,|\psi(\boldsymbol{r};t)|^2 = \int d^3r\,|\psi\{\boldsymbol{r} - \boldsymbol{R}(t);t\}|^2 = \int d^3r'\,|\psi'(\boldsymbol{r}';t')|^2. \tag{6.105b}$$

[*32] この期待がわかぬならば, (6.99a) をじっと見て下記の変換を思いつく, それ以外に方法なし.

6.6 非慣性系 (その1)：並進加速度系   *289*

これが「$\psi(\ ;t)$ と $\psi'(\ ;t')$ の関係」である．後者のノルムも 1 に等しい．それゆえ，$\psi'(\ ;t')$ を「並進加速度系から眺めた波動函数 (位置の確率振幅)」と見なすことが正当化できる．

註 体積要素の瞬時ガリレイ不変性：瞬時ガリレイ変換は，各時刻において位置を平行移動するだけゆえ，体積要素 (積分測度) を変えぬ：$d^3 r = d^3 r'$.

(6.105a) を逆に解けば

$$\psi'(\boldsymbol{r}';t') = \psi(\boldsymbol{r}' + \boldsymbol{R}(t');t') \exp\left[-i\boldsymbol{P}(t')\cdot\boldsymbol{r}'/\hbar - i\mathcal{S}(t')/\hbar\right]. \tag{6.106}$$

もちろん，この関係は始時刻 ($t' = 0$) においても充たされねばならぬ．

(6.93a)∧(6.106) を<u>シュレーディンガー方程式に対する瞬時ガリレイ変換</u>とよぶ．

一般論のまとめ

「慣性系から眺めたシュレーディンガー方程式 (3.87) を始条件 (4.75) のもとで解くこと」は「並進加速度系から眺めた (6.104a) を次の始条件のもとで解くこと」と等価である ($\heartsuit$ (6.106))：

$$\psi'(\boldsymbol{r}';0) = \phi^{\text{始}\prime}(\boldsymbol{r}') := \phi^{\text{始}}(\boldsymbol{r}' + \boldsymbol{R}(0)) \exp\left[-i\boldsymbol{P}(0)\cdot\boldsymbol{r}'/\hbar - i\mathcal{S}(0)/\hbar\right]. \tag{6.107a}$$

両準拠系から眺めた始波動函数は，$\{\boldsymbol{R}(t), \mathcal{S}(t)\}$ を

$$\boldsymbol{R}(0) = 0, \qquad \boldsymbol{P}(0) \equiv m\dot{\boldsymbol{R}}(0) = 0, \qquad \mathcal{S}(0) = 0 \tag{6.107b}$$

が充たされるように選べば，形が共通となる：

$$\phi^{\text{始}\prime}(\boldsymbol{r}') = \phi^{\text{始}\prime}(\boldsymbol{r}'), \qquad \phi^{\text{始}}(\boldsymbol{r}) = \phi^{\text{始}\prime}(\boldsymbol{r}). \tag{6.107c}$$

♣ ガリレイ共変性

特に，一様外力 ($V(\boldsymbol{r},t) = V_{\text{UEF}}(\boldsymbol{r},t)$) の場合に (3.87)∧(6.104) を書くと

$$i\hbar\frac{\partial}{\partial t}\psi(\boldsymbol{r};t) = \left\{-\frac{\hbar^2}{2m}\nabla^2 - \boldsymbol{f}(t)\cdot\boldsymbol{r}\right\}\psi(\boldsymbol{r};t), \tag{6.108a}$$

$$i\hbar\frac{\partial}{\partial t'}\psi'(\boldsymbol{r}';t') = \left\{-\frac{\hbar^2}{2m}\nabla'^2 + V'(\boldsymbol{r}',t')\right\}\psi'(\boldsymbol{r}';t'), \tag{6.108b}$$

$$V'(\boldsymbol{r}',t') = -\boldsymbol{f}(t')\cdot\boldsymbol{r}' - \boldsymbol{f}(t')\cdot\boldsymbol{R}(t') - \frac{m}{2}\{\dot{\boldsymbol{R}}(t')\}^2 + \dot{\mathcal{S}}(t') - \{-m\ddot{\boldsymbol{R}}(t')\}\cdot\boldsymbol{r}'. \tag{6.108c}$$

(6.108c) 右辺をにらんで

$$\boldsymbol{R}(t) = \boldsymbol{w}t \qquad : \boldsymbol{w}\text{は勝手な定ヴェクトル}, \tag{6.109a}$$

$$\mathcal{S}(t) = \int_0^t d\tau \left\{\frac{m}{2}\{\dot{\boldsymbol{R}}(\tau)\}^2 + \boldsymbol{f}(\tau)\cdot\boldsymbol{R}(\tau)\right\}$$

$$= \frac{1}{2}m\boldsymbol{w}^2 t + \int_0^t d\tau\ \tau\ \boldsymbol{w}\cdot\boldsymbol{f}(\tau) \tag{6.109b}$$

と採れば

$$V'(\boldsymbol{r}',t') = -\boldsymbol{f}(t')\cdot\boldsymbol{r}' = V_{\text{UEF}}(\boldsymbol{r}',t'). \tag{6.110}$$

つまり，(6.108b) は (6.108a) と同じ形になる．この事情は次のごとくいい表される：

290　第6章　シュレーディンガー方程式の基本的性質

一様外力下シュレーディンガー方程式は**ガリレイ共変性** (Galilei covariance) を有す,
または略して,
一様外力下シュレーディンガー方程式は**ガリレイ共変** (Galilei covariant).

6.6.4　♣　アインシュタインのエレヴェーター

等価原理

(i)　弱い等価原理 (weak equivalence principle)
一様重力場中[*33]の古典粒子が従うニュートン運動方程式を詳しく書くと,

$$m_i \ddot{\boldsymbol{r}}_{\mathrm{cl}}(\tau) = m_g \boldsymbol{g}. \tag{6.111}$$

$\{m_i, m_g\}$ は {慣性質量 (inertial mass), 重力質量 (gravitational mass)} とよばれる. エトヴェシュ
(Rolánd von Eötvös [1848.7.27-1919.4.8])[*34] 以来, 多くの実験家に依り, 両者は高精度で相等しい
ことが確かめられてきた:

$$|m_i/m_g - 1| < 10^{-12}. \tag{6.112}$$

アインシュタインは, この結果を, 偶然の一致とは捉えなかった:

> 地上の実験室内にて物体は落下する. 実験室と物体の間に相対運動が生ずる理由は何か. 実
> 験室が自由落下することを地表に因って妨げられているがゆえである. もし実験室なるエレ
> ヴェーターの縄が切られて実験室も自由落下するならば相対運動は生ぜぬであろう. 地上の実
> 験室は, 鉛直方向に定加速度 $-\boldsymbol{g}$ で運動しているゆえ, 並進加速度系 (の特殊な場合) である.
> それゆえ, 慣性質量 m_i なる物体には並進慣性力 $m_i\boldsymbol{g}$ が働くはずである: (6.87a)∧(6.87b) に
> て「$m \equiv m_i$」∧「$\ddot{\boldsymbol{R}}(\tau) = 定ヴェクトル = -\boldsymbol{g}$」. これが重力に他ならぬと考えれば「重力質
> 量が慣性質量に等しいことは当たり前」となる.

つまり, アインシュタインは,

> 「一様重力場中の粒子」とは「自由粒子を定加速度系から眺めたものにすぎぬ」, すなわち,
> 一様重力とは並進慣性力 (の一種) である

と考え, この見方を原理 (弱い等価原理) として採用した.

(ii)　強い等価原理 (strong equivalence principle)
アインシュタインは, さらに, 弱い等価原理を次のように一般化した:

> 重力とは, 一様か否かにかかわらず, 慣性力を一般化したものにすぎぬ. つまり, 「充分に狭
> い時空領域に限れば」∧「適切に準拠系を採れば」特殊相対論が成立する (かような準拠系は
> **局所慣性系** (local inertia frame)[*35]とよばれる).

[*33] この "一様重力場" は, 精確には, 一様静重力場 (≡ 定重力場 :=「空間変化なく時間変動もせぬ重力場」).

[*34] ハンガリー生まれ. "名前のハンガリーつづりは Loránd"[理化学辞典]. ハンガリー語は日本語と親戚関係にあると聞
いたことがある. L と R の音の区別が英語などとは違うのかもしれぬ (乞ご教示).

[*35] もちろん, この場合の局所は時空的に局所. 地球の近くなら, 自由落下するエレヴェーター内 (現代風にいえばエンジ
ンを噴かしていないスペースシャトル内) は慣性系.

この原理に拠って作られたのが一般相対論であった[*36].

量子力学における等価定理

「慣性系から眺めたポテンシャルが並進移動する」なる状況を想定しよう：

$$V(\boldsymbol{r}, t) = V_0(\boldsymbol{r} - \boldsymbol{R}_0(t)). \tag{6.113}$$

$\boldsymbol{R}_0(t)$ は，時刻 t における「ポテンシャルの中心」の位置である．地上の実験室における実験を記述しようとすると，必ず，この形のポテンシャルが現れる．例えば，中性子干渉実験を行うとしよう．中性子源や干渉計など，すべての実験装置が加速度 $-\boldsymbol{g}$ で動いている．これら実験装置もろもろを表すポテンシャルを $V_0(\boldsymbol{r})$ とすれば，まさしく (6.113) なる状況になっている（ただし，$\ddot{\boldsymbol{R}}_0(t) = -\boldsymbol{g}$）．

6.6.3 項における変換にて，

$$\boldsymbol{R}(t) = \boldsymbol{R}_0(t), \tag{6.114a}$$

$$\mathcal{S}(t) = \int_0^t d\tau \, \frac{m}{2} \{\dot{\boldsymbol{R}}_0(\tau)\}^2 \tag{6.114b}$$

と採れば

$$V'(\boldsymbol{r}', t') = V_0(\boldsymbol{r}') - \{-m\ddot{\boldsymbol{R}}_0(t')\} \cdot \boldsymbol{r}' \tag{6.115a}$$

$$= V_0(\boldsymbol{r}') - m\boldsymbol{g} \cdot \boldsymbol{r}'. \tag{6.115b}$$

ゆえに，実験室系から眺めたポテンシャルには一様重力ポテンシャルが慣性力ポテンシャルとして現れる．つまり，

> **量子力学における等価定理** (equivalence theorem)：
>
> 「弱い等価原理」に相当する事情が量子力学においても成り立つ．

♣ 註　一様重力ポテンシャルの効果は，自由落下なる準古典的現象（重力ポテンシャルが力として働く状況）においてのみならず，純量子力学的干渉現象（重力ポテンシャルが存在するけれども力としての働きは無視できる状況）においても確認されている ♡ 20.5.1 項（COW 効果）．

♣♣ 註　(6.113)∧(6.115a) は等価定理を導く以外にも使える．例えば，動く陽子に束縛された電子を想定すれば（陽子の運動に伴って発生する磁場（および電磁波）は，陽子の速さが光速に比し充分に小さい状況を想定し，無視できるものとして），「$\boldsymbol{R}_0(t)$ は陽子位置」∧「$V_0(\boldsymbol{r})$ はクーロンポテンシャル」である（ただし，かような状況は本来は二粒子系として考察すべし）．

6.7　一様外力下の粒子：再挑戦

6.5 節末尾に述べた着想を試す準備がようやく整った．まずは古典力学から始める．

6.7.1　ニュートン運動方程式

(6.87b) にて，$\boldsymbol{R}(\tau)$ は勝手ゆえ，

[*36] 特殊相対論・一般相対論と並置されると，「論理的には，一般相対論がまずあって，その特殊な場合として特殊相対論が得られる」と思いかねぬが，これは誤り．両者の関係を大雑把にいえば，

　一般相対論 ～ 特殊相対論 ∧ 一般共変性

（特殊相対論に重力を組み込む処方箋，それが一般共変性 (general covariance)）．でき上がった結果としての一般相対論は特殊相対論を含む．しかし，あらかじめ特殊相対論を要請せねば一般相対論は内容が確定せぬ．

292　第6章　シュレーディンガー方程式の基本的性質

$$\ddot{\boldsymbol{R}}(\tau) = \boldsymbol{f}(\tau)/m \tag{6.116}$$

を充たす $\boldsymbol{R}(\tau)$ を採れば

$$m\ddot{\boldsymbol{r}}'_{\rm cl}(\tau) = 0. \tag{6.117}$$

かくて，瞬時ガリレイ変換に拠り，一様外力下粒子が自由粒子に変換できた．ただし，この変換から御利益を得るには $\boldsymbol{R}(\tau)$ を知らねばならぬ．ところが，これを決める式 (6.116) は，もとのニュートン運動方程式 (6.87a) と同じ形をしている．したがって，残念ながら，上記変換論は正しいけれども同義反復 (tautology) にすぎぬ．失敗である．これにめげず量子力学に進もう．

6.7.2　シュレーディンガー方程式

「(6.108b) に現れるポテンシャル (6.108c)」は，$\boldsymbol{R}(t)$ として「ニュートン運動方程式に従う (つまり，(6.116) を充たす) もの」を採れば，$\boldsymbol{r}'$ に依らなくなる：

$$V'_{\rm UEF}(\boldsymbol{r}',t') = -\boldsymbol{f}(t') \cdot \boldsymbol{R}(t') - \frac{m}{2}\{\dot{\boldsymbol{R}}(t')\}^2 + \dot{\mathcal{S}}(t'). \tag{6.118}$$

$\mathcal{S}(t)$ も勝手であったことを想い出し，これを次のごとく採れば，上式右辺が 0 となって $\psi^{\rm UEF'}(\boldsymbol{r}';t')$ は自由粒子シュレーディンガー方程式に従うことになる：

$$\mathcal{S}(t) = \int_0^t d\tau \left\{ \frac{m}{2}\{\dot{\boldsymbol{R}}(\tau)\}^2 - (-\boldsymbol{f}(\tau) \cdot \boldsymbol{R}(\tau)) \right\}. \tag{6.119}$$

註　上式における積分の下限は，何でも構わぬが，$\mathcal{S}(0) = 0$ を充たすべく 0 と採った．

註　要するに，瞬時ガリレイ変換に伴って生ずるポテンシャル底上げ項を $\mathcal{S}(t)$ が処理してくれるわけである．

以上の結果は次のごとく標語的にまとめれる：

力学分解定理　その1 (UEF)：

「一様外力下粒子の QD」＝「一様外力下粒子の CD」∧「自由粒子の QD」
(QD ≡ quantum dynamics (**量子動力学**)，CD ≡ classical dynamics (**古典動力学**)).

☆**註**　一般に，古典力学 (classical mechanics) において特に「運動」を強調・重視したい場合に古典動力学と書いて静力学 (statics: 力の釣り合い) と区別．量子力学 (quantum mechanics) においても，特に「時間変展」を強調・重視したい場合に量子動力学と書いて，"時間変展を直接に扱わずエネルギー固有値だけを問題にする場合 (例えば 14.1 節)" などと区別．

式であらわに書けば (♡ (6.105a))，(6.116)∧(6.119) なる $\{\boldsymbol{R}(t), \mathcal{S}(t)\}$ を用いて，

$$\psi^{\rm UEF}(\boldsymbol{r};t) = \psi^{\text{自由}}(\boldsymbol{r} - \boldsymbol{R}(t);t) \exp\left\{ i(\boldsymbol{r} - \boldsymbol{R}(t)) \cdot \boldsymbol{P}(t)/\hbar + i\mathcal{S}(t)/\hbar \right\}. \tag{6.120a}$$

ただし，$\psi^{\text{自由}}(\boldsymbol{r};t)$ は「自由粒子波動関数であって」∧「次の始条件を充たす」ものである：

$$\psi^{\text{自由}}(\boldsymbol{r};0) = \phi^{\text{始}}(\boldsymbol{r} + \boldsymbol{R}(0))e^{-i\boldsymbol{r} \cdot \boldsymbol{P}(0)/\hbar}. \tag{6.120b}$$

$\psi^{\rm UEF}(\boldsymbol{r};t)$ は，例えば $\phi^{\text{始}}(\boldsymbol{r})$ がガウス函数なら，「$\psi^{\text{自由}}_{\rm Gauss}(\boldsymbol{r};t)$ の中心を $\boldsymbol{R}(t)$ だけずらし」∧「位相因子 ((6.120a) 末尾の指数函数) を掛けた」もので与えられる．一般に $|\psi^{\rm UEF}(\boldsymbol{r};t)|^2$ の中心は，

$|\phi^{始}(\boldsymbol{r})|$ が局在した関数であれば，古典軌道をたどる．同じく，$|\widetilde{\psi^{\mathrm{UEF}}}(\boldsymbol{p};t)|^2$ の中心も古典軌道をたどる（♡ 下記演習）．

演習 (6.120a) を，もう少し，わかりやすくいい直してみよう．始時刻を一般化して t_0 とし，始条件を次のごとく採る：

$$\psi^{\mathrm{UEF}}(\boldsymbol{r};t_0) = \phi_0(\boldsymbol{r}-\boldsymbol{r}_0)e^{i(\boldsymbol{r}-\boldsymbol{r}_0)\cdot\boldsymbol{p}_0/\hbar} \tag{6.121}$$

（$\phi_0(\boldsymbol{r}-\boldsymbol{r}_0)$ は，勝手であるが，適当に局在した関数を念頭に置く）．そして，(6.120a) における $\{\boldsymbol{R},\boldsymbol{P}\}$ として「$\{\boldsymbol{r}_0,\boldsymbol{p}_0\}$ を始値とする古典軌道 $\{\boldsymbol{r}_{\mathrm{cl}},\boldsymbol{p}_{\mathrm{cl}}\}$」を採る：

$$m\ddot{\boldsymbol{r}}_{\mathrm{cl}}(t) = \boldsymbol{f}(t), \quad \boldsymbol{p}_{\mathrm{cl}}(t) = m\dot{\boldsymbol{r}}_{\mathrm{cl}}(t), \qquad \boldsymbol{r}_{\mathrm{cl}}(t_0) = \boldsymbol{r}_0, \quad \boldsymbol{p}_{\mathrm{cl}}(t_0) = \boldsymbol{p}_0. \tag{6.122a}$$

これに応じて $\mathcal{S}(t)$ を下記で置き換える：

$$\mathcal{S}_{\mathrm{cl}}(t,t_0) := \int_{t_0}^t d\tau \left\{ \frac{m}{2}\{\dot{\boldsymbol{r}}_{\mathrm{cl}}(\tau)\}^2 - (-\boldsymbol{f}(\tau)\cdot\boldsymbol{r}_{\mathrm{cl}}(\tau)) \right\} \tag{6.122b}$$

$$= \frac{1}{2}\left\{ \boldsymbol{p}_{\mathrm{cl}}(t)\cdot\boldsymbol{r}_{\mathrm{cl}}(t) - \boldsymbol{p}_0\cdot\boldsymbol{r}_0 + \int_{t_0}^t d\tau\,\boldsymbol{f}(\tau)\cdot\boldsymbol{r}_{\mathrm{cl}}(\tau) \right\}. \tag{6.122c}$$

すると (6.121)∧(6.120a) に拠り

$$\phi_0(\boldsymbol{r}-\boldsymbol{r}_0)e^{i(\boldsymbol{r}-\boldsymbol{r}_0)\cdot\boldsymbol{p}_0/\hbar} = \psi^{自由}(\boldsymbol{r}-\boldsymbol{r}_{\mathrm{cl}}(t_0);t_0)\exp\left\{i(\boldsymbol{r}-\boldsymbol{r}_{\mathrm{cl}}(t_0))\cdot\boldsymbol{p}_{\mathrm{cl}}(t_0)/\hbar\right\}$$

$$= \psi^{自由}(\boldsymbol{r}-\boldsymbol{r}_0;t_0)e^{i(\boldsymbol{r}-\boldsymbol{r}_0)\cdot\boldsymbol{p}_0/\hbar}. \tag{6.123}$$

ゆえに，(6.120b) 右辺は単に $\phi_0(\boldsymbol{r})$ となる：

$$\psi^{自由}(\boldsymbol{r};t_0) = \phi_0(\boldsymbol{r}). \tag{6.124}$$

そこで，

$$\phi_{t-t_0}(\boldsymbol{r}) \equiv \text{「}\phi_0(\boldsymbol{r})\text{ からの自由変展」}$$
$$\equiv \text{「}\phi_0(\boldsymbol{r})\text{ を始状態 (始時刻 0) とする，時刻 }t-t_0\text{ における自由粒子波動関数」} \tag{6.125}$$

と置けば

$$\psi^{\mathrm{UEF}}(\boldsymbol{r};t) = \phi_{t-t_0}(\boldsymbol{r}-\boldsymbol{r}_{\mathrm{cl}}(t))\exp\left\{i\left(\boldsymbol{r}-\boldsymbol{r}_{\mathrm{cl}}(t)\right)\cdot\boldsymbol{p}_{\mathrm{cl}}(t)/\hbar + i\mathcal{S}_{\mathrm{cl}}(t,t_0)/\hbar\right\}, \tag{6.126a}$$

$$\widetilde{\psi^{\mathrm{UEF}}}(\boldsymbol{p};t) = \widetilde{\phi_{t-t_0}}(\boldsymbol{p}-\boldsymbol{p}_{\mathrm{cl}}(t))\exp\left\{-i\boldsymbol{p}\cdot\boldsymbol{r}_{\mathrm{cl}}(t)/\hbar + i\mathcal{S}_{\mathrm{cl}}(t,t_0)/\hbar\right\}$$

$$= \widetilde{\phi_0}(\boldsymbol{p}-\boldsymbol{p}_{\mathrm{cl}}(t))\exp\left[\frac{i}{\hbar}\left\{-\boldsymbol{p}\cdot\boldsymbol{r}_{\mathrm{cl}}(t) - (t-t_0)\frac{(\boldsymbol{p}-\boldsymbol{p}_{\mathrm{cl}}(t))^2}{2m} + \mathcal{S}_{\mathrm{cl}}(t,t_0)\right\}\right]. \quad ∎ \tag{6.126b}$$

演習 $\boldsymbol{f}=0$ の場合には，$t_0=0$ として，

$$\left\{\text{(6.126a) における指数函数の肩}\right\} \times \frac{\hbar}{i} = (\boldsymbol{r}-\boldsymbol{r}_0-\boldsymbol{v}_0 t)\cdot\boldsymbol{p}_0 + \frac{1}{2}m\boldsymbol{v}_0^2\,t$$

$$= (\boldsymbol{r}-\boldsymbol{r}_0)\cdot\boldsymbol{p}_0 - \frac{\boldsymbol{p}_0^2}{2m}\,t. \quad ∎ \tag{6.127}$$

かくて，一様外力下粒子に対しても

294   第6章 シュレーディンガー方程式の基本的性質

始状態が適切に準備されれば, τ_{pdf} 程度を超えぬ時刻においては, 古典粒子像が成立する.

しかも (6.122b) における被積分函数は,「一様外力下粒子の古典軌道 $\boldsymbol{r}_{\mathrm{cl}}$」に関する「運動エネルギーとポテンシャルエネルギーの差」(つまりラグランジアン) である. それゆえ, (6.122b) は「一様外力下粒子の古典軌道 $\boldsymbol{r}_{\mathrm{cl}}$ に付随する作用積分」[37] に他ならぬ. つまり, 波束中心が古典軌道をたどるのみならず

位相因子も「古典軌道に付随する作用積分」で与えられる.

♣♣ 註　上記における作用積分を「ファインマン核などに登場する "古典作用 (classical action)"」(例えば 8.4.7 項) と混同するなかれ. 後者が「古典軌道の{ 始値, 終値 }」∧「始時刻」∧「終時刻」の函数なるに対し, 前者は「古典軌道の始値」∧「始時刻」∧「着目時刻」の函数である.

6.7.3　♣ ガリレイ作用

上記作用積分を「古典軌道始値に依る部分と依らぬ部分」に分けて書く (そうしておくと好都合なること多し ♡ 例えば 20.5 節) べく, 次の量を導入しよう:

$$\mathcal{S}_{\mathrm{G}}(t, t_0) := \int_{t_0}^{t} d\tau \left\{ \frac{m}{2} \{ \dot{\boldsymbol{R}}(\tau) \}^2 + \boldsymbol{f}(\tau) \cdot \boldsymbol{R}(\tau) \right\}, \tag{6.128a}$$

$$\text{ただし,} \quad m\ddot{\boldsymbol{R}}(\tau) = \boldsymbol{f}(\tau), \quad \boldsymbol{R}(t_0) = \dot{\boldsymbol{R}}(t_0) = 0. \tag{6.128b}$$

これを**ガリレイ作用** (Galileian action) とよぶ. ガリレイ作用は古典軌道始値に依らぬ.

演習　ガリレイ作用は次のごとくにも書ける:

$$\mathcal{S}_{\mathrm{G}}(t, t_0) = \boldsymbol{R}(t) \cdot \boldsymbol{P}(t) - \frac{1}{2m} \int_{t_0}^{t} d\tau \, \{ \boldsymbol{P}(\tau) \}^2, \tag{6.128c}$$

$$\boldsymbol{P}(t) := m\dot{\boldsymbol{R}}(t) = \int_{t_0}^{t} d\tau \, \boldsymbol{f}(\tau). \tag{6.128d}$$

証明：

$$\mathcal{S}_{\mathrm{G}}(t, t_0) = \int_{t_0}^{t} d\tau \left\{ \frac{m}{2} \{ \dot{\boldsymbol{R}}(\tau) \}^2 + m\ddot{\boldsymbol{R}}(\tau) \cdot \boldsymbol{R}(\tau) \right\}$$

$$= m\dot{\boldsymbol{R}}(t) \cdot \boldsymbol{R}(t) - \int_{t_0}^{t} d\tau \, \frac{m}{2} \{ \dot{\boldsymbol{R}}(\tau) \}^2. \quad \blacksquare \tag{6.128e}$$

演習　作用積分からガリレイ作用を分離すると

$$\mathcal{S}_{\mathrm{cl}}(t, t_0) = -\frac{\boldsymbol{p}_0^2}{2m}(t - t_0) + (t - t_0)\boldsymbol{v}_0 \cdot \boldsymbol{p}_{\mathrm{cl}}(t) + \boldsymbol{r}_0 \cdot \boldsymbol{P}(t) + \mathcal{S}_{\mathrm{G}}(t, t_0). \tag{6.129}$$

証明：

$$\dot{\boldsymbol{r}}_{\mathrm{cl}}(\tau) = \boldsymbol{v}_0 + \dot{\boldsymbol{R}}(\tau) \quad \wedge \quad \boldsymbol{r}_{\mathrm{cl}}(\tau) = \boldsymbol{r}_0 + \boldsymbol{v}_0\tau + \boldsymbol{R}(\tau) \qquad \text{ゆえ,}$$

$$\mathcal{S}_{\mathrm{cl}}(t, t_0) - \mathcal{S}_{\mathrm{G}}(t, t_0) = \int_{t_0}^{t} d\tau \left\{ \frac{m}{2} \{ \dot{\boldsymbol{r}}_{\mathrm{cl}}(\tau) - \dot{\boldsymbol{R}}(\tau) \} \cdot \{ \dot{\boldsymbol{r}}_{\mathrm{cl}}(\tau) + \dot{\boldsymbol{R}}(\tau) \} + \boldsymbol{f}(\tau) \cdot \{ \boldsymbol{r}_{\mathrm{cl}}(\tau) - \boldsymbol{R}(\tau) \} \right\}$$

---

[37] 精確にいえば,「一様外力下粒子の古典軌道 $\{ \boldsymbol{r}_{\mathrm{cl}}(\tau) \mid \tau \in (t_0, t) \}$」に付随する作用積分 (the action integral associated with the classical orbit of a particle under the uniform external force).

$$= \int_{t_0}^{t} d\tau \left\{ \frac{m}{2} \boldsymbol{v}_0 \cdot \{2\dot{\boldsymbol{r}}_{\mathrm{cl}}(\tau) - \boldsymbol{v}_0\} + \boldsymbol{f}(\tau) \cdot \{\boldsymbol{r}_0 + (\tau - t_0)\boldsymbol{v}_0\} \right\}$$

$$= -\frac{m\boldsymbol{v}_0^2}{2}(t - t_0) + \boldsymbol{p}_0 \cdot \{\boldsymbol{r}_{\mathrm{cl}}(t) - \boldsymbol{r}_0\} + \boldsymbol{r}_0 \cdot \boldsymbol{P}(t) + \boldsymbol{v}_0 \cdot \int_{t_0}^{t} d\tau \ (\tau - t_0)\dot{\boldsymbol{p}}_{\mathrm{cl}}(\tau). \tag{6.130a}$$

最後尾に現れた積分を計算すると

$$\boldsymbol{v}_0 \cdot \int_{t_0}^{t} d\tau \ (\tau - t_0)\dot{\boldsymbol{p}}_{\mathrm{cl}}(\tau) = (t - t_0)\boldsymbol{v}_0 \cdot \boldsymbol{p}_{\mathrm{cl}}(t) - \boldsymbol{v}_0 \cdot \int_{t_0}^{t} d\tau \ \boldsymbol{p}_{\mathrm{cl}}(\tau)$$

$$= (t - t_0)\boldsymbol{v}_0 \cdot \boldsymbol{p}_{\mathrm{cl}}(t) - \boldsymbol{p}_0 \cdot \{\boldsymbol{r}_{\mathrm{cl}}(t) - \boldsymbol{r}_0\}. \quad \blacksquare \tag{6.130b}$$

以下二つの場合が特に興味深い：

(イ) 定外力の場合：

$\boldsymbol{f}(t) = $ 一定 $= \boldsymbol{f}_0$ と置く．時間に関して並進対称ゆえ一般性を損なうことなく $t_0 = 0$ として，

$$\boldsymbol{p}_{\mathrm{cl}}(\tau) = \boldsymbol{p}_0 + \boldsymbol{P}(\tau) \ \wedge \ \boldsymbol{P}(\tau) = \boldsymbol{f}_0 \tau \ \wedge \ \boldsymbol{R}(\tau) = \frac{1}{2m}\boldsymbol{f}_0 \tau^2 \qquad \text{ゆえ，}$$

$$\mathcal{S}_{\mathrm{cl}}(t) \equiv \mathcal{S}_{\mathrm{cl}}(t, 0) = -\frac{p_0^2}{2m}t + \{\boldsymbol{v}_0 \cdot \boldsymbol{p}_{\mathrm{cl}}(t) + \boldsymbol{r}_0 \cdot \boldsymbol{f}_0\}t + \mathcal{S}_{\mathrm{G}}(t) \tag{6.131a}$$

$$= +\frac{p_0^2}{2m}t + (\boldsymbol{v}_0 t^2 + \boldsymbol{r}_0 t) \cdot \boldsymbol{f}_0 + \mathcal{S}_{\mathrm{G}}(t), \tag{6.131b}$$

$$\mathcal{S}_{\mathrm{G}}(t) \equiv \mathcal{S}_{\mathrm{G}}(t, 0) = \frac{f_0^2}{3m}t^3. \tag{6.131c}$$

なお，古典軌道に沿ってエネルギー E_{cl} が保存されることに着目した次の形も有用：

$$\mathcal{S}_{\mathrm{cl}}(t) = E_{\mathrm{cl}}t + 2\boldsymbol{f}_0 \cdot \int_0^t d\tau \ \boldsymbol{r}_{\mathrm{cl}}(\tau). \tag{6.132a}$$

例えば一様重力の場合，「$\boldsymbol{f}_0 = -mg\boldsymbol{e}_z \ \wedge \ \boldsymbol{v}_0 = v_{0x}\boldsymbol{e}_x + v_{0z}\boldsymbol{e}_z$」となるように $\mathbf{E}^3$-基底系を採れば，「v_x も保存される」ことを用いて，$v_{0x} \neq 0$ の場合には

$$\mathcal{S}_{\mathrm{cl}}(t) = E_{\mathrm{cl}}t - \frac{2mg}{v_{0x}} \int_{x_0}^{x_{\mathrm{cl}}(t)} dx \ z_{\mathrm{cl}}(x/v_{0x}). \tag{6.132b}$$

右辺に現れた積分は「xz 面において，軌跡と $\boldsymbol{e}_x$ 軸で囲まれた領域」の面積に等しい．

(ロ) 平均 0 なる外力の場合：

「時間 $(t_0, t_0 + T)$ にわたる平均外力」が 0 とすれば，$\boldsymbol{p}_{\mathrm{cl}}(t_0 + T) - \boldsymbol{p}_0 = \boldsymbol{P}(t_0 + T) = 0$ ゆえ，

$$\mathcal{S}_{\mathrm{cl}}(t_0 + T, t_0) = \frac{p_0^2}{2m}T + \mathcal{S}_{\mathrm{G}}(t_0 + T, t_0). \tag{6.133}$$

つまり，外力はガリレイ作用だけを通じて現れる．

演習 上記 (ロ) の特例なる周期外力 (簡単のため $\mathbf{E}^1$)

第6章 シュレーディンガー方程式の基本的性質

$$f(t) = f_* \sin \theta(t) \qquad : \theta(t) \equiv (t - t_*)\omega \ \wedge \ \omega \equiv 2\pi N/T \ \wedge \ N \in \mathbf{N} \tag{6.134a}$$

についてガリレイ作用を求めてみよう：

$t_0 = 0$ と採り，$\{\theta, f, \dot{f}\} \equiv \{\theta(t), f(t), \dot{f}(t)\} \ \wedge \ \{\theta_0, f_0, \dot{f}_0\} \equiv \{\theta, f, \dot{f}\}_{t=0}$ と略記して，

$$P(t) = -\frac{f_*}{\omega}(\cos\theta - \cos\theta_0) = -\frac{1}{\omega^2}(\dot{f} - \dot{f}_0), \qquad R(t) = -\frac{1}{m\omega^2}(f - f_0 - t\dot{f}_0), \tag{6.134b}$$

$$-\frac{1}{2m}\int_0^t d\tau \{P(\tau)\}^2 = -\frac{1}{m\omega^4}\left\{\frac{1}{4}(f\dot{f} - f_0\dot{f}_0) - \dot{f}_0(f - f_0) + \frac{t}{2}(\dot{f}_0^2 + \mathcal{E}_0)\right\}, \tag{6.134c}$$

ただし，$\mathcal{E}_0 \equiv \frac{1}{2}(\dot{f}^2 + \omega^2 f^2) = \frac{1}{2}\omega^2 f_*^2$.

ゆえに，(6.128c) に拠り

$$\mathcal{S}_{\mathrm{G}}(t,0) = \frac{1}{m\omega^4}\left\{\frac{3}{4}(f\dot{f} - f_0\dot{f}_0) - f_0(\dot{f} - \dot{f}_0) - t\left(\dot{f}_0\dot{f} - \frac{1}{2}\mathcal{L}_0\right)\right\}, \tag{6.134d}$$

ただし，$\mathcal{L}_0 \equiv \frac{1}{2}(\dot{f}_0^2 - \omega^2 f_0^2)$.

特に，$\mathcal{S}_{\mathrm{G}}(T,0) = -\dfrac{T}{m\omega^2}\left(\dfrac{3}{4}f_*^2 - \dfrac{1}{2}f_0^2\right) = -\dfrac{3f_*^2}{4m}\dfrac{T^3}{(2\pi N)^2}\left\{1 - \dfrac{2}{3}(\sin\omega t_*)^2\right\}. \tag{6.134e}$

証明：(6.134c) にて下記を用いた：

$$\int \dot{f}^2 = \omega^2 f_*^2 \int (\cos\theta)^2 = \frac{1}{2}\omega^2 f_*^2\left(\frac{\sin 2\theta}{2\omega} + t\right) = \frac{1}{2}(f\dot{f} + \omega^2 f_*^2 t). \qquad \blacksquare$$

6.8 ◇ 積分順序入替公式

一様外力下古典軌道について述べたついでに，本章と直接には関係せぬが，様々な場面にて役立つ積分恒等式を紹介しておこう．図 6.8 を参照して

$$\int_{t_0}^t dt'' \int_{t_0}^{t''} dt' = \int_{t_0}^t dt' \int_{t'}^t dt''. \tag{6.135}$$

これを用いて

$$\int_{t_0}^t dt'' \int_{t_0}^{t''} dt' \ \boldsymbol{f}(t') = \int_{t_0}^t dt' \int_{t'}^t dt'' \ \boldsymbol{f}(t') = \int_{t_0}^t dt' \ (t - t')\boldsymbol{f}(t') \qquad : \forall \boldsymbol{f}. \tag{6.136a}$$

これは，$\boldsymbol{f}$ の物理的意味に無関係な恒等式であるが，$\boldsymbol{f}$ を外力と見て (6.128d) を使えば次のごとくにも証明できる：

$$左辺 = \int_{t_0}^t dt'' \ \boldsymbol{P}(t'') = t\boldsymbol{P}(t) - \int_{t_0}^t dt' \ t'\dot{\boldsymbol{P}}(t') \qquad \heartsuit \ 部分積分$$

$$= t\int_{t_0}^t dt' \ \boldsymbol{f}(t') - \int_{t_0}^t dt' \ t' \ \boldsymbol{f}(t').$$

かくて，(6.136a) の力学的解釈に導かれる：一様外力下古典軌道を $\{\boldsymbol{r}_{\mathrm{cl}}(t), \boldsymbol{p}_{\mathrm{cl}}(t)\}$ と書いて，

$$m\boldsymbol{R}(t) = (t - t_0)\boldsymbol{P}(t) - \int_{t_0}^t dt' \ (t' - t_0)\boldsymbol{f}(t'), \tag{6.136b}$$

$$すなわち \quad \boldsymbol{r}_{\mathrm{cl}}(t) = \boldsymbol{r}_0 + (t - t_0)\boldsymbol{p}_0/m + \boldsymbol{R}(t)$$

$$= \boldsymbol{r}_0 + (t - t_0)\frac{\boldsymbol{p}_{\mathrm{cl}}(t)}{m} - \frac{1}{m}\int_{t_0}^t dt' \ (t' - t_0)\boldsymbol{f}(t'). \tag{6.136c}$$

「"時間 $t - t_0$ にわたり速度 $\boldsymbol{p}_{\mathrm{cl}}(t)/m$ で動いた" として計算した結果」(=最右辺第二項) に加えるべき補正が最終項である．

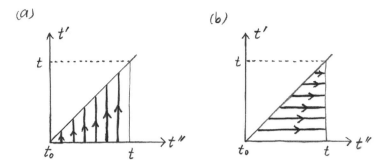

図 **6.8** 積分順序の入れ替え：(a) 先に t' 積分，(b) 先に t'' 積分

6.9 ♣ 二連細隙干渉

第 2 章にて「二連細隙 (DS: double slit) 実験が諸粒子を用いて行われてきた」∧「それら実験にて干渉模様が観察された」∧「当該干渉模様は並の波に関する干渉縞基礎公式で巧く理解できる」ことを見た．また，4.11 節にて「二連細隙と似た状況における重ね合せと干渉」の例を挙げた．本節は，本書現段階にて可能な限り本格的に，二連細隙実験を記述せむと試みる．

二連細隙 (細隙は二つとも点で近似する) とスクリーン (≡「平面状に配置された粒子検出器群」) を図 2.2(a) のごとくしつらえる：

$$\text{二連細隙位置} = \pm \boldsymbol{d}/2 = \pm(d/2)\boldsymbol{e}_z, \tag{6.137a}$$
$$\mathbf{x} = \text{スクリーン上の地点} = \boldsymbol{D} + \boldsymbol{\rho} \quad : \boldsymbol{D} = D\boldsymbol{e}_x \wedge \boldsymbol{\rho} = y\boldsymbol{e}_y + z\boldsymbol{e}_z. \tag{6.137b}$$

第 2 章は並の球面進行波

$$\frac{1}{r}\cos(kr - \omega t) \quad : \omega = \text{「波の周波数」} \tag{6.138}$$

を想定したが，本節は，波が自由粒子シュレーディンガー方程式に従うものと想定し，演習 6.2.2-1 にて論じた外向進行球面波束を採用する (スクリーンは「同演習註 1 に述べた意味で，充分遠方」に設置するものとする)．すると，二連細隙実験記述に用いるべき波動関数を $\psi^{\mathrm{DS}}(\boldsymbol{r};t)$ とよぶこととして，

$$\psi^{\mathrm{DS}}(\mathbf{x};t) \simeq \mathcal{N}\frac{e^{-i\omega_0 t}}{2ik_0}\left(\frac{\Delta_0}{\Delta(t)}\right)^{1/2}\left[\frac{e^{ik_0|\mathbf{x}-\boldsymbol{d}/2|}}{|\mathbf{x}-\boldsymbol{d}/2|}\exp\left\{-\frac{(|\mathbf{x}-\boldsymbol{d}/2|-v_0 t)^2}{4\Delta_0\Delta(t)}\right\} + (\boldsymbol{d}\to-\boldsymbol{d})\right] \tag{6.139a}$$

$$\simeq \mathcal{N}\frac{e^{-i\omega_0 t}}{2ik_0|\mathbf{x}|}\left(\frac{\Delta_0}{\Delta(t)}\right)^{1/2}\left(e^{ik_0|\mathbf{x}-\boldsymbol{d}/2|} + e^{ik_0|\mathbf{x}+\boldsymbol{d}/2|}\right)\exp\left\{-\frac{(|\mathbf{x}|-v_0 t)^2}{4\Delta_0\Delta(t)}\right\}. \tag{6.139b}$$

したがって，時刻 t に粒子が $\mathbf{x}$ に見いだされる確率密度は，

$$\left|\psi^{\mathrm{DS}}(\mathbf{x};t)\right|^2 \simeq \frac{|\mathcal{N}|^2}{2k_0^2}\frac{\Delta_0}{|\Delta(t)|}\frac{G(t,\mathbf{x})}{|\mathbf{x}|^2}\{1+\cos\Theta(\mathbf{x})\}, \tag{6.140a}$$

$$G(t,\mathbf{x}) \equiv \exp\left\{-\frac{(|\mathbf{x}|-v_0 t)^2}{2|\Delta(t)|^2}\right\} \wedge \Theta(\mathbf{x}) \equiv (|\mathbf{x}-\boldsymbol{d}/2|-|\mathbf{x}+\boldsymbol{d}/2|)\,k_0. \tag{6.140b}$$

298 第6章 シュレーディンガー方程式の基本的性質

上式は，最重要因子 $1 + \cos\Theta(\mathbf{x})$ が「二連細隙を通過した<u>並の波</u>の強度」(♡ 2.1.2 項) の場合と同じである．ただし，後者と比べて次の点が異なる：

- (6.139a) における時間的振動位相 $\omega_0 t$ は，(6.138) における ωt と異なり，確率密度には利かぬ．それゆえ，「時間に関する粗視化 $(2\pi/\omega$ に比して長い時間にわたる平均操作 ♡ 2.1.2 項)」は不要．
- 確率密度を真っ当に論ずるべく「(無限に広がった波ではなく) 波束」を採用したゆえ，因子 $G(t, \mathbf{x})$ が登場．

♣ 演習　波束中心がちょうどスクリーンに達する時刻 D/v_0 に粒子検出器群を作動することとしよう．(スクリーンが充分遠方なる場合に) 干渉縞が観察可能なるには条件 $k_0 \Delta_0 \gg 1$ が必要であり，観察可能範囲は

$$
|\boldsymbol{\rho}| \lesssim \begin{cases} D/\sqrt{k_0 \Delta_0} & : 1/\Delta_0 \ll k_0 \ll D/\Delta_0^2, \\ \sqrt{D\Delta_0} & : k_0 \gg D/\Delta_0^2 \gg 1/\Delta_0. \end{cases} \tag{6.141}
$$

証明：$t = D/v_0$ として，

$$
G(t, \mathbf{x}) = \exp\left\{ -\frac{(|\mathbf{x}| - D)^2}{2|\Delta(t)|^2} \right\} \simeq \exp\left\{ -\frac{1}{2}\left(\frac{|\boldsymbol{\rho}|^2}{2D|\Delta(t)|} \right)^2 \right\}.
$$

ゆえに，観察可能範囲は $|\boldsymbol{\rho}| \lesssim \sqrt{D|\Delta(t)|}$．しかるに，

$$
\frac{t}{\tau_{\text{gps}}} = \frac{D/v_0}{2m\Delta_0^2/\hbar} = \frac{D/\Delta_0^2}{2k_0} \text{ の } \{ \text{大，小} \} \text{ に応じて} \qquad |\Delta(t)| \simeq \left\{ \frac{D}{2k_0\Delta_0},\ \Delta_0 \right\}.
$$

一方，充分遠方なる条件は (6.43) にて $\{r, t\} = \{D, D/v_0\}$ と置いて

$$
\frac{t}{\tau_{\text{gps}}} \gg 1 \text{ なら} \qquad D \gg \frac{D}{(2k_0\Delta_0)^2} \quad \text{すなわち} \quad k_0\Delta_0 \gg 1,
$$

$$
\frac{t}{\tau_{\text{gps}}} \ll 1 \text{ なら} \qquad D \gg \frac{\hbar}{2mv_0}\frac{2k_0}{D/\Delta_0^2} \quad \text{すなわち} \quad D \gg \Delta_0. \quad \blacksquare
$$

参考文献

[1] Erwin Schrödinger: *The Interpretation of Quantum Mechanics*, Edited and with Introduction by Michel Bitbol (Ox Bow Press, 1995), p.94.

[2] A.J.Leggett: *Quantum Liquids* (Oxford University Press, 2006), p.34.

[3] Stephen Gasiorowicz: *Quantum Physics* (John Wiley & Sons, Inc., 1974), Second Edition(1996), p.30.

[4] I. Bialynicki-Birula, M.A. Cirone, J.P. Dahl, M. Fedorov, and W.P. Schleich: *In- and Outbound Spreading of a Free-Particle s-Wave*, Phys.Rev.Lett. **89**(2002), 060404.

[5] Ernst Mach: *The Science of Mechanics*, translated by Thomas J. McCormack (The Open Court Publishing Company, 1893) Third Paperback Edition (1974), Ch.II.VI, II.VII, 特に p.285. [エルンスト・マッハ：「マッハ力学 力学の批判的発展史」(伏見譲訳, 講談社, 1969)]

[6] 山本義隆：「重力と力学的世界」(現代数学社,1981), 特に pp.195-196, pp.295-300.

[7] Charles W.Misner, Kip S.Thorn and John Archibald Wheeler: *Gravitation* (Freeman, 1970) 1973-edition, §21.12.

[8] *THE tall BOOK OF Mother GOOSE*, pictured by Feodor Rojankovsky (Harper and Row, Publishers, 1942), p.48. [*38]

[9] P.C.W. Davies: *The Physics of Time Asymmetry* (University of California Press, Berkeley and Los Angeles, 1974; 1976 Edition1977), 特に Chap.5. [ポール C.W. デーヴィス：「時間の物理学 その非対称性」(戸田盛和訳, 培風館, 1979)] [*39]

[10] A.J. Leggett: *The Problems of Physics* (Oxford University Press, 1987), Chap.5. [アンソニー J. レゲット：「物理学のすすめ」(拙訳, 紀伊國屋書店,1990; 改訂版 2003), 第 5 章]

[11] Herbert Goldstein: *Classical Mechanics* (Addison-Wesley Publishing Company, 1950) Seventh printing(1965), §1-4. [*40]

[12] J.E. Avron and I.W. Herbst: *Spectral and scattering theory of Schrödinger operators related to the stark effect*, Commun. Math. Phys. **52**(1977), 239-254. [*41]

[13] Martin Gardner: *The New Ambidextrous Universe*：*Symmetry and Asymmetry, from Mirror Reflections to Superstrings* (W.H.Freeman & Co., Third Revised Edition1991) [マーティン ガードナー：「自然界における左と右」(坪井忠二・藤井昭彦・小島弘 訳, 紀伊國屋書店, 1992)] [*42]

[*38] これは 1975 年頃にロンドンの古本屋で買ったもの，今は手に入らぬかもしれぬ．もっと "権威的な" 本としては *The Oxford Dictionary of Nursery Rhymes*, edited by Iona and Peter Opie (Oxford University Press, 1951), Reprinted (with corrections) 1975. この辞書 (p.213) によれば "Humpty Dumpty sat on a wall, Humpty Dumpty had a great fall. All the king's horses, And all the king's men, Couldn't put Humpty together again." いい回しが微妙に違う．

[*39] 1984 年頃にイギリスの Newcastle-upon-Tyne で著者にお会いした時にご自身の姓を発音してもらったら "デーヴィス" ではなく デイヴィース と聞こえた (ただし，筆者の音声識別能には疑問符)．ちなみに，名の P.C.W. は原著のどこにも full spelling が記されていない．私信に Paul Davies と書かれることからして P が Paul なることは間違いないだろう．

[*40] 「古典力学をちゃんと勉強したい，教科書を一冊だけ推薦せよ」といわれたら，文句なしに本書を挙げる (もっとも，これ以外にはランダウ–リフシッツぐらいしか読んだことがない)．

[*41] この論文の存在を知ったのは 1998 年 9 月，豊田正さん (当時 東海大学) から教わった．ただし，この論文の手法が使えるのは定外力 (位置にも時刻にも依らぬ外力) の場合のみ．

[*42] これは 1990 年代後半に当時東北大学で筆者の量子力学授業の TA(teaching assistant) をして頂いていた有川晃弘さん (当時東北大学大学院生) から借りた．筆者がその二昔前に読んだ訳書 (坪井忠二・小島弘訳, 紀伊國屋書店, 1971; 残念ながら手近に見当たらぬ) とは頁数が大幅に増えたことを始め相当に違う感じ．

第7章
運動量測定(その1)

第4章にて「運動量についての 確率公準 ∧ 実理比較公準」を導入した．これらが意味を成すには「運動量が測定可能」なることが必要である．しからばいかにして可能であろうか．それを考えるには「そもそも運動量測定とは何を意味するか」を明らかにすることから始めねばならぬ．

7.1　古典粒子の運動量測定

古典自由粒子の運動量を測定する際に最も基本的な方法は**飛行時間法** (TOF：time-of-flight method) である：

（イ）　粒子が或る地点 $\mathbf{x}_1$ から 別の地点 $\mathbf{x}_2$ まで移動するに要する時間 T を測る，　　　　(7.1a)
または
（ロ）　時刻 0 における位置 $\boldsymbol{r}_0$ がわかっているとして，或る時刻 T における位置 $\boldsymbol{r}_{\mathrm{cl}}(T)$ を測る．

(7.1b)

いずれの場合にも，「当該実験に拠って粒子速度がわかる」ことがニュートン運動方程式に依って保証されるゆえ，得られた速度に質量を掛けて運動量がわかる：

$$（イ）\ \boldsymbol{p}_{\mathrm{cl}} = (\mathbf{x}_2 - \mathbf{x}_1)m/T, \qquad （ロ）\ \boldsymbol{p}_{\mathrm{cl}} = \{\boldsymbol{r}_{\mathrm{cl}}(T) - \boldsymbol{r}_0\}m/T. \tag{7.2a}$$

なお，{時間測定誤差, 位置測定誤差} を {$\delta\mathrm{t}$, $\delta\mathrm{x}$} とすれば，運動量測定誤差 $\delta\mathrm{p}$ は

$$（イ）\ \delta\mathrm{p} \sim |\mathbf{x}_1 - \mathbf{x}_2|m\delta\mathrm{t}/T^2, \qquad （ロ）\ \delta\mathrm{p} \sim m\delta\mathrm{x}/T. \tag{7.2b}$$

註　測定誤差なるものを精確に定義せず情緒的に論じているゆえ，＝ でなく，∼.

演習　粒子に力が働く場合にも飛行時間法が拡張できる．

証明：$\boldsymbol{r}_{\mathrm{cl}}(T)$ を (必要なら複数個の T について) 知れば始運動量 $\boldsymbol{p}_{0\mathrm{cl}}$ がわかる ($\heartsuit$ $\boldsymbol{r}_{\mathrm{cl}}(T)$ は $\boldsymbol{p}_{0\mathrm{cl}}$ の函数). 例えば，一様外力 $\boldsymbol{f}(t)$ の場合に方法 (ロ) を適用すれば

$$\boldsymbol{p}_{0\mathrm{cl}} = \{\{\boldsymbol{r}_{\mathrm{cl}}(T) - \boldsymbol{r}_0\}m - \vec{\mathcal{F}}_2(T)\}/T, \tag{7.3a}$$
$$\delta\mathrm{p} \sim m\delta\mathrm{x}/T. \tag{7.3b}$$

$$ただし，\quad \vec{\mathcal{F}}_n(t) := \int_0^t dt_n \int_0^{t_n} dt_{n-1} \cdots \int_0^{t_2} dt_1 \boldsymbol{f}(t_1). \quad \blacksquare \tag{7.4}$$

つまり，当たり前のことであるが，

302   第7章　運動量測定 (その1)

　　飛行時間法は,「ニュートン運動方程式に従う軌道が実験と比較できる」なる古典力学公準に
基づいて, 測定法と認定できる.

註　飛行時間法は, 狭義には,「自由粒子における (7.1a)」であろう (狭義 TOF). しかし本章は, 広義 TOF と
して,「外力が働く場合の (7.1b)」も飛行時間法に含める[*1].

7.2　位置測定と運動量測定：定義

　　前節における運動量は「古典軌道として実現された運動量」であった. これに対し, 我々が考察す
べきは「潜在的可能性としての運動量」である. 両者は, いずれも運動量なる言葉で表されるけれど
も, 概念的に相異なる. 後者についても「飛行時間法に相当する手法」が可能であろうか.
　　それを考える前に次の点を明らかにしておかねばならぬ：

　　　　そもそもいかなる実験が運動量測定と認定され得るか.

読者が "運動量測定器を作った" と主張したとしよう. それが本当に運動量測定器となっているか否
か, いかにして, 判定できるであろうか. 判定基準は, もちろん, 量子力学自体に求める以外にない.

7.2.1　位置測定

　　上記事情は位置測定についてもしかりである. 粒子位置 r も,「古典軌道として実現された位置」
ではなく,「潜在的可能性としての位置」であった. 量子力学が拠って立つ公準によれば

　　　　「シュレーディンガー方程式に従う波動関数 $\psi(r;t)$」で決まる位置確率密度 $|\psi(r;t)|^2$ が
　　　　実験と比較できる.

したがって, 次のごとく定義せざるを得ぬ：

　　位置測定の定義：　時刻 t の位置測定 ($\equiv$「「時刻 t における位置」を測定すること」) とは
　　　　「勝手な ψ に関し, 原理的に $|\psi(\ ;t)|^2$ ($\equiv \{|\psi(\mathbf{x};t)|^2 \mid \mathbf{x} \in \mathbf{E}^3\}$) を与え得る」実験である.
$$(7.5)$$

では,

　　　　"現実に位置測定は可能か?"
　　　　"可能とすれば, いかなる実験が位置測定たり得るか?"

かように正面から問い詰められると, 問題が基本的すぎて, 返答に窮する. 答を探す縁もなきこと
とて, 仕方なく下記を大前提として認める：

　　　　「(上記 (7.5) の意味における) 位置測定」は「可能であり」∧「その方法は自明である」.

例えば二連細隙実験においてスクリーン上の一地点が光れば, その地点付近に粒子が見いだされた
と考え,「位置測定を構成する一試行」が為されたと見なす. はなはだ素朴な考えではある. しかし,
位置測定をさらに掘り下げて分析することは不可能であろう.

[*1] これはむしろ古典軌道法とよぶべきかもしれぬ.

7.2.2 運動量測定

話を運動量に戻そう．量子力学が拠って立つ公準によれば

「シュレーディンガー方程式に従う波動函数 $\psi(\boldsymbol{r};t)$」で決まる運動量確率密度 $|\widetilde{\psi}(\boldsymbol{p};t)|^2$ が実験と比較できる．

それゆえ，次のごとく定義する：

運動量測定の定義： 時刻 t の運動量測定($\equiv$「「時刻 t における運動量」を測定すること」) とは
「勝手な ψ に関し，原理的に $|\widetilde{\psi}(\ ;t)|^2$ ($\equiv \{|\widetilde{\psi}(\mathbf{p};t)|^2 \mid \mathbf{p} \in \mathbf{E_p^3}\}$) を与え得る」実験である．
(7.6)

註1 "勝手に定義を追加してよいか" なる疑義が出そうである．もし運動量が自明な概念ならばもっともな疑義である．しかし，潜在的運動量は "あらかじめ明確にわかっている概念" ではない．「概念が明確ならぬ量」を測れといわれても実験を始めようがない．むしろ上記定義に拠って，ようやく，潜在的運動量なる概念が実験と結び付けられ明確化される．つまり，確率公準 $\wedge$ 実理比較公準は，測定方法なくして無内容であるけれども，何が測定たり得るかを判定するに当たって頼りにできる唯一の拠り所である．またしても法螺吹男爵の靴紐であるが，かような循環論は，いかなる基礎理論においても避けようがない．この事情は，後章にて論ずるエネルギーや角運動量など，他の物理量についても同様．

♣ **註2** 定義 (7.5)$\vee$(7.6) にかなう実験は**完全測定** (complete measurement) ともよばれる．これに対し，$|\psi(\ ;t)|^2 \vee |\widetilde{\psi}(\ ;t)|^2$ に関する知見を部分的に (例えば，$\int_0^\infty dx\, |\psi(x;t_0)|^2$ だけ，あるいは二次モーメント $\int dp\, p^2\, |\widetilde{\psi}(p;t_0)|^2$ だけ) しか与え得ぬ実験も考え得る (むしろその方が現実的であろう)．かような実験は**不完全測定** (incomplete measurement) または**部分的測定** (partial measurement) とよばれる．

7.2.3 ♣ 「位置と運動量」の "同時測定"

ちょっと先走るが標記について註釈しておこう．"**同時測定** (simultaneous measurement)" なる語は必ずしも一意的に使われていない ($\heartsuit$ 詳しくは 9.2.3 項) が，前二項にならって

「位置と運動量の同時測定」$\equiv$「『或る時刻における，位置と運動量についての結合確率』を
与え得る実験」

と解するならば，

$\mathbf{E}^1$ においては，
"或る時刻における，位置と運動量についての結合確率" なる量が定義できぬ ($\heartsuit$ 4.9 節)
ゆえ，
"位置と運動量 の同時測定" は原理的に不可能．

$\mathbf{E}^3$ においても，同じ理由に拠り，例えば "$\boldsymbol{e}_y$ 方向位置と $\boldsymbol{e}_y$ 方向運動量 の同時測定" は原理的に不可能．ただし，例えば「$\boldsymbol{e}_z$ 方向位置と $\boldsymbol{e}_x$ 方向運動量 の同時測定」は，「$\boldsymbol{e}_z$ 方向位置と $\boldsymbol{e}_x$ 方向運動量 の結合確率」が定義できるゆえ，工夫次第でできる可能性が有る．

304 第7章 運動量測定 (その1)

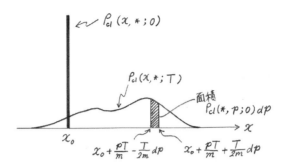

図 **7.1** 時刻 T における位置分布

7.2.4 運動量測定法を考える際の注意

飛行時間法の量子力学版を考えるに当たり下記に注意せねばならぬ：

現段階にて，我々の理論における「自明な測定可能量」は粒子位置だけである．

すなわち，いかなる測定法も位置測定に帰着されるものでなければならぬ．したがって，狭義飛行時間法 (7.1a) に相当する方法は使えぬ．一方，(7.1b) に相当するものなら考え得るかもしれぬ．ただし，運動量確率密度を得ることが目的である．まず，古典力学における類似問題を次節にて扱っておこう．

7.3 古典粒子集団の運動量分布測定

「質量 m なる古典自由粒子 $N(\gg 1)$ 個」から成る集団 (簡単のため $\mathbf{E}^1$) を想定しよう：

時刻 0 にて「すべて x_0 に位置し」∧「運動量 $\in (p - dp/2, \ p + dp/2)$ なる粒子の個数が $N\rho_{\rm cl}(*,p;0)dp$」とする．ただし，$\rho_{\rm cl}(*,p;0)$ は「時刻 0 における運動量分布函数」：

$$\int dp\, \rho_{\rm cl}(*,p;0) = 1. \tag{7.7}$$

註 精確には，$\rho_{\rm cl}(*,p;0)$ は運動量確率密度であり，$N\rho_{\rm cl}(*,p;0)$ が運動量分布函数とよばれる．以下，量子力学の場合と区別する意味もこめて，$\rho_{\rm cl}(*,p;0)$ を<u>運動量分布函数</u>と略称する．位置についても同様．

時間が経つに連れて，各粒子は運動量に応じて移動し，粒子集団の位置分布が広がる．「時刻 t における位置分布函数」を $\rho_{\rm cl}(x,\star;t)$ と書く：

時刻 t にて 位置 $\in (x - dx/2, \ x + dx/2)$ なる粒子の個数は $N\rho_{\rm cl}(x,\star;t)dx,$ (7.8a)

$$\int dx\, \rho_{\rm cl}(x,\star;t) = 1. \tag{7.8b}$$

上記 $N\rho_{\rm cl}(*,p;0)dp$ 個の粒子群は，時刻 T において，下記区間に位置する (図 7.1)：

$$\left(x_0 + \frac{pT}{m} - \frac{T}{2m}dp,\ x_0 + \frac{pT}{m} + \frac{T}{2m}dp\right). \tag{7.9}$$

したがって，

$$N\rho_{\rm cl}(*, p; 0)dp = N\rho_{\rm cl}(x_0 + pT/m, \star; T)\frac{T}{m}dp, \tag{7.10a}$$

$$\text{つまり} \quad \frac{T}{m}\rho_{\rm cl}(x_0 + pT/m, \star; T) = \rho_{\rm cl}(*, p; 0). \tag{7.10b}$$

かくて，時刻 T にて位置分布を測定すれば，時刻 0 (自由粒子ゆえ，実は，$\forall t \in (0, T)$) における運動量分布がわかる．

上式冒頭に現れた因子 T/m の意味も明らかであろう：位置と運動量を結ぶ変換因子にすぎぬ．すなわち，本質的にすでに述べたことをくり返すにすぎぬが，上式は次のごとく書き直せる：位置測定誤差を $\delta{\rm x}$ とすれば，時刻 T における位置測定に拠って「位置 $\in (x_0 + PT/m - \delta{\rm x}/2,\ x_0 + PT/m + \delta{\rm x}/2)$ なる確率 $\mathcal{P}_{\rm cl}$」がわかる：

$$\mathcal{P}_{\rm cl} \equiv \int_{x_0 + PT/m - \delta{\rm x}/2}^{x_0 + PT/m + \delta{\rm x}/2} dx\ \rho_{\rm cl}(x, \star; T). \tag{7.11a}$$

積分変数 x を $x_0 + pT/m$ と書き直し，しかる後に (7.10b) を使えば

$$\mathcal{P}_{\rm cl} = \int_{P - m\delta{\rm x}/2T}^{P + m\delta{\rm x}/2T} dp\ \frac{T}{m}\rho_{\rm cl}(x_0 + pT/m, \star; T) = \int_{P - m\delta{\rm x}/2T}^{P + m\delta{\rm x}/2T} dp\ \rho_{\rm cl}(*, p; 0)$$

$$= \text{「運動量} \in (P - \delta{\rm p}/2,\ P + \delta{\rm p}/2)|_{\delta{\rm p} = m\delta{\rm x}/T}\ \text{なる確率」}. \tag{7.11b}$$

つまり，(7.10b) 冒頭に現れた因子 T/m は「(7.2b) に現れたもの」と同じ意味を有す．

まとめ：

- 時刻 T における位置分布を誤差 $\delta{\rm x}$ で測定すれば，
  運動量分布が誤差 $m\delta{\rm x}/T$ で求めれる．
- 「運動量が P なる確率密度」を求めるには，
  「時刻 T における位置が $x_0 + PT/m$ なる確率密度」を知ればよい．

♣ **演習**　古典粒子集団に関しては，**相空間**[*2] (phase space:{位置，運動量} を座標とする空間 ($\mathbf{E}^D$ 粒子なら $2D$ 次元空間)) における分布関数 $\rho_{\rm cl}(\boldsymbol{r}, \boldsymbol{p}; t)$ [*3]が定義できる：

$$\begin{array}{l}\text{「位置} \in \{\boldsymbol{r} \text{を中心とする微小立方体 (体積 } d^3r)\} \wedge \text{運動量} \in \{\boldsymbol{p} \text{を中心とする} \\ \qquad \text{微小立方体 (体積 } d^3p)\} \text{なる粒子の個数」} = N\rho_{\rm cl}(\boldsymbol{r}, \boldsymbol{p}; t)d^3r d^3p, \end{array} \tag{7.12a}$$

$$\text{位置分布関数}\ \rho_{\rm cl}(\boldsymbol{r}, \star; t) = \int d^3p\ \rho_{\rm cl}(\boldsymbol{r}, \boldsymbol{p}; t), \tag{7.12b}$$

$$\text{運動量分布関数}\ \rho_{\rm cl}(*, \boldsymbol{p}; t) = \int d^3r\ \rho_{\rm cl}(\boldsymbol{r}, \boldsymbol{p}; t). \tag{7.12c}$$

特に，始分布関数 $\rho_{\rm cl}(\boldsymbol{r}, \boldsymbol{p}; 0)$ が $\boldsymbol{r} = \boldsymbol{r}_0$ 付近に集中している場合を想定しよう (図 7.2)：

$$\rho_{\rm cl}(\boldsymbol{r}, \boldsymbol{p}; 0) \simeq G_{\Delta_{0\rm cl}}(\boldsymbol{r} - \boldsymbol{r}_0)\rho_{\rm cl}(*, \boldsymbol{p}; 0), \tag{7.13a}$$

[*2] 「複素数 $z = |z|e^{i\theta}$ の偏角 θ が phase とよばれ，これが位相と訳されること」につられて (?)，phase space が "**位相空間**" と訳されることもある．しかし，これはいささかまずい：位相空間なる語は数学用語 topological space の訳語として定着している．もっとも，"相空間というと，水の相図などという場合の相図 (phase diagram) と紛らわしい" なる難点も有るが，これは英語にも共通の問題で，やむを得ない．それにしてもなぜ {位置，運動量} を phase とよぶことになったのだろう？　乞ご教示．

[*3] "相空間分布関数 (phase-space distibution function)" ともよばれるが，運動量分布関数などの用語から類推して，"相空間の分布" と誤解されかねない．「相空間における，{位置，運動量} の分布関数」の業界略称である．

306   第7章 運動量測定 (その1)

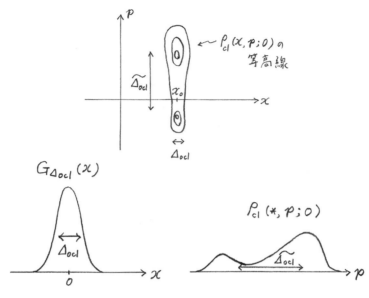

図 **7.2** 位置が局在した始分布

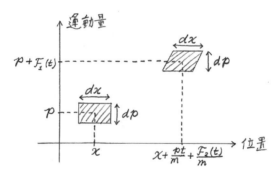

図 **7.3** 時刻 t における相空間確率密度

$$\int d^3r\, G_{\Delta_{0\mathrm{cl}}}(\boldsymbol{r}) = 1 \quad : G_{\Delta_{0\mathrm{cl}}}(\boldsymbol{r}) \text{ は, 例えば, 幅} \Delta_{0\mathrm{cl}} \text{なるガウス函数.} \tag{7.13b}$$

始運動量分布函数 $\rho_{\mathrm{cl}}(*, \boldsymbol{p}; 0)$ の変化尺度は $\widetilde{\Delta_{0\mathrm{cl}}}$. \hfill (7.13c)

一様外力 $\boldsymbol{f}(t)$ が掛かっている ($\heartsuit$ (7.3)) として, 時刻 T を充分に大きく採れば,

$$\left(\frac{T}{m}\right)^3 \rho_{\mathrm{cl}}(\boldsymbol{r}_0 + \boldsymbol{p}T/m + \vec{\mathcal{F}}_2(T)/m, \star; T) \simeq \rho_{\mathrm{cl}}(*, \boldsymbol{p}; 0) \; : \; T \gg \tau_{*\mathrm{cl}} \equiv m\Delta_{0\mathrm{cl}}/\widetilde{\Delta_{0\mathrm{cl}}} \tag{7.14}$$

(近似等号は「始位置分布幅 $\Delta_{0\mathrm{cl}}$ に由来する誤差 ($\mathcal{O}(\tau_{*\mathrm{cl}}/T)$) が有ること」を意味する). つまり, 一様外力下においても, 飛行時間法に拠って運動量分布を求め得る. その際, $T \gg \max\{m\delta\mathrm{x}, \tau_{*\mathrm{cl}}\}$ と採れば, 「位置測定誤差$\delta\mathrm{x} \wedge$ 始位置分布幅$\Delta_{0\mathrm{cl}}$」に起因する誤差が共に抑えられる.
証明：時刻 0 に「$\{\boldsymbol{r}, \boldsymbol{p}\}$ を中心とする六次元微小直方体 (体積 $d^3r d^3p$)」を占めていた粒子群は, 時刻 t には, 「$\{\boldsymbol{r} + \boldsymbol{p}t/m + \vec{\mathcal{F}}_2(t)/m,\ \boldsymbol{p} + \vec{\mathcal{F}}_1(t)\}$ を中心とする六次元微小斜方体 (体積 $d\mathcal{V}_{\text{斜方体}}$)」に移動する (図 7.3):

$$N\rho_{\mathrm{cl}}(\boldsymbol{r}, \boldsymbol{p}; 0)d^3r d^3p = N\rho_{\mathrm{cl}}(\boldsymbol{r} + \boldsymbol{p}t/m + \vec{\mathcal{F}}_2(t)/m,\ \boldsymbol{p} + \vec{\mathcal{F}}_1(t); t)d\mathcal{V}_{\text{斜方体}}. \tag{7.15a}$$

7.3 古典粒子集団の運動量分布測定

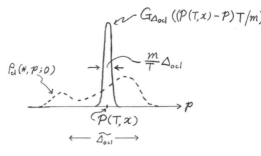

図 7.4 (7.16a) の被積分函数

しかるに,直方体の上下面をずらしても体積は変わらぬ[*4]:
$$dV_{斜方体} = d^3r d^3p. \tag{7.15b}$$

ゆえに
$$\rho_{\mathrm{cl}}(\boldsymbol{r}, \boldsymbol{p}; 0) = \rho_{\mathrm{cl}}(\boldsymbol{r} + \boldsymbol{p}t/m + \vec{\mathcal{F}}_2(t)/m, \; \boldsymbol{p} + \vec{\mathcal{F}}_1(t); t). \tag{7.15c}$$

(7.13a)∧(7.15c) に拠り
$$\begin{aligned}
\rho_{\mathrm{cl}}(\boldsymbol{r}, \star; t) &= \int d^3p \; \rho_{\mathrm{cl}}(\boldsymbol{r}, \boldsymbol{p}; t) = \int d^3p \; \rho_{\mathrm{cl}}(\boldsymbol{r}, \boldsymbol{p} + \vec{\mathcal{F}}_1(t); t) \\
&= \int d^3p \; \rho_{\mathrm{cl}}(\boldsymbol{r} - \boldsymbol{p}t/m - \vec{\mathcal{F}}_2(t)/m, \boldsymbol{p}; 0) \\
&\simeq \int d^3p \; G_{\Delta_{0\mathrm{cl}}}((\boldsymbol{P}(t, \boldsymbol{r}) - \boldsymbol{p})t/m) \rho_{\mathrm{cl}}(\star, \boldsymbol{p}; 0),
\end{aligned} \tag{7.16a}$$
$$\boldsymbol{P}(t, \boldsymbol{r}) \equiv \big\{(\boldsymbol{r} - \boldsymbol{r}_0)m - \vec{\mathcal{F}}_2(t)\big\}/t.$$

(7.16a) は,$t = T \gg \tau_{*\mathrm{cl}}$ と採れば,$\rho_{\mathrm{cl}}(*, \boldsymbol{P}(T, \boldsymbol{r}); 0)\,\mathcal{G}$ で近似できる (図 7.4).ただし,
$$\mathcal{G} \equiv \int d^3p \; G_{\Delta_{0\mathrm{cl}}}((\boldsymbol{P}(T, \boldsymbol{r}) - \boldsymbol{p})T/m) = (m/T)^3 \int d^3r \; G_{\Delta_{0\mathrm{cl}}}(\boldsymbol{r}) = (m/T)^3. \tag{7.16b}$$

ゆえに
$$\rho_{\mathrm{cl}}(\boldsymbol{r}, \star; T) \simeq (m/T)^3 \rho_{\mathrm{cl}}(*, \boldsymbol{P}(T, \boldsymbol{r}); 0). \tag{7.16c}$$

変数を書き換えて (7.14) ∎

註 (7.15c) はリウヴィル定理の一様外力下粒子版であり,これに伴い,リウヴィル方程式の一様外力下粒子版が充たされる (♡ 下記演習):
$$\left\{\frac{\partial}{\partial t} + \frac{\boldsymbol{p}}{m} \cdot \nabla_{\boldsymbol{r}} + \boldsymbol{f}(t) \cdot \nabla_{\boldsymbol{p}}\right\} \rho_{\mathrm{cl}}(\boldsymbol{r}, \boldsymbol{p}; t) = 0. \tag{7.17}$$

♣ **演習** 古典粒子 (≡「ハミルトン運動方程式に従う粒子」) に限らず,一般に,所与の函数 $\{\vec{\mathcal{R}}(\boldsymbol{r}, \boldsymbol{p} \mid t), \vec{\mathcal{P}}(\boldsymbol{r}, \boldsymbol{p} \mid t)\}$ で駆動される粒子を想定しよう:

[*4] 長方形を平行四辺形にしても面積は不変:外微分形式を習った読者なら $d(x + pt/m + \mathcal{F}_2(t)) \wedge d(p + \mathcal{F}_1(t)) = (dx + (t/m)dp) \wedge dp = dx \wedge dp$.

308　　第7章　運動量測定 (その1)

$$\dot{\boldsymbol{r}}(t) = \vec{\mathcal{R}}(\boldsymbol{r}(t), \boldsymbol{p}(t) \mid t), \qquad \dot{\boldsymbol{p}}(t) = \vec{\mathcal{P}}(\boldsymbol{r}(t), \boldsymbol{p}(t) \mid t). \tag{7.18a}$$

かような粒子 N 個から成る集団 (粒子が生成あるいは消滅することはないとする) に関し，時刻 t における相空間分布を $\rho(\boldsymbol{r}, \boldsymbol{p}; t)$ とすれば，粒子数保存則に因り

$$N\rho(\boldsymbol{r}, \boldsymbol{p}; t) \, d^3 r d^3 p = N\rho(\boldsymbol{r} + \vec{\mathcal{R}}\tau + \mathcal{O}(\tau^2), \ \boldsymbol{p} + \vec{\mathcal{P}}\tau + \mathcal{O}(\tau^2) \ ; \ t + \tau) \, d\mathcal{V}_{t+\tau}, \tag{7.18b}$$

$$\{\vec{\mathcal{R}}, \vec{\mathcal{P}}\} \equiv \{\vec{\mathcal{R}}(\boldsymbol{r}, \boldsymbol{p} \mid t), \vec{\mathcal{P}}(\boldsymbol{r}, \boldsymbol{p} \mid t)\},$$

$$d\mathcal{V}_{t+\tau} \equiv \lceil \text{「時刻 } t \text{ にて微小直方体 } d^3 r d^3 p \text{ を占めていた粒子群」が}$$
$$\text{『時刻 } t + \tau \text{ にて占める微小体積』}\rfloor. \tag{7.18c}$$

方程式 (7.18a) が相空間体積を保存するならば，すなわち

$$d\mathcal{V}_{t+\tau} = d\mathcal{V}_t \equiv d^3 r d^3 p \tag{7.18d}$$

が成り立つならば，

$$\rho(\boldsymbol{r}, \boldsymbol{p}; t) = \rho(\boldsymbol{r} + \vec{\mathcal{R}}(\boldsymbol{r}, \boldsymbol{p} \mid t)\tau + \mathcal{O}(\tau^2), \ \boldsymbol{p} + \vec{\mathcal{P}}(\boldsymbol{r}, \boldsymbol{p} \mid t)\tau + \mathcal{O}(\tau^2) \ ; \ t + \tau). \tag{7.18e}$$

これは**リウヴィル定理** (Liouville's theorem) [*5]とよばれる．極限移行 ($\tau \to 0$) してリウヴィル方程式 (Liouville equation) を得る：

$$\left\{ \frac{\partial}{\partial t} + \vec{\mathcal{R}}(\boldsymbol{r}, \boldsymbol{p} \mid t) \cdot \nabla_{\boldsymbol{r}} + \vec{\mathcal{P}}(\boldsymbol{r}, \boldsymbol{p} \mid t) \cdot \nabla_{\boldsymbol{p}} \right\} \rho(\boldsymbol{r}, \boldsymbol{p}; t) = 0. \qquad \blacksquare \tag{7.18f}$$

♣♣ **演習**　相空間体積保存条件は<u>相空間における無発散 (divergence-free) 条件</u>と等価である：

$$(7.18\text{d}) \quad \Longleftrightarrow \quad \nabla_{\boldsymbol{r}} \cdot \vec{\mathcal{R}}(\boldsymbol{r}, \boldsymbol{p} \mid t) + \nabla_{\boldsymbol{p}} \cdot \vec{\mathcal{P}}(\boldsymbol{r}, \boldsymbol{p} \mid t) = 0. \tag{7.18g}$$

証明：$A \equiv (d\mathcal{V}_{t+\tau} - d\mathcal{V}_t)/\tau$ を外微分形式記法で計算しよう．まず簡単のため $\mathbf{E}^1$ にて，

$$A = \{d(x + \mathcal{R}\tau) \wedge d(p + \mathcal{P}\tau) - dx \wedge dp\}/\tau + \mathcal{O}(\tau)$$
$$= d\mathcal{R} \wedge dp + dx \wedge d\mathcal{P} + \mathcal{O}(\tau) = (\partial \mathcal{R}/\partial x + \partial \mathcal{P}/\partial p) \, dx \wedge dp + \mathcal{O}(\tau).$$

次に $\mathbf{E}^2$ にて，

$$A = \{d(x + \mathcal{R}_x \tau) \wedge d(y + \mathcal{R}_y \tau) \wedge d(p_x + \mathcal{P}_x \tau) \wedge d(p_y + \mathcal{P}_y \tau)$$
$$- dx \wedge dy \wedge dp_x \wedge dp_y\}/\tau + \mathcal{O}(\tau)$$
$$= d\mathcal{R}_x \wedge dy \wedge dp_x \wedge dp_y + dx \wedge d\mathcal{R}_y \wedge dp_x \wedge dp_y$$
$$+ dx \wedge dy \wedge d\mathcal{P}_x \wedge dp_y + dx \wedge dy \wedge dp_x \wedge d\mathcal{P}_y + \mathcal{O}(\tau)$$
$$= (\partial \mathcal{R}_x/\partial x + \partial \mathcal{R}_y/\partial y + \partial \mathcal{P}_x/\partial p_x + \partial \mathcal{P}_y/\partial p_y) \, dx \wedge dy \wedge dp_x \wedge dp_y + \mathcal{O}(\tau).$$

一般次元にても同様．　$\blacksquare$

註　古典ハミルトニアン $H_{\text{古}}(\boldsymbol{p}, \boldsymbol{r} \mid t)$ で律せられる古典粒子の場合には，

$$\vec{\mathcal{R}}(\boldsymbol{r}, \boldsymbol{p}, t) = \nabla_{\boldsymbol{p}} H_{\text{古}}(\boldsymbol{p}, \boldsymbol{r} \mid t), \qquad \vec{\mathcal{P}}(\boldsymbol{r}, \boldsymbol{p}, t) = -\nabla_{\boldsymbol{r}} H_{\text{古}}(\boldsymbol{p}, \boldsymbol{r} \mid t)$$

ゆえ，(7.18g) 右辺が成り立つ．

[*5] この呼称は参考文献 [1] に従う．古典粒子 (ハミルトニアン力学系) における相空間体積保存 (7.18d) を指すこともある．無論，粒子数保存 (7.18b) を前提とすれば，(7.18e) と (7.18d) は等価．なお，Joseph Liouville [1809.3.24–1882.9.8] のカナ表記は悩ましい：リュウヴィル [理化学辞典]，リウビル [物理学辞典]，リウヴィル [数学辞典の人名索引]．「<u>v をヴと表記する本書文法</u>」へ「発音しやすさ」に鑑み数学辞典に従ってリウヴィルさんとする．

7.4 量子力学版飛行時間法

「時間 $(0,T)$ にわたって，粒子が自由と見なされ得る (外力が働かぬよう状況設定されている)」とする．運動量測定法として，前節から類推し，下記が考えれよう：

量子力学版飛行時間法：時刻 0 にて $\boldsymbol{r}_0$ 付近に見いだされるとして，

「時刻 T にて $\boldsymbol{r}_0 + \boldsymbol{p}T/m$ 付近に見いだされる確率」を測る． (7.19)

この方法が成功すれば「$\forall t \in (0,T)$ における運動量が測定できる」ことになる (♡ 自由ゆえ $|\widetilde{\psi}(\boldsymbol{p};t)|^2$ は t に依らぬ).

7.4.1 自由ガウス波束

まず，自由ガウス波束で記述される粒子 (簡単のため $\mathbf{E}^1$) を想定し，上記方法を試してみよう．「時刻 0 にて中心が x_0 であった自由ガウス波束」は「(4.11) にて x を $x - x_0$ で置き換えたもの」である (「本項に限りこれを $\psi_{\mathrm{Gauss}}^{\text{自由}}$ と略記」 $\wedge$ 「$p_0 \equiv \hbar k_0$」)：

$$\psi_{\mathrm{Gauss}}^{\text{自由}}(x;t) = \frac{\mathcal{C}}{(\sqrt{2\pi}\Delta(t))^{1/2}} \exp\left\{ -\frac{1}{4} \frac{(x - x_0 - p_0 t/m)^2}{\Delta_0 \Delta(t)} \right\} e^{i(x-x_0)p_0/\hbar - ip_0^2 t/2m\hbar}, \tag{7.20a}$$

$$\widetilde{\psi_{\mathrm{Gauss}}^{\text{自由}}}(p;t) = \frac{\mathcal{C}}{(\sqrt{2\pi}\widetilde{\Delta_0})^{1/2}} \exp\left\{ -\frac{1}{4} \left(\frac{p - p_0}{\widetilde{\Delta_0}} \right)^2 \right\} e^{-ipx_0/\hbar} e^{-ip^2 t/2m\hbar} \qquad : \widetilde{\Delta_0} \equiv \hbar/2\Delta_0, \tag{7.20b}$$

$$|\psi_{\mathrm{Gauss}}^{\text{自由}}(x;t)|^2 = \frac{1}{\sqrt{2\pi}|\Delta(t)|} \exp\left\{ -\frac{1}{2} \left(\frac{x - x_0 - p_0 t/m}{|\Delta(t)|} \right)^2 \right\}, \tag{7.20c}$$

$$|\widetilde{\psi_{\mathrm{Gauss}}^{\text{自由}}}(p;t)|^2 = |\widetilde{\psi_{\mathrm{Gauss}}^{\text{自由}}}(p;0)|^2 = \frac{1}{\sqrt{2\pi}\widetilde{\Delta_0}} \exp\left\{ -\frac{1}{2} \left(\frac{p - p_0}{\widetilde{\Delta_0}} \right)^2 \right\}. \tag{7.20d}$$

ゆえに

$$\begin{aligned}
|\psi_{\mathrm{Gauss}}^{\text{自由}}(x_0 + pt/m;t)|^2 &= \frac{1}{\sqrt{2\pi}|\Delta(t)|} \exp\left\{ -\frac{1}{2} \left(\frac{(p - p_0)t}{|\Delta(t)|m} \right)^2 \right\} \\
&= \frac{m}{t} \frac{1}{\sqrt{2\pi}|\Delta(t)|m/t} \exp\left\{ -\frac{1}{2} \left(\frac{p - p_0}{|\Delta(t)|m/t} \right)^2 \right\} \\
&= \frac{m}{t} \left. |\widetilde{\psi_{\mathrm{Gauss}}^{\text{自由}}}(p;0)|^2 \right|_{\widetilde{\Delta_0} \to |\Delta(t)|m/t}.
\end{aligned} \tag{7.21}$$

右辺は (7.20d) にて $\widetilde{\Delta_0}$ を $|\Delta(t)|m/t$ で置き換えたものを表す．ところが (4.7a) に拠り

$$|\Delta(t)| \frac{m}{t} = \left\{ 1 + \left(\frac{\tau_{\mathrm{gps}}}{t} \right)^2 \right\}^{1/2} \frac{t}{\tau_{\mathrm{gps}}} \Delta_0 \frac{m}{t} = \left\{ 1 + \left(\frac{\tau_{\mathrm{gps}}}{t} \right)^2 \right\}^{1/2} \widetilde{\Delta_0} \qquad : \tau_{\mathrm{gps}} = 2m\Delta_0^2/\hbar. \tag{7.22}$$

ゆえに，$t = T$ と置き，T を充分に大きく採れば

$$\frac{T}{m} |\psi_{\mathrm{Gauss}}^{\text{自由}}(x_0 + pT/m;T)|^2 \simeq |\widetilde{\psi_{\mathrm{Gauss}}^{\text{自由}}}(p;0)|^2 \qquad : T \gg \tau_{\mathrm{gps}} = m\Delta_0/\widetilde{\Delta_0}. \tag{7.23}$$

310 第 7 章 運動量測定 (その 1)

これは (7.10b) (より適切には (7.14) にて $\boldsymbol{f}=0$ としたものの $\mathbf{E}^1$ 版) と同じ形をしている. めでたく成功!

これで喜んで話を終わりにする向きも有る. しかし, 上記議論は, 自由ガウス波束の特殊性 (運動量確率密度も位置確率密度と同じくガウス函数) に基づくものであり,「飛行時間法が有効かもしれぬ」なる感触を与えるにすぎぬ. 飛行時間法を運動量測定と正式認定するには, 一般の自由波束に関する吟味が必要.

註　自由ガウス波束拡幅時間 τ_{gps} (式 (7.23)) は形式的に古典分布の特性時間 $\tau_{*\mathrm{cl}}$ (式 (7.14)) と同じ形をしている. ただし, 同じ形になった理由は「自由粒子の場合, 時間の次元を有する量を {位置幅, 運動量幅} から作ろうとすれば「質量×位置幅/運動量幅」以外にない」ゆえにすぎぬ. 物理的内容はまったく異なる: Δ_0 と $\widetilde{\Delta_0}$ が相互逆数 ($\Delta_0 \widetilde{\Delta_0} = \hbar/2$) なるに対し, $\Delta_{0\mathrm{cl}}$ と $\widetilde{\Delta_{0\mathrm{cl}}}$ は互いに独立.

7.4.2　一般の自由波束

始運動量確率振幅 $\widetilde{\phi}(\boldsymbol{p})(\equiv \widetilde{\phi^{\text{始}}}(\boldsymbol{p}))$ は,「始状態 $\phi^{\text{始}}(\boldsymbol{r})$ が $\boldsymbol{r} = \boldsymbol{r}_0$ 付近に局在」なる設定に拠り, 次の形に書ける ($\heartsuit$ 4.10.3 項, (7.20b) も参照) :

$$\widetilde{\phi}(\boldsymbol{p}) = \widetilde{\phi_0}(\boldsymbol{p}) \, e^{-i\boldsymbol{p}\cdot\boldsymbol{r}_0/\hbar} \qquad : \widetilde{\phi_0}(\boldsymbol{p}) \text{ は振動因子を含まぬ函数.} \tag{7.24}$$

♣ 註　そもそも「始状態 $\phi^{\text{始}}$ がいかにして準備され得るか」なる問題は, 大問題であるけれども先送りし, 当面は不問に付す.

話を簡潔化すべく, まず $\mathbf{E}^1$ 版を論ずる :

$$\psi^{\text{自由}}(x;t) = \int dp \, \widetilde{\phi^{\text{始}}}(p) w_p(x) e^{-ip^2 t/2m\hbar} = \int \frac{dp}{\sqrt{2\pi\hbar}} \, \widetilde{\phi_0}(p) \, e^{i(x-x_0)p/\hbar - ip^2 t/2m}, \tag{7.25a}$$

$$\psi^{\text{自由}}(x_0 + Pt/m \, ; \, t) = \int \frac{dp}{\sqrt{2\pi\hbar}} \, \widetilde{\phi_0}(p) \, \exp\{i(pP - p^2/2)t/m\hbar\}$$

$$= e^{iP^2 t/2m\hbar} \int \frac{dp}{\sqrt{2\pi\hbar}} \, \widetilde{\phi_0}(p) \, \exp\{-i(p-P)^2 t/2m\hbar\}, \tag{7.25b}$$

ゆえに

$$\sqrt{2\pi\hbar}\frac{1}{\sqrt{\pi}}\sqrt{\frac{t}{2m\hbar}}e^{i\pi/4 - iP^2 t/2m\hbar}\psi^{\text{自由}}(x_0 + Pt/m \, ; \, t)$$

$$= \int dp \, \widetilde{\phi_0}(p) \, \frac{e^{i\pi/4}}{\sqrt{\pi}} \sqrt{\frac{t}{2m\hbar}} \exp\{-i(p-P)^2 t/2m\hbar\}$$

$$= \left\{ \int dp \, \widetilde{\phi_0}^{\,*}(p) \, \delta_K^{\text{Fresnel}}(p-P) \right\}^* \Big|_{K=\sqrt{t/2m\hbar}} \tag{7.26}$$

($\delta_K^{\text{Fresnel}}$ は「デルタ函数のフレネル型正体」(5.38a)). したがって

$$\lim_{t\to\infty} \sqrt{\frac{t}{m}} e^{i\pi/4 - iP^2 t/2m\hbar}\psi^{\text{自由}}(x_0 + Pt/m \, ; \, t) = \widetilde{\phi_0}(P). \tag{7.27}$$

めでたし. しかし, "$t \to \infty$" は形式的にすぎる. より精確には, (5.38c) と不等式 $||a|-|b|| < |a-b|$ を合わせ用いて

$$\left| \sqrt{\frac{t}{m}} |\psi^{\text{自由}}(x_0 + Pt/m \; ; \; t)| - |\widetilde{\phi_0}(P)| \right|$$

$$< \left| \sqrt{\frac{t}{m}} e^{i\pi/4 - iP^2 t/2m\hbar} \psi^{\text{自由}}(x_0 + Pt/m \; ; \; t) - \widetilde{\phi_0}(P) \right|$$

$$= \left| \int dp \, \widetilde{\phi_0}^{\,*}(p + P) \, \delta_K^{\text{Fresnel}}(p) - \widetilde{\phi_0}^{\,*}(P) \right|_{K = \sqrt{t/2m\hbar}}$$

$$< \frac{1}{2\sqrt{\pi t/2m\hbar}} \int dp \, \left| \frac{d}{dp} \frac{\widetilde{\phi_0}(p + P) - \widetilde{\phi_0}(P)}{p} \right|. \tag{7.28}$$

これでやめてもよいが，さらに両辺に $(\sqrt{t/m}|\psi^{\text{自由}}| + |\widetilde{\phi_0}|)/|\widetilde{\phi_0}|^2 (\simeq 2/|\widetilde{\phi_0}|)$ を掛ければ，

$$\frac{T}{m} |\psi^{\text{自由}}(x_0 + PT/m \; ; \; T)|^2 / |\widetilde{\psi^{\text{自由}}}(P; 0)|^2 = 1 + \mathcal{O}(\sqrt{\tau_{0*}/T}), \tag{7.29a}$$

$$\tau_{0*} \equiv \frac{m\hbar}{|\widetilde{\phi_0}(P)|^2} \left\{ \int dp \, |g_0'(p)| \right\}^2, \qquad g_0'(p) \equiv \frac{d}{dp} \frac{\widetilde{\phi_0}(p + P) - \widetilde{\phi_0}(P)}{p}. \tag{7.29b}$$

つまり，古典論の場合と同様に，$T \gg \max\{m\delta x/P, \tau_{0*}\}$ と採れば，「位置測定誤差 δx ∧ 始波束幅 Δ_0」に起因する誤差が共に抑えられ，所望の精度で $|\widetilde{\psi^{\text{自由}}}(P; 0)|^2$ が得られる（ただし，一般に「τ_{0*} も P に依る」ことに注意）.

演習 上記議論を $\mathbf{E}^3$ に拡張すれば

$$\left(\frac{T}{m} \right)^3 |\psi^{\text{自由}}(\boldsymbol{r}_0 + \boldsymbol{p}T/m \; ; \; T)|^2 \simeq |\widetilde{\psi^{\text{自由}}}(\boldsymbol{p}; 0)|^2. \quad \blacksquare \tag{7.30}$$

　かくて，めでたく

　　飛行時間法は運動量測定と認定できる.

のみならず，(7.30) に基づき，あたかも古典力学におけるがごとく下記が正当化できる：

　　「時刻 T における位置測定値 $\mathbf{x}$」を
　　「($\forall t \in (0, T)$ における) 運動量測定値 $(\mathbf{x} - \boldsymbol{r}_0)m/T$」と読み替えて構わぬ.

☆**註** 次のごとき "解説" を目にすることが有る：
　　　"運動量 $\boldsymbol{p}$ の自由粒子は時刻 t に $\boldsymbol{r}_0 + \boldsymbol{p}t/m$ に達するはずだから，運動量が $\boldsymbol{p}$ の確率密度は，時刻 t に粒子が $\boldsymbol{r}_0 + \boldsymbol{p}t$ に見いだされる確率密度に比例するはずである．後者を計算し，始位置分布に起因する誤差をなくすために $t \to \infty$ の極限をとると，$|\widetilde{\psi^{\text{自由}}}(\boldsymbol{p}; 0)|^2$ に比例することがわかる．だから，運動量確率密度は $|\widetilde{\psi^{\text{自由}}}(\boldsymbol{p}; 0)|^2$ に等しい."
この "解説" は，（本書とは異なる前提に立つならいざ知らず）確率公準 ∧ 実理比較公準に照らして，本末転倒.

♣ **質問** (7.29a) にて，一見，x_0 は本質的役割を有せぬ．したがって，

　　"始波束中心位置 x_0 のいかんにかかわらず「時刻 T にて位置 PT/m 付近に見いだされる確率」を測ればよいですね." (!??!)

答：むろん，さようなはずはなかろう．古典論に基づく類推から期待できる通り，$|x_0|$ に応じて T を大きく採らねばならぬ．単に $x_0 = 0$ などと置いては駄目．議論をたどり直せばわかる通り，$\{x_0, \widetilde{\phi_0}(p)\}$ を $\{0, \widetilde{\phi}(p) (\equiv \widetilde{\phi_0}(p) e^{-ipx_0/\hbar})\}$ で置き換えることなら許される：

312　第 7 章　運動量測定 (その 1)

$$\frac{T}{m}|\psi^{\text{自由}}(PT/m\ ;\ T)|^2/|\widetilde{\psi^{\text{自由}}}(P;0)|^2 = 1 + \mathcal{O}(\sqrt{\tau_*/T}), \tag{7.31a}$$

$$\tau_* \equiv \frac{m\hbar}{|\widetilde{\phi}(P)|^2}\left\{\int dp\,|g'(p)|\right\}^2, \qquad g'(p) \equiv \frac{d}{dp}\frac{\widetilde{\phi}(p+P)-\widetilde{\phi}(P)}{p}. \tag{7.31b}$$

τ_* を調べよう：

$$
\begin{aligned}
e^{iPx_0/\hbar}g'(p) &= \frac{d}{dp}\frac{\widetilde{\phi_0}(p+P)e^{-i\theta}-\widetilde{\phi_0}(P)}{p} \qquad : \ \theta \equiv px_0/\hbar \\
&= \frac{d}{dp}\left\{\frac{\widetilde{\phi_0}(p+P)-\widetilde{\phi_0}(P)}{p} + \frac{(e^{-i\theta}-1)\widetilde{\phi_0}(p+P)}{p}\right\} \\
&= g_0'(p) + \frac{e^{-i\theta}-1}{p}\widetilde{\phi_0}'(p+P) - \frac{e^{-i\theta}-1+i\theta}{p^2}\widetilde{\phi_0}(p+P).
\end{aligned}
\tag{7.32a}
$$

本章末 7.8 節に示す補助不等式 (7.38b)∧(7.38e) を参照して

$$|g'(p)| < |g_0'(p)| + \frac{|x_0|}{\hbar}|\widetilde{\phi_0}'(p+P)| + \frac{|x_0|^2}{\hbar^2}|\widetilde{\phi_0}(p+P)|. \tag{7.32b}$$

ゆえに

$$\tau_* \sim \frac{m\hbar}{|\widetilde{\phi}(P)|^2}\left\{\int dp\,|g_0'(p)| + \frac{|x_0|}{\hbar}\int dp\,|\widetilde{\phi_0}'(p)| + \frac{|x_0|^2}{\hbar^2}\int dp\,|\widetilde{\phi_0}(p)|\right\}^2. \quad \blacksquare \tag{7.32c}$$

7.5　♣ 一様外力下の粒子：始運動量測定

　飛行時間法を自由粒子について論じたが，地上実験をする限り，少なくとも重力を避けるわけにはいかぬ．あるいは，電場中にて荷電粒子の運動量を測定する必要に迫られるかもしれぬ．

演習　古典粒子に関しては，一般に，力が働く場合にも飛行時間法は有効であった (7.1 節 ∨ (7.14))．これに対応して，

$$\text{一様外力下粒子に関しても量子力学版飛行時間法が有効である．} \tag{7.33}$$

証明：(7.14) の量子力学版を導くに当たり「6.7.2 項に述べた力学分解定理その 1 (UEF)」が威力を発揮する．(6.120a) にて次のごとく採ると好都合：

$$\boldsymbol{R}(t) = \vec{\mathcal{F}}_2(t)/m, \qquad \boldsymbol{P}(t) = \vec{\mathcal{F}}_1(t). \tag{7.34a}$$

すると $\boldsymbol{R}(0) = \boldsymbol{P}(0) = 0$ ゆえ，(6.120a) にて

$$\psi^{\text{自由}}(\boldsymbol{r};0) = \psi^{\text{UEF}}(\boldsymbol{r};0). \tag{7.34b}$$

(6.120a)∧(7.30) ∧(7.34b) を順に用いて

$$
\begin{aligned}
\left(\frac{T}{m}\right)^3 |\psi^{\text{UEF}}(\boldsymbol{r}_0+\boldsymbol{p}T/m+\vec{\mathcal{F}}_2(T)/m\ ;\ T)|^2 &= \left(\frac{T}{m}\right)^3 |\psi^{\text{自由}}(\boldsymbol{r}_0+\boldsymbol{p}T/m\ ;\ T)|^2 \\
&\simeq |\widetilde{\psi^{\text{自由}}}(\boldsymbol{p};0)|^2 = |\widetilde{\psi^{\text{UEF}}}(\boldsymbol{p};0)|^2. \quad \blacksquare
\end{aligned}
\tag{7.35}
$$

　かくて，下記が正当化できる：

　　「時刻 T における位置測定値 $\mathbf{x}$」を
　　「時刻 0 における運動量測定値 $\{(\mathbf{x}-\boldsymbol{r}_0)m - \vec{\mathcal{F}}_2(T)\}/T$」と読み替えて構わぬ．

7.6 ♣ 古典粒子集団との相違

結果 (7.23)∨(7.30) は古典粒子集団に関する結果 (7.14) と形式的に似ている．しかし，"相空間分布函数 $\rho_{\rm cl}(\boldsymbol{r}, \boldsymbol{p}; t)$ の量子力学版" が存在するなどと早とちりしてはいけない．

古典自由粒子集団の場合，充分に時間が経てば，位置分布の先頭に近い粒子群ほど運動量が大きい．これは，自明であろうが，「$\rho_{\rm cl}(x, \star; t)$ が $\rho_{\rm cl}(x, p; t)$ を粗視化したものなること」に因る (図 7.5)．もし位置確率密度 $|\psi(x; t)|^2$ ($\equiv |\psi^{\text{自由}}(x; t)|^2$) が "$\rho_{\rm cl}(x, p; t)$ の量子力学版" を粗視化したものなら，量子力学においても，"「位置分布の先頭部分」は「位置分布の末尾部分」に比べて運動量が大きい" と期待されよう．しかし，

♣ **演習**　上記期待は残念ながらかなえられぬ：幅 δ ($\ll \Delta_0 \equiv (\triangle x)_{\psi(\ ;0)}$) なる**ガウス窓** (Gaussian window) で波動函数を<u>切り取って</u> (図 7.6(a))，すなわち，幅 δ なるガウス函数 $G_\delta(x - X)$ を波動函数に掛けて (X は勝手な定数 (t に依っても構わぬ))，

$$\psi_X(x; t) \equiv \mathcal{N}_X G_\delta(x - X)\psi(x; t) \qquad : \mathcal{N}_X \text{ は規格化定数} \tag{7.36a}$$

と置こう．$\psi_X(\ ; t)$ に関する運動量確率密度は，充分に時間が経てば，始確率密度に依らず下記で与えられる：

$$\left|\widetilde{\psi_X}(p; t)\right|^2 \propto \exp\left\{-\left(p - \frac{mX}{t}\right)^2 \frac{\delta^2}{2\hbar^2}\right\} \qquad : t \gg \frac{m\Delta_0^2}{\hbar}. \tag{7.36b}$$

具体的に $\psi = \psi_{\text{Gauss}}^{\text{自由}}$ の場合，$X = X_\pm \equiv v_0 t \pm |\Delta(t)|$ と採って {先頭, 末尾} と見なせば，

$$\left.\begin{matrix} \text{先頭} \\ \text{末尾} \end{matrix}\right\} \text{運動量確率密度} \equiv \left|\widetilde{\psi_{X_\pm}}(p; t)\right|^2 \propto \exp\left\{-\left(p - mv_0 \mp \widetilde{\Delta}_0\right)^2 \frac{\delta^2}{2\hbar^2}\right\}. \tag{7.37}$$

両者は，「古典分布の場合に類似して，始運動量揺らぎ $\widetilde{\Delta}_0$ ($= \hbar/2\Delta_0$) だけ中心がずれている」けれども，幅が圧倒的に大きい ($\hbar/\delta \gg \widetilde{\Delta}_0$) ゆえ，明確に異なるとはいいがたい (図 7.6(b))．

証明：

$$G_\delta(x) = \frac{1}{\sqrt{\pi}\,\delta} e^{-x^2/\delta^2} \quad \wedge \quad \psi(x; t) = \int dp\,\widetilde{\phi}(p)\frac{e^{ipx/\hbar}}{\sqrt{2\pi\hbar}}e^{-ip^2 t/2m\hbar}$$

を用いて

$$\widetilde{\psi_X}(p; t) \propto \int dq\,\widetilde{\phi}(q)e^{-iq^2 t/2m\hbar}\int dx\,\exp\left\{i(q-p)x/\hbar - (x-X)^2/\delta^2\right\}$$

$$\propto \int dq\,\widetilde{\phi}(q)\exp\left\{-iq^2 t/2m\hbar + i(q-p)X/\hbar - (q-p)^2\delta^2/4\hbar^2\right\}$$

$$= e^{-ip^2 t/2m\hbar}\int dq\,\widetilde{\phi}(q+p)\exp\left\{-i\frac{t}{2m\hbar}q^2 + \frac{i}{\hbar}\left(X - \frac{pt}{m}\right)q - \frac{q^2\delta^2}{4\hbar^2}\right\}$$

$$= e^{i\varphi(t)}\int dq\,\widetilde{\phi}(q+p)\exp\left\{-i\frac{t}{2m\hbar}\left(q + p - \frac{mX}{t}\right)^2 - \frac{q^2\delta^2}{4\hbar^2}\right\},$$

$$\varphi(t) \equiv -\frac{p^2 t}{2m\hbar} + \frac{m}{2\hbar t}\left(X - \frac{pt}{m}\right)^2.$$

「$\widetilde{\phi}$ の幅 ($\sim \hbar/\Delta_0$)」に比べて $\sqrt{2m\hbar/t}$ が充分に小さければ，激振因子 $\exp\{-it(q + p - mX/t)^2/2m\hbar\}$ に因り $q \sim -p + mX/t$ のみが利くゆえ，

314   第7章 運動量測定 (その1)

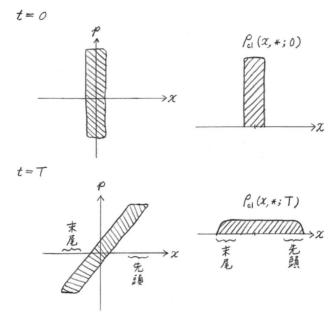

図 **7.5**   古典粒子集団：先頭粒子群ほど速い

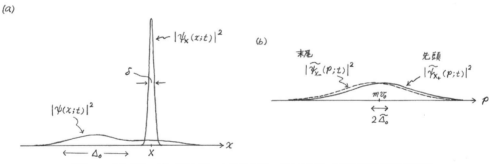

図 **7.6**   (a) ガウス窓で切り取った波動函数, (b) {先頭, 末尾} 運動量確率密度

$$\widetilde{\psi}_X(p;t) \propto e^{i\varphi(t)}\sqrt{\frac{2\pi m\hbar}{t}}\, e^{-i\pi/4}\, \widetilde{\phi}\left(\frac{mX}{t}\right) \exp\left\{-\left(p-\frac{mX}{t}\right)^2 \frac{\delta^2}{4\hbar^2}\right\}$$

$$\propto \exp\left\{-\left(p-\frac{mX}{t}\right)^2 \frac{\delta^2}{4\hbar^2}\right\}.$$

ゆえに (7.36b). 最後に, (7.22) を用いて (7.37). ∎

♣♣ **註** 波動函数を用いて"相空間分布函数のようなもの"を作ることはできる．例えばウィグナー函数 (Wigner function)[*6] ♡ 17.12 節：量子力学と古典力学を比較する際に有用であり，また，「($|\psi(r;t)|^2$ でなく) $\psi(r;t)$ 自体」が直接に測定できぬことと対照的に，直接に測定できる ♡ 20.5.3 項．しかし，ウィグナー函数は，一様外力下粒子の場合にリウヴィル方程式と同じ形の式を充たすなど $\rho_{\mathrm{cl}}(r,p;t)$ に似た性質も有すとはい

[*6] "ウィグナー分布函数 (Wigner's distribution function)" ともよばれるが確率分布ではない．

え，一般に実ではあるが正定値ならず，"相空間確率密度" とはよべぬ．

7.7　♣♣ 測定理論あるいは "観測の理論" について

測定 (measurement) には測定器 (measurement apparatus) が必要である．測定過程を記述するには被測定対象のみならず測定器も考察せねばならぬ．また，「所望の始状態を，いかにして準備 (preparation) し得るか」なる大問題も考察せねばならぬ．かような考察は，**測定過程を記述する理論** (theory of measurement process) または略して**測定理論** (measurement theory) とよばれ，本書現段階においては準備不足につき取扱時期尚早である．本章は，「運動量測定を位置測定に帰着せしめる方法」を論じたものであって，"運動量測定理論" ではない (せいぜいその一部分にすぎぬ)．

註　測定理論は，所謂 "(量子論における) **観測問題**" の核心に位置し，"**観測の理論**" [物理学辞典・理化学辞典] ともよばれる．しかし，"観測 (observation)" というと "(天体観測などと同じく) 対象に働きかけることなき受動的観察" と受け取られかねぬ．ちなみに，"観測の理論" なる語は日本語独特の感が有り，"theory of observation" なる英語はほとんど使われぬ．

7.8　◇ 補助不等式

演習　$\forall \theta (> 0)$ に対し，

$$\wp_0(\theta) \equiv \left| \frac{\sin\theta}{\theta} \right| < 1, \tag{7.38a}$$

$$\wp_1(\theta) \equiv \frac{1}{\theta}|e^{i\theta} - 1| < 1, \tag{7.38b}$$

$$\wp_2(\theta) \equiv \frac{1 - \cos\theta}{\theta^2} < \frac{1}{2}, \tag{7.38c}$$

$$\wp_3(\theta) \equiv \frac{1}{\theta}\left(1 - \frac{\sin\theta}{\theta}\right) \leq \frac{1}{\pi} = 0.318\cdots, \tag{7.38d}$$

$$\wp_4(\theta) \equiv \frac{1}{\theta^2}|e^{i\theta} - 1 - i\theta| < \frac{1}{2} + \frac{1}{\pi} < 1. \tag{7.38e}$$

証明：電脳でグラフを描いて見るもよかろうが，手計算で証明すると，$\{\xi, c, s, t\} \equiv \{\theta/2, \cos\xi, \sin\xi, \tan\xi\}$ と略記し，自明な不等式 (7.38a) を適宜使用して，

- $\wp_1(\theta) = \frac{1}{\theta}|e^{i\theta/2} - e^{-i\theta/2}| = \wp_0(\xi) < 1$.

- $\wp_2(\theta) = \frac{2s^2}{\theta^2} = \frac{1}{2}\{\wp_0(\xi)\}^2 < \frac{1}{2}$.

- $\wp_3(\theta)$ は，$\theta \sim 0$ にて $\theta/3!$ に比例して立ち上がり，

  $\theta \gg 1$ にて振幅 $1/\theta^2$ で波打ちつつ θ に反比例して減少する．

  詳しく調べると，$\wp_3'(\theta) = \frac{1}{\theta^2}\left(\frac{2\sin\theta}{\theta} - 1 - \cos\theta\right) = \frac{c^2}{2\xi^3}(t - \xi)$　ゆえ，

  第 m 極大点は　$\theta = \theta_{m-1}$　：$\theta_m \equiv (2m+1)\pi$　$\wedge$　$m \in \mathbf{Z}_+$,

  第 m 極大値は　$1/\theta_{m-1}$,　ゆえに　$\wp_3(\theta) < $ 第 1 極大値 $= 1/\pi$.

  ちなみに第 m 極小点は，$t = \xi$ なる点であり，$\theta \simeq \theta_m(1 - 4/\theta_m^2)$.

- $\wp_4(\theta) = \frac{1}{\theta^2}|\cos\theta - 1 + i(\sin\theta - \theta)| < \wp_2(\theta) + \wp_3(\theta)$,　ゆえに (7.38e)．　∎

316　　第 7 章　運動量測定 (その 1)

参考文献

[1] Herbert Goldstein: *Classical Mechanics* (Addison-Wesley Publishing Company, 1950; Seventh printing 1965), §8-8, pp.266–268.

第8章
調和振動子波動函数

　自由粒子 ∨ 一様外力下粒子を記述する波動函数について詳しく見てきた．本章は，波動函数とさらに馴染みになるべく，調和振動子を採り上げる．

　安定点付近にて微小振動する古典粒子は調和振動子で近似できる．それゆえ，調和振動子は古典力学において随所に登場する．その量子力学版も量子力学において基本的役割を果たすと予想されよう．調和振動子は，それ自体として重要なるのみならず，より複雑な状況に対する示唆も与える．

　調和振動子を記述する波動函数は，本章にて示す通り，本質的に自由粒子波動函数に帰着させ得る．

8.1　古典調和振動子

8.1.1　ニュートン運動方程式

　例によってまず古典力学 ($\mathbf{E}^1$) を復習しよう．原点付近にて振動する調和振動子 (質量 m ∧ ばね定数 K) は下記ニュートン運動方程式に従う：

$$m\ddot{x}_{\mathrm{cl}}(t) = -Kx_{\mathrm{cl}}(t). \tag{8.1a}$$

式を簡潔化すべく

$$\omega \equiv \text{調和振動子周波数} := \sqrt{K/m} \tag{8.1b}$$

を導入すれば

$$\ddot{x}_{\mathrm{cl}}(t) = -\omega^2 x_{\mathrm{cl}}(t). \tag{8.1c}$$

振子(pendulum) も，微小振幅状況に限れば，調和振動子で近似できる：

$$\text{紐長 (arm length) を } l \text{ とすれば } K = mg/l.$$

紐を操って l を時間変動させることもできる (図 8.1)．すると，K(したがって ω) が時間に依ることになる．さらに，錘に電荷を帯びさせ時間変動電場を掛けるなどすれば，外力を加えることもできる．摩擦が無視できる状況にて最も一般的な線形ニュートン運動方程式は，外力を $f(t)$ として，

$$\ddot{x}_{\mathrm{cl}}(t) = -\{\omega(t)\}^2 x_{\mathrm{cl}}(t) + f(t)/m. \tag{8.2}$$

これで記述される粒子は**強制調和振動子**[*1](forced harmonic oscillator) とよばれる (外力を明示したい場合には**外力 f 下の調和振動子**ともよぶ).

[*1] "強制" は強者 (力を加える側) の言い草であって，本来は弱者 (振動子) の側に立ち被強制(forced) と書きたいところだが，慣用に屈する．

318   第 8 章   調和振動子波動函数

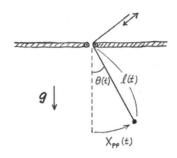

図 8.1 パラメトリック振動子の例：紐長が時間変化する振子

本章は下記略称を用いる：

調和振動子 (harmonic oscillator) ≡ パラメトリック調和振動子 (parametric harmonic oscillator)
= 「(8.2) にて外力がない状況」.

註 1 周波数を明示したい場合には「周波数 ω なる調和振動子」などと書く.
註 2 「$f=0$」∧「$\omega=$ 定数」なる (8.1c) は,「外的影響がないこと」を強調して, **自由調和振動子** (free harmonic oscillator) ともよばれる.

"調和振動子の古典論などわかり切っておる, いまさら何がいいたいのか" と, いらいらなさる読者も有るかもしれぬが, しばし辛抱願いたい：量子力学版調和振動子 (8.4 節) の本質に関する相当部分がすでに古典論に登場する.

♣ **註** 調和振動子は「パラメトリック振動子の微小振動版」である：
   パラメトリック振動子 (parametric oscillator)
      ≡「『"定数" (parameters) が時刻に依る』振動子：一般に非線形」.

演習 パラメトリック振動子は, 図 8.1 に示したように, **紐長変動振子**(≡「紐長 $\ell(t)$ が時間変化する振子」〜「子供[*2]に漕がれる, ぶらんこ[*3]」) として実現され得る (例えば [1])：

$$X_{\rm pp}(t) \equiv \text{「瞬時弧長 (} \equiv \text{「}\ell(t)\text{ を半径とする円弧長」) で測った振幅」} := \ell(t)\theta(t)$$
$$(\text{pp} \equiv \text{parametric pendulum})$$

と置けば,

$$\ddot{X}_{\rm pp}(t) = -g\sin\left(\frac{X_{\rm pp}(t)}{\ell(t)}\right) + \frac{\ddot{\ell}(t)}{\ell(t)}X_{\rm pp}(t) \tag{8.3a}$$

$$\simeq -\{\omega(t)\}^2 X_{\rm pp}(t) \quad : \omega(t) \equiv \sqrt{\frac{g-\ddot{\ell}(t)}{\ell(t)}} \left(\simeq \sqrt{\frac{g}{\ell(t)}} \text{ if } |\ddot{\ell}| \ll g\right) \tag{8.3b}$$

(第二式は第一式を微小振動近似 ($|X_{\rm pp}| \ll \ell$) したもの).

略証：デカルト座標で書いたニュートン運動方程式から張力 ($\equiv$「紐の張力」) を消去すればよい (副産物として張力も

[*2] 大人でも可.
[*3] ぶらぶら揺れるからぶらんこと思いきや, 葡萄牙 (ポルトガル) 語起源説もあるらしい [広辞苑].

$$\text{張力/振子質量} = g\cos\theta + \ell\dot\theta^2 - \ddot\ell \propto \text{重力} + \text{遠心力} + \underline{\text{動径方向並進慣性力}} \tag{8.4a}$$

と求まる) が，θ に関する運動方程式を出すだけなら，「角運動量変化率 = トルク」[*4]に拠り，

$$\frac{d}{dt}(\ell^2\dot\theta) = -\ell g\sin\theta. \tag{8.4b}$$

しかるに $\quad \ell^2\dot\theta = \ell\frac{d}{dt}(\ell\theta) - \ell\dot\ell\theta = \ell\dot X - \dot\ell X \qquad$ ゆえ，

$$\frac{d}{dt}(\ell^2\dot\theta) = \ell\ddot X + \dot\ell\dot X - (\dot\ell\dot X + \ddot\ell X) = \ell\ddot X - \ddot\ell X. \quad\blacksquare \tag{8.4c}$$

　上記のごとき式で記述される現象 (特に，振幅が増大する現象：電気回路などにても見られる) は**パラメトリック励振** (parametric excitation) とよばれる．特に，$\omega(t)$ が周期函数なる場合を<u>狭義のパラメトリック励振</u>[*5]とよぶ．

♣♣ **註**　振子の周波数は「(紐長は一定であっても) 重力加速 g が変動する」なる場合にも時間変動し得る．しかるに，大袈裟にいえば，g は宇宙構造に依って決まる．一方，量子論において光子は抽象的調和振動子として記述できる．かくて，8.4.6 項 (squeezed-coherent state) にて述べる「パラメトリック調和振動子の量子論」は，**相対論的場の量子論** (relativistic quantum field theory) を経て，**曲がった時空における場の量子論** (quantum field theory in curved spacetime) における**光子生成** (photon creation) (および，一般に**粒子生成** (particle creation)) の理論に繋がる (♡ 15.13 節)．後者の例として，「**膨張宇宙** (expanding universe)[*6]における粒子生成」や「**黒孔**(ブラックホール：black hole) に依る**ホーキング輻射** (Hawking radiation)」が挙げられよう [2]．これに限らず，そして，古典力学量子力学を問わず，
たかが調和振動子，されど調和振動子．
調和振動子は物理において基本中の基本である．

8.1.2　古典軌道に対する膨縮変換

　通常の教科書に書いてある方法とはまったく異なる虫のよい方法で，楽して，強制調和振動子ニュートン運動方程式 (8.2) が解けぬかと考えてみよう．一様外力が並進慣性力で打ち消せた (6.6.1 項) ことを想起されたい．**調和力** (harmonic force: 原点からの距離に比例する力) も「何らかの慣性力」で打ち消せぬであろうか：

　　かような慣性力は，もし存在するならば，距離に比例するはずゆえ**調和慣性力** (harmonic inertial force)とよぶに相応しい．これは，並進慣性力が加速度に比例することから類推して，「何らかの加速度」に比例するであろう．とすれば，当該加速度も距離に比例せねばならぬ．

「距離に比例する加速度」なるものは，調和振動子自体を別とすれば，あまり耳慣れぬ．しかし，「距離に比例する速度」ならハッブル則 (Hubble's law: "遠方銀河の後退速度 $\propto$ 天の河銀河から当該銀河までの距離") として馴染みである．速度が距離に比例するなら加速度が距離に比例する状況も可能かもしれぬ．かくて，膨張宇宙論から示唆を得て，次の着想に至る：

[*4]　トルク (torque) なる力学用語は，誰が導入したか知らぬ (乞ご教示) が，捻 (ひね) りが利いて風雅である：元来の意味は "(古代ゴール人・ブリトン人などの貴金属の針金をねじって作った) 首鎖，首環，腕環" [新英和大辞典]．**註**　筆者のごとき歴史無知者にとって紛らわしいことに，ゴール人 (Gaul は古代ローマの属領) はゲール人 ($\equiv$ ゲイル人 (Gael)：スコットランドやアイルランドのケルト人) とは違うらしい．

[*5]　通常は，これが，単に "パラメトリック励振 [理化学辞典]" $\vee$ "パラメーター励振 [物理学辞典]" $\vee$ "パラメタ励振 [1]" とよばれる．

[*6]　例えばフリードマン宇宙 (Friedmann Universe)．あるいは，収縮宇宙 (contracting U.) や振動宇宙 (oscillating U.) でもよい．要するに，**尺度因子** (むしろ<u>寸法因子</u>とよぶ方が適切？：スケールファクター (scale factor)) が時間変動する宇宙．

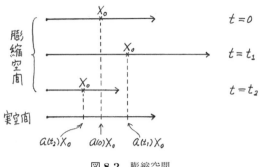

図 8.2 膨縮空間

ニュートン運動方程式を**膨縮空間**[*7]($\equiv$ 膨張 ∨ 収縮する空間) にて見れば調和慣性力が登場するのではなかろうか.

上記予想を試すべく, 無次元因子 $a(t)$ を導入して, 時間依存尺度変換 ($\equiv$ 「時間に依存した尺度変換」: time-dependent scaling[*8]) を施す:

$$X_{\rm cl}(t) := x_{\rm cl}(t)/a(t). \tag{8.5}$$

つまり, 「距離を $1/a(t)$ に縮小 ∨ 拡大[*9]して眺めよう」なる算段である (図 8.2). 膨縮空間に固定された点 $X_{\rm cl}(t) = $ 一定 $= X_0$ は, 実際には時々刻々動き, その位置は $a(t)X_0$ である: ゴム紐の或る点に X_0 なる目印を付すと, 目印はゴム紐に対しては移動せぬけれども, 実際にはゴム紐の伸縮に応じて動く. また, その速度は

$$\dot a(t)X_0 \quad \left(= \frac{\dot a(t)}{a(t)}x_{\rm cl}(t) \quad :\text{ハッブル則と同じ形}\right). \tag{8.6}$$

膨縮空間の膨張 ∨ 収縮を規定する因子 $a(t)$ を, 宇宙論用語を借用して, **尺度因子**[*10](scale factor) とよぶ. その関数形は差し当たり勝手である (すぐ後に都合よく決める).

以下, $\{x_{\rm cl}, X_{\rm cl}, a, \omega, f\}$ の t 依存性は, 特に強調したい場合を除き, 明示せぬこととする. (8.5) に拠り

$$x_{\rm cl} = aX_{\rm cl}, \quad \dot x_{\rm cl} = a\dot X_{\rm cl} + \dot a X_{\rm cl}, \quad \ddot x_{\rm cl} = a\ddot X_{\rm cl} + 2\dot a \dot X_{\rm cl} + \ddot a X_{\rm cl}. \tag{8.7}$$

これを (8.2) に代入して

$$\ddot X_{\rm cl} + 2\frac{\dot a}{a}\dot X_{\rm cl} = -\omega^2 X_{\rm cl} - \frac{\ddot a}{a} X_{\rm cl} + \frac{f}{ma}. \tag{8.8}$$

右辺第二項は「$X_{\rm cl}$ に比例」∧「膨縮加速度 $\ddot a$ に比例」する. 期待にかなう調和慣性力らしきものが見えてきた. その代わり, 左辺に第二項が現れた. これは, 形式的に線形摩擦力 ($\propto \dot X_{\rm cl}$) と見えるものの, 係数が「t に依り」∧「負にもなり得る」妙な項であるけれども, 次のごとく処理できる:

$$\ddot X_{\rm cl} + 2\frac{\dot a}{a}\dot X_{\rm cl} = \frac{1}{a^2}\left(a^2\ddot X_{\rm cl} + 2a\dot a \dot X_{\rm cl}\right) = \frac{1}{a^4}a^2\frac{d}{dt}\left(a^2\frac{d}{dt}X_{\rm cl}\right) = \frac{1}{a^4}\frac{d^2}{d\tau^2}X_{\rm cl}, \tag{8.9}$$

[*7] $\mathbf{E}^1$ なら, ゴム紐のごとく伸び縮みする伸縮空間. 一般に $\mathbf{E}^3$ も視野に入れて膨縮なる語を使う.
[*8] scale transformation.
[*9] 縮尺 ∨ 膨尺.
[*10] 膨収尺因子という方が適切?

$$\tau \equiv \tau(t) := \int_0^t \frac{dt'}{\{a(t')\}^2} \qquad \left(\text{ゆえに} \qquad d\tau = \frac{dt}{a^2}, \ \frac{d}{d\tau} = a^2 \frac{d}{dt}\right). \tag{8.10}$$

つまり,「妙な項」は「空間が膨縮するに伴い, 時計の針を遅めたり速めたり (t を τ に非線形変換: nonlinear re-parametrization of time) せよ」なる指令であった. $d\tau/dt = 1/a^2 > 0$ ゆえ, t から τ に移っても時間が逆流することはない. したがって, t を「τ の函数」と見ることもでき, それを $t(\tau)$ と書く. 一般に下記記法を使う:

$$g[\tau] \equiv g(t(\tau)) \qquad : \forall g. \tag{8.11}$$

以上をまとめて

$$\frac{d^2}{d\tau^2} X_{\rm cl} = -a^4 \omega^2 X_{\rm cl} - a^3 \ddot{a} X_{\rm cl} + a^3 f/m \tag{8.12}$$

(ただし, $X_{\rm cl} \equiv X_{\rm cl}[\tau]$, $a \equiv a[\tau]$, etc.). つまり, {周波数, 外力} が $\{a^2, a^3\}$ 倍になり, 新たに調和慣性力 $-ma^3 \ddot{a} X_{\rm cl}$ が加わった.

さて, 尺度因子 a は, 勝手ゆえ, 次式を充たすように採って構わぬ:

$$\ddot{a}(t) + \{\omega(t)\}^2 a(t) = 0. \tag{8.13}$$

すると (8.12) 右辺にて第一項と第二項が相殺する. かくて, 調和力が調和慣性力で打ち消せた:

$$\frac{d^2}{d\tau^2} X_{\rm cl} = a^3 f/m. \tag{8.14}$$

これは, 右辺が $X_{\rm cl}$ に依らぬゆえ, 簡単に積分できる. しかし, "かくて強制調和振動子の古典軌道 $x_{\rm cl}(t)(= a(t) X_{\rm cl}(t))$ が求まった" といっては早合点にすぎる. 尺度因子 a がわからねば駄目. ところが, a を決める式 (8.13) は, 調和振動子と同じ形をしている. したがって, 次の結論に達する:

「調和振動子 ((8.2) にて $f = 0$)」に関しては, **膨縮変換** (8.5)∧(8.10) で形式的に「自由粒子 ((8.14) にて $f = 0$)」に変換できるけれども, 結局は同義反復である.

♣ 註 本項に述べた式変形は, もちろん, 常微分方程式論にて昔から知られている. 例えば (8.5)〜(8.8) は "従属変数の変換" とよばれ, 典型的に次のごとく記述される:
"二階線形常微分方程式 $y'' + p(x)y' + q(x)y = r(x)$ において, 従属変数 y を $y = uv$ によって v に変換する (u は後で決める) と …"
数学書らしく論理的に必要充分な淡々たる語り口である. しかし, 数学弱者にとっては, いわれたままに計算する (させられる) のみにして, 直観がまったく働かぬ. 数学的には同内容でも, 膨縮空間∧調和慣性力なる見方で捉えると, 活々と描象が湧く. 理論内容は記法不変である (notation-invariant:用いる記号や語り口に依らぬ) けれども理解しやすさはそうはいかぬ, その一例である (socio-pedagogically-broken notation invariance).

♣♣ 註 膨縮変換は, 調和振動子については失敗に終わったが, **強制調和振動子に関する力学分解定理**を与える:
「強制調和振動子の CD (8.2)」＝「調和振動子の CD (8.13)」∧「一様外力下粒子の CD (8.14)」.
なお, (8.14) に拠り, グリーン函数が初等的方法で求まる:♡ 演習 (8.1.2-2).

♣♣♣ 註 より一般に, (8.13) に代えて

$$\ddot{a}(t) + \{\omega(t)\}^2 a(t) = \frac{\{\Omega(t)\}^2}{\{a(t)\}^3} \tag{8.15}$$

(Ω は勝手な函数) のごとく a を採れば,

$$\frac{d^2}{d\tau^2} X_{\mathrm{cl}} = -\Omega^2 X_{\mathrm{cl}} + a^3 f/m. \tag{8.16}$$

これは「τ を時間とした，$\{周波数, 外力\} = \{\Omega, a^3 f\}$ なる強制調和振動子」に他ならぬ．かくて，相異なる強制調和振動子が，「「(8.15) なる a」を用いた膨縮変換」を介して，結ばれる (互いに移り変われる)：

強制調和振動子に関する等価定理

$$\text{強制調和振動子 } \{t;\ \omega(t), f(t)\} \quad \xleftrightarrow{\ a:\ (8.15)\ } \quad \text{強制調和振動子 } \{\tau;\ \Omega[\tau], (a^3 f)[\tau]\} \tag{8.17}$$

♣♣ **演習 8.1.2-1** 調和振動子 (8.13) の性質: **基本解** $\{\alpha, \beta\}$ を

$$\ddot{\alpha}(t) + \{\omega(t)\}^2 \alpha(t) = \ddot{\beta}(t) + \{\omega(t)\}^2 \beta(t) = 0 \qquad : \alpha(0) = \dot{\beta}(0) = 1 \ \wedge \ \dot{\alpha}(0) = \beta(0) = 0 \tag{8.18a}$$

$$(\omega が定数なら \{\alpha(t), \beta(t)\} = \{\cos\omega t,\ \omega^{-1}\sin\omega t\}) \tag{8.18b}$$

で定義すれば

1. $\{\alpha, \beta\}$ は「**解空間** (解すべてから成る二次元線形空間) の基底系」を成す：

$$a(t) = a(0)\alpha(t) + \dot{a}(0)\beta(t) \qquad : \forall \text{ 解 } a. \tag{8.19}$$

2. $\{\alpha, \beta\}$ に関する**ロンスキー行列式** (Wronskian) は恒等的に 1：

$$W[\alpha; \beta] \equiv \text{「基本解のロンスキー行列式」} := \begin{vmatrix} \alpha(t) & \beta(t) \\ \dot{\alpha}(t) & \dot{\beta}(t) \end{vmatrix}$$
$$= \alpha(t)\dot{\beta}(t) - \beta(t)\dot{\alpha}(t) = 1 \qquad : \forall t. \tag{8.20}$$

3. 「時刻 t 以前には 0 とならぬ勝手な解 a」を用いて

$$\beta(t) = a(0)a(t) \int_0^t \frac{dt'}{\{a(t')\}^2} = a(0)a(t)\tau(t), \qquad \alpha(t) = \{a(t) - \dot{a}(0)\beta(t)\}/a(0), \tag{8.21a}$$

$$s(t, t') \equiv \beta(t)\alpha(t') - \alpha(t)\beta(t') = \beta(t)a(t') - a(t)\beta(t') = a(t)\{\tau(t) - \tau(t')\}a(t')$$
$$(\omega が一定なら\ s(t, t') = \omega^{-1}\sin\{(t - t')\omega\}). \tag{8.21b}$$

4. 「α が最初に 0 となる時刻」以前においては，(8.21a) にて $a = \alpha$ と採れるゆえ，

$$\tau(t) = \beta(t)/\alpha(t). \qquad \blacksquare \tag{8.22}$$

♣♣ **演習 8.1.2-2** (8.14) を積分して (8.2) の解 (始条件 $\{x_{\mathrm{cl}}(0), \dot{x}_{\mathrm{cl}}(0)\} = \{x_0, v_0\}$) を得る ($\{\alpha, \beta, s\}$ は演習 (8.1.2-1) に同じ)：

$$x_{\mathrm{cl}}(t) = x_0\alpha(t) + v_0\beta(t) + \int_0^\infty dt'\ G_{\mathrm{R}}(t, t')\ f(t')/m, \tag{8.23a}$$

$$G_{\mathrm{R}}(t, t') \equiv \text{「調和振動子の遅延グリーン函数 (retarded Green function)」}$$
$$= \Theta(t - t')s(t, t') \tag{8.23b}$$
$$\text{(遅延グリーン函数は外力に対する応答 (response) を記述する)}.$$

略証：(8.14) に拠り

$$X_{\mathrm{cl}} = X^{斉} + X^{特},$$

$$X^{斉}[\tau] \equiv \text{斉次解 (homogeneous solution)} = X_{\mathrm{cl}}(0) + \left.\frac{dX_{\mathrm{cl}}[\tau]}{d\tau}\right|_{\tau=0} \tau, \tag{8.24a}$$

$$X^{特}[\tau] \equiv 特解\ (\text{particular solution}) = \int_0^\tau d\tau'' \int_0^{\tau''} d\tau'\ (a^3 f)[\tau']/m. \tag{8.24b}$$

積分順序入替公式 (6.136a) を使って

$$X^{特}[\tau] = \int_0^\tau d\tau'\ (\tau - \tau')\ (a^3 f)[\tau']/m. \tag{8.25}$$

ゆえに

$$x_{\rm cl} = a X_{\rm cl} = x^{斉} + x^{特}, \tag{8.26a}$$

$$x^{特}(t) = \int_0^t dt'\ a(t)\{\tau(t) - \tau(t')\}a(t')f(t')/m. \tag{8.26b}$$

以下 $\{a_0, \dot{a}_0\} \equiv \{a(0), \dot{a}(0)\}$ と略記して

$$X_{\rm cl}(0) = x_0/a_0, \qquad \frac{dX_{\rm cl}[\tau]}{d\tau}\bigg|_{\tau=0} = \frac{dt(\tau)}{d\tau}\frac{dX_{\rm cl}(t)}{dt}\bigg|_{t=0} = a_0^2 \frac{d}{dt}\frac{x_{\rm cl}(t)}{a(t)}\bigg|_{t=0} = v_0 a_0 - \dot{a}_0 x_0.$$

ゆえに $\quad x^{斉}(t) = x_0(1 - a_0\dot{a}_0\tau)a/a_0 + v_0 a_0 \tau a. \tag{8.26c}$

最後に前演習を用いる. ∎

演習 8.1.2-3 <u>IT</u>($\equiv$ inspection training): 方程式 (8.15) を, $\{\omega, \Omega\}$ が定数なる場合に, できるだけ楽して (要領よく) 解け.

答案：これも broken notation invariance の一例. 生真面目に "両辺に $\dot{a}$ を掛けて $\cdots$" とすれば解けるけれども, その労をいとって

$$a \to \rho, \qquad \Omega \to L \qquad と書き直すと$$

$$(8.15) \iff \ddot{\rho} = -\frac{d}{d\rho}\left(\frac{1}{2}\omega^2\rho^2 + \frac{L^2}{2\rho^2}\right). \tag{8.27a}$$

これは「角運動量 L なる二次元等方調和振動子の動径運動方程式」に他ならぬ. その一般解は楕円軌道：

$$\rho =: \sqrt{X^2 + Y^2} \quad と置いて$$

$$X = X_0 \cos\omega t, \qquad Y = Y_0 \sin(\omega t + \varphi) \tag{8.27b}$$

(時間原点選択任意性に拠り「$t = 0$ にて X の位相は 0」として一般性を失わぬ).「角運動量が L」なる条件を課すと

$$L = X\dot{Y} - Y\dot{X} = \omega X_0 Y_0 \cos\varphi. \tag{8.27c}$$

$$ゆえに, \quad a^2 = (X_0 \cos\omega t)^2 + \left(\frac{\Omega \sin(\omega t + \varphi)}{\omega X_0 \cos\varphi}\right)^2 \qquad : \{X_0, \varphi\} は任意定数. \tag{8.28}$$

もちろん, 任意定数は始条件で決まる. 例えば $\dot{a}(0) = 0$ を要請すれば $\varphi = 0$. ∎

♣ 演習 8.1.2-4 方程式 (8.15) の解は,「ω が時刻に依る場合 (ただし Ω は定数)」にも, (8.13) の基本解で表せる. 例えば, $\{a(0), \dot{a}(0)\} = \{X_0(> 0), 0\}$ なる解は

$$a(t) = \left\{(X_0\alpha(t))^2 + \left(\frac{\Omega}{X_0}\beta(t)\right)^2\right\}^{1/2}. \tag{8.29}$$

証明：(8.27c) を (8.20) と見比べれば解き方は自明であろう. 前演習と同じく, (8.15) を「角運動量 Ω なる二次元等方調和振動子の動径運動方程式」と見て ($\heartsuit$ 中心力は, 時刻に依る場合にも, 角運動量を保存),

$$a = \sqrt{X^2 + Y^2}, \quad X = X_0\alpha, \quad Y = Y_0\beta \quad と置けば,$$

324　第 8 章　調和振動子波動函数

$$X\dot{Y} - Y\dot{X} = X_0 Y_0 (\alpha\dot{\beta} - \beta\dot{\alpha}) = X_0 Y_0$$

ゆえ，a は角運動量 $X_0 Y_0$ なる動径解．かつ，

$$a(0) = \sqrt{X_0^2 + 0^2} = X_0, \quad (a\dot{a})(0) = (X\dot{X} + Y\dot{Y})(0) \propto (\alpha\dot{\alpha} + \beta\dot{\beta})(0) = 1 \times 0 + 0 \times 1 = 0. \quad ■$$

♣♣ **演習 8.1.2-5**　変換 (8.15) は群を成す：

$$\left(\frac{d^2}{dt^2} + \omega^2\right) a = \frac{\Omega^2}{a^3} \implies \left(\frac{d^2}{d\tau^2} + \Omega^2\right) a^{-1} = \frac{\omega^2}{(a^{-1})^3}, \tag{8.30a}$$

$$\left(\frac{d^2}{dt^2} + \omega^2\right) a = \frac{\Omega^2}{a^3} \wedge \left(\frac{d^2}{d\tau^2} + \Omega^2\right) b = \frac{\nu^2}{b^3} \implies \left(\frac{d^2}{dt^2} + \omega^2\right)(ab) = \frac{\nu^2}{(ab)^3}. \tag{8.30b}$$

ヒント：

$$\frac{d}{d\tau} a^{-1} = a^2 \frac{d}{dt} a^{-1} = -\dot{a}, \qquad \frac{d^2}{d\tau^2} a^{-1} = a^2 \frac{d}{dt}(-\dot{a}) = -a^2 \ddot{a},$$

$$\text{ゆえに} \quad \left(\frac{d^2}{d\tau^2} + \Omega^2\right) a^{-1} = a^2 \left(\frac{\Omega^2}{a^3} - \ddot{a}\right) = a^2 \omega^2 a. \tag{8.31a}$$

$$\frac{d^2}{dt^2}(ab) = \frac{d}{dt}(\dot{a}b + a\dot{b}) = \frac{d}{dt}\left(\dot{a}b + \frac{1}{a}\frac{d}{d\tau}b\right)$$

$$= \ddot{a}b + \dot{a}\frac{1}{a^2}\frac{d}{d\tau}b - \frac{\dot{a}}{a^2}\frac{d}{d\tau}b + \frac{1}{a^3}\frac{d^2}{d\tau^2}b = \ddot{a}b + \frac{1}{a^3}\frac{d^2}{d\tau^2}b$$

$$= \left(\frac{\Omega^2}{a^3} - \omega^2 a\right)b + \frac{1}{a^3}\left(\frac{\nu^2}{b^3} - \Omega^2 b\right) = -\omega^2 ab + \frac{1}{a^3}\frac{\nu^2}{b^3}. \quad ■ \tag{8.31b}$$

♣♣ **演習 8.1.2-6**　「強制調和振動子に関する等価定理」に，なぜ，二次元等方調和振動子が登場するのであろうか．

答：筆者には不明 (乞ご教示)．　　■

8.2　非慣性系 (その 2)：膨縮系

(8.5)∧(8.10) は古典軌道に対する膨縮変換であった．これを拡張して時空に対する膨縮変換(尺度因子 $a(t)$) を次式で定義する：

時空点 $(t, \mathbf{x})$ に対応する膨縮時空点を $(\tau, \mathbf{X})$ とすれば[*11]

$$\tau(t) := \int_0^t \frac{dt'}{\{a(t')\}^2}, \qquad \mathbf{X} := \mathbf{x}/a(t). \tag{8.32}$$

膨縮変換は，正式にいえば，慣性系 $\mathcal{K}$ $(\equiv \{t, \{\boldsymbol{e}_x, \boldsymbol{e}_y, \boldsymbol{e}_z\}\})$ と膨縮系 $\mathcal{K}'$ $(\equiv \{\tau, \{\boldsymbol{e}'_x, \boldsymbol{e}'_y, \boldsymbol{e}'_z\}\})$ を結ぶ変換である (6.6.2 項とは異なり，原点 O は両準拠系に共通)．ただし

$$\boldsymbol{e}'_j := a(t)\boldsymbol{e}_j \qquad : j \in \{x, y, z\}. \tag{8.33}$$

$\{\boldsymbol{e}'_x, \boldsymbol{e}'_y, \boldsymbol{e}'_z\}$ は，直交系を成すけれども，正規 (各 $\boldsymbol{e}'_j$ の長さが 1) ではない：膨縮空間 (〜 ゴム膜) と共に伸縮．或る地点 P に着目し，「P の「$\mathcal{K}$ に準拠した座標」を $\{x, y, z\}$」∧「P の「$\mathcal{K}'$ に準拠した座標」を $\{X, Y, Z\}$」とすれば，

[*11] $(\tau, \mathbf{X})$ は Friedmann-Robertson-Walker 宇宙論などにおける**共動座標** (co-moving coordinates) に相当．

$$\mathrm{X}e'_x + \mathrm{Y}e'_y + \mathrm{Z}e'_z = \mathrm{x}e_x + \mathrm{y}e_y + \mathrm{z}e_z \ (= \mathbf{x}), \tag{8.34a}$$

ゆえに　$\mathrm{X} = \mathrm{x}/a(t),\ \mathrm{Y} = \mathrm{y}/a(t),\ \mathrm{Z} = \mathrm{z}/a(t).$ $\tag{8.34b}$

便宜上　$\overrightarrow{\mathrm{X}} \equiv \mathrm{X}e_x + \mathrm{Y}e_y + \mathrm{Z}e_z$

と置けば，上式は　$\overrightarrow{\mathrm{X}} = \mathbf{x}/a(t).$ $\tag{8.34c}$

$\overrightarrow{\mathrm{X}}$ は，「$\mathcal{K}'$ に準拠した座標」と「$\mathcal{K}$ の基底系」を組み合わせた (それゆえ，微分幾何学的には妙ちきりんな) ものであり，$\mathbf{x}$ とは性格を異にする．しかし，(目下，相手にしている空間がすべて平坦なるご利益に因り) 実用計算に際しては後者と同列に扱って構わぬゆえ，(8.32) には $\mathbf{X}$ と書いた．

♣ 註　「古典軌道に対する膨縮変換」は，もちろん，(8.34a) を古典軌道に適用したものに他ならぬ：

$$X_{\mathrm{cl}}e'_x + \cdots = x_{\mathrm{cl}}e_x + \cdots. \tag{8.35a}$$

両辺を二回 t 微分すると

$$(\ddot{X}_{\mathrm{cl}}e'_x + 2\dot{X}_{\mathrm{cl}}\dot{e}'_x + X_{\mathrm{cl}}\ddot{e}'_x) + \cdots = \ddot{x}_{\mathrm{cl}}e_x + \cdots. \tag{8.35b}$$

ゆえに　$\ddot{X}_{\mathrm{cl}} = \dfrac{1}{a}\ddot{x}_{\mathrm{cl}} - \dfrac{2}{a^2}\dot{e}'_x \cdot e'_x \dot{X}_{\mathrm{cl}} - \dfrac{1}{a^2}\ddot{e}'_x \cdot e'_x X_{\mathrm{cl}}.$ $\tag{8.35c}$

これを整理すれば (8.8) になる．式変形 (8.35) は，回転系に移る場合と同様である：右辺 {第二項 ($\propto \dot{a}$)，第三項 ($\propto \ddot{a}$)} がそれぞれ {コリオリ力，遠心力} に対応する．

8.3　シュレーディンガー方程式に対する膨縮変換

膨縮変換は古典調和振動子に対してはほとんど同義反復に帰した．しかし，まだ落胆には及ばぬ．一様外力下粒子に適用された瞬時ガリレイ変換 (6.6 節) が「古典力学においては同義反復なるも，量子力学においては成功を収めた」ことを想い出し，二匹目の 鯲（どじょう）を狙ってみよう．その準備として，本節は，シュレーディンガー方程式を膨縮系から眺める．

慣性系から眺めたシュレーディンガー方程式 (3.87) に，まず，次の変換を施してみる：

$$\boldsymbol{X} := \boldsymbol{r}/a(t), \qquad t' := t, \tag{8.36a}$$

すなわち　$\boldsymbol{r} = a(t')\boldsymbol{X}, \qquad t = t'.$ $\tag{8.36b}$

尺度因子 a は今のところ勝手である．

♣ 註 1: 瞬時ガリレイ変換に関する注意 (6.93c) と同じく，上記は「時空に対する変換」ではなく「配位時空に対す変換」である．

本節に限り，空間次元を一般化して，$\mathbf{E}^D$ にて論ずる：

$$\boldsymbol{r} = \sum_{j=1}^{D} x_j e_j, \quad \boldsymbol{X} = \sum_{j=1}^{D} X_j e_j, \quad \nabla = \sum_{j=1}^{D} e_j \frac{\partial}{\partial x_j}, \quad \nabla_{\mathbf{x}} = \sum_{j=1}^{D} e_j \frac{\partial}{\partial X_j}, \quad e_j \cdot e_k = \delta_{jk}. \tag{8.37a}$$

♡ かように一般化しておくと諸数因子の素性が明白となる：例えば，

$$\nabla_{\mathbf{x}} \cdot \boldsymbol{X} = \sum_{j=1}^{D} \frac{\partial X_j}{\partial X_j} = \sum_{j=1}^{D} 1 = D \tag{8.37b}$$

($\mathbf{E}^3$ に限れば $\nabla_{\mathbf{x}} \cdot \boldsymbol{X} = 3$：計算を進めるうちに 3 の出所 を忘れてしまうこと多し)．

326　　第 8 章　調和振動子波動函数

さて，6.6.3 項にならい，補助的に次のごとく置こう：

$$\psi\{\boldsymbol{X};t'\} := \psi(a(t')\boldsymbol{X};t'). \tag{8.38}$$

「微分を実行した後に (8.36b) を代入すること」を示す記号 |- を用いて，

$$\frac{\partial}{\partial t'}\psi\{\boldsymbol{X};t'\} = \frac{\partial}{\partial t}\psi(\boldsymbol{r};t)\Big|_- + \dot{a}(t')\boldsymbol{X}\cdot\nabla\psi(\boldsymbol{r};t)|_- , \tag{8.39a}$$

$$\nabla_{\mathbf{x}}\psi\{\boldsymbol{X};t'\} = a(t')\nabla\psi(\boldsymbol{r};t)|_- . \tag{8.39b}$$

つまり，形式的に

$$\frac{\partial}{\partial t'} = \frac{\partial}{\partial t} + \frac{\dot{a}}{a}\boldsymbol{r}\cdot\nabla, \tag{8.40a}$$

$$\frac{1}{a}\nabla_{\mathbf{x}} = \nabla. \tag{8.40b}$$

「(6.96a) における速度 $\dot{\boldsymbol{R}}$」が「ハッブル速度 $\dot{a}\boldsymbol{r}/a\ (=\dot{a}\boldsymbol{X})$」に変わったことに注目.
　(8.39a) にシュレーディンガー方程式 (3.87) を代入し，次いで (8.40b) を用いれば

$$i\hbar\frac{\partial}{\partial t'}\psi\{\boldsymbol{X};t'\} = \left\{-\frac{\hbar^2}{2m}\nabla^2 + V(\boldsymbol{r},t) + i\hbar\dot{a}(t)\boldsymbol{X}\cdot\nabla\right\}\psi(\boldsymbol{r};t)\Big|_-$$

$$= \left\{-\frac{\hbar^2}{2m\{a(t')\}^2}\nabla_{\mathbf{x}}^2 + i\hbar\frac{\dot{a}(t')}{a(t')}\boldsymbol{X}\cdot\nabla_{\mathbf{x}} + V\{\boldsymbol{X},t'\}\right\}\psi\{\boldsymbol{X};t'\}, \tag{8.41a}$$

$$V\{\boldsymbol{X},t'\} := V(a(t')\boldsymbol{X},t'). \tag{8.41b}$$

ここまで来れば最早 t' と t を区別せずとも間違う恐れなきゆえ，以下，t' を t と書く．右辺冒頭二項をまとめて "平方完成" すれば

$$-\frac{\hbar^2}{2ma^2}\nabla_{\mathbf{x}}^2 + i\hbar\frac{\dot{a}}{a}\boldsymbol{X}\cdot\nabla_{\mathbf{x}} = \frac{1}{2m}\left\{\frac{\hbar}{ia}\nabla_{\mathbf{x}} - \boldsymbol{P}(\boldsymbol{X},t)\right\}^2 - \frac{\{\boldsymbol{P}(\boldsymbol{X},t)\}^2}{2m} - i\hbar D\frac{\dot{a}}{2a}, \tag{8.42a}$$

$$\boldsymbol{P}(\boldsymbol{X},t) := m\dot{a}\boldsymbol{X}. \tag{8.42b}$$

(8.42a) 右辺第三項 ($\propto D$) は「$\boldsymbol{P}(\boldsymbol{X},t)$ が $\boldsymbol{X}$ に依ること」に起因する (♡ (8.37b)).
　膨縮系から眺めた波動函数なるものが定義できるとすれば，(6.100) と同じく，位相因子 $\exp(-i\Phi)$ が現れるものと期待できる．ただし，「位置に依存する $\boldsymbol{P}/\hbar$」は局所波数 (♡ (6.22)) と見なされるべきゆえ，次のごとく採るべきであろう：

$$\nabla\Phi = \boldsymbol{P}/\hbar = \frac{m\dot{a}}{\hbar a}\boldsymbol{r}, \quad\text{つまり}\quad \Phi = \frac{m\dot{a}}{2\hbar a}\boldsymbol{r}^2 = \frac{ma\dot{a}}{2\hbar}\boldsymbol{X}^2. \tag{8.43}$$

そこで次のように置こう：

$$\psi^{??}(\boldsymbol{X};t) := \mathcal{C}(\boldsymbol{X},t)\psi\{\boldsymbol{X};t\}, \tag{8.44a}$$

$$\mathcal{C}(\boldsymbol{X},t) := \exp\left(-i\Phi\right) \equiv \exp\{-ima\dot{a}\boldsymbol{X}^2/2\hbar\}. \tag{8.44b}$$

♣ 註: (8.42a) 右辺第一項における $\boldsymbol{P}(\boldsymbol{X},t)$ は，「電磁場中の荷電粒子」との類似を先取りしていえば，実効ヴェクトルポテンシャルである．これは，$\boldsymbol{X}$ に依るけれども，実効磁場が 0 (♡ $\nabla\times\boldsymbol{P}(\boldsymbol{X},t)\propto\nabla\times\boldsymbol{X} = 0$) ゆえ，ゲージ変換 (8.44) で消せる．

　$\psi^{??}(\boldsymbol{X};t)$ が従う方程式は，(8.41a)∧(8.42) を用いて (以下 $\mathcal{C}\equiv\mathcal{C}(\boldsymbol{X},t)$),

$$\text{8.3 シュレーディンガー方程式に対する膨縮変換} \quad 327$$

$$i\hbar\frac{\partial}{\partial t}\psi^{??}(\boldsymbol{X};t) = \mathcal{C}\left(i\hbar\frac{\partial}{\partial t} + \hbar\frac{\partial\Phi}{\partial t}\right)\psi\{\boldsymbol{X};t\}$$

$$= \mathcal{C}\left\{\frac{1}{2m}\left\{\frac{\hbar}{ia}\nabla_{\mathbf{x}} - \boldsymbol{P}(\boldsymbol{X},t)\right\}^2 - \frac{m}{2}\dot{a}^2\boldsymbol{X}^2 + \frac{m}{2}(\dot{a}^2 + a\ddot{a})\boldsymbol{X}^2\right.$$

$$\left. + V\{\boldsymbol{X},t\} - i\hbar D\frac{\dot{a}}{2a}\right\}\psi\{\boldsymbol{X};t\}. \tag{8.45}$$

右辺第一項を変形するにあたり,

$$\mathcal{C}\left\{\frac{\hbar}{ia}\nabla_{\mathbf{x}} - \boldsymbol{P}(\boldsymbol{X},t)\right\}\phi(\boldsymbol{X}) = \mathcal{C}\frac{\hbar}{ia}\left\{\nabla_{\mathbf{x}} - i(\nabla_{\mathbf{x}}\Phi)\right\}\phi(\boldsymbol{X}) = \frac{\hbar}{ia}\nabla_{\mathbf{x}}\left\{\mathcal{C}\phi(\boldsymbol{X})\right\} \quad : \forall\phi \tag{8.46}$$

を二度繰り返し用いて $\mathcal{C}$ を右にずらせば,

$$i\hbar\frac{\partial}{\partial t}\psi^{??}(\boldsymbol{X};t) = \left\{-\frac{\hbar^2}{2ma^2}\nabla_{\mathbf{x}}{}^2 + V^{??}(\boldsymbol{X},t)\right\}\psi^{??}(\boldsymbol{X};t), \tag{8.47a}$$

$$V^{??}(\boldsymbol{X},t) := V(a\boldsymbol{X},t) + \frac{1}{2}ma\ddot{a}\boldsymbol{X}^2 - i\hbar D\frac{\dot{a}}{2a}. \tag{8.47b}$$

これは何となくシュレーディンガー方程式らしき形をしている."膨縮系から眺めたシュレーディンガー方程式"とよびたい誘惑に駆られるかもしれぬ.しかし,ポテンシャルとおぼしき $V^{??}$ に虚数項が含まれるゆえ,ノルム $\|\psi^{??}\|$ が保存されぬであろう(♡ 4.4 節).実際,具体的に調べてみれば

$$\int d^D X\,|\psi^{??}(\boldsymbol{X};t)|^2 = \int d^D X\,|\psi\{\boldsymbol{X};t\}|^2 = \int d^D X\,|\psi(a\boldsymbol{X};t)|^2$$

$$= a^{-D}\int d^D r\,|\psi(\boldsymbol{r};t)|^2 = a^{-D}. \tag{8.48}$$

ゆえに,a が定数ならぬ限り,$\psi^{??}$ には波動函数たる資格がない.しかるに,上式からわかる通り,

$$\|a^{D/2}\psi^{??}\| = \text{一定} = 1.$$

それゆえ,再度

$$\psi^?(\boldsymbol{X};t) := a^{D/2}\psi^{??}(\boldsymbol{X};t) \tag{8.49}$$

と変換し,恒等式

$$D\frac{\dot{a}}{2a} = a^{-D/2}\frac{da^{D/2}}{dt} \tag{8.50}$$

を使うと

$$i\hbar\frac{\partial}{\partial t}\psi^?(\boldsymbol{X};t) = a^{D/2}\left\{i\hbar\frac{\partial}{\partial t} + i\hbar D\frac{\dot{a}}{2a}\right\}\psi^{??}(\boldsymbol{X};t)$$

$$= \left\{-\frac{\hbar^2}{2ma^2}\nabla_{\mathbf{x}}^2 + V^?(\boldsymbol{X},t)\right\}\psi^?(\boldsymbol{X};t), \tag{8.51a}$$

$$V^?(\boldsymbol{X},t) \equiv V(a\boldsymbol{X},t) + \frac{1}{2}ma\ddot{a}\boldsymbol{X}^2. \tag{8.51b}$$

かくて虚数項が,幸いにも「t だけの($\boldsymbol{X}$ に依らぬ)函数」であったがゆえに,規格化因子に吸収できた.

♣♣ 註 (8.47a) は,数式としては何ら問題ない(正しい)けれどもシュレーディンガー方程式としては失格であり,上記のごとくさらに変換せねばならぬ.同様な規格化を忘れたがゆえに的外れな議論に陥った例が著名な教科書にも見られる:

328   第 8 章　調和振動子波動函数

ディラック方程式の不相対論的近似式を導いて曰く：

"The fourth term is a similar relativistic correction to the potential energy, which does not have a classical analogue. Since it does not involve the angular momenta, it is much more difficult to demonstrate experimentally than ⋯⋯." [3]

ここにいう "The fourth term" は "虚数"(精確には "不エルミート") であり，"古典論において対応する項 (classical analogue)" がないのみならず，"実験的検証が難しい (difficult to demonstrate experimentally)" どころか，原理的に検証不可能である．当該近似式はシュレーディンガー方程式たる資格を有せず，規格化を忘れずさらに変換すれば "the fourth term" は消える．

(8.51a) は，「シュレーディンガー方程式における質量 m」を「時間依存実効質量(time-dependent effective mass) $a^2 m$」で置き換えた形をしている．厄介なことになった．しかし，再び幸いなことに，(8.51a) は t に関して一階である．両辺に a^2 を掛けてみればわかる通り，ニュートン運動方程式の場合と同じく，「(8.10) で定義される τ」を時間として採用すると都合がよい．

♣ 註　「位置の尺度変換 (8.36a) に伴い，時間も (8.10) のごとく変えるべし」なる結果は，後知恵でいえば，「シュレーディンガー方程式が拡散型 $(\partial/\partial t \sim \partial^2/\partial x^2)$ なること」を直接に反映したものである：ニュートン運動方程式の場合よりもわかりやすい．

かくて，

$$\psi'(\boldsymbol{X};\tau) := \psi^?(\boldsymbol{X};t(\tau)) \tag{8.52}$$

と読み直すことに拠り，

$$i\hbar \frac{\partial}{\partial \tau}\psi'(\boldsymbol{X};\tau) = \left\{ -\frac{\hbar^2}{2m}\nabla_{\mathbf{x}}^2 + V'(\boldsymbol{X},\tau) \right\}\psi'(\boldsymbol{X};\tau), \tag{8.53a}$$

$$V'(\boldsymbol{X},\tau) \equiv a^2 V^?(a\boldsymbol{X},t)\big|_{t=t(\tau)} = a^2 V(a\boldsymbol{X},t) + \frac{1}{2}ma^3\ddot{a}\boldsymbol{X}^2\bigg|_{t=t(\tau)}. \tag{8.53b}$$

これを膨縮系から眺めたシュレーディンガー方程式とよぶ．ポテンシャル V' 第二項は「膨縮加速度 $\ddot{a}$ に比例し」∧「勾配が，古典力学において現れた調和慣性力 $-ma^3\ddot{a}\boldsymbol{X}$ に他ならぬ」．

変換 (8.38)∧(8.44) ∧(8.49)∧(8.52) をまとめると

$$\psi(\boldsymbol{r};t) = \psi\{\boldsymbol{r}/a;t\} = \exp\left\{ i\frac{m}{2\hbar}\frac{\dot{a}}{a}\boldsymbol{r}^2 \right\}\psi^{??}(\boldsymbol{r}/a;t)$$
$$= a^{-D/2}\exp\left\{ i\frac{m}{2\hbar}\frac{\dot{a}}{a}\boldsymbol{r}^2 \right\}\psi'\left(\frac{\boldsymbol{r}}{a};\tau \right) \quad : a \equiv a(t) \wedge \tau \equiv \tau(t), \tag{8.54a}$$

$$1 = \int d^D r\, |\psi(\boldsymbol{r};t)|^2 = \int d^D X\, |\psi'(\boldsymbol{X};\tau)|^2. \tag{8.54b}$$

ψ' を膨縮系から眺めた波動函数とよぶ．(8.54a) を逆に解けば

$$\psi'(\boldsymbol{X};\tau) = a^{D/2}\exp\left\{ -i\frac{m}{2\hbar}a\dot{a}\boldsymbol{X}^2 \right\}\psi(a\boldsymbol{X};t(\tau))\bigg|_{a\equiv a(\tau)}. \tag{8.54c}$$

(8.53)∧(8.54) をシュレーディンガー方程式に対する膨縮変換とよぶ．

「シュレーディンガー方程式 (3.87) を始条件 (4.75) のもとで解くこと」は「(8.47a) を次の始条件のもとで解くこと」と等価である (♡ (8.54c))：

$$\psi'(\boldsymbol{X};0) = \phi^{始'}(\boldsymbol{X}) := a_0^{D/2}\exp\{-i\frac{m}{2\hbar}a_0\dot{a}_0\boldsymbol{X}^2\}\phi^{始}(a_0\boldsymbol{X}), \tag{8.55a}$$

$$\{a_0, \dot{a}_0\} \equiv \{a(0), \dot{a}(0)\}. \tag{8.55b}$$

特に,

$$\{a_0, \dot{a}_0\} = \{1, 0\} \tag{8.55c}$$

なる尺度因子を採れば，始波動函数の形を変える必要がない：

$$\phi^{始\prime}(\boldsymbol{X}) = \phi^{始}(\boldsymbol{X}). \tag{8.55d}$$

♣ 註 「空間尺度が時間変化するポテンシャル $V^{(0)}(\boldsymbol{r}/a(t))$」の場合に，尺度因子 $a(t)$ なる膨縮変換を施すと

$$V'(\boldsymbol{X}, \tau) = a^2 V^{(0)}(\boldsymbol{X}) + \frac{1}{2} m a^3 \ddot{a} \boldsymbol{X}^2 \qquad : a \equiv a(t(\tau)). \tag{8.56a}$$

つまり，例えば跳箱ポテンシャル (♡ 14.10 節) の場合「幅の時間変化」が「高さの時間変化」に化けると共に，時間変動調和ポテンシャルが付加される[*12]．特に，$a \propto t$ の場合には，右辺第二項が 0 ゆえ，「幅の時間変動」と「高さの時間変動」は膨縮変換を介して等価 (これは，$a =$ 一定 なら自明)．

♣♣ 演習 「「幅 $\propto t$」∧「高さ $\propto t^{-2}$」なるポテンシャル $(t_0/t)^2 V^{(1)}(t_0 \boldsymbol{r}/t)$ ： t_0は定数」はポテンシャル $V^{(1)}(\boldsymbol{r})$ に変換できる．

証明：$V(\boldsymbol{r}, t) = a^{-2} V^{(1)}(\boldsymbol{r}/a)$ の場合，尺度因子 a なる膨縮変換を施すと，

$$V'(\boldsymbol{X}, \tau) = V^{(1)}(\boldsymbol{X}) + \frac{1}{2} m a^3 \ddot{a} \boldsymbol{X}^2 \qquad : a \equiv a(t(\tau)). \tag{8.56b}$$

特に $a \propto t$ なら右辺第二項は 0. ∎ $\tag{8.56c}$

8.4 調和振動子の量子動力学

8.4.1 調和振動子における膨縮変換

シュレーディンガー方程式 (3.87) にて

$$V(\boldsymbol{r}, t) = \frac{1}{2} m \omega^2 \boldsymbol{r}^2 \qquad : \omega \equiv \omega(t) \tag{8.57}$$

なる場合を **(量子力学版) 調和振動子** (詳しくは**等方調和振動子**：isotropic harmonic oscillator) とよび，波動函数を $\psi^{\mathrm{HO}}(\boldsymbol{r}; t)$ と書く：

$$i\hbar \frac{\partial}{\partial t} \psi^{\mathrm{HO}}(\boldsymbol{r}; t) = \left\{ -\frac{\hbar^2}{2m} \nabla^2 + \frac{1}{2} m \omega^2 \boldsymbol{r}^2 \right\} \psi^{\mathrm{HO}}(\boldsymbol{r}; t). \tag{8.58}$$

註 以下，「(量子力学版) 調和振動子」を**調和振動子**と略称し，古典力学版調和振動子に言及する際には**古典調和振動子**と書く．

「(8.15) に従う尺度因子 a」∧「(8.10) なる τ」を用いて膨縮変換すると，

[*12] 歴私的註：縦揺れ ($\equiv$ 高さが時間変化する) ポテンシャルを扱った論文 [4] を読んだ後，芭蕉も訪れたという古社 (亀岡八幡) を歩いていて傾いた石段によろめき，おっと危ない水平志向 ～ 転んでもただでは起きぬ水平思考，それなら横に揺らして ($\equiv$ 幅を時間変化させて) みたらどうかと想い至ったのが，膨縮変換のそもそもの動機．横揺れポテンシャルは変換しても (8.56a) のごとく複雑でどうにもならず，当初のもくろみは失敗．しかし，第二項が調和型なることから調和振動子に応用 (次節) $\cdots$ と展開．それにしても，こんな単純かつ基本的なことに気付いたのが量子力学を講義し始めてから 10 年以上も経った頃 [5] とは情けない．

330 第 8 章 調和振動子波動函数

$$\psi^{\mathrm{HO}}(\boldsymbol{r};t) = a^{-D/2} \exp\left\{i\frac{m}{2\hbar}\frac{\dot{a}}{a}\boldsymbol{r}^2\right\} \psi^{\mathrm{HO}\{\Omega\}}\left(\frac{\boldsymbol{r}}{a};\tau\right) \qquad : a \equiv a(t) \,\wedge\, \tau \equiv \tau(t),$$

(8.59a)

ただし

$$i\hbar\frac{\partial}{\partial\tau}\psi^{\mathrm{HO}\{\Omega\}}(\boldsymbol{X};\tau) = \left\{-\frac{\hbar^2}{2m}\nabla_{\mathbf{x}}^2 + \frac{1}{2}m\Omega^2\boldsymbol{X}^2\right\}\psi^{\mathrm{HO}\{\Omega\}}(\boldsymbol{X};\tau).$$

(8.59b)

すなわち

調和振動子に関する等価定理[*13]

周波数が相異なる調和振動子は互いに膨縮変換で結ばれる.

(8.59b) は,特に $\Omega = 0$ と採れば (つまり,尺度因子として古典調和振動子 (8.13) を採れば),自由粒子シュレーディンガー方程式となる. かくて次の定理が証明できた:

力学分解定理その 2 (HO)

「調和振動子の QD」 = 「調和振動子の CD」 $\wedge$ 「自由粒子の QD」.

式であらわに書けば,「調和振動子ニュートン運動方程式 (8.13) に従う尺度因子 a」を用いて,

$$\psi^{\mathrm{HO}}(\boldsymbol{r};t) = a^{-D/2} \exp\left\{i\frac{m}{2\hbar}\frac{\dot{a}}{a}\boldsymbol{r}^2\right\} \psi^{\text{自由}}\left(\frac{\boldsymbol{r}}{a};\tau\right) \qquad : a \equiv a(t) \,\wedge\, \tau \equiv \tau(t). \quad (8.60)$$

要するに,尺度因子を一つ決めれば,調和振動子波動函数と自由粒子波動函数が一対一に対応する.

かくて,調和振動子シュレーディンガー方程式を解く**処方箋** (prescription) を得る:

始条件

$$\psi^{\mathrm{HO}}(\boldsymbol{r};0) = \phi^{\text{始}}(\boldsymbol{r}) \qquad : \phi^{\text{始}} \text{ は } \|\phi^{\text{始}}\| = 1 \text{ なる限り勝手} \quad (8.61)$$

を充たす調和振動子波動函数 $\psi^{\mathrm{HO}}(\boldsymbol{r};t)$ を求める手順:

1. $\psi^{\text{自由}}(\boldsymbol{r};0) = \phi^{\text{始}}(\boldsymbol{r})$ なる自由粒子波動函数 $\psi^{\text{自由}}(\boldsymbol{r};t)$ を求める.
2. (8.13) の第一基本解 α ($\heartsuit$ (8.18)) を求めて $a = \alpha$ と置く (すると a は始条件 (8.55c) を充たす).
3. 以上を (8.60) 右辺に代入する.

♣ **註** よりおおらかに (始条件を度外視して),自由粒子波動函数を与えさえすれば,(8.60) を用いて調和振動子波動函数がどしどし造れるわけである. さらに,波動函数たり得ること (すなわち規格化できること) も要請せず単に"微分方程式 (8.58) の解"が欲しいだけなら,(8.61) および後述 (8.62a) における $\phi^{\text{始}}$ はまったく勝手である.

演習 上記処方箋に拠り次の定理 (「自由粒子に関して 4.10.3 項に述べた性質」の調和振動子版) が成り立つ:調和振動子波動函数 $\psi^{\mathrm{HO}(\boldsymbol{r}_0,\boldsymbol{p}_0)}(\boldsymbol{r};t)$ が

$$\psi^{\mathrm{HO}(\boldsymbol{r}_0,\boldsymbol{p}_0)}(\boldsymbol{r};0) = \phi^{\text{始}}(\boldsymbol{r}-\boldsymbol{r}_0)\, e^{i(\boldsymbol{r}-\boldsymbol{r}_0)\cdot\boldsymbol{p}_0/\hbar} \quad (8.62a)$$

なる始条件を充たすならば,(8.13) の基本解 $\{\alpha(t),\beta(t)\}$ ($\heartsuit$ (8.18)) を用いて,

---

[*13] 標語的に「調和振動子の内に膨縮宇宙が潜む」といえよう. "膨縮宇宙内の調和振動子"ではない.

$$\psi^{\mathrm{HO}(\boldsymbol{r}_0,\boldsymbol{p}_0)}(\boldsymbol{r};t) = \psi^{\mathrm{HO}(\boldsymbol{0},\boldsymbol{0})}(\boldsymbol{r}-\boldsymbol{r}_{\mathrm{cl}}(t);\ t)\ \exp\{i(\boldsymbol{r}-\boldsymbol{r}_{\mathrm{cl}}(t))\cdot\boldsymbol{p}_{\mathrm{cl}}(t)/\hbar+i\mathcal{S}_{\mathrm{cl}}^{\mathrm{HO}}(t)/\hbar\},$$
(8.62b)

$$\boldsymbol{r}_{\mathrm{cl}}(t) \equiv \alpha(t)\boldsymbol{r}_0+\beta(t)\boldsymbol{v}_0,\quad \frac{\boldsymbol{p}_{\mathrm{cl}}(t)}{m}\equiv\dot{\boldsymbol{r}}_{\mathrm{cl}}(t)=\dot\alpha(t)\boldsymbol{r}_0+\dot\beta(t)\boldsymbol{v}_0\qquad:\ \boldsymbol{v}_0=\frac{\boldsymbol{p}_0}{m},\quad(8.62\mathrm{c})$$

$\mathcal{S}_{\mathrm{cl}}^{\mathrm{HO}}(t)\equiv$「調和振動子古典軌道 $\{\boldsymbol{r}_{\mathrm{cl}},\boldsymbol{p}_{\mathrm{cl}}\}$ に付随する作用積分」

$$\begin{aligned}
&:= \int_0^t dt'\ \left(\frac{m}{2}\{\dot{\boldsymbol{r}}_{\mathrm{cl}}(t')\}^2-\frac{m}{2}\{\omega(t')\}^2\{\boldsymbol{r}_{\mathrm{cl}}(t')\}^2\right)\\
&= \dot\alpha(t)\alpha(t)\boldsymbol{r}_0^2+2\dot\alpha(t)\beta(t)\boldsymbol{v}_0\cdot\boldsymbol{r}_0+\dot\beta(t)\beta(t)\boldsymbol{v}_0^2\\
&= \frac{1}{2}\{\boldsymbol{p}_{\mathrm{cl}}(t)\cdot\boldsymbol{r}_{\mathrm{cl}}(t)-\boldsymbol{p}_0\cdot\boldsymbol{r}_0\}.
\end{aligned}$$
(8.62d)

運動量確率振幅は, (8.62b) をフーリエ変換して,

$$\widetilde{\psi^{\mathrm{HO}(\boldsymbol{r}_0,\boldsymbol{p}_0)}}(\boldsymbol{p};t) = \widetilde{\psi^{\mathrm{HO}(\boldsymbol{0},\boldsymbol{0})}}(\boldsymbol{p}-\boldsymbol{p}_{\mathrm{cl}}(t);\ t)\ \exp\{-i\boldsymbol{r}_{\mathrm{cl}}(t)\cdot\boldsymbol{p}/\hbar+i\mathcal{S}_{\mathrm{cl}}^{\mathrm{HO}}(t)/\hbar\}.\quad(8.62\mathrm{e})$$

☆註 (8.62a) に定数位相因子 $e^{i\boldsymbol{p}_0\cdot\boldsymbol{r}_0/\hbar}$ を掛けると

$$\psi^{\mathrm{HO}}(\boldsymbol{r};0)=\phi^{\text{始}}(\boldsymbol{r}-\boldsymbol{r}_0)\ e^{i\boldsymbol{p}_0\cdot\boldsymbol{r}/\hbar},\tag{8.62f}$$

$$\psi^{\mathrm{HO}}(\boldsymbol{r};t)=\psi^{\mathrm{HO}(\boldsymbol{0},\boldsymbol{0})}(\boldsymbol{r}-\boldsymbol{r}_{\mathrm{cl}}(t);\ t)\ \exp\{i\boldsymbol{p}_{\mathrm{cl}}(t)\cdot\boldsymbol{r}/\hbar-i\mathcal{S}_{\mathrm{cl}}^{\mathrm{HO}}(t)/\hbar\},\tag{8.62g}$$

$$\widetilde{\psi^{\mathrm{HO}}}(\boldsymbol{p};t)=\widetilde{\psi^{\mathrm{HO}(\boldsymbol{0},\boldsymbol{0})}}(\boldsymbol{p}-\boldsymbol{p}_{\mathrm{cl}}(t);\ t)\ \exp\{-i(\boldsymbol{p}-\boldsymbol{p}_{\mathrm{cl}}(t))\cdot\boldsymbol{r}_{\mathrm{cl}}(t)/\hbar-i\mathcal{S}_{\mathrm{cl}}^{\mathrm{HO}}(t)/\hbar\}.\tag{8.62h}$$

"作用積分項の符号が誤り" と錯覚しかねぬが, むろん, (8.62g)∨(8.62h) は (8.62b)∨(8.62e) に $e^{i\boldsymbol{p}_0\cdot\boldsymbol{r}_0/\hbar}$ を掛けたものにすぎぬ ♡ $-\boldsymbol{r}_{\mathrm{cl}}(t)\cdot\boldsymbol{p}_{\mathrm{cl}}(t)+\boldsymbol{p}_0\cdot\boldsymbol{r}_0=-2\mathcal{S}_{\mathrm{cl}}^{\mathrm{HO}}(t).$

証明: (8.60) を適用する (ただし $a=\alpha\equiv\alpha(t)$ と採る) と,

$$\psi^{\mathrm{HO}(\boldsymbol{r}_0,\boldsymbol{p}_0)}(\boldsymbol{r};t)=\mathcal{N}(\boldsymbol{r},t)\psi^{\text{自由}(\boldsymbol{r}_0,\boldsymbol{p}_0)}(\boldsymbol{r}/\alpha;\ \tau)\qquad:\ \mathcal{N}(\boldsymbol{r},t)\equiv\alpha^{-D/2}\exp\left\{i\frac{m}{2\hbar}\frac{\dot\alpha}{\alpha}\boldsymbol{r}^2\right\}\quad(8.63\mathrm{a})$$

と書けて,

$$\psi^{\text{自由}(\boldsymbol{r}_0,\boldsymbol{p}_0)}(\boldsymbol{r};0)=\phi^{\text{始}}(\boldsymbol{r}-\boldsymbol{r}_0)\ e^{i(\boldsymbol{r}-\boldsymbol{r}_0)\cdot\boldsymbol{p}_0/\hbar}\qquad\heartsuit\ (8.62\mathrm{a}).$$

ゆえに, 4.10.3 項演習 4.10-3 (にて t を τ で置き換えたもの) に拠り,

$$\psi^{\text{自由}(\boldsymbol{r}_0,\boldsymbol{p}_0)}(\boldsymbol{r};\tau)=\psi^{\text{自由}(\boldsymbol{0},\boldsymbol{0})}(\boldsymbol{r}-\boldsymbol{r}_0-\boldsymbol{v}_0\tau;\ \tau)\ \exp\{i(\boldsymbol{r}-\boldsymbol{r}_0-\boldsymbol{v}_0\tau)\cdot\boldsymbol{p}_0/\hbar+imv_0^2\tau/2\hbar\}.$$
(8.63b)

しかるに, 再び (8.60) に拠り,

$$\psi^{\text{自由}(\boldsymbol{0},\boldsymbol{0})}(\boldsymbol{r};\tau)=\{\mathcal{N}(\alpha\boldsymbol{r},t)\}^{-1}\psi^{\mathrm{HO}(\boldsymbol{0},\boldsymbol{0})}(\alpha\boldsymbol{r};\ t).\tag{8.63c}$$

(8.63a)∧(8.63b)∧(8.63c) に拠り,

$$\psi^{\mathrm{HO}(\boldsymbol{r}_0,\boldsymbol{p}_0)}(\boldsymbol{r};t)=\mathcal{C}\ \psi^{\mathrm{HO}(\boldsymbol{0},\boldsymbol{0})}(\alpha\widetilde{\boldsymbol{r}};\ t),$$

$$\text{ただし,}\quad \mathcal{C}\equiv\frac{\mathcal{N}(\boldsymbol{r},t)}{\mathcal{N}(\alpha\widetilde{\boldsymbol{r}},\ t)}\exp(i\widetilde{\boldsymbol{r}}\cdot\boldsymbol{p}_0/\hbar+imv_0^2\tau/2\hbar),$$

$$\widetilde{\boldsymbol{r}}\equiv\frac{\boldsymbol{r}}{\alpha}-\boldsymbol{r}_0-\boldsymbol{v}_0\tau=(\boldsymbol{r}-\alpha\boldsymbol{r}_0-\alpha\tau\boldsymbol{v}_0)/\alpha$$

$$=(\boldsymbol{r}-\boldsymbol{r}_{\mathrm{cl}})/\alpha\qquad:\ \boldsymbol{r}_{\mathrm{cl}}\equiv\boldsymbol{r}_{\mathrm{cl}}(t)\qquad\heartsuit\ \alpha\tau=\beta.$$

$\mathcal{C}$ を整理すると

$$\frac{\hbar}{im}\log\frac{\mathcal{N}(\boldsymbol{r},t)}{\mathcal{N}(\alpha\widetilde{\boldsymbol{r}},\ t)}=\frac{\dot\alpha}{2\alpha}\{\boldsymbol{r}^2-(\boldsymbol{r}-\boldsymbol{r}_{\mathrm{cl}})^2\}=\frac{\dot\alpha}{\alpha}\left\{(\boldsymbol{r}-\boldsymbol{r}_{\mathrm{cl}})\cdot\boldsymbol{r}_{\mathrm{cl}}+\frac{1}{2}\boldsymbol{r}_{\mathrm{cl}}^2\right\},$$

$$\frac{\hbar}{i}\log\mathcal{C}=m\frac{\dot\alpha}{\alpha}\left\{(\boldsymbol{r}-\boldsymbol{r}_{\mathrm{cl}})\cdot\boldsymbol{r}_{\mathrm{cl}}+\frac{1}{2}\boldsymbol{r}_{\mathrm{cl}}^2\right\}+\frac{1}{\alpha}(\boldsymbol{r}-\boldsymbol{r}_{\mathrm{cl}})\cdot\boldsymbol{p}_0+\frac{m}{2}v_0^2\tau=(\boldsymbol{r}-\boldsymbol{r}_{\mathrm{cl}})\cdot\boldsymbol{P}+\frac{m}{2}\mathcal{Q},$$

332 第8章 調和振動子波動函数

$$\boldsymbol{P} \equiv (m\dot{\boldsymbol{r}}_{\mathrm{cl}} + \boldsymbol{p}_0)/\alpha = m\dot{\boldsymbol{r}}_0 + (\dot{\alpha}\beta + 1)\frac{\boldsymbol{p}_0}{\alpha} = \boldsymbol{p}_{\mathrm{cl}} \qquad \heartsuit \ \dot{\alpha}\beta = \alpha\dot{\beta} - 1,$$

$$\mathcal{Q} \equiv \left(\dot{\alpha}\boldsymbol{r}_{\mathrm{cl}}^2 + \beta\boldsymbol{v}_0^2\right)/\alpha = \dot{\alpha}\alpha\boldsymbol{r}_0^2 + 2\dot{\alpha}\beta\boldsymbol{v}_0 \cdot \boldsymbol{r}_0 + (\dot{\alpha}\beta + 1)\frac{\beta\boldsymbol{v}_0^2}{\alpha}$$

$$= \dot{\alpha}\alpha\boldsymbol{r}_0^2 + (\dot{\alpha}\beta + \dot{\beta}\alpha)\boldsymbol{v}_0 \cdot \boldsymbol{r}_0 + \dot{\beta}\beta\boldsymbol{v}_0^2 + (\dot{\alpha}\beta - \dot{\beta}\alpha)\boldsymbol{v}_0 \cdot \boldsymbol{r}_0 = \dot{\boldsymbol{r}}_{\mathrm{cl}} \cdot \boldsymbol{r}_{\mathrm{cl}} - \boldsymbol{v}_0 \cdot \boldsymbol{r}_0. \ ∎$$

註 後述 8.4.4 項 (コヒーレント状態)∨8.4.6 項 (拉コヒーレント状態) は, ガウス型始状態を想定して計算 (計算練習!!) を行うが, いずれも上記定理を具体例で確かめるにすぎぬ.

上記処方箋を実行してみよう. 差し当たり, $\mathbf{E}^1 \wedge$「$\omega = $ 一定 (t に依らぬ)」とする.

いきなり計算を始める前に次元解析をしておく:シュレーディンガー方程式を $\hbar\omega$ で割って整理すると

$$i\frac{\partial}{\omega\partial t}\psi^{\mathrm{HO}} = \left\{-\frac{1}{2}\frac{\partial^2}{(m\omega/\hbar)\partial x^2} + \frac{1}{2}(m\omega/\hbar)x^2\right\}\psi^{\mathrm{HO}}. \tag{8.64a}$$

それゆえ, 調和振動子の {特性時間, 特性長, 特性運動量} として $\{\omega^{-1}, \lambda_0, \widetilde{\lambda_0}\}$ が採れる:

$$\lambda_0 \equiv \sqrt{\frac{\hbar}{2m\omega}}, \qquad \widetilde{\lambda_0} \equiv \frac{\hbar}{2\lambda_0} = \sqrt{\frac{m\hbar\omega}{2}} = m\omega\lambda_0 \tag{8.64b}$$

(因子 $1/\sqrt{2}$ は下記諸式を簡潔化すべく付けた).

尺度因子 a として (8.13) の第一基本解

$$\alpha \equiv \alpha(t) = \cos\omega t \tag{8.65}$$

を採って

$$\psi^{\mathrm{HO}}(x;t) = \frac{1}{\sqrt{\alpha}}\exp\left\{-i\frac{m\omega}{2\hbar}x^2\tan\omega t\right\}\ \psi^{\text{自由}}\left(\frac{x}{\alpha};\tau\right)$$

$$= \frac{1}{\sqrt{\alpha}}\exp\left\{-\frac{i}{4}\left(\frac{x}{\lambda_0}\right)^2\omega\tau\right\}\ \psi^{\text{自由}}\left(\frac{x}{\alpha};\tau\right), \tag{8.66a}$$

$$\tau = \frac{1}{\omega}\tan\omega t. \tag{8.66b}$$

以下, 自由ガウス波束に対応する調和振動子波動函数を幾つか造ってみよう.

8.4.2 拉状態

自由粒子波動函数として「中心運動量 0 なる自由ガウス波束」

$$\psi^{\text{自由}}_{\mathrm{Gauss}\{0,\Delta_0\}}(x;t) = \frac{1}{(\sqrt{2\pi}\Delta(t))^{1/2}}\exp\left\{-\frac{1}{4}\frac{x^2}{\Delta_0\Delta(t)}\right\} \tag{8.67a}$$

$$\Delta(t) = \Delta_0 + i\frac{\hbar t}{2m\Delta_0} = \left(s_0 + i\frac{\omega t}{s_0}\right)\lambda_0 \qquad : s_0 \equiv \Delta_0/\lambda_0 \tag{8.67b}$$

を採ってみよう. これで造れる調和振動子波動函数 (下添字 sq は "squeezed" の意 $\heartsuit$ 後述) は

$$\psi^{\mathrm{HO}}_{\mathrm{sq}\{s_0\}}(x;t) \equiv \text{「}\phi^{\text{始}}(x) = (\sqrt{2\pi}s_0\lambda_0)^{-1/2}\exp(-x^2/4s_0^2\lambda_0^2) \text{ なる調和振動子波動函数」} \tag{8.68a}$$

$$= \frac{1}{(\sqrt{2\pi}a\Delta(\tau))^{1/2}}\exp\left\{-\frac{i}{4}\left(\frac{x}{\lambda_0}\right)^2\omega\tau - \frac{1}{4}\frac{x^2}{a^2 s_0\lambda_0\Delta(\tau)}\right\}$$

$$= \frac{1}{(\sqrt{2\pi}\Delta_{\mathrm{sq}}(t))^{1/2}} \exp\left\{-\frac{1}{4}\left(\frac{x}{\mathcal{D}(t)}\right)^2\right\}, \tag{8.68b}$$

$$\Delta_{\mathrm{sq}}(t)/\lambda_0 \equiv a\Delta(\tau)/\lambda_0 = as_0 + i\frac{a\omega\tau}{s_0} = s_0\cos\omega t + \frac{i}{s_0}\sin\omega t, \tag{8.68c}$$

$$\left\{\frac{\lambda_0}{\mathcal{D}(t)}\right\}^2 \equiv \frac{1}{a^2 s_0 \Delta(\tau)/\lambda_0} + i\omega\tau = \frac{s_0^{-1}\cos\omega t + is_0\sin\omega t}{s_0\cos\omega t + is_0^{-1}\sin\omega t}. \tag{8.68d}$$

註 次の記法も便利:

$$\Delta_+(t) \equiv \Delta_{\mathrm{sq}}(t), \qquad \Delta_-(t) \equiv (s_0^{-1}\cos\omega t + is_0\sin\omega t)\lambda_0 = -\frac{i}{\omega}\dot{\Delta}_{\mathrm{sq}}(t) = -i\frac{2m}{\hbar}\lambda_0^2\dot{\Delta}_{\mathrm{sq}}(t), \tag{8.68e}$$

$$\frac{1}{\{\mathcal{D}(t)\}^2} = \frac{\Delta_-(t)}{\Delta_+(t)}\frac{1}{\lambda_0^2} = -i\frac{2m}{\hbar}\frac{\dot{\Delta}_{\mathrm{sq}}(t)}{\Delta_{\mathrm{sq}}(t)}. \tag{8.68f}$$

(8.68b) はガウス型函数である. したがって運動量確率振幅もガウス型函数となる (♡ 便利な公式 (4.136a)):

$$\widetilde{\psi_{\mathrm{sq}\{s_0\}}^{\mathrm{HO}}}(p;t) = \frac{1}{(\sqrt{2\pi}\,\widetilde{\Delta_{\mathrm{sq}}}(t))^{1/2}} \exp\left\{-\frac{1}{4}\left(\frac{p}{\widetilde{\mathcal{D}}(t)}\right)^2\right\}, \tag{8.69a}$$

$$\widetilde{\Delta_{\mathrm{sq}}}(t) \equiv \frac{\hbar\Delta_{\mathrm{sq}}(t)}{2\{\mathcal{D}(t)\}^2} = (s_0^{-1}\cos\omega t + is_0\sin\omega t)\widetilde{\lambda_0} = \frac{\hbar}{2}\frac{\Delta_-(t)}{\lambda_0^2} = -im\dot{\Delta}_{\mathrm{sq}}(t), \tag{8.69b}$$

$$\widetilde{\mathcal{D}}(t) \equiv \frac{\hbar}{2\mathcal{D}(t)}. \tag{8.69c}$$

演習 確率密度を計算すると

$$\left|\psi_{\mathrm{sq}\{s_0\}}^{\mathrm{HO}}(x;t)\right|^2 = \frac{1}{\sqrt{2\pi}|\Delta_{\mathrm{sq}}(t)|} \exp\left\{-\frac{1}{2}\left(\frac{x}{|\Delta_{\mathrm{sq}}(t)|}\right)^2\right\}, \tag{8.70a}$$

$$\left|\widetilde{\psi_{\mathrm{sq}\{s_0\}}^{\mathrm{HO}}}(p;t)\right|^2 = \frac{1}{\sqrt{2\pi}|\widetilde{\Delta_{\mathrm{sq}}}(t)|} \exp\left\{-\frac{1}{2}\left(\frac{p}{|\widetilde{\Delta_{\mathrm{sq}}}(t)|}\right)^2\right\}, \tag{8.70b}$$

$$\text{ゆえに} \quad \triangle x = |\Delta_{\mathrm{sq}}(t)| = \left\{s_0^2(\cos\omega t)^2 + \frac{1}{s_0^2}(\sin\omega t)^2\right\}^{1/2}\lambda_0, \tag{8.70c}$$

$$\triangle p = |\widetilde{\Delta_{\mathrm{sq}}}(t)| = \left\{s_0^2(\sin\omega t)^2 + \frac{1}{s_0^2}(\cos\omega t)^2\right\}^{1/2}\widetilde{\lambda_0}. \quad\blacksquare \tag{8.70d}$$

つまり, 自由ガウス波束の場合と異なり, 確率密度の幅が (したがって「位置揺らぎ」も「運動量揺らぎ」も) 周期 π/ω で振動する: $s_0 < 1$ の場合を描くと図 8.3. それゆえ, $\psi_{\mathrm{sq}\{s_0\}}^{\mathrm{HO}}$ は**脈動波束** (pulsating wave packet) とよばれた [7]. 最近は **squeezed state**[*14] とよばれることが多いが, 本書は, <u>拉状態</u>とよぶ[*15].

[*14] 日本語は統一されていない: スクウィーズド状態, スクイーズド状態, スクィーズド状態, スクイズド状態, スクィズド状態, ⋯⋯. 三連子音 ([skwi:zd]) を発音できる日本語母語話者など滅多にいない (筆者は二連子音でも駄目) から無理もない. それにしても "カタカナ + 漢字" 和洋折衷はいかにもぎこちない.

[*15] "squeeze" は, 野球のスクイズ (squeeze play) と同じ語で, "押し潰す" の意. しかし, 脈動波束は「潰れたり膨れたり」をくり返すから潰れだけに依怙贔屓 (えこひいき) はいかがなものか? (無論, 潰れが強調される理由は有るには有る: 潰れていればいるほど粒子位置揺らぎが小さいすなわち位置が精確に定まっている.) それに, squeeze には搾取なる意もあるし, squeezed orange というと "絞り滓 (かす)" のことらしく, あまりよい感じがせぬ. 脈動波束は, よ

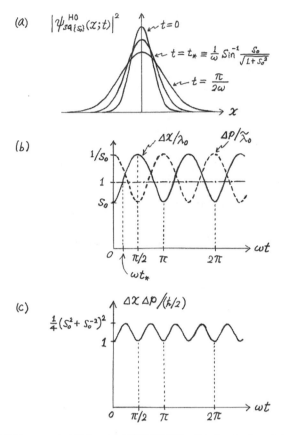

図 8.3 拉状態: $s_0 < 1$ の場合. (a) 位置確率密度, (b) $\triangle x$ と $\triangle p$, (c) 積 $\triangle x \triangle p$

演習 拉状態に関する「『位置揺らぎ』と『運動量揺らぎ』の積」(図 8.3(c))：

$$\frac{\hbar}{2} \leq \triangle x \triangle p = \frac{\hbar}{2}\left\{1 + \left[\frac{1}{2}\left(s_0^2 - \frac{1}{s_0^2}\right)\sin 2\omega t\right]^2\right\}^{1/2} \leq \frac{\hbar}{2}\left\{\frac{1}{2}\left(s_0^2 + \frac{1}{s_0^2}\right)\right\}^2. \quad \blacksquare \quad (8.71)$$

脈動する理由は上記計算を見れば明白であろう：「単調増加する自由波束幅 (♡ (8.67b))」が「減少する尺度因子」で抑えられる (♡ (8.68c)) ことに因る．$t \sim 0$ における状況を詳しくいうと，

- $s_0 < 1$ の場合には「自由波束が広がる効果」が「空間が収縮する効果」に勝って幅が増す (図 8.3(a)∧(b)),
- $s_0 > 1$ の場合には「空間収縮に因る打ち消し過剰」となり幅が減る (図 8.4 破線も参照).

註 1 拉状態は「$|\Delta_{\rm sq}(t)|/\Delta_0$ を尺度因子とする保形波束」(♡ (6.31)).

い語であるが，量子力学以外においても使われる．そこで，折衷案として考えたのが拉状態．「拉 (ロウ, ラフ, ラツ)」は「ひしぐ，ひさぐ，ひしゃぐ，ひしげる，ひさげる，ひしゃげる」などと読み「押し潰す (潰れる)，くだく，くじく」及び「引っ張る」なる両義を有す．例えばラーメン (拉麺) は "何度も引っ張って細くした麺" と聞く (真偽の程は知らず)．ただし，必ずしもあまりよい意味に使われぬが難点 (前者の意：拉殺，拉脅； 後者の意: 拉致).

註2 $t=0$ から始めて t を増していくと，$t \to T_0 (\equiv \pi/2\omega)$ にて $\tau \to \infty$ となり，膨縮変換が破綻する．つまり膨縮変換は，$t \in (0, T_0)$ においてのみ有効であり，「(8.68b) が $t \in (0, T_0)$ にてシュレーディンガー方程式を充たす」ことを保証する．しかるに，シュレーディンガー方程式においても結果 (8.68b) においても，$t = T_0$ は何ら特異な時刻ならぬ．ゆえに，(8.68b) は $\forall t$ にてシュレーディンガー方程式を充たす．この事情は，本項のみならず，本節全体に共通．

♣ **註中註** 一般的方法論に則って破綻処理するとすれば下記のごとき手順を踏むことになる：

まず，勝手に $T_{1+}(< T_0)$ を採って，$t \in (0, T_{1+})$ にて膨縮変換．

次に，勝手に $\{T_{1-}(< T_{1+}),\ T_{2+}(< T_{1-} + T_0)\}$ を採って，$t \in (T_{1-}, T_{2+})$ にて膨縮変換．

（ただし，最初とは異なる尺度因子を使用）

$\cdots\cdots$

これは，球面など曲がった空間に局所座標 (coordinate patch) を少しずつずれて重なるように貼り付けることと同じく，正統法である．しかし，上註に述べた通り，かような手間は不要．

8.4.3 $s_0 = 1$ の場合：基底状態

拉状態にて「始波束幅 Δ_0 が調和振動子特性長 λ_0 に等しい場合」（$s_0 = 1$）は特殊である．自由ガウス波束幅が広がる効果

$$|\Delta(\tau)| \propto |1 + i\omega\tau| = \{1 + (\tan\omega t)^2\}^{1/2} = 1/\cos\omega t \tag{8.72a}$$

が，「膨縮空間が縮む効果」に因って，精確に相殺される（図 8.4 実線参照）：

$$a|\Delta(\tau)| = \text{一定} (= \lambda_0). \tag{8.72b}$$

より詳しく見ると

$$\{\Delta_{\mathrm{sq}}(t)/\lambda_0,\ \mathcal{D}(t)/\lambda_0\}|_{s_0=1} = \{e^{i\omega t},\ 1\}. \tag{8.72c}$$

ゆえに

$$\psi_0^{\mathrm{HO}}(x; t) \equiv \lceil \phi^{\text{始}}(x) = (\sqrt{2\pi}\lambda_0)^{-1/2} \exp(-x^2/4\lambda_0^2) \text{ なる調和振動子波動関数} \rfloor \tag{8.73a}$$

$$= \psi_{\mathrm{sq}\{1\}}^{\mathrm{HO}}(x; t)$$

$$= \frac{1}{(\sqrt{2\pi}\lambda_0)^{1/2}} \exp\left\{ -\frac{1}{4}\left(\frac{x}{\lambda_0}\right)^2 - \frac{i}{2}\omega t \right\} \left(= \phi^{\text{始}}(x) e^{-i\omega t/2} \right). \tag{8.73b}$$

つまり，時間が経っても波動関数の x 依存性は始状態と同じに保たれ，単に「t のみに依る位相因子 $\exp(-i\omega t/2)$」が掛かるだけである．したがって，確率密度は t に依らず一定．

註1 一般に下記用語が使われる：

定常状態 (stationary state) $\equiv$ 「『確率密度が t に依らず一定』なる状態」．
ψ_0^{HO} は定常状態の一例である．

註2 調和振動子には定常状態が他にも有る．例えば，自由保形波束 (6.29b) を利用して

$$\psi_1^{\mathrm{HO}}(x; t) \equiv \lceil \phi^{\text{始}}(x) \propto x \exp(-x^2/4\lambda_0^2) \text{ なる調和振動子波動関数} \rfloor \tag{8.74a}$$

$$\propto \frac{x}{a\Delta(\tau)} \psi_0^{\mathrm{HO}}(x; t) \propto e^{-i\omega t} x\, \psi_0^{\mathrm{HO}}(x; t) \qquad (\propto e^{-3i\omega t/2} \phi^{\text{始}}(x)). \tag{8.74b}$$

ψ_0^{HO} は，定常状態の内でも特別なものであり，**調和振動子の基底状態** (harmonic-oscillator ground state) とよばれる（♡ 15.4.2 項）．

註3 拉状態を特徴付けるパラメーター s_0 を **拉度**(degree of squeezing) とよぶ：その心は

始状態が基底状態 ψ_0^{HO} に比べて「膨れている ($s_0 > 1$)」∨「縮んでいる ($s_0 < 1$)」度合．

336   第 8 章　調和振動子波動函数

8.4.4　コヒーレント状態

基底状態 ψ_0^{HO} に中心運動量を与えたらいかに振る舞うであろうか. 本項は，自由粒子波動函数として「{ 幅λ_0, 中心運動量 $p_0(=\hbar k_0 = mv_0)$ }なる自由ガウス波束」

$$\psi_{\mathrm{Gauss}\{p_0,\lambda_0\}}^{\mathrm{自由}}(x;t) = \frac{1}{\{\sqrt{2\pi}(1+i\omega t)\lambda_0\}^{1/2}} \exp\left\{-\frac{1}{4}\frac{(x-v_0t)^2}{(1+i\omega t)\lambda_0^2} + ik_0x - i\frac{\hbar k_0^2}{2m}t\right\}$$

(8.75)

を採ってみる. これで造れる調和振動子波動函数 (下添字 coh は "coherent" の意 ♡ 後述) は

$$\psi_{\mathrm{coh}\{p_0\}}^{\mathrm{HO}}(x;t) \equiv \text{「}\phi^{始}(x) = (\sqrt{2\pi}\lambda_0)^{-1/2}\exp(-x^2/4\lambda_0^2 + ip_0x/\hbar)\text{ なる調和振動子波動函数」}$$

(8.76a)

$$= \frac{1}{\{\sqrt{2\pi}(1+i\omega\tau)a\lambda_0\}^{1/2}}$$
$$\times \exp\left\{-\frac{i}{4}\left(\frac{x}{\lambda_0}\right)^2\omega\tau - \frac{1}{4}\frac{(x-av_0\tau)^2}{(1+i\omega\tau)a^2\lambda_0^2} + i\left(\frac{k_0x}{a}-\lambda_0^2k_0^2\omega\tau\right)\right\}.$$

(8.76b)

いささか複雑に見えるが，

$$-\frac{1}{4}\left(\frac{x}{\lambda_0}\right)^2\omega\tau + \frac{k_0x}{a} - \lambda_0^2k_0^2\omega\tau + \frac{1}{4}\left(\frac{x-av_0\tau}{\lambda_0}\right)^2\omega\tau$$
$$= \left(\frac{k_0x}{a} - \frac{av_0\omega\tau^2}{2\lambda_0^2}\right)x - \left\{k_0^2 - \frac{(av_0\tau)^2}{4\lambda_0^4}\right\}\lambda_0^2\omega\tau$$
$$= \left\{1-(a\omega\tau)^2\right\}\left(\frac{k_0x}{a} - \lambda_0^2k_0^2\omega\tau\right),$$

(8.77a)

$$(a\omega\tau)^2 = (\sin\omega t)^2 = 1-a^2$$

(8.77b)

に注意すれば，

$$\text{指数函数の肩} = \left\{-\frac{i}{4}\left(\frac{x-av_0\tau}{\lambda_0}\right)^2\omega\tau - \frac{1}{4}\frac{(x-av_0\tau)^2}{(1+i\omega\tau)a^2\lambda_0^2}\right\} + ia^2\left(\frac{k_0x}{a}-\lambda_0^2k_0^2\omega\tau\right),$$
$$\text{第一項} = \text{「}(8.68\mathrm{b}) \text{ にて, } s_0 = 1 \ \wedge \ x\to x-(v_0/\omega)a\omega\tau\text{」},$$
$$\text{第二項} = \frac{i}{\hbar}\left(p_0ax - \frac{1}{2}p_0a\frac{v_0}{\omega}a\omega\tau\right).$$

(8.78a)

したがって

$$\psi_{\mathrm{coh}\{p_0\}}^{\mathrm{HO}}(x;t) = \frac{e^{-i\omega t/2}}{(\sqrt{2\pi}\lambda_0)^{1/2}}\times\exp\left\{-\frac{1}{4}\left(\frac{x-(v_0/\omega)\sin\omega t}{\lambda_0}\right)^2\right.$$
$$\left.+\frac{i}{\hbar}(p_0\cos\omega t)x - \frac{i}{2\hbar}(p_0\cos\omega t)\left(\frac{v_0}{\omega}\sin\omega t\right)\right\},$$

(8.79a)

$$\widetilde{\psi_{\mathrm{coh}\{p_0\}}^{\mathrm{HO}}}(p;t) = \frac{e^{-i\omega t/2}}{(\sqrt{2\pi}\,\widetilde{\lambda_0})^{1/2}}\times\exp\left\{-\frac{1}{4}\left(\frac{p-p_0\cos\omega t}{\widetilde{\lambda_0}}\right)^2\right.$$
$$\left.-\frac{i}{\hbar}\left(\frac{v_0}{\omega}\sin\omega t\right)p + \frac{i}{2\hbar}(p_0\cos\omega t)\left(\frac{v_0}{\omega}\sin\omega t\right)\right\}.$$

(8.79b)

8.4 調和振動子の量子動力学

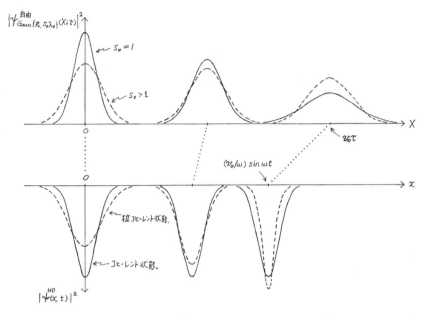

図 8.4　「膨縮系における自由ガウス波束」と「コヒーレント状態 (実線)」∨「拉コヒーレント状態 (破線)」

確率密度もすぐに計算できる：

$$\left|\psi_{\text{coh}\{p_0\}}^{\text{HO}}(x;t)\right|^2 = \frac{1}{\sqrt{2\pi}\lambda_0}\exp\left\{-\frac{1}{2}\left(\frac{x-(v_0/\omega)\sin\omega t}{\lambda_0}\right)^2\right\}, \quad (8.80\text{a})$$

$$\left|\widetilde{\psi_{\text{coh}\{p_0\}}^{\text{HO}}}(p;t)\right|^2 = \frac{1}{\sqrt{2\pi}\,\widetilde{\lambda_0}}\exp\left\{-\frac{1}{2}\left(\frac{p-p_0\cos\omega t}{\widetilde{\lambda_0}}\right)^2\right\}. \quad (8.80\text{b})$$

これは注目すべき結果である：

> 上記波動函数は, 重ね合わされた平面波が互いにうまく歩調を合わせて位相を変えることに因り, 「始状態と同じ函数形を保ち」∧「中心が古典軌道を描く」.

この意味において $\psi_{\text{coh}\{p_0\}}^{\text{HO}}$ は, "位相がそろっている" といわれ, **コヒーレント状態** (coherent state) とよばれる.

☆註　「コヒーレント (coherent)」は, 「可干渉 (≡ 干渉可能 ≡ "干渉性を有する")」とも訳され, 大雑把にいえば "位相がそろっている" なる一般的形容詞である. 例えば拉状態も, 規則的に脈動するゆえ, 位相がそろっているといえる. それどころか, "コヒーレント状態" や拉状態に限らず, いかなる波動函数もそれぞれそれなりに位相がそろっている. それゆえ, $\psi_{\text{coh}\{p_0\}}^{\text{HO}}$ を指す固有名詞として "コヒーレント状態 (coherent state)" なる語を使うことは好ましくない. 残念ながら不適切な名称が慣例化しまかり通っている.

波束中心が振動する理由は, 上記計算に即していえば, 次のごとく説明できる (図 8.4 実線)：

> 定速度で動く自由波束中心 $v_0\tau$ が,
> 膨縮空間が縮む効果に因って, 引き戻される：$av_0\tau = (v_0/\omega)\sin\omega t$
> (図 8.4 は参考文献 [6] から引用).

338　第 8 章　調和振動子波動函数

演習　(8.79) にて「t を $t + t_0$ で置き換え」∧「$\{(v_0/\omega)\sin\omega t_0,\ p_0\cos\omega t_0\}$ を改めて $\{x_0, p_0\}$ と書き直し」∧「ついでに，便宜上，定数位相因子 $\mathcal{C}_0 e^{-ip_0x_0/2\hbar}$ を掛ける」ことに拠り，最も一般的なコヒーレント状態 $\psi^{\mathrm{HO}}_{\mathrm{coh}\{x_0,p_0\}}$ を得る：

$$
\begin{aligned}
\psi^{\mathrm{HO}}_{\mathrm{coh}\{x_0,p_0\}}(x;t) &= \mathcal{C}_0 e^{-ip_0x_0/2\hbar}\frac{e^{-i\omega t/2}}{(\sqrt{2\pi}\lambda_0)^{1/2}}\exp\left\{-\frac{1}{4}\left(\frac{x - x_{\mathrm{cl}}(t)}{\lambda_0}\right)^2\right.\\
&\qquad\left. +\frac{i}{\hbar}p_{\mathrm{cl}}(t)x - \frac{i}{2\hbar}p_{\mathrm{cl}}(t)x_{\mathrm{cl}}(t)\right\}\\
&= \mathcal{C}(t)\frac{e^{i(x-x_{\mathrm{cl}}(t))p_{\mathrm{cl}}(t)/\hbar}}{(\sqrt{2\pi}\lambda_0)^{1/2}}\exp\left\{-\frac{1}{4}\left(\frac{x - x_{\mathrm{cl}}(t)}{\lambda_0}\right)^2\right\},
\end{aligned}
\tag{8.81a}
$$

$$
\mathcal{C}(t) \equiv \mathcal{C}_0\exp\left\{-i\frac{\omega t}{2} + i\frac{p_{\mathrm{cl}}(t)x_{\mathrm{cl}}(t) - p_0x_0}{2\hbar}\right\}\quad:\ \mathcal{C}_0\ \text{は定数位相因子,}
\tag{8.81b}
$$

$$
x_{\mathrm{cl}}(t) := x_0\cos\omega t + (p_0/m\omega)\sin\omega t,\quad p_{\mathrm{cl}}(t) := -m\omega x_0\sin\omega t + p_0\cos\omega t.\ \blacksquare
\tag{8.81c}
$$

☆**演習**　上記状態に関し

$$
\langle x\rangle = x_{\mathrm{cl}}(t),\quad \langle p\rangle = p_{\mathrm{cl}}(t),\quad \triangle x = \lambda_0,\quad \triangle p = \widetilde{\lambda_0},\quad \triangle x\triangle p = \hbar/2.\ \blacksquare
\tag{8.81d}
$$

8.4.5　休憩を兼ねた中間まとめ

　要するに，「広がりつつ定速度で動く自由ガウス波束を ぎゅっと 拉(ひしゃ) いだもの」がコヒーレント状態 ∨ 拉状態であり，両者の本質的違いは「初期幅が基底状態幅に等しいか否か」に在る．ただし，古典調和振動子と同期した特殊な拉ぎ方をせねばならぬ．

　逆にいえば，コヒーレント状態 ∨ 拉状態は，古典調和振動子と同期した膨縮系から見れば，何ら変哲もなき自由ガウス波束にすぎぬ．

　かつて高橋は，コヒーレント状態 ∨ 拉状態に関する考察に基づき，次の感想を述べた (括弧内は筆者に依る註)：

> "これらどの事実 (調和振動子のガウス型波動函数の性質) を見ても，調和振動子のふるまいは，すべて本質的には古典力学の法則で律せられており，量子力学的な特徴は，古典力学による解に，ひろがりと位相という適当な衣をつければ得られるということがいえそうである." [7]

これは的確な予想であった：力学分解定理その 2 (♡ 8.4.1 項) は，正に，「上記予想が正しいこと」∧「"適当な衣" とは膨縮系から見た自由粒子波動函数に他ならぬこと」を述べているわけである．

　拉状態は，8.4.2 項とはまったく異なる <u>和算の方法</u> で，高橋に依って発見された (そして脈動波束とよばれた) [7]：高橋は，ガウス型波動函数

$$
\psi^{\mathrm{HO}}(x;t) = \exp\{A(t) + B(t)x + C(t)x^2\}
\tag{8.82a}
$$

を仮定し，これを調和振動子シュレーディンガー方程式に代入して「係数 $\{A, B, C\}$ に関する常微分方程式」を導いた．(8.82a) なる形をした波動函数がシュレーディンガー方程式を充たし得るか否か，あらかじめわかっているわけではないゆえ，「まずは第六感で (8.82a) を仮定した」，すなわち和算流である．幸い，自己矛盾せぬ不線形連立常微分方程式が導かれ，それは数学が得意なら解けるものであった．例えば $C(t) =: (im/2\hbar)R$ と置けば R はリッカチ方程式 (Riccati equation) に従い，これは線形化して古典調和振動子に帰着できる：

$$\dot{R} = -\omega^2 - R^2. \tag{8.82b}$$

$R =: \dot{Q}Q^{-1}$ と置けば $\dot{R} = \ddot{Q}Q^{-1} - \dot{Q}(Q^{-1}\dot{Q}Q^{-1}) = \ddot{Q}Q^{-1} - R^2$,

ゆえに $\ddot{Q}Q^{-1} = -\omega^2$, すなわち $\ddot{Q} = -\omega^2 Q$. \hfill (8.82c)

 ♣ **註** この変形は $\{R, \omega\}$ が正方行列の場合にも使える.

力学分解定理は「天才的職人芸たる高橋の和算法を，凡人にも使えるよう，合理化したもの」といえよう．さらに高橋は，上式右辺 (ただし $B = 0$) に $H_n(D(t)x)$ を掛けた場合 (H_n はエルミート多項式) も考察し，$\{A, C, D\}$ に関する方程式を導き，それを解いて**脈動エルミート波束** (♡ 15.11.3 項) なる波動函数をも構成した [8].

註 $\psi_{\mathrm{coh}\{p_0\}}^{\mathrm{HO}}$ は，上記とはまったく異なる ("エルミート多項式の母函数 (♡ 15.12.4 項)" を使う，高踏的な) 方法で，シュレーディンガーに依って発見された [9]. それゆえ，シュレーディンガーの**コヒーレント状態**とよばれることもある[*16]. 次のような挿話がある：

> シュレーディンガーは，波動力学発見当初，「粒子は実空間における実体的な波」∧「その密度が $|\psi(\boldsymbol{r};t)|^2$」と考えようとしたらしい．ところが，自由粒子波動函数は，時間が経つにつれて広がってしまい，空間的に局在した粒子像と相容れぬ．困惑したシュレーディンガーは「シュレーディンガー方程式を充たし」∧「時間が経っても広がらず」∧「できるだけ形が変わらぬ」波動函数を見つけようと努力した．その結果，驚くべきことに，まったく形を変えぬ波動函数 (すなわち上記コヒーレント状態) を発見し，おおいに喜んだ．

しかし，コヒーレント状態は調和振動子の場合にだけ登場する特殊な波動函数である．調和振動子に話を限っても拉状態 (シュレーディンガーの時代には知られていなかった) のごときものも有る．もしシュレーディンガーが拉状態を知っていたら何といったであろうか：粒子が膨縮すると考える (!??!)．もちろん，シュレーディンガーの当初の思惑にもかかわらず「波動函数を "実空間における波" と考えることは不可能」なることは，第 3 章以来述べてきた通り，今日の知見からすれば明白である．

註 伏見は，シュレーディンガーには遅れたが，「(8.82a) にて C を定数としたもの」をシュレーディンガー方程式に代入してコヒーレント状態を導いた (伏見の和算法[10])．高橋はこれを拡張したのであった[*17].

♣♣ **註** "光の量子論" を勉強すると "コヒーレント状態" や "スクウィーズド状態" なる言葉が出てくる．これらは本章にて紹介したものと数学的にはまったく同じもの (あるいはその拡張版) である ♡「波数 k なる光」は「周波数 ck なる (抽象的) 調和振動子 (の集まり)」と見なせる．

8.4.6 ♣♣ 拉コヒーレント状態

拉状態 ∨ コヒーレント状態は以下に述べる拉コヒーレント状態の特殊例である．本項は「周波数 ω が t に依存する一般的な場合」を扱う：下記 (8.83) は「調和振動子のガウス型波動函数」として最も一般的なものである．

[*16] 前述のごとく，単にコヒーレント状態といえば「シュレーディンガーのコヒーレント状態」を指す．ちなみに，シュレーディンガーさん以外の人名 *** を冠して "*** のコヒーレント状態" とよばれる波動函数は，少なくとも一般に流布したものとしては，ない．

[*17] 伏見康治さん (Kodi Husimi [1909.6.29–2008.5.8]) と高橋秀俊さん (Hidetosi Takahasi [1915.1.15–1985.6.30]) の発想経緯 (乞ご教示) を直接お伺いせぬまま，両先達の論文を第六感とか和算とか評釈したのは不届き千万かもしれない．そもそも筆者の和算知識は限りなくなまに近い生半可．

340   第 8 章　調和振動子波動函数

演習　拉コヒーレント状態(``squeezed-coherent state''):

$$\psi^{\text{HO}}_{\text{sc}\{x_0,p_0;\Delta_0\}}(x;t) \equiv \ulcorner \phi^{\text{始}}(x) = (\sqrt{2\pi}\Delta_0)^{-1/2}\exp(-(x-x_0)^2/4\Delta_0^2 + ip_0x/\hbar)\ \text{なる}$$

$$\text{調和振動子波動函数} \lrcorner \tag{8.83a}$$

$$= \frac{1}{(\sqrt{2\pi}\Delta_{\text{sq}}(t))^{1/2}}\exp\left\{-\frac{1}{4}\left(\frac{x-x_{\text{cl}}(t)}{\mathcal{D}(t)}\right)^2 + ip_{\text{cl}}(t)x/\hbar - i\mathcal{S}^{\text{HO}}_{\text{cl}}(t)/\hbar\right\}, \tag{8.83b}$$

$$\widetilde{\psi^{\text{HO}}_{\text{sc}}}_{\{x_0,p_0;\Delta_0\}}(p;t) = \frac{1}{(\sqrt{2\pi}\ \widetilde{\Delta_{\text{sq}}}(t))^{1/2}}$$

$$\times \exp\left\{-\frac{1}{4}\left(\frac{p-p_{\text{cl}}(t)}{\widetilde{\mathcal{D}}(t)}\right)^2 - ix_{\text{cl}}(t)p/\hbar + i\left(\mathcal{S}^{\text{HO}}_{\text{cl}}(t) + p_0x_0\right)/\hbar\right\}. \tag{8.83c}$$

ただし，古典調和振動子 (8.13) の基本解 $\{\alpha,\beta\}$ ($\heartsuit$ (8.18)) を用いて，

$$x_{\text{cl}}(t) = x_0\alpha(t) + v_0\beta(t), \qquad p_{\text{cl}}(t) = m\dot{x}_{\text{cl}}(t) = mx_0\dot{\alpha}(t) + p_0\dot{\beta}(t), \tag{8.84a}$$

$$\Delta_{\text{sq}}(t) = \Delta_0\alpha(t) + i\frac{\hbar}{2m\Delta_0}\beta(t), \qquad \widetilde{\Delta_{\text{sq}}}(t) = -im\dot{\Delta}_{\text{sq}}(t), \tag{8.84b}$$

$$\frac{1}{\{\mathcal{D}(t)\}^2} = -i\frac{2m}{\hbar}\frac{\dot{\Delta}_{\text{sq}}(t)}{\Delta_{\text{sq}}(t)} = \frac{1}{|\Delta_{\text{sq}}(t)|^2}\left\{1 - i\left(\frac{2m\Delta_0^2}{\hbar}\alpha(t)\dot{\alpha}(t) + \frac{\hbar}{2m\Delta_0^2}\beta(t)\dot{\beta}(t)\right)\right\}, \tag{8.84c}$$

$$\frac{1}{\left\{\widetilde{\mathcal{D}}(t)\right\}^2} = \frac{1}{\{\hbar/2\mathcal{D}(t)\}^2}$$

$$= i\frac{2}{m\hbar}\frac{\Delta_{\text{sq}}(t)}{\dot{\Delta}_{\text{sq}}(t)} = \frac{1}{|m\dot{\Delta}_{\text{sq}}(t)|^2}\left\{1 + i\left(\frac{2m\Delta_0^2}{\hbar}\alpha(t)\dot{\alpha}(t) + \frac{\hbar}{2m\Delta_0^2}\beta(t)\dot{\beta}(t)\right)\right\}, \tag{8.84d}$$

$$\mathcal{S}^{\text{HO}}_{\text{cl}}(t) \equiv \ulcorner\text{調和振動子古典軌道 } \{x_{\text{cl}}, p_{\text{cl}}\} \text{ に付随する作用積分}\lrcorner$$

$$:= \int_0^t dt'\ \left(\frac{m}{2}\{\dot{x}_{\text{cl}}(t')\}^2 - \frac{m}{2}\{\omega(t')\}^2\{x_{\text{cl}}(t')\}^2\right)$$

$$= \frac{1}{2}\{p_{\text{cl}}(t)x_{\text{cl}}(t) - p_{\text{cl}}(0)x_{\text{cl}}(0)\} \tag{8.84e}$$

$$= \frac{1}{2}\{p_{\text{cl}}(t)x_{\text{cl}}(t) - p_0x_0\} \tag{8.84f}$$

(特に「$\omega = $ 一定」の場合には，$\{\alpha,\beta\} = \{\cos\omega t,\ \omega^{-1}\sin\omega t\}$ ゆえ，$\{\Delta_{\text{sq}}(t), \widetilde{\Delta_{\text{sq}}}(t), \mathcal{D}(t), \widetilde{\mathcal{D}}(t)\}$ は 8.4.2 項に与えたものに帰着する).

略証：尺度因子として α を採り，自由粒子波動函数としては一般的自由ガウス波束

$$\frac{1}{(\sqrt{2\pi}\Delta(t))^{1/2}}\exp\left\{-\frac{1}{4}\frac{(x-x_0-v_0t)^2}{\Delta_0\Delta(t)} + \frac{i}{\hbar}\left(p_0x - \frac{p_0^2}{2m}t\right)\right\}, \tag{8.85a}$$

$$\Delta(t) \equiv \Delta_0 + i\frac{\hbar t}{2m\Delta_0} \tag{8.85b}$$

を採って，

$$\psi^{\text{HO}}_{\text{sc}\{x_0,p_0;\Delta_0\}} = \frac{1}{(\sqrt{2\pi}\alpha\Delta(\tau))^{1/2}}\exp\left\{\frac{i}{4}\frac{2m}{\hbar}\frac{\dot{\alpha}}{\alpha}x^2 - \frac{1}{4}\frac{(x-x_0\alpha-v_0\alpha\tau)^2}{\alpha^2\Delta_0\Delta(\tau)}\right.$$

$$\left. +i\frac{m}{\hbar}\left(\frac{v_0}{\alpha}x - \frac{v_0^2}{2}\tau\right)\right\}. \tag{8.86a}$$

基本解の性質 ($\heartsuit$ 演習 8.1.2-1)

$$\alpha\tau = \beta, \qquad \alpha\dot{\beta} - \beta\dot{\alpha} = 1 \tag{8.86b}$$

を用いて

$$x_0\alpha + v_0\alpha\tau = x_0\alpha + v_0\beta = x_{\mathrm{cl}},$$

$$\alpha\Delta(\tau) = \Delta_0\alpha + i\frac{\hbar}{2m\Delta_0}\beta =: \Delta_{\mathrm{sq}},$$

$$\frac{\dot{\alpha}}{\alpha} + i\frac{\hbar}{2m}\frac{1}{\alpha^2\Delta_0\Delta(\tau)} = \frac{1}{\Delta_{\mathrm{sq}}}\left(\frac{\dot{\alpha}}{\alpha}\Delta_{\mathrm{sq}} + i\frac{\hbar}{2m}\frac{1}{\alpha\Delta_0}\right)$$

$$= \frac{1}{\Delta_{\mathrm{sq}}}\left(\Delta_0\dot{\alpha} + i\frac{\hbar}{2m\Delta_0}\frac{1+\beta\dot{\alpha}}{\alpha}\right) = \frac{1}{\Delta_{\mathrm{sq}}}\left(\Delta_0\dot{\alpha} + i\frac{\hbar}{2m\Delta_0}\dot{\beta}\right)$$

$$= \frac{\dot{\Delta}_{\mathrm{sq}}}{\Delta_{\mathrm{sq}}} =: i\frac{\hbar}{2m}\frac{1}{\mathcal{D}^2},$$

$$\frac{\dot{\Delta}_{\mathrm{sq}}}{\Delta_{\mathrm{sq}}} = \frac{1}{|\Delta_{\mathrm{sq}}|^2}\Delta_{\mathrm{sq}}^*\dot{\Delta}_{\mathrm{sq}},$$

$$\Re\frac{\dot{\Delta}_{\mathrm{sq}}}{\Delta_{\mathrm{sq}}} = \frac{1}{|\Delta_{\mathrm{sq}}|^2}\left\{\Delta_0^2\alpha\dot{\alpha} + \left(\frac{\hbar}{2m\Delta_0}\right)^2\beta\dot{\beta}\right\},$$

$$\Im\frac{\widetilde{\dot{\Delta}}_{\mathrm{sq}}}{\Delta_{\mathrm{sq}}} = \frac{1}{|\Delta_{\mathrm{sq}}|^2}\left\{\Delta_0\alpha\frac{\hbar}{2m\Delta_0}\dot{\beta} - \frac{\hbar}{2m\Delta_0}\beta\Delta_0\dot{\alpha}\right\}$$

$$= \frac{1}{|\Delta_{\mathrm{sq}}|^2}\frac{\hbar}{2m}(\alpha\dot{\beta} - \beta\dot{\alpha}) = \frac{\hbar}{2m}\frac{1}{|\Delta_{\mathrm{sq}}|^2},$$

$$\frac{1}{2}\frac{\dot{\alpha}}{\alpha}x^2 + \frac{v_0}{\alpha}x - \frac{v_0^2}{2}\tau - \frac{1}{2}\frac{\dot{\alpha}}{\alpha}(x-x_{\mathrm{cl}})^2 = \left(\frac{\dot{\alpha}}{\alpha}x_{\mathrm{cl}} + \frac{v_0}{\alpha}\right)x - \frac{1}{2}\left(\frac{\dot{\alpha}}{\alpha}x_{\mathrm{cl}}^2 + \frac{\beta}{\alpha}v_0^2\right),$$

$$\frac{\dot{\alpha}}{\alpha}x_{\mathrm{cl}} + \frac{v_0}{\alpha} = x_0\dot{\alpha} + v_0\frac{\dot{\alpha}\beta+1}{\alpha} = x_0\dot{\alpha} + v_0\dot{\beta} = \dot{x}_{\mathrm{cl}},$$

$$\frac{\dot{\alpha}}{\alpha}x_{\mathrm{cl}}^2 + \frac{\beta}{\alpha}v_0^2 = \left(\frac{\dot{\alpha}}{\alpha}x_{\mathrm{cl}} + \frac{v_0}{\alpha}\right)x_{\mathrm{cl}} - \frac{v_0}{\alpha}(x_{\mathrm{cl}} - v_0\beta) = \dot{x}_{\mathrm{cl}}x_{\mathrm{cl}} - v_0x_0,$$

$$i\frac{2}{m\hbar}\frac{\Delta_{\mathrm{sq}}}{\dot{\Delta}_{\mathrm{sq}}} = i\frac{2}{m\hbar}\left|\frac{\Delta_{\mathrm{sq}}}{\dot{\Delta}_{\mathrm{sq}}}\right|^2\left(\frac{\dot{\Delta}_{\mathrm{sq}}}{\Delta_{\mathrm{sq}}}\right)^* = \left|\frac{\Delta_{\mathrm{sq}}}{m\dot{\Delta}_{\mathrm{sq}}}\right|^2\frac{1}{\{\mathcal{D}^*\}^2},$$

$$\frac{2}{m}\mathcal{S}_{\mathrm{cl}}^{\mathrm{HO}} = \int_0^t (\dot{x}_{\mathrm{cl}}dx_{\mathrm{cl}} - \omega^2 x_{\mathrm{cl}}^2 dt)$$

$$= \dot{x}_{\mathrm{cl}}(t)x_{\mathrm{cl}}(t) - \dot{x}_{\mathrm{cl}}(0)x_{\mathrm{cl}}(0) - \int_0^t (\ddot{x}_{\mathrm{cl}} + \omega^2 x_{\mathrm{cl}})x_{\mathrm{cl}}dt. \quad \blacksquare$$

演習

$$\left|\psi_{\mathrm{sc}\{x_0,p_0;\Delta_0\}}^{\mathrm{HO}}(x;t)\right|^2 = \frac{1}{\sqrt{2\pi}\,|\Delta_{\mathrm{sq}}(t)|}\exp\left\{-\frac{1}{2}\left(\frac{x-x_{\mathrm{cl}}(t)}{|\Delta_{\mathrm{sq}}(t)|}\right)^2\right\}, \tag{8.87a}$$

$$\left|\widetilde{\psi_{\mathrm{sc}}^{\mathrm{HO}}}_{\{x_0,p_0;\Delta_0\}}(p;t)\right|^2 = \frac{1}{\sqrt{2\pi}\,m|\dot{\Delta}_{\mathrm{sq}}(t)|}\exp\left\{-\frac{1}{2}\left(\frac{p-p_{\mathrm{cl}}(t)}{m|\dot{\Delta}_{\mathrm{sq}}(t)|}\right)^2\right\}, \tag{8.87b}$$

ゆえに $\quad \langle x\rangle = x_{\mathrm{cl}}(t), \qquad \langle p\rangle = p_{\mathrm{cl}}(t),$ $\tag{8.87c}$

$$\triangle x = |\Delta_{\mathrm{sq}}(t)| = \left[\{\Delta_0\alpha(t)\}^2 + \left\{\frac{\hbar}{2m\Delta_0}\beta(t)\right\}^2\right]^{1/2}, \tag{8.87d}$$

$$\triangle p = m|\dot{\Delta}_{\mathrm{sq}}(t)| = m\left[\{\Delta_0\dot{\alpha}(t)\}^2 + \left\{\frac{\hbar}{2m\Delta_0}\dot{\beta}(t)\right\}^2\right]^{1/2}. \quad \blacksquare \tag{8.87e}$$

(8.87a) の一例を描くと図 8.4 破線.

342 第8章 調和振動子波動函数

♣ 演習

$$\frac{1}{2m}\frac{d}{dt}(\triangle p)^2 + \frac{1}{2}m\omega^2\frac{d}{dt}(\triangle x)^2 = 0. \tag{8.88}$$

略証：

$$左辺/m = \Delta_0^2(\ddot{\alpha} + \omega^2\alpha)\dot{\alpha} + \left\{\frac{\hbar}{2m\Delta_0}\right\}^2(\ddot{\beta} + \omega^2\beta)\dot{\beta}. \qquad ■$$

♣♣ 演習　下記も興味深い (♡ その意義は後章にてエネルギー確率公準を確立した後に再考)：

$$\langle x^2\rangle = x_{\mathrm{cl}}^2 + |\Delta_{\mathrm{sq}}|^2, \qquad \langle p^2\rangle = p_{\mathrm{cl}}^2 + m|\dot{\Delta}_{\mathrm{sq}}|^2, \tag{8.89a}$$

$$\mathcal{E} \equiv \left\langle\frac{p^2}{2m}\right\rangle + \left\langle\frac{m}{2}\omega^2 x^2\right\rangle = E_{\mathrm{cl}}^{\mathrm{HO}} + \frac{m}{2}|\dot{\Delta}_{\mathrm{sq}}|^2 + \frac{m}{2}\omega^2|\Delta_{\mathrm{sq}}|^2$$

$$= E_{\mathrm{cl}}^{\mathrm{HO}} + \frac{m}{2}\left\{\Delta_0^2(\dot{\alpha}^2 + \omega^2\alpha^2) + \left(\frac{\hbar}{2m\Delta_0}\right)^2(\dot{\beta}^2 + \omega^2\beta^2)\right\}, \tag{8.89b}$$

$$E_{\mathrm{cl}}^{\mathrm{HO}} \equiv 古典調和振動子エネルギー = \frac{p_{\mathrm{cl}}^2}{2m} + \frac{m}{2}\omega^2 x_{\mathrm{cl}}^2, \tag{8.89c}$$

$$\dot{\mathcal{E}} = m\omega\dot{\omega}\left\{x_{\mathrm{cl}}^2 + \Delta_0^2\alpha^2 + \left(\frac{\hbar}{2m\Delta_0}\right)^2\beta^2\right\}. \qquad ■ \tag{8.89d}$$

8.4.7 ♣ 調和振動子のファインマン核

調和振動子ファインマン核 $\mathcal{K}^{\mathrm{HO}}(x,t;x',t')$ とは，自由粒子の場合 (6.2 節) と同じく，「デルタ函数を始値 (始時刻 t') とする，調和振動子シュレーディンガー方程式の形式解」である：

$$i\hbar\frac{\partial}{\partial t}\mathcal{K}^{\mathrm{HO}}(x,t;x',t') = \left\{-\frac{\hbar^2}{2m}\frac{\partial^2}{\partial x^2} + \frac{m}{2}\{\omega(t)\}^2 x^2\right\}\mathcal{K}^{\mathrm{HO}}(x,t;x',t'), \tag{8.90a}$$

$$\lim_{t\to t'}♠\mathcal{K}^{\mathrm{HO}}(x,t;x',t') = \delta(x - x'). \tag{8.90b}$$

演習　始時刻を (0 でなく) t' としたことに応じて，(8.18) を手直し，(8.13) の基本解 $\{\alpha(t;t'),\beta(t;t')\}$ を下記で定義しよう：

$$\ddot{\alpha}(t;t') + \{\omega(t)\}^2\alpha(t;t') = \ddot{\beta}(t;t') + \{\omega(t)\}^2\beta(t;t') = 0, \tag{8.91a}$$

$$\alpha(t';t') = \dot{\beta}(t';t') = 1, \qquad \dot{\alpha}(t';t') = \beta(t';t') = 0, \tag{8.91b}$$

$$ただし \quad \dot{\alpha}(t;t') \equiv \frac{\partial}{\partial t}\alpha(t;t'), \qquad \dot{\alpha}(t';t') \equiv \dot{\alpha}(t;t')|_{t=t'}, \quad \mathrm{etc.}$$

これを用いて

$$\mathcal{K}^{\mathrm{HO}}(x,t;x',t') = A(t;t')\exp\left\{iS^{\mathrm{HO}}(x,t;x',t')/\hbar\right\}, \tag{8.92a}$$

$$A(t;t') \equiv \underline{前置因子}(\text{pre-factor}) = \left\{\frac{m}{2\pi i\hbar\beta(t;t')}\right\}^{1/2}, \tag{8.92b}$$

$$S^{\mathrm{HO}}(x,t;x',t') \equiv 調和振動子\textbf{古典作用} (\text{classical action})$$

$$:= 「\{x_{\mathrm{cl}}(t), x_{\mathrm{cl}}(t')\} = \{x, x'\} なる調和振動子軌道に付随する作用積分」$$

$$= \frac{m}{2\beta(t;t')}\left\{\dot{\beta}(t;t')x^2 - 2xx' + \alpha(t;t')x'^2\right\}. \tag{8.92c}$$

右上: 8.4 調和振動子の量子動力学　343

特に，周波数一定ならば

$$A(t;t') = A(t-t';0), \qquad S^{\mathrm{HO}}(x,t;x',t') = S^{\mathrm{HO}}(x,t-t';x',0), \tag{8.93a}$$

$$A(T;0) = \left\{ \frac{m\omega}{2\pi i\hbar \sin\omega T} \right\}^{1/2}, \tag{8.93b}$$

$$S^{\mathrm{HO}}(x,T;x',0) = \frac{m\omega}{2\sin\omega T} \left\{ (x^2 + x'^2)\cos\omega T - 2xx' \right\}. \tag{8.93c}$$

註　前置因子 ≡「指数函数に掛かる因子」[18].

証明: 始時刻が t' なることに応じて，

$$\tau \equiv \tau(t;t') = \int_{t'}^{t} \frac{dt''}{\{\alpha(t'';t')\}^2}, \qquad \alpha\tau = \beta. \tag{8.94a}$$

また，「『"境界条件" [19] $\{x_{\mathrm{cl}}(t), x_{\mathrm{cl}}(t')\} = \{x, x'\}$』を充たす軌道」と「古典作用」は

$$x_{\mathrm{cl}}(t'') = x'\alpha(t'';t') + \frac{x - x'\alpha(t;t')}{\beta(t;t')}\beta(t'';t'), \tag{8.94b}$$

$$\frac{2}{m}S^{\mathrm{HO}}(x,t;x',t') = \dot{x}_{\mathrm{cl}}(t)x_{\mathrm{cl}}(t) - \dot{x}_{\mathrm{cl}}(t')x_{\mathrm{cl}}(t') \qquad \heartsuit\ (8.84\mathrm{e})$$

$$= \left(x'\dot{\alpha} + \frac{x - x'\alpha}{\beta}\dot{\beta} \right)x - \frac{x - x'\alpha}{\beta}x'$$

$$= \frac{1}{\beta}\left\{ \dot{\beta}x^2 - (\alpha\dot{\beta} - \dot{\alpha}\beta + 1)xx' + \alpha x'^2 \right\}$$

$$= \frac{1}{\beta}\left(\dot{\beta}x^2 - 2xx' + \alpha x'^2 \right). \tag{8.94c}$$

$\mathcal{K}^{\mathrm{HO}}$ を求めるには，

$$\mathcal{K}^{自由}(x,t;x',t') = \left\{ \frac{\mu}{i\pi(t-t')} \right\}^{1/2} \exp\left\{ i\mu\frac{(x-x')^2}{t-t'} \right\} \qquad : \mu \equiv \frac{m}{2\hbar} \tag{8.95}$$

を，尺度因子として α を採って変換すればよい:

$$\mathcal{K}^{\mathrm{HO}}(x,t;x',t') = \alpha^{-1/2}\exp\left(i\mu\frac{\dot{\alpha}}{\alpha}x^2 \right) \times \left(\frac{\mu}{i\pi\tau} \right)^{1/2}\exp\left\{ i\mu\frac{(x/\alpha - x')^2}{\tau} \right\}$$

$$= \left(\frac{\mu}{i\pi\alpha\tau} \right)^{1/2}\exp\left\{ i\mu\left(\left\{ \frac{\dot{\alpha}}{\alpha} + \frac{1}{\alpha^2\tau} \right\}x^2 - 2\frac{xx'}{\alpha\tau} + \frac{x'^2}{\tau} \right) \right\}. \tag{8.96a}$$

ゆえに，　前置因子 $= \left(\dfrac{\mu}{i\pi\beta} \right)^{1/2}$, \tag{8.96b}

$$指数函数の肩/i\mu = \frac{1}{\beta}\left(\frac{\beta\dot{\alpha} + 1}{\alpha}x^2 - 2xx' + \alpha x'^2 \right)$$

$$= \frac{1}{\beta}\left(\dot{\beta}x^2 - 2xx' + \alpha x'^2 \right) = \frac{2}{m}S^{\mathrm{HO}}. \qquad ■ \tag{8.96c}$$

註　調和振動子のファインマン核は，通常，径路積分法で求められる．その際，指数函数の肩 (古典作用) は容易に計算できるが，前置因子は，"揺らぎ行列式 (fluctuation determinant)" なるはなはだ厄介な量を計算せねばならず，周波数一定の場合ですら相当に難しい[20]．対照的に，膨縮変換を使えば，前置因子も上記のごとく造作なく求まる．

---

[18] 前に掛けようが後に掛けようが勝手だが，慣例として前に掛けられるので，"前置 (pre)" といわれる.

[19] むしろ始点終点条件.

[20] 著名な教科書 [11] に示された計算にも数箇所 ((3-88), (3-89), (3-94)) に誤記・誤謬あり.

344   第 8 章　調和振動子波動函数

8.4.8 ♣ 逆さ調和振動子

　今まで，当然のこととして，$\omega^2 > 0$ と想定してきた：8.4.1 項の最終段落 ～ 8.4.5 項において
は $\omega > 0$ とした．しかし，$\omega^2 < 0$ であっても膨縮変換は形式的にそのまま成り立ち，前二項に
おいては ω^2 は正負いずれでも構わぬ．それゆえ，例えば (8.83) にて $\omega = i\gamma$ ($\gamma > 0$) と置けば，
<u>逆さ調和振動子</u> (ポテンシャル $-m\gamma^2 x^2/2$) を記述するガウス型波動函数が得られる．特に，γ が定
数なら，

$$\alpha(t) = \cosh \gamma t, \qquad \beta(t) = \gamma^{-1} \sinh \gamma t, \tag{8.97a}$$

$$\Delta_{\mathrm{sq}}(t) = \Delta_0 \cosh \gamma t + i \frac{\hbar}{2m\gamma\Delta_0} \sinh \gamma t, \quad \widetilde{\Delta_{\mathrm{sq}}}(t) = \frac{\hbar}{2\Delta_0} \cosh \gamma t - im\gamma\Delta_0 \sinh \gamma t. \tag{8.97b}$$

ゆえに，位置揺らぎも運動量揺らぎも，時間が経つに連れて，単調かつ指数函数的に増大する．この
結果は例えば下記演習に適用できる：

演習　$t < 0$ にて「ω^2 は正定数」∧「状態は基底状態」であったとする．時刻 0 に突然ばねが異常を
来たし $\omega^2 < 0$ となったとすれば，$t > 0$ にて，状態はいかに時間変展するか．　∎

8.4.9 ♣♣ 質量が時刻に依存する調和振動子

　線形ばね (ばね定数 K) に繋がれたロケットは，古典力学においてロケット本体だけに着目すれば，
「質量 $M(t)$ が (噴射に因って) 時間変動する調和振動子」と見なせる．「捨て去られた部分 (燃料)」を
無視することが量子力学においても許されるか否か自明でないけれども，仮に許されるとすれば，下
記のごときシュレーディンガー方程式を解くことになろう：

$$-i\hbar \frac{\partial}{\partial t} \psi(x;t) = \left\{ -\frac{\hbar^2}{2M(t)} \frac{\partial^2}{\partial x^2} + \frac{1}{2} K x^2 \right\} \psi(x;t) \qquad : M(t) > 0. \tag{8.98a}$$

演習　上記は「通常の調和振動子 (質量は一定 ∧ 周波数が時間変動)」と等価：

$$m \equiv M(0), \qquad \tilde{t} \equiv \int_0^t dt' \, \frac{m}{M(t')} \qquad (\Longleftrightarrow \ t = t(\tilde{t})), \qquad \{\omega(\tilde{t})\}^2 \equiv \frac{M(t(\tilde{t}))}{m^2} K \tag{8.98b}$$

と置けば，

$$(8.98a) \iff -i\hbar \frac{\partial}{\partial \tilde{t}} \psi(x;t(\tilde{t})) = \left\{ -\frac{\hbar^2}{2m} \frac{\partial^2}{\partial x^2} + \frac{m}{2} \{\omega(\tilde{t})\}^2 x^2 \right\} \psi(x;t(\tilde{t})). \quad \blacksquare \tag{8.98c}$$

8.5 ♣ 強制調和振動子

　シュレーディンガー方程式 (3.87) にて，

$$V(\boldsymbol{r},t) = \frac{1}{2} m\omega^2 r^2 - \boldsymbol{f} \cdot \boldsymbol{r} \qquad : \omega \equiv \omega(t) \ \wedge \ \boldsymbol{f} \equiv \boldsymbol{f}(t) \tag{8.99}$$

なる場合を **(量子力学版) 強制調和振動子** (forced harmonic oscillator) とよび，波動函数を
$\psi^{\mathrm{FHO}}(\boldsymbol{r};t)$ と書く：

$$i\hbar \frac{\partial}{\partial t} \psi^{\mathrm{FHO}}(\boldsymbol{r};t) = \left\{ -\frac{\hbar^2}{2m} \nabla^2 + \frac{1}{2} m\omega^2 r^2 - \boldsymbol{f} \cdot \boldsymbol{r} \right\} \psi^{\mathrm{FHO}}(\boldsymbol{r};t). \tag{8.100}$$

8.5 ♣ 強制調和振動子　　*345*

8.5.1　力学分解定理

演習　強制調和振動子についても分解定理が成り立つ：

> **力学分解定理その 3 (FHO)**
> 　　「強制調和振動子の QD」＝「強制調和振動子の CD」∧「調和振動子の QD」.

すなわち，始条件を

$$\psi^{\mathrm{FHO}}(\boldsymbol{r};t_0) = \phi_0(\boldsymbol{r}-\boldsymbol{r}_0)e^{i(\boldsymbol{r}-\boldsymbol{r}_0)\cdot\boldsymbol{p}_0/\hbar} \tag{8.101a}$$

とすれば，$\psi^{\mathrm{HO}}(\boldsymbol{r};t_0)=\phi_0(\boldsymbol{r})$ なる調和振動子波動関数 $\psi^{\mathrm{HO}}(\boldsymbol{r};t)$ を用いて

$$\psi^{\mathrm{FHO}}(\boldsymbol{r};t) = \psi^{\mathrm{HO}}(\boldsymbol{r}-\boldsymbol{r}_{\mathrm{cl}}(t)\ ;t)\exp\left\{i\left(\boldsymbol{r}-\boldsymbol{r}_{\mathrm{cl}}(t)\right)\cdot\boldsymbol{p}_{\mathrm{cl}}(t)/\hbar+i\mathcal{S}_{\mathrm{cl}}^{\mathrm{FHO}}(t,t_0)/\hbar\right\}, \tag{8.101b}$$

$$\widetilde{\psi^{\mathrm{FHO}}}(\boldsymbol{p};t) = \widetilde{\psi^{\mathrm{HO}}}(\boldsymbol{p}-\boldsymbol{p}_{\mathrm{cl}}(t)\ ;t)\exp\left\{-i\boldsymbol{p}\cdot\boldsymbol{r}_{\mathrm{cl}}(t)/\hbar+i\mathcal{S}_{\mathrm{cl}}^{\mathrm{FHO}}(t,t_0)/\hbar\right\}. \tag{8.101c}$$

ただし，$\{\boldsymbol{r}_{\mathrm{cl}},\boldsymbol{p}_{\mathrm{cl}}\}$ は「$\{\boldsymbol{r}_0,\boldsymbol{p}_0\}$ を始値とする，強制調和振動子古典軌道」：

$$\ddot{\boldsymbol{r}}_{\mathrm{cl}}(t)+\{\omega(t)\}^2\boldsymbol{r}_{\mathrm{cl}}(t)=\boldsymbol{f}(t)/m,\quad \boldsymbol{p}_{\mathrm{cl}}(t)=m\dot{\boldsymbol{r}}_{\mathrm{cl}}(t),\qquad \boldsymbol{r}_{\mathrm{cl}}(t_0)=\boldsymbol{r}_0,\quad \boldsymbol{p}_{\mathrm{cl}}(t_0)=\boldsymbol{p}_0. \tag{8.102a}$$

また，$\mathcal{S}_{\mathrm{cl}}^{\mathrm{FHO}}$ は「$\{\boldsymbol{r}_{\mathrm{cl}},\boldsymbol{p}_{\mathrm{cl}}\}$ に付随する作用積分」：

$$\mathcal{S}_{\mathrm{cl}}^{\mathrm{FHO}}(t,t_0) := \int_{t_0}^{t}dt'\left\{\frac{m}{2}\{\dot{\boldsymbol{r}}_{\mathrm{cl}}(t')\}^2-\left(\frac{1}{2}m\{\omega(t')\}^2\{\boldsymbol{r}_{\mathrm{cl}}(t')\}^2-\boldsymbol{f}(t')\cdot\boldsymbol{r}_{\mathrm{cl}}(t')\right)\right\} \tag{8.102b}$$

$$= \frac{1}{2}\left\{\boldsymbol{p}_{\mathrm{cl}}(t)\cdot\boldsymbol{r}_{\mathrm{cl}}(t)-\boldsymbol{p}_0\cdot\boldsymbol{r}_0+\mathcal{I}(t,t_0)\right\}\qquad:\mathcal{I}(t,t_0)\equiv\int_{t_0}^{t}dt'\,\boldsymbol{f}(t')\cdot\boldsymbol{r}_{\mathrm{cl}}(t'). \tag{8.102c}$$

証明：(8.100) は，並進加速度系から見れば (6.104) となる．ただし

$$V'(\boldsymbol{r},t)=\frac{1}{2}m\omega^2(\boldsymbol{r}+\boldsymbol{R})^2-\boldsymbol{f}\cdot(\boldsymbol{r}+\boldsymbol{R})-\frac{m}{2}\dot{\boldsymbol{R}}^2+\dot{\mathcal{S}}+m\ddot{\boldsymbol{R}}\cdot\boldsymbol{r}$$

$$=\frac{1}{2}m\omega^2\boldsymbol{r}^2+(m\ddot{\boldsymbol{R}}+m\omega^2\boldsymbol{R}-\boldsymbol{f})\cdot\boldsymbol{r}+\dot{\mathcal{S}}-\frac{m}{2}\dot{\boldsymbol{R}}^2+\frac{1}{2}m\omega^2\boldsymbol{R}^2-\boldsymbol{f}\cdot\boldsymbol{R}.$$

それゆえ，「$\boldsymbol{R}=\boldsymbol{r}_{\mathrm{cl}}$」∧「$\mathcal{S}=\mathcal{S}_{\mathrm{cl}}^{\mathrm{FHO}}$」と採れば，(6.104) は調和振動子に帰着し，「(6.105a) を用い」∧「(6.121) 以下における議論を参照」すればよい．　■

註 1　強制調和振動子シュレーディンガー方程式にガリレイ変換を利用した最初の論文は，たぶん，文献 [10].
註 2　作用積分計算に際して古典軌道を直接 (8.102b) に代入するは能がない．まず第一項を部分積分し，ニュートン運動方程式を用いて $\ddot{\boldsymbol{r}}_{\mathrm{cl}}$ を消去して，(8.102c) なる形にしてから代入すると見通しがよい．なお，(8.102c) に登場した $\mathcal{I}(t,t_0)$ は，(8.21b)∧(8.23) を使って，次のごとくにも書ける：

$$\mathcal{I}(t,t_0)=\boldsymbol{r}_0\cdot\int_{t_0}^{t}dt'\,\boldsymbol{f}(t')\alpha(t')+\frac{\boldsymbol{p}_0}{m}\cdot\int_{t_0}^{t}dt'\,\boldsymbol{f}(t')\beta(t')$$

$$+\frac{1}{m}\int_{t_0}^{t}dt'\int_{t_0}^{t'}dt''\,s(t',t'')\boldsymbol{f}(t')\cdot\boldsymbol{f}(t''). \tag{8.102d}$$

あるいは，$\mathcal{I}(t,t_0)$ の元の式にニュートン運動方程式 $m\omega^2\boldsymbol{r}_{\mathrm{cl}}(t)=\boldsymbol{f}(t)-\dot{\boldsymbol{p}}_{\mathrm{cl}}(t)$ を代入し部分積分すれば，$\boldsymbol{f}_0\equiv\boldsymbol{f}(0)$ と略記して，

346　第 8 章　調和振動子波動函数

$$2\mathcal{S}_{\text{cl}}^{\text{FHO}}(t,t_0) = \left(\boldsymbol{r}_{\text{cl}}(t) - \frac{\boldsymbol{f}(t)}{m\omega^2}\right)\cdot\boldsymbol{p}_{\text{cl}}(t) - \left(\boldsymbol{r}_0 - \frac{\boldsymbol{f}_0}{m\omega^2}\right)\cdot\boldsymbol{p}_0$$
$$+ \frac{1}{m\omega^2}\int_{t_0}^t dt'\left[\{\boldsymbol{f}(t')\}^2 + \dot{\boldsymbol{f}}(t')\cdot\boldsymbol{p}_{\text{cl}}(t')\right]. \tag{8.103}$$

上記定理は様々に応用可能：

演習　(8.101) にて，ϕ_0 がガウス函数なら，ψ^{HO} は拉状態であり，ψ^{FHO} は「{ 中心位置, 中心運動量 } が古典軌道をたどる拉状態」すなわち「拉コヒーレント状態を一般化したもの」となる．　∎

演習　「周波数一定」∧「ϕ_0 は幅 λ_0 なるガウス函数」として，「外力が有限時間だけ働く」なる状況を想定しよう (以下 $\mathbf{E}^1$)：

$$f(t) = 0 \qquad : t > T(> t_0 \equiv 0). \tag{8.104}$$

すると，力が切れた後 $(t > T)$ においては，8.4.3 項にて導入した ψ_0^{HO} を用いて

$$\psi^{\text{FHO}}(x;t) = \psi_0^{\text{HO}}(x - x_*(t))\exp\left\{i\left(x - x_*(t)\right)\cdot p_*(t)/\hbar + i\mathcal{S}_*(t)/\hbar\right\}, \tag{8.105a}$$

$$x_*(t) \equiv \frac{1}{m\omega}\int_0^T dt'\,\{\sin(t-t')\omega\}f(t') = x_{*0}\cos\omega t + \frac{p_{*0}}{m\omega}\sin\omega t, \tag{8.105b}$$

$$p_*(t) \equiv \int_0^T dt'\,\{\cos(t-t')\omega\}f(t') = -m\omega x_{*0}\sin\omega t + p_{*0}\cos\omega t, \tag{8.105c}$$

$$x_{*0} \equiv -\frac{1}{m\omega}\int_0^T dt\,f(t)\sin\omega t, \qquad p_{*0} \equiv \int_0^T dt\,f(t)\cos\omega t, \tag{8.105d}$$

$$\mathcal{S}_*(t) \equiv \frac{1}{2}\left\{p_*(t)x_*(t) + \frac{1}{m\omega}\int_0^T dt'\int_0^{t'} dt''\,\{\sin(t'-t'')\omega\}f(t')f(t'')\right\}. \quad ∎ \tag{8.105e}$$

(8.105a) は「(定数位相 ($\mathcal{S}_*(t)$ 第二項) 因子が掛かった) コヒーレント状態」に他ならぬ：

「基底状態に在った調和振動子」を<u>蹴る</u>とコヒーレント状態になる．

演習　前演習にて，(8.104) に代えて，$t > 0$ において定外力 f_0 を<u>右向きに</u>加えるとしよう：

$$f(t) = f_0\,(>0) \qquad : t > 0. \tag{8.106a}$$

すると，$t > 0$ における波動函数は，やはりコヒーレント状態であり，その中心は下記古典軌道をたどる：

$$(1 - \cos\omega t)X_{f0} \qquad : X_{f0} \equiv \frac{f_0}{m\omega^2}. \tag{8.106b}$$

証明：$t > 0$ におけるポテンシャルは「中心が X_{f0} だけ右にずれ」∧「下に $m\omega^2 X_{f0}^2/2(= f_0^2/2m\omega^2)$ だけずれる」(図 8.5)：

$$\frac{1}{2}m\omega^2 x^2 - f_0 x = \frac{1}{2}m\omega^2(x - X_{f0})^2 - \frac{1}{2}m\omega^2 X_{f0}^2.$$

時刻 0 以前に原点に静止していた古典粒子は，このポテンシャルから見れば「中心から X_{f0} だけ左」に静止していたことになり，$t > 0$ において振幅 X_{f0} で振動する．　∎

8.5 ♣ 強制調和振動子   347

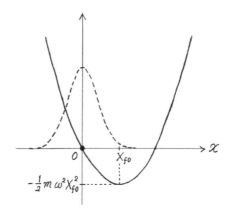

図 8.5 右下にずれた調和ポテンシャル (実線), 始状態 (破線), 古典粒子の始位置 (●)

註 本小節にて形式的に $\omega \to 0$ なる極限を採れば一様外力下粒子 (♡ 6.7 節) が再現される.

♣♣ 註 作用積分で決まる位相因子は, 全体位相因子 (=「波動関数全体に掛かり」∧「x に依らぬ」位相因子) ゆえ, 位置確率にも運動量確率にも影響せぬ. しからば, "まったく検出不可能な因子"であろうか. そうではない. 原理的に, 適切な干渉実験 (例えばマッハ–ツェーンダー干渉計 ♡ 20.4 節) で検出可能. かような実験は, まだ為されていないようであるが,「シュレーディンガー方程式の基本的構造」を直接的に検証する実験として意義深い. シュレーディンガー方程式の予言が実験結果に依って支持されたという場合,「仮定されたハミルトニアン(もしくはポテンシャル)の形が当を得ていた」なることが多い. これに対し, 上述の実験は, ハミルトニアンの形に関してはほとんど議論余地がない状況において, シュレーディンガー方程式の構造 (特に "虚時間拡散方程式" なる構造) 自体を検証せんとするものである.

8.5.2 古典軌道再論

強制調和振動子古典軌道は, すでに一般的に求めたが, 周波数一定なる場合には下記のごとく求めることもできる:

古典力学における二次元相空間を形式的に複素平面と見なす. つまり, {位置 $X(t)$, 運動量 $P(t)$} を「複素数の {実部, 虚部}」に見立て, 当該複素数を $A(t)$ と書く. もちろん,「次元が異なる量」は足し合わせれぬゆえ, 調和振動子特性長 λ_{HO} を導入して次のごとく定義する[*21]:

$$A(t) := \frac{1}{\sqrt{2}}\left\{\frac{1}{\lambda_{\text{HO}}}X(t) + i\frac{\lambda_{\text{HO}}}{\hbar}P(t)\right\} \quad : \lambda_{\text{HO}} \equiv (\hbar/m\omega)^{1/2} = \sqrt{2}\lambda_0. \quad (8.107)$$

註 「冒頭に因子 $1/\sqrt{2}$ を掛けたこと」∨「すでに 8.4.1 項にて導入した λ_0 と因子 $\sqrt{2}$ だけしか違わぬ λ_{HO} を改めて導入したこと」は, 単に後々の都合のためであり, 本章においては特に意味がない.

演習 上記 $A(t)$ を用いると, 強制調和振動子ニュートン運動方程式は一階微分方程式となる:

$$\dot{A}(t) + i\omega A(t) = i\frac{\lambda_{\text{HO}}}{\sqrt{2}\hbar}f(t) = i\omega f(t)/\sqrt{2}f_{\text{HO}} \quad : f_{\text{HO}} \equiv \hbar\omega/\lambda_{\text{HO}}. \quad (8.108)$$

[*21] 古典力学を論ずるに量子力学的特性長をもち込む必要はないが, もち込んでも差し支えぬ (後の都合上, もち込んでおく).

始条件 $A(0) = 0$ ($\Longleftrightarrow \{X(0), P(0)\} = \{0, 0\}$) を課して解くと,

$$A(t) = i\omega \int_0^t dt' e^{-i(t-t')\omega} f(t') / \sqrt{2} f_{\mathrm{HO}}, \tag{8.109a}$$

すなわち $\quad X(t) = \sqrt{2}\lambda_{\mathrm{HO}} \Re A(t) = \frac{1}{m\omega} \int_0^t dt' \sin\{(t-t')\omega\} f(t') \quad \heartsuit \; \dfrac{\lambda_{\mathrm{HO}}}{f_{\mathrm{HO}}} = \dfrac{\lambda_{\mathrm{HO}}^2}{\hbar\omega} = \dfrac{1}{m\omega^2},$

$$\tag{8.109b}$$

$$P(t) = \sqrt{2}\frac{\hbar}{\lambda_{\mathrm{HO}}} \Im A(t) = \int_0^t dt' \cos\{(t-t')\omega\} f(t') \qquad \heartsuit \; \frac{\hbar}{\lambda_{\mathrm{HO}} f_{\mathrm{HO}}} = \frac{1}{\omega}. \tag{8.109c}$$

証明:斉次解 ($\equiv$「斉次方程式 ($\equiv$ 右辺が 0 なる方程式) の解」) が $e^{-i\omega t} c$ (c は定数) なるこを利用して, "定数変化法" を使う:

$$A(t) =: e^{-i\omega t} c(t) \text{ と置いて} \qquad \dot{c}(t) = i\omega e^{i\omega t} f(t) / \sqrt{2} f_{\mathrm{HO}}. \qquad \blacksquare$$

♣♣ 註 "定数変化法" は量子力学において "相互作用描像" ($\heartsuit$ 23.4.3 項) に移ることに相当.

註 f_{HO} は調和振動子特性力 ($\equiv$ (量子力学版) 調和振動子を特徴づける力の大きさ):「力 f_{HO} で距離 λ_{HO} 程度だけ引っ張った際に為される仕事」が $\hbar\omega$ である. ちなみに, (8.106b) なる X_{f0} を単位 λ_{HO} で測れば,

$$\mathrm{X}_{f0}/\lambda_{\mathrm{HO}} = f_0/f_{\mathrm{HO}}.$$

演習 f_{HO} の典型的な大きさを当たってみよう. 例えば「電荷 e を有する調和振動子が電場 $\boldsymbol{E}(= |\boldsymbol{E}|\boldsymbol{e}_x)$ のもとに置かれ」$\wedge$「$\{\hbar\omega, \lambda_{\mathrm{HO}}\} = \{1\mathrm{eV}, a_{\mathrm{B}}\}$」なる状況にて,

$$f_{\mathrm{HO}} \simeq 3.0\mathrm{nN} \, (= 3.0 \times 10^{-9}\mathrm{N}), \qquad |\boldsymbol{E}| = f_{\mathrm{HO}}/e \simeq 19\mathrm{GV/m} \, (= 1.9 \times 10^{10}\mathrm{V/m}). \qquad \blacksquare$$

演習 T_* 程度の時間を掛けて 0 から f_* まで単調に増大する外力

$$f(t) = (1 - e^{-\gamma_* t}) f_* \qquad : \gamma_* \equiv 1/T_* \tag{8.110a}$$

を想定すれば (図 8.6),

$$X(t) = \frac{1}{1+\zeta^2} \left[X_f(t) - \left\{ \zeta \sin\omega t - \zeta^2 (1 - \cos\omega t) \right\} X_* \right], \tag{8.110b}$$

$$X_f(t) \equiv \frac{f(t)}{m\omega^2}, \qquad X_* \equiv \frac{f_*}{m\omega^2}, \qquad \zeta \equiv \frac{1}{\omega T_*} = \frac{\gamma_*}{\omega}. \tag{8.110c}$$

証明:

$$\sqrt{2} f_{\mathrm{HO}} A(t) / f_\infty = i\omega \int_0^t dt' e^{-i(t-t')\omega} (1 - e^{-\gamma_* t'})$$

$$= 1 - e^{-i\omega t} - \frac{i\omega}{i\omega - \gamma_*} (e^{-\gamma_* t} - e^{-i\omega t})$$

$$= \frac{1}{1+i\zeta} \left\{ 1 - e^{-\gamma_* t} + i\zeta(1 - e^{-i\omega t}) \right\},$$

$$\Re\text{右辺} = \frac{1}{1+\zeta^2} (1 - e^{-\gamma_* t} - \zeta\sin\omega t) + \frac{\zeta}{1+\zeta^2} \times \zeta(1 - \cos\omega t). \qquad \blacksquare$$

演習 「振動しつつ (瞬時周波数 ω_*)」$\wedge$「緩やかに減衰する (減衰特性時間 T_*)」パルス状外力を想定しよう:

$$f(t) = f_0 e^{-\gamma_* t} \cos(\omega_* t - \varphi_0) \qquad : \{f_0, \varphi_0\} \text{ は定数} \wedge \gamma_* \equiv 1/T_* \ll \min\{\omega, \omega_*\}. \tag{8.111}$$

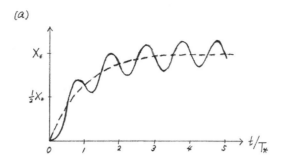

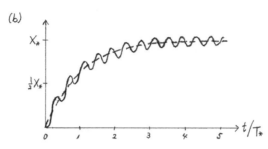

図 **8.6** 外力 (8.110a) 下の調和振動子における $X(t)$ (実線) と $X_f(t)$ (破線)：(a) $\omega T_* = 2\pi$, (b) $\omega T_* = 5\pi$

(i) $|\omega_* - \omega| \lesssim \gamma_*$ の場合：初期 ($t \lesssim 1/\omega_*$) における過渡振る舞い (transient behaviour) を度外視すれば，

$$\widetilde{A}(t) \equiv 2\sqrt{2} f_{\text{HO}} A(t)/f_0 \simeq \frac{\omega\{1 - e^{-\gamma_* t} e^{i(\omega - \omega_*)t}\}}{\omega_* - \omega - i\gamma_*} e^{-i(\omega t - \varphi_0)} \ : \ t \gg \frac{1}{\omega_*}. \quad (8.112\text{a})$$

- 特に $\omega_* = \omega$ なら，(振動の) 位相は外力に比べて $\pi/2$ だけずれ，振幅は t に比例して増大したのち一定値 ωT_* に落ち着く：

$$\widetilde{A}(t) \simeq i\frac{\omega}{\gamma_*}(1 - e^{-\gamma_* t})e^{-i(\omega t - \varphi_0)} \simeq e^{-i(\omega t - \varphi_0 - \pi/2)} \times \begin{cases} \omega t & : \ \omega_*^{-1} \ll t \ll T_*, \\ \omega T_* & : \ t \gg T_*. \end{cases}$$
(8.112b)

- 一般に，$t \gg T_*$ にて，

$$\widetilde{A}(t) \simeq \frac{\omega e^{-i(\omega t - \varphi_0)}}{\omega_* - \omega - i\gamma_*} = \frac{\omega e^{-i(\omega t - \varphi_0 - \varphi)}}{\sqrt{(\omega_* - \omega)^2 + \gamma_*^2}} \ : \ 0 < \varphi \equiv \tan^{-1}\frac{\gamma_*}{\omega_* - \omega} < \pi,$$
(8.112c)

$$|\widetilde{A}(t)|^2 \simeq \frac{\omega^2}{(\omega_* - \omega)^2 + \gamma_*^2}. \quad (8.112\text{d})$$

したがって，外力周波数 ω_* を掃引すると，**共鳴** (resonance) が見える：$\omega_* \sim \omega$ にて

振幅 $|\widetilde{A}(t)|$ は鋭い頂 (peak) を示し (図 8.7(a))，

外力との位相差 φ は「ほぼ 0」から「ほぼ π」へ急激に変る (図 8.7(b))．

(ii) $\omega_* \gg \omega$ の場合 (激振外力)：

$$\frac{1}{2}\Re\widetilde{A}(t) = \frac{\omega}{\omega_*}\sin\varphi_0 \sin\omega t + \frac{\omega^2}{\omega_*^2}\{\cos\varphi_0 \cos\omega t - f(t)/f_0\} + \mathcal{O}(\gamma_*\omega/\omega_*^2, \ \omega^3/\omega_*^3).$$
(8.112e)

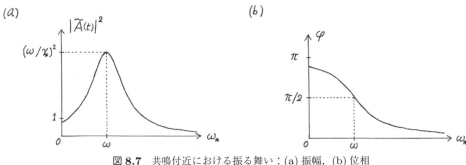

図 8.7 共鳴付近における振る舞い：(a) 振幅，(b) 位相

右辺は，一般に $\mathcal{O}(\omega/\omega_*)$ であるが，$\varphi_0 = 0$ ($\Longleftrightarrow |f(0)| = \max_t |f(t)|$) の場合には例外的に $\mathcal{O}(\omega^2/\omega_*^2)$ となる．つまり，「いきなり ($\varphi_0 \sim 0$)」∧「激しく ($\omega_* \gg \omega$)」揺すった場合には振幅は小さい．

(iii) $\omega_* \ll \omega$ の場合：
$$\frac{1}{2}\Re\widetilde{A}(t) = f(t)/f_0 - \cos\varphi_0 \cos\omega t - \frac{\omega_*}{\omega}\sin\varphi_0 \sin\omega t + \mathcal{O}(\gamma_*/\omega,\ \omega_*^2/\omega^2). \quad (8.112\text{f})$$

右辺第二項以下は，一般に $\mathcal{O}(1)$ であるが，$\varphi_0 = \pi/2$ ($\Longleftrightarrow f(0) = 0$) の場合には $\mathcal{O}(\omega_*/\omega)$ となる．これは断熱的外力 (♡ 8.5.3 項) の一例である．

証明：$\forall\{\omega_*, \gamma_*\}$ に対し
$$\widetilde{A}(t) = 2i\omega e^{-i\omega t} \int_0^t dt'\ e^{i\omega t'} e^{-\gamma_* t'} \cos(\omega_* t' - \varphi_0)$$
$$= i\omega e^{-i\omega t} \int_0^t dt' \left\{ e^{i(\Omega_+ t' - \varphi_0)} + e^{i(\Omega_- t' + \varphi_0)} \right\} \quad : \Omega_\pm \equiv \omega \pm \omega_* + i\gamma_*$$
$$= \frac{\omega}{\Omega_+}B_+ + \frac{\omega}{\Omega_-}B_- \quad : B_\pm \equiv (e^{i\Omega_\pm t} - 1)e^{-i(\omega t \pm \varphi_0)}.$$

(i) の場合：「$|\Omega_+| = \mathcal{O}(\omega_*) \gg \mathcal{O}(\gamma_*) = |\Omega_-|$」ゆえ，
$$\left|\frac{\text{第一項}}{\text{第二項}}\right| = \left|\frac{\Omega_-}{\Omega_+}\right| \left|\frac{e^{i\Omega_+ t} - 1}{e^{i\Omega_- t} - 1}\right|$$
$$\simeq \left|\frac{\Omega_-}{\Omega_+}\right| \times \begin{cases} |i\Omega_+ t/i\Omega_- t| & : t \ll \omega_*^{-1} \\ |(e^{i\Omega_+ t} - 1)/i\Omega_- t| & : \omega_*^{-1} \ll t \ll \gamma_*^{-1} \\ 1 & : t \gg \gamma_*^{-1} \end{cases}$$
$$= \begin{cases} 1 & : t \ll \omega_*^{-1}, \\ |(e^{i\Omega_+ t} - 1)/\Omega_+ t| < 2/|\Omega_+ t| = \mathcal{O}((\omega_* t)^{-1}) \ll 1 & : \omega_*^{-1} \ll t \ll \gamma_*^{-1}, \\ |\Omega_-/\Omega_+| = \mathcal{O}(\gamma_*/\omega_*) \ll 1 & : t \gg \gamma_*^{-1}. \end{cases}$$

(ii) の場合：「$\omega/\Omega_\pm \simeq \pm\varepsilon - (\varepsilon^2 + i\delta^2)$ $\quad : \{\varepsilon, \delta\} \equiv \{\omega/\omega_*, \sqrt{\omega\gamma_*}/\omega_*\}$」ゆえ，
$$\frac{1}{2}\widetilde{A}(t) \simeq \frac{1}{2}\varepsilon(B_+ - B_-) - \frac{1}{2}(\varepsilon^2 + i\delta^2)(B_+ + B_-)$$
$$= i\varepsilon\left\{ e^{-\gamma_* t}\sin(\omega_* t - \varphi_0) + e^{-i\omega t}\sin\varphi_0 \right\}$$
$$\quad - (\varepsilon^2 + i\delta^2)\left\{ e^{-\gamma_* t}\cos(\omega_* t - \varphi_0) - e^{-i\omega t}\cos\varphi_0 \right\}.$$

(iii) の場合：「$\omega/\Omega_\pm \simeq 1 \mp \varepsilon' - i\delta'$ $\quad : \{\varepsilon', \delta'\} \equiv \{\omega_*/\omega, \gamma_*/\omega\}$」ゆえ，

$$\frac{1}{2}\widetilde{A}(t) \simeq \frac{1}{2}(1 - i\delta')(B_+ + B_-) - \frac{1}{2}\varepsilon'(B_+ - B_-)$$
$$= (1 - i\delta')\left\{e^{-\gamma_* t}\cos(\omega_* t - \varphi_0) - e^{-i\omega t}\cos\varphi_0\right\}$$
$$- i\varepsilon'\left\{e^{-\gamma_* t}\sin(\omega_* t - \varphi_0) + e^{-i\omega t}\sin\varphi_0\right\}. \quad\blacksquare$$

演習 次項にて役立つ式を導いておこう．仮にニュートン運動方程式にて慣性項が無視できるとすれば粒子位置は外力に追随する：ニュートン運動方程式を

$$X(t) = X_f(t) - \ddot{X}(t)/\omega^2, \tag{8.113a}$$
$$X_f(t) := \{f(t)\}^2/m\omega^2 = \lceil 調和ポテンシャルの瞬時中心\rfloor \tag{8.113b}$$

と書き右辺第二項を無視すれば $X(t) \sim X_f(t)$．これに対する補正を系統的に調べることに拠り，始条件 $\{X(0), \dot{X}(0)\} = \{0, 0\}$ を充たす解 (8.109b) が次の形に書ける：$\forall N(\in \mathbf{N})$ について，

$$X(t) = \sum_{k=0}^{N}(-)^k X_k(t) + \delta X_N(t), \tag{8.113c}$$

$$X_k(t) \equiv X_f^{(2k)}(t) - X_f^{(2k)}(0)\cos\omega t - X_f^{(2k+1)}(0)\sin\omega t, \tag{8.113d}$$

$$\delta X_N(t) \equiv (-)^{N+1}\omega\int_0^t dt'\sin\{(t - t')\omega\}X_f^{(2N+2)}(t'), \tag{8.113e}$$

ただし，$\quad X_f^{(\ell)}(t) \equiv \dfrac{1}{\omega^\ell}\dfrac{d^\ell X_f(t)}{dt^\ell} = \dfrac{1}{m\omega^{2+\ell}}\dfrac{d^\ell f(t)}{dt^\ell}, \qquad X_f^{(\ell)}(0) \equiv X_f^{(\ell)}(0+).$

証明：(8.113a) を反復 (iterate：「右辺全体で与えられる X」を右辺の X に代入) すると

$$X = X_f - (X_f - X^{(2)})^{(2)} = X_f - X_f^{(2)} + X^{(4)}.$$

くり返し反復して

$$X = X_f - X_f^{(2)} + X_f^{(4)} - X_f^{(6)} + \cdots + (-)^N(X_f^{(2N)} - X^{(2N+2)}) = S_N + \delta X_N,$$

$$S_N \equiv \sum_{k=0}^{N}(-)^k X_f^{(2k)}, \qquad \delta X_N \equiv (-)^{N+1}X^{(2N+2)}.$$

次に，ニュートン運動方程式 (8.113a) を τ ($\equiv \omega t$) に関して $(2N + 2)$ 回微分すれば，

$$(\delta X_N)^{(2)} + \delta X_N = (-)^{N+1}X_f^{(2N+2)},$$

$$\text{ゆえに，}\quad \delta X_N = (-)^{N+1}\int_0^\tau d\tau'\sin(\tau - \tau')\,X_f^{(2N+2)}[\tau']$$
$$(\heartsuit\ (8.109b)) \qquad : X_f[\tau] \equiv X_f(t).$$

かくて特解が求まった．これに勝手な斉次解 $X^{斉}$ を加えて一般解を得る．始条件を充たすには

$$X^{斉} = -S_N(0)\cos\tau - S_N^{(1)}(0)\sin\tau. \quad\blacksquare$$

別証：$f[\tau] \equiv f(t)$ と置き，(8.109) をくり返し部分積分すれば，$\{f, f_0, f_0^{(\ell)}\} \equiv \{f(t), f(0), f^{(\ell)}(0)\}$ と略記して，

$$\sqrt{2}f_{\text{HO}}\,A(t) = \int_0^\tau d\tau'\,f[\tau']\frac{d}{d\tau'}e^{-i(\tau - \tau')} = f - f_0 e^{-i\tau} - \int_0^\tau d\tau'\,f^{(1)}[\tau']e^{-i(\tau - \tau')}$$
$$= f - f_0 e^{-i\tau} + i\left\{f^{(1)} - f_0^{(1)}e^{-i\tau} - \int_0^\tau d\tau'\,f^{(2)}[\tau']e^{-i(\tau - \tau')}\right\}$$
$$= f - f_0 e^{-i\tau} + i\left(f^{(1)} - f_0^{(1)}e^{-i\tau}\right) + i^2\left(f^{(2)} - f_0^{(2)}e^{-i\tau}\right) + \cdots. \quad\blacksquare$$

352　第 8 章　調和振動子波動函数

演習　初期 $(t \ll 1/\omega)$ において,

$$mX(t) \simeq f_0 \frac{t^2}{2!} + \dot{f}_0 \frac{t^3}{3!} - (\omega^2 f_0 - \ddot{f}_0)\frac{t^4}{4!} - (\omega^2 \dot{f}_0 - \dddot{f}_0)\frac{t^5}{5!} + \cdots. \tag{8.114}$$

証明:$\{f(t), X(t)\}$ を t に関して冪展開し冪ごとに係数を比べれば済むが, 以下, (8.113) に基づく別証を与える (これは冪展開法に比べてはなはだ回りくどい方法であり, (8.114) を導きたいだけなら何ら御利益ないが, (8.113c) の構造理解に資す):

$$X_f^{(2k)}(t) = \chi_{2k} + \tau\chi_{2k+1} + \sum_{\ell=2}^{\infty} \frac{\tau^\ell}{\ell!}\chi_{2k+\ell} \qquad : \chi_\ell \equiv X_f^{(\ell)}(0) \ \wedge \ \tau \equiv \omega t,$$

ゆえに,

$$X_k(t) = \chi_{2k}(1 - \cos\tau) + \chi_{2k+1}(\tau - \sin\tau) + \sum_{\ell=2}^{\infty}\frac{\tau^\ell}{\ell!}\chi_{2k+\ell}$$

$$= \sum_{m=1}^{\infty}\left\{\left(\chi_{2k+2m} + (-)^{m-1}\chi_{2k}\right)\frac{\tau^{2m}}{(2m)!} + \left(\chi_{2k+2m+1} + (-)^{m-1}\chi_{2k+1}\right)\frac{\tau^{2m+1}}{(2m+1)!}\right\}.$$

ゆえに,　$\displaystyle\sum_{k=0}^{N}(-)^k X_k(t) = \left\{\chi_0 + (-)^N\chi_{2N+2}\right\}\frac{\tau^2}{2!} + \left\{\chi_1 + (-)^N\chi_{2N+3}\right\}\frac{\tau^3}{3!}$

$$- \left\{\chi_0 - \chi_2 + (-)^N(\chi_{2N+2} - \chi_{2N+4})\right\}\frac{\tau^4}{4!}$$

$$- \left\{\chi_1 - \chi_3 + (-)^N(\chi_{2N+3} - \chi_{2N+5})\right\}\frac{\tau^5}{5!} + \mathcal{O}(\tau^6).$$

これは, $N \to \infty$ にて, (8.114) に他ならぬ. ■

8.5.3　断熱的外力

「$t < 0$ にて静止していた振子」は, $t > 0$ にて, 紐を<u>ゆっくり</u>水平に動かしても常におおむね鉛直に保たれる (たいていの読者が経験済であろう). この場合,「ゆっくり」は「微小振子 (つまり調和振動子) の固有振動に比べて緩やか」を意味する:

$$「外力 f(t) の時間変化尺度」を T_* として, \qquad \zeta \equiv \frac{1}{\omega T_*} \ll 1. \tag{8.115a}$$

T_* の意味を詳しく書けば,

$$f(t) =: f_* F(T) \qquad : f_* \equiv \max_t |f(t)| \ \wedge \ T \equiv t/T_*, \tag{8.115b}$$

$$F(T) は「\forall T(> 0) にて滑らか」\wedge「F(0) = 0」\wedge「T \to \infty にて一定値に近づく」\tag{8.115c}$$

("いつまでも変動し続ける力"は話を複雑化する (のみならず現実的ならぬ) ゆえ除外).

条件 (8.115) を「(古典強制調和振動子に関する) **断熱性条件** (adiabaticity condition)」とよび, これに応じて, 同条件を充たす外力を「(古典強制調和振動子に対する) **断熱的外力** (adiabatic external <u>force</u>)」と略称する.

註　"断熱" なる用語の心は 8.6 節参照.

(i) 断熱的外力下における古典軌道

冒頭に述べた経験事実を，断熱的外力を想定して，数式で確かめてみよう．それには (8.113) が有用：同式に登場する諸量を評価すると，$X_* \equiv f_*/m\omega^2$ と略記して，

$$\frac{X_f^{(\ell)}(t)}{X_*} = \frac{1}{f_*\omega^\ell}\frac{d^\ell f(t)}{dt^\ell} = \zeta^\ell \frac{d^\ell F(T)}{dT^\ell}, \tag{8.116a}$$

$$\left|\frac{\delta X_N(t)}{X_*}\right| < \omega \int_0^t dt' \left|\frac{X_f^{(2N+2)}(t')}{X_*}\right| = \zeta^{2N+1} G_N(T) \qquad : G_N(T) \equiv \int_0^T dT' \left|\frac{d^{2N+2}F(T')}{dT'^{2N+2}}\right|. \tag{8.116b}$$

演習 例えば単調増大外力 (8.110a) の場合，

$$F(T) = 1 - e^{-T}, \qquad \left|\frac{d^\ell F(T)}{dT^\ell}\right| = e^{-T}, \qquad G_N(T) = F(T) \qquad : \forall\{\ell \ (\geq 1), \ N\}. \qquad \blacksquare$$

一般に，$\{F(T), |d^\ell F(T)/dT^\ell|, G_N(T)\}$ は $\mathcal{O}(1)$．したがって，

$$X(t) = \sum_{k=0}^N (-)^k X_k(t) + \mathcal{O}(\zeta^{2N+1}). \tag{8.116c}$$

かくて，下記結論に達する：

演習 古典調和振動子が「$t < 0$ にて原点に静止していた」場合，断熱的外力下における軌道 $\{X(t), P(t)\}$ および作用積分 $\mathcal{S}(t)$ は，$t > 0$ にて，

$$X(t) = X_f(t) - \frac{\dot{f}_0}{m\omega^3}\sin\omega t - \frac{1}{m\omega^4}\left\{\ddot{f}(t) - \ddot{f}_0 \cos\omega t - \frac{\dddot{f}_0}{\omega}\sin\omega t\right\} + \mathcal{O}(\zeta^3 X_*), \tag{8.117a}$$

$$P(t) = m\dot{X}(t) = \frac{1}{\omega^2}\left\{\dot{f}(t) - \dot{f}_0 \cos\omega t\right\} - \frac{\ddot{f}_0}{\omega^3}\sin\omega t + \mathcal{O}(\zeta^3 P_*), \tag{8.117b}$$

$$\mathcal{S}(t) = -\int_0^t dt' \, V_f(t') + \frac{1}{2m\omega^4}\int_0^t dt' \left\{\dot{f}(t')\right\}^2$$
$$-\frac{\dot{f}_0}{2m\omega^5}\left\{2\dot{f}(t) - \dot{f}_0 \cos\omega t\right\}\sin\omega t + \mathcal{O}(\zeta^3 \mathcal{S}_*), \tag{8.117c}$$

$$\dot{f}_0 \equiv \dot{f}(0+), \quad \ddot{f}_0 \equiv \ddot{f}(0+), \text{ etc.}, \qquad P_* \equiv m\omega X_* = f_*/\omega, \qquad \mathcal{S}_* \equiv X_* P_* = f_*^2/m\omega^3,$$

$$V_f(t) \equiv \text{「調和ポテンシャルの瞬時}\underline{\text{底値}}(\equiv \text{最小値})」 = -\frac{\{f(t)\}^2}{2m\omega^2}.$$

証明：作用積分を計算するには (8.103) を使うと見通しよし：

$$\tilde{\mathcal{S}} \equiv 2m\omega^4 \mathcal{S}(t) = J_1 + J_2 + \omega^2 \int_0^t dt' \left\{f(t')\right\}^2,$$

$$J_1 \equiv \omega^2 P(t) \, m\omega^2\{X(t) - X_f(t)\}$$

$$= -\left(\dot{f} - \dot{f}_0 \cos\omega t\right)\frac{\dot{f}_0}{\omega}\sin\omega t + \mathcal{O}(\zeta^3 \tilde{\mathcal{S}}_*) \qquad : \tilde{\mathcal{S}}_* \equiv m\omega^4 \mathcal{S}_* = \omega f_*^2,$$

$$J_2 \equiv \int_0^t dt' \, \dot{f}(t') \, \omega^2 P(t') = \int_0^t dt' \, \dot{f}(t')\left\{\dot{f}(t') - \dot{f}_0 \cos\omega t' - \frac{\ddot{f}_0}{\omega}\sin\omega t' + \mathcal{O}(\dddot{f}_0/\omega^2)\right\}$$

$$= \int_0^t dt' \left\{\dot{f}(t')\right\}^2 - \frac{\dot{f}_0}{\omega}\left\{\dot{f}\sin\omega t - \int_0^t dt' \, \ddot{f}(t')\sin\omega t'\right\}$$

354   第8章　調和振動子波動函数

$$- \frac{\ddot{f}_0}{\omega} \int_0^t dt' \, \dot{f}(t') \, \sin \omega t' + \mathcal{O}(\dot{f}\ddot{f}/\omega^2)$$

$$= \int_0^t dt' \, \{\dot{f}(t')\}^2 - \frac{\dot{f}_0}{\omega} \dot{f} \sin \omega t + \mathcal{O}(\dot{f}\ddot{f}/\omega^2).$$

ゆえに，

$$\tilde{S} = \omega^2 \int_0^t dt' \, \{f(t')\}^2 + \int_0^t dt' \, \{\dot{f}(t')\}^2 - \left(2\dot{f} - \dot{f}_0 \cos \omega t\right) \frac{\dot{f}_0}{\omega} \sin \omega t + \mathcal{O}(\zeta^3 \tilde{S}_*)$$

$$\heartsuit \; \mathcal{O}(\dot{f}\ddot{f}/\omega^2) = \mathcal{O}(\omega f_*^2 \zeta^3) = \mathcal{O}(\zeta^3 \tilde{S}_*). \quad \blacksquare$$

註　上記 (8.117) 各式の構造は

$$X/X_* = \mathcal{O}(\zeta^0) + \mathcal{O}(\zeta) + \mathcal{O}(\zeta^2) + \mathcal{O}(\zeta^3), \qquad P/P_* = \mathcal{O}(\zeta) + \mathcal{O}(\zeta^2) + \mathcal{O}(\zeta^3),$$

$$\mathcal{S}/\mathcal{S}_* = \mathcal{O}(\zeta^{-1}) + \mathcal{O}(\zeta) + \mathcal{O}(\zeta^2) + \mathcal{O}(\zeta^3).$$

ただし，初期 ($t \ll 1/\omega$) においては，始条件を充たすべく主要項が相殺するゆえ要注意：(8.113d) なる $X_k(t)$ にて右辺第三項は，第一項 $\vee$ 第二項に比して $\mathcal{O}(\zeta)$ であるが，初期においては，「第一項と第二項の主要部が相殺」$\wedge$「その生き残りも $X_{k+1}(t)$ の生き残りと相殺」するゆえ，必ずしも無視できぬ ($\heartsuit$ (8.114) の証明).

「初期過渡期 (initial transient stage) $t \lesssim 1/\omega$」を度外視して，$t \gg 1/\omega$ における主要項だけ書けば，

$$X(t) \simeq X_f(t), \qquad P(t) \simeq \frac{1}{\omega^2} \dot{f}(t), \qquad \mathcal{S}(t) \simeq - \int_0^t dt' \, V_f(t'). \tag{8.117d}$$

かくて，「初期過渡期を無視」$\wedge$「主要項以外を無視」すれば，

　　　　断熱的外力下の古典調和振動子において，粒子位置は「ポテンシャルの瞬時中心」に追随する．

(ii) 断熱的外力下における波動函数

(量子力学版) 強制調和振動子の場合はいかがであろうか．準備として，(8.101) (の $\mathbf{E}^1$ 版) にて $\{t_0, x_0, p_0\} = \{0, 0, 0\}$ と採れば，

$$\psi^{\mathrm{FHO}}(x; t) = \psi^{\mathrm{HO}}(x - X(t) \, ; t) \exp \left\{ i \, (x - X(t)) \, P(t)/\hbar + i\mathcal{S}(t)/\hbar \right\}. \tag{8.118}$$

したがって，条件 (8.115) と共に下記 (8.120) が充たされるならば，$t \gg 1/\omega$ にて，

$$\psi^{\mathrm{FHO}}(x; t) \simeq \psi^{\mathrm{HO}}(x - X_f(t) \, ; t) \, \exp \left\{ -\frac{i}{\hbar} \int_0^t dt' \, V_f(t') \right\}, \tag{8.119}$$

ただし，

$$|\dot{f}(t)| \, (\triangle x)_{\psi^{\mathrm{HO}}(\; ;t)} \ll \hbar \omega^2 \qquad \left(\iff \left| \frac{\dot{f}(t)}{f_{\mathrm{HO}}} \right| \ll \frac{\lambda_{\mathrm{HO}}}{(\triangle x)_{\psi^{\mathrm{HO}}(\; ;t)}} \omega \right) \quad : \forall t \tag{8.120}$$

$$\left((\triangle x)_{\psi^{\mathrm{HO}}(\; ;t)} \equiv \text{「} \psi^{\mathrm{HO}}(\; ;t) \text{ に関する位置揺らぎ」} \right).$$

証明：(8.118) に (8.117d) を代入し，位相 $\Phi \equiv (x - X(t))P(t)/\hbar$ が実効的に下記不等式を充たすことに着目：

$$\triangle x \equiv (\triangle x)_{\psi^{\mathrm{HO}}(\; ;t)} \text{ と略記して，} \qquad |\Phi| \lesssim |P(t)|\triangle x/\hbar \lesssim (|\dot{f}(t)| + |\dot{f}(0)|)\triangle x/\hbar \omega^2. \quad \blacksquare$$

$$\tag{8.121}$$

条件 (8.115)$\wedge$(8.120) を「(強制調和振動子の，状態 $\psi^{\mathrm{HO}}(\; ;t)$ に関する)**断熱性条件**」とよび，かような外力を「(強制調和振動子の，状態 $\psi^{\mathrm{HO}}(\; ;t)$ に対する)**断熱的外力**」と略称する．つまり，

断熱的外力下の調和振動子波動函数は，外力がない場合と本質的に同じであり，「波束中心を
ポテンシャル瞬時中心 X_f にずらし」∧「時間依存ポテンシャル底値 V_f が累積した位相を付
けたもの」に等しい.

註 (8.115)∧(8.120) をまとめて書けば

$$\zeta \;\ll\; \min\left\{1,\; \frac{\hbar\omega}{(\triangle x)_{\psi^{\mathrm{HO}}(\;;t)}\,f_*}\right\} \qquad : \forall t. \tag{8.122}$$

(iii) ♣ 補足 : 外力が無限過去からゆっくり導入される場合の古典軌道 (形式的表式)

外力が，始時刻を t_0 として，次のごとく書けるとしよう :

$$f(t) = e^{+0t}\int d\nu\,\tilde{f}(\nu)\,e^{-i\nu t} \qquad : \int d\nu \equiv \int_{-\infty}^{\infty} d\nu, \tag{8.123a}$$

$$\text{“}+0\text{''} は微小正定数 (次元は [周波数]) \;\wedge\; +0t_0 \ll -1. \tag{8.123b}$$

註1 $\tilde{f}(\nu)$ は，"$f(t)$ のフーリエ変換" ではなく，「$f(t)$ から因子 e^{+0t} を除いた函数のフーリエ変換」.
註2 $f(t) \in \mathbf{R}$ ゆえ

$$\tilde{f}^*(\nu) = \tilde{f}(-\nu). \tag{8.123c}$$

演習 「(8.109b) にて積分下限 0 を t_0 で置き換えた式」を用いて，

$$\begin{aligned}
X(t) &= \frac{1}{2m\omega}\int d\nu\left\{\frac{1}{\nu+i0+\omega}-\frac{1}{\nu+i0-\omega}\right\}\tilde{f}(\nu)\,e^{-i(\nu+i0)t} \\
&= \frac{1}{m}\int d\nu\,\frac{\tilde{f}(\nu)\,e^{-i(\nu+i0)t}}{\omega^2-(\nu+i0)^2}.
\end{aligned} \tag{8.124}$$

証明 :

$$\begin{aligned}
m\omega X(t) &= \Im\int_{t_0}^{t}dt'\,e^{i(t-t')\omega}f(t') = \Im\int d\nu\,\tilde{f}(\nu)\int_{t_0}^{t}dt'\,e^{i(t-t')\omega-i\nu t'+0t'} \\
&= \Im\int d\nu\,\tilde{f}(\nu)\frac{ie^{-i\nu t+0t}}{\omega+\nu+i0} \qquad \heartsuit\;\mathcal{O}(e^{+0t_0})\text{ を無視} \\
&= \frac{1}{2}\int d\nu\left\{\frac{\tilde{f}(\nu)\,e^{-i\nu t}}{\omega+\nu+i0}+\frac{\tilde{f}^*(\nu)\,e^{i\nu t}}{\omega+\nu-i0}\right\}e^{+0t} \\
&= \frac{1}{2}\int d\nu\left(\frac{1}{\omega+\nu+i0}+\frac{1}{\omega-\nu-i0}\right)\tilde{f}(\nu)\,e^{-i\nu t+0t} \qquad \heartsuit\;(8.123c). \quad\blacksquare
\end{aligned}$$

♣ 註 ニュートン運動方程式に

$$f(t) = \int d\nu\,\tilde{f}(\nu)\,e^{-i\nu t} \;\wedge\; X(t) = \int d\nu\,\widetilde{X}(\nu)\,e^{-i\nu t} \tag{8.125a}$$

を代入し，形式的に

$$\widetilde{X}(\nu) = \frac{1}{m}\frac{\tilde{f}(\nu)}{\omega^2-\nu^2} \tag{8.125b}$$

と解けば，(8.124) に似た式を得る. しかし，これは始条件に関する情報を有せぬ.

356   第 8 章　調和振動子波動函数

8.6　♣♣ 断熱的な調和振動子

8.4.6 項に述べた結果は「周波数 $\omega(t)$ が任意の時間変化をする場合」に適用できる．本節は特に「$\omega(t)$ が緩やかに変化する状況」を詳論する：

各時刻における瞬時周波数 ω は，瞬時周期 ($\sim 1/\omega$) 程度だけ時間が経つと，およそ $\dot{\omega} \times (1/\omega)$ だけ変化する．これが ω 自身に比べて充分に小さいとする：

$$\left| \dot{\omega}(t) \times \frac{1}{\omega(t)} \right| \ll \omega(t) \qquad \left(\iff \left| \frac{\dot{\omega}}{\omega^2} \right| \ll 1 \right) \quad : \forall t. \tag{8.126a}$$

条件 (8.126a) を「(調和振動子に関する) <u>断熱性条件</u>(adiabaticity condition)」とよび，これに応じて，同条件が充たされる状況を<u>断熱的状況</u> (adiabatic situation) とよぶ．また，かような調和振動子を<u>断熱的調和振動子</u>と略称する．

♣♣ 註　「瞬時周期 ($\sim 1/\omega$) 程度」とイーカゲンに書いたが，$1/\omega$ は $2\pi/\omega$ (あるいは π/ω，あるいは $\cdots$) とすべきかもしれぬ．つまり，(8.126a) は次のごとく書く方が適切であろう：

$$\left| \frac{\dot{\omega}}{\omega^2} \right| \ll \frac{\mathrm{CO}(1)}{2\pi} \quad : \mathrm{CO}(1) \equiv \text{「} \mathcal{O}(1) \text{ なる正定数：constant of order 1」}. \tag{8.126b}$$

ただし $\underline{\mathrm{CO}(1)}$ 問題 ($\equiv$「$\mathrm{CO}(1)$ をいかに採るべきか」) は，「そもそも曖昧な $\ll$ を的確に定義」(換言すれば「要請すべき近似精度を明確に指定」) して初めて意味を成し，"一般的正解"を書き下すことはできず具体的状況に応じて答えるべきものであろう　　♡ 後述 19.1 節 ∨ 30.7.3 項にて関連議論*22．

♣ 註　断熱性条件を充たす ω は "断熱変化 (adiabatic change) をする" あるいは "断熱的に変化する (adiabatically change)" といわれる．熱力学を論じているわけでもないのに "断熱" とは妙である．その心はおおむね次のごとし ([12] を脚色して引用)：

量子論前夜に，空洞輻射 (＝「空洞に閉じ込められた電磁波」：古典電磁気学において，「様々な周波数を有する調和振動子集団」と数学的に等価) に関し，下記問題が論じられた：

「空洞と外部熱浴の間に熱エネルギー授受が起こらぬように設定し (すなわち，空洞を断熱壁 (adiabatic wall) で囲み) ∧「空洞形状 (形や大きさ) を緩やかに変化させる」場合，いかなる性質が成り立つか．

研究の結果，(空洞輻射を記述する) 各調和振動子について，下記結論が得られた：

空洞形状が変化するにつれて，周波数も振幅も変化するが，「エネルギーの変化率」と「周波数の変化率」は相等しい (すなわち，次項に述べる定理 (8.133c) が成り立つ)．

上記議論は，その後，一般の力学系に拡張された．その過程にて，「断熱壁」は忘れ去られ，「パラメーターが緩やかに変化すること」だけが関心事となった．にもかかわらず，「断熱」なる呼称が歴史的遺産として残った*23．「断熱」のさらなる心については 15.10.2 項 ∨ 15.13.2 項を参照．

典型的に，例えば，「T_* 程度の時間をかけて周波数が ω_0 から ω_∞ へ増大する状況」を想定しよう (勝手な基準時刻を t_0 とする)：

---

*22 $\mathrm{CO}(1)$ 問題 については 2017 年 8 月に山田徳史さん (福井大学) から貴重な提言をいただいた．

*23 あえて弁護を試みれば，系 (調和振動子) と外界 (周波数を変化させる行為者 (agent)) の間には，周波数変化に付随して起こる以外にはエネルギー授受がないゆえ，当然ながら熱エネルギー授受もない．

$$\text{典型例：} \qquad \omega(t) = \begin{cases} \omega_0 & : t < t_0, \\ \omega_0 + (\omega_\infty - \omega_0)\tanh((t-t_0)/T_*) & : t > t_0. \end{cases} \tag{8.127a}$$

演習 上例の場合，断熱性条件は

$$\omega_0 T_* \gg \eta \equiv \omega_\infty/\omega_0 - 1. \tag{8.127b}$$

証明： $\dot\omega = (\omega_\infty - \omega_0)/T_*(\cosh T)^2 \quad : T \equiv (t-t_0)/T_*$,

$\min_t \omega = \omega_0, \qquad \max_t |\dot\omega| = (\omega_\infty - \omega_0)/T_*, \qquad \max_t |\dot\omega/\omega^2| = (\omega_\infty - \omega_0)/\omega_0^2 T_*.$ ∎

註 $\omega_\infty < \omega_0$ の場合には，$\min_t \omega = \omega_\infty$ ゆえ，(8.127b) に代えて $\omega_\infty T_* \gg 1 - \omega_0/\omega_\infty$.

註 周波数は，上例においては単調増加であるが，一般には単調なる必要なし．

8.6.1 古典解の断熱近似

方程式 (8.13) に従う $a(t)$ は，断熱的状況において，"瞬時周波数 $\omega(t)$ で振動する" と考える．すなわち，基本解はおおむね次のごとく振る舞うと予想できる [13]：

$$\alpha(t) \simeq \overline{\alpha}(t)\cos\theta(t), \qquad \beta(t) \simeq \frac{1}{\omega_0}\overline{\beta}(t)\sin\theta(t), \tag{8.128a}$$

$$\theta(t) \equiv \int_{t_0}^{t} dt'\,\omega(t'), \qquad \omega_0 \equiv \omega(t_0). \tag{8.128b}$$

ただし，$\{\overline{\alpha}(t), \overline{\beta}(t)\}$ は「$\{\cos\theta(t), \sin\theta(t)\}$ に比べて緩やかに変化する函数」：

$$\left|\frac{d\overline{\alpha}(t)}{dt}\right| \ll |\omega(t)\overline{\alpha}(t)|, \qquad \left|\frac{d\overline{\beta}(t)}{dt}\right| \ll |\omega(t)\overline{\beta}(t)| \qquad : \forall t. \tag{8.128c}$$

(8.128a) を (8.13) に代入して，条件 (8.128c) を要請することに拠り，$\{\overline{\alpha}, \overline{\beta}\}$ が近似的に求める．

しかし，二階方程式 (8.13) よりも連立一階方程式から出発する方が見通しよし：

$$(8.13) \Longleftrightarrow \begin{cases} d\dot a/dt = -\omega^2 a = -\omega\,\omega a \\ d(\omega a)/dt = \omega\dot a + \dot\omega a = \omega\dot a + (\dot\omega/\omega)\,\omega a \end{cases}$$

$$\Longleftrightarrow \dot A + i\omega A = \frac{\dot\omega}{\omega}\Re A, \tag{8.129a}$$

$$A \equiv \omega a + i\dot a \tag{8.129b}$$

$$((8.107) \text{ なる } A \text{ と本質的に同じものゆえ同一記号を使用}).$$

大雑把には，"(8.129a) 右辺は $i\omega A$ に比べて $\mathcal{O}(\dot\omega/\omega^2)$ ゆえ無視できる" として，$A(t) \sim A(t_0)e^{-i\theta(t)}$. これに示唆されて

$$A(t) =: \mathcal{A}(t)e^{-i\theta(t)} \tag{8.130}$$

と置けば，"$\mathcal{A}(t)$ は緩やかに変化する" と期待できよう．

演習 (8.130) を (8.129a) に代入して近似計算すると

$$\mathcal{A}(t) \simeq A_0\sqrt{\omega(t)/\omega_0} \qquad : A_0 \equiv A(t_0) = \omega_0 a(t_0) + i\dot a(t_0). \tag{8.131}$$

証明：

$$\dot A = \dot{\mathcal{A}}e^{-i\theta} - i\omega\mathcal{A}e^{-i\theta} \qquad \heartsuit\ \dot\theta = \omega.$$

358   第 8 章   調和振動子波動函数

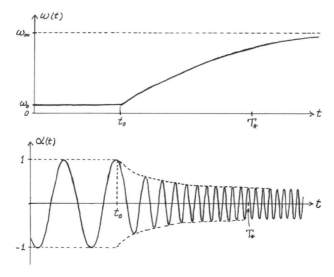

図 8.8 断熱的状況典型例 (8.127) と基本解 α

ゆえに、 $\quad \dot{\mathcal{A}} = e^{i\theta}\dfrac{\dot\omega}{\omega}\Re \mathcal{A} e^{-i\theta} = \dfrac{\dot\omega}{2\omega}(\mathcal{A} + \mathcal{A}^* e^{2i\theta}).$ \hfill (8.132)

最右辺第二項は，激しく (すなわち，瞬時周波数 2ω で) 振動するゆえ，$2\pi/\omega$ に比して長い時間尺度で平均すれば 0 と見なせよう．したがって

$$\dot{\mathcal{A}} \simeq \dfrac{\dot\omega}{2\omega}\mathcal{A} = \dfrac{d\sqrt{\omega}}{dt}\dfrac{1}{\sqrt{\omega}}\mathcal{A}, \qquad \text{すなわち} \quad \mathcal{A} \propto \sqrt{\omega}. \quad \blacksquare$$

以上をまとめて

$$a(t) = \dfrac{1}{\omega(t)}\Re A(t) \simeq \dfrac{1}{\sqrt{\omega_0 \omega(t)}}\Re A_0 e^{-i\theta(t)}. \tag{8.133a}$$

これは「(調和振動子の) **断熱近似解** ($\equiv$ 断熱的状況における近似解)」とよばれる．基本解 $\{\alpha,\beta\}$ は，$\{A_0 = \omega_0,\ A_0 = i\}$ と採って，

$$\alpha(t) \simeq \sqrt{\dfrac{\omega_0}{\omega(t)}}\cos\theta(t), \qquad \beta(t) \simeq \dfrac{1}{\sqrt{\omega_0\omega(t)}}\sin\theta(t). \tag{8.133b}$$

これは (8.128a) なる形をしている：$\overline{\alpha}(t) = \overline{\beta}(t) = \sqrt{\omega_0/\omega(t)}$．したがって，予想した性質 (8.128c) は断熱性条件に帰着する．

演習　典型例 (8.127) の場合に基本解 α を描くと図 8.8．

ヒント：もし詳しく描きたければ

$$\theta(t) = \begin{cases} -(t_0 - t)\omega_0 & : t < t_0, \\ \{\omega_0 - (\omega_\infty - \omega_0)\}(t - t_0) + (\omega_\infty - \omega_0)T_* \log\{(e^{2(t-t_0)/T_*} + 1)/2\} & : t > t_0. \end{cases} \quad \blacksquare$$

演習　断熱的調和振動子のエネルギーは周波数に比例した時間変動をする：

$$\frac{|A(t)|^2}{\omega(t)} \simeq -\text{定} \left(= \frac{|A_0|^2}{\omega_0} \right). \qquad \blacksquare \tag{8.133c}$$

註 $|A|^2 = \dot{a}^2 + \omega^2 a^2 \propto$ 「調和振動子の瞬時エネルギー」.

これは「(断熱的調和振動子に関する) 断熱定理 (adiabatic theorem)」とよばれる.

註 一般に,「パラメーターが断熱変化する場合に, 一定に保たれる量」は断熱不変量 (adiabatic invariant) とよばれる: 上記 $|A|^2/\omega$ ($\propto$ エネルギー/周波数) は「断熱的調和振動子における断熱不変量」である.

演習 次項にて用いる公式:

$$\frac{\dot{\alpha}(t)}{\alpha(t)} \simeq -\omega(t)\tan\theta(t), \qquad \tau_\alpha \equiv \int_{t_0}^t \frac{dt'}{\{\alpha(t')\}^2} \simeq \frac{1}{\omega_0}\tan\theta(t). \tag{8.133d}$$

証明: (8.133b) を脇目も振らず微分すると

$$\dot{\alpha} \simeq \sqrt{\frac{\omega_0}{\omega}}(-\omega\sin\theta) - \frac{1}{2}\frac{\dot{\omega}}{\omega}\sqrt{\frac{\omega_0}{\omega}}\cos\theta.$$

右辺第二項は, (8.133b) に対する補正項に因る寄与と同程度 ($\heartsuit$8.6.3 項) ゆえ, 近似 (8.133b) に依拠する限り無視すべし. τ_α は, (8.22) に拠る, あるいは念のため積分を実行してみれば,

$$\tau_\alpha \simeq \int_{t_0}^t dt' \frac{\omega(t')/\omega_0}{\{\cos\theta(t')\}^2} = \frac{1}{\omega_0}\int_0^\theta \frac{d\theta'}{(\cos\theta')^2}. \qquad \blacksquare$$

♣ 註 (8.131)(したがって (8.133)) に対する補正については 8.6.3 項.

8.6.2 膨縮変換の断熱近似

(i) 力学分解定理 (8.60) の断熱近似

尺度因子 a として基本解 α を採り, 断熱近似形 (8.133b) を使うと, (8.133d) を参照して,

$$\psi^{\mathrm{HO}}(\boldsymbol{r};t) \simeq \frac{\{\omega(t)/\omega_0\}^{D/4}}{\{\cos\theta(t)\}^{D/2}} \exp\left\{ -i\frac{m\omega(t)\tan\theta(t)}{2\hbar}\boldsymbol{r}^2 \right\} \psi^{\text{自由}}\left(\sqrt{\frac{\omega(t)}{\omega_0}}\frac{\boldsymbol{r}}{\cos\theta(t)} \,;\, \frac{\tan\theta(t)}{\omega_0} \right). \tag{8.134}$$

応用 (以下 $\mathbf{E}^1$): 8.4.2 項と同じく始状態として

$$\psi^{\mathrm{HO}}(x;t_0) = (\sqrt{2\pi}s_0\lambda_0)^{-1/2}\exp(-x^2/4s_0^2\lambda_0^2)$$
$$: \lambda_0 \equiv \sqrt{\hbar/2m\omega_0} \ \wedge \ s_0 \text{ は勝手な正定数} \tag{8.135a}$$

を想定すれば, (8.134)$\wedge$(8.67) に拠り,

$$\psi^{\mathrm{HO}}(x;t) \simeq \left(\frac{1}{\sqrt{2\pi}(s_0 + is_0^{-1}\tan\theta)\lambda\cos\theta} \right)^{1/2} \exp\left\{ -\frac{i}{4}\left(\frac{x}{\lambda}\right)^2\tan\theta \right.$$
$$\left. -\frac{1}{4s_0\{s_0 + is_0^{-1}\tan\theta\}}\left(\frac{x}{\lambda\cos\theta}\right)^2 \right\}$$
$$: \theta \equiv \theta(t) \ \wedge \ \lambda \equiv \lambda(t) := \sqrt{\frac{\hbar}{2m\omega(t)}}$$

$$
= \left(\frac{1}{\sqrt{2\pi}(s_0 \cos\theta + i s_0^{-1} \sin\theta)\lambda} \right)^{1/2} \exp\left\{ -\frac{1}{4} \frac{s_0^{-1}\cos\theta + i s_0 \sin\theta}{s_0 \cos\theta + i s_0^{-1} \sin\theta} \left(\frac{x}{\lambda} \right)^2 \right\}
\tag{8.135b}
$$

$$
= \text{「(8.68b) にて } \{\lambda_0, \omega t\} \text{ を } \{\lambda(t), \theta(t)\} \text{ で置き換えたもの」.}
$$

註 「8.4.2 項における ω」 = 「本節における ω_0」.

特に，$s_0 = 1$ の場合，

$$
\psi^{\mathrm{HO}}(x;t) \simeq \frac{e^{-i\theta(t)/2}}{(\sqrt{2\pi}\lambda(t))^{1/2}} \exp\left\{ -\frac{1}{4} \left(\frac{x}{\lambda(t)} \right)^2 \right\}.
\tag{8.135c}
$$

これは「始状態 (8.135a) にて 『幅 λ_0 を $\lambda(t)$ に替え』 $\wedge$ 『位相因子 $e^{-i\theta(t)/2}$ を掛けた』 もの」 に等しい．

(ii) 等価定理 (8.59) にて Ω が定数なる場合の断熱近似

尺度因子 a として 「(8.29) にて $X_0 = 1$ と置いたもの」 を採り，基本解の断熱近似形 (8.133b) を使うと，

$$
a^2 \simeq \frac{\omega}{\omega_0}\{(\cos\theta)^2 + \mu^2(\sin\theta)^2\} \qquad : \mu \equiv \Omega/\omega_0,
\tag{8.136a}
$$

$$
\frac{\dot{a}}{a} = \frac{\alpha\dot{\alpha} + \Omega^2\beta\dot{\beta}}{a^2} \simeq \frac{1}{a^2}\{\alpha^2 \times (-\omega)\tan\theta + \Omega^2\beta^2 \times \omega\cot\theta\}
$$
$$
\simeq \frac{(\mu^2 - 1)\omega\cos\theta\sin\theta}{(\cos\theta)^2 + \mu^2(\sin\theta)^2},
\tag{8.136b}
$$

$$
\tau = \int_{t_0}^{t} \frac{dt'}{\{a(t')\}^2} \simeq \int_{t_0}^{t} dt' \frac{\omega(t')/\omega_0}{\{\cos\theta(t')\}^2 + \mu^2\{\sin\theta(t')\}^2}
$$
$$
= \frac{1}{\omega_0} \int_0^\theta \frac{d\theta'}{(\cos\theta')^2 + \mu^2(\sin\theta')^2} = \frac{1}{\omega_0}\frac{1}{\mu}\mathrm{Tan}^{-1}(\mu\tan\theta) = \frac{1}{\Omega}\mathrm{Tan}^{-1}(\mu\tan\theta).
\tag{8.136c}
$$

特に，$\Omega = \omega_0$ ($\iff \mu = 1$) の場合，

$$
a \simeq \sqrt{\omega_0/\omega} = \lambda/\lambda_0, \qquad \dot{a}/a \simeq 0, \qquad \tau \simeq \theta/\omega_0.
\tag{8.137a}
$$

$$
\text{したがって，} \quad \psi^{\mathrm{HO}}(x;t) \simeq \sqrt{\frac{\lambda_0}{\lambda(t)}}\, \psi^{\mathrm{HO}\{\omega_0\}}\left(\frac{\lambda_0}{\lambda(t)}x\ ;\ \frac{\theta(t)}{\omega_0} \right).
\tag{8.137b}
$$

8.6.3 ♣♣ 断熱近似に対する補正項

近似式 (8.131) を導く議論はいささか雑であった．近似の妥当性を評価しつつ補正項を調べよう．厳密な式 (8.132) に戻って

$$
\mathcal{A}(t) =: \sqrt{\omega(t)/\omega_0}\, \mathcal{B}(\theta(t)) \qquad \text{と置けば，}
\tag{8.138a}
$$

$$
\frac{d\mathcal{B}(\theta(t))}{dt} = \frac{\dot{\omega}(t)}{2\omega(t)}\mathcal{B}^*(\theta(t)).
\tag{8.138b}
$$

断熱性条件 (8.126a) に着目して

$$\varepsilon(\theta) \equiv \left.\frac{\dot{\omega}(t)}{2\{\omega(t)\}^2}\right|_{t=t(\theta)} \times e^{2i\theta}, \tag{8.139}$$

$$t(\theta) \text{ は } \theta(t) \text{ の逆函数：} \qquad \int_{t_0}^{t(\theta)} dt\, \omega(t) := \theta$$

を導入すると

$$\frac{d\mathcal{B}(\theta)}{d\theta} = \varepsilon(\theta)\mathcal{B}^*(\theta) \qquad (\heartsuit\ d\mathcal{B}(\theta(t))/dt = \dot{\theta}(t)d\mathcal{B}(\theta(t))/d\theta(t)). \tag{8.140}$$

始条件 $\mathcal{B}(0) = \mathcal{A}(t_0) = A_0$ を考慮して形式的に積分すると

$$\mathcal{B}(\theta) = A_0 + \int_0^\theta d\theta'\ \varepsilon(\theta')\mathcal{B}^*(\theta'). \tag{8.141a}$$

これを形式的に反復すると

$$\mathcal{B}(\theta) = A_0 + A_0^* \int_0^\theta d\theta'\ \varepsilon(\theta') + \int_0^\theta d\theta'\ \varepsilon(\theta') \int_0^{\theta'} d\theta''\ \varepsilon^*(\theta'')\mathcal{B}(\theta''). \tag{8.141b}$$

さらに反復をくり返していくと

$$\mathcal{B}(\theta) = A_0 + A_0^* \int_0^\theta d\theta'\ \varepsilon(\theta') + A_0 \int_0^\theta d\theta' \int_0^{\theta'} d\theta''\ \varepsilon(\theta')\varepsilon^*(\theta'')$$

$$+ A_0^* \int_0^\theta d\theta' \int_0^{\theta'} d\theta'' \int_0^{\theta''} d\theta'''\ \varepsilon(\theta')\varepsilon^*(\theta'')\varepsilon(\theta''') + \cdots. \tag{8.141c}$$

つまり，形式的に ε で展開でき，"断熱性条件「$|\varepsilon(\theta)| \ll 1 : \forall\theta$」に因り，高次項ほど小さい" といえそうな気がする． しかし早まるなかれ：各項は積分ゆえ，かように結論できるか否か，自明ならず (実際，以下に見る通り，"二次項" は "一次項" と同程度)．

精確に論ずべく，展開パラメーター (特性微小量) を特定しよう．特性量

$$\omega_* \equiv \min_t \omega(t), \qquad T_* \equiv \text{「周波数の時間変化尺度」} \tag{8.142a}$$

を用いると，周波数および断熱性条件が次のごとく書ける：

$$\omega(t) =: \omega_*\Omega(T) \qquad : T \equiv \frac{t - t_0}{T_*}, \tag{8.142b}$$

$\Omega(T)\ (\geq 1)$ は $\forall T(> 0)$ にて滑らかな函数 (「何回でも微分可能」とする)，

$$\zeta \equiv \frac{1}{2\omega_* T_*} \ll 1. \tag{8.142c}$$

ゆえに，

$$\theta(t) = \int_0^T T_* dT'\ \omega_*\Omega(T') = \frac{1}{2\zeta}\Theta(T) \qquad : \Theta(t) \equiv \int_0^T dT'\ \Omega(T'), \tag{8.143a}$$

$$\varepsilon(\theta(t)) = \frac{\omega_* d\Omega(T)/T_* dT}{2\omega_*^2\{\Omega(T)\}^2} e^{2i\theta(t)} = 2\zeta\ \mathcal{Z}(\Theta(T))\ e^{i\Theta(T)/\zeta}, \tag{8.143b}$$

$$\mathcal{Z}(\Theta) \equiv \left.\frac{d\Omega(T)/dT}{2\{\Omega(T)\}^2}\right|_{T=T(\Theta)}, \qquad \int_0^{T(\Theta)} dT\ \Omega(T) =: \Theta.$$

考察対象たる時間域「$t - t_0 = \mathcal{O}(T_*)\ (\Longleftrightarrow T = \mathcal{O}(1))$」にて，$\mathcal{Z}(\Theta)$ は $\mathcal{O}(1)$ である：

演習 典型例 (8.127) の場合，例えば $\eta = 3$ として $\{T(\Theta), \mathcal{Z}(\Theta)\}$ を描くと図 8.9.

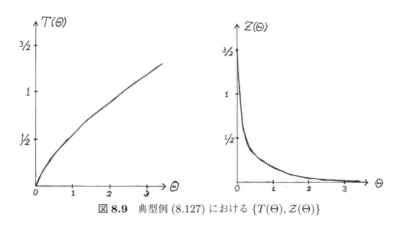

図 8.9　典型例 (8.127) における $\{T(\Theta), \mathcal{Z}(\Theta)\}$

ヒント：$\omega_* = \omega_0, \quad \Omega(T) = 1 + \eta \tanh T, \quad \Theta(T) = T + \eta \log \cosh T,$ (8.144a)

$$\mathcal{Z}(\Theta(T)) = \frac{\eta/(\cosh T)^2}{2(1 + \eta \tanh T)^2} = \frac{\eta}{2(\cosh T + \eta \sinh T)^2}. \quad \blacksquare \quad (8.144b)$$

以上を踏まえ，(8.140) にて変数 θ を Θ に換える：

$$B(\Theta) := \mathcal{B}(\Theta/2\zeta) \quad \text{と置いて,} \tag{8.145a}$$

$$\frac{dB(\Theta)}{d\Theta} = \frac{1}{2\zeta} \left. \frac{d\mathcal{B}(\theta)}{d\theta} \right|_{\theta = \Theta/2\zeta} = \mathcal{Z}(\Theta) e^{i\Theta/\zeta} B^*(\Theta). \tag{8.145b}$$

注目すべきこと：微小量 ζ は「指数函数の肩だけに」∧「逆数として」登場する．

したがって，(8.145b) を形式的に積分して反復すれば (8.141c)(を書き直したもの) が得られるが，そのままでは "ζ に関する冪展開 (第 n 項 = $\mathcal{O}(\zeta^n)$)" になっていない．

(8.145b) を積分して一回だけ反復すると

$$B(\Theta) = A_0 + A_0^* C(\Theta, 0) + D(\Theta), \tag{8.146a}$$

$$C(\Theta, \varphi) \equiv \int_0^{\Theta - \varphi} d\varphi' \, \mathcal{Z}(\varphi' + \varphi) e^{i\varphi'/\zeta}, \tag{8.146b}$$

$$D(\Theta) \equiv \int_0^\Theta d\varphi' \int_0^{\varphi'} d\varphi \, \mathcal{Z}(\varphi') \mathcal{Z}(\varphi) e^{i(\varphi' - \varphi)/\zeta} B(\varphi). \tag{8.146c}$$

C は，被積分函数が「激振因子 $e^{i\varphi'/\zeta}$」を含むゆえ，リーマン–ルベーグ定理に因り小さい：

演習 部分積分をくり返し実行すると

$$C(\Theta, \varphi) = i\zeta C_1(\Theta, \varphi) + \zeta^2 C_2(\Theta, \varphi) + \mathcal{O}(\zeta^3), \tag{8.147a}$$

$$C_1(\Theta, \varphi) \equiv \mathcal{Z}(\varphi) - \mathcal{Z}(\Theta) e^{i(\Theta - \varphi)/\zeta}, \tag{8.147b}$$

$$C_2(\Theta, \varphi) \equiv -\mathcal{Z}'(\varphi) + \mathcal{Z}'(\Theta) e^{i(\Theta - \varphi)/\zeta} \quad : \mathcal{Z}'(\varphi) \equiv d\mathcal{Z}(\varphi)/d\varphi. \tag{8.147c}$$

証明：

$$C^{(n)}(\Theta, \varphi) \equiv \int_0^{\Theta - \varphi} d\varphi' \, \mathcal{Z}^{(n)}(\varphi' + \varphi) e^{i\varphi'/\zeta} \quad : \mathcal{Z}^{(n)}(\varphi) \equiv d^n \mathcal{Z}(\varphi)/d\varphi^n$$

$$\begin{aligned}
&= -i\zeta \int_0^{\Theta-\varphi} d\varphi' \ \mathcal{Z}^{(n)}(\varphi'+\varphi)\frac{d}{d\varphi'}e^{i\varphi'/\zeta}\\
&= -i\zeta \left\{ \mathcal{Z}^{(n)}(\Theta)e^{i(\Theta-\varphi)/\zeta} - \mathcal{Z}^{(n)}(\varphi) - C^{(n+1)}(\Theta,\varphi) \right\}. \quad \blacksquare
\end{aligned}$$

一方，D の被積分函数に含まれる激振因子は，$\{\varphi,\varphi'\}$ それぞれについて一個ずつと見えるかもしれぬが，$\varphi' \sim \varphi$ にて指数の肩が 0 ゆえ，実効的に一個だけである：積分順序入替公式 ($\heartsuit$ (6.135))

$$\int_0^\Theta d\varphi' \int_0^{\varphi'} d\varphi = \int_0^\Theta d\varphi \int_\varphi^\Theta d\varphi'$$

を用いた後，$\varphi'' \equiv \varphi' - \varphi$ と変換すれば，

$$\begin{aligned}
D(\Theta) &= \int_0^\Theta d\varphi \int_0^{\Theta-\varphi} d\varphi'' \ \mathcal{Z}(\varphi''+\varphi)\mathcal{Z}(\varphi)e^{i\varphi''/\zeta}B(\varphi)\\
&= \int_0^\Theta d\varphi \ C(\Theta,\varphi)\mathcal{Z}(\varphi)B(\varphi). \tag{8.148}
\end{aligned}$$

演習 上式に再び B を反復代入すると，$\mathcal{O}(\zeta)$ なる項が現れ，D は C と同程度なることがわかる：

$$\begin{aligned}
D(\Theta) &= i\zeta A_0 Q + \zeta^2 A_0 \left\{ \frac{1}{2}(\mathcal{Z}^2 + \mathcal{Z}_0^2) - W - \mathcal{Z}_0\mathcal{Z}e^{i\Theta/\zeta} \right\}\\
&\quad - \zeta^2 A_0^*(\mathcal{Z}_0 + \mathcal{Z}e^{i\Theta/\zeta})Q \ + \ \mathcal{O}(\zeta^3), \tag{8.149}\\
\mathcal{Z} &\equiv \mathcal{Z}(\Theta), \ \mathcal{Z}_0 \equiv \mathcal{Z}(0), \ Q \equiv Q(\Theta) := \int_0^\Theta d\varphi \ \{\mathcal{Z}(\varphi)\}^2, \ W \equiv \int_0^\Theta d\varphi \ \{\mathcal{Z}(\varphi)\}^2 Q(\varphi).
\end{aligned}$$

証明：$C = \mathcal{O}(\zeta)$ ゆえ (以下，$\simeq$ は「$\mathcal{O}(\zeta^3)$ を無視」)，

$$\begin{aligned}
D(\Theta) &= \int_0^\Theta d\varphi \ C(\Theta,\varphi)\mathcal{Z}(\varphi)\{A_0 + A_0^*C(\varphi,0) + D(\varphi)\}\\
&= i\zeta A_0 \mathcal{D}_1(\Theta) + A_0^* \zeta^2 \mathcal{D}_2(\Theta) + A_0 \zeta^2 \mathcal{D}_3(\Theta), \tag{8.150a}\\
\mathcal{D}_1(\Theta) &\equiv \frac{1}{i\zeta}\int_0^\Theta d\varphi \ C(\Theta,\varphi)\mathcal{Z}(\varphi) \simeq D_1(\Theta) + i\zeta D_{21}(\Theta), \tag{8.150b}\\
D_1(\Theta) &\equiv \int_0^\Theta d\varphi \ C_1(\Theta,\varphi)\mathcal{Z}(\varphi), \qquad D_{21}(\Theta) \equiv -\int_0^\Theta d\varphi \ C_2(\Theta,\varphi)\mathcal{Z}(\varphi),\\
\mathcal{D}_2(\Theta) &\equiv \frac{1}{\zeta^2}\int_0^\Theta d\varphi \ C(\Theta,\varphi)\mathcal{Z}(\varphi)C(\varphi,0)\\
&\simeq D_{22}(\Theta) \equiv -\int_0^\Theta d\varphi \ C_1(\Theta,\varphi)\mathcal{Z}(\varphi)C_1(\varphi,0), \tag{8.150c}\\
\mathcal{D}_3(\Theta) &\equiv \frac{1}{A_0\zeta^2}\int_0^\Theta d\varphi \ C(\Theta,\varphi)\mathcal{Z}(\varphi)D(\varphi)\\
&\simeq D_{23}(\Theta) \equiv -\int_0^\Theta d\varphi \ C_1(\Theta,\varphi)\mathcal{Z}(\varphi)D_1(\varphi). \tag{8.150d}
\end{aligned}$$

しかるに

$$\begin{aligned}
D_1(\Theta) - Q &= -\mathcal{Z}e^{i\Theta/\zeta}\int_0^\Theta d\varphi \ \mathcal{Z}(\varphi)e^{-i\varphi/\zeta} = -\mathcal{Z}e^{i\Theta/\zeta}C^*(\Theta,0)\\
&\simeq -\mathcal{Z}e^{i\Theta/\zeta}(-i\zeta)(\mathcal{Z}_0 - \mathcal{Z}e^{-i\Theta/\zeta}) = -i\zeta(\mathcal{Z}^2 - \mathcal{Z}_0\mathcal{Z}e^{i\Theta/\zeta}), \tag{8.150e}\\
D_{21}(\Theta) &= \int_0^\Theta d\varphi \ \mathcal{Z}(\varphi)\mathcal{Z}'(\varphi) - \mathcal{Z}'e^{-i\Theta/\zeta}\int_0^\Theta d\varphi \ \mathcal{Z}(\varphi)e^{-i\varphi/\zeta} \simeq \frac{1}{2}(\mathcal{Z}^2 - \mathcal{Z}_0^2)
\end{aligned}$$

364   第 8 章　調和振動子波動函数

$$\heartsuit \text{ 第二項} \propto C^*(\Theta, 0) = \mathcal{O}(\zeta),$$

$$D_{22}(\Theta) \simeq -\int_0^\Theta d\varphi \ \mathcal{Z}(\varphi)\{\mathcal{Z}(\varphi) - \mathcal{Z}e^{i\Theta/\zeta}e^{-i\varphi/\zeta}\}\{\mathcal{Z}_0 - \mathcal{Z}(\varphi)e^{i\varphi/\zeta}\}$$

$$= -\int_0^\Theta d\varphi \ \mathcal{Z}(\varphi)\{\mathcal{Z}(\varphi)\mathcal{Z}_0 + \mathcal{Z}e^{i\Theta/\zeta}\mathcal{Z}(\varphi)\}$$

$$+ \int_0^\Theta d\varphi \ \mathcal{Z}(\varphi)\{\{\mathcal{Z}(\varphi)\}^2 e^{i\varphi/\zeta} + \mathcal{Z}e^{i\Theta/\zeta}\mathcal{Z}_0 e^{-i\varphi/\zeta}\}$$

$$\simeq -(\mathcal{Z}_0 + \mathcal{Z}e^{i\Theta/\zeta})Q \qquad \heartsuit \text{ 第二積分は激振因子を含むゆえ } \mathcal{O}(\zeta).$$

最後に D_{23} は，(8.150d) 右辺の $D_1(\varphi)$ に「(8.150e) にて $\Theta = \varphi$ と置いたもの」の主要項たる $Q(\varphi)$ を代入して，

$$D_{23}(\Theta) \simeq -\int_0^\Theta d\varphi \ \mathcal{Z}(\varphi)\{\mathcal{Z}(\varphi) - \mathcal{Z}e^{i\Theta/\zeta}e^{-i\varphi/\zeta}\}Q(\varphi)$$

$$= -W + \mathcal{Z}e^{i\Theta/\zeta}\int_0^\Theta d\varphi \ \mathcal{Z}(\varphi)Q(\varphi)e^{-i\varphi/\zeta}.$$

上記積分も激振因子を含むゆえ $\mathcal{O}(\zeta).$ ∎

演習　(8.130)∧(8.138a)∧(8.145a) ∧(8.146)∧(8.147)∧(8.149) をまとめて当初記法に戻す (面倒ゆえ $\mathcal{O}(\zeta)$ までのみ記す) と

$$A(t) = \sqrt{\frac{\omega(t)}{\omega_0}}\left[\left\{A_0 + \frac{iA_0^*}{4}\frac{\dot{\omega}(t_0)}{\omega_0^2} + \frac{iA_0}{8}\int_{t_0}^t dt' \ \frac{\{\dot{\omega}(t')\}^2}{\{\omega(t')\}^3}\right\}e^{-i\theta(t)} \right.$$
$$\left. - \frac{iA_0^*}{4}\frac{\dot{\omega}(t)}{\{\omega(t)\}^2}e^{i\theta(t)} + \mathcal{O}(\zeta^2)\right]. \quad \blacksquare \tag{8.151a}$$

かくて，"(8.130) にて $\mathcal{A}(t)$ は緩やかに変化する" なる期待は主要項 ($\mathcal{O}(\zeta^0)$) に関してのみ正しく，補正項 ($\mathcal{O}(\zeta)$) には $e^{+2i\theta(t)}$ に比例する部分が含まれ，結果として $A(t)$ は $e^{-i\theta(t)}$ のみならず $e^{+i\theta(t)}$ に比例する部分をも有する．ただし，後者は漸近的 ($t - t_0 \gg T_*$) に周波が一定となるに連れて消える．ニュートン運動方程式の解 $a(t)$ は，(8.129b) を参照して，

$$a(t) = \Re A(t)/\omega(t) = \Re A_0^* \ a_{複素}(t)/\omega_0, \tag{8.151b}$$
$$a_{複素}(t) \equiv \sqrt{\frac{\omega_0}{\omega(t)}}\left\{1 - \frac{i}{4}\left(\frac{\dot{\omega}(t)}{\{\omega(t)\}^2} - \frac{\dot{\omega}(t_0)}{\omega_0^2}\right) - \frac{i}{8}\int_{t_0}^t dt' \ \frac{\{\dot{\omega}(t')\}^2}{\{\omega(t')\}^3} + \mathcal{O}(\zeta^2)\right\}e^{i\theta(t)}. \tag{8.151c}$$

$a_{複素}(t)$ は，形式的にニュートン運動方程式を充たす，つまり複素解である ($\heartsuit \ A_0(\in \mathbf{C})$ は勝手 ∧ ニュートン運動方程式は線形 ∧ $\Re z + i\Re(-i)z = z$).

8.7　♣♣ 複素尺度因子

本章全体にわたり「尺度因子 a は実数」と想定してきた．しかし，変換 (8.59)∨(8.60) は，"単なる微分方程式と見たシュレーディンガー方程式" の解が充たす性質としては，a が複素数でも成り立つ．

註　ただし，規格化に関する議論は一般には不成立となる．それゆえ，ψ が波動函数たる資格を失う可能性はおおいに有る．

例えば $a = e^{i\omega t}$ と採れば，「$a(0) = 1,\ \dot{a}(0) = i\omega$」ゆえ，$(8.60)$（の $\mathbf{E}^1$ 版）は

$$\psi^{\mathrm{HO}}(x;t) = e^{-i\omega t/2} \exp\left(-\frac{m\omega}{2\hbar}x^2\right)\ \psi^{\text{自由}}\left(e^{-i\omega t}x;\tau\right)$$

$$= e^{-i\omega t/2} \exp\left(-\frac{x^2}{4\lambda_0^2}\right) \psi^{\text{自由}}\left(e^{-i\omega t}x;\tau\right), \tag{8.152}$$

$$\tau \equiv \int_0^t dt\ e^{-2i\omega t} = (1 - e^{-2i\omega t})/2i\omega.$$

最単純応用例：

$$\psi^{\mathrm{HO}}(x;0) = \mathcal{N}\exp\left(-\frac{x^2}{4\lambda_0^2}\right) \qquad : \mathcal{N}\ \text{は定数} \tag{8.153a}$$

とすれば，(8.152) に拠り $\psi^{\text{自由}}(x;0) = \mathcal{N}$．

しかるに，勝手な定数は自由粒子シュレーディンガー方程式を充たす．

ゆえに，　$\psi^{\text{自由}}(x;t) = \mathcal{N}$．

したがって，再び (8.152) に拠り　$\psi^{\mathrm{HO}}(x;t) = e^{-i\omega t/2}\exp\left(-\frac{x^2}{4\lambda_0^2}\right) \times \mathcal{N}$． \tag{8.153b}

これは 8.4.3 項にて得た結果に他ならぬ．

8.8　重大なる疑問

「一様外力下粒子 ∨ 強制調和振動子」（自由粒子はそれらの特殊な場合）を律するシュレーディンガー方程式は比較的簡単に解けることがわかった．つまり

> ポテンシャルが二次式（特別な場合として零次および一次を含む）ならば，
> シュレーディンガー方程式は簡単に解ける．

物理的読者は反問なさるであろう：

> "ポテンシャルが厳密に二次式などということがあろうか，
> 「どこまでも（$|x| \to \infty$ まで）x^2（または x）に比例する」など幻想であろう．
> とすれば，上記結果は現実には役立たぬのではなかろうか."

なかなかよい反問である．これに対する答は反問自体が示唆している．ポテンシャル $V(\boldsymbol{r},t)$ は，シュレーディンガー方程式にて，必ず $V(\boldsymbol{r},t)\psi(\boldsymbol{r};t)$ なる形で現れる．それゆえ，$\psi(\boldsymbol{r};t) = 0$ なる領域[24]にて $V(\boldsymbol{r},t)$ の形がどうあろうと，結果に影響はないはずである．つまり，議論を次のごとく整理すればよい：

1. $V(\boldsymbol{r},t)$ は，原点を中心とする球 $\mathcal{B}_b$（半径 b）内にて，「$\boldsymbol{r}$ に関して**調和近似** (harmonic approximation ≡「二次式で近似」) 可能」とする（図 8.10）：

$$V(\boldsymbol{r},t) \simeq V_0 - \boldsymbol{f}(t)\cdot\boldsymbol{r} + \frac{1}{2}\boldsymbol{r}\cdot\mathbf{K}\cdot\boldsymbol{r} \qquad : |\boldsymbol{r}| < b \tag{8.154}$$
$$(\mathbf{K}\ \text{は二階テンソル (diadic)})．$$

---

[24] $\psi(\boldsymbol{r};t)$ は或る有限領域外にて 0 としてよい（♡ 5.1.2 項）．"しかし，実用的計算には指数関数的に（あるいはそれ以上に速く）減少する関数で代用する．もし $V(\boldsymbol{r},t)$ が指数関数的に増大すれば，$V(\boldsymbol{r},t)\psi(\boldsymbol{r};t)$ は 0 にならぬかもしれぬではないか" との反論が出るかもしれぬ．そのような<u>病的な</u>ポテンシャルは，マニアに任せ，本書は扱わぬ．

366   第8章　調和振動子波動函数

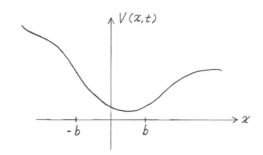

図 8.10　ポテンシャルが調和近似できる領域 ($\mathbf{E}^1$ の場合)

2. $\psi(\boldsymbol{r};0)$ は「$|\boldsymbol{r}| \lesssim a \;(\ll b)$ に局在している」とする.
3. $\psi(\;;t)$ の台[*25]が $\mathcal{B}_b$ から食 (は) み出す最初の時刻を τ_b とする.
4. すると, 第6章 ∨ 第8章に述べた結果は, 少なくとも $t \in (0, \tau_b)$ なる時間域にて妥当である.

「一貫して波束を相手にしていること」を忘れず上記のごとくわきまえさえすればよいわけである.

演習　調和近似が $\forall t$ に対して使える条件を求めよ.　∎

参考文献

[1] 戸田盛和：「振動論」(培風館,1968; 初版第 7 刷 1977), §2-1.
[2] N.D. Birrell and P.C.W. Davies: *Quantum Fields in Curved Space* (Cambridge University Press, Cambridge, 1982), §3.4.
[3] Leonard I. Schiff: *Quantum Mechanics* (McGraw-Hill Book Company), 2nd ed. (1955), pp.333-334; 3rd ed. (1968), p.483.
[4] M. Büttiker and R. Landauer: *Traversal Time for Tunneling*, Phys.Rev.Lett.**49**(1982), 1739–1742.
[5] S. Takagi: *Equivalence of a Harmonic Oscillator to a Free Particle*, Prog.Theor.Phys. **84**(1990),1019–1024; *Quantum Dynamics and Non-Inertial Frames of Reference* I. II. III, *ibid* **85**(1991),463–479; **85**(1991),723–742; **86**(1991),783–798.
[6] 高木伸：パリティ (丸善) **06** No.11 (1991), 65–68.
[7] 高橋秀俊：科学 (岩波書店) **33**(1963), 434. (高橋秀俊：「数理と現象」(岩波書店,1975), p.338 に再録)[*26]
[8] H.Takahashi: *Information Theory of Quantum-Mechanical Channels*, in *Advances in Communication Systems*, **1** (ed. A.V.Balakrishnan, Academic Press 1965), p.227.
[9] E. Schrödinger: *Der stetige Übergang von der Mikro- zur Makromechanik*, Naturwissenschaften **14**(1926), 664–666.

[*25] ♡ 5.1.3項. ただし本節は, "厳密に, 0 でない領域" ではなく, 「事実上, 0 でない領域」を指す (指数函数的に小さな値は 0 と見なす).
[*26] 本参考文献は, 研究紹介記事 [6] 執筆にあたり, 荒木暉さん (当時 日本鉱業) から教わった.

[10] K. Husimi: *Miscellanea in Elementary Quantum Mechanics*, II, Prog.Theor.Phys. **9**(1953), 381–402.

[11] R.P.Feynman and A.R.Hibbs: *Quantum Mechanics and Path Integrals* (McGraw-Hill Book Company, 1965), pp.72–73.

[12] 朝永振一郎：「量子力學 I」(みすず書房,1952; 第 18 刷 1965), 第 1 章, §5, pp.23–26.

[13] 本節のごとき考え方を最初に用いたのは，文献 [14] に拠れば，レイリー[*27] (1912) らしい.

[14] Albert Messiah: *Quantum Mechanics* Volume I, translated from the French by G.M.Temmer (John Wiley & Sons, Inc., Fourth printing 1966), p.216, footnote 2.

[*27] Rayleigh：本名 John William Strutt [1842.11.12–1919.6.30].

索　引

欧数字

diadic　67
Lorentz5/2　251
squeezed state　333
1 の分解　68

あ 行

アインシュタイン和約束　137
粗挽確率　199

イオン化エネルギー　40
位相　31
位相因子　166
位相速度　32, 265
位置　29
位置確率振幅　176
位置確率密度　170
位置測定　302
いち・に・さん法則　58
位置分布函数　305
一様外力　281
一粒子シュレーディンガー方程式　140
一粒子波動函数　140

ヴィリアル　60
ヴィリアル定理　60
ヴェクトル三重積　66
ヴェクトル積　31
ウェーヴィクル　89
唸り　118
運動自由度　18
運動量　29
運動量確率振幅　194
運動量確率密度　170, 194
運動量空間　193
運動量測定　303
運動量分布函数　305

エネルギー準位　40
エネルギー量子　24

エルミート性　193
円形進行波　33

オイラー関係式　157
応答　322
大人しい函数　220

か 行

解空間　322
外積　65
解析拡張　126, 206
解析接続　206
回折格子　78
階段函数　227
解の一意性　187
ガウス型函数　122, 207
ガウス型正体　230
ガウス函数　122
ガウス積分　123, 204
ガウス定理　175, 213
可干渉　337
可換性　64
角振動数　33
確率解釈　176
確率公準　141, 164, 168, 169, 176, 194, 198
確率波　92
確率保存則　173
確率流　173
確率流束　177
確率流密度　177
重ね合せ　83, 117
重ね合せの原理　145
重ね合せの定理　144
ガンマ函数　153
ガリレイ共変性　283, 290
ガリレイ作用　294
ガリレイ変換　284
干渉　34
干渉項　77
干渉縞　74
干渉縞基礎公式　74

函数空間　217
慣性系　274
慣性法則　273
慣性力　283
完全系　68
完全性関係式　69
完全正規直交系　69
完全測定　303
観測の理論　315
観測問題　315

規格化　166
規格化因子　166
規格化定数　166
期待値　180
基底ヴェクトル　27
基底系　27, 69
基底状態　40, 335
基本解　322
逆函数　208
急減少函数　219
球座標　211
球ディリクレ核　250
球面進行波　33
強制調和振動子　317, 344
強度　76
共動座標　324
共分散　184
共鳴　349
極座標　211
局所波数　266
霧箱　18

黒函　245
群速度　119

結合確率　197
結合確率密度　198
原子スペクトル　23
原子単位系　48
建設的干渉　264

広義基底系　69

索 引

光子　37
公準　141
合成積　151, 246
光速　55
光電効果　23
光量子　36
光量子仮説　36
黒体輻射　20
コーシー主値　243
古典運動　19
古典軌道　275
古典作用　342
古典滞在確率　62
古典電子単位系　50
古典電子半径　51
古典動力学　292
古典ハミルトニアン　308
古典物理学　17
コヒーレント　337
コヒーレント状態　337, 339
コムプトン散乱　38
コムプトン波長　38

さ　行

サイクロトロン運動　19
サイクロトロン周波数　19
逆さ調和振動子　344
鎖則　259
サッカーボール　85
作用積分　294, 331

時間遡行　277
時間の矢　267
時間反転　276, 279
時間反転対称性　276, 278
時間変展　1, 132
次元解析　48
試行　94
事象　94
自乗可積分　222
自乗可積分函数空間　222
始条件　187
自然単位系　51
始値問題　187
実験　95
実効強度　76
実体波　91
実理比較公準　182, 196
尺度因子　320
尺度変換　320
自由ガウス波束　165
自由ガウス波束拡幅時間　165

周期デルタ函数　257
周波数　33
周波数条件　39
自由波束　120
自由平面波　134
自由変展　262
周辺分布　198
自由保形波束　268
自由粒子　115, 261
自由粒子のシュレーディンガー方
　　程式　134
主枝　207
主値積分　242
シュレーディンガー方程式
　　134, 140
シュワルツ函数　220
シュワルツ空間　220
準拠系　274, 285
瞬時ガリレイ変換　283, 285,
　　289
状態公準　141
進行波　32
振動数　31
振幅　117

水素原子スペクトル　23
スカラー三重積　66
スカラー積　30
スクウィーズド状態　333
スターリング公式　153
スペクトル系列　43
スペクトル線　43

正規性　69
正規直交完全系　69
正規直交系　69
正規直交右手三脚　27
斉次解　322
正の相関　186
線形　193
線形空間　109, 217
線形性　64, 110
線形汎函数　245
潜在的可能性　171
潜在的可能性としての位置　93
全体位相因子　199
前置因子　342

相関　184
相関係数　184
相空間　305
相空間分布函数　313
操作主義的解釈　97

双線形　193
測定理論　315
束縛エネルギー　40
底上げ任意性　141
粗視化された時刻　76
外向進行球面波束　271

た　行

台　221
体積要素　209
多価函数　208
たたみ込み　151, 246
縦部分　213
縦横分解　212
ダブルスリット実験　73
タルボット長　81
多連細隙　78
単位ヴェクトル　27
単位系　47
単一細隙実験　76
単色光　36
単色自由波　167, 177
単色波　117
断熱　356
断熱近似　359
断熱近似解　358
断熱性条件　352, 354, 356
断熱定理　359
断熱的外力　352, 354
断熱的状況　356
断熱的調和振動子　356
断熱不変量　359
断熱壁　356
断熱変化　356

値域　208
遅延グリーン函数　322
遅延選択実験　84
地点　27
超函数　246
調和慣性力　319
調和近似　365
調和振動子　318, 329
調和振動子特性力　348
調和力　319
直交性　69

定義域　208
定在波　35
定常状態　335
定常状態仮説　39
定速度運動　56

索引　371

ディリクレ2型正体　233
ディリクレ核　189
デルタ函数　225
デルタ函数の正体　230
電子線　81
電子線干渉　81
点描画　83
電離エネルギー　40

等位相平面　32
等価原理　290
等価定理　291, 322, 330
動径確率密度　184
統計的解釈　96
統計的揺らぎ　179
動径方向位置　183
同次函数　60
同時測定　303
等方調和振動子　329
特性エネルギー　48
特性距離　48
特性時間　48
特性尺度　48
特解　323
どっちみち難題　83
跳箱型正体　230
ド・ブロイ仮説　44, 121
ド・ブロイ関係式　45, 121
ド・ブロイ波　45
ド・ブロイ波長　45
トムソン模型　22

な　行

内積　64
内積保存定理　194
長岡−ラザフォード水素原子の寿
　命　58
長岡−ラザフォード模型　22
ナブラ　136
並の波　31, 117

二次元等方調和振動子　323
二重スリット　73
ニュートン運動方程式　275,
　317
二連細隙実験　73

鋸函数　258
ノルム　172, 175
ノルム保存定理　173, 194

は　行

場　91
配位空間　286
配位時空　286
排反事象　95
排反性　96
破壊的干渉　264
波数　32, 34
波数ヴェクトル　35
パーセヴァル等式　192
波束　119
波束幅　120
波束変形時間　264
波長　31
ハッブル則　319
波動函数　140
波動力学　146
ハミルトン運動方程式　275
ばらつき　179
パラメトリック振動子　318
パラメトリック調和振動子
　318
バルマー系列　43
パワー　56
反可換性　65
汎函数　245
反線形　193
半双線形　193
反復　351, 361

飛行時間法　301, 309
微細構造定数　55
拉コヒーレント状態　339
拉状態　333
拉度　335
飛跡　18
標準偏差　178

ファインマン核　269, 342
フォトン　37
不完全測定　303
輻射　56
複素尺度因子　364
複素幅　167
負の相関　186
部分空間　111, 217
部分空間鑑定器　111
部分的測定　303
踏段函数　227
踏段函数の正体　234
プランク仮説　24
プランク単位系　51

プランク定数　38
プランクの量子仮説　24
フランク−ヘルツ実験　44
フーリエ不変　129, 192
フーリエ変換　127, 191
フーリエ変換における不確定性関
　係　123
フレネル型正体　233
分散　178, 265
分散関係　265

平均値　178
並進加速度系　285
並進慣性力　283
平面進行波　32, 116
平面波　168, 192
平面波展開　169
ヘヴィサイド函数　227
ベータ函数　155
ヘルダー−リプシッツ連続　244
偏光板　99, 104
偏向板　99

ボーアエネルギー　40
ボーア仮説　39
ボーア軌道　39
ボーア速　40
ボーア−ゾムマーフェルト量子化
　規則　44
ポアソン和公式　257
ボーア半径　40
方位角　65
膨縮加速度　320
膨縮空間　320
膨縮系　324
膨縮変換　321, 324, 328
保形波束　268
保持　192
保存　173, 192
保存力　60
ポテンシャル底上げ任意性
　200
ボルツマン定数　55
ボルンの確率解釈　176

ま　行

混ぜ合せ　74, 83

右手系　27
脈動波束　333, 338

面積要素　210

索 引

面要素　210

網羅性　96
網羅的排反集合　95
持ち駒　48

や 行

ヤコビ恒等式　66
ヤングの二連細隙実験　73

ユークリッド空間　27
揺らぎ　180

横部分　213

ら 行

ライマン系列　43

ラウエ函数　78
ラプラシアン　138
ラプラシアン Coulomb　254
ラプラシアン Lorentz1/2　252
ラプラシアン湯川　256
ラーモァ公式　57

リウヴィル定理　308
リウヴィル方程式　308
力学分解定理　292, 321, 330, 345
離散ディリクレ核　257
理想気体　17
リーマン–ルベーグ定理　150
粒子位置　29, 93
粒子運動量　29
粒子波動二重性　88
量子化　42

量子化規則　39
量子跳躍仮説　39
量子動力学　1, 292
量子波動　90
量子揺らぎ　180

ルジャンドル倍数公式　157

励起状態　40
レヴィ・チヴィタ完全反対称記号　65
連続の方程式　173, 176
連続微分可能　219

ローレンツィアン　129
ローレンツ型函数　129
ローレンツ型正体　230
ローレンツ曲線　129
ロンスキー行列式　322

著者の紹介

1974年東京大学大学院修了．理学博士．

研究分野：理論物理学．

主な職歴：サセックス大学数物科学科研究員，北欧理論原子物理学研究所（NORDITA）客員，東北大学理学部助教授，富士常葉大学環境防災学部教授，ダブリン大学芸術学部数理物理学科客員．

著書：『巨視的トンネル現象』（岩波書店），『科学/技術のニュー・フロンティア(1)』（共著，岩波書店），『アインシュタインとボーア』（共著，裳華房），*Macroscopic Quantum Tunneling*（Cambridge University Press）．訳書：『物理学のすすめ』（A. J. レゲット著，紀伊國屋書店）．

量子力学　Ⅰ

平成 30 年 1 月 30 日　発　行

著作者　高　木　　　伸

発行者　池　田　和　博

発行所　丸善出版株式会社

〒101-0051 東京都千代田区神田神保町二丁目17番
編集：電話（03）3512-3267／FAX（03）3512-3272
営業：電話（03）3512-3256／FAX（03）3512-3270
http://pub.maruzen.co.jp/

Ⓒ Shin Takagi, 2018

組版印刷・製本／三美印刷株式会社

ISBN 978-4-621-30248-4　C 3042　　　　　Printed in Japan

JCOPY 〈（社）出版者著作権管理機構　委託出版物〉

本書の無断複写は著作権法上での例外を除き禁じられています．複写される場合は，そのつど事前に，（社）出版者著作権管理機構（電話 03-3513-6969，FAX 03-3513-6979，e-mail：info@jcopy.or.jp）の許諾を得てください．